本书系国家社会科学基金重大项目"中国西南少数民族灾害文化数据库建设"

（项目编号：17ZDA158）阶段性成果

本书系2019年云岭学者培养项目"'一带一路'视域下中国西南与

南亚东南亚综合防灾减灾体系构建研究"项目阶段性成果

本书系云南省教育厅（第八批）"云南省高校灾害数据库建设与

边疆社会治理科技创新团队"项目培育成果

本书系云南省民族宗教事务委员会2019—2020年度民族文化"百项精品"工程

"云南世居少数民族传统灾害文化丛书"项目阶段性成果

周　琼　◇主编

历史视野下的灾害文化与灾害治理

科学出版社
北　京

内 容 简 介

本书由中国灾害防御协会灾害史专业委员会第十七届年会暨"历史视野下的灾害文化与灾害治理"国际学术研讨会的参会论文编辑而成，全书共分为六编，分别就灾害时空分布与量化分析、灾害与环境变迁、灾害治理、灾害文化与社会治理、历史上疫灾及其应对、历史视野下的新冠疫情调研等方面的内容进行了深入讨论，积极探讨了历史时期灾害治理研究的新视野、新方法、新路径。

本书适合高等院校、科研机构从事灾害史、环境史等专业的师生阅读和参考。

图书在版编目（CIP）数据

历史视野下的灾害文化与灾害治理／周琼主编. —北京：科学出版社，2023.6

ISBN 978-7-03-073436-5

Ⅰ.①历… Ⅱ.①周… Ⅲ.①灾害管理–研究–中国 Ⅳ.①X4

中国版本图书馆CIP数据核字（2022）第191378号

责任编辑：任晓刚／责任校对：姜丽策
责任印制：张 伟／封面设计：润一文化

科学出版社 出版
北京东黄城根北街16号
邮政编码：100717
http://www.sciencep.com

北京中石油彩色印刷有限责任公司 印刷
科学出版社发行 各地新华书店经销
*
2023年6月第 一 版 开本：787×1092 1/16
2024年3月第二次印刷 印张：31
字数：650 000
定价：198.00元
（如有印装质量问题，我社负责调换）

前　言

突如其来的新冠疫情席卷全球，持续、不断变异的病毒，使疫情风险瞬息万变，抗疫成为最受关注的信息，"疫灾""防疫"成为灾害史、医疗疾病史研究的关键词。绵延三年的疫情，给社会经济乃至国际局势带来了巨大冲击，对人类社会的生存、发展造成了极大影响，社会各界都对疫灾的防御及治理进行了深刻反思，并持续关注和思考新型、突发灾害所产生的环境因素和人为作用，特别是不同思想观念及制度文化在不同时代、地域和民族中发挥的影响，思考不同时代灾害应对的成败经验，探究环境变迁的后果及其在不同层域发挥的正反向效应，灾害史学研究进入了新的理性阶段。于是，在这个以疫情、水旱灾害、地质灾害为主要呈现特点的时期，灾害研究不仅需要坚守历史思维和历史逻辑，更需要跨学科间的对话与交流，以推动灾害研究进入新的历史阶段，进而为当前社会防灾减灾建设提供借鉴。为此，中国灾害防御协会灾害史专业委员会联合云南大学西南环境史研究所、中国人民大学清史研究所暨生态史研究中心、中国水利水电科学研究院水利史研究所、中国可持续发展研究会减灾与公共安全专业委员会等单位，于 2020 年 10 月 10—11 日在云南大学召开了中国灾害防御协会灾害史专业委员会第十七届年会暨"历史视野下的灾害文化与灾害治理"国际学术研讨会。

受疫情影响，会议由线下改为线上举办，来自中国、美国、日本等 70 余所高等院校、科研院所的 150 余位专家学者莅会，在"灾害文化、灾害治理与综合减灾能力研究"主题下，就"灾害文化、灾害治理研究的理论与方法""国内外灾害文化、灾害治理比较研究""中国灾害文化、灾害治理及其变迁""中国各民族灾害文化、灾害治理""中国历史上的疫灾及其应对""历史视野下的新冠疫情"六个议题进行了深入探讨，以期推动灾害史研究的不断发展与经世致用能力的不断提高。

习近平总书记曾指出："人类对自然规律的认知没有止境，防灾减灾、抗灾救灾是人类生存发展的永恒课题"[①]，这是基于我国自古就是自然灾害种类多样、灾害频发但防灾减灾救灾的制度建设及实践经验丰富等基本国情所做出的重要论断。在中国历史发展的每一个进程中，自然灾害从未"缺席"，它以复杂、无逻辑以及充满众多不确定性因素的面目及方式，无情地冲击甚至摧毁了正常的社会秩序，考验着全社会临灾时的政治、经济、文化等方面的韧性及持续发展能力、灾后重建及恢复能力，其间也时常造化出诸多模糊的历史表象，使灾害史研究的现实价值及学术价值不断彰显。

---

① 《习近平在河北唐山市考察时强调　落实责任完善体系整合资源统筹力量　全面提高国家综合防灾减灾救灾能力》，《人民日报》2016 年 7 月 29 日，第 1 版。

"灾害"是一个复杂的集合体，波及不同的社会群体，上至政府官员，下至黎民百姓，都会受到不同程度的冲击，不仅影响民众的日常生活，也影响到政局稳定及社会经济秩序的正常运行，甚至影响到国际关系的变化趋向，导致国际格局的重组。尤其是在当今全球化的世界发展格局中，灾害往往波及不同的社会阶层、职业群体并导致不同层面的破坏及重组。而被灾害波及的不同个体及群体、不同区域及国家，又往往以自身利益为根本出发点，对灾害进行解构、重构与利用，进而形成了自己的话语体系，以便将灾害及救灾作为维护、争取自身利益的武器与契机，实现政治、经济、军事、文化等利益追求。这使灾害史学在更高的层面上、在中华民族共同体构建过程中具有了不可替代的价值，发挥着多维度的社会效应。

"灾害"又是一个复合的联结体，灾害与灾害治理、灾害救济并不是孤立存在或平行发展的，而是在灾害发生区域多维、立体地存在并相互联系着。灾害与灾害救济、灾后重建等行为，将不同阶层及地位的人在同一个时空内密切地关联、交集起来，正常有效的救灾可以稳定民心，使灾区的社会秩序迅速稳定，经济秩序及社会生活迅速恢复正常；某些特定地域的灾害救济措施，也可能对关联地域产生不同层面的影响，有时一些不切实际、不恰当的救灾措施，反而会加重灾害的损失，甚至导致二次灾害，造成不可逆的影响。因此，用灾害的视角去观察社会发展的内在关联，去揭开历史的表象及面纱，透视历史内在的"真实"面目，才能厘清灾害与人类社会诸多方面的关系与脉络，如政治、经济、交通、通信、思想、文化及社会心理等层面存在的错综复杂的关联，揭示历史发展中最为本质的内容，探索更接近真实、更细致的灾害及其治理机制，以及重建的历史场景，探究中国传统政治在灾害及其治理中发展、稳定的内在逻辑，凸显现当代防灾减灾救灾体系建设的必要性，这就赋予了灾害史研究为现实社会发展提供借鉴的实际价值及使命。

可喜的是，中国灾害史研究自诞生之时起，便始终担负着经世致用之责，无论是在灾害的时空分布与量化研究上，还是灾前预防、灾中赈恤以及灾后恢复重建的研究上，或是区域性灾害、单个灾种的研究及相关理论探讨上，都取得了对国家决策与社会发展具有重要支撑价值的成就，尤其是一些颇具借鉴价值的灾赈制度、救灾的实践措施的研究成果，成为某些地区突发性灾害救济的良好经验来源。

20世纪以来灾害史研究硕果累累，但研究思路及叙事框架无意识中形成了固有路径与模式。为突破灾害史研究的范式，学界同仁诸多探索及研究，跨学科方法的广泛运用，是灾害史研究打破既有路径依赖的突破点。在本次会议上，众多学者借鉴多学科研究的思路与方法，推动了灾害史研究向灾害与人、灾害与社会、灾害文化及跨学科研究的转向，开辟了灾害史研究的众多新领域，尤其是对灾害文化的研究，主题更为新颖、内容更为丰富、结论更凸显出人文关怀的现实价值。

中国疆域辽阔，横跨几个气候带，海岸线绵延万里，受太平洋季风及印度洋季风影响，地理位置处于亚欧板块及太平洋板块交界带上，是世界上受自然灾害影响最为严重的国家之一，历史上自然灾害种类复杂多样，灾害影响极为深远。中国自古就是一个多民族的国家，各民族在历史发展长河中的交往交流交融不绝如缕，求同存异，不断在构建中华民族共同体的历程中走向未来、创造出一个个辉煌的奇迹。各民族地区的灾害也对民族社会历史的发展造成了巨大的影响，严重制约着少数民族社会经济与文化的发展，各民族在与灾害做斗争的过程中，创造、传承了无数个内涵深远、内容丰富多样的优秀灾赈文化，尤其是那些为适应生境所形成的防灾减灾文化、灾后重建及恢复的地方性知识等具有鲜明民族特色的民族灾害智慧，无疑成为中华优秀传统文化中不可或缺的组成部分。

灾害文化作为灾害频发地区形成的地域共同体内所保有的文化意义上的安全保障策略，是在抵御、应对及防范、救治的灾害过程中逐渐形成、传承下来的，被不同区域及民族认可、遵循的灾害认知、灾害记忆、灾害思想、抗灾防灾避灾行为、灾害心理、灾害书写、救灾准则及制度建设、灾后恢复等，属于非物质文化遗产范畴的文化类型与符号。民族灾害文化是中华传统优秀文化的重要组成部分，是少数民族与自然灾害相伴求生过程中积累传承的文化遗产，已经在日常的防灾减灾避灾实践及生态环境保护中发挥了重要且积极的作用，在未来的文化适应及转型中，在中华优秀传统文化共同体的构建中，也必将焕发出新的、利国利民的光辉。

灾害与文化是相互关联的、不可分割的统一体，灾害促进文化的产生与发展，文化又能促进各地区防灾减灾避灾救灾措施的完善，促进灾区生态环境的改善与维护。通过从灾害文学史、灾害实录、历史荒政、灾害民俗、灾害艺术史中挖掘出的灾害文化信息，搜集整理散佚于民间的灾害文化信息，以实现灾害史研究的文化转向，既能突破灾害史研究的固有范式，开创新局面、引领新方向，也能促进国家与区域防灾减灾救灾文化体系的构建，更能发掘中华民族在交往交流交融中塑造出来的民族应灾智慧，增强各民族的共同体意识，增强其国家认同感，推进中华民族伟大复兴进程。故此，灾害史是一门典型的经世致用的学科，能将自然科学家所运用的科学方法及其理论所揭示的灾害规律，与社会科学家在史料及调研等基础上解析出的社会对灾害的反应相结合，更准确地揭示出灾害与社会之间的互动机制，促进更合理、更高效的灾害应对机制的建设，更好地服务于社会现实的需求。

肆虐全球的新冠疫情不仅是对中国及其他国家抗灾、救灾能力的考验，也促使人们对人与自然、自然与自然、人与人之间的关系进行重新反思，更是推动了灾害史研究者对不同类型的灾害及其社会影响进行学理层面的审思——反思以往和未来的灾害研究及其实践运用程度，自省学术研究在面对突如其来的大灾大难及未来诸多不确定性的因素时，如何更好、更有效地做到经世致用、防患于未然。因此，灾害史研究要充分发挥其现实关怀优势与特色，不仅要立足于人民至上、国家安全至上的原则，也要在具体的救灾实践中，探索、建设出一套具有中国传统救灾制度、经验及文化特色的灾害史理论体系，以推动中国综合防灾减灾的现代化体系建设的进程。还应高瞻远瞩，树立全球化意识，立足于人与自然之间的互动关系及人类命运共同体的意识，去看待、研究灾害，达到太史公"通古今之变"的史学研究境界，为全人类、全球健康稳定发展提供最优良的历史借鉴，实现习近平总书记提出的现代化灾害防范及救治体系的目标。

中国灾害防御协会灾害史专业委员会是全国从事灾害史研究的唯一学术团体，旨在团结全国有志于灾害史研究的学术力量，跨越自然科学和人文社会科学两大领域，以唯物史观为指导，崇尚科学精神，弘扬中华优秀传统，大力推进我国灾害史学研究和相关学科建设，并为推动国家防灾减灾事业、建设生态文明提供学术服务。中国灾害防御协会灾害史专业委员会坚持每年举办一届年会，老中青灾害史专家齐聚一堂，凭文参会，以文会友，进行高水平的学术研讨。中国灾害防御协会灾害史专业委员会一直重视对青年灾害史学者的培养，每届年会都设立青年论坛专场。年会后依托主办单位，选取优秀的原创性论文，请原作者认真修改，并结为文集，作为中国灾害防御协会灾害史专业委员会学术论丛的阶段性成果。本论文集的编纂出版，正是此学术计划的重要组成部分，同时也得到国家社会科学基金重大项目"中国西南少数民族灾害文化数据库建设"（17ZDA158）的支持，冀望不负初心，共同推进并深化灾害史研究的展开。

目 录

第四编　灾害文化与社会治理

第五编　历史上疫灾及其应对

第六编　历史视野下的新冠疫情调研

第一编

灾害时空分布与量化分析

六十年来西南地区气象干旱的气候环境变化
——西南旱涝形势变化的物理机制探讨综述

（中国灾害防御协会灾害史专业委员会）

一、南亚高压与西太平洋副热带高压年代际振荡作用

南亚高压，亦称"青藏高压"或"亚非季风高压"，系夏半年（5—9月）位于南亚对流层上部的反气旋环流系统，对中国西南地区夏季大范围旱涝分布及亚洲天气有重要影响。其活动中心5月位于中南半岛北部，6—9月主要位于青藏高原和伊朗高原上空。7—8月高压范围从非洲西岸（20°W附近）起，经印度洋、南亚到达西太平洋（160°E附近），成为100百帕高度上最强大、稳定的环流系统。南亚高压以其强度指数、面积指数、脊线指数和东伸指数来定义，而指数的变化，影响到中国南部的夏秋降水、旱涝形势的变化。1961—1999年，南亚高压面积指数经历了一个从持续减弱到持续增强的过程，转折点位于1977年。之后，该指数又持续增强，到1999年再突然转折，在2000年以后，经历了又一个持续减弱的变化，目前还没有看到这一次的逆向过程何时结束。与西太平洋副热带高压相比，两种系统的强弱指数、东伸指数和副高西伸脊点指数强弱趋势基本一致，具有年代际变化周期，其要素也相互基本同步。统计发现，拉尼娜年该高压脊线往往偏北，而厄尔尼诺年该脊线常偏南。当南亚高压脊线偏南时，中国夏季降水往往出现中间带多雨，南、北两头偏旱格局。故这个高压机制影响着南方，特别是西南地区降水气候的变化。

对于此系统，石文静、肖子牛、孙杭媛对20世纪50年代以来南亚高压和索马里急流的统计分析进行研究，给出了逐年夏季南亚高压强度指数和东伸指数的变化序列，并利用1951—2010年的美国国家环境预报中心（National Centers for Environmental Prediction）和美国国家大气研究中心（National Center for Atmospheric Research）再分析资料，统计分析了夏季索马里急流强度与夏季南亚高压的密切关系。在年代际尺度上，索马里急流与南亚高压存在显著的正相关关系，当索马里急流偏弱（强）时，夏季南亚高压偏弱西退（偏强东进），并且索马里急流与南亚高压的联系受到太平洋年代际涛动

基金项目：本文是2017年国家社会科学基金重大项目"中国西南少数民族灾害文化数据库建设"研究（项目编号：17ZDA158）的中期成果。原文刊载于《玉溪师范学院学报》2020年第6期，现有部分删节。

作者简介：徐海亮（1944—），江苏无锡人，中国灾害防御协会灾害史专业委员会原秘书长、教授级高级工程师，主要从事水旱灾害分析研究。

（Pacific Decadal Oscillations）的调制①。即南亚高压与西太平洋副高的年代际变化趋势、周期一致，两者同处于负位相时，华南与西南地区往往出现干旱灾害。21 世纪初的西南干旱趋势，与两者出现的负位相态势态环流形势相关联。

四川地区的几个分区旱涝形势，受到西太平洋副热带高压和南亚高压位置的南北变化、高原季风强弱影响。索马里急流对其邻近地区的大气环流和天气有显著影响，特别与非洲东岸和印度西海岸降水关系十分密切。急流继续向东传递，到达孟加拉湾地区遂构成印度西南季风，对印缅地区和我国西南地区汛期旱涝有明显的影响，有时甚至是决定性的影响。

1951 年以后，太平洋副热带高压也经历了从持续减弱到持续增强的年代际变化周期。1951—1976 年为减弱阶段，1977 年以后为增强阶段。新的转折点在 1999 年，之后又逆转处于减弱阶段。与上述南亚高压的年代际变化相应。特别是，中国西南地区在副热带高压减弱阶段，出现了干旱化的趋势。当夏季副热带高压脊线偏北时，北方大部地区和江南南部、华南偏涝；相反，当夏季副热带高压脊线位置偏南时，北方大部、江南南部和华南降水偏少，容易出现干旱，如 1954 年、1969 年、1980 年、1983 年、1987 年、1989 年、1991 年。

南方的干旱化趋势与南北旱涝形势的逆转有关。研究证明中国北方的干旱化趋势与太平洋海温的年代际异常有关，特别是与太平洋年代际涛动存在显著的位相对应关系②。杨修群等人发现华北降水的年代际变化与太平洋年代际涛动存在着密切关系；马柱国和邵丽娟的研究揭示了过去 100 年华北地区的年代尺度干旱与太平洋年代际涛动的位相存在很好的对应关系，即太平洋年代际涛动的暖位相对应着华北的干旱时段，反之亦然。而东亚夏季风从 1975 年以后存在一个减弱的趋势，这种减弱趋势导致向北输送水汽减弱，形成了较长一个时期以来北方持续干旱化的趋势，而东亚夏季风的这一减弱时段也正好与太平洋年代际涛动的暖位相对应。1976—2000 年，当太平洋年代际涛动处于暖位相时，我国东部呈现并维持"南涝北旱"的分布格局，华北地区持续干旱，而南方则是持续的多雨时期；当太平洋年代际涛动处于冷位相时，对应华北的相对多雨时期，而南方则为少雨干旱时期。图 1 给出了 1901—2016 年太平洋年代际涛动指数的变化曲线，其中粗实线为 9 年滑动平均曲线。可以看出，约在 2000 年以后，太平洋年代际涛动由暖位相转换为一个冷位相，中国南方原来的偏涝局面也就被偏旱趋势代替。

从图 1 可知，南方地区大致在太平洋年代际涛动的正（暖）位相则处于偏涝阶段，在太平洋年代际涛动的负（冷）位相则处于偏干旱阶段，易出现重大、连续的干旱灾害。西南地区一半多国土处于长江流域上游，回顾过去长江的丰枯变化，在某种意义上，也就蕴含了西南地区的旱涝变化。

另一个关联指标是南太平洋年代际涛动。马柱国等人研究发现南太平洋年代际涛动

---

① 石文静，肖子牛，孙杭媛：《索马里急流与南亚高压年代际变化的可能联系》，《大气科学》2017 年第 3 期。

② 马柱国等：《关于我国北方干旱化及其转折性变化》，《大气科学》2018 年第 4 期。

在年代际尺度上不仅与华南地区降水异常存在显著的负相关关系，而且还与东北及华北地区降水异常存在显著的正相关关系。当南太平洋年代际涛动处于正位相时，东北及华北地区降水异常偏多，而华南地区降水异常偏少，可能形成"北涝南旱"的降水分布形势，反之则形成"北旱南涝"的降水分布形势。一个世纪以来的旱涝变化，恰好印证了与南太平洋年代际涛动变化的这种关系，如图 2 所示。

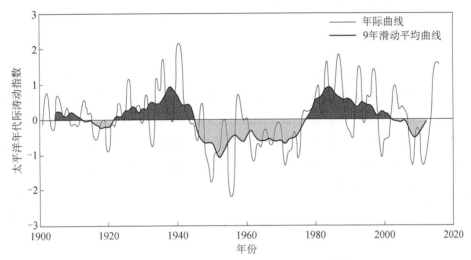

图 1　1901—2016 年太平洋年代际涛动指数的变化图

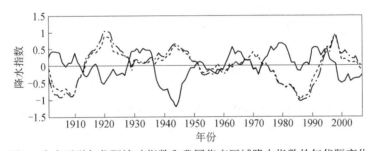

图 2　南太平洋年代际涛动指数和我国华南区域降水指数的年代际变化

对照华南和西南地区的干旱过程，在南太平洋年代际涛动正位相时，华南和西南地区则可能出现干旱化趋势；相反，南太平洋年代际涛动处于负位相时，华南和西南易出现偏涝局面。

二、秋季干旱的环流背景，冬季风、气温和降水关系分析

秋季干旱和冬季风效应已引起特别的关注。沙天阳等人利用 1961—2010 年美国环境预报中心和美国国家大气研究中心再分析资料与全国 753 站月平均降水资料，研究我国西南地区东部秋季干旱的环流特征及其成因。他们发现西南地区东部秋季降水存在减少趋势，其线性趋势系数达到每 10 年−5.2 毫米。沙天阳等人认为：

西南地区东部秋季降水存在明显的年际和年代际变化。其中，年代际变化主要表现为，在20世纪80年代中后期，降水存在由多转少的突变；降水量年际变化则与苏门答腊—西太平洋和热带东太平洋的海温分布存在很好的关系。当苏门答腊—西太平洋和东太平洋海温呈现"＋－"异常分布时，引起大气热源的异常，加强哈德莱环流，同时，在南海及孟加拉湾附近激发出异常气旋性环流，而西南地区东部则处于南海气旋性环流外围异常偏北气流控制，削弱了孟加拉湾的水汽输送，从而造成西南地区东部的干旱。①

张顾炜等人则以类似思路采用1961—2012年中国气象局753站降水和温度资料、美国国家环境预报中心和美国国家大气研究中心再分析资料、美国国家海洋和大气管理局（National Oceanic and Atmospheric Administration）海表温度资料等，应用观测统计分析和美国国家大气研究中心发布的全球大气环流模式CAM5.1数值模拟，基于标准化降水蒸散指数（Standardized Precipitation Evapotranspiration Index，简称SPEI），对我国西南秋季干旱的年代际转折及其可能原因进行了分析。其西南地区秋季气温与降水变化成果如图3所示：

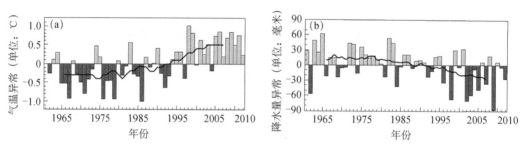

图3 1961—2012年西南地区秋季气温距平与降水距平变化分析直方图

注：（a）为1961—2012年西南秋季气温距平（实线为11年滑动平均值）；（b）为1961—2012年西南秋季降水距平

显然1961—2012年整个西南地区秋季气温呈持续升高态势，降水则呈现持续下降趋势。明显的转折发生在20世纪90年代。分析结论是：

（1）西南秋季干旱……随着气候变暖呈加重趋势。西南秋季SPEI在1994年发生年代际突变，其中1961—1993年为偏涝期，1994—2012年为偏旱期，与该区气温和降水的突变时间一致，1994年以后西南地区秋季气温升高、降水减少、干旱加重。

（2）西南秋季偏旱期主要环流特征是，西太平洋副热带高压位置偏西、面积偏大、强度偏强，南支槽偏弱，西南地区存在下沉运动。

（3）观测分析和数值模拟结果均表明，热带东印度洋—西太平洋的海表温度年

---

① 沙天阳，徐海明，邹松佐：《中国西南地区东部秋季干旱的环流特征及其成因分析》，《大气科学学报》2013年第5期。

代际升高对西南秋季1994年后的年代际干旱具有重要作用。该关键海区夏季和秋季海表温度年代际升高，会引起秋季西南地区500hPa高度场升高，西太平洋副热带高压位置偏西，面积偏大以及南支槽减弱，有利于西南地区发生干旱。①

此外，中国科学院大气物理研究所刘扬和刘屹岷进一步从多个物理机制上分析了西南地区东、西部综合秋季干旱机理：

> 西南东部降水主要与热带海温异常有关，受低纬度环流影响。当赤道东太平洋为暖海温异常，热带印度洋为西正东负的偶极子型海温异常时，会分别激发出西北太平洋反气旋和孟加拉反气旋，共同向西南东部输送水汽，造成该地区降水偏多。
>
> 西南西部降水则较复杂，秋季三个月份的降水分别与不同的环流形势对应，中高纬系统的影响随季节的推进而增强。9月西南西部降水主要受热带系统影响，由中南半岛反气旋输送的暖湿气流决定。10月是过渡季节，受高原以东反气旋环流和孟加拉湾低槽共同影响。11月，中高纬系统成为影响西南西部降水的控制系统，西南西部降水与北半球SCAND（斯堪的纳维亚——引者注）遥相关存在显著的负相关，当斯堪的纳维亚遥相关为负（正）位相时，西南西部降水偏多（少）。
>
> 已有研究表明，云南和四川南部（即本文的西南西部地区）为西南干旱的频发和强度中心地区，而西南东部和北部干旱程度相对较轻。②

西南地区秋季降水量占年降水量的比重也达到20%以上，仅次于夏季，高于春季和冬季。而且近50年来，秋季干旱加重的趋势更明显。秋季连接夏季和冬季，是降水由多转少的过渡季节，连接本来就降水稀少的冬季，很容易产生秋冬季连旱，如2009/2010年西南大旱就是从2009年秋季开始的。③

三、西南干旱化与冬季风、北极涛动变化的关系综述

我们在跟踪每一年的旱涝形势变化实践中，关注冬半年的局势和发展，它上接秋季，下联次年春，除了冬季本身具有的干寒背景外，它也深刻地影响着来年春夏季南北旱涝格局。

一个阶段以来，主流舆论总在渲染出现了暖冬，把许多天气异常归咎于暖冬；实际上，暖冬仅是区域性的，仅是一定时段的。黄荣辉等人利用我国测站等资料，分析了我国冬季气温和东亚冬季风在20世纪90年代末所发生的年代际跃变特征及其动力成因。分析结果表明："从20世纪90年代末之后，我国冬季气温和东亚冬季风发生了明显的

①　张顾炜等：《西南地区秋季干旱的年代际转折及其可能原因分析》，《大气科学》2016年第2期。
②　刘扬，刘屹岷：《我国西南地区秋季降水年际变化的空间差异及其成因》，《大气科学》2016年第6期。
③　刘扬，刘屹岷：《我国西南地区秋季降水年际变化的空间差异及其成因》，《大气科学》2016年第6期。

年代际跃变。从 1999 年之后，随着东亚冬季风从偏弱变偏强，我国冬季气温变化从全国一致变化型变成南北振荡型（即北冷南暖型），并由于从 1999 年之后我国北方冬季气温从偏高变成偏低，故冬季低温雪暴冰冻灾害频繁发生，同时，我国冬季气温和东亚冬季风年际变化在此时期从以往 3—4a 周期年际变化变成 2—8a 周期；并且，结果还表明了东亚冬季风此次年代际变化是由于西伯利亚高压和阿留申低压的加强所致。"①20 世纪末的"暖冬"，实际上针对的是华北的冬季升温和冬季风诸现象。到 21 世纪初，华北的暖冬现象一再被连续的寒冬打破。即冷暖南北振荡的新貌出现了北方偏寒冷、南方偏温暖的现象。

黄荣辉等人指出："中国冬季气温在 1988 年前后和 1999 年前后发生了明显年代际跃变。这两次中国冬季气温的年代际跃变的特征有明显不同，发生在 1988 年前后的年代际跃变的特征是中国北方（包括东北、华北和西北）出现持续暖冬现象；而发生在 1999 年前后的年代际跃变的特征是中国北方先出现冷暖相间现象，特别从 2008 年之后出现持续偏冷现象，而我国西南、华中和华南出现偏暖现象。"②

研究者还发现："若把 1999—2012 年期间与 1976—1987 年期间冬季 AO（北极涛动——引者注）指数相比，则 1999—2012 年期间冬季 AO 指数远不如 1976—1987 年期间冬季 AO 指数的负值。因此，1999—2012 年期间的 EAWM（东亚冬季风——引者注）远不如 1976—1987 年期间冬季风强。"③即在 1988 年之前，冬季北极涛动对冬季风和温度、降水的影响，应该更为强烈一些。

诚然，以上研究目前还可能只是一个非主流学派的认识，21 世纪初的季风、副高、冬季冷暖、南北冷暖的对立性变异，尚未引起多数气象和灾害工作者注意。国家气候中心的梁苏洁等人通过分析，强调了 20 世纪的一次突然变暖发生在 20 世纪 80 年代（时间在 1986—1987 年），并认为是 20 世纪以来增暖最强的一次，尽管有关分析也可以从东亚冬季风环流场中发现，其不仅影响着中国冬季气温一致变化型的年代际波动，而且再从各物理因子分析，也影响了"冬季气温南北反相振荡型的变化，这从一个方面解释了 20 世纪 80 年代和 20 世纪 90 年代北方变暖较强及最近十年北方降温趋势较为明显的原因"。但是，梁苏洁等人认为："近些年，我国冬季大范围的冰冻雨雪和寒潮大风天气频发，如 2007/2008 年冬季和 2012/2013 年冬季，尽管近些年的冬季气温偏低，但这仍未改变冬季气温继续变暖的整体趋势。由此可见，1960/1961—2012/2013 年这 53 个冬季的气温变化是整体变暖的趋势上叠加有年代际波动。"④

对于这两种十分有趣的差异性见解，可能需要根据南方，特别是西南地区现已发生的干旱现象和未来走向加强深入研究，来判断气候系统振荡变化的趋势和偏差幅度，以

①　黄荣辉等：《20 世纪 90 年代末东亚冬季风年代际变化特征及其内动力成因》，《大气科学》2014 年第 4 期。
②　黄荣辉等：《20 世纪 90 年代末东亚冬季风年代际变化特征及其内动力成因》，《大气科学》2014 年第 4 期。
③　黄荣辉等：《20 世纪 90 年代末东亚冬季风年代际变化特征及其内动力成因》，《大气科学》2014 年第 4 期。
④　梁苏洁等：《近 50 年中国大陆冬季气温和区域环流的年代际变化研究》，《大气科学》2014 年第 5 期。

及可能发生可逆变化的程度和其时间尺度。

董仕、肖子牛主要从北极涛动变化对东亚冬季表面温度的影响做了分析研究[①]。北极涛动，即北半球中纬度地区（约北纬45度）与北极地区气压形势差别的变化，代表北极地区大气环流的重要气候指数。北极通常受低气压系统支配，而高气压系统则位于中纬度地区。当北极涛动处于正位相时，这些系统的气压差较正常强，限制了北极地区冷空气向南扩展；当北极涛动处于负位相时，这些系统的气压差较正常弱，冷空气较易向南侵袭。因跟踪旱涝形势变异，一些学者也注意到北极涛动指数变化对中国冬、夏半年天气的影响，以及对北美和欧洲冬季恶劣天气的影响。董仕和肖子牛利用1950—2013年美国国家环境预报中心和美国国家大气研究中心再分析资料与哈德莱中心的海表面温度资料，统计分析这一影响，并认为："冬季 AO 正位相时，东亚大槽减弱，西伯利亚高压减弱，低层风场异常偏南，东亚冬季风减弱，东亚冬季风区温度升高，而负位相时情况相反。"这一现象，我们在21世纪以来逐年冬—春的北极涛动指数跟踪中已发现其与华北气温、来年夏季南北降水多寡的某种关联。简单地说，这种较为极端的现象出现在2000—2001年冬春、2002—2003年冬春、2004/2005/2006年春夏、2008年春、2009年夏秋、2009—2010年冬春夏、2010—2011年冬春夏、2012—2013年冬春夏、2014年秋冬、2016年秋冬、2017年冬季、2018年冬季……21世纪初大致出现了秋冬、冬春西南地区偏旱，而来年的华北、东北夏秋降雨较为丰沛。

一些学者认为北极涛动作为北半球中高纬度重要的大气环流遥相关型，对热带外地区温度和位势高度影响显著，会导致北半球中高纬度地区多种极端天气事件的发生。冬季北极涛动负异常时，北半球中高纬度地区易发生阻塞天气，导致寒潮、强风、低温等极端天气。上述2000年以来多次在冬春季发生的北极涛动负位相，与华北寒冬、华南西南暖冬（干旱）相关联。同时，也有学者注意到当年欧美中高纬度发生较广范围的极寒和暴雪天气。尽管东亚没有出现欧美的极寒，但与东亚比较，北极涛动与冬季风对北半球北部的正向影响效果普遍是显著的。

最近30多年北极涛动指数变化显示，不少北极涛动处于负位相季节时与西南干旱相呼应。

我们已经就云南省的冬春干旱提到这个问题，并且有人提出："AO 为负位相时云南高温少雨，易出现春旱，有利于极端干旱的发生。"[②]

此外，徐志清和范可认为：

全印度洋海温异常年际变率的主导模态特征是在南印度洋副热带地区海温异常呈现西南—东北反向变化的偶极子模态，西极子位于马达加斯加以东南洋面，东极子位于澳大利亚以西洋面；同时，热带印度洋海温异常与东极子一致。当西极子为正的海温异常，东极子、热带印度洋为负异常时定义为正的印度洋海温异常年际变

---

① 董仕，肖子牛：《冬季北极涛动对东亚表面温度的持续异常影响》，《应用气象学报》2015年第4期。

② 郑建萌等：《云南极端干旱年春季异常环流形势的对比分析》，《高原气象》2013年第6期。

率模态；反之，则为负的印度洋海温异常年际变率模态。从冬至春，印度洋海温异常年际变率模态具有较好的季节持续性；与我国长江中游地区夏季降水显著负相关，而与我国华南地区夏季降水显著正相关。其可能的影响过程为：对于正的冬、春季印度洋海温异常年际变率模态事件，印度洋地区异常纬向风的经向大气遥相关使得热带印度洋盛行西风异常，导致春、夏季海洋性大陆对流减弱，使夏季西太平洋副热带高压强度偏弱、位置偏东偏北，造成华南地区夏季降水增多，长江中游地区降水减少；反之亦然。①

显然这一组物理因子（冬季—春季印度洋海温年际变化），也间接地影响着我国华南和西南的夏季降水，其冬春季处于负位相时，春、夏季海洋性大陆对流加强，来年夏季西太平洋副热带高压强度偏强、位置偏西偏南，夏季我国华南、西南地区就可能出现干旱趋势的迅猛发展。

四、青藏高原大气热源、大气环流旱涝急转及干旱灾害风险的综述

（一）青藏高原大气热源变化对南方旱涝的影响

作为地球的第三极，青藏高原冬春积雪的增减变化是长江和华南/华北降水多寡时空变化的重要驱动因子。冬季高原多雪，夏季副热带高压位置偏南，雨带位置偏南；冬季高原少雪，夏季副热带高压位置偏北，雨带位置也偏北。陈兴芳等人先后对此做出系列的观察监测资料分析和机理研究。②近60年，特别是2000年以前，青藏高原及附近地区春夏季大气热源持续减弱，高原积雪出现年代际增加，尤其是春季积雪，自1977年出现由少转多的突变，但在2000年之际，出现由多转少的突变。积雪面积和积雪深度的下降，意味着驱动东亚降水变异的青藏高原大气热源出现减弱。青藏高原冬春季积雪的升降和长江流域夏季降水正相关，而与华南/华北则反相关，西南地区作为长江流域的上源，青藏高原积雪和热源的增减，也直接影响西南地区夏季降水的多寡，且春季积雪比冬季积雪的影响更大。可见，1977年后的南旱北涝、华南与西南相对偏湿，2000年后转为北涝南旱，华南与西南相对干旱化，与青藏高原大气热源的年代际变化也几乎一一对应。

过去，通常以青藏高原位势高度场强度的概念来分析春夏旱涝形势的环境场。1951—1967年，青藏高原位势主要处于正距平状态，1968—1987年主要处于负距平，1988年以后再处于上升态势，主要为正距平，显然也有位相正负的年际变化。青藏高原位势高度偏高时，有利于夏季西太平洋副热带高压偏北、偏西，东亚季风偏强，夏季容易出现北方型雨型。但这里的位势场与高原积雪指数之间尚未指出一一对应关系的突

① 徐志清，范可：《冬季和春季印度洋海温异常年际变率模态对中国东部夏季降水的可能影响过程》，《大气科学》2012年第5期。

② 卢敬华，李国平，赵敏芬：《青藏高原冬春季积雪与长江黄河流域汛期降水等级的相关分析》，黄荣辉等：《我国旱涝重大气候灾害及其形成机理研究》，北京：气象出版社，2003年。

变时间和"强弱"的类同指标。

段安民等人也比较了青藏高原积雪和地表热源影响东亚和南亚夏季降水的异同。结果表明："东亚夏季降水在年际和年代际尺度上均存在'三极型'和'南北反相'型的空间分布特征，高原春季地表热源在年代际和年际尺度上主要影响东亚夏季降水'三极型'模态；在年代际尺度上它是中国东部出现'南涝北旱'格局的重要原因，而高原冬季积雪的作用相反。"①西南地区邻近青藏高原，是青藏高原前缘地带，尽管我们看到比较多的探讨是青藏高原积雪指数与来年夏季华北与长江径流变化的比较，但它对西南地区的旱涝影响则是非常直接，而又是极其微妙的（图4）。

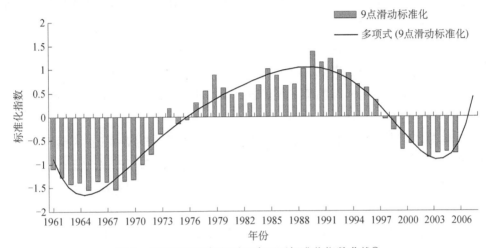

图4　青藏高原逐年积雪深度距平标准化指数曲线②

李永华等人则对1959—2006年西南地区东部20个测站逐日降水量资料与美国国家环境预报中心和美国国家大气研究中心再分析资料进行研究，他们不但分析了夏季青藏高原大气热源特征，而且指出了影响西南地区东部夏季旱涝的热源关键区域，并就关键区大气热源对该区域夏季旱涝的影响进行了诊断。得出了以下结论：

> 西南地区东部夏季降水与高原主体东南部的热源变化关系密切，当该区域（该区域的平均大气热源值定义为热源指数）大气热源偏强时，西南地区东部夏季降水偏多的可能性大。当夏季青藏高原关键区大气热源值偏强（偏弱）时，西太平洋副高和南亚高压脊线位置偏南（偏北），东亚夏季风偏弱（偏强），出现有利于西南地区东部夏季降水偏多（偏少）的环流形势；同时西南地区东部夏季水汽输送增强（减弱），水汽辐合上升运动也增强（减弱），因此，该地区夏季降水容易偏多（偏

①　段安民，肖志祥，王子谦：《青藏高原冬春积雪和地表热源影响亚洲夏季风的研究进展》，《大气科学》2018年第4期。

②　宋燕等：《青藏高原积雪年代际变化及对中国夏季降水的影响》，《高原气象》2011年第4期。

少），出现洪涝（干旱）的可能性大。①

　　同时，他们还提出该热源指数"在 20 世纪 60 年代中期以前偏弱，而后至 90 年代前期偏强，之后到 2006 年总体偏弱。热源明显偏强的年份依次有 1998 年、1974 年、1969 年、1997 年、1991 年、1987 年、1980 年、1978 年和 1970 年；热源明显偏弱的年份依次有 2003 年、1961 年、2001 年、2002 年、1960 年、1959 年、2004 年、2006 年和 1994 年。"②在后一序列基本上西南地区都发生了干旱灾害。

　　显然，青藏高原东南部出现积雪面积和厚度减少后，即高原反射到大气环流的热源值偏弱时，西南地区东部（川渝黔和滇东）基本上都发生了重大或严重的区域性干旱。这一热力原则，不仅仅是适用于传统认识的中国东部地区，且西南数省、市也非偏居西部一隅与此毫无关联，它在高原热源动力机制年际年代际变化这一点上，几乎完全属于长江流域。况且它就仰卧在青藏高原之下，受到青藏高原热源的影响。

　　此外，还有学者认为地球的第三极青藏高原与北极涛动发生关系，且认为它提前调节和驱动着北极涛动的活动。

　　对于青藏高原大气热源和西太平洋副热带高压的关系，以及对于西南地区旱涝天气的影响，齐冬梅等人也指出："夏季东部青藏高原大气热源和川渝盆地夏季气候关系密切。……当夏季东部青藏高原大气热源偏弱时，西太平洋副热带高压位置偏北，四川盆地东部及重庆地区垂直上升运动较弱，导致夏季容易发生高温干旱。"③对于这个问题，我们可以将逐年气象水文实况和当年冬春季青藏高原东部积雪状况（积厚、雪量、降雪与积雪时间等）加以比照并建立关系。索琳、宋燕、肖天贵的最新研究表明："通过讨论青藏高原积雪与 AO、东亚冬季风之间所具有的显著的滞后相关关系，发现在高原积雪偏多时期，AO 处于正位相，东亚冬季风偏弱，并且结合 2012/2013 年冬季高原积雪偏少、北极涛动负位相以及东亚冬季风偏强的观测事实证实了这个结论，认为青藏高原积雪异常超前调节北极涛动的异常和东亚冬季风的强弱。"④

（二）西南地区的旱涝急转对干旱化的影响

　　在 20 世纪 70 年代华北地区的夏季旱涝变化的防洪抗旱实践中，常会遇到一种旱涝急剧转变的局面，即初夏旱、伏旱（七下八上）与洪涝迅至的急遽转换，或者在进入雨季、后汛期中突然遭遇初夏旱、伏旱的偏湿—偏干的急遽转换。水旱两种极端天气系统向其对立面急遽地转换，也同样发生在南方西南地区。

　　孙小婷等人也注意到类似的年内、年际突变现象："利用 1961—2015 年中国 567 站

---

① 李永华等：《夏季青藏高原大气热源与西南地区东部旱涝的关系》，《大气科学》2011 年第 3 期。

② 李永华等：《夏季青藏高原大气热源与西南地区东部旱涝的关系》，《大气科学》2011 年第 3 期。

③ 齐冬梅，李英，李跃清：《夏季青藏高原东部大气热源变化特征及其与川渝盆地夏季气候的关系分析》，《2009 年高原山地气象研究暨西南区域气象学术交流会论文集》，内部资料，2009 年。

④ 索琳，宋燕，肖天贵：《青藏高原积雪对太阳活动的响应及放大机制研究进展》，《气候变化研究快报》2019 年第 2 期。

逐日降水资料，定义了一个西南地区夏季长周期旱涝急转指数，结果表明：1961—1970年夏季旱转涝多于涝转旱，1971—1980年夏季涝转旱年较多，1981—2000年旱转涝与涝转旱年相当，21世纪初以来，指数又呈现出负值的趋势，涝转旱年偏多。"①显然，这一年代际的转换与上述系列物理指数的年代际变化有某种类似之处。可见，在20世纪60年代，处于旱期遭遇涝年转换机遇较多，20世纪70年代的涝期和雨季转换为干旱机遇较多。而在南方总体偏涝的20世纪80年代、20世纪90年代，两类可逆的变换机遇相当。到21世纪，偏涝时期转换为干旱阶段的机遇偏多了。这也是21世纪以来干旱化加剧的一个原因。

孙小婷等人的研究还显示："对大气环流异常特征的合成分析表明，在西南地区夏季旱转涝年的旱期，西太平洋副高偏西、偏强，中高纬环流纬向运动较强，高空西风带偏强，冷空气不易南下，垂直场上表现为下沉运动，不利于西南地区降水；而旱转涝年的涝期，中高纬环流的经向运动增强，乌拉尔山以东的槽加深，东亚沿岸脊加强，西风带偏弱，在垂直场上表现为上升运动，有利于西南地区降水增多。涝转旱年，大气环流情况相反。"②换句话说，在西南地区出现夏季涝转换为旱年的涝期，西太平洋副热带高压偏东、偏弱，中高纬向运动较弱，高空西风带偏弱……。孙小婷等人的研究也注意到："在西南地区夏季旱涝急转的旱期，来自孟加拉湾和南海的水汽输送异常偏弱，该地区亦处于水汽辐散区，不利于降水产生。"③

这种年代际变化的尺度，大致与中国南北旱涝变化和上述一些大范围环境物理指数年代际变化的尺度相类似，促使回顾加深了这一认识：西南地区是属于长江流域和南方类型的。因此，21世纪以来西南的干旱化，不仅仅在于秋季、冬春季的降水出现偏少趋势，也在于在雨季和汛期，偏洪涝阶段向偏干旱阶段的急剧转换。其中自然有大气环流变化的背景，如宏观的气候环境场的相反位相，似乎已经决定了年内、年际转换趋势。今后可进一步逐年跟进对比。

（三）干旱灾害风险格局分析

韩兰英等人依据灾害系统理论，利用遥感、气象和地理信息数据与技术建立包含致灾因子危险性、孕灾环境脆弱性、承灾体易损性和防灾减灾能力可靠性4个因子的风险指数和模型，"建立农业干旱灾害综合风险评估模型，在GIS（地理信息系统——引者注）平台下计算了干旱灾害综合风险指数。结果表明：西南地区干旱灾害风险格局模式具有明显的地带性和复杂性，全区并不一致，高风险区主要位于四川盆地和云贵川三省

① 孙小婷，李清泉，王黎娟：《我国西南地区夏季长周期旱涝急转及其大气环流异常》，《大气科学》2017年第6期。

② 孙小婷，李清泉，王黎娟：《我国西南地区夏季长周期旱涝急转及其大气环流异常》，《大气科学》2017年第6期。

③ 孙小婷，李清泉，王黎娟：《我国西南地区夏季长周期旱涝急转及其大气环流异常》，《大气科学》2017年第6期。

交界处，北部高于南部，东部高于西部，从西南到东北依次增加"①。

该分析认为：

> 西南地区有两个干旱灾害致灾因子高危险性区域：四川西北部和云南中部。西南地区干旱灾害致灾因子危险性与气候带和地势空间分布基本一致，西部高于东部，北部高于南部，自西北向东南逐渐降低。在寒温带半湿润区的四川西北部、中亚热带湿润区的云南中南部和东北部与贵州交界处为中—高危险性区；中亚热带湿润区的四川南部、贵州西北部和云南中北部为中—次高危险区；重庆、贵州中东部和云南西南部为低—次低危险区。在边缘热带湿润区的云南南部和西南地区东部亚热带湿润区的危险性最低。……当干旱灾害综合风险指数低的时候，西南地区的干旱灾害风险从东到西是不同的，最高的风险区在四川东南、重庆西北东部和云南东部，低风险主要分布在四川和云南西部、贵州南部。然而，当干旱灾害综合风险指数高时，最高风险区在四川东南和重庆西北东部，低风险主要分布在四川和云南西部、贵州南部。②

这一风险分区的分析，与柳媛普等人针对气候变暖前提下，利用全国基准基本站地面气温、降水资料，美国国家环境预报中心和美国国家大气研究中心土壤湿度资料及各类经济数据，采用加权综合评价法对西南地区干旱灾害风险因子进行分析的结果有所类同："四川和云南致灾因子危险性较高，气候变暖后四川东南部、云南和贵州西部危险性增加；西南地区中部到东南部成灾环境敏感性较高，气候变暖后四川东部、贵州及云南东部敏感性增加；承灾体易损性主要分布于西南中东部地区，人口密度、经济密度、耕地面积比重越高的地区易损性程度越高；四川中部、云南东北部、贵州南部及重庆西部防灾减灾能力较高。西南地区干旱灾害风险最高区域为云南东部、四川东部、贵州西部及重庆大部分地区；气候变暖后四川东南部、云南西部危险性明显增加。"③这种灾害风险区划的科学成果，可为今后的防灾减灾规划提供一定程度的参考和科学依据。

五、余论

西南地区是我国多个少数民族和汉族同胞世代居栖的地区。由于区位特征，西南地区也是我国多种自然灾害——地震、泥石流、山崩、酷旱、洪灾、高低温、山火、霜冻、雪灾、冰雹、台风、瘟疫、病虫灾害和海洋灾害发生最频繁的边疆地区。严酷的环境条件、频发的自然灾害，在西南少数民族世居先民的文化和心理中，在民俗和生活、生产方式里，以及在社会建构和经济发展中，都打下了深深的烙印，影响或决定着今后

---

① 韩兰英等：《中国西南地区农业干旱灾害风险空间特征》，《中国沙漠》2015年第4期。
② 韩兰英等：《中国西南地区农业干旱灾害风险空间特征》，《中国沙漠》2015年第4期。
③ 柳媛普等：《气候变暖背景下西南地区干旱灾害风险评估》，《自然资源学报》2018年第2期。

这一区域的社会发展。本文仅仅是对西南地区干旱化这一最常见灾种进行了历史的回顾与梳理，归纳和分析，综合陈述了几十年来，特别是最近 20 年来的干旱灾害环境的实际变化和科学研讨，并认为诸如水旱这样最常见的自然灾害，是认识和研究西南边疆灾害文化不可或缺的一个基础。

（1）以上所有对于云南和西南诸省市区的干旱历史和趋向的分析，基于最基本的气象干旱的实测数据和大气环流各物理要素的监测分析，基本上未去触及社会系统的气象水文干旱和农业干旱的分析。所以，仍限于气候振荡变化中自然因素变动的层面。

然而干旱应当包含更为丰富和复杂的因子，聚类而言，气象、水文、农林业、社会经济等方面的干旱，水文、农业和经济建设，都蕴含了极为庞杂的人文活动参与和正反两方面的干旱后效。中央民族大学周琼教授在其《环境史视野下中国西南大旱成因刍论——基于云南本土研究者视角的思考》一文里，从社会系统和经济发展的角度，揭示和阐述分析了近年来云南和西南地区致旱的各类因子。她认为：

> 2009—2013 年持续五年的西南大旱的原因备受关注。除官方认为的西南地理地形特殊、全球气候变化及水质污染、湿地退化、原始森林破坏等原因外，西南及东南亚雨林的大面积破坏萎缩、民族生存方式及文化传统的内地化、历史生态破坏后果持续性累积的长期效应影响、现当代政策及其经济利益驱动致使生物物种单一化、物种入侵等造成西南生态系统的变异和根本性破坏等因素，应当是导致、延长西南旱灾最致命、最根本的原因。西南旱灾的形成既与自然规律及自然界的异常变动相关，也与历史上的移民及随之而来的汉民族的生存、生活方式在民族地区的渗透扩张，以及明清王朝的经济、政治开发导致的生态破坏及其生态系统失衡引发的生态危机等密切相关，更是云南及东南亚地区热带雨林大面积毁灭引发的生态危机导致的结果，也是现当代西南乃至东南亚地区为了发展经济，赶走原始森林而种植橡胶、桉树及其他经济林木，导致区域植被种类单一、生态系统脆弱，也给入侵物种创造了机会，削弱了自然本身的协调抗灾能力。对旱灾区域进行分析不难发现，旱灾最严重的地区就是森林破坏及水土流失现象最严重的地区。因植被破坏、水土流失、土地石漠化加剧和水文地质环境的改变，才使当地涵养水源的生态能力减弱而演变为一场巨大的人为灾难。①

这是本文没有去探讨和研究的重要人文系统方面。毕竟，作为人类感知的自然灾害，它是自然和社会双重因素交叉、叠加与互为促进和反馈的。即便是我们通常说的"纯"自然的气象和气候变化，实际上也蕴含着人类活动与人地关系的非常态影响，在工业社会之后已经深深地打上人类活动的印迹。

① 周琼：《环境史视野下中国西南大旱成因刍论——基于云南本土研究者视角的思考》，《郑州大学学报》（哲学社会科学版）2014 年第 5 期。

　　周琼教授提出的这个"刍论",谈到的仅是诸如东南亚热带雨林的大面积毁坏、边疆民族生存思想及模式的长期内地化是旱灾的根源、现当代加重旱灾的人为原因(如国家政策主导下的全局性的、跨区域的毁林行动,经济利益驱使下区域生态环境的恶化,人为其他活动在客观上加剧了旱灾后效)。但她提出的问题给予本文探讨以重要的启示。笔者认为除降水等气象及其变化机制的研究外,还需要加强近40年来区域和流域水文变化、土地结构变化、经济建设导致的大幅度的微地貌变化、农业作物结构和耕作方式变化、林业结构变化,即钱学森提出的地球表层学问题——人类技术经济变化大幅度改造地球表层与干旱环境发展演化的关联研究,需要科学地研讨城市化、交通、能源、制造业等发展变化,它们在多大的广度与深度上改变着"夜郎之区"——"天无三日晴"的贵州为何出现降水减少局面?人类影响气候环境(含局地气候)的干旱后效有什么?是什么?会怎么样?需要分门别类地对各种自然与人类活动的环境贡献进行分析,才能得出科学结论。

　　(2)即便在气象干旱研究领域内,本文不吝篇幅曾大量列举了在国家、西南、川滇渝黔桂范围内的各种分析,所采用的干旱界定的各种指标——温度、降水量、降水量距平、年度降水距平、标准降水蒸散指数、相对湿润度、标准化降水指数等,但各种方法各有所侧重,很难以一概十,放之西南各省市之局部地理条件和各时间尺度皆准,所以是各种相对的判析方法。干旱研究仍在不断探讨尽可能客观描述干旱程度的量化指标(指数)。不过在本文综述的这些指数指示下,干旱化的趋势可以定性,且可以发现并指出突变变化。在考虑大气环境变化的物理机制上,本文也列举了夏季西太平洋副热带高压、南亚高压、太平洋年代际涛动及其强度指数、南太平洋年代际涛动、索马里急流、海面温度、冬季风强度、北极涛动及其指数、高原积雪及高原热源指数、斯堪的纳遥相关等等,不过这些都不是唯一的机理性解释,本文举例仅仅是陈述一种分析见解,给人文学人提供一种借鉴思路,而非终极性的干旱研究方法。在天气预测和后评估的实践中,发现不存在包答百问的方法,有时一些机理之间不一定是完全互洽和可洽的,不同年代和不同地域,有的机理的后效甚至可能是冲突的。在环境场这个巨大的黑箱后面,人们目前尚难确认每一机理对于气候环境巨大黑箱产出之一——降水变化的量化直接贡献。毕竟大气环流和气候环境的变化,还存在人们尚未认识的太多问题,有较大程度的不确定性,还有更多的物理机制可以尝试引进研究中,目前不知晓哪些机制之间的相互融通,对于解释云南和西南地区的干旱物理背景更为妥切。我们这里尚未尝试引进的物理机理和环境场,比如高原季风指数、高原位势场强度、北半球极涡、中纬度阻塞高压、越赤道气流、印度低压、南亚季风、西南季风、南方涛动、南极夏季冰盖指数、台风、大地冷涡、海面温度变化中拉尼娜与厄尔尼诺现象、太阳活动、东亚遥相关与斯堪的纳遥相关等等。在云南和川渝干旱问题上,有文章分析当地的干旱与海面温度的关系,印度洋一百多年来海温的持续上升,对川滇地区的气候环境影响究竟如何。如琚建华和陈琳玲对云南50年降水变化与尼诺3区海面温度关联研究,发现在拉尼娜年,云南初夏降水容易出现偏多，而秋季降水容易出现偏少，在年际降水稳定情况下，出现雨季发生前移的可能，导致季节性干旱的年内变化，甚至有明显的年代际特征，如 20 世纪 70 年代中期到 80 年代末期。[①]

（3）气候要素年代际变化的转换节点。探讨非常关注气候环境演化转变的突变点。本探讨所列举的多种分析都尽可能对此做出判定。如贵州干旱时空（1991，2001），川滇（T1997，W1999），西南地区温度（1986），南亚高压（1977，1999），东亚夏季风（1977，1999），西南季风 SPEI（1994），冬季温度指数（1988，1999），北极涛动（1976，1988，1999，2012），高原位势（1968，1988），高原积雪（1976，1999），中国气温（1988，1999），云南气温（1986），昆明天气（T1992，W1994），云南 SPEI（1997），全国修正的帕尔默干旱指数（2001），太平洋年代际涛动（1944/1945，1966/1977，2000/2001）。多数计算据称通过诸如高斯低通滤波分析或其他分析，及其 M-K 检验，达到 0.05 信度。尽管不同的气候因子或不同统计时段、不同的计算平台可能存在合理的和精度的误差，但以上突变年度，存在可进一步观察的规律性，说明一些因素和趋势，具有宏观的时间的关联性。1976/1977 年和 2000/2001 年，是最重要的转折年度。相对于全国，西南地区则存在演化的同一性，也可能某些因素存在略有地区特征的偏移。

由于宏观天气系统发生转折性变动，存在诸如旱涝、冷暖、干湿现象的局地对换，存在更为宏观的气候物理参量从某一相位向其矛盾冲突对立相位的转化，从而启示我们在认识气候环境的振荡中，需要遵循自然哲学和自然辩证法的原则，遵循万物变动的自然法则。在我们熟知的极端旸旱中，大气环流重新调节着水汽通量和它的变化形态，正蕴含着对立相位灾害现象的能量积聚，干旱程度越强烈，系统转折后来临的暴雨洪涝灾度也越为巨大。

（4）基于中国西南及其不同省区市多年实测气温、降水资料、美国国家环境预报中心和国家大气研究中心再分析数据，以及一些气候中心资料，笔者采用多种方法对不同尺度温度和降水长序列的变化进行分析，认为 20 世纪 60 年代以来，西南地区总体趋于温度上升、降水量下降，气象向干旱化发展。近 60 年来，气温和降水的变化，发生了一些重大转折和突变。笔者采用诸如 Mann-Kendall 法、滑动 t 检验、高通滤波、Morlet 小波周期分析以及 Hurst 指数等方法检验，认为气候环境变化的转折点一般在 1976/1977 年和 2000/2001 年，21 世纪以来干旱化程度加剧。

（5）西南地区的温度和干旱趋势变化，和全国一样，受制于系列气候环境物理场中各种物理机制的影响，其中夏季西太平洋副热带高压、南亚高压、太平洋年代际涛动、南太平洋振荡、索马里急流、海面温度、北极涛动、青藏高原积雪及高原热源变化机制可能是最重要的方面。且这些重大环流系统都出现从某时段的物理状态向其对立状态的

---

① 琚建华，陈琳玲：《ENSO 对云南地区降水影响的年代际变化》，《热带气象学报》2003 年第 2 期。

转化，即位相转变，并直接影响旱涝形势转化。

（6）从各区域旱涝变化与物理机理关系，以及胡焕庸线的走向看，西南地区的降水旱涝特征基本属于胡焕庸线以东的地区，相对遵从东部季风气候区的总体规律；西南地区旱涝演化与华南地区存在相当大的关联性，它毕竟也属于南方大气环流的机制影响的毗邻地区。60 年来的旱涝变化历史基本如此；只是西南与华南的干旱化有不小的差异性，21 世纪以来尤甚。

（7）西南地区气象干旱化问题，这里仅仅是结合了 20 世纪 90 年代以来部分文论和分析成果，并未全面地进行综合陈述。研究还需要结合各种分析方法（如干旱指数、物理机制），进行多维度（如水文干旱、农业干旱、社会经济后效）深入探讨。西南地区的干旱化和降水量多寡有关，以四川西部、云南中部趋重，即寒温带半湿润区的四川西北部，中亚热带湿润区的云南中南部、东北部与贵州交界处为中—高危险性区，但干旱最高风险度区域为云南东部、四川东部、贵州西部及重庆大部分地区。干旱灾害发生季节，以春、夏、秋季为重。

（8）西南地区持续增温和降水持续减少的气候变化，尤其是自 20 世纪 60 年代以来干旱化趋重的事实，启示人们需要基于气候环境变化，特别关注未来西南的气候变化走向，从而对城市乡村发展规划、各产业发展规划、水利规划和减灾抗灾规划的制定做出科学判断，加强人们对西南干旱灾害的科学共识，建设和强化各级政府的长期应对机制，加强灾害文化教育，引导社会普遍关心与投入。

（9）应该看到尽管经历了 1960 年以来的一个甲子的反复观察、分析，尤其是通过仪器逐日监测到了旱涝两相的可逆式变化，我们也在不断思考和归纳，但人类不能低估气候变化的复杂性，我们不能局限于对某场次性旱涝或年次性旱涝的认识，乃至年代际变化过程来轻易研判气候变化。因为，天文与气候有着多个时间尺度的周期变化和振荡，呈现给人类的气象，仅仅是多个不同尺度的旱涝灾害周期振荡的叠加复合体，我们不能局限于西南地区业已认识到的年际或年代际的变异，也不能局限于某些时兴的认识或舆论而轻易做出结论。

研究需要继续面向未来。

清光绪初年山西极端干旱事件重建与分析

李　哲　吕　娟　屈艳萍　张伟兵　苏志诚　马苗苗

（中国水利水电科学研究院；水利部防洪抗旱减灾工程技术研究中心）

一、研究背景

极端干旱是指发生范围广、持续时间长、受灾特别严重的干旱灾害事件。极端干旱事件在中国历史上多次发生，例如明末崇祯大旱和清光绪初年大旱，不仅造成农业减产、经济损失严重、人口锐减，甚至引发社会动荡、朝代更迭[1]。近年来，全球气候变化异常，局地性或区域性干旱灾害事件频繁发生并不断加剧，未来连季性、连年性的大范围极端干旱事件发生概率增大[2]。当前，我国已有的抗旱相关法规、规划、标准和政策还未考虑大范围、长历时极端干旱事件的发生[3]。在现有的社会经济发展状况下，一旦发生类似历史时期的极端干旱事件，将对我国粮食安全、饮水安全和生态安全造成严重威胁，后果不堪设想。因而，开展历史典型极端干旱的重建研究，对于应对现在或未来可能出现的干旱巨灾，提前制定防灾备灾战略及政策具有重要的现实意义。

近年来，我国学者基于自然证据和历史文献资料开展了一系列的历史旱涝序列重建研究。田沁花等人利用圆柏木年轮资料重建了祁连山中部地区公元1480年以来8月至次年7月份的年降水序列[4]。姚檀栋等人利用古里雅冰芯分析了过去400年的降水变化规律[5]。姜修洋等人基于福建省将乐县的洞穴石笋资料，研究了该地区近500年的降水变化[6]。基于自然证据的重建方法延长了历史旱涝灾害序列长度，能反映大范围、长时间尺度的气候及干湿变化情况，但往往存在时空分辨率低、空间代表性不足、与旱涝事件年内变化大不相符等问题。我国历史文化悠久，丰富的历史文献记载为研究历史时期的降水变化提供了大量的代用资料。汤仲鑫基于历史资料记载的灾情严重程度，提出旱涝

基金项目：国家重点研发计划资助项目（项目编号：2017YFC1502404）；中国水利水电科学研究院团队建设及人才培养类项目（项目编号：JZ0145B752017）。

作者简介：李哲（1994—），男，硕士研究生，主要从事干旱及其灾害研究；吕娟（1964—），女，教授级高级工程师，主要从事抗旱减灾、水利史等研究。

① 屈艳萍等：《中国历史极端干旱研究进展》，《水科学进展》2018年第2期。
② 张建云等：《气候变化对水文水资源影响研究》，北京：科学出版社，2007年。
③ 屈艳萍等：《中国历史极端干旱研究进展》，《水科学进展》2018年第2期。
④ 田沁花等：《祁连山中部近500年来降水重建序列分析》，《中国科学：地球科学》2012年第4期。
⑤ 姚檀栋，焦克勤，杨梅学：《古里雅冰芯中过去400a降水变化研究》，《自然科学进展》1999年第12期增刊。
⑥ 姜修洋等：《最近500年来福建玉华洞石笋氧同位素记录及气候意义》，《地理科学》2012年第2期。

等级重建旱涝序列的方法，重建了河北保定地区近 500 年的旱涝序列①。郑斯中等人基于历史旱涝灾情记录及概率统计方法原理，提出了湿润指数法，重建了中国东南地区近 2000 年来的湿润状况②。张家诚等人基于历史旱涝灾害记录，将受洪涝灾害的县次数和遭受旱灾的县次数的差值作为指标，构建了旱涝县次法，重建了 1401—1900 年中国东部地区的旱涝状况③。基于历史文献资料的旱涝重建方法为研究历史长时期的旱涝变化状况提供了事实依据，极大地推进了历史旱涝灾害事件研究的发展，但历史文献中的旱涝灾害记载多为定性描述，往往不能定量地反映典型旱涝事件的灾情状况。一些学者基于《晴雨录》《雨雪分寸》等记载详细、覆盖范围广、量化程度高的雨雪档案利用定量反演法进行降水重建并取得了明显进展。中央气象局研究所基于《晴雨录》重建了北京地区的 1724—1904 年降水量④。张德二、王宝贯利用南京等地的《晴雨录》资料，采用多因子逐步回归的方法，重建了 18 世纪南京、苏州等地的降水序列⑤。葛全胜、郑景云、郝志新等人在自然降水入渗实验的基础上，利用清代《雨雪分寸》等高分辨率资料，基于土壤物理入渗模型和水量平衡原理，提出了将降水入渗深度转换为直接降水量的方法，重建了黄河中下游地区、长江中下游以及江淮流域近 300 年的降水序列⑥。在此基础上，有专家学者针对清光绪初年的历史典型极端干旱事件开展了一些研究，张德二、梁有叶基于历史资料复原了 1876—1878 年干旱发生、发展的动态过程⑦。满志敏利用历史赈灾记录，复原了 1877 年北方大旱的空间分布，探讨了此次极端事件的气候背景⑧。张伟兵、谢永刚基于《雨雪分寸》的记载，利用与现代实测降水资料比较换算的方法（即按雨雪分寸值的 1/3 来计算），重建了山西省 1875—1878 年降水量，分析了干旱的时空演变规律⑨。对于历史典型干旱事件的研究，比较换算的方法是由定性描述向定量分析典型干旱的一次尝试，对于历史资料的定量重建工作具有参考意义。郝志新等人基于水量平衡原理和土壤物理入渗模型的降水重建方法为进一步探索历史典型干旱事

① 汤仲鑫：《保定地区近五百年旱涝相对集中区分析》，中央气象局研究所：《气候变迁和超长期预报文集》，北京：科学出版社，1977 年。

② 郑斯中，张福春，龚高法：《我国东南地区近两千年气候湿润状况的变化》，中央气象局研究所：《气候变迁和超长期预报文集》，北京：科学出版社，1977 年。

③ 张家诚，张先恭，许协江：《中国近五百年的旱涝》，国家气象局气象科学研究院：《气象科学技术集刊（4）》，北京：气象出版社，1983 年。

④ 中央气象局研究所：《北京 250 年降水（1724—1973）》，北京：中央气象局研究所，1975 年。

⑤ 张德二，王宝贯：《用清代〈晴雨录〉资料复原 18 世纪南京、苏州、杭州三地夏季月降水量序列的研究》，《应用气象学报》1990 年第 3 期。

⑥ 郝志新：《黄河中下游地区近 300 年降水序列重建及分析》，中国科学院 2003 年博士学位论文；郑景云，郝志新，葛全胜：《山东 1736 年来逐季降水重建及其初步分析》，《气候与环境研究》2004 年第 4 期；郑景云，郝志新，葛全胜：《黄河中下游地区过去 300 年降水变化》，《中国科学：地球科学》2005 年第 8 期；葛全胜等：《1736 年以来长江中下游梅雨变化》，《科学通报》2007 年第 23 期；郝志新等：《1876—1878 年华北大旱：史实、影响及气候背景》，《科学通报》2010 年第 23 期。

⑦ 张德二，梁有叶：《1876—1878 年中国大范围持续干旱事件》，《气候变化研究进展》2010 年第 2 期。

⑧ 满志敏：《光绪三年北方大旱的气候背景》，《复旦学报》（社会科学版）2000 年第 6 期。

⑨ 张伟兵，谢永刚：《1875—1878 年山西旱情分析》，郝平，高建国主编：《多学科视野下的华北灾荒与社会变迁研究》，太原：北岳文艺出版社，2010 年。

件的定量分析提供了更为科学、合理的方法①。

我国学者在历史旱涝重建方面的研究成果显著，针对历史典型极端干旱的研究也取得了创新性进展，为科学、定量地重建历史典型干旱事件提供了较好的借鉴。本文在已有降水重建方法的基础上，考虑极端干旱背景下的降水特点及研究区不同区域的土壤特性做了一些改进，定量重建光绪初年（1875—1878 年）山西省 95 个县区的季、年降水量，研究极端干旱事件的时空演变过程，以期为当地应对现在或未来可能出现的极端干旱事件提供事实依据。

二、研究区域与资料收集概况

山西省位于华北平原西侧的黄土高原，属温带大陆性季风气候，年平均降水量介于 400—600 毫米。受季风和地理因素影响，降水时空分布不均，雨热同期，加之土地贫瘠，沟壑纵横，水土流失严重，干旱灾害发生频繁，据山西省气象民政部门统计，旱灾在受灾程度和成灾程度上均居各种灾害之首②。历史上，山西曾发生多次典型极端干旱事件，例如明崇祯年间和清光绪初年的特大旱灾，给当地百姓带来了深重的灾难③。近年来，社会经济发展迅速，城市化进程加快，人口增加，使得当地水资源更为紧缺，所面临的旱灾风险更为严峻。

研究资料包括清光绪初年（1875—1878 年）逐月的雨雪分寸记录、现代农业气象站测得的气象记录和土壤含水量观测记录三部分。其中雨雪分寸记录来源于中国水利水电科学研究院水利史研究所珍藏的清宫档案副本，包含了光绪年间山西省各州府 101 个县 1875—1878 年每次降水的雨雪分寸记录。现代仪器测量气象数据包括山西省各县 1956—2000 年的多年平均降水数据。土壤含水量观测数据为山西省介休、隰县、河曲、晋城、安泽、万荣、灵丘、太谷、汾阳等 12 个农业气象站 1998—2008 年 0—50 厘米土层的土壤含水量观测值。参照 2000 年山西省县级行政区划，对比古今县治名称，整理出 95 个县区的数据，绘制降水重建站点分布图。

三、基于历史文献资料的干旱事件定量重建方法

（一）雨雪档案记载的量化处理

本文搜集整理的雨雪分寸记录为光绪元年至光绪四年（1875—1878 年）山西省总督、巡抚、布政使等高级官员按月整理汇总的各州县逐次降水记录清单（表1），其记载形式以定量记录为多，记载各府所属县逐次降水的时间、降雪的厚度或降雨在农田的

---

① 郝志新：《黄河中下游地区近 300 年降水序列重建及分析》，中国科学院 2003 年博士学位论文；郑景云，郝志新，葛全胜：《山东 1736 年来逐季降水重建及其初步分析》，《气候与环境研究》2004 年第 4 期。
② 山西省水利厅水旱灾害编委会：《山西水旱灾害》，郑州：黄河水利出版社，1996 年。
③ 谭徐明：《近 500 年我国特大旱灾的研究》，《防灾减灾工程学报》2003 年第 2 期。

入渗深度。经过我们整理发现，收集的山西省雨雪分寸档案定量化程度高（定量记录约占全部记录的 98% 以上），覆盖范围广（涵盖山西省各府所属 101 县），数据连续性完整，可信度较高，为降水的定量重建工作提供了便利。为方便整理，我们将每次降水过程的日期转换为公历年日期。对于定量记录的降水过程，直接统计该次降水的雨、雪分寸数。对少量定性描述的降水过程，据雨量状况折算成雨雪分寸数，如降水"深透""透足"，则折算为 7 寸。按月份将每次降水记录的雨雪分寸累加，得到各县逐月的总雨雪分寸数。

表 1　山西省雨雪档案记载示例

上奏人：山西巡抚鲍源深　　奏报日期：光绪元年三月初十（1875/04/15）省份：山西
《光绪元年正月份所属各州县报到得雪日期寸数开缮清单》

太原府属：阳曲县正月十三至十四日得雪二寸；太原县正月初四日得雪一寸，十三日得雪一寸；榆次县正月初四日得雪二寸；太谷县正月初四日得雪二寸，十三日得雪二寸；徐沟县正月初四日得雪二寸，十三日得雪三寸；文城县正月初四日得雪一寸，十三日得雪二寸；文水县正月初四日得雪二寸，十三日得雪二寸；祁县正月十五日得雪一寸

平阳府属：临汾县正月初四日得雪一寸；浮山县正月初三至初四日得雪一寸；太平县正月十二至十三日得雪二寸；岳阳县正月十九日得雪二寸；曲沃县正月十三日得雪二寸；翼城县正月十三日得雪一寸；宁乡县正月二十三日得雪一寸；
……

注：因篇幅有限，仅截取太原府和平阳府雨雪分寸记录

（二）重建方法及过程

1. 降雨量重建

水量平衡是水循环的内在规律，水量平衡方程则是水循环的数学表达式，依据不同水循环类型可建立不同的水量平衡方程。降雨过程是水循环的重要环节，依据水量平衡原理及每次降雨过程可构建基于降雨、入渗、蒸发和径流的地表水量平衡数学方程式：

$$P_r = F + E + R \tag{1}$$

式中：P_r、F、E、R 分别为降雨量、入渗量、蒸发量和径流量。

水量平衡的基本原理和降雨过程的地表水量平衡方程是降水量重建的理论基础，依据研究目的，考虑研究时段背景及区域特性，使得重建方法更具科学性与合理性。

（1）入渗量的计算。"雨雪分寸"是某次降水入渗后，土壤干湿交界处与地面之间的距离[1]，与基于毛管理论的 Green-Ampt 土壤入渗物理模型中的湿润锋（即土壤干湿交界层的位置）基本一致[2]。因而，借助 Green-Ampt 土壤入渗物理模型可重建降雨入渗量，即

$$F = \left(\theta_s - \theta_i \right) \times \rho \times Z_f \tag{2}$$

式中：θ_s 为土壤饱和含水量；θ_i 为前期土壤含水量；ρ 为土壤容重；Z_f 为入渗深度（即雨雪分寸）。

---

[1] 郝志新：《黄河中下游地区近 300 年降水序列重建及分析》，中国科学院 2003 年博士学位论文。

[2] 雷志栋，杨诗秀，谢森传：《土壤水动力学》，北京：清华大学出版社，1988 年。

（2）前期土壤含水量的确定。由 Green-Ampt 土壤入渗物理模型表达式可知，前期土壤含水量、土壤饱和含水量和土壤容重是影响降雨入渗量的主要参数。为便于研究，假定研究区内近 150 年（19 世纪 70 年代至今）的土壤特性基本不变，研究时段内的土壤物理特性参数可用现代农业气象站观测值来代替（表 2），其中，土壤饱和含水量是由田间持水量推算而来的，一般情况下，田间持水量约占饱和含水量的 70%[①]。现代农业气象站点布置具有较好的代表性，但站点数目有限，部分县区的土壤参数可用相邻站点代替。前期土壤含水量的取值参考文献[②]的方法对土壤含水量进行分层、分级处理，将 0—50 厘米的土层分为 0—20 厘米和 20—50 厘米两层，以 15%、20%、30%、20%、15%的分布频率将各站点 1998—2008 年各月土壤含水量的实测值分为五个等级（图 1）。其中，1 级表示该月土壤湿润，即土壤含水量多；5 级表示该月土壤干燥，即土壤含水量少；3 级表示该月土壤含水量与多年平均值相当；2 级和 4 级分别表示偏湿和偏干。计算出 0—20 厘米和 20—50 厘米土层各月不同级别土壤含水量的平均值，将其作为研究站点该月降雨入渗过程的前期土壤含水量。据清宫档案、《山西水旱灾害》等资料记载[③]，清光绪初年（1875—1878 年）山西省极端干旱事件"实为历史上罕见的严重灾害"，全省多地出现"大旱，民饥""寸草不生""赤地千里"等情形，随着旱情的加剧，已达到"饿死盈途""人相食"的地步。据此，我们认为 1875—1878 年由于降水短缺，土壤含水量明显低于多年平均值，同时考虑旱情的演变过程，将 1875—1878 年土壤含水量分成偏干年和干燥年两级，其中 1875 年为 4 级（偏干年）、1876 年为 4 级（偏干年）、1877 年为 5 级（干燥年）、1878 年为 4 级（偏干年）。与现代农业气象站分频率得到的各月对应级别的土壤含水量平均值对照，作为 1875—1878 年不同等级年下各月份降雨入渗过程的前期土壤含水量。需要说明的是由于山西大部分地区的耕作层土壤在冬季（12 月—2 月）存在明显的封冻期，其间大多数站点在冬季不进行土壤含水量观测。同时，山西冬季降水以降雪为主，降雨出现的概率较小，且降水占全年总降水量的 2%—3%，入渗深度一般不超过 20 厘米，故其深层土壤冬季含水量不予计算。将整理好的月雨寸总数，即月累积入渗深度代入式（2）即可求出逐月的降雨入渗量。

表 2　现代农业气象站各站点土壤物理参数

站点	深度（厘米）	容重（克/立方厘米）	田间持水量（%）	饱和含水量（%）	站点	深度（厘米）	容重（克/立方厘米）	田间持水量（%）	饱和含水量（%）
运城	0—20	1.43	21.9	30.0	安泽	0—20	1.41	19.4	28.5
	20—50	1.48	20.3	29.0		20—50	1.55	17.1	26.0

① 郑景云，郝志新，葛全胜：《山东 1736 年来逐季降水重建及其初步分析》，《气候与环境研究》2004 年第 4 期。

② 郝志新：《黄河中下游地区近 300 年降水序列重建及分析》，中国科学院 2003 年博士学位论文；郑景云，郝志新，葛全胜：《山东 1736 年来逐季降水重建及其初步分析》，《气候与环境研究》2004 年第 4 期。

③ 山西省水利厅水旱灾害编委会：《山西水旱灾害》，郑州：黄河水利出版社，1995 年；谭徐明主编：《清代干旱档案史料》，北京：中国书籍出版社，2013 年。

续表

站点	深度（厘米）	容重（克/立方厘米）	田间持水量（%）	饱和含水量（%）	站点	深度（厘米）	容重（克/立方厘米）	田间持水量（%）	饱和含水量（%）
临汾	0—20	1.43	21.1	30.0	万荣	0—20	1.32	21.7	28.0
	20—50	1.45	21.9	30.0		20—50	1.42	20.9	28.0
介休	0—20	1.31	29.8	38.0	灵丘	0—20	1.44	19.5	27.9
	20—50	1.39	30.0	38.0		20—50	1.46	18.5	26.4
隰县	0—20	1.32	19.3	28.0	太谷	0—20	1.41	23.2	32.0
	20—50	1.35	19.4	28.0		20—50	1.60	21.5	31.0
河曲	0—20	1.32	14.6	20.9	长治	0—20	1.18	26.9	36.0
	20—50	1.50	12.0	20.0		20—50	1.37	26.3	36.0
汾阳	0—20	1.34	24.3	34.7	太原	0—20	1.31	29.8	35.0
	20—50	1.51	22.8	32.6		20—50	1.39	30.0	35.0
忻州	0—20	1.31	23.7	33.9	晋城	0—20	1.22	23.8	34.0
	20—50	1.42	25.0	33.3		20—50	1.48	22.8	31.7

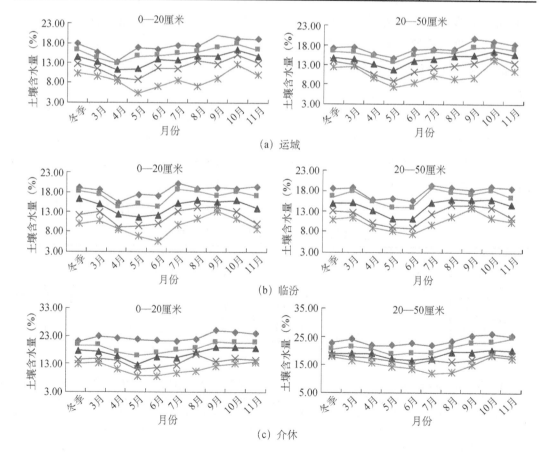

(a) 运城

(b) 临汾

(c) 介休

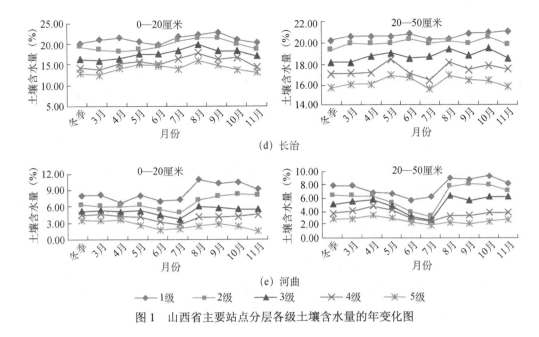

图1 山西省主要站点分层各级土壤含水量的年变化图

（3）降雨量的计算。在降雨过程中，空气湿度大，蒸发量相对较小，可忽略不计。因而对于每次降雨过程，由公式（1）可知降雨量近似等于径流量与入渗量之和。研究表明[1]，降雨量与入渗量之间存在一定的数量关系，即降雨量近似等于入渗量与径流系数之比，降雨量的计算公式可简化为：

$$P_r = F / \beta \qquad\qquad (3)$$

式中：P_r 为月降雨量；F 为月入渗量；β 为入渗系数，入渗系数大小与降雨强度、土壤质地等有关，可通过实验获得。

山西省土壤质地多为砂土和壤土[2]，相关实验表明[3]，在沙壤地区的雨季，降雨强度 p 与入渗系数 β 存在以下关系：

$$p \leqslant 0.5\text{毫米} / \text{分}，\quad \beta = 0.84；$$
$$1.0\text{毫米} / \text{分} \geqslant p > 0.5\text{毫米} / \text{分}，\quad \beta = 0.72；$$
$$p > 1.0\text{毫米} / \text{分}，\quad \beta = 0.46$$

式中的降雨强度 p 分别与区域自然降雨的中小雨、大雨和暴雨相对应。郝志新以山西省太原、临汾、长治等地为代表站点，统计分析了 1981—2000 年 6—9 月的降雨类型，结果显示，6 月和 9 月，降雨以小、中雨为主，7 月和 8 月，降雨以小、中、大雨为主。考虑到研究时段内的降水短缺，地表和土壤水不足，为便于研究，认为每次降雨全部入渗，即 $\beta = 1.0$。至此，即可得到逐月的降雨量，近似等于月入渗量。

2. 降雪量的计算

清代雨雪档案中的雪分寸与现代农业气象站的观测记录方法一致，可直接利用降雪

① 刘昌明，任鸿遵主编：《水量转换实验与计算分析》，北京：科学出版社，1988 年。
② 山西省土壤普查办公室，山西省土壤工作部：《山西土壤》，北京：科学出版社，1992 年。
③ 左大康等主编：《华北平原水量平衡与南水北调研究文集》，北京：科学出版社，1985 年。

量和积雪深度之间的转换关系重建历史时期的降雪量[1]，其关系式为：

$$P_s = H_s \times \rho_s \tag{4}$$

式中，P_s 为降雪量；H_s 为月降雪累积深度，即雪分寸；ρ_s 为雪密度。

参照我国《建筑结构荷载规范（GB50009—2012）》（以下简称《规范》）中对不同地区平均积雪密度的划分，华北及西北地区平均积雪密度可取 0.13 克/立方厘米[2]。莫华美在基于雪压的统计建模和取值研究中计算出的山西地区平均降雪密度为 0.12 克/立方厘米，稍低于《规范》中建议值 0.13 克/立方厘米，进一步验证了《规范》中地区平均积雪密度的合理性和代表性[3]。戴礼云、车涛利用气象测站的地面雪深和雪压数据分析得出的山西地区降雪密度与《规范》中建议的雪密度数值基本一致[4]。因而，取山西省的平均降雪密度为 0.13 克/立方厘米，利用公式（4）即可求出月降雪量。

将 1875—1878 年逐月的降雨和降雪量相加，便可重建出各站点 1875—1878 年逐季、年的降水量。对研究时段内各月份按季节进行划分，3—5 月为春季、6—8 月为夏季、9—11 月为秋季、12—次年 2 月为冬季。

四、重建结果与分析

（一）降水重建结果对比分析

图 2 为 1875—1878 年 95 个站点的降水重建结果，各站点之间降水量差异较大，且平均降水量呈逐年减少趋势，1877 年降水量最为短缺，全省平均降水量不足 200 毫米，至 1878 年，降水量明显增多，全省平均降水量大于 300 毫米。张伟兵、谢永刚基于清宫档案雨雪分寸资料，利用与现代实测降水资料比较换算的方法（即按雨雪分寸的 1/3 来计算），重建了山西省 1875—1878 年各县区逐季、年降水量。逐年对比 95 个对应站点的年降水量，重建值与比对值的变化趋势基本一致（图 3），总体差值比小于 20%，其中 1876—1877 年差值相对较小，差值比为 15%；1875 年和 1878 年较大，差值比小于 25%，原因在于降水重建过程考虑到前期降水量对降水入渗量的影响，而比较换算法只是将数值进行直接换算[5]。结果表明，基于水量平衡原理和土壤物理入渗模型的降水重建方法更具科学性、合理性，且具有一定的物理意义。山西省水文总站利用清宫档案分析整理出 1876—1877 年 9 个地市的年降水量（表 3），为便于验证分析，基于降水重建结果，他们利用泰森多边形及面积加权法计算出山西省 11 个地市 1876—

---

[1] 郝志新：《黄河中下游地区近 300 年降水序列重建及分析》，中国科学院 2003 年博士学位论文；郑景云，郝志新，葛全胜：《山东 1736 年来逐季降水重建及其初步分析》，《气候与环境研究》2004 年第 4 期。

[2] 葛全胜等：《1736 年以来长江中下游梅雨变化》，《科学通报》2007 年第 23 期。

[3] 莫华美：《我国基本雪压的统计建模与取值研究》，哈尔滨工业大学 2016 年博士学位论文。

[4] 戴礼云，车涛：《1999—2008 年中国地区雪密度的时空分布及其影响特征》，《冰川冻土》2010 年第 5 期。

[5] 张伟兵，谢永刚：《1875—1878 年山西旱情分析》，郝平，高建国主编：《多学科视野下的华北灾荒与社会变迁研究》，太原：北岳文艺出版社，2010 年。

1877 年的逐年降水量①。对比表明，重建结果与山西水文总站整理的降水量基本一致，1876 年各站点平均差值比为 13%，1877 年为 10%，其中降水量最大差值为 52.1 毫米，最小为 0.3 毫米。

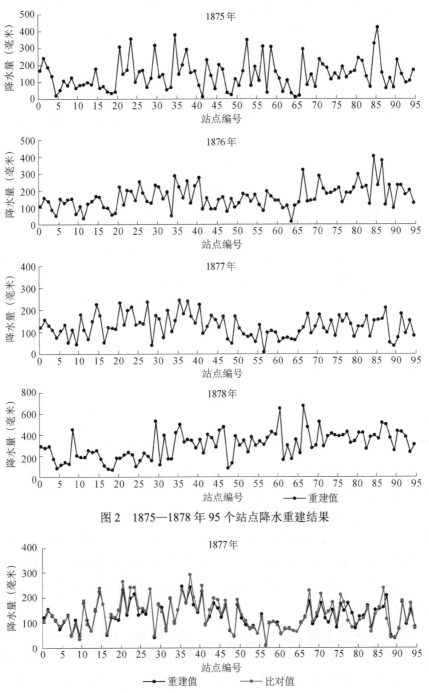

图 2　1875—1878 年 95 个站点降水重建结果

图 3　降水重建结果与基于比较换算方法重建结果对比（以 1877 年为例）

---

① 山西省水利厅水旱灾害编委会：《山西水旱灾害》，郑州：黄河水利出版社，1996 年。

表3　1876—1877年山西省9地市降水重建结果与山西水文总站整理的降水量对比①

（单位：毫米）

值	年份	雁北	忻州	太原	晋中	吕梁	临汾	运城	晋东南	晋城
参考值	1876	113	159	249	156	176	145	242	221	217
重建值	1876	107	152	204	126	158	145	190	170	190
参考值	1877	95	146	193	123	129	67.5	107	153	122
重建值	1877	102	144	175	109	162	86	113	134	113

（二）历史极端干旱事件时空演变规律分析

（1）降水距平百分率（PA）。降水距平百分率是用于表征某时段降水量较常年偏多或偏少的指标之一，能直观地反映降水短缺引起的干旱，计算公式为：

$$PA = \frac{P - \overline{P}}{\overline{P}} \times 100\% \tag{5}$$

式中：PA为降水距平百分率，%；P为某时段的降水量，毫米；$\overline{P}$为同期降水量的多年平均值，毫米。

我们以季节为尺度计算各县降水距平百分率，并绘制了干旱程度分布表。其中，干旱指标阈值和等级的设定参考国家气象干旱等级标准②，详见表4。

表4　季尺度降水距平百分率干旱等级划分表

PA（%）	干旱等级
−25<PA	无旱
−50<PA<−25	轻旱
−70<PA<−50	中旱
−80<PA<−70	重旱
PA<−80	特旱

（2）干旱时空演变规律。从1875年春季开始，干旱程度由全省中部向四周加重，除中部地区无旱外，其他地方为轻旱和中旱；进入夏季，降水量大幅减少，全省范围内干旱加剧，南部地区较北部地区干旱严重，为重旱等级，西部和中东部地区出现大范围特旱；秋季，干旱中心向北部地区转移，西北部地区干旱严重，南方大部分区域为中旱等级；冬季，西北和西南地区降水增多，干旱中心转移至中东部地区，出现大面积特旱。1875年全省性中旱和重旱，部分区域出现特旱，夏秋持续性严重干旱，中东部长治、晋中等地区干旱尤为严重。

1876年春季，降水量增多，旱情得到缓解，全省范围干旱等级为中旱和轻旱，干旱中心范围缩小至中部地区；夏季，降水大幅减少，出现全省性重旱，西北部和中南部部分地区出现特旱，部分县降水异常，出现局部特旱现象；秋季，中部和南部地区旱情

---

① 满志敏：《光绪三年北方大旱的气候背景》，《复旦学报》（社会科学版）2000年第6期。

② GB/T 20481—2017，气象干旱等级。

缓解，为中旱，干旱中心转移至北部，其中，忻州和大同东部旱情尤为严重，大部分区域为特旱。进入冬季，降水量较多，年平均值明显增大，全省范围内干旱等级为无旱，仅西南运城部分区域为轻旱和中旱。

1877 年春季，降水接近多年平均值，大部分地区干旱等级为轻旱和无旱，干旱中心位于长治地区；夏季来临，降水量骤减，严重偏离多年平均值，全省性重旱和特旱，南部干旱较北部严重，大部分地区特旱；降水持续短缺，秋季，全省范围内特旱，旱情最为严重；冬季，降水增多，全省大范围旱情得到缓解，运城地区降水低于多年平均值，部分区域为轻旱和中旱。

1878 年，全省范围内降水明显增多，接近于多年平均值。春季，大同部分地区为特旱和重旱，其他区域为无旱和轻旱，局部特旱现象明显；夏季，北部地区降水较少，出现大范围中旱；秋季，中东部地区出现小范围的特旱和重旱；冬季，干旱中心由中东部转移至大同东部地区，全省范围内干旱等级为轻旱和无旱，局部地区特旱和重旱。

整体来看，1875—1877 年为连续三年大旱，且呈逐年加重趋势，1877 年最为严重，为极端干旱年，与张德二、梁有叶[1]，张伟兵、谢永刚[2]，陈泓[3]的研究结论基本一致。季节性连旱明显，1875 年夏秋冬连旱，1876—1877 年夏秋连旱，其中以 1877 年最为严重，出现全省性重旱、特旱。全省干旱分布大致经历了由中东部地区和西部地区演变至北部，再到南部和中东部地区的过程，其中中东部和南部地区干旱最为严重，与《山西水旱灾害》[4]中光绪初年（1875—1878 年）特大旱灾事件的描述基本吻合。

五、结论

本文在降水的土壤物理入渗模型和水量平衡原理基础上，针对极端干旱事件背景下的降水特点及研究区不同地区的土壤特性，考虑土壤前期含水量对入渗量的显著影响，在重建方法上做了相应的改进，定量地重建了山西省光绪初年（1875—1878 年）典型极端干旱事件的降水量，对比分析表明，重建值与已有结果基本一致，且具有较高的可信度，为科学、合理地重建历史典型场次极端干旱事件提供了可行的研究方法。

本文基于重建结果，分析了干旱的时空演变规律。结果表明：时间上，1875—1877年为连续三年大旱，且呈逐年加重趋势，1877 年最为严重，为极端干旱年；季节性连旱明显，1875 年夏秋冬连旱，1876 年和 1877 年夏秋连旱严重，其中 1877 年尤为严重，出现全省性特旱、重旱；1876 年和 1878 年冬季降水量增多，接近或高于多年平均值，大部分区域为无旱；1878 年降水明显增多，干旱程度降低，全年大部分地区为无

① 张德二，梁有叶：《1876—1878 年中国大范围持续干旱事件》，《气候变化研究进展》2010 年第 2 期。
② 张伟兵，谢永刚：《1875—1878 年山西旱情分析》，郝平，高建国主编：《多学科视野下的华北灾荒与社会变迁研究》，太原：北岳文艺出版社，2010 年。
③ 陈泓：《清光绪三年山西特大干旱及其水资源情况分析》，《山西水利科技》2007 年第 2 期。
④ 山西省水利厅水旱灾害编委会：《山西水旱灾害》，郑州：黄河水利出版社，1996 年。

旱和轻旱等级。空间上，全省干旱分布经历了由中东部和西部逐渐演变至北部，再到中东部和南部的过程，1875 年干旱中心位于中东部地区，1876 年演变至北部、南部地区，至 1877 年干旱中心位于中东部和南部地区。

清代雨雪档案资料十分珍贵，对于研究历史时期的旱涝事件规律具有重要的实用价值。但由于历史时期的气候、下垫面条件及水利工程设施等与现在条件的差异，仍需进一步研究历史时期降水与入渗深度之间的关系，不断改善典型场次极端干旱事件降水重建的研究方法，最终为历史数据定量化处理工作提供更为可行的方法。

云南山区农田水利建设演变的量化研究
（1950—1980 年）

霍仁龙

（四川大学国际关系学院）

一、引言

量化方法是历史学研究的重要方法之一，是对传统历史学研究方法的补充，可以挖掘出文献资料背后隐藏的大量信息，从历史现象中发现全新的认知，不断推动历史学向科学化的方向发展。[1]随着大数据时代的到来，中国史的量化研究面临着数据资料和分析方法上的双重挑战，如何寻找丰富的文献资料，并利用合适的技术手段对其进行量化分析与研究，是研究者亟须解决的问题。

农业是国民经济的基础，水利则是农业的命脉。20 世纪 50 年代以后，随着我国人口数量的大量增加、工业化建设对农产品需求的不断增长，中国粮食生产面临着巨大的挑战，通过发展农业技术，尤其是农田水利的建设来提高现有耕地的粮食产量成为一种重要举措，并取得了良好的效果。[2]

山区是我国重要的地貌形态之一，在云南省，山区面积占全省总面积的 94%。在低纬度、高海拔地理条件的综合影响下，加之受季风气候的制约，云南形成了独特的四季温差小、干湿季分明、垂直变化显著的低纬山原季风气候，旱灾成为对云南农业生产影响最大的气象灾害之一[3]，兴修农田水利对云南山区的农业发展具有至关重要的作用。20 世纪 50 年代以后大规模的农业水利建设，提高了云南山区耕地的单位面积产量，一定程度上缓解了人口增长所带来的粮食压力，减慢了山区开发的进程，对山区社

作者简介：霍仁龙，男，四川大学国际关系学院中国西部边疆中心副研究员，主要研究方向为边疆史地、中印涉藏问题、数字人文研究等。

[1] 参见孙圣民：《历史计量学五十年——经济学和史学范式的冲突、融合与发展》，《中国社会科学》2009 年第 4 期；梁晨，董浩，李中清：《量化数据库与历史研究》，《历史研究》2015 年第 2 期；韩炯：《从计量史学迈向基于大数据计算思维的新历史学——对当代西方史学量化研究新发展的思考》，《史学理论研究》2016 年第 1 期；王冠中：《大数据对当代中国史研究的挑战》，《当代中国史研究》2016 年第 3 期；陈志武：《量化历史研究的过去与未来》，《清史研究》2016 年第 4 期；李伯重：《量化与比较：量化比较方法在中国经济史研究中的运用》，《思想战线》2018 年第 1 期。

[2] 钱正英：《全国水利厅（局）长会议总结讲话》，《当代中国的水利事业》编辑部：《历次全国水利会议报告文件（1979—1987）》，内部资料，1987 年，第 92 页。

[3] 王宇等编著：《云南省农业气候资源及区划》，北京：气象出版社，1990 年，第 5、124—125 页。

会经济发展和生态环境保护具有一定的促进作用。①20 世纪 70 年代中后期，云南山区的农田水利建设重点逐渐转移到加强管理上面，水利建设规模不断压缩，所以，本文研究的时段限定在 1950—1980 年。

20 世纪 50 年代以后，云南山区农业社会的发展与变革是农业政策的实践和复杂的自然环境共同作用的结果，较平原地区有着更为复杂的发展历程，中小尺度的量化研究可以更为深刻地揭示农田水利建设演变的时空过程及其驱动机制。中小流域是相对封闭和独立的自然地理单元，既是山区的基本地貌组成单元②，也是一个以水为核心的"自然—社会—经济"复合系统③，是研究山区社会经济和生态环境的重要区域单元。本文以云南省禄劝县境内的掌鸠河流域为研究案例，禄劝县位于昆明市的北部，禄劝县境内掌鸠河流程 123 千米，径流面积 1367 平方千米，流域内海拔 1564—3136 米④，地势北高南低，是云南山区较为典型的中小流域。

现有对于历史时期云南山区农田水利的研究主要集中在清代⑤，对当代的研究主要集中在从宏观层面考察 20 世纪 50 年代以后不同时期中央和各级地方政府的水利政策，以及所取得的成效和教训⑥，但是对山区农田水利建设的阶段性特征、空间演变过程及其影响机制等问题还缺乏较为深入的研究。从量化研究的维度上来看，现有的研究主要局限在"数量"这一单一维度的分析上，对空间维度的重视不够，尤其是在自然环境复杂的山区，缺少了空间维度的考察，一定程度上限制了量化分析的深入展开。文献资料和分析方法的局限是相关研究薄弱的主要原因。本文试图探讨地方档案资料和数据库方法、GIS 方法在当代云南山区农田水利量化研究中的应用途径，深入分析当代云南山区农田水利建设的演变规律及其影响机制，为当今西南山区农田水利建设提供一定的借鉴。

二、基于需求分析的数据库设计和量化方法的运用

当代各级地方政府（主要指县、市级）的档案馆保存了数量巨大的地方档案资料，

---

① 霍仁龙，杨煜达：《近三百年来西南山区聚落多椰树村的移民与开发研究》，中国地理学会历史地理专业委员会《历史地理》编辑委员会：《历史地理》第 28 辑，上海：上海人民出版社，2013 年。

② 钟祥浩主编：《山地学概论与中国山地研究》，成都：四川科学技术出版社，2000 年，第 55 页。

③ 王尚义，张慧芝：《历史流域学论纲》，北京：科学出版社，2014 年，第 10 页。

④ 此处掌鸠河长度和流域面积为利用 ArcGIS 软件通过 DEM 数据计算得出。DEM 数据来源于中国科学院计算机网络信息中心国际科学数据镜像网站（http://www.gscloud.cn），数据类型为 30 米分辨率的 GDEM V2 数据。

⑤ 此类研究如 Mark Elvin, et al, The Impact of Clearance and Irrigation on the Environment in the Lake Erhai Catchment from the Ninth to the Nineteenth Century, *East Asian History*, No.23, 2002, pp.1-60；杨煜达：《中小流域的人地关系与环境变迁——清代云南渜苴河流域水患考述》，曹树基主编：《田祖有神——明清以来的自然灾害及其社会应对机制》，上海：上海交通大学出版社，2007 年；杨伟兵：《云贵高原的土地利用与生态变迁（1659—1912）》，上海：上海人民出版社，2008 年；周琼：《清代云南内地化后果初探——以水利工程为中心的考察》，《江汉论坛》2008 年第 3 期。

⑥ 此类研究如《当代中国》丛书编辑部：《当代中国的云南》上册，北京：当代中国出版社，1991 年；水利部农村水利司编著：《新中国农田水利史略（1949—1998）》，北京：中国水利水电出版社，1999 年；王瑞芳：《当代中国的水利史（1949—2011）》，北京：中国社会科学出版社，2014 年等。

系统记载了 20 世纪 50 年代以后地方发生的各种事件的历史过程，是从地方视角研究当代中国史的重要途径。[1]但因这些地方档案资料具有数量繁多、记载细碎等特点，限制了研究者对这些档案资料的有效利用。本文认为利用数据库方法对这些看似零散但系统性较强的地方档案资料进行数据化，并利用 GIS 方法进行量化分析成为重要的突破途径。[2]

（一）研究资料及特点

本文利用的主要资料是 20 世纪 50 年代以后禄劝县的三份水利档案，分别是形成于 1951 年 8 月 18 日的《云南省武定专区禄劝县现有中小型水利工程调查表》（以下简称《51 年水利调查表》）[3]、形成于 1975 年 11—12 月的《禄劝县各公社水库坝塘情况统计表》（以下简称《75 年水库调查表》）[4]和《禄劝县各公社解放前（即 1949 年前）所建主要工程一览表》（以下简称《49 年前水利调查表》）[5]。

《51 年水利调查表》属于禄劝县人民政府档案，该调查表统计了当时全县所存在的水利工程的名称、所在地（具体到自然村）、受益田亩、管理情形等内容，共记载掌鸠河流域内的水利设施 91 件。从表格填写的内容上来看，每件水利工程都有详细的数据，在备注中有"根据下乡工作组所报，为已修小型水利工程"等内容，说明这些数据是政府派遣了工作组下乡调查后汇总的结果，具有一定的可靠性。1951 年是禄劝县进行土地改革的前一年，大规模的农业建设工作还未展开，故本表所记载的农田水利基本可以代表民国后期的情况。

《75 年水库调查表》属于禄劝县水电局档案，该调查表详细统计了全县所存在的蓄水工程的名称、新建日期、原计划，以及实际坝高、土方、蓄水量、受益面积、涵管规格、经费使用情况，共记载掌鸠河流域内水库 357 件。其填表说明要求："凡能灌溉的小塘小坝都进行统计例报。"所以，报表中出现许多只能灌溉几亩，甚至一亩的小水库[6]，可以看出这次统计的详细程度，表明这一统计资料具有较高的可靠性。

《49 年前水利调查表》是附属在《75 年水库调查表》后面的调查表，调查内容包括每件水利工程的名称、起始地点、工程规模等内容。这一调查表以境内较大的引水沟渠为主，可以对《51 年水利调查表》进行补充。

总体来说，从时间上来看，以上三份地方水利档案资料从 20 世纪 50 年代初期尚未进行大规模农田水利建设前开始，直到 20 世纪 70 年代中期云南大规模的水利建设基本

---

① 曹树基，李婉琨：《"大户加征"：江津县 1950 年的征粮运动》，《近代史研究》2013 年第 4 期。
② 相关成果如路伟东，王新刚：《晚清甘肃城市人口与北方城市人口等级模式——一项基于宣统"地理调查表"的研究》，《复旦学报》（社会科学版）2015 年第 4 期。
③ 《云南省武定专区禄劝县现有中小型水利工程调查表》（1951 年 8 月 18 日），禄劝县档案馆藏，档号：2-1-2。
④ 《禄劝县各公社水库坝塘情况统计表》（1975 年 11 月—1976 年 1 月），禄劝县档案馆藏，档号：62-1-6。
⑤ 《禄劝县各公社水库坝塘情况统计表》（1975 年 11 月—1976 年 1 月），禄劝县档案馆藏，档号：62-1-6。
⑥ 坝塘为当地对小型水库的称呼。

结束止[1]，在时间上具有很好的连续性。从空间上来看，统计表中数据资料的空间分辨率可以达到自然村，空间分辨率较高。从数据资料的准确性上来看，三个统计表，尤其是《51年水利调查表》和《75年水库调查表》的调查统计非常翔实，加上《49年前水利调查表》的补充，资料的可靠性较好。

（二）数据库结构的设计

数据库是对大量数据进行存储、整理与分析的重要工具，不同于以往将大规模历史文献资料数据库化的方法，本文所用的数据库方法是将文献资料按照一定的数据格式进行电子化，构建成适用于统计分析软件进行定量分析的量化数据库。[2]

载体数据是可以承载其他数据，并落实到相关空间位置上的数据。载体数据的选择需要满足以下三个条件：具有足够的空间分辨率、稳定性和数据完整性。[3]聚落是人类活动的中心，是人们居住、生活和劳动生产的场所。[4]由于云南山区聚落和耕地的空间分布较为分散，20世纪50年代以后农田水利建设具有规模小、灌溉面积有限的特点，水利类型以小型蓄水设施为主。[5]多数蓄水设施只能灌溉单个或数个相邻的聚落，故可以将蓄水设施所在地直接定位于聚落中，而跨越一个以上聚落的引水设施则将其定位于起始聚落中。所以，在区域尺度，因聚落具有足够的空间分辨率、形成后相对稳定以及数据资料较为完整等特点，故将聚落作为承载区域水利数据的载体，数据具有合理性。[6]

由于云南山区地形复杂，农田水利设施所处的地理位置和海拔高度成为衡量农业生产环境的重要指标，在农田水利建设空间演变的分析中具有重要的指示意义，故在聚落水利信息表中设置经度、纬度和海拔高度三个字段来表示水利设施的三维立体属性。

为了便于数据库建设和GIS空间分析，我们将档案资料中农田水利信息的载体从水利设施转换为聚落，如水利设施a在1958年修建，位于聚落A中，则水利设施的自身属性，如经度、纬度、海拔等都与聚落相同，可以用聚落的这些属性代替水利设施的相关属性。而水利设施a所承载的可灌溉面积、修建时间、水利类型等属性，同样可赋予聚落A，作为聚落A的专题属性。创建数据库，字段如表1所示：

表1 聚落农田水利信息表结构

字段名	字段类型	说明
ID	数字型	自动编号

① 禄劝彝族苗族自治县水利电力局：《禄劝彝族苗族自治县水利水电志》，昆明：云南民族出版社，1993年，第139页。

② 梁晨，董浩，李中清：《量化数据库与历史研究》，《历史研究》2015年第2期。

③ 满志敏：《小区域研究的信息化：数据架构及模型》，《中国历史地理论丛》2008年第2辑。

④ 金其铭：《中国农村聚落地理》，南京：江苏科学技术出版社，1989年，第2页。

⑤ 水利部农村水利司：《新中国农田水利史略（1949—1998）》，北京：中国水利水电出版社，1999年，第508—509页。

⑥ 霍仁龙，杨煜达，满志敏：《云南省掌鸠河流域近300年来聚落空间演变》，《地理研究》2016年第9期。

续表

字段名	字段类型	说明
聚落名称	短文本	聚落名称
经度	浮点型	聚落/水利所处经度值
纬度	浮点型	聚落/水利所处纬度值
海拔	浮点型	聚落/水利所处海拔高度
水利建设时间	数字型	水利建设的时间
水利类型	短文本	水利的类型
水利设施数量	数字型	水利设施的数量
可灌溉面积	数字型	可灌溉的耕地面积

在表 1 中，ID 字段具有唯一性，虽然聚落的名称可能有重名的现象，但 ID 值的唯一性确保了每条记录的唯一性。聚落的经度、纬度和海拔高度等属性可以看作聚落/水利设施自身所具有的属性值。水利建设时间是指水利设施建设完成的时间。水利类型主要指蓄水设施与引水设施两种类型。一个聚落中可能同时存在多个水利设施，因此在研究中要将水利设施的发展按时间断面来分析，并且在数据库的建设过程中将相同时间断面内的水利设施进行合并，计算水利设施的数量。可灌溉面积字段，如果一个聚落在一个时间断面内只有一个水利设施，则只计一个水利设施的可灌溉面积数量，如果有多个水利设施，则将全部水利设施的可灌溉面积进行累加。

GIS 是一种采集、存储、管理、分析和可视化表达具有空间属性数据的有效手段，被越来越多地应用在具有时空特征的数据分析和研究中。[1]掌鸠河流域内的聚落具有明确的空间属性，根据 20 世纪 50 年代初期的行政区划地图[2]，将流域内的聚落点手动标识在电子地图上，将数据库表格导入 ArcGIS 软件中。利用 ArcGIS 软件对数字高程模型（Digital Elevation Model，简称 DEM）数据进行处理，自动提取每个聚落的经度、纬度和海拔高度等自然属性信息，存储在相关的字段中。

利用 GIS 方法可以将载体数据落实在以现代地理坐标系统为参照系的电子地图上，并把多源数据完美地整合在一个数据平台上，方便数据资料的管理与分析，为下一步对相关问题进行数量和空间两个维度上的量化研究提供了数据基础。

三、传统时期云南山区农田水利的空间分布特点

在传统农业时期，各级政府对云南山区小型农田水利建设的干预较少，山区农田水利的发展与空间演变是自然环境与社会经济共同作用的产物，尤其是自然环境起到主导

---

[1]　潘威，孙涛，满志敏：《GIS 进入历史地理学研究 10 年回顾》，《中国历史地理论丛》2012 年第 1 辑；张萍：《地理信息系统（GIS）与中国历史研究》，《史学理论研究》2018 年第 2 期。

[2]　《禄劝县各区民族分布图》（1952 年 9 月），禄劝县档案馆藏，档号：2-1-10。

作用。[1]云南省大规模的农田水利建设是从土地改革以后开始的，1951年是禄劝县进行土地改革的前一年，大规模的农业建设工作还未展开，主要是对一些小型水利进行兴修[2]，故这一时期农田水利的空间格局基本可以代表传统时期主要受自然环境影响的分布特点。在档案资料所记载的掌鸠河流域农田水利设施中，可确定具体位置的水利设施有91件，其中沟渠64条，小水库（坝塘）27座，详见表2。

表2　1951年掌鸠河流域水利设施统计

水利类型	数量（件）	总灌溉面积（亩）
沟渠	64	25 914
小水库（坝塘）	27	7 773
总计	91	33 687

资料来源：《云南省武定专区禄劝县现有中小型水利工程调查表》（1951年8月18日），禄劝县档案馆藏，档号：2-1-2；《禄劝县各公社解放前（即1949年前）所建主要工程一览表》（1975年11月—1976年1月），禄劝县档案馆藏，档号：62-1-6

从表2中可以看出，在20世纪50年代以前的传统农业时期，掌鸠河流域内的农田水利以引水沟渠为主，占到总水利设施数量的70.3%。在云南山区，河流下切严重，多高山峡谷，不宜引河流水灌溉。山区农业的灌溉水源主要来自于山泉水，为农民开挖小型水利沟渠灌溉农田提供了便利。但限于劳动力和技术上的困难，这些引水沟渠分布较为分散，且以农民自发兴建为主，规模相对较小。在云南山区农田水利建设较为发达的哀牢山哈尼族[3]和洱海流域的白族[4]聚居区，亦以引水沟渠为其主要的水利类型，"兴修水沟关系到梯田农业的成败"[5]，形成了传统时期云南山区"水利专恃沟渠"的特点。[6]

我们利用GIS的专题制图功能，将1951年流域内的水利设施标注在地图上，可以更加直观地展现农田水利的空间分布情况。

20世纪50年代初期，流域内的水利设施主要分布在中下游河谷地带和中上游面积相对较大的平坝区。[7]受自然环境的影响，中下游河谷地带和坡度较小的平坝地区因具有较好的农业条件，人口定居和农业开发时间较早，农田水利建设相对发达，"附郭固

---

① 萧正洪：《环境与技术选择——清代中国西部地区农业技术地理研究》，北京：中国社会科学出版社，1998年。

② 《禄劝县一九五二年小型水利春修总结》（1952年3月15日），禄劝县档案馆藏，档号：1-1-11。

③ 王清华：《梯田文化论——哈尼族的生态农业》，昆明：云南大学出版社，1999年，第18—19页；郑茜：《人活天地间（哈尼族）》，昆明：云南大学出版社，2001年，第82—83页。

④ Mark Elvin, et al, The Impact of Clearance and Irrigation on the Environment in the Lake Erhai Catchment from the Ninth to the Nineteenth Century, *East Asian History*, No.23, 2002, pp.1-60.

⑤ 王清华：《梯田文化论——哈尼族的生态农业》，昆明：云南大学出版社，1999年，第19页。

⑥ （清）刘慰三：《滇南志略》卷6《武定直隶州》，方国瑜主编：《云南史料丛刊》第13卷，昆明：云南大学出版社，2001年，第319页。

⑦ 本文将掌鸠河流域按坡度、海拔高度等要素划分为中下游河谷地带、平坝区、半山区和山区四个地形区，以便深入研究自然地理环境与农田水利建设演变的关系。具体划分方法及各地形区的特征请参见霍仁龙：《大数据时代下西南山地环境变化的自然影响因素研究——基于小区域尺度的地形与坡向分析》，《云南大学学报》（社会科学版）2017年第4期。

滋灌溉，而十里外依山傍麓，石田者皆是也，水利不兴，农事坐废"①，使得中下游河谷地带和平坝区成为传统时期掌鸠河流域的主要粮食生产区。

从农田水利类型的空间分布上看，引水沟渠的分布较为均匀，蓄水设施水库则主要分布在平坝区，这种分布主要受自然环境的影响。因掌鸠河流域中下游河谷地带地势较平坦，河谷变宽，引河流水灌溉成为传统时期中下游河谷地带农田水利的重要形式。②山泉在云南山区分布较广，水量稳定，开挖沟渠便可引水灌溉，也成为中下游河谷地带农田水利水源的重要来源之一。③所以，有水量较大的河流与分布较广泛的山泉两个主要水源，开挖沟渠进行自流灌溉成为传统农业时期中下游河谷地带农田水利的主要类型。

如上文所述，在山区、半山区，由于地形复杂、耕地分散和水利技术的限制等原因，主要以开挖水渠引山泉水灌溉为主。根据 20 世纪 50 年代的社会调查，清代初期李氏一族从昆明迁居禄劝县以德莫村，在具有了充足的劳动力和较为先进的水利技术后才开挖了引水沟渠，但由于地形复杂，开挖沟渠非常困难，"当地地形是两座大山夹着一条深箐，山腰以上都是平缓的坡地，一条终年不涸的小河流在箐底，距山腰好几十丈。他们从小河的上游美林场打一个坝，从那里起迂回曲折的在悬崖峭壁上凿了长约十二三里的水沟。我们沿着水沟走，有一段全是石岩，下面几十丈深，上面看不到顶"④。可见，在山区和半山区开挖水渠需要较高的农业技术和丰富的劳动力为基础。

在耕地较为集中的平坝区，由于山泉水量有限，在农田需要集中用水时不能同时满足整个区域的灌溉供水，故修建小型水库可以蓄山泉水与不时之雨水以备集中使用。水库的兴修技术要求较高，堤围漏水的问题较为严重，即使在 20 世纪 50 年代以后兴建的一些水库也存在着技术和维护的问题⑤，故在传统农业社会，由于技术条件和劳动力的限制，这种水库主要存在于易于修建和维护的平坝区，且灌溉耕地数量有限。如在与云南山区环境较为相似的贵州"地方山多地少，素无堰塘蓄水。"⑥

总体来说，由于中下游河谷地带、平坝区、山区和半山区的自然环境、社会经济等原因，传统农业时期云南山区农田水利类型的分布存在着明显空间差异，中下游河谷地带既可引河流水，又可引山泉水进行灌溉，故水利类型以沟渠为主；平坝区在引用山泉水的同时，也可修筑一些小的水库储水，故以沟渠和水库并重；而在山区和半山区，因

---

①　（清）谢宗枋：《创开通济沟碑记》，康熙《禄劝州志》卷下《艺文》，清康熙五十八年（1719 年）刻本。

②　梅增荣：《修筑广济沟堤埂记》，民国《禄劝县志》卷 13《艺文志下》，台北：成文出版社，1975 年，第 933—936 页。

③　（清）王清贤：《拖梯水道碑记》，康熙《禄劝州志》卷下《艺文》，清康熙五十八年（1719 年）刻本。

④　缪鸾和：《禄劝县九个单位名称的少数民族初步调查报告》，方国瑜主编：《云南史料丛刊》第 13 卷，昆明：云南大学出版社，2001 年，第 424 页。

⑤　中共云南省委农村工作部：《贯彻省委关于兴修水利防旱指示的意见》（1954 年 2 月 24 日），禄劝县档案馆藏，档号：1-1-101。

⑥　《贵州巡抚周琬（乾隆二十二年）九月二十六日奏》，中国科学院地理科学与资源研究所，中国第一历史档案馆：《清代奏折汇编——农业·环境》，北京：商务印书馆，2005 年，第 161 页。

地形、劳动力和技术的限制，开挖沟渠引用山泉水进行灌溉是最为便利的方式，水利类型以引水沟渠为主。地形与农田水利类型的关系参见表3。

表3　地形与农田水利类型关系表

地形区	中下游河谷地区	平坝区	山区、半山区
主要灌溉水源	河流水、山泉水	山泉水	山泉水
主要水利类型	引水沟渠	引水沟渠、蓄水水库	引水沟渠

四、20 世纪 50 年代以来云南山区农田水利建设的演变

20 世纪 50 年代至 80 年代，农业技术的发展呈现出多样化的趋势，除农田水利外，化肥、土壤和品种改良等都有了较大的进步，但水利的发展仍然居于核心地位，是其他技术发展的基础。[1]20 世纪 50 年代初期，云南山区的耕地多为中低产田，通过发展农业技术的方式增加单位面积粮食产量的潜力较大，所以云南山区的农业发展成为 20 世纪 50 年代以来备受重视的事情。在中央和地方各级政府发展农业政策的影响下，云南山区的农田水利建设呈现出不同于以往的态势。

在农田水利类型上，20 世纪 50 年代以后，尤其是集体化的实施，有了社会组织保障，在劳动力数量和水利技术方面有了实质性的进步。[2]在政府的农田水利建设政策上，整个云南山区水利实施"以蓄为主，以小型为主"的政策[3]，改变了传统农业时期云南山区普遍存在的"水利专恃沟渠"的现象，禄劝县在 20 世纪 50 年代初期也逐渐将农田水利的重点转向蓄水设施的兴建。[4]

在云南山区农田水利发展的时间阶段性方面，我们根据中华人民共和国成立以来不同时期的农业政策、地方农田水利发展的特点和档案资料的时间分布等因素，将 1952年至 1975 年的农田水利发展划分为三个阶段：1952—1957 年、1958—1966 年和 1967—1975 年。各时间断面的农田水利兴修情况见表4。

表4　1952—1975 年掌鸠河流域水库兴修统计表

时间	数量（件）	受益面积（亩）	平均受益面积（亩/件）
1952—1957 年	130	5 249	40
1958—1966 年	114	12 080	106
1967—1975 年	117	9 377	80
小计	361	26 706	74

注：平均受益面积为总受益面积/水库总数量

资料来源：《禄劝县各公社水库坝塘情况统计表》（1975 年 11 月—1976 年 1 月），禄劝县档案馆藏，档号：62-1-6

---

① 郭益耀：《中国农业的不稳定性（1931—1991）：气候、技术、制度》，香港：香港中文大学出版社，2013 年，第 114—116 页。

② 如在禄劝县，为兴修农田水利，多次召开水利训练班，对基层干部进行培训，水利队伍建设得到加强；《禄劝县人民政府建设科一九五二年工作总结》（1952 年 12 月 27 日），禄劝县档案馆藏，档号：1-1-11。

③ 《云南省建国以来水利方针政策资料汇编（1953—1957 年）》，《云南水利志通讯》1987 年第 1 期，第 15 页。

④ 禄劝彝族苗族自治县地方志编纂委员会：《禄劝彝族苗族自治县志》，昆明：云南人民出版社，1995 年，第 70 页。

从表 4 中可以看出，在三个时间段内，从数量上来看，第一个阶段内兴修的水库数量最多，占到总数量的 36%。从受益面积来看，第二个阶段的平均受益面积和总受益面积最大，平均受益面积为 106 亩，总受益面积占到三个阶段总受益面积的 45%。在第三个阶段，水库的总受益面积和平均受益面积都较第二阶段有所减少。

在掌鸠河流域内农田水利发展的三个阶段中，蓄水设施小水库的修建一定程度上反映了农田水利建设在空间上的演变过程。如果将三个时间段内新兴建的小水库标注在地图上，可以更直观地显示农田水利建设的空间分布特点及其演变规律。

总体来说，20 世纪 50 年代以后，掌鸠河流域的农田水利建设经历了一个由中下游河谷地带和平坝区逐渐向中上游山区分散发展，乃至向中下游山区、半山区集中，再向中下游河谷和平坝区发展的趋势。

1952—1957 年，流域内新兴修的水库分布较为分散，呈现出"遍地开花"的形态。20 世纪 50 年代以后，各级政府的农业政策对西南山区的农田水利建设起到重要作用，"一五"期间，为贯彻云南省委提出的"以蓄为主，大力发展群众性小型水利"的方针[1]，禄劝县提出了"集中力量以做好塘、坝蓄水和管理养护工作，同时整修、兴修即时生效的小型水利为主"的做法，在工作方法上，"要反对小手小脚一件一件去搞的做法，必须明确以运动的姿态来搞，如通过代表会、介绍经验等方式，在互助合作运动带动下，运用和发动一切可以运用和发动的力量投入这一运动，组织一个群众性的防旱搞水利的热潮"[2]。在大力发展农田水利政策的影响下，掌鸠河流域的水利建设呈现出数量多、空间分散和单位灌溉面积小的特点。

1958—1966 年，掌鸠河流域内的水库主要分布在中下游地区，流域上游和下游都分布较少，且较为集中。这一时期禄劝县水利建设的重点从小型水利建设向中型蓄水设施建设为主的方向发展，如在中游地区兴修了双化水库，灌溉面积达到 2.5 万亩[3]，伴随着中型蓄水设施的兴修，中游地区一些小型水库作为配套设施也大规模出现。所以，这一时期的农田水利设施主要分布在中下游地区，灌溉面积相对较大，而上游和下游新增加的农田水利设施则相对较少。

1967—1975 年，流域内新建设水库的分布主要集中在流域的中下游河谷地带和平坝区。虽然 20 世纪 70 年代初期在"农业学大寨"运动的推动下，云南省的水利重点放在山区和半山区的建设上[4]，禄劝县也掀起一场农业建设的高潮，"男女老少齐上阵，

① 《云南省建国以来水利方针政策资料汇编（1953—1957 年）》，《云南水利志通讯》1987 年第 1 期。
② 中共云南省委农村工作部：《贯彻省委关于兴修水利防旱指示的意见》（1954 年 2 月 24 日），禄劝县档案馆藏，档号：1-1-101。
③ 禄劝彝族苗族自治县水利电力局：《禄劝彝族苗族自治县水利电力志》，昆明：云南民族出版社，1993 年，第 61 页。
④ 《一九七二年农田水利建设的意见（讨论稿）》（1972 年），转引自云南省水利水电厅：《云南省志》卷 38《水利志》，昆明：云南人民出版社，1998 年，第 661 页。

各行各业总动员，出动十二万人，打一场声势浩大的农业大会战"[1]。但从水利建设的空间分布上来看，又重新回到中下游河谷地带和平坝区，在山区和半山区的效果并不显著。

从三个时期新兴建水库的平均海拔来看，其由 1952—1957 年的 2028 米逐渐下降到 1967—1975 年的 1948 米（表 5），呈现出从高海拔向低海拔演变的趋势。在掌鸠河流域，越往上游地区，海拔越高，温度越低，对农作物生长也就越不利，2200 米是流域内水稻种植的上限高度[2]，限制了农田水利建设投入对提高单位耕地面积产量的效益。农田水利建设在海拔高度上的演变过程是自然环境和国家政策双重作用的结果（详见下文分析）。

表 5　1952—1975 年掌鸠河流域新兴建水库的平均海拔高度　（单位：米）

时间	水库平均海拔
1952—1957 年	2028
1958—1966 年	1976
1967—1975 年	1948

为了更加直观地展现云南山区农田水利在 20 世纪 50 年代以来不同时间段内的空间演变特点，本文借鉴了人口学中人口重心方法进行分析。人口重心是假设某地域内每个居民的重量都相等，则在该地域全部空间平面上力矩达到平衡的一点就是人口分布重心。当人口分布状况发生变化时，人口的重心就会有相应的移动，故人口重心可以反映区域内人口分布变化的趋势。[3]在本文中，我们同样可以对每一时期兴修的水利设施进行重心分析，以研究在区域内水利建设的空间演变趋势。

20 世纪 50 年代以来，掌鸠河流域的农田水利重心经历了一个从中下游向中上游移动，再向中下游移动的过程。从 1951 年的中游偏下地区开始向上游移动了 6.1 千米，至 1952—1957 年达到最北端，1958—1966 年又向下游移动了 5 千米，但未达到 1951 年的位置。1967—1975 年长距离向中下游移动了 8.6 千米，超过 1951 年的位置。从横向上来看，水利重心始终在掌鸠河的河谷地带，横向分布相对较为均衡。

总之，20 世纪 50 年代初期至 70 年代中后期，云南山区农田水利建设在类型上逐渐以引水沟渠为主向蓄水水库转变；从数量上来看，1958—1966 年兴建的水利设施灌溉面积最大；从水利设施兴建的空间演变上来看，经历了从中下游河谷和平坝区向中上游山区、半山区，再向中下游河谷和平坝区移动的过程。

---

① 《禄劝县革命委员会关于进一步开展农业学大寨的群众运动的决议（草案）》（1970 年 12 月 30 日），禄劝县档案馆藏，档号：1-1-528。

② 禄劝彝族苗族自治县农业局：《禄劝彝族苗族自治县农业志》，昆明：云南大学出版社，1999 年，第 235 页。

③ 张善余：《中国人口地理》，北京：科学出版社，2003 年，第 247 页。

五、当代云南山区农田水利建设演变的影响因素分析

当代云南山区农田水利在时间和空间上的演变特征受到自然环境和国家政策等因素的综合影响，但在不同时期影响程度具有较大的差异。20 世纪 50 年代以来，在"以粮为纲"的农业发展纲领指导下，云南山区开展了一次又一次的农业增产运动，其中水利的兴修是农业发展的重要推动力，促进了耕地单位面积产量的不断增加，缓解了由于人口大规模增长给区域生态环境带来的压力。但由于云南山区自然环境复杂，农田水利建设具有兴建与维护成本高、经济效益有限等特点，一定程度上抵消了农业政策对云南山区农田水利建设的促进作用。

海拔高度是山区局地气候最主要的影响因素之一，随着山区海拔高度的变化，山区人类的生存和发展所依赖的气候环境和资源都会发生改变[①]，进而直接影响了山区农田水利建设对提高单位耕地面积产量的潜力。从表 5 中可以看出，1952—1957 年掌鸠河流域农田水利建设的平均海拔高度达到 2028 米，农田水利的建设扩展到了高海拔地区，是国家农业政策驱动下农田水利建设大规模扩张的具体表现。成本投入与经济收益是地方基层组织在进行农田水利建设时考虑的重要因素，从下文对不同地形区单位耕地面积产量、水利建设的投入和维护成本的分析中可以看到，在低海拔的中下游河谷地带和平坝区，其投入产出比远远大于高海拔的山区和半山区，这也是导致 1958 年以来农田水利建设的海拔高度不断下降的主要原因。

据 20 世纪 50 年代以来掌鸠河流域农业增产情况的统计（表 6），1952—1980 年，亩产量在半山区和山区都有所增加，其中 1980 年半山区的平均亩产量是 1952 年的 1.8 倍，山区的平均亩产量是 1952 年的 2.3 倍。虽然如此，但山区 1980 年的亩产量仍未达到半山区 1952 年的水平。而在中下游河谷地带一些灌溉条件较好的区域，1952 年的亩产量已经达到 880 斤/亩。[②]

表 6 1952 年和 1980 年山区和半山区单位面积产量比较

地形区	1952 年亩产量 （斤）	1980 年亩产量 （斤）	1980 年与 1952 年 亩产量之比
半山区	483	859	1.8
山区	203	476	2.3

资料来源：《禄劝县一九八〇年度农业生产统计年报》（1981 年 1 月 2 日），禄劝县档案馆藏，档号：28-1-131

由于地形复杂、海拔较高、耕地分散，山区和半山区农田水利建设的平均收益低于平坝区和中下游河谷地带。中华人民共和国成立初期，在各级政府农业政策的影响下，山区和半山区的农田水利建设经过一段时间的迅猛发展，水利建设对单位耕地面积粮食产出的效用不断递减，且后期维护成本大、报废率高，不得不转向自然环境相对较好的

---

① 钟祥浩主编：《山地学概论与中国山地研究》，成都：四川科学技术出版社，2000 年，第 175 页。
② 《云南省武定区禄劝县第一区各村种植面积及其产量》（1952 年 10 月 15 日），禄劝县档案馆藏，档号：26-1-2。

中下游河谷地带和平坝区。据档案资料统计，山区和半山区的报废水利数量远远大于中下游河谷地带和平坝区的数量，报废的原因主要是地形复杂、修建技术不过关、灌溉效率低等，导致许多水利设施存在着漏水严重、整修成本高等问题，不得不从新建农田水利设施转向维护或直接废弃。①

在对当地的田野调查中，我们详细调查了 20 世纪 50 年代后一些山区聚落中农田水利设施报废的案例。如在山区聚落牛奶河村，村中两个水库分别修建于 1953 年和 1960 年，水库修建在高于大部分耕地的陡坡上，但由于坡度较大，水库面积小，且渗漏严重，修建好以后并未发挥实际的灌溉功能，聚落的主要灌溉形式仍然是利用沟渠引用山泉水进行灌溉。所以，在实行家庭联产承包责任制以后，水库便废弃，继而被填平为耕地。据访谈所知，聚落中之所以修建水库，主要是为了响应国家号召积极发展农业生产，水库的兴修对聚落农业生产的促进作用并不显著，而且维护成本较大，最后不得不废弃。

中下游河谷地带和平坝区因其自然环境相对优越，在传统时期便是流域中的主要粮食生产区，水利设施也较为完备，在这些地区兴修水利以增加和稳定农业生产所带来的经济效益要大于半山区和山区，所以，虽然地方政府在政策与口号上面仍然坚持要发展山区农田水利，但从农田水利建设的实际结果来看，1958 年以后，农田水利的发展重心便逐渐向中下游移动，目的是以发展和稳定传统粮食生产区为主，是成本—效益规律发挥作用的结果。

总的来说，由于自然环境的影响，中下游河谷地带和平坝区是云南山区的主要粮食生产区，也是传统时期农田水利建设的重点区域。20 世纪 50 年代以后，随着相关农业政策的实施，半山区和山区水利设施大规模兴建，以期有效地提高这些区域的单位耕地面积产量。但通过发展农田水利来提高半山区和山区的农业生产毕竟会受到自然条件限制，投入大、收益有限，在发展到一定程度后，水利建设的重心又逐渐回到了传统农业发达的中下游河谷地带和平坝区，这一发展趋势是地方基层组织在国家政策与自然环境、边际成本与边际收益之间综合权衡的结果。

六、结论

量化研究是历史学的重要研究方法之一，除传统经济学的计量方法外，地理学的 GIS 方法也可以为历史学的量化研究提供一种可行性途径。本文利用 GIS 方法，以县级档案资料为主，在数量和空间两个维度上量化研究了 1950—1980 年云南掌鸠河流域山区农田水利建设的演变规律，并分析了影响农田水利建设演变的主要影响因素，一定程度上反映了这一时期云南山区农田水利建设的演变特征。

本文在分析了中华人民共和国成立以来云南山区农田水利建设数量特点的基础上，

---

① 《禄劝县各公社水库坝塘情况统计表》（1975 年 11 月—1976 年 1 月），禄劝县档案馆藏，档号：62-1-6。

利用动态分布图和重心演变图等展现了农田水利在空间维度上的演变过程，得出了新的认知。1950 年以前，云南山区的农田水利主要分布在农业生产条件较好的中下游河谷地带和平坝地区，受自然环境的影响，农田水利类型总体来说以引水设施为主，但存在着明显的区域性差异：中下游河谷地带和山区、半山区以引水沟渠为主；平坝区以沟渠和小型水库并重发展。1950 年以后，云南山区的农田水利类型逐渐转向以小型蓄水设施的建设为主，农田水利在空间演变上经历了一个由遍地开花到集中分布的过程，即逐渐向中游和上游分散发展，乃至向中游集中，再向中下游河谷和平坝区发展的过程。这一时期农田水利的演变是农业政策与自然环境综合影响的结果。地方基层组织一方面响应国家号召大力发展山区农业经济；另一方面也会根据成本—效益规律，提高和稳定基本粮食生产区域的水利建设。

GIS 方法是对具有时空特征的多源数据进行整合、空间分析与可视化展示的有效手段，本文利用 GIS 方法对中华人民共和国成立以来的地方档案资料、地图资料、DEM 数据等多源数据资料进行整合，创建专题数据库，进行空间分析与量化研究，在方法上为利用跨学科方法和地方档案资料量化研究当代中国史的相关问题提供了一个典型案例。

从 1950 年至 1980 年云南山区农田水利建设的影响因素来看，自然环境是农业发展和农田水利建设的基础因素，国家政策在农田水利建设的过程中起到重要的促进作用，但最后都要受成本—效益规律的制约。当今云南山区农田水利建设可以在维护山区、半山区原有农田水利设施的基础上，加大传统粮食生产区域的农田水利建设投入，在尊重自然规律的前提下，维持山区农业生产的和谐、持续发展。

说明：本文原载《中国经济史研究》2019 年第 4 期。

1644—1948 年河北地区雹灾的时空特征分布及分析

刘 浩 魏 军 陈 莎 解文娟 赵 亮

（河北省气象灾害防御和环境气象中心）

冰雹是坚硬的球状、锥形或不规则的固体降水物[①]。一般来说，冰雹出现的范围比较小、时间短，但来势凶猛、强度极大，通常伴有狂风、暴雨、雷电等天气现象，所到之处会给农业、建筑、通信、电力、交通以及人民生命财产带来巨大损失。据不完全统计，河北地区每年因雹灾造成的农作物减产和绝收面积在 90 000 平方千米以上[②]。冰雹的频繁发生，给当地经济社会的可持续发展造成了严重影响。因此，我们对历史上冰雹灾害的时空特征进行分析研究，探寻古代冰雹灾害的成因，对当代气候研究有重要的借鉴意义。

河北省地形地貌种类繁多，大部分地区都处于冰雹发生比较频繁的区域。燕山山脉横贯东西，太行山脉跨南北，对河北形成了半环状包围之势。在此地形条件下，冰雹的地域和季节分布具有鲜明的特征[③]。近年来，已有不少学者对该地区冰雹的发生规律进行了许多有益的研究。顾光芹等人利用河北省 142 个测站的冰雹、月平均气温和 NCEP/NCAR 再分析资料对河北省冰雹特征分析时发现，1961—2007 年河北省冰雹日数年际变化明显，1994 年后冰雹日数呈减少趋势并存在着 20a 和 11a 的准周期变化[④]。陈小雷等对 1971—2017 年河北省冰雹日数进行了分析，发现近 30 年来，河北省冰雹主要出现在张家口和承德北部，年平均冰雹日数超过了 3 天，发生季节多为夏季[⑤]。孙霞等人以灾情数据和河北省气候影响评价资料为依据，分析了 1984—2001 年河北省气象灾害灾次和灾情的时空分布特征，研究表明冰雹灾情主要集中在张家口、承德以及位于太行山东麓的保定西部地区[⑥]。

还有一些学者对古代冰雹灾害进行了分析研究。倪玉平依据相关档案、《清实录》

基金项目：河北省气象局青年基金项目（项目编号：17ky23）。

作者简介：刘浩（1986—）男，山东临朐人，硕士研究生，高级工程师，研究方向为气象灾害防御。

① 国家气象中心（中央气象台）：《中华人民共和国国家标准：冰雹等级》，北京：中国标准出版社，2012 年，第 1 页。

② 《中国气象灾害大典》编委会：《中国气象灾害大典·河北卷》，北京：气象出版社，2008 年，第 240 页。

③ 河北省气象灾害防御中心：《冀望风云 平安燕赵——河北省气象灾害防御科普读本》，北京：气象出版社，2017 年，第 50—51 页。

④ 顾光芹等：《河北省冰雹气候特征及其与环流异常的关系》，《高原气象》2011 年第 4 期。

⑤ 河北省气象灾害防御中心：《冀望风云 平安燕赵——河北省气象灾害防御科普读本》，北京：气象出版社，2017 年，第 50—51 页。

⑥ 孙霞等：《河北省主要气象灾害时空变化的统计分析》，《干旱气象》2014 年第 3 期。

和各种地方志的记载，对 1644—1911 年全国范围内雹灾次数和分布进行了初步统计分析[①]。此外，尹建中和刘呈庆对山东明清时期雹灾史料进行了初步分析[②]；瞿颖等人对山西省明清时期雹灾的时空分布特征进行了分析[③]；王朋等人对明清时期关中地区的冰雹灾害及其对气候变化的影响进行了研究[④]。

综上所述，前人的研究多基于现代气象观测记录中的冰雹资料进行分析，对冰雹所造成的灾害进行分析研究的学者较少。对古代冰雹灾害进行分析研究的不少，但结合历史人文因素对时空特征进行细致分析的不多。对河北地区清、民国时期的冰雹灾情研究尚属空白。该时期距今较近，史料中关于冰雹灾害的记载相对比较丰富。本文利用收集整理的雹灾史料数据，对河北省 1644—1948 年的冰雹灾害时空变化规律进行了分析研究，探讨了雹灾的成因，并对没有雹灾记录的地区进行了原因分析，以期为河北省历史上雹灾的发展演变提供科学依据，为今后雹害的防御工作提供建议和参考。

一、资料来源与处理方法

（一）资料来源

本文对 1644—1948 年河北地区的雹灾文献资料进行了文本挖掘。所依据的文献主要包括：

（1）《中国三千年气象记录总集》。该书搜集了从远古时期至清代的历史文献资料中关于气象灾害的记载，其中关于雹灾的相关记载始于西汉，止于清末。

（2）《中国气象灾害大典·河北卷》。该书搜集了从周朝到公元 2000 年的历史文献资料中关于河北地区气象灾害的记载，其中关于雹灾的相关记载始于西汉初元三年（前46 年），止于公元 2000 年。

（二）数据库建设和资料的处理

鉴于清与民国时期的文献对雹灾的语言文体、时间表述，以及灾情损失的详尽程度、衡量标准等记载产生了较大变化，我们在数据录入过程中分为清代雹灾数据库和民国雹灾数据库两个子数据库分别进行建设。清代雹灾数据库中涵盖了雹灾的发生时间（包括公元纪年、干支纪年、年号纪年、季节等要素）、发生地点、灾情描述和古籍出处等内容。民国雹灾数据库在灾情损失及发生时间等方面更加详尽。

一是对搜集到的雹灾史料进行了数据化处理。对记录进行了逐条考证，去伪存真。在录入时，注意清、民国时期河北各县县名的演变，通过查阅地方志等方式了解各县历

---

① 倪玉平：《清代冰雹灾害统计的初步分析》，《江苏社会科学》2012 年第 1 期。

② 尹建中，刘呈庆：《山东明清时期雹灾史料的初步分析》，《山东师大学报》（自然科学版）1998 年第 4 期。

③ 瞿颖等：《山西省明清时期雹灾时空分布特征分析》，《灾害学》2015 年第 4 期。

④ 王朋等：《明清时期关中地区冰雹灾害及其对气候变化响应研究》，《江西农业学报》2018 年第 6 期。

史沿革，并统一归并成现今通用的地名（截至 2018 年 6 月）。

二是对录入的雹灾信息进行了如下处理：（1）依据冰雹的大小、形状和危害对雹灾进行等级划分，并进行统计分析。（2）提取记录中的年代、季节和频次信息，研究雹灾的年变化、年代际变化，以及年内非均匀性等时间特征。（3）利用 ArcGIS 等软件将该时期各（市、区）雹灾结果进行统计，直观地反映雹灾的地理分布特征，以了解灾害的变化规律。

二、结果与分析

（一）雹灾的等级划分及时间演变

本文对 1644—1948 年河北地区的雹灾记录进行了梳理和筛选，共得到有效信息 595 条。依据史料记载中冰雹的大小和形状、造成损害的多少来对雹灾进行等级划分，将之划分为三个等级[①]，轻度、中度和重度。具体分级依据如表 1 所示。轻度为一级，词条中并未对冰雹粒径的大小和致灾情况进行描述。中度为二级，词条中对冰雹粒径的大小有形象的描述（大如枣、大如李实等），其直径一般小于 5 厘米。对冰雹发生的过程及造成的损失也有提及，大多为庄稼、果木受损等，虽然对农业生产和日常生活造成一定的损失，但影响范围不广、损失并不惨重。重度为三级，词条中描述的冰雹粒径特别巨大，如雹大如拳、大如鸡鹅卵、大如碗口等，大如鸡鹅卵者直径一般在 5—10 厘米，大如碗口者直径超过了 10 厘米。农作物受损十分严重，减产八成以上甚至绝收。住房屋顶大部甚至全部受到毁坏，人畜受伤甚至死亡。图 1 为 1644—1948 年河北地区各级雹灾的分布情况，其中一级雹灾共 270 次，二级雹灾共 178 次，三级雹灾共 141 次，还有 6 条仅综述了年内冰雹灾害损失情况，无具体日期描述，故未对其进行等级划分。

表 1　1644—1948 年河北地区雹灾的等级分类

等级	冰雹描述	致灾情况	文献记载
一级	无具体描述	无描述	顺治五年（1648 年）二月，丘县大雨雹
二级		伤稼、伤田苗	顺治二年（1645 年）五月，涉县大雨雹，伤麦禾
	厚二寸余，大如枣	受灾	康熙八年（1669 年）九月二十一日，束鹿县雨雹，厚二寸余，有如枣大者，自西北来，丫河营、董保等村皆被灾
三级	大如杯盂	人员伤亡	道光二十六年（1846 年）四月十八日，肥乡县屯庄营等村雨雹大如盂，人畜有击死者
		树叶脱落，房瓦皆碎	康熙三十四年（1695 年）六月，深县城南阳台等村雨雹为灾，木叶尽脱，屋瓦皆碎
	大如卵	农作物绝收	光绪十七年（1891 年）五月容城县雨雹，大如卵，禾稼木叶毁伤殆尽

---

① 王培华：《元代北方雹灾的时空特点及国家救灾减灾措施》，《中国历史地理论丛》1999 年第 2 辑。

续表

等级	冰雹描述	致灾情况	文献记载
三级	路径二十余里	农作物绝收	光绪二十六年（1900年）夏六月，新城县邓家庄黄堡等村径二十余里，雹灾甚重，禾稼无存
	块大如掌	屋瓦全被击碎	民国八年（1919年）八月十八日，井陉北横口一带大雨雹，块大如掌，屋瓦全被击碎

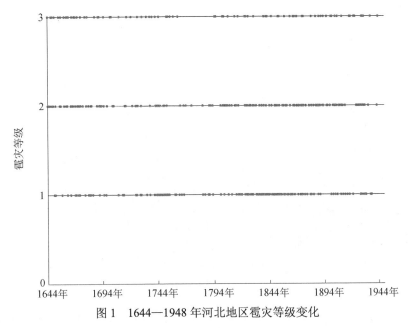

图1　1644—1948年河北地区雹灾等级变化

从图1中可以看出，1644—1948年河北地区雹灾的轻重程度有以下几个特征：

（1）1644—1684年，雹灾发生次数较多，等级主要为二级，表明该时间段内河北地区雹灾程度较重。

（2）1685—1737年，三种等级的雹灾均有发生但次数都较少，表明该时间段内河北地区雹灾较轻。

（3）1738—1767年，雹灾发生次数较多，等级主要为一级，表明该时间段内河北地区雹灾较轻。

（4）1768—1800年，雹灾频次为清、民国时期最小，等级主要为一级和二级，表明该时间段内河北地区雹灾程度很轻。

（5）1801—1948年，雹灾发生密集，等级以一级和二级为主，表明该时间段内河北地区雹灾程度较重。

（二）1644—1948年河北地区雹灾的时间特征分析

1. 雹灾的频次变化

我们整理统计历史文献资料发现，1644—1948年河北地区共发生雹灾595次，平均每年1.95次。为了研究年变化趋势，我们对1644—1948年的年雹灾次数进行了统计分析，并对其进行了 10 年滑动平均。图 2 为 1644—1948 年河北地区雹灾的频次变化图，从图 2 中可以看出，1644 年以后河北地区的雹灾发生次数比较多，呈波动上升趋势，1662 年达到了次高峰，年内共发生 9 次雹灾，随后次数呈波动下降趋势，在 1710 年左右有一低频区，随后次数再次升高，在 1745 年达到峰值后又迅速下降，在 1777 年前后再次出现低频区，随后呈缓慢上升趋势，在 1870 年达到最高峰，年内共发生 10 次雹灾，之后次数呈振荡趋势。

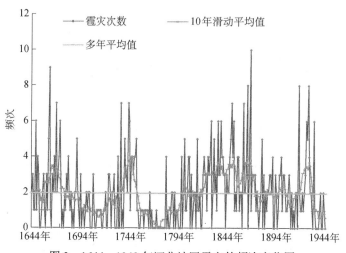

图 2　1644—1948 年河北地区雹灾的频次变化图

本文以 20 年为单位，对河北地区各个时段雹灾的频次进行统计，并对其进行 2 次多项式拟合和 6 次多项式拟合，结果如图 3 所示。根据 2 次多项式的拟合结果得出，1644—1948 年河北地区雹灾发生频次总体呈上升趋势。结合 6 次多项式的拟合结果，依据雹灾发生的频次分布变化，大致将其分为四个阶段，第一阶段为 1644—1699 年，共计发生雹灾 119 次，平均每年发生 2.13 次；第二阶段为 1700—1799 年，共计发生雹灾 126 次，平均每年发生 1.26 次；第三阶段为 1800—1939 年，共计发生雹灾 344 次，平均每年发生 2.46 次；第四阶段为 1940—1948 年，共计发生雹灾 6 次，平均每年发生 0.67 次。由此可见，1644—1948 年河北地区雹灾发生的年频次分布不均，第一、三阶段发生的频次较高，该时期是易发生雹灾时期；第二、四阶段发生的频次较低，为雹灾低发的时期。需要说明的是，抗日战争时期，河北全境由北至南依次沦入敌手，造成了严重的资料缺失，加之 1940—1948 年的统计年份只有 9 年，导致了 6 次多项式曲线尾部的急剧下滑。

2. 雹灾的季节分布与等级分布

为研究 1644—1948 年河北地区雹灾的季节分布，依据事件发生的日期对 1644—1948 年的所有雹灾记录进行了朝代和季节划分（图 4）。由于文献记录中采用的历法为农历，故本文采用了农历中季节的划分方式，即 1 月到 3 月为春季，4 月到 6 月为夏季，7 月到 9 月为秋季，10 月到 12 月为冬季。有时间记录的雹灾事件共 472 次，其中，发生在春季的次数为 35 次，占总发生频次的 7.4%；发生在夏季的次数为 251 次，占总发生频次的 53.2%；发生在秋季的次数为 182 次，占总发生频次的 38.6%；发生在冬季的次数为 4 次，占总发生频次的 0.8%。综上所述，1644—1948 年河北的雹灾通常发生在夏季和秋季，这两个季节发生的雹灾约占 91.8%，春季与冬季发生雹灾的概率相对较小，只占 8.2%。

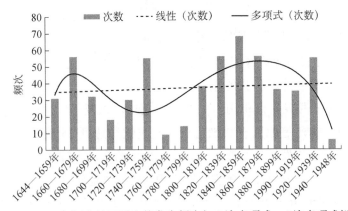

图 3 1644—1948 年河北地区雹灾的发生频次与 2 次多项式、6 次多项式拟合曲线

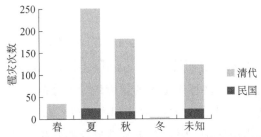

图 4 1644—1948 年河北雹灾的朝代和季节分布图

此外，笔者分别对清代和民国时期三种级别的雹灾发生的频次进行了统计，结果如图 5 所示。从图 5 中可以看出，清、民国时期河北共发生轻度雹灾 270 次，占总次数的 45.4%；中度雹灾 178 次，占总次数的 29.9%；重度雹灾 141 次，占总次数的 23.7%；未定等级雹灾 6 次，占总次数的 1%。1644—1948 年，轻度雹灾发生概率最大，中度雹灾次之，重度雹灾发生的概率最小。另外，我们分别对清代和民国三种级别雹灾的年均次数（频率）进行了计算，发现清代一级雹灾的年均次数为 0.91 次，二级为 0.59 次，三级为 0.46 次，即二、三级雹灾的发生频率较为接近，一级雹灾发生的频率分别约为二、三级的 2 倍。民国一级雹灾的年均次数为 0.67 次，二级为 0.51 次，三级为 0.49 次，三种级别雹灾发生的频率较为接近。民国时期一级雹灾的发生频率较清代低很多，二、三级雹灾的发生频率与清代大致相当。

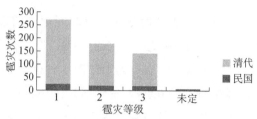

图 5 1644—1948 年河北雹灾的朝代和等级分布图

（三）1644—1948 年河北地区雹灾的空间特征分析

1. 1644—1948 年河北地区雹灾发生频次空间分布

本文以现代河北省的行政区划为标准，对各县发生的雹灾次数进行统计分析。

1644—1948 年河北地区各县的雹灾次数分布较广，且具有明显的地域性特点。河北地区的太行山区的井陉，燕山山区的抚宁、宣化，以及平原地区的栾城、邱县、定兴、安新、河间、冀州等地区有文献记载的雹灾次数达到 15 次以上，远高于其他地区；行唐等 27 地的雹灾发生次数在 6—14 次，发生的频次也较高；正定等 81 地的雹灾发生次数则在 1—5 次，相对而言是雹灾发生频次较低的地区。

总的来看，太行山脉、燕山山脉附近以及冀中南地区的平原地带是雹灾多发区。沧州、唐山沿海地区为雹灾低值区。可见，山区和平原比沿海地区更易发生雹灾。

2. 1644—1948 年无雹灾记录县市的情况分析

还有一些地区，1644—1948 年没有雹灾记录，如唐山、保定、张家口和沧州等地的市区，承德全境以及滦南、迁西等一些县（市、区）。通过对上述区域的历史、人文等因素进行考察，我们对未发现冰雹记录的原因进行了分析。主要包括以下几个方面：

（1）某些特殊时期不在中国政府控制范围内，资料缺失。抗日战争期间（1931—1945 年），战乱频仍，国土沦丧。1931 年后河北地区诸县先后落入日本侵略者及伪政权手中，国民政府和地方政府在河北地区的管理遭到破坏。而地方政府是本区域内自然灾害灾情的收集者和上报者，这就造成了资料的缺失，相关雹灾史料有待进一步挖掘。在全面抗战时期（1937 年 7 月—1945 年 8 月）的 8 年中，灾情库中仅有 3 条雹灾记录，与民国其他时期相比，资料缺失十分明显。还有的地区沦陷后才置县，如尚义县在 1936 年由日伪政权建县，该县在民国时期的冰雹灾情史料很难搜集。

（2）人烟稀少，承灾体少，不易致灾。按照灾害学相关理论[1]，受灾程度是由孕灾环境、致灾因子和承灾体三个因素共同决定的。1644—1948 年河北的一些区域人烟稀少，即承灾体少，不利于灾害的形成。比如清朝初年，热河上营（现承德市区）并未设立中央或地方管理机构，是一个"名号不掌于职方"的小村落。直到雍正元年（1723 年）才设立热河厅，第二年设热河总管，统理东蒙民政事务。此后人口虽有所增长，但其定位以政治为主，承德的很多地区并不允许居民居住。木兰围场建立后，自康熙至嘉

---

① 毛德华等：《灾害学》，北京：科学出版社，2011 年，第 20 页。

庆的历代皇帝，都曾严令"民人不得滥入""禁樵牧""禁伐殖"，并派八旗兵严加看守。再如，张家口北部广大区域在清代属官牧地、官荒地及游牧地。该地区并无固定居民，也无基层政府组织，承灾体极少，故而灾情记录也很罕见。

（3）建制沿革、隶属关系变动。现在的很多县市在1644—1948年并未设县，如廊坊市大厂回族自治县，清代至民国时期均属三河县管辖，直到1955年才设立大厂回族自治县。又如秦皇岛青龙满族自治县，明代分属京师永平府抚宁、迁安二县。清因之，乾隆二年（1737年）该县分属抚宁、临榆、迁安三县，直到1933年才始建青龙县。与之类似的县（市、区）还有石家庄市区、唐山市区以及滦南、唐海（曹妃甸）、丰南、迁西、临西、峰峰、山海关区、北戴河区、海兴、孟村、黄骅等诸县（市、区）。

考虑以上三种因素，则1644—1948年确定无雹灾记录的县（市、区）仅剩山海关区、内丘、临西、故城、安平、饶阳、霸州、涞水和沧县。可见，1644—1948年雹灾在河北地区分布广泛。这是因为河北地形条件较复杂，境内有燕山山脉、太行山脉环抱。高大的山脉地形对气流具有制约、抬升、热力及背风坡的作用，使对流云易于在这些山区发生，沿着一定的路径自西向东、从北往南，向华北平原移动，这就造成了无论是山区县还是平原县均容易遭受雹灾。

（四）小结

本文通过搜集整理1644—1948年河北地区历史文献中的雹灾记载并对其进行处理分析，研究了河北地区雹灾的时空分布特征及成因，结论如下所示：

（1）该时期河北地区雹灾频发，年频次呈振荡趋势。305年共发生雹灾595次，其中轻度、中度、重度分别为270次、178次、141次。我们以20年为单位对这一时期河北地区雹灾发生频次进行统计，依据频次差异将该时期雹灾的发生分为四个阶段：第一、三阶段（清朝前期和清朝后期至民国中期）发生的频次较高，是易发生雹灾时期；第二、四阶段（清朝中期和民国末期）发生的频次较低，为雹灾低发的时期。

（2）雹灾多发生于夏秋季节，轻度雹灾发生概率最大，中度和重度雹灾发生的概率相近。河北的雹灾通常发生在夏季和秋季，共占91.8%；春季与冬季发生雹灾的概率相对较小，共占8.2%。在等级分布上，除去6次未定等级外，轻度、中度、重度各占45.4%、29.9%、23.7%，说明河北地区这一时期轻度雹灾发生概率最大，中度和重度雹灾发生的概率相近。清代一级雹灾年频次最多，二级次之，三级最少，为0.46次/年。民国时期三种级别雹灾的发生频次基本相当，轻度冰雹略多。一级雹灾的年频次较清代低很多，二、三级雹灾的年频次与清代大致相当。

（3）我们对1644—1948年河北地区各州县雹灾发生的频次进行分析，发现山区和平原更易发生雹灾，其中太行山脉、燕山山脉和冀中南平原是雹灾多发区，唐山、沧州沿海为低值区。如果考虑资料缺失，人烟稀少、承灾体少不易致灾，建制沿革及隶属关系变动等三方面因素，则河北只有9个县（市、区）无雹灾记录。

三、结论与讨论

（一）1644—1948 年雹灾季节分布与现代的差异分析

1644—1948 年雹灾季节分布与现代冰雹的季节分布有些许差异。顾光芹等[①]利用 1961—2007 年河北省 142 个测站的冰雹实测资料，对冰雹日数的季节分布进行了统计分析，认为河北省冰雹日数随季节变化十分明显，其中夏季（公历 6—8 月）发生冰雹的时间约占 60.8%，秋季（公历 9—11 月）约为 15.1%，春季（公历 3—5 月）约为 24.0%，冬季则无冰雹发生（表 2）。对比可见，1644—1948 年，河北夏季雹灾与现代冰雹发生的频率相近，春季则比现在低得多，秋季则比现在高得多。产生上述差异的原因主要有以下两点：一是农历和公历对四季划分的标准不同。公历 8 月，河北地区溽暑未消，强对流仍比较频繁，按公历标准为夏天。此时对应的农历为七月，已属秋天。这就是古籍文献中秋季雹灾多发的原因之一。二是公历 5 月是冷热交替之季，对流活动旺盛，公历为春季而农历为夏季，这就是古籍文献中春季雹灾比现在少的原因。

表 2　公历和农历季节划分表

公历月份	1	2	3	4	5	6	7	8	9	10	11	12
公历季节	冬		春			夏			秋			冬
农历季节	冬		春			夏			秋			冬
农历月份	腊	正	二	三	四	五	六	七	八	九	十	十一

注：暂按农历与公历日期差一个月计

需要说明的是，表 2 按农历与公历差一个月绘制，实际中两种历法的日期之差少则 20 多天，多则 50 多天。以公历为基准，农历闰月后，农历与公历日期差 50 天左右，其季节分界线比表 2 中后移（右移），与公历季节重合度增加。此后由于农历每月日数比公历少，所以其季节分界线会不断往前提（左移），与公历季节重合度减少，造成了农历季节标准下春、秋两季雹灾与现在公历标准下统计结果的差异。作者也曾尝试将古籍灾情记录中的农历转换成公历时间，但大多数记录只有月份而没有具体日期，无法进行转换，故而只能退而求其次按农历中四季划分标准进行统计。二是气候背景不同。根据王绍武[②]的研究，清代华北地区的气温整体而言比现在偏低。在由冷到暖过渡的春季，由于温度低，对流活动不旺盛，冰雹发生的频次低。在由暖到冷过渡的秋季，频繁而寒冷的冷空气由北至南或者由西到东冲击还有夏日余温的河北山区，导致对流发展旺盛，故而冰雹灾情较多。

（二）河北地区雹灾空间分布的原因分析

结合上文可知，1644—1948 年河北地区确定未发生雹灾的县（市、区）仅有 9

---

① 顾光芹等：《河北省冰雹气候特征及其与环流异常的关系》，《高原气象》2011 年第 4 期。
② 王绍武：《公元 1380 年以来我国华北气温序列的重建》，《中国科学（B 辑）》1990 年第 5 期。

个，大部分地区均发生过雹灾，这是因为河北地形条件较复杂，境内有燕山山脉、太行山脉环抱。高大的山脉地形对气流具有制约、抬升、热力及背风坡的作用，使对流云易于在这些山区发生，沿着一定的路径自西向东、从北往南，向华北平原移动，这就造成了无论是山区县还是平原县均容易遭受雹灾。

陈小雷等人基于1961—2013年河北省冰雹日数观测值，认为处于张家口和承德中部以北地区冰雹多发，山区多于平原[①]。此外，1644—1948年，燕山、太行山的人口密度比平原地区小，承灾体脆弱性比平原地区低，即使发生了冰雹，也不易致灾。虽然冀中南平原地区冰雹的发生次数比燕山、太行山区略少，但由于平原地区人口稠密，承灾体脆弱性高，所以其受灾次数略多于山区。

承德地区虽无雹灾记录，并不意味着该地区不曾遭受雹灾。据道光《承德府志》卷十四《坛庙》记载，在府治有雹神庙，乾隆年僧体贵建。在平泉州有雹神庙，位于州治东五里狮山，乾隆五年（1740年）建[②]。需要说明的是，与土地庙、文昌阁、关帝庙、城隍庙等建筑不同，雹神庙的建造地点不具有普遍性，仅建于雹灾发生较重之地。雹神庙的建造时间也反映了承德地区的人文变化。乾隆年间正是承德人口增长之际，承灾体不断增加，雹灾也不断增长，于是雹神庙适时而建。由此可见，1644—1948年承德地区无雹灾记录，并不意味着无雹灾发生，雹神庙的建造恰恰说明了此处是雹灾多发地区，居民饱受雹灾之苦。其雹灾资料空缺的原因有两点：一是人烟稀少，承灾体少，即便发生了冰雹也未能致灾；二是虽有雹灾发生，但雹灾记录散佚，今人尚未搜集到。

综上，1644—1948年河北地区为遭受雹灾较重的地区。雹灾的年频次呈振荡趋势。雹灾多发于夏秋季节，山区和平原为多发地带，沿海地区为低发地带，其分布与承灾体的分布有很大关系。

---

① 河北省气象灾害防御中心：《冀望风云 平安燕赵——河北省气象灾害防御科普读本》，北京：气象出版社，2017年，第50—51页。

② 道光《承德府志》卷14《坛庙》，上海：上海书店出版社，2006年，第550、553页。

第二编

灾害与环境变迁

1966—1986 年安徽霍邱城西湖的围垦纠纷及其解决

张崇旺

（安徽大学马克思主义学院）

城西湖又名沣湖，位于安徽霍邱城关西侧，故又名霍邱西湖。位于淮河右岸，沣河尾部，约在第四纪晚更新世，因河流的侧蚀和地壳下陷而形成。城西湖形成后，湖底低于周围岗丘区 13.6 米，低于淮河河底 0.9 米至 1.4 米，呈自西向东起伏不平的不规则丘状。后由于西湖流域及淮河上游的豫东和淮北平原在洪水泛滥时水土流失严重，泥沙沉淀于西湖洼地。南宋以后黄河夺淮，明代筑高家堰，致使淮水宣泄不畅，水位上升，城西湖内开始有积水。城西湖西部、南部和西北部，原有许多湖汊湾地，早有群众垦殖，以后湖内蓄水增多，民垦没有多大扩展。1919 年，西湖堤建成后，湖内水位下降，沿湖退出部分荒地，大都由地主、豪强招佃开垦，占为己有。城西湖大规模官垦始于 20 世纪 30 年代中期，陈立夫、陈果夫派鄂豫皖社会事业考察专员、著名翻译家韦立人任垦务专员兼霍邱县县长，让他围垦城西湖，但不久全面抗战爆发，官垦停止。中华人民共和国成立后，1955 年春，安徽省劳改支队在城西湖双台子一带围垦，次年大涝后撤走。1962 年秋，中国人民解放军济南军区部队在城西湖围垦 3.9 万亩，1963 年适逢淮河发生洪水，这年 8 月鹦歌窝最高水位 26.5 米，湖区内涝严重，1964 年又遭受内涝，被迫于 1965 年冬撤出①，这也为 1966 年开始并持续 20 年之久的城西湖大规模军垦埋下了伏笔。

一、城西湖的围垦纠纷

1965 年 5 月 2 日，总后勤部总结过去几年部队从事农副业生产的经验，向中央军委提交《总后勤部关于进一步搞好部队农副业生产的报告》。1966 年 4 月，中国人民解放军南京军区与中共安徽省委商议后决定垦殖城西湖，中央军委批准了南京军区围垦城西湖的计划，并于 5 月 6 日将总后勤部《关于进一步搞好部队农副业生产的报告》报送毛泽东。5 月 7 日，毛泽东在给林彪的复信中说："我看这个计划是很好的……只要在

基金项目：本文是国家社会科学基金重点项目"新中国治淮史研究"（项目编号：21AZS01S）的阶段性成果。

作者简介：张崇旺，男，安徽大学马克思主义学院教授、博士生导师，主要研究方向为区域社会经济史、江淮流域环境变迁与灾害治理。

① 霍邱县地方志编纂委员会：《霍邱县志》，北京：中国广播电视出版社，1992 年，第 241 页；安徽省六安地区水利电力局：《六安地区水利志》，内部资料，1993 年，第 103 页。

没有发生世界大战的条件下，军队应该是一个大学校……这个大学校，学政治、学军事、学文化。又能从事农副业生产。又能办一些中小工厂，生产自己需要的若干产品和与国家等价交换的产品。……"①5月15日，中共中央转发了毛泽东的信和总后勤部的这个报告，要求各地区、各部门和人民解放军认真地学习、研究，积极地、有计划有步骤地贯彻执行这个指示。6月6日，中国人民解放军总政治部指示全军，办好军队这个大学校，必须领会毛泽东的指示，做出搞好农副业生产和开办中小工厂的规划②，这就是当时广为宣传的"五·七指示"。

城西湖之所以在当时被大规模围垦，除了军队既要行军打仗又要从事生产的优良传统的传承，以及"五·七指示"的推波助澜以外，还与中华人民共和国成立初期农业生产以及大规模治淮取得初步成效有很大关系。20世纪60年代中期，全国农业工作在"以粮为纲"的方针指导下，国家提出"向高山要粮"和"向湖水要粮"的口号，"围湖造田"被列为解决粮食不足途径之一，这是城西湖被围垦的重大背景。而淮河原本年久失修，泛滥成灾，1951年5月毛泽东明确指出："一定要把淮河修好"③，这一伟大号召发出后，国家成立了治淮委员会，有计划地进行了蓄、泄、疏、筑综合治理，逐步加强了淮河的排洪抗洪能力，也减少了城西湖的滞洪机会，从而为垦殖提供了重要条件。据水文资料记载，在1950—1966年的16年中，除1954年、1956年两次大水年份蓄洪外，其余14年的湖区水位，均在18.51—20.98米，甚至出现淮河干涸断流、湖内干裂的情况。因而，湖内陈咀、陈郢、临王3个公社和一部分大队，共约8万名群众，在高程19米以上湖地，陆续垦种约25万亩，但因没有水利设施，不能保收，产量很低。城西湖湖底海拔在18.1—18.7米，坡度在1/10 000左右，地势比较平坦，土地集中连片，适宜于机械作业。④这是城西湖遭遇大规模围垦的自然条件。

城西湖位于淮河中游的霍邱县城关西，距离南京不远，围水造田，既不占现有耕地，又不用动迁原有居民，更重要的是靠近南京军区后方基地，真是一举三得。但城西湖原是一个滞洪区，围垦造田困难较大。为了充分利用土地资源，多生产粮食，中国人民解放军南京部队从1963年起，多次派人进行实地勘察。1966年1月，南京军区为了贯彻毛泽东的指示，准备在城西湖建设一个10万亩耕地的大型农场。从1966年1月到4月，南京军区与安徽省、六安专区、霍邱县，经多次会商和实地勘察，商定"根治西湖、统一规划、军民两利、平战结合、勤俭办场"的方案，上报中央军委。1966年6月，城西湖围垦指挥部成立。南京军区奉中央军委指示，组建陆军第178师，承担城西

①《毛主席论教育革命》，北京：人民出版社，1967年，第26—27页。

② 李可，郝生章：《"文化大革命"中的人民解放军》，北京：中共党史资料出版社，1989年，第386—387页；王郁昭：《往事回眸与思考》，北京：中国文史出版社，2012年，第334页。

③《中央治淮视察团抵开封　向河南治淮总指挥部授旗后返京　中央水利部傅作义部长等视察水利工程》，《人民日报》1951年5月15日，第1版。

④ 中国科学院南京土壤研究所，中国人民解放军南京部队城西湖农场：《机械耕作条件下的土壤改良——城西湖农场土壤改良试验总结》，北京：农业出版社，1980年，第2页。

湖农场建设任务。全师辖 4 个步兵团、5 个独立营、91 个连，干部 1414 人，战士 10 603 人，共 12 017 人。①霍邱县动员民工 10 万人，与围垦部队展开军民合作。城西湖围垦从 1966 年 9 月开始，到 1967 年 11 月全部完成。围垦总面积 286 平方千米，总耕地面积 32.2 万亩，其中军垦湖地高程 19 米以下的洼地 13.2 万亩，民圩 19 万亩。②因农场是围垦城西湖而建，故名城西湖农场。又因毛泽东高度评价建设城西湖农场，并就军队建设做出重要的"五·七指示"，城西湖农场也一度定名"五·七军垦农场"。

城西湖军垦农场东西长 15 千米，南北宽 12 千米，可耕土地 12.5 万亩，拥有农业机械 501 台，建有农机修配厂、榨油厂、面粉厂、饲料加工厂、木材厂等配套工厂，榨油厂每年加工豆类 2400 万斤、油菜籽 2800 万斤，面粉厂年加工小麦 2000 万斤，饲料厂年加工饲料 1000 万斤，木材加工厂年加工木材 600 立方米左右。1979 年，1/3 土地种水稻，2/3 土地种旱粮。1979 年以后，全部种小麦与豆类。每年净收入 300 万元至 400 万元，1981 年达 469 万元。水稻亩产达 800 斤，小麦亩产达 450 斤，豆类亩产达 186 斤。农场开始设 5 个分场，后来整编为 3 个分场、20 个生产连队，以及为农场服务的运输、修配、卫生等分队，1981 年再次整编为 15 个生产连队。③

根据城西湖湖区的特点，城西湖农场本着排灌结合，以排为主，并有利于机械化作业，逐步达到稳产高产的原则进行规划建设。田块规划以主干公路为中心，向两侧延伸，按宽 1200 米，长延伸到道为止。为纪念"五·七指示"，城西湖农场共划为 57 个作业区。各作业区耕地面积不等，最大的 4003 亩，最小的 959 亩，一般在 1500—3000 亩。作业区内按宽 50 米、70 米、100 米分成若干条田，从农场实践来看，条田宽度种水稻以 50 米、种旱粮以 100 米为宜。在设计时注意渠路结合，挖渠筑路，经济实用。农场已建成 8—9 米宽的主干和田间两股道路 67 千米，使机车畅通各区。同时，农场还开挖了宽 50 米、深 5 米的排水总干渠 3 条，总长 28 千米；口宽 5 米、底宽 3 米、深 1.8 米的区间排水支渠 59 条，总长 85.5 千米；口宽 2—3 米、底宽 0.3—0.5 米，深 0.9—1.5 米的条田沟 1300 条，总长 1560 千米；兴建了小电灌站、涵闸、涵管、灌渠等配套工程。④

城西湖农场从 1966 年开始兴办，至 1986 年退垦还湖为止，历经 20 年的建设，对增加部队粮食供应、城西湖区防洪、湖区航运等都有一定成效。如 1966 年城西湖农场 12.5 万亩耕地围垦后，1967 年即收获小麦、豆类 1350 余万千克。1968 年，午季仍收小麦 1830 余万千克。城西湖农场自建场至 1981 年，共收获粮食 3.185 亿千克，其中上缴国家（实际上是安徽省）2.435 亿千克，占总收获量的 76.45%；卖给地方 0.245 亿千克，占总收获量的 7.69%；军内上调 0.23 亿千克，占总收获量的 7.22%；部队本身补助

① 安徽省地方志编纂委员会：《安徽省志·农垦志》，北京：方志出版社，1997 年，第 255、252 页。
② 安徽省六安地区水利电力局：《六安地区水利志》，内部资料，1993 年，第 103 页。
③ 安徽省地方志编纂委员会：《安徽省志·农垦志》，北京：方志出版社，1997 年，第 252 页。
④ 中国科学院南京土壤研究所，中国人民解放军南京部队城西湖农场：《机械耕作条件下的土壤改良——城西湖农场土壤改良试验总结》，北京：农业出版社，1980 年，第 3 页。

0.14 亿千克，占总收获量的 4.40%；其他（饲料、灾区救济等）0.135 亿千克，占总收获量的 4.24%。①另外，城西湖湖区得到了较为系统的治理，取得了良好的社会效益：一是因垦区兴建了大量的水利工程，客观上保护了垦区北部民圩不受淹浸，使得民圩的农业增产显著；二是城西湖围垦还改善了航运。围垦前，霍邱港航运终点只能达临淮岗和老坝头；围垦后，筑堤浚深泄水道。经临淮岗船闸，常年船只可直达城关、高塘，航程延长 40 千米，年吞吐量达 30 万吨；三是城西湖围垦，有利于淮河蓄洪。城西湖围垦前，水面广阔，水位低、存水量大，洪峰前抢排机会极少，峰间抢排机会更少，湖区底水量随水位增高而增加，降低了蓄洪量；围垦后，蓄水区缩小，水位高，峰前抢排机会多，排水量大。峰间抢排机会更多，特别是垦区 327 平方千米保持基本干涸，湖区底水少，相对在蓄洪时可以增加蓄洪量②；四是根治了蝗患。围垦 20 年来没有再发生蝗灾，每年节省灭蝗经费 10 万元；五是农场在军民之间开展协作医疗，多年来派出医疗队 693 人次，为群众治病 91 460 人次，并为地方培养医务人员 262 人③，等等。

城西湖的围垦尽管成效显著，但也给湖区水资源环境带来了许多问题：

其一，军垦城西湖围垦后，沣河以南部分作为蓄水区，因此沿湖南岸湖汊洼地，诸如兰桥湾、桥岗涧湾、范桥湾、菱角湾、刘集（大桥）湾和官塘圩、四清圩、临沣圩、朱塔圩、井庄圩、青年圩等处的 19.5 米至 22.5 米高程之间 65 平方千米约 6 万亩耕地的淹没概率增大。围垦前仅 1954 年蓄洪，1956 年和 1963 年受涝灾。湖区水位一般年份在 19.5 米至 20 米之间，19.5 米水位蓄水区为 140 平方千米，可留水 1.8 亿立方米，除丰水年外都可以保收。围垦后，蓄水区面积在 19 米水位时仅有 33 平方千米，蓄水 0.45 亿立方米，因之水位抬高，年平均水位高程 21.86 米，丰水年份 22 米至 23 米，最高 24.57 米。南部湖汊洼地及生产圩平均每年有 10.4 万亩耕地被淹，1982 年最多达 15.2 万亩，造成了正如当地民谣所说的"锅帮水茫茫，锅底稻花香。好了军垦圩，苦了十八乡"的不正常情况。另外，城西湖流域每年夏季常出现集中暴雨，蓄水面积小，水位上涨快，因之沿岗圩区经常破堤。农民秋冬要复堤、筑堤，夏季要防洪抢险，每年要多做土方 200 万立方米。较低洼地区，淹了排，排了种，种了淹，一年间往往三淹四种而无收获。④

1986 年 3 月初，新华社记者宣奉华再次去霍邱县调查，发现自 1980 年第一次调查离开 5 年多来，其他地方群众的生活变化很大，城西湖湖畔的乡亲们却生活依旧，"春种夏忙秋茫茫，冬吃救济八大两。人为水灾何时了，围了锅底淹锅帮"。沿湖的 21 个乡中，有 15 个乡、17 万人每年人均收入不到 120 元，口粮不足 400 斤。宣奉华来到曾经是鱼米之乡的泮河村，围垦以后，这里 90% 的田年年被水淹，人均收入仅 25 元，人们

---

①　安徽省地方志编纂委员会：《安徽省志·农垦志》，北京：方志出版社，1997 年，第 255—256 页。

②　霍邱县水利电力局：《霍邱水利志》，内部资料，1990 年，第 38 页。

③　安徽省地方志编纂委员会：《安徽省志·农垦志》，北京：方志出版社，1997 年，第 256—257 页。

④　安徽省地方志编纂委员会：《安徽省志·农垦志》，北京：方志出版社，1997 年，第 257—258 页。

靠吃救济粮讨饭度日。她来到宋店乡台岗村第一村民小组，这里 18 至 35 岁的男青年 25 人，个个都是光棍。从 1978 年到 1986 年，没有娶进来一个姑娘。一些小伙子说："不离开大水窝，一生别想讨老婆。"她沿湖走访了不少人家，发现大部分农民家里连一张像样的床、一条完整的被褥也没有。①她来到石店区，负责人反映这个区沿城西湖的 7 个乡、54 个村、8.8 万人，有耕地 14.5 万亩。城西湖围垦前，年年夏秋双丰收；围垦后，淹涝面积扩大 8 倍以上，每年淹涝面积增加到 8 万亩至 14 万亩。全区 20 年减收粮食 1.5 亿多千克，油料 500 万千克，共折款 1 亿元。白莲乡井庄村 1446 人，有耕地 4900 亩，围垦前三年平均每年提供商品粮 45 万斤，人均年收入 168.9 元，口粮 618 斤；围垦后，1980 年至 1985 年，人均收入 36.9 元，口粮 316 斤，每年吃回销粮 44 万斤，使用救济款 1.85 万元。②

其二，城西湖围垦导致因大水年份围绕是否蓄洪问题产生军地、省际水事纠纷。城西湖必须蓄洪是河南、安徽、江苏三省协商的重大防洪措施，在中共中央、国务院皆有案可查。可是在"文化大革命"期间竟成了问题，1967 年 3 月，南京军区已围垦的城西湖是否蓄洪的问题传到北京。水利电力部就与安徽省水利厅电话联系，要求将情况与意见专案报部。由于安徽省委书记李葆华及安徽省水利厅张祚荫厅长等负责人当时已被打倒，没有答复。1967 年 4 月上旬，水利电力部水管司副司长刘德润率领 3 人组成的工作组来安徽调查，南京军区也派后勤生产部副部长刘达林参加。原来南京军区与中共安徽省委多次会谈，才确定在城西湖军垦。据说，原安徽省委一些负责人，都没有谈城西湖必须蓄洪的问题。1965 年 8 月，张祚荫还与南京军区说："军民两利，平战结合，勤俭办场。……临淮岗水库不做了，城西湖行洪任务没有了，蓄洪任务基本也没有了。城西湖只是内水外排。"后来安徽省水利厅为南京军区代拟围垦工程设计任务书，此任务书并未报水利电力部。南京军区就据此任务书进行垦区的规划设计。1967 年刘德润率领 3 人工作组到军垦现场调查后回到合肥，参加了安徽省军管会生产委员会召开的座谈会。会上刘德润坚持城西湖蓄洪是淮河防洪规划的重大措施，军垦以后必须依据三省协议规定分蓄洪水。如不蓄洪，损失更大，还可能引起省与省的纠纷以及军民矛盾等问题。而南京军区后勤生产部副部长刘达林却认为城西湖军垦是南京军区贯彻执行毛主席的"五·七指示"，是林彪亲自决定的项目，如要蓄洪必须向许世友司令员请示。当时安徽省的领导干部不敢表态，讨论几天未能取得一致意见。刘德润一行 3 人回到北京，向水利电力部领导做了汇报。考虑到安徽省的实际情况，5 月中旬由钱正英带领调查组成员向军委总后勤部副部长张令彬汇报，刘德润说明历史与现实情况，强调淮河大水时，城西湖不蓄洪是不可能的。军委总后勤部将水利电力部的意见电告南京军区后勤

① 李春林：《石破天惊的一声呐喊——女记者宣奉华采写城西湖问题调查报告始末记》，《中国女记者》编辑委员会：《中国女记者 4》，北京：新华出版社，1993 年，第 241—242 页。
② 宣奉华：《围垦霍邱城西湖给 20 多万农民带来灾难 安徽省有关干部群众强烈要求退垦还湖》，《国内动态清样》1986 年第 812 期。

部，要求他们请示许世友司令员商定。7月5日，南京军区后勤部电复军委总后勤部，认为"该场除遇有超过1954年型特大洪水再视情况蓄洪外，平时不存在蓄洪问题"，这个答复与国务院批准的淮河三省协议不符。淮河汛期已来临，7月4日水利电力部报告国务院与中央军委，说明淮河城西湖围垦后仍需蓄洪的必要性，要求批转南京军区。7月中旬，国务院与中央军委以加急电报通知南京军区，同意水利电力部意见，要求立即研究执行。①水利电力部一方面以机密急件转给安徽省军管会生产委员会与安徽省防汛指挥部，再次明确城西湖围垦后必须用于蓄洪；另一方面其向国家计委提出申请专款800万元复建分洪闸。②

其三，城西湖围垦增加了军民纠纷发生的概率。驻地军民关系既是一种社会邻里关系，又是一种较为稳定的人际关系，这种军民关系对社会心理气氛具有较大的影响。军民之间的相互理解、信任、关心和支持，会造成良好的社会心理气氛，使社会的群体保持一种稳定的、融洽的秩序，从而促进社会的安定团结，增强社会的凝聚力。城西湖机械化耕作以及水利建设的发展，使得粮食和农副产品经常丰收，相反，湖区周边农民却经常遭受水旱灾害而生活困难，于是产生了不少地方民众溜进垦区随意拿取东西的现象。③通常是"收获季节，架车上装上塑料棚，一家人携儿带女开进湖里，在湖心的水渠边安营扎寨，东边赶，搬西边。西边赶，搬东边，不怕吃苦受罪，几个月下来除了吃的，还能拾几百斤粮食。但这些人都是淮河北边过来的。滨湖的人们却没有这大的胆量。他们至多是早出晚归，到湖里去拾把草，扫一点糠秕。……收豆季节，那干硬的豆秸，成汽车的（地）拉进城去……产生了摩擦"④。

其四，城西湖围垦导致城西湖垦区流行性出血热疫情的暴发和流行。流行性出血热又称肾综合征出血热，是由汉坦病毒引起的可通过多种途径传播的自然疫源性疾病，鼠为主要传染源，临床上以高热、低血压、出血等肾功能损害为特征。南京军区军事科学研究所深入疫区调查研究后，发现城西湖流行性出血热的宿主是黑线姬鼠，以及可携带、传播和经卵传递流行性出血热病毒的革螨。城西湖农场位于淮河之滨，遇到水灾，粮食颗粒无收，流行性出血热病例极少，但到了风调雨顺之时，农业大丰收，粮多鼠多，直接导致该地流行性出血热暴发。而农田改造、农事活动、垦荒、兴修水利、植树造林以及部队野营训练等这些人类集聚性生产与社会活动影响着湖区生态环境，一旦人类进入疫区增加暴露机会都会影响流行性出血热发生与流行。据记载，城西湖的围垦部队，连续多年暴发流行性出血热疫情，1967年发病率高达26%，至1971年发病率仍在

① 王维新：《淮河大水，城西湖不能不蓄洪——纪念刘德润同志逝世三周年》，白济民主编：《纪念刘德润博士文集》，郑州：黄河水利出版社，1998年，第32—33页。
② 刘德润：《水事纠纷处理追述》，《中国水利》1994年第7期。
③ 张金荣：《探索》，合肥：安徽人民出版社，2008年，第292页。
④ 王余九：《西湖沧桑》，中国人民政治协商会议安徽省霍邱县委员会：《霍邱文史资料》第3辑，内部资料，1987年，第10页。

13.2%，因该病累计死亡人数达 35 人。①又有资料记载，安徽城西湖和丹阳湖两个军垦农场，面积分别为 60 704.17 公顷和 9712.67 公顷，部队自 1966 年进入湖区执行生产任务后，即遭到流行性出血热的严重威胁，从 1966 年至 1971 年两个农场共发病 1229 人、死亡 42 人，1970 年大流行时，仅城西湖农场即发病 462 人、死亡 29 人。②

其五，城西湖围垦导致城西湖湖区水生态恶化。一是破坏了城西湖的水产资源。城西湖围垦前，水面广阔，水温适宜，年平均水深 1—2 米，水草、水藻繁茂，浮蝣众多，适宜各种鱼虾生长，且系自然繁殖，无须投入。围垦前，城西湖年产鱼虾 600 万斤，湖区渔民 4000 余人赖以生活。围垦后，湖区缩小，鱼虾产量急剧下降，沣虾、银鱼几乎绝迹。特别是城西湖渔民失去了赖以生存的基地，被迫流浪他乡，寻水捕捞。③据当地人王余九记述："幸而这儿还有一个没有围垦的东湖，不然水产品将会绝迹。但是其价格较围垦以前提高五至十倍以上。禽鸟们没有了，不要说是仙鹤、大鸨、天鹅，连队队行空的大雁也没有了。秋天，枯灰的天空，只有麻雀和蝙蝠。"④二是围垦城西湖造成了霍邱县城镇生活饮用水水源地的污染。城西湖是霍邱县城关人民生活饮用水的主要水源，围垦后城关近 4 万人的饮用水仅靠从沿岗河（泄水道）汲取，水面小，失去自然净化能力，水污染严重。沿岗河是紧靠县城西部的一条人工河，全长 22 500 米，宽约 40 米，平均水深 1.5 米。上游自沣河桥头与城西湖蓄水区相融，下游经临淮岗水闸与淮河相通。枯水季节，河水容量约 135 万立方米。水厂建在沿岗河近上游处，供应城关 3 万多居民的生活饮用和工业用水。经实地观察，沿岗河有 20 多千米的水体，招致了不同程度的污染。其严重污染带为四里涧至反修桥，四里涧以南和反修桥以北为一般污染带。污染的来源主要是工业废水、城镇生活污水和雨水冲刷、西湖围垦区退水排入等。⑤1982 年，霍邱县卫生防疫、保健等部门在沿岗河分段设点取样检验，发现河水无论在丰水期或枯水期，其可见色度、浑浊度、耗氧量及各种化学物质、细菌总数、大肠杆菌群等，均不符合卫生标准，各种有害细菌含量超过国家标准数十倍甚至上千倍。据医疗卫生部门统计，霍邱县的贲门、幽门、食道、直肠等癌症，发病率极高，或许与生活饮用水源被污染有一定关系。⑥

二、城西湖的退垦还湖

围垦城西湖虽然取得了增加部队粮食和农副产品的供应、军民合作支援地方等方面

① 《当代中国》丛书编辑部：《当代中国军队的后勤工作》，北京：中国社会科学出版社，1990 年，第 285 页。
② 郑智民，姜志宽，陈安国主编：《啮齿动物学》，上海：上海交通大学出版社，2008 年，第 511 页。
③ 安徽省地方志编纂委员会：《安徽省志·农垦志》，北京：方志出版社，1997 年，第 258 页。
④ 王余九：《西湖沧桑》，中国人民政治协商会议安徽省霍邱县委员会：《霍邱文史资料》第 3 辑，内部资料，1987 年，第 11 页。
⑤ 尚汝清：《沿岗河水质情况的调查》，中国人民政治协商会议安徽省霍邱县委员会：《霍邱文史资料》第 3 辑，内部资料，1987 年，第 19 页。
⑥ 安徽省地方志编纂委员会：《安徽省志·农垦志》，北京：方志出版社，1997 年，第 258 页。

的积极成果，但带来的诸如造成南部沿湖地区水灾严重、影响淮河系统治理、军民纠纷增多、流行性出血热地方疫病流行、水生态恶化等一系列问题，也是非常严重的。于是，当地民众、科技人文工作者和新闻媒体、各级政府都纷纷要求退垦还湖。

首先，城西湖围垦使湖区渔民和湖区南部群众首当其冲受到损失，渔民和湖区南部群众、基层干部强烈要求退垦还湖。城西湖原有4000多个渔民，城西湖围垦后，蓄水区水面缩小3/4，渔民失去捕捞基地。城西湖围垦主要是沿湖四周建百里围堤，堤外挖渠，上游沣河流域的来水只能从堤外渠道注入淮河，湖底变为军垦农场。由于堤外的沟渠太小，上游700平方千米面积的来水漫出堤外，湖周围原来旱涝保收的农田区变成了淹没区，造成沿湖农民群众生活极端贫困，农民强烈不满，纷纷要求破除百里围堤，恢复城西湖的自然形态。新华社记者宣奉华向总社汇报工作的材料中写道：

> 1980年，安徽省政府要求中国科协几十位专家到皖西进行综合考察，为安徽皖西的经济提供科学咨询。当时记者随专家考察团到霍邱县采访，那时正是汛期刚过，城西湖围垦堤外，1700多平方公里的来水没有出路，就往湖四周的农田、村庄浸溢，使20多万亩农田和许多村庄成为茫茫泽国，记者乘汽艇沿着淹涝区访问了许多被困在大水中的乡亲，他们都冲着军围大堤噘嘴叹息，他们说："你看，湖内的田抛荒长野草，湖外的庄稼地反倒成了湖，俺们讨饭也没有路啊！"一位衣衫褴褛的大嫂搂着个皮包骨头的孩子一面哭，一面诉说："当初俺娘特地给俺寻这个婆家，就图这里是个鱼米之乡，不愁吃，不愁穿，谁晓得这大堤把大水逼到俺庄门口，俺子孙后代都没得后路啊！"他们手指着军场大堤说："啥时这大堤推倒了，俺们的田就不受淹了。"当我们离开霍邱县时，当地的干部和群众还有追着吉普车送上访材料的，他们一致要求退垦还湖，根除水患。

1986年春节后，新华社记者宣奉华在合肥火车站遇见一些扛着行李卷的灾民，他们说是家被水淹了，到山东去挖煤，挣几个钱糊口，问他们是哪个县的，他们说是霍邱县城西湖边的。

其次，科技人文工作者和新闻媒体从自己的专业出发，反映城西湖湖区民众要求退垦还湖的呼声。科技人文工作者和新闻媒体纷纷到湖区实地考察，依据考察写出专题论述，以生态学观点，从经济效益、社会效益、治淮水利设施等方面指出退垦还湖利多弊少，肯定退垦还湖，为城西湖退垦还湖提供科学依据和民意基础。1980年12月16日，《安徽日报》发表了生态学者侯学煜、孙世洲、韩也良、周翰儒、吴诚和撰写的《从生态学观点看发展安徽大农业问题我们的几点意见》的第三部分。《环境之声》1981年第3期（总11期）又发表了侯学煜《退垦还湖保持湖泊生态平衡》的文章，这都是从生态学角度论证城西湖应该退垦还湖。1984年11月20日，《中国环境报》头版头条刊登报道指出："城西湖围垦得不偿失，破坏生态环境，后患无穷。"1985年，在城西湖围垦效益和综合治理学术讨论会上，经过有关专家的论证，会议提出了"圩区续垦，水利配套"、"洼地退垦还湖"和"枯（冬）垦丰（夏）蓄"三个方案，大家一致认为"洼地退垦还湖"方案比较切实可行，投资少、见效快。①1985 年秋，《中国环境报》头版头条发表了霍邱县《城西湖围垦破坏生态环境后患无穷》消息，报道了"文化大革命"期间，城西湖被围垦殆尽，生态环境遭到毁灭性破坏，而且在经济上也得不偿失。该文章经中央广播电台播出后，引起了有关部门的高度重视。②1986 年 4 月 14 日，新华社记者宣奉华关于《围垦霍邱城西湖给 20 多万农民带来灾难 安徽省有关干部群众强烈要求退垦还湖》的稿件，更是受到中央领导的重视。

再次，各级政府顺应城西湖区民众呼声，积极推动退垦还湖。1979 年春，霍邱县邵岗公社（西湖南岸）革命委员会副主任王星球给中共中央、国务院、中央军委、三总部（总参、总政、总后）、《解放军报》社、南京军区写信说："安徽省霍邱县城西湖军垦农场，自建成后，给沿湖社队带来了重重灾难……使人民群众的生活由富裕走向贫困"③，要求退垦还湖。1980 年以后，霍邱县委、县政府根据沿湖周围群众、干部的要求，把退垦还湖作为一个重大问题，屡次向上级领导部门反映，该县人大代表和政协委员还多次写成提案、议案，提交到本级和上级人民代表大会和政协会议上讨论。安徽省和六安地区的领导也多次深入湖区现场调查。1980 年 8 月 30 日到 9 月 10 日，在第五届全国人民代表大会第三次会议上，安徽省代表王劲草、王泽农、李敦弟、许有光 4 人联名提出《要求城西湖军垦农场退垦还湖以根治水旱灾害重建生态平衡》的 1249 号的提案。④1981 年，安徽六安籍的南京军区顾问赵俊到访合肥，入住合肥稻香楼宾馆。在欢迎宴会上，安徽省有关领导提出，他们给中央写了报告，要求撤销南京军区城西湖农场，重新蓄水还湖，请赵俊协助做军区首长的工作。⑤1982 年国家水利部门以"水管字1 号"文件提出："为了有利于落实治淮规划，有利于解决湖区 1750 平方千米涝水的调蓄，有利于合理利用湖面，搞好农业和水产等多种经营，有利于改善军民关系，建议退垦还湖。"但南京军区以"南公字 10 号"文件进行了辩驳。1978 年以后，万里同志在安徽担任省委书记期间，也几次提出城西湖只有退垦还湖，才能彻底解决问题。1983年 3 月，王郁昭先后担任省委副书记、省长后，也曾向军垦部队提出，农村改革后，农业连年丰收，部队退垦还湖后，原来由城西湖农场生产的粮油，由安徽省平价供应，买粮油的钱，比部队围垦生产的粮油，成本能降低一半，对部队也是有利的。1985 年，当时的国务院总理来安徽视察时，也指出应当"退垦还湖"⑥。但这个"老大难"问题，始终得不到解决。

① 安徽省地方志编纂委员会：《安徽省志·农垦志》，北京：方志出版社，1997 年，第 258 页。
② 安徽省地方志编纂委员会办公室：《安徽省志·环境志》，北京：方志出版社，2016 年，第 527 页。
③ 《解放军报·来信摘编》1979 年 5 月 12 日。
④ 安徽省地方志编纂委员会：《安徽省志·农垦志》，北京：方志出版社，1997 年，第 258 页。
⑤ 王宣：《毛泽东之剑：名将之星许世友》，南京：江苏人民出版社，1997 年，第 45 页。
⑥ 王郁昭：《往事回眸与思考》，北京：中国文史出版社，2012 年，第 334—335、339 页。

时至 1986 年 4 月，城西湖退垦还湖问题的解决迎来了一个重要契机，一是 4 月召开的全国人大六届四次会议和全国政协六届四次会议期间，安徽省人大代表、政协委员分别提案要求城西湖军垦退垦还湖；二是新华社 4 月 14 日（第 812 期）《国内动态清样》发表了新华社安徽分社记者宣奉华写的一篇内参稿子。宣奉华在内参中写道：

安徽省霍邱县的城西湖，从 1966 年被军队围垦以来，把 1700 多平方公里面积的来水逼往高处淹没沿湖良田，破坏了自然生态，造成严重的恶果。昔日富庶的鱼米乡，如今变成了常受水害的重灾区，20 万人受苦受难……多年来，城西湖岸人民强烈要求破除造田的百里围堤，恢复城西湖的自然状态，把产权归还霍邱县……省、地、县及沿湖群众认为，退垦还湖有如下好处：（1）可以消除围垦带来的严重淹涝灾害，使沿湖 30 多万亩耕地成为自流排涝、夏秋双收的良田，使 20 多万人民安居乐业，使 4000 渔民返湖捕鱼，重新成为鱼米之乡。（2）退垦还湖每年可以减少群众排涝电费 120 万元和修复水毁用工 60 万个工日，减轻农民负担。（3）退垦，归还产权。消除城西湖 20 年以邻为壑、与民争利、体制分割的不合理状况，有利于治理淮河的统一规划，有利于落实党的农村政策。（4）产权交还霍邱县，可以促进沿湖人民脱贫致富。"①

时任国务院副总理万里看到这篇稿件后，立即做了批示，但他认为退垦还湖之事时间太久了，认为只有邓小平同志才能拍板。1986 年 4 月 18 日，邓小平明确要求退垦还湖。

1986 年 4 月中央批示传达后，南京军区和安徽省主要领导同志分别到城西湖进行实地考察，并进行了多次协商和讨论。6 月 21 日，由南京军区和安徽省人民政府草签关于城西湖退垦还湖的协议，并共同起草了给中央军委和国务院《关于贯彻落实中央领导同志对城西湖退垦还湖问题重要批示的情况报告》。报告指出：为了服从治淮大局，照顾群众利益，军垦部队湖下全部撤出，城西湖彻底退垦还湖。双方协商同意军垦部队于 1986 年底以前从湖下全部撤完，1987 年元月开始放水还湖；退垦还湖的实施方案和有关问题的处理，可由南京军区和安徽省人民政府商定后，由军垦农场和霍邱县人民政府具体贯彻实施。②9 月 25 日，军地双方在城西湖农场提前举行了交接仪式。南京军区代表为军区后勤部副部长夏玉成，安徽省代表为安徽省人民政府副省长孟富林。交方经办单位为城西湖农场，代表为场长郎东方；接方经办单位为霍邱县人民政府，代表为洪文虎。9 月 28 日，围垦部队按照规定将城西湖农场及其湖下不动产移交给地方，并陆

---

① 宣奉华：《围垦霍邱城西湖给 20 多万农民带来灾难 安徽省有关干部群众强烈要求退垦还湖》，《国内动态清样》1986 年第 812 期。

② 《南京军区、安徽省人民政府关于贯彻落实中央领导同志对城西湖退垦还湖问题重要批示的情况报告》，水利电力部治淮委员会，《治淮汇刊》编辑委员会：《治淮汇刊》第 12 辑，内部资料，1986 年，第 48—49 页。

续从城西湖撤走。①

最后，在军垦部队撤出后，霍邱县人民政府鉴于 1986 年冬季少雨，遂将军圩的土地让农民种一季小麦，1987 年夏收产量达 1500 万千克。于是霍邱县人民政府又请求暂缓放水入湖。为此，安徽省人民政府于 1987 年 6 月 2 日向国务院递交了《关于城西湖放水还湖准备情况的报告》，申请将放水还湖延迟至 1988 年。报告提出延迟还湖的理由是：一是与军垦区毗邻的民圩防洪问题尚未解决；二是军垦圩内尚有 1.4 万多名群众的生产、生活未安排落实；三是开发城西湖的前期工作尚未完成；四是湖内现有水利、供电、通信、交通设施的迁改工作尚未进行。②水利电力部对这个报告研究后于 1987 年 6 月 22 日向国务院提出了反对延迟放水还湖的意见，建议城西湖仍应按照协议在 1987 年放水还湖。③7 月 13 日，国务院批复了《安徽省人民政府关于城西湖放水还湖准备情况的报告》，批复对安徽省未严格按原协议执行放水还湖提出了批评，强调关于城西湖退垦还湖问题，要严格按原协议办理，必须抓紧时间履行协议，在 1987 年内做好放水还湖工作；为确保汛期安全，必须退垦还湖，并切实抓好清障工作，在大水来时蓄洪滞洪，不得贻误防洪大局；军垦部队已提前撤出，地方应抓紧放水还湖，军垦退出的耕地也不宜再围圩耕种。④国务院有关批复下达后，安徽省委、省政府立即研究了贯彻落实意见，副省长汪涉云于国务院批复次日即率工作组赴六安地区传达贯彻、帮助研究落实措施；省委书记李贵鲜、副书记孟富林亦分别赴现场检查、督促，省、地、县各级负责同志一致表示接受国务院领导同志的批评，坚决贯彻执行批复中的三点意见，全面履行南京军区和安徽省的协议，保证在 1987 年内做好放水还湖工作，服从淮河防洪的需要，随时准备开闸蓄洪。⑤7 月 21 日，霍邱县委、县人大、县政府负责人带领工程技术人员勘察选定放水口位置，在沣河桥西 2 千米沿岗河堤上，动员城关镇牌坊乡、水上乡的民工 670 人，于 7 月 27 日挖成宽 116 米、底高程 20 米的放水口门放水还湖。同时组织动员陈嘴、陈郢、高塘、范桥、五塔寺 5 个乡的民工 3.19 万人，加高加固 26.5 千米民圩格堤。⑥8 月初，湖区 250 多平方千米区域的暴雨径流已流入军垦区，蓄水面积达 63 000 多亩。8 月底，沿岗河水位上涨，洪水已通过口门流入湖内。⑦至此，城西湖已安全放水还湖。

———————————

①　安徽省地方志编纂委员会：《安徽省志·农垦志》，北京：方志出版社，1997 年，第 259 页。

②　《安徽省人民政府关于城西湖放水还湖准备情况的报告》，水利部治淮委员会，《治淮汇刊》编辑委员会：《治淮汇刊》第 13 辑，内部资料，1989 年，第 41—42 页。

③　《水利电力部对城西湖退垦还湖问题意见的报告》，水利部治淮委员会，《治淮汇刊》编辑委员会：《治淮汇刊》第 13 辑，内部资料，1989 年，第 43—44 页。

④　《国务院关于城西湖故水还湖问题的批复》，水利部治淮委员会，《治淮汇刊》编辑委员会：《治淮汇刊》第 13 辑，内部资料，1989 年，第 40 页。

⑤　《安徽省人民政府关于城西湖放水还湖情况的报告》，水利部治淮委员会，《治淮汇刊》编辑委员会：《治淮汇刊》第 13 辑，内部资料，1989 年，第 45 页。

⑥　安徽省地方志编纂委员会：《安徽省志·农垦志》，北京：方志出版社，1997 年，第 259 页。

⑦　《安徽省人民政府关于城西湖放水还湖情况的报告》，水利部治淮委员会，《治淮汇刊》编辑委员会：《治淮汇刊》第 13 辑，内部资料，1989 年，第 45 页。

三、城西湖退垦还湖的意义

城西湖退垦还湖的决策与实施，体现了尊重自然、顺应自然、保护自然的生态文明理念，对淮河的综合施治、减轻城西湖区的水旱灾害、城西湖的合理开发、改善霍邱县城关居民生活饮用水条件、促进当地社会稳定，产生了重要的积极作用。

第一，退垦还湖后的城西湖作为淮河中游最大蓄洪区，成了淮河防汛中的一张"王牌"，更好地发挥着重要的调蓄洪水作用。淮河从河南进入皖西之后，弯曲特别多，水流缓慢。一年一度夏秋之交的暴雨季节，这里就成了卡脖子的咽喉地带。为了确保淮北大堤，两淮煤矿、电厂及津浦铁路免遭汛期水害，1951 年治理淮河时，国家就把城西湖列为淮河中游重点湖泊蓄洪区之一。城西湖蓄洪库容为 29.5 亿立方米，相当于 4 个蒙洼蓄洪区，区内有 4 万公顷耕地，居住着近 15 万人口，因此一般不轻易启用。在淮河遭遇像 1954 年洪水时分洪，即当润河集水位超过 27.10 米时，或润河集水位达 27.10米、正阳关水位 26.50 米时分洪，可以削减洪峰，降低淮河干流水位，保障安徽淮北大堤安全，可以保护约 1000 万亩耕地；减轻淮河上游河南省沿淮地区的灾情，减少对淮河下游江苏省洪泽湖大堤的洪水威胁。[①]城西湖在 1966 年被围垦后，1968 年被迫分洪，给军垦农场以及霍邱人民生命财产造成了巨大损失。当年 6 月下旬—7 月，淮河上游及干流沿岸出现两次较大范围的暴雨，暴雨洪峰原本可以分流进入城西湖 100 亿方水量，却被高高的湖堤阻挡。7 月 16 日，淮滨县城漫决进水，17 日，王家坝出现历史最大流量每秒 17 600 立方米，城西湖蓄洪区上格堤决口进洪。1987 年放水还湖 5 年后的城西湖蓄洪区，又因淮河流域大水而被启用。1991 年淮河发生全流域大水，城西湖再次被启用蓄洪，"自 7 月 11 日 16 时开闸以来，城西湖最大进洪流量曾达每秒 3000 立方米，已蓄水约 5 亿立方米，使淮河干流水位明显下降，从而有效地减轻了洪水对淮北大堤和淮南、蚌埠工矿城市圈堤以及津浦铁路的威胁"[②]。

第二，城西湖退垦还湖后，减轻了沿湖地区的洪涝灾害，加快了湖区群众脱贫致富的步伐。过去，由于围垦致使沿湖地区 5 个区、2 个镇、18 个乡、112 个村、1231 个生产队，共计 35.6 万亩耕地年年遭受洪涝灾害，从而形成了"围了锅底，淹了锅帮"的局面。据资料记载，围垦前沿湖地区年平均遭受洪涝灾害 5.78 万亩，围垦后的 18 年年平均受灾 11.68 万亩，比围垦前年平均多淹 5.9 万亩。还湖以后，1988—1990 年年平均淹涝只有 1.68 万亩。1990 年 7 月 17—20 日湖区 24 小时降水 244 毫米，沿湖范桥圩、兰桥湾圩、桥岗圩、朱塔圩等生产圩均未遭受涝灾。据有关部门调查统计，还湖 3 年后沿湖地区每年增收粮食 0.75 万吨，湖区群众每年人均增收 75 元。1988 年以后，更是投资 87.57 万元对沿湖 12 个生产圩堤进行了治理，共建排灌站 9 座，从而使万亩耕地实

---

① 王维新：《淮河大水，城西湖不能不蓄洪——纪念刘德润同志逝世三周年》，白济民主编：《纪念刘德润博士文集》，郑州：黄河水利出版社，1998 年，第 31 页。

② 蒋志敏：《安徽城西湖蓄洪后昨天关闸》，《人民日报》1991 年 7 月 15 日，第 2 版。

现了旱涝保收。如朱塔、坎山等 4 个圩堤近 9000 亩耕地还湖前午季不能保收，秋季收效甚微，在新建的排灌站发挥效益后，年年增产增收。总之，还湖以后，洪涝灾害明显减轻，大批湖区群众开始摆脱贫困。白莲乡井庄村围垦时是个典型的受灾村，当时的村支部书记在春节时写了一副对联："良田千顷一片黄水；债台高筑两袖清风。"横批是："年年受灾。"还湖后这个村发动群众加固生产圩堤，使该村的 4900 亩耕地年年旱涝保收，1990 年全村人均收入达 300 元，比还湖前 90 元增加 210 元。[①]

第三，城西湖退垦还湖后，恢复了城西湖的自然资源，为综合开发利用城西湖奠定了基础。还湖后，城西湖自然资源逐步得到恢复。湖内 45 种鱼类生长繁衍，"西湖青虾"产量逐年增加，芡实、菱角、莲藕、茭瓜等水生植物覆盖面不断扩大，据 1989 年调查覆盖率达 87%，已发现的底栖生物就有 31 种。每年还有大量的鸟类栖息湖区。这一丰富的自然资源给沿湖人民群众开发利用提供了有利条件。为了把城西湖治理、开发、利用好，霍邱县决定将城西湖综合开发指挥部变成一个常设机构，沿湖区镇乡亦相应建立湖区开发领导组。1987 年下半年，霍邱县制定了《城西湖综合开发利用规划》，规划按照"减灾富民，安定团结，生态平衡"的原则，在"确保沿岗河以上区域解除或减轻洪涝灾害，确保沿淮 19 万亩良田不增加新的淹涝面积"的基础上，对湖内自然资源"全面规划，积极开发，宜种则种，宜养则养，分层治理，综合利用，规模经营，建成基地，逐步实施，发挥效益"[②]。规划从工程治理和生物治理两个方面入手。工程治理方面，霍邱县组建了工程技术班子，对进洪闸、排涝闸、民圩堤防、公路、供电、通信线路的改建工程进行勘测、设计、预算、论证。生物治理方面，初步设想分三个层次：第一层次，栽植防浪柳林。在沿岗堤和民圩隔堤的迎湖一面，长 56.5 千米，宽 20 至 30 米的范围内，插柳桩，造林带，防浪护堤，美化环境，增加财富；第二层次，栽植耐水高秆作物。在 18.5 米高程以上 40 多平方千米，栽植芦苇、杞柳等，逐步发展成造纸原料基地，并相应发展柳编生产；第三层次，在 18.5 米高程以下，约 70 平方千米，除适当种植菱、藕等水生植物外，主要发展养鱼养蟹，实行精养和粗养相结合，人工投放和自然增殖相结合。[③]1987 年，鱼、蟹、虾、贝类等水产品总产量达 2500 吨，产值 750 万元以上；1989 年渔业总产量 16.7 万千克，产值 50.4 万元，养殖户户均收入 2623 元，人均收入 256.2 元。[④]在水产品发展的同时，人们逐步发展饲料加工、水产品加工工业，发展商贸服务业，形成农渔工商、产供销一条龙的湖区经济格局。

第四，改善了霍邱县城关居民的饮用水条件。还湖前，城区 8 万多名居民饮用水主

① 《关于城西湖还湖后综合治理的情况汇报》（1990 年 10 月 14 日），霍邱县档案局，1990 年，案卷号：13-16，第 2—3 页。

② 《关于城西湖还湖后综合治理的情况汇报》（1990 年 10 月 14 日），霍邱县档案局，1990 年，案卷号：13-16，第 3—7 页。

③ 王国信：《国务院批准城西湖军垦部分退垦还湖》，中国人民政治协商会议安徽省霍邱县委员会：《霍邱文史资料》第 3 辑，内部资料，1987 年，第 17—18 页。

④ 《关于城西湖还湖后综合治理的情况汇报》（1990 年 10 月 14 日），霍邱县档案局，1990 年，案卷号：13-16，第 7 页。

要靠沿岗河提供。由于沿岗河水面较小，自净能力差，城区工业废水和生活污水多半排入河内造成污染，许多指标达不到国家规定的饮用水卫生标准，严重地威胁着城区人民的身体健康。还湖后可以直接从湖内取水，湖内的水质较沿岗河有很大的好转。据1990年采样检验，19项指标中达标的有14项，基本达标的有3项。①退垦还湖，从根本上解决了城关居民饮用水问题。与此同时，退垦还湖还大大净化了城关地区的环境，也在一定程度上改善了气候条件。

第五，促进了城西湖湖区的社会稳定。还湖前，由于沿湖地区的30多万亩耕地年年因涝成灾，不仅给这里的群众生活带来许多困难，而且严重影响这些地区的社会安定，不少群众对于这种"围锅底、淹锅帮"的做法反应十分强烈。还湖后，增加了群众收入，安定了群众情绪。不仅如此，退垦还湖还使4000名专业渔民有了生产基地。过去这些人长期漂流他乡，寻水捕捞，生活十分窘困。还湖后，他们利用这块基地发展渔业生产，很快富裕起来。位于城西湖内的西湖村，截至1990年时有各种渔业机械、渔具价值97万元，比1986年的38万元增加了59万元，至1990年全村人均收入可达756.9元，比1986年的230元增加526.9元，全村145户中有75户收入超万元。②

综上所述，城西湖湖面广而积水不深，民国以来曾多次被围垦，以20世纪30年代中期至40年代初期的官垦规模为最大。中华人民共和国成立初期至20世纪60年代初期，安徽省劳改支队、中国人民解放军济南军区部队也先后在城西湖围垦，但由于内涝问题严重，围垦都没有取得成功。1966年，南京军区党委根据毛泽东"五·七指示"精神，决定围垦城西湖，建城西湖农场。城西湖围垦从1966年9月开始到1967年11月止，共围垦湖面286平方千米，军垦湖地13.2万亩，民圩19万亩，共32.2万亩。城西湖围垦确实增加了部队粮食供应，一定程度上解决了城西湖的防洪与航运问题，但也给城西湖周围群众带来了湖区周围地区洪涝灾害加剧、湖区生物多样性丧失、流行性出血热、军地矛盾、军民纠纷等水资源环境问题。为此，地方政府和民间社会有了要求退垦还湖的呼声，党中央最后做出了城西湖围垦部队应尽速撤出的决定，1986年在中央军委的干预下，城西湖军垦部队于当年年底前从湖下全部撤出。城西湖退垦还湖改善了湖区水生态环境，对淮河的综合施治、城西湖的合理开发，以及提高霍邱县城关居民生产生活水平，都有长久而深远的意义。

---

① 《关于城西湖还湖后综合治理的情况汇报》（1990年10月14日），霍邱县档案局，1990年，案卷号：13-16，第3—4页。

② 《关于城西湖还湖后综合治理的情况汇报》（1990年10月14日），霍邱县档案局，1990年，案卷号：13-16，第4页。

论晚清永定河水患的治理及其困境

张连伟

（北京林业大学马克思主义学院）

永定河是海河流域的重要河流，历史上名称多变，早期有浴水、治水、灅水、湿水、桑干水、清泉河等名，宋元以后因河水浑浊而有卢沟河、浑河、小黄河之称，又因下游河道迁徙无常而被称为无定河，1698年康熙始定名永定河。清朝前期，从康熙到道光五朝，无不以治理永定河为要务，投入了大量人力和物力，基本上维持了永定河的稳定。190年间，官方记录的永定河决口次数共有31年次，平均6至7年决口一次①。然而，从1840年到1911年的晚清72年间，永定河漫决频率大大增加，根据笔者统计，官方奏报29次漫决，1867年到1873年永定河更是连续7年8次决口。太平天国运动后，曾国藩主政直隶，他在家书中说："今又闻永定河决口之信，弥深焦灼。自到直隶，无日不在忧恐之中。"②接替曾国藩的李鸿章则奏报："永定河古称难治，雍正、乾隆年间物力丰盛，屡改下口，仅获苟安。……迄今百数十年下口益淤，中洪益壅，专恃夹堤束水，本无善策。"③他又说："不敢吁求巨帑于君父，又不忍坐视颠沛于民生，只有逐渐设法，量力补救。"④这大体反映出晚清永定河治理的两难境地。李文海等《晚清的永定河患与顺、直水灾》⑤较早对晚清永定河水患进行了专题讨论，而尹钧科、吴文涛《历史上的永定河与北京》⑥和《永定河与北京》⑦则系统梳理了永定河历史上的水灾及其治理问题，姚孝迭《对永定河历史洪水几次波及北京城区的探讨》⑧、赵晓红等《永定河历史时期洪水特征及其成因分析》⑨和北京市永定河管理处编著的《永定河水旱灾害》⑩等，也都涉及晚清永定河水患。但是，这些研究大都侧重于晚清

基金项目：中央高校基本科研业务费专项资金资助（项目编号：2015ZCQ-RW-02）。

作者简介：张连伟，男，汉族，山东聊城人，北京林业大学马克思主义学院教授。

① 《中国水利史典》编委会：《中国水利史典·海河卷二》，北京：中国水利水电出版社，2015年，第86—87页。

② （清）曾国藩：《曾国藩全集·家书（二）》，长沙：岳麓书社，1985年，第1373页。

③ 《补十月初二日京报》，《申报》1872年11月25日。

④ 李鸿章：《奏为覆陈直隶河道地势情形节次办法折》，《申报》1881年7月13日，第4页。

⑤ 李文海等：《晚清的永定河患与顺、直水灾》，《北京社会科学》1989年第3期。

⑥ 尹钧科，吴文涛：《历史上的永定河与北京》，北京：北京燕山出版社，2005年。

⑦ 尹钧科，吴文涛：《永定河与北京》，北京：北京出版社，2018年。

⑧ 姚孝迭：《对永定河历史洪水几次波及北京城区的探讨》，《海河水利》1999年第1期。

⑨ 赵晓红，王均平，魏明建：《永定河历史时期洪水特征及其成因分析》，《河北师范大学学报》（自然科学版）2013年第1期。

⑩ 北京市永定河管理处编著：《永定河水旱灾害》，北京：中国水利水电出版社，2002年。

永定河水灾发生的过程及其影响，而对治河策略和机制的讨论有所不足。笔者认为，晚清永定河水患既与永定河流域特定的气候、地理环境相关，也与晚清时期特殊的社会政治环境相连，更反映了传统治水机制、理念和方法在近代社会转型中遭遇的困境。因此，本文在前人研究的基础上，梳理晚清永定河水患的成因、治理策略、制度安排，尝试通过个案研究来揭示传统治水社会在近代转型中所面临的困境。

一、水患成因：泥沙、淤积与暴雨

永定河上游有桑干河、洋河两大支流，分别发源于黄土高原和内蒙古高原，两河在河北省怀来县汇流后称永定河，其后又有妫水河汇入，穿越京畿而在天津入海。历史上，永定河流域曾保持了良好的生态环境，森林密布，河水清澈，《水经注》称之为"清泉河"。但是，宋元以降，随着永定河流域人口增加，农业垦殖，矿业开采，城市发展，上游森林资源遭到大规模采伐和破坏，地表植被减少。在风力和水力的作用下，高原区的黄土层及粗砂砾石遭到冲刷和侵蚀，水土流失严重，致使永定河泥沙含量不断增加，仅次于黄河。根据民国时期官厅观测站1925—1949年的统计，永定河7月份最大含沙量达到11.12%，年输沙量在50兆立方米①。

永定河穿越官厅山峡，在北京三家店出山口突然进入平原地带，地势骤缓，上游冲刷下来的泥沙在沿途淤积沉淀，形成大面积的沙浮土壤，不仅使河床淤淀日高，成为地上河，而且两岸河堤纯系沙土，遇水蛰陷。1911年秋汛，永定河泛滥成灾，直隶总督陈夔龙奏："虽金门闸、求贤坝同时启放，各过水三尺五寸。无如连年下口淤塞……水势停滞，险工益形吃重。……查永定河年久积淤，河身高于平地。"②在雨季时，一旦上游山洪暴发，雨量过大，在三家店出山后，受落差影响，水流大，流速快，很容易发生漫堤、溃决。如1903年，直隶总督袁世凯奏："（永定河）伏秋汛内上游山水汇注，计共长（涨）水十六次，连底水涨至一丈七尺三寸。河底淤垫，并无正槽，多有平铺散漫之处，遂致两岸新旧险工林立。"③

同时，永定河水患又与气候有着密切的关系，每年汛期带有明显的规律性和季节性，分为春汛、伏汛、秋汛。春汛大都发生在每年的3月中下旬到4月初，上游冰凌下泻，在卢沟桥一带造成壅塞，冲撞堤岸。春汛虽然是永定河每年防范重点，会对永定河造成一定的破坏，但影响较小，官方奏报的永定河春汛决口仅有2次，分别发生在1868年4月份和1887年3月份。永定河水患主要是由伏汛和秋汛造成的，合称大汛。伏汛发生在6、7月份，主要是由短时期内连降暴雨引发；秋汛发生在8、9月份，多是由连绵阴雨造成。每年7月中下旬到8月初，即永定河从伏汛向秋汛转换的季节，是永

---

① 北京市档案馆：《西山—永定河生态环境治理：北京档案史料2018.1》，北京：新华出版社，2018年，第66页。
② 水利水电科学研究院：《清代海河滦河洪涝档案史料》，北京：中华书局，1981年，第631页。
③ 水利水电科学研究院：《清代海河滦河洪涝档案史料》，北京：中华书局，1981年，第611页。

定河最容易决口和漫溢的时期，永定河漫决大都发生在此时。每当大汛来临，上游地区往往大雨倾盆，通宵达旦，山水陡涨，导致永定河水量突增，下游河道不堪重负，从而漫溢决口，详见表 1。

表 1 1840—1911 年官方奏报永定河决口时间和地点统计表

时间	决口地点
1843 年 8 月	北六工
1844 年 7 月	南七工
1850 年 7 月	北七工
1853 年 7 月	南三工
1856 年 7 月	南七工
1856 年 7 月	北三工
1857 年 8 月	北四工
1859 年 8 月	北三工
1867 年 8 月	北三工
1868 年 4 月	南四工
1868 年 8 月	南头工
1869 年 6 月	北四工
1870 年 7 月	南五工
1871 年 7 月	南二工
1872 年 8 月	北头工
1873 年 8 月	南四工
1875 年 7 月	南二工
1878 年 8 月	北六工
1883 年 8 月	南五工
1887 年 3 月	南八工
1887 年 8 月	南七工
1888 年 8 月	南二工、北上汛
1890 年 7 月	南三工、北上汛
1892 年 7 月	北三工、南上汛
1893 年 7 月	多处漫溢
1896 年 8 月	北六工、北中汛
1904 年 8 月	南二工、北下汛
1907 年 7 月	南五工、北四上汛
1911 年 8 月	南三工

资料来源：（清）朱其诏、蒋廷皋纂，永定河文化博物馆整理：《（光绪）永定河续志》，北京：学苑出版社，2013 年；水利水电科学研究院：《清代海河滦河洪涝档案史料》，北京：中华书局，1981 年；李文海等：《近代中国灾荒纪年》，长沙：湖南教育人民出版社，1990 年

永定河泥沙沉淀淤积，不仅造成下游河道抬升，决口泛滥，而且对整个海河流域的生态环境也产生了严重的影响。就海河流域而言，大运河贯通南运河、北运河、大清

河、永定河等河流，一旦永定河漫溢决口，其洪流和泥沙涌入小清河、大清河、凤河、北运河等河流，致使这些河流也出现河道淤积问题，引起海河流域大范围的洪涝灾害，进而恶化整个海河水系的生态环境。1875 年，直隶总督李鸿章奏报："查胜芳之东齐家河头起经大城县、霸州至静海县之杨芬港有旧河一道，本为通津达海要区，久已淤成平地。"①1890 年，京畿大水，永定河决口漫延，冲入凤河，进入北运河，"将凤河身数十里淤成平陆，东堤冲刷殆尽""而凤河、北运，均有岌岌不可保之势"②。1896 年，永定河北中汛决口后，洪水汇入大清河，沿途淤垫，"浑水陡落，上自新河之官厅，下至李家房一段，二十六里内淤沙层积直与堤平。……下游各河俱受其病。……浑流建瓴而下，势将越子牙，趋南运，而五大河俱不可收拾"③。1907 年，御史李浚上奏："直隶水患，永定河而外，北运河为最巨。……从前永定河并入南运，北运河尚属疏通。今永定河并入北运，已有夺溜之势。且永定河挟沙带泥，下游散漫，北运河兼受其淤，宣泄愈难得力。"④

在永定河治理上，既要防范永定河水患，又要保持大运河畅通，但实际上往往顾此失彼，难以兼顾。为了解决永定河泥沙淤积问题，从清朝前期开始，治水官员通过束水攻沙、蓄清刷浑，使平原河道的泥沙向下迁移，利用下游湖泊湿地的蓄洪蓄沙能力，吸纳上游洪水和泥沙。但是，随着下移泥沙不断增加，一些原有的淀泊消失，失去蓄洪能力，造成了更加频繁的水灾⑤。

二、治河策略：筑堤、束水与攻沙

清代永定河泛滥，水灾频发，除了季节性降雨以外，永定河水含沙量大，进入下游平原河道后，泥沙沉淀淤积，壅塞河道，造成永定河在平原上漫溢。在永定河筑堤之前，河道迁徙无常，因而被称为"无定河"。1698 年，康熙皇帝任命于成龙治理永定河，在下游河道上大规模修筑堤防，固定了河道，降低了永定河水患波及的范围和频率，成效卓著。《清史稿·河渠志》记载："自是浑流改注东北，无迁徙者垂四十年。"⑥此后，清政府一方面不断投入大量人力、物力加固堤坝，将洪水限制在行洪道内，降低永定河漫溢的风险；另一方面则采取束水攻沙，蓄清刷浑，消减平原河道泥沙淤积。

但是，在大规模筑堤之后，由于上游来水泥沙含量大，下游平原河道被固定，泥沙沉淀淤积加速，筑堤成本与洪水风险与日俱增。到了晚清时期，随着河床抬高，堤坝越筑越高，永定河成为地上悬河。1869 年，曾国藩就任直隶总督，在勘察永定河后发

① 《光绪元年九月十六日京报全录》，《申报》1875 年 10 月 28 日，第 4 版。
② 《光绪十七年四月初二日京报全录》，《申报》1891 年 5 月 18 日，第 10 版。
③ 水利水电科学研究院：《清代海河滦河洪涝档案史料》，北京：中华书局，1981 年，第 596 页。
④ 水利水电科学研究院：《清代海河滦河洪涝档案史料》，北京：中华书局，1981 年，第 621—622 页。
⑤ 王长松，尹钧科：《三角淀的形成与淤废过程研究》，《中国农史》2014 年第 3 期。
⑥ 《清史稿》，北京：中华书局，1977 年，第 3809 页。

现："南北两堤高于堤外之民田，一丈、二丈，不等。高于堤内之河身，不过二三尺。且有河身与堤相平者，两堤相去约三四里许。"①不仅如此，永定河除了卢沟桥一段为石堤外，下游大堤大部分是土堤，长 400 余里，沙土松浮，并无蓄洪泄水能力，每到汛期，各工埽段纷纷塌陷，洪水很容易冲漫堤坝，引发水灾。因此，永定河通过筑堤固坝，在控制水患的同时，风险也在不断增加。同时，在永定河筑堤中，为了减少成本，甚至会偷工减料，大量使用秸秆材料代替石料、木材和砖瓦，虽然能够短时间内修复大堤，但很容易腐烂塌陷，不得不年年重复，劳民伤财。1904 年，直隶总督袁世凯奏报："照案添购来年备防秸料二百四十万束，每束连运脚银一分五毫，共需实银二万五千二百两。又岁抢修秸料加增运脚，需实银八千五百两。"②由此可知，仅秸秆备料一项，每年就需银 33 500 两，但正如彭慕兰所说："即使一条秸秆修筑的大堤在开始时与石头大堤一样管用，但它却不会像石头大堤那样用得那么久，这是由于秸秆会慢慢地在水中腐烂。秸秆至多能维持 3 年；通常为一两年，但如果是用不恰当的方法割下来的没有根部的秸秆，几个月就会烂掉。"③

在治河策略上，清朝官员内部一直存在着永定河堤坝的存废之争。魏源在考察永定河等京畿附近的河流后，专门写了《畿辅河渠议》，认为永定河的治理，"以不筑堤为上策；顺其性，作遥堤者次之；强之就高，愈防愈溃，是为无策"④。但是，魏源"不筑堤"的治河策略风险太大，在保守气氛弥漫的晚清政府那里根本无法实行，也是不能承受之重。曾国藩就任直隶总督后，又有人建议，以南堤为北堤，在南堤之外另筑新堤，迁移河道，消除地上悬河的风险，缓解汛期压力。不过，这种治河策略最终也被放弃，其困难在于另筑新堤不仅需要耗费大量的物力财力，还会涉及征地拆迁，在民间有很大阻力，它难以从根本上解决永定河泥沙和淤积问题。曾国藩复陈廷经的信中说："魏君《畿辅河渠议》，自具特识，而揆之事理，似有未尽协者。……治河之法，弟素未谙究，循守前人成规，亦步亦趋，尚虞蹉跌，何敢为出格之举？"⑤1887 年，永定河南七工漫口，对于如何修复漫口，解决永定河淤塞问题，李鸿章说：

> 该河中泓既甚高仰，如就南堤外之老南堤内改走老南泓，虽水流畅顺，但老南堤内数十村庄无处移置。且大溜直冲，淀河将被淤塞。若听其漫入现行之信安洼，匀散沙泥，使清水下归东淀，本系天然形势。惟水所经过各村地难耕种，民情不愿。……又拟挖开北七工大坝，改走北泓。乃黄花店以下旧为母猪泊、沙家淀，早

① （清）李瀚章编著，熊国军、张炫整理：《曾国藩全集》第 4 卷，北京：中国致公出版社，2001 年，第 1506 页。

② 《直督袁奏筹办永定河来年备防秸料等项银两折》，《北洋官报》1904 年第 515 期。

③ （美）彭慕兰著，马俊亚译：《腹地的构建：华北内地的国家、社会和经济（1853—1937）》，北京：社会科学文献出版社，2005 年，第 200 页。

④ （清）魏源：《魏源集》，北京：中华书局，1976 年，第 379 页。

⑤ （清）曾国藩：《曾国藩全集·书信（十）》，长沙：岳麓书社，1994 年，第 6992—6993 页。

已淤成平陆，占为民业。下口不通，亦难议办。①

因此，在晚清主政者看来，永定河既无力大修，又不能坐视不管，只能勉力维持。从曾国藩、李鸿章到袁世凯、杨士骧等晚清直隶的掌权者，都延续了传统的治河策略，加固堤坝，挑挖引河、减河，疏浚中泓与下游河道。曾国藩概括说："岁修者，培河上之两堤也；挑中泓者，于冬春干涸时挖河身之淤沙也；浚下口者，疏三角淀之尾闾也。……年年挑掘，节节开挖，河患或可少减。"②李鸿章主政直隶后，基本上延续了曾国藩的治河策略。在 1881 年的奏折中，他列举了所做的主要工作：首先，在永定河卢沟桥以下河段，修复永定河金门闸及南上北三灰坝，分洪泄流；裁湾切滩，舒缓水流；加筑堤坝，添备麻袋、土车，增强抗险抢险能力。其次，在永定河尾闾地带，抽调淮军团练协助治河，采用西洋机器船疏浚东西淀至西沽韩家树的河道；开挖兴农镇至大沽的新河 90 里，又在两旁开渠引水营田 6 万亩，屯田与海防相结合，"且耕且防"③。

如果说，晚清永定河治理还有一点新气象的话，那就是随着西学东渐，洋务运动兴起，永定河治理也开始从传统走向现代，运用新式的技术和理念，预防和治理永定河水患，成为中国现代水利科学、技术和实践的发端。1872 年，有人呼吁："惟浚泥甚非易易之事，若以中国之法治之，则劳而且费，不若以外国之法治之。盖西人挖河，以机船在河中挖起淤泥，即以其泥填高堤坝，法甚便捷，且所浚较深。倘能仿而行之，将见从此河流安稳，可永无冲激之患矣！"④但是，新式水利工程技术的推广极为缓慢，直到 1908 年，永定河道吕佩芬才在永定河附近创办河工研究所，培养专门的水利人才，成为中国水利教育的开端，但此时距离清王朝的覆亡，已不足四年。另外，晚清时期也有官员和学者呼吁在永定河上游筑坝，但最终夭折⑤。

总体而言，晚清永定河治理虽然在局部和短期产生了一些效果，但受制于传统的观念和技术，并不能从根本上解决永定河水患问题。1908 年，直隶总督杨士骧奏："（永定河）会塞外万山之水，奔腾下注，挟泥带沙，易淤善决，古称难治。自下游之各淀淤平，两岸之减坝壅闭，既无蓄水之地，又少泄水之区，以致奇险环生，修防终无善策。"⑥

三、权力运作：制度、管理与经费

清代承袭前代王朝的治理经验，借鉴黄河、大运河等河道的管理措施，在永定河水患防治上逐渐形成了完整的管理体系。康熙皇帝赐名"永定河"，不仅寓意治河的成功，还昭示皇权的稳固。因而在永定河治理中，皇帝是永定河治理的最高决策者。康熙

① 水利水电科学研究院：《清代海河滦河洪涝档案史料》，北京：中华书局，1981 年，第 520 页。
② （清）李瀚章编著，熊国军、张炫整理：《曾国藩全集》第 4 卷，北京：中国致公出版社，2001 年，第 1507 页。
③ 李鸿章：《奏为覆陈直隶河道地势情形节次办法折》，《申报》1881 年 7 月 13 日，第 4 版。
④ 《论直隶水灾》，《申报》1872 年 9 月 19 日，第 1 版。
⑤ 尹北直：《近代中国水利工程理念的变革——以民国前期官厅水库规划为例》，《自然辩证法通讯》2019 年第 3 期。
⑥ 水利水电科学研究院：《清代海河滦河洪涝档案史料》，北京：中华书局，1981 年，第 623 页。

皇帝本人率先垂范，多次对永定河进行考察和具体指导，设置专职管理机构。1698年，康熙设南北两岸分司，1704 年增设南北两岸同知，作为两岸分司的副职。其后，雍正、乾隆等也都曾谋划永定河治理。雍正四年（1726 年），永定河实行专职管理，设永定河道 1 名，先期归属河道总督，后隶属于直隶总督，下设石景山同知、南岸同知、北岸同知、三角淀通判等，其下又设汛员、河营等。此后，永定河道的管理体制不断完善，有清一代大体保持了独立的运行体系。

晚清时期，从道光、咸丰到同治、光绪，仍然不时颁布"上谕"，但他们已经很少了解永定河的实际情况，只能依赖于各级官员的奏报，进行名义上的指导，直隶总督成为永定河治理的实际决策者。1840 年以后，先后任职直隶总督的官员有 20 余位，任职时间多则数年，少则数日。在太平天国运动之前，从 1840 年到 1853 年，讷尔经额任职直隶总督 10 余年，负责永定河治理，1853 年因抵抗太平军不力被革职。随着太平天国运动和列强入侵，清政府疲于应对，直隶总督也是走马观花，更换频繁，无暇顾及永定河治理，永定河开始出现频繁的水灾。1869 年，清政府任命曾国藩为直隶总督，上任伊始，曾国藩整顿军务、吏治、河工，以永定河治理为重要事项，但由于任职时间短，衰弱多病，而永定河又积重难返，最后不得不黯然离去。曾国藩之后，洋务派李鸿章、袁世凯、杨士骧等先后就任直隶总督，掌控永定河治理 40 年之久，使永定河治理留下了洋务派的痕迹，也大都是因循旧例，成为培植嫡系和亲信的历练场。

在制度设计上，虽然清政府对治河不力的官员也有惩戒，如革职留任，褫夺官爵，甚至罚没官俸，但由于河工是一个相对独立的官僚体系，尽管漫决时有惩戒，而一旦抢修、堵筑告竣，河水安澜，又会官复原职，进行嘉奖。不仅如此，每当永定河漫决时，清廷还会加拨治河经费，又成为官员升官发财、中饱私囊的机会。他们不仅克扣清政府拨款，还在地方大肆摊派，盘剥百姓，上下其手，造成受灾民众、治河官兵和民夫生活困苦。1853 年 9 月 24 日，河南道监察御史觉罗隆庆奏："永定河于本年夏秋之际，大雨连旬，沿河堤岸被水冲塌百有余丈，河道因改于固安县城南，沿河两岸被水淹没村庄数十处，灾民数千。……又闻黄村防堵兵丁，因无口粮，各将所穿衣服当钱买食，困乏不堪，甚至有急成疯疾者。"[①]1883 年，永定河决口，在堵合决口的过程中，地方官吏肆意勒派，竟让灾民"折价交土"，后因村民纷纷呈诉，言官严加参劾，清廷不得不下谕禁止[②]。1884 年汛期，汛员李重华冒领河工报销银 500 余两，被南岸同知陈遐心查处革职，发往军台效力。接着，李重华又检举告发陈遐心冒领防汛经费，陈遐心也被革职，亦发往军台效力赎罪[③]。这是晚清永定河治理中，为数不多被揭发的弊案，更多则是欺上瞒下，互相勾结和串通，贪污河工款。

永定河治河经费，清朝前期逐渐形成惯例，每年额定岁修银是 34 000 两，抢修银

---

①　水利水电科学研究院：《清代海河滦河洪涝档案史料》，北京：中华书局，1981 年，第 454 页。

②　李文海等：《近代中国灾荒纪年》，长沙：湖南教育人民出版社，1990 年，第 449 页。

③　《光绪十一年五月初三日京报全录》，《申报》1885 年 6 月 23 日。

27 000 两，添加备银 25 200 两，共计 86 200 两。1840 年以后，清政府内外交困，政治动荡，长期战乱，既有西方列强的侵华战争，又有太平天国运动，战争、割地、赔款，导致清政府财政困窘，无暇顾及永定河治理，治河经费被大大缩减。1854 年后，永定河治河经费减半支领，再按银钞各半给发，岁领实银只有 23 600 余两。1857 年，又减备防秸料银 1050 两，治河经费大为缩减①。1869 年，曾国藩奏报："自咸丰三年以后，前此所定经费，仅发四分之一，迄今十五六载，领款太短，到工又迟，各汛左支右绌，不得不因陋就简，以致堤愈削薄，河益淤高，年甚一年，遂至于此。"②

1869 年以后，曾国藩、李鸿章先后接任直隶总督，多方筹集治河经费，永定河岁修款项才逐渐恢复。1870 年，清政府加拨岁抢修银 23 000 两；1873 年，复原额，仍领实银 94 700 两，由江南拨解 30 000 两，长芦留拨 7000 两。1877 年，加抢险银 4000 两，添备麻袋、月夫、兵米等费，由外筹拨③。但是，由于永定河长期失修，积重难返，只能治标，不能治本，治河经费依然捉襟见肘。1878 年，永定河决口后，李鸿章在奏报中说："永定河堤身卑薄，淤沙壅积，势难容纳多水。近年虽幸获安澜，不敢一日忘浚筑之计。只以时艰帑绌，无从筹集巨款，不能从新修治。今值秋雨过多，水势盛涨，致有漫口。"④1904 年，永定河决口后，袁世凯也上奏说："永定河自庚子以后，因各库艰窘异常，工款不能发足，从未大加修治。……近来银价低落，物料人工无不昂贵，工繁款绌，种种为难。"⑤为了压缩经费，河营的专职人员也在减少，在整个光绪年间，河营的规模、数量和预算不断下降，候补官员接管了更多河务工程。治河经费本已大幅压缩，河工官吏又层层盘剥，偷减浮冒，挥霍浪费，岁修、抢修、大工等都成为官员中饱私囊的机会。李鸿章曾上奏说："军兴以后，帑项支绌，例定岁抢修银两节次裁减，领款日少，本不敷用，遇有要工又苟且补苴，偷减工料，以致堤埝单薄，河身淤浅，下淤垫阻，不能通畅，而水稍多即虞壅溃。"⑥

因此，晚清时期，尽管永定河的治理体系依然保持着惯性并发挥着作用，但日趋僵化和保守，面对泛滥不断加剧的永定河，清政府疲于应付，低能而无效，无论是治河经费，还是管理制度，都遭遇了巨大的危机。魏源在谈到黄河时说："黄河无事，岁修数百万，有事塞决千百万，无一岁不虞河患，无一岁不筹河费，此前代所无也。"⑦永定河治理费用虽然不如黄河巨大，但也成为晚清政府的沉重负担，不断侵蚀着清朝统治者的经济基础。

① （清）周家楣，缪荃孙编纂：《光绪顺天府志》，北京：北京古籍出版社，1987 年，第 1436 页。
② （清）李瀚章编著，熊国军、张炫整理：《曾国藩全集》第 4 卷，北京：中国致公出版社，2001 年，第 1515 页。
③ （清）朱其诏、蒋廷皋纂，永定河文化博物馆整理：《（光绪）永定河续志》，北京：学苑出版社，2013 年，第 130—131 页。
④ （清）朱其诏、蒋廷皋纂，永定河文化博物馆整理：《（光绪）永定河续志》，北京：学苑出版社，2013 年，第 469 页。
⑤ 《直督袁奏永定河漫口大工克期抢堵合龙折》，《北洋官报》1904 年第 472 期。
⑥ 《四月二十三日京报全录》，《申报》1872 年 6 月 15 日。
⑦ （清）魏源：《魏源集》，北京：中华书局，1976 年，第 163 页。

四、结语

近代以来，许多西方学者把中国传统社会称为"治水社会"或"治水文明"，大规模兴修水利工程为传统农业社会的存续和发展奠定了基础。晚清时期是中国从传统走向现代社会的重要转折时期，面对急剧的社会变革，内忧外患，传统国家治理模式陷入困境。而随着大运河的废弃、黄河的改道，国家层面的治水社会也面临崩溃。此时，永定河因地处京畿，关系到京城安危与畿辅百姓的生命财产安全，还在勉力维持。魏特夫说："在中华帝国，甚至在衰落的时候，政府也把数以千计的人布置在漫长的河岸上，预防可能发生的洪水。"[①]就永定河治理而言，晚清政府把大量人力、物力投入到永定河水患的防治上，体现着传统治水社会的主要特征，但对水患的应对，越来越成为一种习惯性、程序性、自上而下的形式化管理工作。它不是实质上有效地防止洪水的发生，而是形式上程序化地完成防洪任务，不断增加着社会负担，形成恶性循环。彭慕兰认为："政府的主要失败似乎一直是在其传统使命方面——维护公共秩序和治水、救荒、军事防御——并一直集中在特定的内地区域。……这些失败可能对长期增长率的影响不大。不过，它们对大众福利和人民生活影响极大。最有可能的是，在'普通'人的眼中，它们对政府合法地位的损害，远远超过了它在现代使命中所获得的有限的成功。"[②]频繁的战争、缩减的治河经费、落后的技术和理念、僵化腐败的官僚体制，致使环境应对乏力，而气候异常，水土流失严重，更加剧了永定河下游的水灾和泛滥，消磨着晚清统治者最后的耐心和有限的财力。从历史的发展来看，晚清永定河水患不能简单地视为一种"水利周期"，或者"几个世纪以来环境长期变迁的结果"[③]，而是昭示着传统"治水社会"的终结。

---

① 〔德〕卡尔·A. 魏特夫，徐式谷等译：《东方专制主义》，北京：中国社会科学出版社，1989年，第47页。

② 〔美〕彭慕兰著，马俊亚译：《腹地的构建：华北内地的国家、社会和经济（1853—1937）》导言，北京：社会科学文献出版社，2005年，第24页。

③ 〔美〕李明珠著，石涛、李军、马国英译：《华北的饥荒：国家、市场与环境退化（1690—1949）》，北京：人民出版社，2016年，第10页。

铜瓦厢决口后黄河下游河道沿岸区域地形与河湖环境（1855—1911年）

一、引言

地表环境的形成本身是一个不断演化的过程，若要认清现今地表环境的真面目，必须对其形成与演化的历史进行梳理与回顾。在地表环境的营造过程中，河流无疑起到重要作用，不论是位于其上游地带的峡谷风貌，还是位于中下游及入海口处的冲积平原、三角洲等地貌景观，无一不是河流作用的结果。或缘于此，学界以河流为中心，从历史地理与环境变迁的学术视角出发，对河流变迁及其影响下的区域环境演变展开一系列探索，并形成较为丰富的研究成果。[1]

作为世界上含沙量最大的河流，黄河因其"善淤、善徙、善决"而著称，并对其经流地区的地理环境产生很大影响。就区域而论，由于频繁迁徙改道，黄河对其下游地区的影响巨大，华北平原的形成即为黄河不断改道和淤积的结果。论及历史时期黄河变迁对其下游地区的影响时，邹逸麟曾总结说："三四千年黄河的决溢和改道曾严重影响了下游平原地区的地理面貌：淤塞了河流，填平了湖泊，毁灭了城市，阻塞了交通；使良田变为沙荒，洼地沦为湖沼，沃土化为盐碱，生产遭受到破坏，社会经济凋敝。"[2]在此基础上，笔者拟以铜瓦厢以下的沿黄区域为中心，对铜瓦厢决口后黄河北徙给该区域地形与河湖环境产生的影响作进一步考察，以期深化对晚清黄河影响下的区域环境认知。[3]此处"地形与河湖环境"是指晚清黄河在铜瓦厢至入海口之间（即本文所指"黄河下游

基金项目：本文系国家社会科学基金青年项目"铜瓦厢决口后黄河下游的河道、灾害与环境（1855—1911）"（项目编号：22CZS050）的阶段性成果。

作者简介：古帅，男，山东鱼台人，博士，主要从事区域历史地理与环境变迁、黄河史、灾害与环境史等方面的研究。

[1] 此方面的研究成果甚多，主要可参考中国科学院《中国自然地理》编辑委员会：《中国自然地理·历史自然地理》，北京：科学出版社，1982年；谭其骧主编：《黄河史论丛》，上海：复旦大学出版社，1986年；史念海：《黄河流域诸河流的演变与治理》，西安：陕西人民出版社，1999年；张修桂：《中国历史地貌与古地图研究》，北京：社会科学文献出版社，2006年；邹逸麟，张修桂主编：《中国历史自然地理》，北京：科学出版社，2013年。

[2] 邹逸麟：《黄河下游河道变迁及其影响概述》，《椿庐史地论稿》，天津：天津古籍出版社，2005年，第20页。

[3] 相关研究成果主要可参考钱宁，周文浩：《黄河下游河床演变》，北京：科学出版社，1965年；邹逸麟：《黄河下游河道变迁及其影响概述》，《椿庐史地论稿》，天津：天津古籍出版社，2005年；颜元亮：《清代黄河铜瓦厢决口及新河道的演变》，《人民黄河》1986年第2期；钱宁：《1855年铜瓦厢决口以后黄河下游历史演变过程中的若干问题》，《人民黄河》1986年第5期。

河道")决溢、改道或分流导致的区域地形变化与形成的水患、水道（包括形成新的水道与原有水道的淤废）、水景等。

清咸丰五年（1855 年）①，黄河在铜瓦厢决口改道北流。作为黄河变迁史上最后一次大改道，其对铜瓦厢以下沿黄区域地理环境影响深远。在地理环境诸要素中，与黄河紧密相关的地形地貌与河湖水系所受影响是最直接而显著的。加强对此议题的探究是晚清黄河史地研究的首要任务之一。

黄河铜瓦厢决口北徙后，从地理环境上看，其下游河道流入新的境地。从影响范围上看，除直隶、河南等省份部分地区外，山东省所受影响最大。从地形地貌和河湖环境上看，受黄河影响的主要是鲁西北冲积大平原区，但由于区内地形与河湖分布上的差异，加之所面对黄河冲袭泛溢形势不同，湖带西平原区、湖带东平原区、黄河南小清河平原区等区域均受影响而发生了很大变化。②

二、黄河铜瓦厢决口后山东大运河南段以西地区的地形与河湖环境

这里讨论的区域包括今菏泽、济宁辖属的鲁西南平原地带，以及黄河铜瓦厢以下隶属于当时直隶与河南省的部分县区，即今金堤河流域，属华北平原新沉降盆地的一部分，因历史上屡受黄河影响，地貌相对单一，域内山体低矮且量少，地形以平原为主。鲁西南平原自汉代以来，由于黄河多次决口、改道、沉积，泛道纵横，沙化严重，地貌上呈现为一系列高差不大的古河道高地、决口扇形地和洼地，而泛道的自然堤、人工堤

---

① 对于黄河铜瓦厢决口改道的时间与原因，王毅通过对英国考察者埃利阿斯（又译为艾略斯、爱莲斯等中文名，下文统一用埃利阿斯）对 1868 年黄河下游新河道考察报告研究梳理后总结说："爱莲斯撰写的科考报告中提出'黄河决堤改道发生于 1851—1853 年间'，而非当今中文文献中'1855 年黄河铜瓦厢决堤改道'之说。这有助于我们重新思考 19 世纪 50 年代的黄河决堤改道历史。中文文献普遍以 1855 年铜瓦厢决堤为标志，其主要原因是 1855 年河道总督蒋启敭向咸丰皇帝递交了关于铜瓦厢决堤的详细奏折，这份奏折后被收入《再续行水金鉴》，进而成为近代以来黄河研究的首要参考文献之一，由此确立了'1855 年铜瓦厢'这一重要时间与地点。尽管《清史稿》中对同时期黄河决堤改道也有 1851、1853 年的记载，但因过于简略而被学界忽略，更没有意识到 1851—1853 年黄河决堤对于改道的直接影响。所以，现在关于 19 世纪 50 年代的黄河决堤改道之论述，几乎都认为是 1855 年铜瓦厢决堤所致。由于不了解 1851—1853 年黄河决堤的详情，部分学者在探究 1855 年铜瓦厢决堤的原因时往往言之不详，就自然原因还是人为因素出现长期争论。爱莲斯的科考报告可以帮助我们重新理解 1855 年的铜瓦厢决堤改道，即这次改道是 1851—1853 年的多次决堤改道的基础上形成的，而非突然产生的；其原因是自然与人为并存、多种因素叠加的后果，而非简单的一种原因。"参见王毅：《1868 年亚洲文会黄河科考："中国之患"形象的确立》，《自然科学史研究》2018 年第 2 期，第 211 页。上述总结无疑深化了我们对晚清黄河铜瓦厢决口改道的时间和原因的认识，尤其是黄河铜瓦厢决口改道的时间。通过前述考察可以看出，黄河铜瓦厢决口改道并非一蹴而就的，而应是一个过程，需要说明的是，若从本文铜瓦厢决口后的黄河下游沿岸区域环境来看，并非发生在 1851—1855 年的每一次铜瓦厢河决都对整个铜瓦厢以下沿黄区域环境产生较大影响，或可进一步说，其所影响区域范围与严重程度的大小应是该处多次河决不断累积的结果，而从晚清档案史料以及相关州县方志中的记载来看，1855 年无疑是重要的时间节点，加之本文无意于探讨铜瓦厢河决时间，故而本文中仍以 1855 年作为给黄河下游沿岸区域环境带来重大影响的时间起点，而在行文中仍以"1855 年黄河铜瓦厢决口"等类似表述呈现，特此说明。

② 此处所采用的山东地形地貌分区参考自侯春岭等：《山东地貌区划》，《山东师范学院学报》1959 年第 4 期。其中，鲁西北冲积大平原区为山东省一级地貌区，其又可分为鲁西平原区和鲁北平原区，为行文方便，本文在下文中未完全对应使用湖带西平原区等三级地貌区的称谓，而是根据各区受黄河影响的具体情况灵活确定各区名称。

把地表切割成岗洼交错的形态，致使排水不畅。①随着铜瓦厢决口后北流时间渐长，加之黄河主溜不断冲决转徙以及泥沙不断淤积，区内地形与河湖环境发生较大改变。②

清同治十二年（1873 年），李鸿章在其奏疏中说："现在铜瓦厢决口，宽约十里，跌塘过深。水涸时深逾三丈。旧河身高决口以下水面，二丈内外，及三丈以外不等。如其挽河复故。必挑深引河三丈余，方能吸溜东趋。"③这说明铜瓦厢决口处临背河相差悬殊，两者高差达 7—10 米④。即便不论黄河含沙量高善淤，如此悬殊之高差也为黄河提供了足够的淤积空间。多年淤积使河床抬高，所以黄河大堤往往成为"分水岭"，这是黄河下游河道的地形被赋予的特殊意义。当然，铜瓦厢河决前黄河河道是被大堤束缚的，决口后黄水散漫乱流，直至光绪元年（1875 年）区域内的黄河两岸大堤才初步建成。那么，黄河铜瓦厢决口后的咸同年间，在大运河以西的冲积扇形区域，黄河的频繁决徙又是怎样具体影响域内地形地貌与河流水系的？其间又发生了怎样的变化？

黄河铜瓦厢决口后，清廷忙于平定内乱而无暇顾及。水流在冲积扇上自由漫流，从冲积扇左侧逐渐摆到右侧。水流在摆动过程中，几乎没有任何约束，水势散漫，正溜无定，熟习山东河务的潘骏文对此曾有记述："自口门至沙湾约四百余里，黄水经行二十年之久，并未刷出一定河槽，下坐上提，南坍北卸，溜势纷歧，一岁数变。"⑤要更具体地理解决口后冲积扇上水流漫流、分合状况，需要对水流流态特征进一步讨论。泥沙动力学家钱宁先生曾指出："靠近冲积扇顶点的地区流速大，摆幅小，流势集中，愈往下去，水流分散，摆幅加大，流速减低。决口之初，口门附近地区漫溢相当严重，但日久之后，水流刷出深槽，河势就比较稳定……可以大致以东坝头（即铜瓦厢）为圆心，通过东明县城画一圆弧，把弧线以上的地区看成是冲积扇顶点区，那里的水流条件和冲积扇下游地区有所不同，使东坝头至高村河段的河床演变特性也与高村以下的河道有一定的差别。"⑥上述表达在一定程度上反映了黄河水流在区内漫流冲徙的时空变化。

铜瓦厢至陶城埠这段大运河以西冲积扇形区域，在黄河大堤未筑前，大致可分三个时段分析黄水的流动形势：咸丰年间，黄河溜势一直是或分或合，水势散漫、正溜无定，水流基本顺着冲积扇北边线下泄；同治元年（1862 年）至同治五年（1866 年），黄河溜势继续北徙，其中同治三年（1864 年）黄河主溜已转移至金堤的南面；由于受北金堤阻挡以及河床淤高，同治六年（1867 年）以后黄河开始向南转移，并分别于同治七年（1868 年）、同治十年（1871 年）、同治十三年（1874 年）决口于红船口、侯家

---

①　《中国地理百科》编委会：《鲁西南平原》，广州：世界图书出版公司、南方日报出版社，2015 年，第 10 页；李彦涛：《鲁西南地区环境变迁及其社会影响》，复旦大学 1997 年硕士学位论文。

②　关于晚清黄河决口后形成的冲积扇情况，可参考孙庆基等主编《山东省地理》一书第 85 页之《黄河冲积扇》。

③　中国水利水电科学研究院水利史研究室：《再续行水金鉴·黄河卷》，武汉：湖北人民出版社，2004 年，第 1407 页。

④　钱宁：《1855 年铜瓦厢决口以后黄河下游历史演变过程中的若干问题》，《人民黄河》1986 年第 5 期，第 66 页。

⑤　（清）潘骏文：《潘方伯公遗稿》卷一《治河刍言》，《清代诗文汇编》编纂委员会：《清代诗文集汇编》第 732 册，上海：上海古籍出版社，2010 年，第 466 页。

⑥　钱宁：《1855 年铜瓦厢决口以后黄河下游历史演变过程中的若干问题》，《人民黄河》1986 年第 5 期，第 68 页。

林、石庄户等处。①值得注意的是，此时期内不管黄河溜势怎样分合转徙，漫水总是朝张秋方向汇合，最终在此穿越大运河后夺大清河道入海。

本区域最靠近决口处，在地形地貌和水系环境上受黄河影响均较为显著。除前述冲积扇继续拓展外，随着泥沙不断淤积，区内地势不断抬高，低矮的土丘被淹没，低洼的潭池被荡平。对于黄河决口后的泥沙淤积状况，英人内伊·埃利阿斯在实地考察铜瓦厢附近黄河大堤溃决地区后记述：

> （黄河决口北面和东面的地区）是这一区段黄河（现在）流经的地区，我们看到很多村庄被半埋进淤土中，村子里的大多数村民都离开了，留下来的则穷困潦倒，苦苦度日。房子经常被黄河淤泥堵到屋檐，一般也是被丢弃……举个例子吧，当地有一个寺庙……淤土比水位高出大约 10 英尺……有一段时间，当地居民还试图使用它，尽管这个寺庙的屋顶不断被淤土掩埋，但是很明显，一年前或者两年前，村民们还是不得不放弃它……屋子里面的淤土和外面的淤土一般高，附近村子的人说是有 12 尺高……15 年，或者说黄河 15 年的洪涝，使得村庄、房子变成了这样。②

从埃利阿斯的考察报告中能够看出黄河北徙后的水灾导致基层民众生活困苦，同时他也提供了黄河决口后泥沙淤积状况的重要信息。若引文中数字属实，在铜瓦厢决口后的 15 年③内，黄水所携泥沙以每年近 30 厘米的速度在此村庄淤积。较远地区的泥沙淤

① 钱宁：《1855 年铜瓦厢决口以后黄河下游历史演变过程中的若干问题》，《人民黄河》1986 年第 5 期，第 58—59 页。

② Ney Elias，Notes of a Journey to the New Course of the Yellow River，in 1868，*Journal of the Royal Geographical Society of London*，No.40，1870，p.16. 此处译文转引自〔美〕戴维·艾伦·佩兹著，姜智芹译：《黄河之水：蜿蜒中的现代中国》，北京：中国政法大学出版社，2017 年，第 65—66 页。另，埃利阿斯的晚清黄河下游河道考察报告有两个版本，另一版本为刊登在《皇家亚洲文会北中国支会会刊》上（即 Ney Elias，Notes of a Journey to the New Course of the Yellow River in 1868，*Proceedings of the Royal Geographical Society of London*，Vol.14，No.1，1869-1870，p.20-37.），两者稍有差异，前者在报告正文前增加了一个对黄河进行介绍的引言（王毅：《1868 年亚洲文会黄河科考："中国之患"形象的确立》，《自然科学史研究》2018 年第 2 期，第 212 页），本文所引用的埃利阿斯的考察报告，除了诸如此处需特作说明的转引自别处的译文外，其他各处均引自发表在《皇家地理学会会刊》上的版本。

③ 按：此处埃利阿斯所说的 15 年应为从 1853 年至 1868 年实地考察时之间的 15 年的时间。因为在其调查报告的开头部分就有说明："在某种程度上讲，决口发生的时间是一个不确定的问题，有一些官方部门将其定在 1851 年，还有一些部门将其定在 1852 年和 1853 年。但是当我于 1867 年对清江浦和黄河故道及其附近地区进行短期考察时，经过在不同时间、不同环境下对不同村民的访问之后，使我开始相信，在某种程度上看，此次黄河改道是在 1851 年至 1853 年间逐渐完成并不断扩大的。这一猜测在我的上一次考察中就再次被证明，在此似可作出如下总结：在 1851 年夏季洪水时，第一次决口就发生在靠近河南兰阳县的黄河北岸，同时一部分黄水从这个缺口流出，漫流于平原之上；1852 年的洪水使这个决口不断扩大，并大大减少了决口处以下河段的水量供应，而 1853 年决口处的再次扩大使得黄河大溜穿过低地向东北方向流去，直至在大清河上发现一条新的水道，将其引至渤海湾，就在 1853 年洪水后不久，黄河下游的新河道就已经成型，同时其旧河道趋于完全干涸。"参见 Ney Elias，Notes of a Journey to the New Course of the Yellow River，in 1868，*Journal of the Royal Geographical Society of London*，No.40，1870，p.2.另，关于黄河铜瓦厢决口改道的发生时间与原因，德人李希霍芬在 1869 年的考察报告中亦有提及，其中说道："关于黄河改道，我听到了自相矛盾的说法。在王家营的时候，人们告诉我，黄河古河道的干涸是发生在 19 年前，而改道是在 12 年前发生的。因为当时的朝廷派出的平叛将军为了追杀大概 300 名叛军，下令挖开黄河灌水将叛军淹死。"参见〔德〕费迪南德·冯·李希霍芬著，李岩、王彦会译：《李希霍芬中国旅行日记》上册，北京：商务印书馆，2016 年，第 135 页。

积速度稍缓，但如"屋子里面的淤土和外面的淤土一般高"的考察记录，无疑加强了对黄河决口后泥沙淤积状况的形象认知。地方志中亦提供了必要的补充：位于东明县境的龙光山，"迨至前清咸同间两次大水，始成平壤"①；在菏泽县境，位于洮河西岸"周围数十亩、高二仞"②的桃花山，经咸丰五年（1855 年）河决，"水落后微存旧迹"；在长垣县境内的阎家潭，铜瓦厢河决之前，附近居民多于其中"植荷取藕"③，而自黄河铜瓦厢决口后，"屡经淤垫，潭遂平没"。黄水淤积及其所导致的地表形态变化据此可见一斑。

虽然咸丰年间黄河主流基本顺着冲积扇的北边线下泄，但其分合无定的散漫水势波及范围较大。河决之初，水流先朝西北斜注，淹及封邱、祥符各县村庄，再折向东北，漫注兰仪、考城、长垣等县后在兰通集分为两股：一股在东明县分成南北两支，大致沿着明代的黄河北道，经濮县、范县至张秋镇穿越大运河；另一股出曹州东赵王河及曹州西陶北河，遍漫定陶、曹县、单县、成武、金乡五邑。至咸丰七年（1857 年），黄河"复由贾鲁折而北，自李官营别开新河，入曹州之七里河，绕而东北"④。咸丰八年（1858 年），溜势在长垣县小青集附近向北偏移，自邢庄一带与另一股汇合后入七里河，这时溜势主要分为四股，分别走洪河、七里河、赵王河，另一股由考城分支漫注定陶、曹、单等五县。咸丰九年（1859 年），考城一支淤塞。咸丰十年（1860 年），水入开州（今濮阳）南界。咸丰十一年（1861 年），河决金堤，水围濮州城，大水汪漫延一百四十余里，漫水已经向北发展到金堤。⑤黄河此时期的散漫乱流，无论对冲积扇顶点地区还是分支经流区的河湖环境均产生了不小的影响。在冲积扇顶点地区，特别是在铜瓦厢口门下游，由于河道较快达到稳定，两岸遗留的旧水道也特别多，造成这一地区堤河深窄、串沟纵横交错的情况。⑥在距铜瓦厢决口处较近的长垣境内，河道受淤情形较重，每遇黄河泛滥，漫水即由淘北河⑦北行。咸丰五年（1855 年）黄河北徙，淘北河被冲断，咸丰八年（1858 年）与同治二年（1863 年）黄河又两次西徙，"泛滥沉淀，淘北河在黄河东西两岸者多无河形，其支流亦同被冲没，益以河床高淀，地势高仰，伏泛时每有倒溢之患"⑧。至民国时期，黄河虽已移徙别处，淘北河地势"仍东高西低云"。与淘北河相似，长垣境内的文明渠在河决后亦呈现"下流淤淀，不堪宣泄"的局面。在黄河分支经流的地区，区域内河道难以容纳突如其来的大水，河流漫溢决口现象较为严重。比如在定陶，铜瓦厢决口后的第二天，"城南北三河皆溢，二十六，米口河又决，

① 民国《东明县新志》卷一《舆地志·山川》，南京：凤凰出版社，2004 年，第 14 页。
② （清）杨兆焕等：《曹州府菏泽县乡土志》，台北：成文出版社，1968 年，第 105 页。
③ 民国《长垣县志》卷三《地理志·河流》，南京：凤凰出版社，2004 年，第 61 页。
④ 中国水利水电科学研究院水利史研究室：《再续行水金鉴·黄河卷》，武汉：湖北人民出版社，2004 年，第 1156 页。
⑤ 钱宁：《1855 年铜瓦厢决口以后黄河下游历史演变过程中的若干问题》，《人民黄河》1986 年第 5 期，第 66—67 页；颜元亮：《清代黄河铜瓦厢决口及新河道的演变》，《人民黄河》1986 年第 2 期，第 58 页。
⑥ 钱宁：《1855 年铜瓦厢决口以后黄河下游历史演变过程中的若干问题》，《人民黄河》1986 年第 5 期，第 68 页。
⑦ 民国《长垣县志》卷三《地理志·河流》，南京：凤凰出版社，2004 年，第 60 页记载："淘北河计三段，接河南兰阳、考城，工共长八千八百八十七丈，河面宽四丈至二十丈不等，深二三尺至八九尺不等。乾隆五十二年东河总督兰公第锡奏请借项抽沟挑挖，工竣后摊入地粮分作二年带征归款，按故道考之由封邱县淘北村北行，复与沙河天然渠相汇，直至大车堤南折而东，与旧太行堤平行入河。"
⑧ 民国《长垣县志》卷三《地理志·河流》，南京：凤凰出版社，2004 年，第 60 页。

城南一带汪洋"①。

同治元年（1862年）至同治五年（1866年），黄河溜势继续北徙。黄水于同治二年（1863年）冲入东明县城，旋即西移，由李连庄趋高村，沿皇庄、临濮、箕山一线而下。同治三年（1864年），主溜移到金堤的南面。顺金堤"自西南斜趋东北，濮州直当其冲，由濮而范，又东北过寿张境，至张秋穿运"②。同样在定陶县，同治二年（1863年）五月因"河自龙门口决"，"城南北河水皆溢"③；在滑县，自同治二年（1863年）黄河西移后，"老岸、桑村、小渠一带，皆成泽国，人多巢居"④；在郓城、巨野一带，"同光间两次河决，郓、巨半成泽国"⑤。在此时期，金堤以南黄河主溜经行地区是遭侵扰最严重地带，开州、濮、范一带都受到洪水淹浸。同治五年（1866年），水灌濮州城，以致官署迁徙流荡数年之久。

值得注意的是，在濮阳以下，经范县、寿张、东阿至张秋镇止，有绵亘75千米的北金堤。堤坝以东地区，由于地势低洼，自汉代以来黄河决溢漫流之水就时常侵及此地，尤其地势最为低下的张秋一带黄河水患更重。至五代、北宋时期"河复南决，百余年中凡四决杨刘，七泛郓、濮，而张秋非当其津口，则首受其下流，被害尤极"⑥。元代开通会通河后，张秋成为大运河之襟喉重地，虽然此时黄河已南流入海，但遇北决亦会侵及张秋，明正统十三年（1448年）河决荥阳与弘治二年（1489年）河决金龙口后黄河均经曹、濮直冲张秋镇即为明证。刘大夏筑太行堤后，黄河故道虽已湮废，但地势比周围地区仍较低洼，形成散乱的小水网，总的方向仍朝张秋镇倾斜。铜瓦厢河决后的咸丰年间，黄河的一股支流沿濮、范至张秋穿越大运河。至同治三年（1864年），黄河主溜又转移至此线，同样证明金堤以南至张秋一带地势低洼。黄河所到之处，遇河即夺，遇渠即灌，将濮阳东南诸水连成一片，大部分都被填平，剩下一些断河残流在南北大堤建成以后，也都成了汇入黄河的串沟和堤河。⑦

---

① 民国《定陶县志》卷九《杂稽志·灾祥》，南京：凤凰出版社，2004年，第459页。
② 中国水利水电科学研究院水利史研究室：《再续行水金鉴·黄河卷》，武汉：湖北人民出版社，2004年，第1280页。
③ 民国《定陶县志》卷九《杂稽志·灾祥》，南京：凤凰出版社，2004年，第459页。
④ 民国《重修滑县志》卷二十《大事记》，上海：上海书店出版社，2012年，第765页。
⑤ 民国《续修巨野县志》卷五上《人物志》，南京：凤凰出版社，2004年，第597页。
⑥ （清）顾炎武著，黄坤等校点：《天下郡国利病书》，上海：上海古籍出版社，2012年，第1511页。
⑦ 张含英：《治河论丛》，郑州：黄河水利出版社，2013年，第93—96页；钱宁：《1855年铜瓦厢决口以后黄河下游历史演变过程中的若干问题》，《人民黄河》1986年第5期，第68页。对于张秋以西地区的河道情况，（清）顾炎武著，黄坤等校点：《天下郡国利病书》，上海：上海古籍出版社，2012年，第1527页记载："尝考安平以西诸州邑水利，其源自黑羊山、澶渊等坡而入濮者，为魏河；其源自澶滑、青龙等坡而入濮之董家桥者，为洪河；其源自曹州而入濮者，为小流河。三河合流于濮之东南，出杨二庄桥，入范县竹口，又东逶张秋城南，过道人桥，达月河，其溢出者，则由通济闸俱入运河。又有源自曹、濮，逶范县回龙庙而来者，为清河，亦名水保河；有源自定陶，逶曹州新集而来者，为天鹅坡之水；有源自郓城，出五岔口而来者，为廉丘坡之水，俱入西里河，逶黑虎庙、杨家桥至沙湾小闸，入运河。方张秋之未决也，津流通达，直抵运道，及张秋屡决，高筑堤堰，扼其下流，而故渠亦往往湮废，故开濮、曹、济之间遂苦水患。"又，张含英：《治河论丛》，郑州：黄河水利出版社，2013年，第94页记述："又考长垣、东明、濮阳、菏泽、濮县一带，故河之遗迹最多。若濮河之自封丘流经长垣县北，又东经东明县南，又东经濮阳县东南以入濮县界者，其一也。瀦河自东明县南，折而东北入菏泽界者，其二也。漆河在东明县北门外，东合于濮水者，其三也。浮水故渎（一说即澶水）在观城县南，自濮阳流入者，其四也。古济水北支在东明、长垣二县，南流入菏泽，南支自仪封流入曹县定陶者，其五也。瓠子故渎，自濮阳县南流入濮县南者，其六也。魏水自濮阳流入濮县南者，其七也。洪河自东明县流入濮县南者，其八也。小流河自菏泽县流入濮县东南者，其九也。赵王河自考城流经东明入菏泽者，其十也。"

随着黄河所到之处地面不断淤高，河道又开始酝酿新的变化。冲积扇一侧淤高以后，水流必然朝另一侧摆动。同治六年（1867 年），大河开始向南转移；同治七年（1868 年），决赵王河之红船口，继续东行冲郓城，灌入济河，大溜渐移安山，由安山穿越大运河入大清河。同治十年（1871 年），黄水由沮河东岸侯家林，冲决民堰，并由赵王、牛头等河渐趋东南，波及南阳、昭阳等湖。同治十一年（1872 年），河决于赵王河东岸张家支门；同治十二年（1873 年），决于东明岳新庄、石庄户，约分大河二三分溜势，漫水悉注东南。同治十三年（1874 年），石庄户口门夺溜，大溜由嘉祥、鱼台趋南阳湖入大运河波及苏北。①光绪元年（1875 年），贾庄堵口后，大溜归临濮、箕山一线而下。总的来看，同治时期黄水大溜向地势低洼的东南方向倾斜，泛溢之水最终顺河注入南阳、昭阳等湖，穿越大运河的位置也有所南移。同治十年（1871 年）正月，漕运总督张兆栋、河东河道总督苏廷魁与时任山东巡抚丁宝桢为保护运道会勘筑堤束水事宜时，就对当时黄河的冲决形势进行总结并预测云：

> 查现在黄水正溜，洪川口实当其冲。由此逐渐南移坐湾，偏向东流，大溜已在安山之三里铺，奔入大清河而下，与前年所查形势迥别。若当伏秋盛涨，水势即由洪川口，漫入赵王河，倒漾沮河。或由沮河溢入济河，冲开民埝，直注东南之牛头河。而南旺、南阳、昭阳等湖，亦将以次受水。是郓城县之沮河，为黄水浸溢东南，必由之路。而沮河头之娘娘庙、七里铺、王家垓、车家楼、梅家庄等处，又为河流趋注东南必由之路。②

虽然同治十年（1871 年）以后黄河冲决的具体地点与线路与预测并不一致，但朝东南方向冲决的总趋势则是较为明显的，赵王河、沮河、牛头河等河流将遭冲袭的估测也得以证实。值得进一步追问的是，随着黄河主溜向冲积扇东南方向逼近，鲁西南平原的赵王河、沮河、牛头河诸河流又遭受了怎样的侵袭，水文情势又发生了怎样的变化？

历史时期鲁西南平原河湖水系变化很大，不论是巨野泽、梁山泊的淤废，还是济水等河道的废弃，都与黄河的决溢、改道和淤积有关。自金元以降，黄河南流入海，历经明清，一旦黄河下游河道北决，区内河道水系均会因之改变。受泥沙淤积影响，区内形成一系列古道高地，而这些古河道高地之间的低平地带则分布有洼地地貌。每逢黄河汛期，洪河水泛滥冲溢出河床，汇流低处，即漫延成大型积水洼地。清咸丰年间之前，区内赵王、牛头诸河均与宋元以后的黄河决溢大有关系，而晚清黄河铜瓦厢决口又给这些河道带来不小的影响。

宋代黄河多次由今清丰县决口，大溜东南行，经巨野、济宁汇泗水，此即赵王河之

---

① 中国水利水电科学研究院水利史研究室：《再续行水金鉴·黄河卷》，武汉：湖北人民出版社，2004 年，第 1311、1327、1349、1384、1424、1445—1446 页。

② 中国水利水电科学研究院水利史研究室：《再续行水金鉴·黄河卷》，武汉：湖北人民出版社，2004 年，第 1345 页。

前身。明洪武元年（1368年），河决双河口，分水东流，经巨野、嘉祥南至鱼台东部塌场入大运河，成为赵王河的雏形。明宣德五年（1430年），由于枣林河分黄济运，黄河屡决金龙口，枣林河自金龙口东北流至长垣、东明，至菏泽双河口分为二支，北支东北流，经郓城闫什口、红船口，梁山县李家桥、黑虎庙，北至张秋镇注入大运河，至此，赵王河的行道完全定型。据民国《长垣县志》记述："即古之瀔水，俗称赵王河，出山东曹县西北境，经长垣之李龙庄、牛集东北流至菏泽与沮水合，又东北至寿张县南入黄河……旧志称赵王河上接陶北河，自山东曹县交界起，下入菏泽县境，乾隆五十二年河督兰公第锡奏请挑挖，工竣后摊征归款，盖因赵王河故道挑挖，用以引水者也。"[1]咸丰铜瓦厢河决后，黄河一股即"由赵王河下注，经山东曹州府迤南，至张秋镇穿运"[2]；至咸丰八年（1858年）黄河西移后，赵王河故道则"尽为流沙，遍生芦苇"[3]，其河道淤积据此可见一斑。光绪元年（1875年），河决司马口，"瀔水下流至菏之闫什口，河身淤塞"[4]，在赵王河河道难容的情况下，"水遂东出，巨郓间湮没田庐，被害尤甚"。

至于牛头河，旧志中记载较为清晰："自直隶东明县流入山东菏泽县，于（济宁）县西南四十里由嘉祥入境，有塔张河、旧黄河、永通河、赵王河、正明河诸异名，其实即元末黄河之故道也。"[5]从河道形成上看，牛头河本身即为元末黄河故道，功能上又起到将坡水及洼地积水向东排泄入湖的重要作用。清同治七年（1868年），河决红船口；同治十年（1871年），又决于侯家林。决水东侵，均给牛头河河道造成很大破坏。据苏廷魁奏称："黄水由王家桥地方窜入牛头河，将芒生闸月坝冲开，南旺湖西北两岸旱石桥、赵家口等处均漫水入湖。土地庙、元帝庙二闸冲开，倒流入运，西岸天仙人庙等处亦均漫水入运，东岸情形吃紧，赵王河水又灌入牛头河，北岸村庄悉被淹没。现在南旺湖水已深至七尺余，倒漾入运，清浊并流，已成大患。"[6]不难看出，黄河决水不仅窜入牛头河，还将其沿途闸坝一体冲毁，更产生一系列连锁反应，大运河、南旺湖等均受不小影响，而赵王河漫水的灌入，更加重沿岸水患程度。

自黄河北徙穿越大运河后，沮河下游入大运河段即汇入黄河，由于雨水得不到及时排泄，泛滥加重。对此，山东巡抚丁宝桢曾述及："东省沮河一道，原系由曹州境内流

① 民国《长垣县志》卷三《地理志·河流》，南京：凤凰出版社，2004年，第60页。另，据嘉庆《大清一统志》记载："瀔河，旧为（黄）河支流，在曹州府城南二十五里。自直隶东明县流入，又东北经郓城县西南四十五里又北经濮州（东）南，又东北流入寿张县界。"光绪《新修菏泽县志》记载："乾隆五十二年秋，运河涸。河督兰第锡奏请重开赵王河，上由陶北河经长垣、东明、曹县，自安陵入县境，至城东双河口。"
② 中国水利水电科学研究院水利史研究室：《再续行水金鉴·黄河卷》，武汉：湖北人民出版社，2004年，第1129页。
③ 民国《长垣县志》卷三《地理志·河流》，南京：凤凰出版社，2004年，第60页。
④ 民国《续修巨野县志》卷五上《人物志》，南京：凤凰出版社，2004年，第601页。
⑤ 民国《济宁县志》卷一《疆域略·山川篇》，南京：凤凰出版社，2004年，第11页。据光绪《鱼台县志》卷一《山川志》记载："牛头河，亦济水故渎也，自济邑之宝珠寺入巨野为安兴墓河。入郓界有北行故道为土坝所塞，遏之东流。入嘉祥界左接芒生闸，南流入济界至新挑河，有永通闸泄水入之。又东南入耐劳坡至王贵屯为牛头河，南会首蓿、顾儿二河之水，入鱼台至塌场口开广运闸而出于旧渠，盖黄河故道也。"
⑥ 中国第一历史档案馆：《咸丰同治两朝上谕档》第21册，桂林：广西师范大学出版社，1998年，第244页。

入东平州境汇入运河，自黄水穿运以后，沮河自东平州境芦庄以下即归入黄河，合流频年，夏秋之时，每虞泛滥，沿河民地八九百顷全行淹没。本年新筑南堤，跨压河身，虽黄水不虞倒灌，而沮河苦无出路，为害仍甚。"①黄河北徙对沮河的影响可见一斑。此外，由于黄河北徙后的再次冲决，在洪水冲击力之下，往往会冲出新的河道，例如巨野太平新河的形成。同治十二年（1873年）六月，"河决兰口，太平适当其冲，遂冲为新河。西由康家集，东至太平集，计十余里，宽一里许，深数丈，南北行人需船以渡"②。

最后，黄河铜瓦厢决口后，因黄河在此区内散漫乱流，形成了所谓"水套"地带。直隶、山东两省州县官员在奏折中有称："东阿县境李连桥以西，上至东明，河势散漫，支干分流，时复变迁，或分或合，深浅不一。如遇水涨，一片汪洋，宽至十余里至三四十里不等。"③英人埃利阿斯亦有记载："这个地点的黄河没有明确的河道，只是在中国的土地上呈带状漫流，宽度大约有10—12英里，人们看到的仅是一片受洪水淹没的平坦地区。"④旧志的记载是："黄河支流分歧，广数十里……其高原新柳蔽天，茂草没人。"⑤显然，"广数十里"的黄河水套应是从其最大宽幅来说的，此水套在不同地段宽窄不一，"濮、范被水之地，宽处二、三十里，窄处亦五、六里及七、八里"⑥。至于水套中的具体情形，谭廷骧在其奏折中提到："黄流袤延往复……有隔泥沙一二道者，有隔泥沙四五道者，水涨则沦涟数里，水落则曲折千条。"⑦不难看出，"水套"实为一宽窄深浅不定、错落交织而成的特殊水网景观，在其形成过程中，平坦的地形是决定性因素，而黄河在此区域内的频繁移徙及其径流的不稳定性，亦是促成此种景观形成的重要原因。

三、黄河铜瓦厢决口后大运河以东沿黄地区的地形与河湖环境

大运河以西的冲积扇地带，黄河呈现频繁决徙、散漫乱流的局面，而在大运河以东，黄河则夺大清河道入海，无论是经流地区的地貌形势，还是黄河自身的河道水文态势，均发生了很大变化。正如研究者所总结的："光绪元年张秋镇以上开始筑堤以后，河道淤积的位置下移到张秋镇以下，除了陶城埠至齐东以上两岸为山脉土岭，不可能发

①　（清）罗文彬：《丁文诚公（宝桢）遗集》，沈云龙主编：《中国近代史料丛刊》第74册，台北：文海出版社，1967年，第1403页。

②　民国《续修巨野县志》卷一《山川志》，南京：凤凰出版社，2004年，第549页。

③　中国水利水电科学研究院水利史研究室编校：《再续行水金鉴·黄河卷》，武汉：湖北人民出版社，2004年，第1205页。

④　〔美〕戴维·艾伦·佩兹著，姜智芹译：《黄河之水：蜿蜒中的现代中国》，北京：中国政法大学出版社，2017年，第65页。

⑤　（清）王廷赞：《刘公澜平墓表》，民国《续修巨野县志》卷7《艺文志·墓表》，台北：成文出版社，1968年，第637页。

⑥　（清）张曜：《山东军兴纪略》卷11《土匪四》，沈云龙主编：《近代中国史料丛刊》第543册，台北：文海出版社，1970年，第678页。

⑦　（清）张曜：《山东军兴纪略》卷11《土匪四》，沈云龙主编：《近代中国史料丛刊》第543册，台北：文海出版社，1970年，第693页。

生决口以外，齐东以下处处生险，岁岁决口。"①当然，此期间陶城埠至齐东的黄河河段并非不曾决口，只是受两岸山岭地形限制决口次数相对较少。另外，大运河以东黄河河道水文态势变化也受大运河以西黄河局势影响，据山东巡抚李秉衡在奏折中称："自咸丰五年铜瓦厢东决以来，二十年中上游侯家林、贾庄一再决口，而大清河以下尚无大害，然河底逐年淤垫，日积日高，迨光绪八年桃园决口以后遂无岁不决，无岁不数决，虽加修两岸堤埝，仍难抵御，今距桃园决口又十五年矣，昔之水行地中者，今已水行地上，现在河底高于平地，俯视堤外则形如釜底，一有漫决则势若建瓴。"②不难看出，咸丰同治年间，由于黄河主要在铜瓦厢至陶成埠之间的冲积扇地带漫流决口，加之上游来水多为清水，大运河以东的大清河水患并不严重，而光绪元年（1875 年）大运河以西黄河大堤建成后至光绪八年（1882 年），则河道淤积加速、河床迅速抬升，在此之后，此段河道决溢日趋频繁，两岸水患也越发严重。

（一）汶、泗二河及东平湖区

泛言之，这一区域亦属于鲁西南平原的一部分，但因与大运河以西平原区域地理形势有所差异，加之黄河铜瓦厢决口北徙后对域内河湖环境的影响不同于大运河以西地区，故分述之。如前所述，中新生代燕山运动与喜马拉雅运动所引起的近东西与近南北两组断层构造，是鲁中地区泰山、鲁山、沂山等诸多山岭的主要形成因素，而从山地辐射流出的河流则都具有宽广的谷地，汶河谷地、泗水谷地就属于其中一部分。作为由鲁中山地向鲁西（华北）平原的过渡地带，区域内的河流在径流特征上与运河以西平原区有明显差异，由于距离黄河相对较远，在历史时期遭受黄水侵扰程度也相对较小。但因其水流均向西注入地势低洼的大运河，而大运河河道在黄河决溢后时常淤患，区内排水问题突出。黄河铜瓦厢决口北徙后，本区域的水患问题更趋加重。对此，水利学者李仪祉在《免除山东水患议》一文中就有论述：

> 鲁西一带，向苦昏垫。就山东全势而论，东为山东半岛所厄，南为淤黄河高床所障，北为今河所阻，于是泰山诸水，若汶若泗若邹滕诸小水，皆西归大运。曹州府诸水，若洙、若五福、若顺堤，益以黄河决口之水，皆东汇于运。此众流之所归所恃以入海者，北为黄河之口，南为灌河、瓜州、三江营诸口。而黄河之床，本济河故道，在黄河北徙以前，河床深下，排水顺利。自黄河北徙而后，河床淤高，堤顶已高出背河地面四公尺以上，于是大运以西，今旧黄堤与运堤，形成一三角式匣，所恃以为水之出路者，仅微山湖一双闸耳。于是运西九县，平时亦苦水患，大水之年，昏垫不堪矣。其在运河以东者，以地势较高，为患较轻。而东平一县，则为汶水所浸，水为巨泊。姜家沟清水口以黄河床高，平时泻汶之支派已不畅，若河

---

① 钱宁：《1855 年铜瓦厢决口以后黄河下游历史演变过程中的若干问题》，《人民黄河》1986 年第 5 期，第 71 页。

② 民国《续修历城县志》卷九《山川考五·水一》，南京：凤凰出版社，2004 年，第 104—105 页。

水涨则倒灌焉。①

不难看出，鲁西水患形成与黄河密不可分，所谓"山东水患难题，厥在黄河之南。且其致患之由，咎不在运，前因后因，都在于黄"②。以大运河西侧地势低洼的鱼台为例，明人王士性对其水患形势就有总结："鱼台之在兖西，犹釜底然，黄河身渐高，单、沛堤日益以高，而鱼台水不出，淹处至经四五年。"③在黄河南流入海时期，鲁西地区就已苦于排水之难，至铜瓦厢决口北流后，"泗归淮入海之道，既为黄淤，济归海入海之道，亦被黄夺"④，因无处排水，大运河东侧汶泗流域的水患更趋加重，区内地势低洼的东平湖一带受黄、汶两河交互影响，更是山东水患之"难题"⑤。

黄河铜瓦厢决口北徙夺大清河后，"自东来会者莫大于汶河"⑥。汶河发源于莱芜县原山，"经泰安之南至汶上县北而入故济道以入黄河"。黄河北徙之前，汶河注入大清河，即为大清河上源，但北徙后，"横截汶水入海之路，又增一层障碍，流域已见缩短，规制又废因循，水患灾情日以弥烈"⑦。当然，黄河北徙对汶河的影响不仅体现在上述"流域""规制"等方面，汶河入黄口门的日益抬高才是最直接的影响。汶河与大清河的交汇处即清河门，据记载："清河门为清水入黄咽喉，亦即宣泄东平积水之重要门户，年来黄水淤垫，清河门逐渐增高，以致东平积水无路宣泄，沦为重大灾患。"⑧概言之，黄河北徙后其不断淤高的河床阻挡了汶河的出路，其南流入大运河的流路亦多被淤塞，故汶河几乎成为一个内流河，伴随汶河水在东平西部低洼地带的滞积，东平湖初步形成。⑨

除汶河外，本区内还有其他一些河流，如宋金河、柳长河等，在黄河北徙之前，它们均北流入大运河或安山湖，北徙后淤高的河床同样阻滞了其泄路。或可打个比方，受淤高河床阻滞，东平湖周边各河流均难泄余水，像在东平湖附近打了个"死结"，成为近现代山东水患难题中的"难题"，而东平湖的形成及扩张即为其结果与表现。现代志书中对东平湖的形成有述："1855 年黄河改走大清河入海河道后，由于大清河原河道'深阔均不及黄河三分之一，寻常大水，业已漫溢堪虞'。漫水增加了这一带洼地的补给水源，抬高了汇入洼地河流的尾闾水位，使广大干涸的土地又漫溢成巨泽，以致在原梁

---

① 李仪祉原著，黄河水利委员会选辑：《李仪祉水利论著选集》，北京：水利电力出版社，1988 年，第 59 页。
② 李仪祉原著，黄河水利委员会选辑：《李仪祉水利论著选集》，北京：水利电力出版社，1988 年，第 60 页。
③ （明）王士性撰，周振鹤点校：《广志绎》，北京：中华书局，2006 年，第 242 页。
④ 李仪祉原著，黄河水利委员会选辑：《李仪祉水利论著选集》，北京：水利电力出版社，1988 年，第 60 页。
⑤ 关于东平地区的水环境变迁，可参考喻宗仁等：《山东东平湖的变迁与黄河改道的关系》，《古地理学报》2004 年第 4 期，第 469—479 页；古帅：《宋代以来山东东平城地理研究——以城址迁移和城市水环境为中心的考察》，行龙主编：《社会史研究》第 8 辑，北京：社会科学文献出版社，2020 年，第 221—257 页。
⑥ 国家图书馆分馆：《乡土志抄稿本选编》第三册《山东风土记》，北京：线装书局，2002 年，第 213—214 页。
⑦ 民国《济宁县志》，台北：成文出版社，1968 年，第 30 页。
⑧ 民国《东平县志》卷七《政务》，南京：凤凰出版社，2004 年，第 72 页。
⑨ 关于东平湖的具体情况可参考孙庆基等主编《山东省地理》第 151—152 页之《东平湖》部分，其中亦提及黄河铜瓦厢北徙对汶河流域的影响："1855 年黄河夺大清河入海，大汶河成为黄河的支流，随着黄河河床日益淤高，大汶河水入河受阻，汶河水滞留于运河以北洼地之中，扩大了湖面面积，东平湖已初具规模。"

山泊东北部大清河、龙拱河、大运河等汇流处两岸一带洼地造成新的积水区，形成了现在的东平湖老湖区。"[1] 河水难泄导致漫水增加，促成新的积水区域，而黄河漫溢之水的侵入，更加速了东平湖的扩张。

黄河泛水汇集，至宋代在今东平湖附近形成梁山泊，后黄河南流，湖水失去水源补给，加之泥沙淤积和屯田垦种，湖泊面积日趋缩小，明代的安山湖、南旺湖即为其遗存。明永乐年间，为保证漕运的安全，朝廷将运道沿线的安山诸湖置为"水柜"，在汶河及部分坡水的补给下，安山湖区虽被开垦但仍有积水区得以延存。[2] 清咸丰五年（1855 年），铜瓦厢决口黄河北徙，汇入安山一带诸河流尾闾被顶托，地势洼下的安山一带因水源补给增大而排泄困难，遂形成新的积水区。[3] 据旧志记载："自清咸丰乙卯河决兰仪，灌入县境，安民山屹立洪波中二十年。光绪纪元，堤工告成，民庆再生，未十年而东岸堤冲，不复修筑，水涨则流入县境，水过沙填，诸水尾闾俱被顶抗，旁流四出，纵横数十里，民田汇为巨泽。"[4] 时至民国时期，东平"西南及西北一带，地势洼下，历年频受水患，且终年积水不涸，良田变为湖泊者区域逐渐扩大"，黄河北徙所导致的区域环境变迁可见一斑。

此外，东阿县大礜山之西的地势洼下地带，"汶济之水汇为大清河自西南而来，夏秋之间大雨之后，泰岱祖徕诸山水亦注于此，东平州戴村坝以下南北数十里东西十余里一带汪洋，尽成湖景，贾舟鱼艇俱可往来，虽时界霜降，水势稍减，而仍不能涸，推原其由本境庞家口北黄河自西南来，大清河入焉，当黄河涨发之时，清不能敌黄，每年淤垫愈积愈高，故上游之水不能泄"[5]。显然，黄河河床不断淤高，此区域排水也趋困难，汪洋之水虽"尽成湖景"，贾舟鱼艇亦"俱可往来"，但对附近以农垦为生的百姓来说却是灾难。

除汶河与安山湖一带的环境发生变迁，由于黄河决溢侵坏大运河两岸堤坝，注入引河的泗河流路亦受很大影响。同汶河一样，泗河亦发源于鲁中山区，山东巡抚丁宝桢曾在奏折中记述其具体流路说："东省旧有泗河一道，发源于陪尾山，经曲阜、滋阳、邹县，迤逦入济宁州境，至瓜团分为二股：东股为新泗河，历邹县而南，至济宁州再折而西；西股为旧泗河，由瓜团分溜西行，再折而南。均由沙洲寺之泗河口入运，汇河汶水

---

① 山东省黄河位山工程局东平湖志编纂委员会：《东平湖志》，济南：山东大学出版社，1993 年，第 6 页。

② 受黄河决水及坡水影响，安山湖补给水源多不稳定，致使明清时期的安山湖亦变迁无常。据蒋作锦《安山湖考》载："安山湖，在安民山北，旧小洞庭湖也，明贯小洞庭开会通河，置湖岸南以济运，周围八十三里有奇，与南旺、马场、昭阳称四大水柜，时荆隆口支流未塞，引由济洓入柳长河为湖源，蓄水最盛，北至临清三百余里资为灌输，称水柜第一。而济洓源分河流，河因屡徙，弘治六年，刘大夏筑黄陵冈以塞荆隆口，济洓源绝，湖无所受，只汇堤南陂水并运河余涨，所蓄甚少，不堪作柜，频受荆隆淤垫，渐成平陆。康熙六年，议开柳长河引鱼营陂水，复设水柜，旋议停止，疏称以无源之水蓄之有漏之湖，进水易而出水难，纵高筑堤岸，于运何济，奏定招垦纳租，泄运水入湖，以保运堤，放陂水入湖，以保民田。兰阳河决，湖淤益高，百里沮汝变为膏壤。"参见蒋作锦：《东原考古录》，山东文献集成编纂委员会：《山东文献集成》第 3 辑，济南：山东大学出版社，2009 年，第 795 页。

③ 汪洪禄：《历史上的梁山水泊》，济宁市水利局，济宁市政协文史委员会：《命脉（水利建设专辑）》，内部资料，1994 年，第 74 页。

④ 民国《东平县志》，台北：成文出版社，1968 年，第 87～88 页。

⑤ 光绪《东阿县乡土志》卷七《山水》，北京大学图书馆：《北京大学图书馆藏稀见方志丛刊》第 94 册，北京：国家图书馆出版社，2013 年，第 476 页。

南流入海。又沙洲寺南七八里有接新泗河分溜一道，名曰新河，会白马河水直入独山湖。"①可是，自咸丰丰工河决，再继之以黄河铜瓦厢决口北徙，"黄河横流，二十余年来，泗河口迤南迤北曰五十里运河堤岸，至今全行冲毁，张家桥至泗河口旧泗河约二十里河身，淤如平陆，其间有河形者不过十之二三。每逢夏秋泗水盛涨，漫溢滂趋，并顶托奔腾之汾水倒漾分流：一由石佛闸缺口入济宁州东乡之黑土店、登封里等处；一由新店入坡，全注于济宁南乡各地方，以致该州境内三百数十村庄悉成泽国"②。黄河北徙后，大运河堤岸受到冲毁破坏，受大水顶托，泗河入运尾闾地带亦被淤平，每值夏秋多雨时节，泗河下游河道遂呈现多股漫流的纷乱局面。

（二）鲁中丘陵西侧地区

对流经鲁中丘陵西部平原区的黄河河道来说，多年泥沙淤积，河床不断抬高，该区所受黄河威胁亦随之加重。据李希霍芬1869年4月9日对泺口黄河的考察记载："此地的黄河大概宽250米，河水呈黄色，有很多沉积物。水流速度大概1.5节，目前堤岸高出水面7米左右，一旦发水的话，河水很容易就达到堤岸的高度，甚至发生决口。"③自光绪初山东黄河上游大堤建成后，中下游遂来水增多，随着黄河河床的不断淤高，不仅加重河决的风险，更阻碍了沿岸支流的汇入。

黄河铜瓦厢北徙之前，发源于鲁中山区的河流中，除前述汶河注入大清河外，还有一些河流，如长清境内的南沙河和北沙河、历城境内的玉符河、章丘境内的绣江河等。自黄河改道夺大清河入海后，随着泥沙淤积河床升高，在这些河流的入黄口处难以排泄，均出现积水成灾的局面。对此，旧志记载："至咸丰五年，黄河北徙由大清河入海，河身淤垫，向入大清河之水为黄堤所阻，无所宣泄。历城之巨野河，章邱、齐东交界之绣江河两岸水淹，半成泽国"④。此景象亦被时人秦奎良记录下来："清咸同之际，余所及见者，大清河已为黄河经流，而历城、长清南山之水，由玉符河至长清之北店子入之。济南七十二泉之水，由雒口堰头分道入之。章丘之绣江河、邹平之孙镇河，由齐东之东西境内入之。迨光绪之初，黄河浊流，淤垫日以高仰，各水入口之处时虞倒

① （清）朱寿朋：《光绪朝东华录（一）》，沈云龙主编：《近代中国史料丛刊三编》第98辑，台北：文海出版社，2006年，第217页。据光绪《鱼台县志》卷一《山川志》记载："泗河，济宁州东四十里，自兖州府滋阳县来，至南灌集入州境，南流四十里至姬家庄北屈而西流，历新泗河口，过张家桥，至仙官庄屈而南流，至鲁桥沙洲寺入运河。乾隆十四年开新泗河，南流过董家坝，历邹县大牙地，又入会白马河，曲折过孟家桥入南阳湖。又乾隆三十二年新挑引河，亦引泗河水入新河以取直。"另据《山东南运湖河疏浚事宜筹办处第一届报告》记载："泗河发源于陪尾山，汇流歧出至泗水境之卞桥东为一流，由卞桥至兖州府长一百数十里，地势平衍，河面宽阔，北高南下，长流易于下注，兖州以上无极端之利害。迨兖州以下，历滋阳、经邹县、济宁，河身既狭，水势弥盛，岁之灾浸，为害最烈。"
② （清）朱寿朋：《光绪朝东华录（一）》，沈云龙主编：《近代中国史料丛刊三编》第98辑，台北：文海出版社，2006年，第217页。
③ 〔德〕费迪南德·冯·李希霍芬著，李岩、王彦会译：《李希霍芬中国旅行日记》上册，北京：商务印书馆，2016年，第134页。
④ 民国《续修历城县志》卷九《山川考五·水一》，南京：凤凰出版社，2004年，第112页。

灌。岁甲申，新宁陈公俊丞抚东，兴筑黄河大堤，各水口尽行堵塞。"①在此之前，东河总督文斌与山东巡抚丁宝帧在其奏折中也指出："大清河南岸，近接泰山之麓。山阴之水，悉向北注。除小清淄弥诸河，均可自行入海。其余大小溪河，胥以大清河为尾闾。置堤束黄以后，水势抬高。向所泄水之处，留闸则虞其倒灌，堵遏则水无所归。"②曾亲自主持小清河疏浚的盛宣怀亦有记："自铜瓦厢决口，黄流并入大清河。积沙淤垫，岁岁漫溢，沿河筑堤防守，历、章诸水北流，无可宣泄。"③

显然，自咸丰五年（1855 年）至光绪初期，二十多年的淤积使鲁中地区注入黄河的前述河流受黄水倒灌的情况日趋加重，光绪十年（1884 年），新任山东巡抚陈士杰开始组织兴筑黄河中游大堤，上述诸河遂彻底失去下游泄水出路，每至夏秋多雨时节，鲁中山区大量来水不能及时得以宣泄，水患遂愈加严重。

由于各河流所处地理环境上的差异和特征，黄河北徙对区内各河道影响亦不同。流经长清境内的玉符河，"本入大清，后因黄河夺溜，玉符水不能入，乃于光绪辛卯开新河，导水东北至历东"④。作为绣江河的北段，其在齐东县境被称作坝河，开凿于明成化年间，"南自小郭家庄西入县境，经孟家桥西、于家店东过曹家码头，西经潘家桥、张家桥东，曲折二十五里，北至延安镇西入大清河。自咸丰五年黄河入济，坝河因水屡溢，曾筑堤防之。至光绪七年，大清河道淤填渐高，坝水逆流为患甚巨，复将河口截塞，计免黄水之灾，而坝河下筑终无所归，为害尤烈。迨光绪十一年，遥堤既成，新河复开，历、章诸水皆由小清河入海，坝河遂涸"⑤。齐东境内减河与坝河有类似境遇。减河于明成化间由陈恺倡议开浚，"引章丘白云湖之水至菅家庙入境，经梁家桥东，至麻姑堂西，北经魏家桥，东过齐家桥、王家桥，纡回四十余里至旧治东门外，由永济桥下入大清河。自黄水入济，常从桥下溢出为灾，后竟塞桥口筑堤防，而减河遂废。迨清光绪间，黄河决口，境内连年患水，即河道亦迷漫无迹"⑥。黄河夺大清河后的淤积与泛滥给此区域的水环境带来的影响可见一斑。

山东省城济南北部地区因黄河倒灌，山泉之水汇集于此无从宣泄，成为重灾区。对此，光绪九年（1883 年）历城知县陶锡祺禀称："小清河在省垣以北承纳各处泉水，向皆会归大清河，东趋于海。自黄流北徙，大清河日淤日高，不但泉水不能下注，且有黄水倒灌之虞，以致东北数十村庄悉成泽国，现在一片汪洋，难期涸复。"⑦熟悉省城泉湖水系的地方士人也有记述："按省城泉湖水向分三路，向北顺流。趵突泉水与省泉湖水并与五龙潭水，至城西北老鹳桥相会，出响河口，入大清河。东南诸泉之水，由城东

① （清）秦奎良：《疏凿新清河始末》，民国《重修博兴县志》卷二《河渠》，南京：凤凰出版社，2004 年，第 55 页。
② 中国水利水电科学研究院水利史研究室：《再续行水金鉴·黄河卷》，武汉：湖北人民出版社，2004 年，第 1393 页。
③ （清）盛宣怀：《修浚小清河记》，转引自任宝祯：《小清河历代文汇》，济南：济南出版社，2008 年，第 117 页。
④ 民国《乐安县志》卷一《舆地志》，南京：凤凰出版社，2004 年，第 26 页。
⑤ 民国《齐东县志》卷二《地理志》，南京：凤凰出版社，2004 年，第 360 页。
⑥ 民国《齐东县志》卷二《地理志》，南京：凤凰出版社，2004 年，第 360 页。
⑦ 民国《续修历城县志》卷九《山川考五·水一》，南京：凤凰出版社，2004 年，第 113 页。

北沿路引河灌溉北面稻田，仍回折向西，至响河焉。其由华山入大清河者，不过十分之三四耳。今大清河而入黄流，均将入河口门壅淤不通，而泺水无由宣泄，故挖小清河以泄之。"[①] 此外，精于河防的潘骏文对此区域的水患形势考察更为细致：

> 窃查省垣内外之泉源，山水向来汇于北园，分注西北泺口镇之香河口，东北堰头镇之小清河口，均入大清河。自黄水历年倒灌，河口淤垫日高，内水渐不得出，惟冬令黄水归槽，始无顶托之患。八年，于各河口特建东西两闸，意在御黄泄清，未经测量，闸底既形高仰，引河更未深挑，是年冬令北园仍一片汪洋不能宣泄。本年夏间复有上游之大鲁庄、刘七沟漫溢之水下注，北园受害益重。现在漫口虽已先后堵合，节届小雪，积水未消，查看泺口西闸内之河身业已淤成平陆，如欲挑通，宣泄工费较巨，惟堰头东闸之河口每遇大河水势消落，内水尚能外出。论从前地势，本系东高于西，分注之水亦西多东少，而现在情形稍异者，则以黄水自西而东，故以西之受淤较重也。[②]

黄河北徙后，黄河历年倒灌，以往注入大清河的济南城北部诸泉水由于入黄处不断淤高受阻汇积于北园一带。后虽兴建水闸以"御黄泄清"，但因用工草率，不但未能起到应有的效能，每值上游漫溢之水下注时，北园水患反而更趋加重。黄河消落之时，积水虽能通过堰头东闸排出，但闸座附近的泥沙淤积更是惊人，仅靠闸坝以宣泄积水显然已不是长久之计。

山东省府及鲁中沿黄各县努力寻找新的泄水出路，新清河的开辟即为重要举措。新清河为重新疏浚后的小清河[③]，它的再次疏通不仅为上述鲁中地区积水的排泄开辟了通道，更是此区域内水系的一次重大调整。为更好地认识黄河对此区域水系的影响，有必要对黄河北徙之前大、小清河与鲁中地区水道变迁的关系进行梳理与回顾。

对于大清河与小清河，旧志记载："本为济水入海古道，前明以来，济分为二：自鱼山导源经东阿、长清，会济南七十二泉之水，东北流由利津入海者，谓之大清河；由章邱绣江河之水东流，会邹平、长山、新城诸县水，经乐安之淄河门入海者，谓之小清河。嗣大清河日益深通，章丘东迄邹、长之水均入之，乐安小清河惟受新城孝妇河之水东入于海。"[④]不论大、小清河分流格局的形成是否发生于明季[⑤]，至少在明代鲁中地区诸水在汇流于大清河抑或小清河之间出现过较大变化。据记载：

---

① 任宝祯：《小清河史志辑存》，济南：济南出版社，2008 年，第 172 页。
② （清）潘骏文：《潘方伯公遗稿》卷一《济南省垣泉水议》，《清代诗文集汇编》编纂委员会：《清代诗文集汇编》第 732 册，上海：上海古籍出版社，2010 年，第 475 页。
③ 关于小清河的具体情况，可参考张祖陆，聂晓红，卞学昌：《山东小清河流域湖泊的环境变迁》，《古地理学报》2004 年第 2 期；李嘎：《河患与官方应对：康雍乾时期的山东小清河治理及启示》，《中国历史地理论丛》2007 年第 3 辑等。
④ （清）秦奎良：《疏凿新清河始末》，民国《重修博兴县志》卷二《河渠》，南京：凤凰出版社，2004 年，第 55 页。
⑤ 据下文可以看出，大、小清河分流局面之形成应在宋金之际。

明永乐时，小清河水失其经，坏民庐舍。弘治九年，参政唐源洁尝浚治之。嘉靖十二年，乃复浚博兴以西达于历城几三百里。至嘉靖以后，泺水自历城东北之堰头北决入大清，龙山之巨合、芹沟、章丘之浔水亦皆北决入大清。于是，小清自章丘以西遂无上流，而自历城经邹平以东入海之旧道终微矣。①

小清河为古济水流经之地，受历史时期黄河决流影响，遂形成大、小清河之分流。②大、小清河均经流于地势低平的鲁西北平原地带，且几乎平行入海，与大清河相比，小清河水流更为平稳，更易于淤塞。受两者水文变化影响，加之发源于鲁中山区的前述诸河时常发生冲决，济南至邹平、长山一带的河流注入大清河抑或小清河之间，呈现出"循环改注"现象③。可以说，这种罕见的河道变迁景象，不啻为河流变迁史上的一大奇观。

宋金时期，在黄河决流的侵袭下形成大、小清河分流的局面，自金元至明嘉靖时期，经过多次疏治的小清河"尚属通流"，但至嘉靖以后章丘以西的泺水、巨合水诸河决入大清河，小清河遂失其上源，区域水系格局为之一变。对于此处鲁中诸河而言，由于夏秋季节降水集中，加之河流较短小、比降较大，这无疑都是导致其冲决改归的重要因素，而大清河道的"日益深通"，更加速上述水系格局的形成。之所以出现前述"循环改注"现象，区内气候与地形等方面的自然因素起到重要作用，地方政府对小清河河道的多次疏浚也不容忽视。时至晚清，在黄河北徙夺大清河河道的影响下历、章诸水难以下泄之时，山东地方政府再次疏通小清河，章丘以西直至省城北部诸水改注新清河（即小清河），是为区内水系再次大改变。

（三）徒马平原地区

徒马平原地区亦为华北大拗陷的一部分，第三纪喜马拉雅运动后开始接受新生代的沉积，其地形地貌更接近现代形态。④宋代以前的黄河北流入海时期，此区域较为频繁

① 民国《齐东县志》卷一《地理志》，南京：凤凰出版社，2004年，第336页。又，民国《邹平县志》卷七《山水考下·小清旧河考》，台北：成文出版社，1976年，第554—555页载："小清自金元及明之嘉靖，虽时有通塞，而尚属通流，成化以后，十一场支河干涸，商旅不行……嘉靖以后，泺水自历程东北之堰头，北决入大清。龙山之巨合、芹沟，章邱之浔水，亦皆北决入大清。于是，小清自章邱以西遂无上流，而自历城迳邹平至乐安入海之旧道终废矣。"
② 民国《邹平县志》卷七《山水考下·小清旧河考》，台北：成文出版社，1976年，第552—553页记载："宋熙宁十年，大河决水汇梁山泊分二派：其北派流入北清河（即济水），至历城东北又舍北清河渠，挟大清河水走漯水故渠，中至济阳、齐东、青城、滨州以下，又舍漯渠入大河旧道注海。金明昌五年，大河决，又循此道，于是北清河水终由漯渠，而章丘、邹平界中济水之经流微矣。经流既微，刘豫堰泺水东行济渠，合巨合、芹沟、百脉、杨绪沟诸水以成川，于是人谓行济阳、齐东者为大清，谓行章丘、邹平者为小清矣。"
③ 自宋金以来，对于济南城北部至章丘间的鲁中诸河，呈现交替注入大清河与小清河的情形。之所以会形成此一景观，既有地形、气候等自然原因，也有对小清河道进行人工疏浚等人为原因，这既非类似于因溯源侵蚀而发生的河道改变，亦非因河流劫夺而形成的河道变迁，在此，笔者且将其称为河流的"循环改注"现象，这一地理现象在地表环境中是极为罕见的。
④ 侯春岭等：《山东地貌区划》，《山东师范学院学报》1959年第4期。

地受到黄河决徙冲积影响，区内沉积物分布和微地貌变化亦多受黄河移徙制约。总体地势平坦，坡度较小，由西南向东北微倾，地表岗、坡、洼地交错分布，微地貌复杂。①

黄河北徙改道对本区内的地形与河流产生较大影响。齐河紧邻黄河且频遭黄河冲击，境内土地被沙压现象较严重，地形随之发生改变。研究者指出："清咸丰五年至咸丰六年，黄河在齐河李家岸、济阳廓纸坊、桑家渡多次决口泛滥，水势极大，在黄河北岸淤积了上百万亩的沙地，即为齐河、济阳南部现在大面积沙地、沙丘和沙岗地所在。"②同时，据旧志记载，清光绪十一年（1885年），"河自李家岸决口，上自裴庄柳屯，下至赵良钱官井庄，绵亘四十余里，尽被沙压，约计八百余顷……又李家岸决口时，冲入西北一股，自兴隆屯起，曲折至胡店西北偏，约三十余里，亦尽被沙压，惟此经过村庄，地势高下不等"③。显然，黄河北决后带来的大量泥沙淤积，不仅形成沙丘、沙岗等地貌景观，更使局部地区地势起伏不平。

徒骇河发源于河南清丰县境，由西南向东北流，于沾化县注入渤海。宋金以后，黄河南徙，为排泄区内积水，明中叶贯通土河逐步形成徒骇河。因地面平缓，发育在缓坡上的徒骇、马颊诸河比降很小，排水不畅，再加之夏秋季节洪水多发，不仅内涝严重，河道淤积及改道乱流的情况亦属常见。至晚清时，当地士人已难分辨清楚区内河道的源流。据光绪《高唐州乡土志》记载："州境之水，东南有徒骇，西有马颊故渎，为昔日最大之流域，经年既久，河身亦间多淤塞，其鸣渎、漯水二流，当年禹迹，今已就湮。或以为大河之支流，或以为与徒骇为一，众说纷纭，莫衷一是。"④对于鸣渎河，志书亦载："在州南三十五里古灵城县（今之南镇），东北入蓨县，与屯氏河合流入海，或以为徒骇河之上游，或以为与徒骇为一，年久河身淤平，不可考已。"⑤晚清对鲁西北地区"众说纷纭，莫衷一是"甚至"不可考"的水系认知状况可以理解，此区域内地理环境的变化似已超出传统时代地方士人的活动范围乃至知识结构。这些河流河道较长，跨越不同政区，同一河流在不同区段有不同称谓，更增加了人们认知上的难度。黄河北徙后中下游河段的频繁决口或改道无疑更扰乱了区内河流水系，使之趋于复杂。

由于地势平坦，呈建瓴之势而下的黄河决水在鲁西北地区的漫流范围很广，向西能够直抵钩盘河、马颊河流域，所以距离黄河最近的徒骇河流域是受影响最严重的区域。仍以齐河县为例："有温聪、赵牛、倪伦三河，自南而北，毗处其间，为夏秋泄水之所"⑥，铜瓦厢河决之初，黄河漫溢之水通过平阴、长清等处灌入此三河，后随着黄河下游河床淤高、决口加剧，温聪赵牛等河多被淤积，甚至被淤填废弃。据民国《齐河县

① 山东师范大学地理系地域分区、用地区域划分课题组：《山东省地域分区、用地区域划分专题研究》，内部资料，1991年，第68页。
② 巴音等：《齐河县土壤盐渍化及其特征》，许越先主编：《鲁西北平原自然条件与农业发展》，北京：科学出版社，1993年，第71页。
③ 民国《齐河县志》卷12《户口志》，南京：凤凰出版社，2004年，第74—75页。
④ （清）周家齐：《高唐州乡土志·山水》，台北：成文出版社，1968年，第113—114页。
⑤ （清）周家齐：《高唐州乡土志·山水》，台北：成文出版社，1968年，第116页。
⑥ 中国水利水电科学研究院水利史研究室：《再续行水金鉴·黄河卷》，武汉：湖北人民出版社，2004年，第1154页。

志》记载："境内河流以大清河为经，以徒骇、赵牛、温聪、倪伦为纬。自清咸丰五年，黄河北徙夺济水故道入海，而黄河遂为境内巨川矣。迨后屡决为患，赈济蠲免几于无岁无之。至光绪初年设三游河工防营……筑堤愈峻，河身愈高，而危险愈甚。十五、六两年，张村曹营决口，全境被淹，地被沙压，为古来未有之奇灾，赵牛、温聪、倪伦、徒骇多被淤垫，此河流一大变迁也。"[①]可以说，自黄河铜瓦厢北徙后，尤其是在光绪时期，频繁的河决不仅淤没赵牛、温聪等徒骇河支流，徒骇河本身亦受到黄河很大的影响。

黄河北徙前，徒骇河径流总量很小，季节变化很大，"河道窄浅，春冬之际，不过潺潺之水而已。至夏秋间，盈涸无常"[②]。北徙后至同治年间，泥沙淤积则不断加重，沿岸水灾加剧，"近年淤淀太甚，每遇夏秋黄溜盛涨时，不能宣泄，又有坡水分注汇归。以致滨河之地，动遭淹没，灾歉频仍"[③]。其尾闾地带由于黄河汇集，"徒骇河上游，大溜直趋，滚滚东下……沾境殆成泽国"。经过黄河洪流的冲击，徒骇河"河道即冲刷深且宽矣，且日有潮汐之流"，水运交通遂愈见发达，呈现"帆船如梭，商贾云集"的繁盛景象。清光绪三十年（1904年），黄河在利津境内发生两次决口，黄河大溜皆直注泽河，造成该段严重淤积，迫使徒骇河尾闾西移。光绪三十三年（1907年），黄河在利津县薄家庄决口，"洪水横流，遂将徒骇河下游自孔家庄至海口一段，被水淤淀"。黄河决溢影响下的徒骇河道变迁据此可见一斑。

四、结语

论及地理与历史的关系时，英国历史地理学者H.C.达比曾谈道："我们今天看到的景观，是过去遗物的总和，有些遗物是地质时代的，有些遗物是历史时代的。所以有时候，我认为地形学和历史地理学是地理学研究的基础，这些就是地理学科的基本要素。"[④]H.C.达比从"地理中的历史要素"来说明地形学与历史地理学对于地理学研究的重要性，而笔者想强调，某种程度上在历史地理学的研究中地形（地貌）学亦可看作"基本要素"。只有将其他要素系统性地建立在地形这一基础之上，才能推动更加科学的现代历史地理学的形成与发展。当然，强调地形的重要性并不是将其孤立起来，而应结合联系的观点去考虑地形之塑造过程及其影响。

作为自然地理环境的重要组成，地形、气候、水文、土壤等各种因素相互联系、相互作用，共同促进着自然地理环境整体之形成。而作为其中的一部分，河流与地形之间

---

① 民国《齐河县志》卷五《河道》，南京：凤凰出版社，2004年，第43—44页。

② 李锡峰：《徒骇河沿革考》，民国《霑化县志》卷8《艺文志》，南京：凤凰出版社，2004年，第511页。

③ 中国水利水电科学研究院水利史研究室：《再续行水金鉴·黄河卷》，武汉：湖北人民出版社，2004年，第1402页。

④ 〔英〕H.C.达比著，姜道章译：《论地理与历史的关系》，中国地理学会历史地理专业委员会《历史地理》编辑委员会：《历史地理》第13辑，上海：上海人民出版社，1996年，第251页。

的关系是十分密切的。地形的高低起伏对河流的走向、径流速度等起决定性作用，反过来，河流的侵蚀与堆积功能亦对地形地貌的塑造产生重要影响。在历史时期，黄河源源不断地将中游的泥沙携带至下游，淤积成为今日之华北平原，在华北平原的形成过程中，黄河下游的每一次决溢或改道，都或多或少地影响和改变着华北平原内部的地形地貌与河湖水系格局。

时至晚清，黄河于铜瓦厢决口北徙，对其下游沿岸区域地形与河湖环境造成很大影响。虽同属华北平原，但区内地理环境的差异导致黄河对地形与河湖环境造成的影响存在不同表现。山东南运河以西的平原地带距离决口处较近，泥沙淤积较多，地形抬高幅度明显。黄河在此区内漫流，扰乱了原有水系，赵王河、沮河、牛头河诸河流不是被黄河淤没，就是被黄河顶托而难以排泄。南四湖东侧的汶、泗下游地带，因受黄河淤高河床的顶托，亦出现排水困难的局面，东平湖的形成与扩大即为区内积水不断增多的结果。鲁中丘陵西侧平原地带，受黄河淤高河床的阻挡或黄河倒灌影响，长清至齐东各县境内入黄各河均难以宣泄，促成新清河的开辟，区内水系格局为之大变。徒马平原地带，受黄河冲决或改道的影响，靠近黄河河道的徒骇河诸多支流被淤没，徒骇河则被黄河冲宽刷深，清光绪三十三年（1907 年）黄河利津决口后，其尾闾河段亦被淤没。

除此之外，晚清黄河北徙对地形与河湖环境的影响与近代黄河三角洲之形成、大运河的淤塞等也紧密相关①，继续加强对此议题的研究，仍是当前晚清黄河史地研究之要务。尤其光绪中期以后，清廷与地方政府对黄河治理力度增强，使黄河影响下的下游沿岸区域地形与河湖环境变迁渗入不少人为因素，如堤埝与闸坝的修筑、新的泄水渠道的开辟等，这些人为因素与自然意义上的黄河共同促进了黄河下游近现代地形与河湖环境的最终形成。

说明：本文原刊于《历史地理研究》2021 年第 3 期，此处较原文略有改动。

---

① 对于晚清黄河北徙给包括黄河三角洲、大运河在内下游沿岸区域带来的影响，可参考古帅：《黄河因素影响下的山东西部区域人文环境（1855—1911）》，《中国历史地理论丛》2020 年第 3 辑；古帅：《1855 年黄河北徙对山东运河漕运的影响与官方应对——以黄运交汇处和山东运河北段为中心的考察》，李泉主编：《运河学研究》第 5 辑，北京：社会科学文献出版社，2020 年，第 109—130 页。

历史时期黑河流域自然灾害研究

史志林　董　翔

（兰州大学敦煌学研究所；兰州大学图书馆、兰州大学淮安高新技术研究院）

黑河流域地处欧亚大陆腹地，远离海洋。南北临高山，东西为走廊，西北部紧靠巴丹吉林沙漠，易受西伯利亚冷空气侵袭，境内沙漠连绵，戈壁成滩，植被稀疏，地表裸露，降雨量少，气候干燥；气温年较差与日较差悬殊，全年最高气温在 7 月，最低为 1 月，3 月以后气温迅速上升，9 月以后气温逐渐下降，由于地理和气候关系，极易发生干旱、洪涝、冰雹、霜冻、风暴、病虫害等自然灾害，地震也偶有发生。

历史时期黑河流域也是自然灾害的多发区，各种自然灾害在历史时期均有发生。以往学者对黑河流域的自然灾害情况做了一定的研究工作[①]，钱有法统计了 144—1987 年的河西地震资料[②]，任朝霞等人建立了近 2000 年来黑河流域的旱涝等级序列，同时将旱涝序列转化为黑河流域近 2000 年的降水量序列，指出黑河流域近 2000 年降水量分 3 个时期：降水量增加—降水量减少—降水量增加，但总的降水量具有缓慢增加趋势，特别到 20 世纪降水量有大量增加趋势[③]。董惟妙等人尝试采用历史文献结合自然科学的研究成果进行对比研究，通过文献资料重建了河西地区 1436—1949 年旱涝灾害等级序列，指出 500 余年内河西地区大体出现三次明显的干旱时段，分别为 1460—1539 年、1616—1665 年和 1907—1949 年，而 1725—1748 年、1879—1906 年则为相对湿润时期[④]。本文在前人研究的基础上，利用历史文献资料，对历史时期黑河流域的干旱、洪涝、冰雹、霜冻、风暴、虫鼠害和地震等自然灾害进行整理分析，总结其时空分布特征。

基金项目：国家自然科学基金青年项目"河西走廊西部汉唐时期人类植物利用策略变化及影响因素研究"（项目编号：41901090）；兰州大学中央高校基本科研业务费博士后创新项目"汉唐时期黑河流域历史地理专题研究"（项目编号：2019jbkyxs035）；国家社会科学基金重大项目"俄藏蒙古文文献目录译介与研究"（项目编号：2018ZDA323）；国家重点研发计划"亚洲中部干旱区气候变化影响与丝路文明变迁研究"（项目编号：2018YFA0606402）。

作者简介：史志林（1988—），男，云南曲靖人，副教授，历史学博士，地理学博士后，研究方向：西北历史地理与环境考古；董翔（1972—），女，甘肃灵台人，副研究员，主要从事敦煌学与科学评价研究。

① 关于黑河流域的相关研究情况，请参看郑炳林，史志林，郝勇：《黑河流域历史时期环境演变研究回顾与展望》，《敦煌学辑刊》2017 年第 1 期。

② 钱有法：《河西地震资料辑录（公元 144 年—公元 1987 年）》，中国人民政治协商会议甘肃省张掖市甘州区委员会文史资料和学习委员会：《张掖市甘州区文史资料》1—6 辑合订本，内部资料，2010 年，第 87—94 页。

③ 任朝霞，陆王麒，杨达源：《黑河流域近 2000 年的旱涝与降水量序列重建》，《干旱区资源与环境》2010 年第 6 期。

④ 董惟妙等：《文献记录的河西地区小冰期旱涝变化及其机制探讨》，《干旱区地理》2012 年第 6 期。

一、历史时期黑河流域自然灾害的总体分布

历史文献保存下来关于历史时期黑河流域自然灾害的记载较为零星。笔者根据甘肃省气象局干旱减灾系统工程研究项目组编的《甘肃省历史气候文献资料（公元前—1949年）》[①]、王嘉俊先生主编《张掖地区水利志》所列"张掖历史上的干旱记录"和"黑河流域历史上的雨洪灾害记载"[②]、《张掖地区志》中的自然灾害部分[③]、中共张掖地委秘书处编印《河西志》第十三章"河西历代自然灾害分类统计表"[④]、江苏省地理研究所1976年整理的《甘肃宁夏青海三省区气候历史记载初步整理》[⑤]、赵世英1985年辑《甘肃历代自然灾害简志》《甘肃地震简志（公元前780年—公元1982年）》[⑥]、袁林《西北灾荒史》[⑦]、甘肃省文史研究馆1957年编《甘肃省各县历史自然灾害表》等材料将黑河流域历史时期的自然灾害按照干旱、洪涝、冰雹、霜冻、风暴、虫鼠害、地震等进行整理。为便于揭示出此期灾害发展的总体趋势及其特征，我们将各类灾害的分布状况列表1如下：

表1 历史时期黑河流域各种自然灾害种类统计表 （单位：次）

时代	灾害种类							合计
	干旱	洪涝	冰雹	霜冻	风暴	虫鼠害	地震	
两汉	3	0	1	0	2	2	3	11
魏晋南北朝	2	1	0	0	2	3	7	15
唐五代	0	0	0	1	0	6	2	9
宋元	13	3	2	1	2	2	5	28
明	9	1	3	0	3	2	22	40
清	19	15	8	2	8	4	9	65
中华民国	18	5	9	1	6	0	9	48
合计	64	25	23	5	23	19	57	216

注：表1中两汉的灾害种类是从公元前104年开始统计的

据表1的统计结果，我们发现，从汉武帝太初元年（前104年）至1949年，发生在黑河流域的主要自然灾害有干旱、洪涝、冰雹、霜冻、风暴、虫鼠害、地震等类型，共计216次。其中干旱64次、洪涝25次、冰雹23次、霜冻5次、风暴23次、虫鼠害

---

① 甘肃省气象局干旱减灾系统工程研究项目组：《甘肃省历史气候文献资料（公元前—1949年）》，内部资料，1992年。

② 王嘉俊主编：《张掖地区水利志》，内部资料，1993年，第113—118页。

③ 张掖地区志编纂委员会：《张掖地区志》上卷，兰州：甘肃人民出版社，2010年，第333—362页。

④ 中共张掖地委秘书处编印：《河西志》第十三章，1958年。

⑤ 江苏省地理研究所：《甘肃宁夏青海三省区气候历史记载初步整理》，南京：江苏省地理研究所，1976年。

⑥ 赵世英：《甘肃历代自然灾害简志》，中国人民政治协商会议甘肃省委员会文史资料研究委员会：《甘肃文史资料选辑》第20辑，兰州：甘肃人民出版社，1985年；赵世英：《甘肃地震简志（公元前780年—公元1982年）》，中国人民政治协商会议甘肃省委员会文史资料研究委员会：《甘肃文史资料选辑》第20辑，兰州：甘肃人民出版社，1985年。

⑦ 袁林：《西北灾荒史》，兰州：甘肃人民出版社，1994年。

19 次、地震 57 次，平均每 9.5 年发生一次。此数据还表明，在黑河流域的灾害构成中，干旱为群害之首，占到了全部灾害的 29.6%；地震、洪涝、冰雹、风暴、虫鼠害、霜冻分别占灾害总数的 26.4%、11.6%、10.6%、10.6%、8.8% 和 2.3%。旱灾、地震两种灾害共计 120 次，占灾害总数的 56%，成为黑河流域危害最为严重的两大自然灾害。洪涝、冰雹、风暴基本相当，霜冻仅有 6 次记录。

此外，为了读者更好地了解历史时期黑河流域自然灾害分布的详细情况，笔者将其作为附录（附表）放在文后。

二、历史时期黑河流域自然灾害的总体特征

表 1 的统计结果可以大体上反映出自汉代至民国各类灾害的年际分布状况及其发展趋势。当然，为便于深入分析，我们将该时期进一步细分作七个历史阶段：两汉、魏晋南北朝、唐五代、宋元、明、清和中华民国。其中，自汉武帝太初元年（前 104 年）至东汉结束，共计 324 年，发生灾害 11 次，平均每 29.5 年发生一次；魏晋南北朝共计 370 年，发生灾害 15 次，平均每 24.7 年发生一次；唐五代共计 343 年，发生灾害 9 次，平均每 38.1 年发生一次；宋元共计 409 年，发生灾害 28 次，平均每 14.6 年发生一次；明共计 277 年，发生灾害 40 次，平均每 6.9 年发生一次；清共计 268 年，发生灾害 65 次，平均每 4.1 年发生一次；中华民国共计 38 年，发生灾害 48 次，平均每 0.8 年发生一次。这就是说，从总体上看，历史时期黑河流域灾害的发生频次基本呈上升态势，越往后灾害发生的频次越高。当然这也与遗留至今的历史文献记载多寡有关，越往后的记载留下的也就越多。黑河流域历史时期的自然灾害有以下一些特点：

其一，自然灾害发生的时间不一致，往往是若干个相对集中暴发的时期与间歇期交替进行，呈现出不规则的周期性波动。比如西汉与东汉前期都属于自然灾害少发期，因为在自汉武帝太初元年（前 104 年）至西汉结束的 129 年历史中，仅发生灾害 3 次，平均每 43 年发生一次；同样，自汉光武帝建武元年（25 年）至汉殇帝延平元年（106 年）的 82 年中，才出现 1 次灾害，平均每 82 年发生一次。但自汉安帝永初元年（107 年）至东汉结束的 114 年中，就发生灾害 7 次，平均每 16.3 年发生一次，属于自然灾害频发期，尤其是汉顺帝（126—144 年）在位的 19 年中，发生灾害 4 次，平均每 4.8 年就有一次，远远高于两汉自然灾害发生的平均频次，是两汉该地出现自然灾害最为频繁的时期。

魏晋南北朝也有两个自然灾害相对集中暴发的时段：西晋中后期与东晋后期。自晋惠帝永康元年（300 年）至晋愍帝建兴四年（316 年）的 17 年中，共有各类灾害 3 次，平均每 5.7 年发生一次；自晋安帝隆安元年（397 年）至晋安帝义熙六年（410 年）的 14 年中，共有各类灾害 5 次，平均每 2.8 年发生一次。其余三个时段则为自然灾害的少发期。自魏明帝青龙三年（235 年）至晋怀帝永嘉四年（310 年）的 76 年中，仅发生灾

害 3 次，平均每 25.3 年发生一次；自晋穆帝永和三年（347 年）至晋孝武帝太元二十一年（396 年）的 50 年中，仅发生灾害 2 次，平均每 25 年发生一次，与上一个少发期的频次大致相当；在南北朝（420—589 年）的 170 年中，共有灾害 4 次，平均每 42.5 年发生一次。

尽管相对于其他历史阶段，唐五代的自然灾害发生频次最低，但大致来讲，唐代属于少发期，五代属于高发期。唐代（618—907 年）共历 290 年，其中发生灾害 6 次，平均每 48.3 年一次；五代（907—960 年）共历 54 年，其中发生灾害 3 次，平均每 18 年一次，这明显高于唐五代自然灾害的发生频次，属于高发期。

宋元时期也经历了由少发期到高发期的演变过程。自宋太祖建隆元年（960 年）至宋宁宗嘉定十七年（1224 年）的 265 年中，共发生灾害 4 次，平均每 66.3 年发生一次，属于第一个灾害少发期；自宋理宗宝庆元年（1225 年）至元世祖至元二十二年（1285 年）的 61 年中，共有灾害 5 次，平均每 12.2 年一次，基本与宋元时期自然灾害发生的平均频次相当，属于第一个灾害高发期；自元世祖至元二十三年（1286 年）至元朝结束（1368 年）的 83 年中，共有 19 次灾害发生，平均每 4.4 年发生一次，比上一个高发期更为频繁。

明代也是少发期和高发期交替进行。自明太祖洪武元年（1368 年）至明孝宗弘治七年（1494 年）的 127 年中，共发生灾害 6 次，平均每 21.2 年发生一次，明显低于明代自然灾害发生的平均频次，属于第一个灾害少发期；自明孝宗弘治八年（1495 年）至明世宗嘉靖四十四年（1565 年）的 71 年中，共发生灾害 22 次，平均每 3.2 年发生一次，属于第一个灾害高发期；明世宗嘉靖四十五年（1566 年）至明神宗万历十七年（1589 年）的 24 年中，仅有 1 次自然灾害发生，可以视为第二个灾害少发期；自明神宗万历十八年（1590 年）至明代结束（1644 年）的 55 年中，共有灾害 11 次，平均每 5 年发生一次，属于第二个灾害高发期。

清代自然灾害发生的总数最多，而且灾害频发的现象也越来越明显。在清代前期，即自清顺治元年（1644 年）至乾隆十六年（1751 年）的 108 年中，共发生灾害 11 次，平均每 9.8 年发生一次，这显然低于清代自然灾害发生的平均频次。但自乾隆十七年（1752 年）开始，便基本上进入灾害高发期，尤其在光绪年间，往往每隔一两年便会发生自然灾害，而且有时多种自然灾害会集中在一年暴发，如乾隆二十三年（1758 年）和乾隆四十年（1775 年）便同时出现干旱、洪涝两种自然灾害，光绪三十年（1904 年）甚至同时出现洪涝、霜冻、风暴和地震四种自然灾害；当然，在此期间，也有相对太平的年份，如自乾隆五十一年（1786 年）至嘉庆五年（1800 年）的 15 年里、嘉庆八年（1803 年）至嘉庆二十四年（1819 年）的 17 年里、道光七年（1827 年）至道光十七年（1837 年）的 11 年里、道光十九年（1839 年）至道光二十九年（1849 年）的 11 年里，便并没有发生自然灾害。如果依照上述分析逻辑，我们也可以认为清代是灾害少发期和高发期交替进行。

民国时期或许较为特殊，因为该时期自然灾害发生的平均频次远远高于其他历史阶段，亦即它始终处于灾害高发期，尤其是自民国二十一年（1932 年）至民国三十二年（1943 年），持续十二年的干旱也是千年不遇的重大自然灾害。而且，该时期多种自然灾害集中在一年暴发的现象也远比其他历史阶段明显，如民国五年（1916 年）便同时发生干旱和地震、民国九年（1920 年）同时发生风暴和地震，民国十一年（1922 年）和民国十三年（1924 年）都是同时发生干旱和洪涝，民国十五年（1926 年）又同时发生干旱和冰雹，民国十七年（1928 年）甚至同时发生干旱、洪涝、冰雹、风暴、地震五种自然灾害。

其二，不同阶段灾害的构成状况有较大差异。虽然从总体上说，各个历史阶段都有干旱、洪涝、冰雹、霜冻、风暴等灾害的发生，但各类灾害的发生次数不一，不同阶段的主要灾害也不尽相同。从统计资料可以看出，两汉时期灾害的构成为：干旱 3 次、地震 3 次、冰雹 1 次、风暴 2 次、虫鼠害 2 次，其中干旱、地震最多，位列第一；魏晋南北朝时期灾害的构成为：地震 7 次、虫鼠害 3 次、风暴 2 次、干旱 2 次、洪涝 1 次，地震变得最为频繁，高居第一，并首次出现洪涝灾害；唐五代灾害构成为：虫鼠害 6 次、地震 2 次、霜冻 1 次，该时期灾害总数最少，可能与唐五代时期黑河流域的温暖气候有关，但虫鼠害升居第一位；宋元时期灾害构成为：干旱 13 次、地震 5 次、洪涝 3 次、风暴 2 次、虫鼠害 2 次、冰雹 2 次、霜冻 1 次，与以往只是出现部分灾害不同，各类灾害在该时期均有发生，而且干旱多达 13 次，几乎占了灾害总数的一半，地震和洪涝则分别位居第二、第三位；明朝的灾害构成为：地震 22 次、干旱 9 次、冰雹 3 次、风暴 3 次、虫鼠害 2 次、洪涝 1 次，与魏晋南北朝时期相同，该时期地震也是最为频繁，干旱反倒变得次要；清朝的灾害构成为：干旱 19 次、洪涝 15 次、地震 9 次、冰雹 8 次、风暴 8 次、虫鼠害 4 次、霜冻 2 次，就灾害总数而言，清代的各类灾害发生的次数最多，这表明黑河流域气候条件、生态环境相对恶劣，其中干旱发生次数最多，再次成为威胁该地区的重要自然灾害；中华民国的灾害构成为：干旱 18 次、冰雹 9 次、地震 9 次、风暴 6 次、洪涝 5 次、霜冻 1 次，该时期的灾害总数仍较清代以前为多，其中干旱依然最为频繁。可见，不同历史阶段占主导地位的灾害构成是不同的，但干旱、地震总体上都比较频繁，甚至有时占到灾害总数的一半，是威胁该地区的重要自然灾害。

其三，同一种灾害往往出现连续多年发生的情况。如元世祖至元二十五年（1288 年）九月至至元二十七年（1290 年）三月，连续三年出现干旱；元武宗至大元年（1308 年）五月至元武宗至大四年（1311 年）七月，四年内连续发生四次地震；明世宗嘉靖三十九年（1560 年）七月至嘉靖四十一年（1562 年）十月，三年内连续发生三次地震；明神宗万历十八年（1590 年）六月至万历二十年（1592 年）十二月，再次在三年内出现三次地震；中华民国二十一年（1932 年）至三十二年（1943 年），竟然连续十二年发生干旱。

附表   历史时期黑河流域自然灾害分布表

时代	具体年份	灾害种类						
		干旱	洪涝	冰雹	霜冻	风暴	虫鼠害	地震
两汉	汉武帝太初元年（前104年）夏						▲	
	汉昭帝始元元年（前86年）四月					▲		
	汉哀帝元寿二年（前1年）秋						▲	
	汉光武帝建武二年（26年）	▲						
	汉安帝永初元年（107年）春					▲		
	汉安帝延光元年（122年）四月			▲				
	汉顺帝汉安元年（142年）	▲						
	汉顺帝汉安二年（143年）	▲						▲
	汉顺帝建康元年（144年）							▲
	汉灵帝光和三年（180年）七月至次年春							▲
魏晋南北朝	魏明帝青龙三年（235年）七月		▲					
	晋惠帝永康元年（300年）十一月					▲		
	晋惠帝永兴元年（304年）五月						▲	
	晋愍帝建兴四年（316年）七月						▲	
	晋穆帝永和三年（347年）							▲
	晋废帝太和四年（369年）	▲						
	晋安帝隆安元年至三年（397—399年）							▲
	晋安帝义熙元年（405年）					▲		▲
	晋安帝义熙四年（408年）春三月辛丑							▲
	晋安帝义熙六年（410年）							▲
	南朝宋顺帝昇明二年（478年）夏						▲	
	北魏孝文帝太和二十年（496年）六月	▲						
	北魏宣武帝景明四年（503年）							▲
	南朝梁武帝大同十年（544年）冬十一月							▲
唐五代	唐高宗永徽元年（650年）夏						▲	
	唐高宗永淳元年（682年）闰七月						▲	
	唐玄宗开元十四年（726年）四月				▲			
	唐肃宗至德元年（756年）十一月							▲
	唐德宗贞元二年（786年）夏						▲	
	唐宣宗大中三年（849年）十月							▲
	后晋高祖天福四年（939年）七月						▲	
	后晋高祖天福六年（941年）七月						▲	
	后晋高祖天福七年（942年）七月						▲	
宋元	宋太祖乾德二年（964年）六月						▲	
	宋孝宗乾道七年（1171年）	▲						
	宋孝宗淳熙三年（1176年）七月	▲					▲	
	宋理宗宝庆二年（1226年）三月	▲						

续表

时代	具体年份	灾害种类						
		干旱	洪涝	冰雹	霜冻	风暴	虫鼠害	地震
宋元	宋理宗景定元年（1260年）	▲				▲		
	宋理宗景定三年（1262年）五月	▲						
	宋度宗咸淳二年（1266年）五月	▲						
	元世祖至元二十三年（1286年）	▲						
	元世祖至元二十五年（1288年）九月	▲						
	元世祖至元二十六年（1289年）	▲						
	元世祖至元二十七年（1290年）三月	▲						
	元世祖至元三十年（1293）六月	▲						
	元成宗大德四年（1300年）秋七月癸未							▲
	元武宗至大元年（1308年）五月	▲						▲
	元武宗至大二年（1309年）夏							▲
	元武宗至大三年（1310年）							▲
	元武宗至大四年（1311年）七月					▲		▲
	元仁宗延祐六年（1319年）六月			▲				
	元英宗至治二年（1322年）	▲						
	元英宗至治三年（1323年）七月		▲					
	元泰定帝泰定元年（1324年）		▲					
	元泰定帝泰定二年（1325年）六月		▲					
	元文宗至顺三年（1332年）五月			▲	▲			
明	明仁宗洪熙元年（1425年）夏	▲						
	明英宗正统元年（1436年）	▲						
	明代宗景泰四年（1453年）	▲						
	明英宗天顺元年（1457年）	▲						
	明宪宗成化十三年（1477年）四月初一日							▲
	明孝宗弘治元年（1488年）八月十二日							▲
	明孝宗弘治八年（1495年）七月			▲				
	明孝宗弘治九年（1496年）四月							▲
	明孝宗弘治十五年（1502年）六月							▲
	明武宗正德二年（1507年）三月							▲
	明武宗正德三年（1508年）	▲						
	明武宗正德五年（1510年）			▲				
	明武宗正德十三年（1518年）八月							▲
	明武宗正德十四年（1519年）	▲		▲				
	明武宗正德十五年（1520年）春夏	▲						
	明武宗正德十六年（1521年）十二月						▲	
	明世宗嘉靖二年（1523年）四月							▲

续表

时代	具体年份	灾害种类						
		干旱	洪涝	冰雹	霜冻	风暴	虫鼠害	地震
明	明世宗嘉靖十三年（1534年）						▲	
	明世宗嘉靖十七年（1538年）	▲						
	明世宗嘉靖十九年（1540年）四月初九日							▲
	明世宗嘉靖二十六年（1547年）七月					▲		
	明世宗嘉靖二十七年（1548年）							▲
	明世宗嘉靖三十三年（1554年）二月							▲
	明世宗嘉靖三十五年（1556年）十一月初二日							▲
	明世宗嘉靖三十九年（1560年）七月							▲
	明世宗嘉靖四十年（1561年）二月							▲
	明世宗嘉靖四十一年（1562年）十月							▲
	明世宗嘉靖四十五年（1566年）十月十四日							▲
	明神宗万历十八年（1590年）六月							▲
	明神宗万历十九年（1591年）十月							▲
	明神宗万历二十年（1592年）十二月							▲
	明神宗万历三十二年（1604年）五到六月		▲					
	明神宗万历三十六年（1608年）正月					▲		
	明神宗万历三十七年（1609年）六月							▲
	明神宗万历四十六年（1618年）六月二十九日							▲
	明思宗崇祯七年（1634年）12月							▲
	明思宗崇祯十四年（1641年）	▲					▲	▲
清	清世祖顺治元年（1644年）		▲					
	清世祖顺治十一年（1654年）	▲						
	清圣祖康熙四年（1665年）	▲						
	清圣祖康熙二十九年（1690年）	▲						
	清圣祖康熙三十八年（1699年）秋							▲
	清圣祖康熙五十二年（1713年）	▲						
	清世宗雍正七年（1729年）	▲						
	清世宗雍正十三年（1735年）	▲	▲					
	清高宗乾隆三年（1738年）		▲					
	清高宗乾隆四年（1739年）			▲				
	清高宗乾隆十七年（1752年）	▲		▲				
	清高宗乾隆十八年（1753年）七月					▲		
	清高宗乾隆二十一年（1756年）		▲					
	清高宗乾隆二十三年（1758年）	▲	▲					
	清高宗乾隆二十四年（1759年）		▲					
	清高宗乾隆三十三年（1768年）	▲						

续表

时代	具体年份	灾害种类						
		干旱	洪涝	冰雹	霜冻	风暴	虫鼠害	地震
清	清高宗乾隆三十六年（1771年）		▲					
	清高宗乾隆四十年（1775年）	▲	▲					
	清高宗乾隆五十年（1785年）三月初十日							▲
	清仁宗嘉庆六年（1801年）夏、秋	▲						
	清仁宗嘉庆七年（1802年）	▲						
	清仁宗嘉庆二十五年（1820年）春正月初五日							▲
	清宣宗道光三年（1823年）			▲				
	清宣宗道光六年（1826年）五月					▲		
	清宣宗道光十八年（1838年）	▲						
	清宣宗道光三十年（1850年）	▲						
	清文宗咸丰二年（1852年）五月					▲		
	清文宗咸丰七年（1857年）春					▲		
	清穆宗同治五年（1866年）						▲	
	清穆宗同治七年（1868年）	▲						
	清穆宗同治九年（1870年）八月							▲
	清穆宗同治十三年（1874年）						▲	
	清德宗光绪三年（1877年）	▲		▲			▲	
	清德宗光绪五年（1879年）夏季		▲					▲
	清德宗光绪十年（1884年）七月初四日			▲				
	清德宗光绪十一年（1885年）秋七月		▲		▲			
	清德宗光绪十二年（1886年）			▲		▲		
	清德宗光绪十三年（1887年）七月			▲				
	清德宗光绪十四年（1888年）							▲
	清德宗光绪十六年（1890年）六月二十三日		▲	▲				
	清德宗光绪十八年（1892年）	▲	▲					
	清德宗光绪二十年（1894年）二月二十七日					▲		
	清德宗光绪二十二年（1896年）十二月初四							▲
	清德宗光绪二十七年（1901年）秋七月初四		▲					
	清德宗光绪二十八年（1902年）十月初九日							▲
	清德宗光绪二十九年（1903年）		▲					
	清德宗光绪三十年（1904年）六月		▲		▲	▲		▲
	清德宗光绪三十三年（1907年）五月						▲	
	清宣统元年（1909年）	▲						
	清宣统二年（1910年）	▲				▲		
中华民国	民国二年（1913年）十二月							▲
	民国五年（1916年）	▲						▲

续表

时代	具体年份	灾害种类						
		干旱	洪涝	冰雹	霜冻	风暴	虫鼠害	地震
中华民国	民国六年（1917 年）							▲
	民国九年（1920 年）					▲		▲①
	民国十年（1921 年）		▲					▲
	民国十一年（1922 年）	▲	▲					
	民国十三年（1924 年）	▲	▲					
	民国十四年（1925 年）	▲						
	民国十五年（1926 年）	▲		▲				
	民国十六年（1927 年）					▲		▲
	民国十七年（1928 年）	▲	▲	▲		▲		▲
	民国十八年（1929 年）	▲		▲				
	民国十九年（1930 年）					▲		
	民国二十一年（1932 年）	▲						▲
	民国二十二年（1933 年）	▲						▲
	民国二十三年（1934 年）	▲		▲		▲		
	民国二十四年（1935 年）	▲		▲	▲			
	民国二十五年（1936 年）	▲		▲				
	民国二十六年（1937 年）	▲						
	民国二十八年（1939 年）	▲		▲				
	民国三十年（1941 年）	▲		▲				
	民国三十一年（1942 年）	▲	▲			▲		
	民国三十二年（1943 年）	▲						
	民国三十四年（1945 年）			▲				
	民国三十六年（1947 年）	▲						

注：表格中"▲"表示有灾害发生，并且一个"▲"代表发生一次灾害。

说明：本文原载《敦煌学辑刊》2018 年第 4 期，本次修订增加了附录内容。

---

① 1920 年 12 月 16 日晚 6 点海源大地震，8.5 级，波及张掖，震约 5 分钟，次早 3 点有略震。午后黄沙黑风甚暴，昼晦，约 1 小时，门环作响。扶彝 12 月 16 日晚 7 时地大震，地裂开，出黑水，震倒房屋村庄；死 900 余人，压死牲畜 6000 余头，倒房屋 2/10，以后小震数次。高台地震轻微，震约数分钟，熟睡人未觉。

灾害社会学视域下的清至民国大黑河流域性用水纠纷研究

穆　俊

（廊坊师范学院社会发展学院）

在社会学领域中，灾害是指由自然的或社会的原因造成的妨碍人的生存和社会发展的社会事件。灾害可分为如下两种类型：一是自然灾害；二是人为灾害。其中，人为灾害又分为技术性灾害和社会冲突两种类型。①灾害社会学是运用社会学理论与方法，研究灾害整个过程中所发生的社会现象与社会行为。在这一定义范畴内，强调了灾害背景、过程、结果的人为性与社会性，其研究主线是人、灾害和人的发展以及三者之间的相互关系。因此，灾害社会学研究，从人出发，并归宿于人，这里人的存在形式有三种情形，即个体、组织和社会。

用水纠纷是社会冲突的一种，是灾害社会学关心的对象，属于人为灾害。用水冲突从产生、发展直至结束，都与人的社会行为密切相关，这里的"人"包括个体、组织、社会三个层面。然而，有的学者认为："在古代，经济上小生产的孤立与分散，社会组织程度的低度化，使得灾害中的社会性内容比较低，灾害主要在个人和家庭层次上表现出来，灾害中的社会性内容也就相对地弱得多。"②然而，笔者通过翻检史料发现，恰恰相反，历史上的用水冲突问题，具有较为明显的人为性和社会性。

关于历史时期的用水纠纷问题，众多学者进行过有益的探讨，熊元斌是较早涉足该领域研究的学者，他对清代浙江地区水利纠纷的研究表明：清代浙江地区的农村，起因于经济利益侵占或维护的争水问题特别严重，以致水利纠纷不断，地方绅衿势力在解决农村水利纠纷活动中起到重要作用，在事实上，成了地方社会和经济生活的实际支配力量。③王培华对清代黑河、石羊河流域纠纷的个案考察表明，水利纷争是清代河西走廊的主要社会问题之一，并对争水矛盾的分类、原因、影响进行了探讨。④肖启荣对明清时期汉水下游泗港、大泽口、小泽口的"开塞之争"进行了研究，发现地方社会对水利纷争的控制权经历了由官绅、上层绅士向下层绅士与民众转移的过程，解决纷争的途径

作者简介：穆俊，女，博士，廊坊师范学院社会发展学院历史系人文教育专业教研室主任，主要研究方向为历史地理学、水利史。

① 梁茂春：《灾害社会学》，广州：暨南大学出版社，2012年，第26页。

② 王子平：《灾害社会学》，长沙：湖南人民出版社，1998年，第7页。

③ 熊元斌：《清代浙江地区水利纠纷及其解决的办法》，《中国农史》1988年第3期。

④ 王培华：《清代河西走廊的水利纷争及其原因——黑河、石羊河流域水利纠纷的个案考察》，《清史研究》2004年第2期。

也相应由官僚集团内部协商的方式走向暴力的自治行动。①张俊峰通过明清以来晋水流域大量水案为线索，探讨了国家与地方社会各方力量在乡村水权控制与争夺过程中的互动关系，提出了晋水流域以水为中心的社会运行模式。②他以明清时期介休洪山泉为个案，通过对争水传说、水案、水利型经济、源神信仰和治水问题的分析，揭示洪山泉域社会发展变迁的基本规律和总体特征。③以上多是北方缺水区水利纠纷的研究，那么李嘎对清前中期北方丰水区——山东小清河中游水利纷争与地域社会的研究，再一次拓宽了历史地理学、中国水利社会史的研究视野，他提出："要最终构建系统完整的'中国水利社会史'，就必须考虑中国的区域差异性，在现有的基础上，继续深入开展更多的区域实证研究，将是一条不容回避的必由之路"④。此外，近年完成的有关水利纠纷的博士学位论文对本文也有借鉴意义，这里就不一一罗列了。⑤

　　这些探讨绝大多数是以水利社会史的视角，解读用水冲突反映的社会问题，忽视了用水冲突作为一种社会现象，其中个体、组织、社会的行为和用水冲突的社会性功能。因此，笔者以清至民国时期⑥大黑河流域用水冲突为例，尝试从灾害社会学视角，解析历史时期用水冲突（纠纷）的社会因素与社会功能。

一、清至民国时期大黑河流域性用水冲突产生的背景

　　清至民国时期，在土默特地区，大黑河独一无二的水资源优势、流域农业人口数量的增长、土地开垦规模的扩大、水资源的开发利用、村落的形成以及土默特地区蒙汉二元水权结构，导致大黑河流域性用水纠纷的发生发展。

（一）独一无二的水资源优势

　　大黑河是黄河中游左侧一级支流，发源于今内蒙古自治区乌兰察布市卓资县以东的大青山山地，从东北向西南，沿山麓至呼和浩特市郊区美岱村出山口，流向土默川，于托克托县的河口镇汇入黄河，全长 235.9 千米，流域面积 17 673 平方千米，其干流在二十家子村以上为上游、二十家子村—东湾为中游、东湾—河口为下游，流域范围涉及今内蒙古自治区乌兰察布市的卓资县、凉城县、察哈尔右翼中旗、察哈尔右翼后旗，呼和浩特市赛罕区、土默特左旗、托克托县、武川县、和林格尔县，包头市土默特右旗。

---

① 肖启荣：《明清时期汉水下游泗港、大小泽口水利纷争的个案研究——水利环境变化中地域集团之行为》，《中国历史地理论丛》2008 年第 4 辑。
② 张俊峰：《明清以来晋水流域之水案与乡村社会》，《中国社会经济史研究》2003 年第 2 期。
③ 张俊峰：《明清时期介休水案与"泉域社会"分析》，《中国社会经济史研究》2006 年第 1 期。
④ 李嘎：《"罔恤邻封"：北方丰水区的水利纷争与地域社会——以清前中期山东小清河中游沿线为例》，《中国社会经济史研究》2011 年第 4 期。
⑤ 主要有肖启荣：《明清时期汉水中下游的水利与社会》，复旦大学 2008 年博士学位论文；王红：《明清两湖平原水事纠纷研究》，武汉大学 2010 年博士学位论文；费先梅：《清代豫西地区水纠纷解决机制研究》，郑州大学 2013 年博士学位论文。
⑥ 研究下限为 1938 年。

大黑河属于北方典型的多沙性河流，其径流主要来自降雨，大部分为洪水，6—9月占全年径流量的60%—70%，其美岱段多年平均含沙量为51.8千克/立方米，年输沙量2500多万吨。这些泥沙除部分输送黄河外，大多沉积在土默川上。又因其流域内的土壤多为黑土与黄土，水色也随之泛黑，"后世因水色纯黑，与黄河水别，且出北方，故俗名黑河耳"①。康熙时期诗人徐兰途经大黑河时，曾作诗《雨阻黑河》，诗中开头便描述了大黑河河水浑浊的情况："天地有此河，黑流独浇浇。"②受大黑河冲积作用，土默川"黑河附近皆黑色壤土"，土质胶黏，"膏腴异常"③。据今人的土壤研究表明，大黑河的冲积土壤极富营养，"有机质含量高达2%—4%，含氮0.1%—0.2%，而盐分极低，仅0.1%—0.2%，所以大黑河水适于引洪淤灌和改良土壤"④。而从这一时期开始，大黑河孕育了土默川农业并使之持续发展，康熙二十七年（1688年），张鹏翮出使俄罗斯途经土默川，就看到不少村落已是一派农区的景象。⑤依托大黑河的水资源优势，康熙时期土默特川就已是内蒙古最重要的农业经济区之一，故民间早有"水满黑河，土默特川粮多"的说法。而且这种优势是独一无二的，"绥东则与绥西⑥大异其趣，仅黑河一道，其名较著……今（绥远）省垣先农坛碑记，有康熙三十三年民始出口耕种之说可证也，其范围即今归（绥）、萨（拉齐）、和（林格尔）、托（克托）、清（水河）各县地，除黑河一水外，再无较大河流可资引用"⑦。

（二）流域农业人口数量的增长

清至民国，土默特地区农业人口的增长，主要包括四部分，第一部分是直接增长的农业人口，这包括早期移入的汉族农业人口和农耕化的土默特蒙古人；第二部分是新移入的汉族农业人口；第三部分是早期移入的汉族农业人口的后代在本区的人口自然增长；第四部分是汉族农业人口与农耕化的土默特蒙古人联姻的后人。关于蒙民汉化问题，雍正十一年（1733年），"自张家口至山西杀虎口，沿边千里，窑民与土默特人咸业耕种，北路军粮岁取给于此，内地无挽输之劳"⑧。雍正以后，随着农业垦殖的不断深入，至清末，土默特地区已成为农耕区，区内绝大多数蒙古人彻底放弃牧业生产，成

---

① 咸丰《归绥识略》卷5《山川》，绥远通志馆：《绥远通志稿》附册，呼和浩特：内蒙古人民出版社，2007年，第36页。

② 咸丰《归绥识略》卷32《诗词下》，绥远通志馆：《绥远通志稿》附册，呼和浩特：内蒙古人民出版社，2007年，第381页。

③ 民国《绥远通志稿》卷7《土质》，绥远通志馆：《绥远通志稿》第1册，呼和浩特：内蒙古人民出版社，2007年，第498页。

④ 孙金铸：《河套平原自然条件及其改造》，呼和浩特：内蒙古人民出版社，1978年，第95页。

⑤ （清）张鹏翮：《奉使俄罗斯纪程》，《丛书集成新编》第97册，台北：新文丰出版公司，1985年，第100页。

⑥ 民国时期，在绥远地区范围内，以包头为界，以东简称绥东，以西简称绥西。

⑦ 民国《绥远通志稿》卷40上《水利》，绥远通志馆：《绥远通志稿》第5册，呼和浩特：内蒙古人民出版社，2007年，第593页。

⑧ （清）方观承：《从军杂记》，（清）王锡祺：《小方壶斋舆地丛钞》第二帙，上海：著易堂，1891年铅印本，第1页。

为地地道道的农业人口。

在两三百年间，整个蒙古牧地被农业民族经济势力所侵蚀，竟构成三个不同方式的生产范畴：（1）纯农区；（2）半农半牧区；（3）纯牧区。

纯农区，这种区域中的生产方式，是以农为主、以牧为从的，过去人烟稀疏，牛羊成群的地方，现在已是闾阎稠密，鸡鸣树颠了。过去是一片广袤无涯的平原，现在已是田园毗连，禾麦油油了。如土默特旗、伊克昭盟（今鄂尔多斯市）都有一大部分的蒙古人，转变了传统的游牧生活，而成为"有事南亩"的农民了。①

清末，土默特地区到底有多少蒙古人，囿于资料限制，我们无从统计，然当时的有识之士，已经意识到这一问题的存在："蒙古户口，或谓有四百五十万，然出于臆算，非确数也。盖其人民皆逐水草而居，转徙无常，莫从调查耳。按蒙古未尝无核计户口之政，每三岁则一编，册送理藩院。然所登者惟十八岁至六十岁之壮丁。若老疾则无之，故亦不足为据。"②

清代，刚开始民人在口外垦荒，多为春去秋归的"雁行"模式，这些人也因此被称为"雁行人"。康熙以后，随着土默特地区土地开垦，大量移民进入该区。无论是私垦，还是政府招垦而迁到口外的农民，绝大多数是汉人，而汉人又是移民的主要群体。因此，可以通过考察清代该区的移民数量，从侧面反映研究区农业人口的增加状况。王卫东的移民数据，是其对清至民国土默特地区地方志中的人口记录和1953年的人口数据进行统计后，再运用统计学逆推方法得出的。虽然受史料限制，从时间连续性上看有所缺憾，但对本文研究而言，已经是最理想的研究成果。通过推算，估计清宣统三年（1911年）土默特地区的人口已超过100万人，有清一代迁入该地区的汉族移民及其后裔不少于80万人。③

（三）土地开垦规模的扩大与水资源的开发利用

土默特地区的土地开垦可以追溯至汉代，明末俺答汗在此地兴建板升，垦田种地：

> 先是吕老祖与其党李自馨、刘四等归俺答，而赵全又率潇恶民赵宗山、穆教清、张永宝、孙天福及张从库、王道儿者二十八人悉往从之，互相延引，党众至数千，虏割板升地，家焉。自是之后，亡命者窟板升，开云田丰州地万顷，连村数百，驱华人耕田输粟反资虏用，所居为城郭宫室，极壮丽……④

明末清初的战乱，中断了土默特地区的农业发展。清以后，随着汉民的不断涌

① 贺扬灵：《察绥蒙民经济的解剖》，上海：商务印书馆，1935年，第27页。
② 光绪《蒙古志》卷1《气候》，台北：成文出版社，1968年，第137—138页。
③ 王卫东：《融会与建构：1648—1937年绥远地区移民与社会变迁研究》，上海：华东师范大学出版社，2007年，第36—40页。
④ （明）瞿九思：《万历武功录》卷8中《俺答汗列传下》，《续修四库全书》编纂委员会：《续修四库全书》第436册，上海：上海古籍出版社，2002年，第452页。

入，土默特地区的土地通过私垦与官垦的方式呈逐年扩大趋势，至民国初年，"其地尽行开辟"①。

土默特地区属于温带半干旱气候区，农业耕作方式为旱作农业。在温带半干旱地区，绝大部分地区的光热资源能够满足旱作农业的要求，而能使旱作农业存在和维持的另一个气候基本要求是年降水量≥400毫米。②土默特地区除大青山以北外，降水量大都超过400毫米，尚可维持小规模的雨育农业。③清初，雁行人即采取这种方式，"种植旱田，专恃天时，以为丰歉而已"④。然而，受东亚季风影响，土默特地区年降水量变率大，具有连旱年概率高的气候特点，严重影响旱作农业的稳定性。因此，为了保证农业生产，在降水不能满足农作物所需水量时，发展灌溉农业成为补充降水量不足的一个重要的人工措施。从前面土默特地区自然地理环境概述已知，该区地表径流补给主要来自降雨，且又集中在雨季几次洪水，但因该区年际与年内降水量变率大，使得河流径流量年际与年内变化也较大，导致该区具有干旱水文地质特征，除较大河流常年有水外，沟水大多为季节性或干河床。清至民国，由于土默特地区水利技术条件有限，当地民众缺乏调蓄补枯的水利建设手段，这种水文特性使得河流水资源利用保证性极差。这一自然状况加之人口增长，使得清至民国该区人口密集区的水资源日渐紧张。为了自身的生存发展或保障各自用水需求，大黑河流域百姓在开渠引水过程中，不时产生摩擦，引发用水纠纷。

（四）村落的形成

清代，土默特地区耕地面积扩大、农业人口增多，为村落的形成奠定了基础。田宓对清代土默特地区村落形成过程的研究认为，康雍乾时期，在该区土地大规模开发的背景下，村落的形成不但包括移民村落（简称民村），还包括蒙古村落，但民村与蒙古村的形成是两种不同的情况。民人定居、民村形成与"土地租佃"关联尤深，分为两种情况："（1）民人租佃官放土地，其后定居，形成村落；（2）民人租种蒙古土地，逐渐定居，进而成村。蒙古村的形成，是在蒙古人自身定居化趋势，加上民人到来的刺激，最终使大量蒙古人的居住固定下来。从时间上来看，几乎与民人村落大量形成的同时，蒙古村落逐渐多了起来，大致在乾隆年间，村落在土默特地区就已成为十分常见的聚落形态。"⑤

清至民国时期，土默特地区耕地面积的扩大，农业人口的增长与村落的形成，以及

① 陈玉甲：《绥蒙辑要》，甘肃省古籍文献整理编译中心：《中国华北文献丛书》第1辑第50卷，北京：学苑出版社，2012年，第183页。
② 满志敏：《中国历史时期气候变化研究》，济南：山东教育出版社，2009年，第354页。
③ 赵济主编：《中国自然地理》，北京：高等教育出版社，2005年，第277页。
④ 民国《绥远通志稿》卷40上《水利》，绥远通志馆：《绥远通志稿》第5册，呼和浩特：内蒙古人民出版社，2007年，第593页。
⑤ 田宓：《清代归化城土默特地区的土地开发与村落的形成》，《民族研究》2012年第6期。

土默特蒙古人生产方式由游牧业转变为定居农业，这些都表明该区农业生产得到发展。同时，村落形成以后，随着时间推移，蒙汉民族交往日益加深，最终形成蒙汉杂居的局面："土默特旗区域内，蒙汉杂居已久，双方畛域早泯。且在此区域内，因汉户之增多，业已分设七县，除包头、武川、托克托三县，尚有其他旗地外，余归绥、萨拉齐、和林格尔、清水河四县，则全在该区内。而该旗人民则亦散居各县，融合一体，其与省关系已打成一片，而无可为分。"①村的称谓，依据规模大小与形成时间，也有差别。清初，"少数大村名之曰镇，饬概称之为村，又称庄者，村之别名也"。迨后新开各地，"间有名乡者，亦与村同，且少数也"②。

（五）土默特地区蒙汉二元水权结构

康熙以前，由于土默特地区尚未被大规模开垦，土地占有权归属国家，水资源的占有权也归国家。在国家占有权之下，旗地上的水资源与草场一样，属于公有性质。康熙、雍正至乾隆初年，土地被逐渐开垦，因灌地用水，水权才逐渐明确起来。在旗地上开渠用水，必须得到官方认可，经官方勘验是否有碍其他人使用水资源，方可开渠使水："边外各厅改制以来，与口内州县无异，所辖境内，设有水利可兴，修筑建坝，先须呈明该管本府，亲诣勘验，有无妨碍，可否修建，再行饬遵办理。"③

然而，在实际水资源使用过程中，由于蒙古人在土地与水资源方面占有优势，使得蒙古人在与汉人日常交往的社会关系中，也处于优势地位。汉人若想用水灌溉，除了偷用外，只得向蒙古人租用或购买，形成了土默特地区独有的蒙汉二元水权结构，也引发了双方之间的用水纠纷。乾隆三十九年（1774年），旗务衙门户司在处理萨拉齐厅巴颜察罕村蒙古人厄察尔与果咸营村民张范相争噶鲁迪沟水渠岸一案时，提出："惟山沟之水，系土默特地分之利，理合由各该村蒙古人众做主，报为由官裁决办理之，而且无利于蒙古、民人等。嗣后，民人等如有偷水灌田者，为蒙古等告发，则即将偷水灌田之民人从重治罪。"④

清至民国时期，随着土默特地区农业人口数量的增加、土地开垦规模的不断扩大，大黑河流域村庄林立，为了开渠引水，大黑河上下游流域村庄用水纠纷不断发生。

二、清代大黑河流域性用水冲突

康熙年间，清廷为应对西北战事，征用大黑河下游土默特旗土地，作为官粮地，并

---

① 廖兆骏：《绥远志略》，南京：正中书局，1937年，第57页。
② 民国《绥远通志稿》卷61上《自治》，绥远通志馆：《绥远通志稿》第8册，呼和浩特：内蒙古人民出版社，2007年，第56页。
③ 民国《绥远通志稿》卷40下《水利》，绥远通志馆：《绥远通志稿》第5册，呼和浩特：内蒙古人民出版社，2007年，第851页。
④ 《巴颜察罕村与果咸营等村相争渠案呈文》乾隆三十九年十一月二十七日，土默特左旗档案馆，全宗80，目录33，第210件。

将该区土地分划九区，招民认种，名为"善里九旗四村"。四村是指善岱、里素、召上、安民四村。由于以上四村所种之地皆向绥远城驻防八旗及火营旗交纳军粮，故称为善里九旗四村。此四村土地就河引用大、小黑河水，土质肥沃，每亩纳米一升七合二勺，以济军饷。时驻归化城的安北将军费扬古，主持开辟渠道，即"将军渠"，四村土地粮食产量，得以上升，每亩共加升粮四升二合。①

善里九旗四村，托克托城厅什力邓、南园子、城墙、白塔儿四村，因为争用大黑河水，发生了跨行政区的大黑河下游流域性的用水纠纷，并引发命案。什力邓村《聚义社公碑》，对此次纠纷经过进行了记载。此碑正面刊刻了道光二十年（1840年）用水纠纷发生的原因、经过，以及什力邓、南园子、城墙、白塔儿四村分水章程；碑阴刊刻的是官府谕令，其内容为归、萨、托三厅十村的分水章程，以及对违反章程的处罚规定。

道光二十年（1840年）五月，春旱无雨，托克托城厅什力邓、南园子、城墙、白塔儿四村欲重修南园村古渠引灌大黑河水，渠道整修后，水刚入地，下游萨拉齐厅所属九旗四村就前来争水：

> 不料水方入地，九旗欲肆鲸吞，争夺不已，正浇之间，九旗纠合许多凶徒一直到坝放水，看坝人俱退缩不前。惟有杜公讳福玉者，见危授命，急忙别坝，意欲解释其争。孰料凶徒举兵动刃，不幸取杜某性命，伤坏坝上。②

萨拉齐厅所属四村与托克托城厅所属四村发生械斗，托克托城厅所属四村看坝人杜福玉被九旗四村所雇凶徒打死，发生命案。于是，托克托城厅所属蒙民四村与萨拉齐厅所属九旗地户相互控诉于归绥道衙门。此案由于涉及大黑河下游流域归化城、萨拉齐、托克托城三厅蒙、汉十村，属于跨行政区的流域性用水纠纷，归绥道宪命归化城、萨拉齐、托克托城三厅蒙古民事府会审。然而，由于此案跨行政区，又牵涉蒙、汉村水资源使用权的问题，延宕至道光二十三年（1843年），凶罪才得以确定，"死尸领回，水分断结"③。根据归绥道宪饬谕，三厅十村的分水章程如下：

> 每年自九月初一日起，铁帽儿（尔）村先使水浇地五天。放水初六日起萨属抗（寒）盖九旗地安、民、善岱等三处，共使水三十九天，即行放坝。铁帽儿（尔）村摊使水八日完毕，再令托属南园子、白塔尔（儿）、城墙、什力邓四村使水，浇完放坝，股具备结在案。诚恐不法之徒，并不遵照断定日期使水，以及另（别）村

---

① 民国《绥远通志稿》卷40下《水利》，绥远通志馆：《绥远通志稿》第5册，呼和浩特：内蒙古人民出版社，2007年，第814页。

② （日）今堀诚二：《中国封建社会の構造——その歴史と革命前夜の現実》，东京：日本学术振兴会，1978年，第766页。

③ （日）今堀诚二：《中国封建社会の構造——その歴史と革命前夜の現実》，东京：日本学术振兴会，1978年，第766页。

另行拦河打坝，致滋讼端，除详明道宪外，合丞令行出示晓谕，为此示该村地户人等知悉，自示之后均遵照断定日期使水。如敢致违，或别村另行拦河打坝，经察（查）出或被告发，定行从重治罪，决不姑宽，各宜凛（禀）遵毋违。特示。①

由于水流就下，分水章程遵循先上后下的轮用方式，同时为保障用水秩序，禁止轮浇日期外的他村打坝拦河。托克托城厅所属南园子、白塔尔、城墙、什力邓四村，又以打坝整渠按七股二厘摊钱，以水分换取上游归化城厅忻州营村地基，在河内截水打坝。四村湿地摊钱，每年以用水湿地之数为准。托克托城厅所属蒙民四村使水上轮下至、周而复始。另外，托克托城厅所属四村为旌表杜福玉在用水纠纷中的牺牲精神，特分杜姓家人四天水分。②

大黑河下游流域性用水纠纷，不但地跨归、萨、托厅三地，还涉及蒙汉水权问题，牵扯甚广，非一基层组织或一厅官所能解决，所以必须借助更上一级的行政力量，统一筹划流域性的分水章程，上升到制度层面。这是大黑河流域性水利规章制定的开端。

三、民国时期大黑河流域性用水冲突

经过有清一代的开发建设，至绥远省成立时，已经"人齿日繁，荒地日辟，用水量顿增"③。大黑河出山口后，中下游流经归绥县、萨拉齐县、托克托县，沿途村庄经常出现用水纠纷，归绥县东黑河村上下各地水尚敷用，自归绥县西甲浪营、讨尔号村下，萨拉齐、托克托两县沿岸各村，因上游平口用水，到达下游，水不敷用，经常因争水发生械斗。1928 年，绥远省政府成立大黑河水利公会，由于没有统一的大黑河流域性水利法规，依然不能制止归绥、萨拉齐、托克托三县大黑河沿岸各村用水纠纷的发生，如每年春秋水期内，归绥县朱堡尔村打坝截水，械斗聚讼，尤为剧烈。鉴于此，1931年，绥远省建设厅、民政厅，召集大黑河沿岸归绥、萨拉齐、托克托三县各村代表，商议制定大黑河水利法规，并取消原有大黑河各渠水利公会。归绥县西甲浪营、讨尔号村以上大黑河沿岸各村因水足用，依旧日习惯用水。④西甲浪营、讨尔号村以下大黑河沿岸各村，依照《归（绥）、萨（拉齐）、托（克托）三县四十四乡引用黑河浇水章程》⑤和《管理归（绥）、萨（拉齐）、托（克托）三县四十四乡引用黑河浇水章程》⑥引灌

---

① （日）今堀诚二：《中国封建社會の構造——その歷史と革命前夜の現実》，东京：日本学术振兴会，1978 年，第 777 页。

② （日）今堀诚二：《中国封建社會の構造——その歷史と革命前夜の現実》，东京：日本学术振兴会，1978 年，第 766 页。

③ 韩炳蔚：《调查大黑河原委及灌溉现状》，《绥远建设季刊》1929 年第 1 期，第 12 页。

④ 民国《绥远通志稿》卷 40 下《水利》，绥远通志馆：《绥远通志稿》第 5 册，呼和浩特：内蒙古人民出版社，2007 年，第 815～817 页。

⑤ 民国《归绥县志》，台北：成文出版社，1968 年，第 169 页。

⑥ 民国《归绥县志》，台北：成文出版社，1968 年，第 172 页。

大黑河水与管理用水。这两个章程对三县大黑河沿岸各村沿河筑坝、引水秩序做出了具体规定。

（一）筑坝

在大黑河河身上筑坝截水，往往造成下游用水不够，易引起沿河上下游村庄之间的用水纠纷。因此，绥远省建设厅对沿河各村在河内筑坝的数量、地点、规模都做出细致的规定。大黑河内共筑坝十三道，《归（绥）、萨（拉齐）、托（克托）三县四十四乡引用黑河浇水章程》第三条规定："河内应筑之坝，归绥县上游，计讨尔号乡一道，西甲浪营筑坝一道，王庄、赵家庄在西王庄筑坝一道，张家庄、苏家庄、前朱堡乡、阿力拜店上乡、阿力拜乡、东厂克在张庄筑坝一道，三两庄、西厂克乡、忻州营乡在三两庄筑坝一道；归绥县下游，南什轴乡、鸡蛋板申乡、黑河乡、塔布子乡、两施格气乡、恼木汗乡、铁帽乡，每乡筑坝一道。萨、托两县十三乡仍在北园子乡筑坝一道。自此规定之后，不得随意筑坝，如有不遵，即行送交该管县政府，从严惩办。"

《归（绥）、萨（拉齐）、托（克托）三县四十四乡引用黑河浇水章程》与《管理归（绥）、萨（拉齐）、托（克托）三县四十四乡引用黑河浇水章程》，对坝的兴筑与拆毁也有时间规定。例如，关于兴筑时间，《归（绥）、萨（拉齐）、托（克托）三县四十四乡引用黑河浇水章程》第四条规定："各乡应筑之坝，用水时必须事先半个月筑竣。"又《管理归（绥）、萨（拉齐）、托（克托）三县四十四乡引用黑河浇水章程》第四条规定："春水应筑之坝必须于上年地土将冻之时筑成，其筑成之坝，应另修退水渠以资宣泄。"关于拆毁时间，《管理归（绥）、萨（拉齐）、托（克托）三县四十四乡引用黑河浇水章程》第六条规定："如遇夏令，山洪暴发时所有黑河上下游归绥县各乡之坝，暨北园子乡之坝均应及时拆毁，使水下流入于黄河以免溃决淹没之虞。"

（二）用水秩序

1. 分水

据《管理归（绥）、萨（拉齐）、托（克托）三县四十四乡引用黑河浇水章程》第三条规定浇水分为五段："第一段为归绥县西北两圈九乡，第二段由归绥县上游讨尔号乡起至北园子乡，第三段由托克托县白塔尔乡起至口肯板申乡，第四段由萨拉齐县寒盖乡起至善岱乡，第五段由归绥县下游南什轴乡起至铁帽尔乡。"《归（绥）、萨（拉齐）、托（克托）三县四十四乡引用黑河浇水章程》第二条，进一步对这五段分水轮次及用水日期进行详细规定，分甲、乙两项。甲项是分水轮次，规定："每年分春、热、秋、冬四水。春水自惊蛰日起，热水自芒种前二日起，秋水自秋分前三日起，冬水自冬至日起至惊蛰前一日止。"乙项是用水日期，每年春水92天、热水107天、秋水95天、冬水74天，归绥、萨拉齐、托克托三县沿河各乡村，四季用水天数分配也有明确规定，参见表1。

表 1　归绥、萨拉齐、托克托 3 个县沿河各乡村四季用水分配表

属县	用水村庄	水期（天）			
		春水	夏水	秋水	冬水
归绥县	讨尔号乡	7	5	3	为归绥、萨拉齐、托克托 3 个县 44 个乡公用之水，由冬至起至惊蛰前 1 日止，平口任水入河，但在消冰时，各乡用本段渠内消冰之水，以免争执
	西甲浪营乡	3	2	1	
	浑津桥乡	1	1	1	
	西王庄乡	3	2	2	
	赵家庄乡	3	2	2	
	张家庄乡	3	3	2	
	苏家庄乡	2	1	1	
	前朱堡乡	4	5	2	
	阿力拜店上乡	3	2	1	
	阿力拜乡	3	2	1	
	三两庄乡	7	1	5	
	东、西厂克乡				
	忻州营乡	1	1	1	
	北园子乡	—	1	3	
	南什轴乡	5	2	—	
	鸡蛋板申乡	5	2	—	
	黑河乡	7	3	—	
	塔布子乡	7	5	—	
	两施格气乡[①]	6	3	—	
	恼木汗乡	9	4	—	
	铁帽尔乡	13	6	—	
托克托县	白塔尔乡	—	1	2	
	南园子乡	—	2	4	
	东湾乡	—	1	3	
	什力邓乡	—	4	8	
	一间房乡	—	2	4	
	黑蓝圪力更乡	—	2	3	
	乃莫板申乡	—	2	5	
	口肯板申乡	—	2	5	
萨拉齐县	寒盖乡	—	4	7	
	安民乡	—	2	3	
	里素乡	—	6	11	
	召上乡	—	3	4	
	善岱乡	—	5	10	

注：（1）每年春、秋水先由归绥县上游起点计；（2）每年夏水先由归绥县西北圈永顺渠兴旺庄、贾家营、田家营、西地、郭家营、姚府、西庄、大黑河、桃花板 9 个乡引用 10 日（查该 9 个乡系混圈种地，由永顺渠引水不能按各村分配日期，再此 10 日水期，系由归绥上游匀给 9 日，托克托县乃莫板申暨口肯板申匀给 1 日，合并声明）；（3）每年夏水期内，引水顺序是先归绥县永顺渠 9 个乡引用，接着是表 1 中归绥县讨尔号至北园子 15 个乡引用，然后依次为托克托县 8 个乡、萨拉齐县 5 个乡，最后由表 1 中归绥县南什轴至铁帽尔 8 个乡引用；（4）查热水萨拉齐、托克托两县在归绥县北园子乡筑坝，在应分 40 日夏水期内，应少浇 3 日，让北园子乡引用；（5）秋水另余 1 日，因萨拉齐、托克托大坝相距九旗地 60 里之远，旧有河漕太深，用水须将河漕灌满，方能浇地，故留此 1 日为流灌河漕之期

① 两施格气，即民国归绥县第四区大、小雨丝（施）格气，参见民国《绥远通志稿》第 1 册，呼和浩特：内蒙古人民出版社，第 237 页。

2. 水量与接水

为了保证用水量，绥远省将三县沿河引水灌渠数量固化。《归（绥）、萨（拉齐）、托（克托）三县四十四乡引用黑河浇水章程》第八条规定："归（绥）、萨（拉齐）、托（克托）三县四十四乡引用黑河，应以原有渠道浇用，不得再开新渠。"接水主要针对坝与坝之间的灌区而言，为了上下坝之间渠道的用水秩序，《管理归（绥）、萨（拉齐）、托（克托）三县四十四乡引用黑河浇水章程》第五条规定："各乡浇用春、热、秋三水，如第一坝按照规定日期浇完，即由第二坝接用，所有第一坝灌域境内各支渠即须堵闭，第三坝接水按照第二坝办法，依次类推。"

（三）管理

1. 监察人员的设立

为了维持大黑河沿岸四十四乡用水秩序，四十四乡从管理员中推举监察员，监督用水，《管理归（绥）、萨（拉齐）、托（克托）三县四十四乡引用黑河浇水章程》第二条规定："管理之法应由四十四乡，每乡推举管理员一人，管理本乡境内浇水事宜。"每段监察员的人数，《管理归（绥）、萨（拉齐）、托（克托）三县四十四乡引用黑河浇水章程》第四条规定："第一段九乡管理员九人中推选监察员二人，监察该段应分热水十天时期浇水；第二段十五乡管理员十五人中推举监察员二人，监察该段应分春水四十天，热水三十三天，秋水二十五天时期浇水；第三段八乡管理员八人中推举监察员二人，监察该段应分热水十六天，秋水三十四天时期浇水；第四段五乡管理员五人中推举监察员一人，监察该段应分热水二十天，秋水三十六天时期浇水；第五段七乡管理员七人中推举监察员二人，监察该段应分春水五十二天，热水二十五天时期浇水。"《归（绥）、萨（拉齐）、托（克托）三县四十四乡引用黑河浇水章程》第十至十三条对监察员的选举、任期、活动经费来源作出规定：

> 第十条，每年推举监察员，应报由各该县政府呈请建设厅、民政厅备案。
> 第十一条，监察员不能监察时得另推举之。
> 第十二条，监察员任期一年，但得连举联任。
> 第十三条，监察员日需旅费应由本段内各乡公摊，但每日至多不得过五角，以免糜费。

2. 监察人员的职责

监察人员除了监察每段水期浇水时间，还负责接水、浇水过程的监督，《归（绥）、萨（拉齐）、托（克托）三县四十四乡引用黑河浇水章程》第五至七条规定：

> 第五条，监察员按照浇水章程所定每段每次浇完后，应会同接水监察员，放坝

接水。

　　第六条，监察员浇水时期，应常川在渠，按照浇水章程监察。

　　第七条，每次放坝接水，应由双方监察员督饬将坝底柴木取净，以免淤澄，如有违背，应由接水者负责赔修。

3. 法律责任

用水之人如有违反浇水章程，在法律上，需负刑事责任，《归（绥）、萨（拉齐）、托（克托）三县四十四乡引用黑河浇水章程》第九条规定："各乡浇水应受监察员之指导，如有违背暨械斗情事，即以破坏水利论，应由该管县政府传拘送交地方法院，按以刑事犯严刑惩办。"监察员监管不力，也要负法律责任，《归（绥）、萨（拉齐）、托（克托）三县四十四乡引用黑河浇水章程》第十四条规定："监察员在渠办事，如有徇隐、受贿暨不按浇水章程办理得严惩之。"

《归（绥）、萨（拉齐）、托（克托）三县四十四乡引用黑河浇水章程》和《管理归（绥）、萨（拉齐）、托（克托）三县四十四乡引用黑河浇水章程》，这两部大黑河流域性水利法规，虽然不能完全制止大黑河沿岸村庄间的用水纠纷[①]，却为中华人民共和国成立后大黑河流域水利法规的制定奠定了基础。1954年，土默特旗人民政府颁布《土默特旗大小黑河渠道试行章程》《大黑河第一、二、三、四段渠道联合使水制度》。1955年，土默特旗人民政府又颁布了《大小黑河渠道使水试行章程（补充规定）》《土默特旗大小黑河各段使水制度（补充制度）》。在这些章程、制度中，《归（绥）、萨（拉齐）、托（克托）三县四十四乡引用黑河浇水章程》与《管理归（绥）、萨（拉齐）、托（克托）三县四十四乡引用黑河浇水章程》的"春夏秋冬"浇水轮次与"分段管理"模式得到了很好的运用，为新的大黑河流域性用水章程的制定提供了宝贵的经验。[②]

四、结语

从灾害社会学的角度考察清至民国时期大黑河流域性用水纠纷，可以发现整个事件的社会经济因素起主导作用。首先，从用水纠纷起因看，大黑河的自然本体特征对用水纠纷的产生是次位，流域农业人口数量的增长、土地的大规模开垦、村落的形成、水资源的开发利用以及蒙汉二元水权结构等社会因素起主导作用。其次，从用水纠纷的过程与解决机制看，"人"存在的三种形态"个体、组织、社会"都在其中起到作用，从个人而言，杜福玉命案成为用水纠纷明面化的导火索。托克托城厅所属蒙民四村与萨拉齐厅所属九旗地户村落是用水纠纷的主体社会组织，而官府作为行政组织对用水纠纷的解决起了主导作用。大黑河上下游用水纠纷和流域社会的关系有着两个基本方面，一方

---

① 1933—1934年，因争水，归绥县大黑河民丰渠渠闸冲毁。参见《大黑河测量队报告勘测大黑河下游今昔情形暨修治意见》，《绥远建设季刊》1935年第22期。

② 金保年主编：《呼和浩特市郊区水利志》，呼和浩特：内蒙古人民出版社，2002年，第529—546页。

面，用水纠纷的产生发展破坏了流域社会的稳定；另一方面，流域社会也在用水纠纷中经历了锤炼，从原来的无序用水，走向有序用水，甚至依法用水，道光时期的分水章程、民国时期的《归（绥）、萨（拉齐）、托（克托）三县四十四乡引用黑河浇水章程》和《管理归（绥）、萨（拉齐）、托（克托）三县四十四乡引用黑河浇水章程》即为证明，促使大黑河流域用水走向法治化。

论民国时期世界红卍字会构建公信力的举措及效果

王 林

（山东师范大学历史文化学院）

　　慈善组织的公信力是指慈善组织通过制度建设和能力建设，塑造自己的信用品质，从而赢得公众信任的能力。由于慈善组织是主要依靠募集社会资金而从事救济活动，故是否具有公信力，就直接关系着慈善组织的生死存亡。世界红卍字会是民国时期著名的宗教慈善组织，总会设于北京，分会遍及全国及海外。该会起自民间，其经费主要依靠会员捐助和募捐，慈善活动涉及灾荒赈济、战争救济、日常救济等诸多领域，慈善业绩突出，具有良好的社会声誉和公信力。本文拟从宗旨与使命、制度建设、合法性、社会评价等几个方面，对其建构公信力的举措和效果进行论述，以期为当今慈善组织公信力的建设提供历史借鉴。①

一、确立宗旨与使命

　　世界红卍字会的创立和发展与道院有密切的关系。1921年道院在济南设立，其组织宗旨和内部结构是"合五统六"，即合基、释、道、回、儒为一体，尊奉至圣先天老祖和五教教主，内设统院（综枢机）、坐院（指内功）、坛院（示乩训）、经院（藏经典）、宣院（阐道旨介修人）、慈院（励外行）。②道院最初由慈院办理各项善举，如设小学校、贷济处、残废院以及施药、施医等事，范围较小，后因兵灾迭起，水旱频仍，救济赈恤范围扩大，于是道院创立世界红卍字会专办慈善，普救灾民。③

　　世界红卍字会并不是一个单一的实体组织，而是由世界红卍字会中华总会和各地分支会组成的一个组织体系。世界红卍字会中华总会自1922年在北京成立后，迅速推广到各地，至1936年底各省县商埠分支会共有317处，并于朝鲜、新加坡等处推设分会。④

　　基金项目：本文是国家社会科学基金"中国近代灾害信息传递与灾害治理研究"（项目编号：21BZS015）的阶段性成果。

　　作者简介：王林，男，1966年生，山东师范大学历史文化学院教授、博士生导师。

① 目前有关世界红卍字会的研究成果主要有高鹏程的《红卍字会及其社会救助事业研究（1922—1949）》（合肥工业大学出版社，2011年）、《近代红十字会与红卍字会比较研究》（合肥工业大学出版社，2015年），李光伟的《世界红卍字会及其慈善事业研究》（合肥工业大学出版社，2017年）等。本文专论世界红卍字会构建公信力的举措及效果。

② 侯素爽：《道院览要》，1932年，第7页。

③ 《世界红卍字会慈业工作报告书》，上海市档案馆，档案号：Q120-4-2。

④ 世界红卍字会：《世界红卍字会中华总会一览》，1936年。

世界红卍字会的宗旨是促进世界和平，救济灾患。世界红卍字会所说的"灾患"有两层含义：第一是指水火刀兵疫疠等有形的灾患，凡灾患波及之处，人人感到痛苦，此时必发慈悲之心，尽力救济，以解除其痛苦；第二是人心不古、道德沦丧，因之奸诈倍出，隐忧潜伏，此为无形之灾患，必思预防之化度之。①而且，有形之灾患来自无形之灾患，"大凡灾劫之生，由人心所造，人心不平，其气不和，不和之气即为厉气，厉气所结，即成灾劫。故欲挽救灾劫，必先习坐，使人人心平气和，则清灵所聚，已生之灾劫，可以化重为轻，未生之灾劫，亦可以弭化于无形之中"②。故世界红卍字会以救济灾患为目的，道慈合一，既通过修道消除无形之灾患，又通过行慈减轻有形之灾患。

世界红卍字会的工作有永久与临时之分。永久慈业如卍字学校、医院、育婴堂、孤儿院、恤养院、残废院、印刷所、施诊所、施药所、防疫所、施棺所、因利局、恤嫠妇局、恤产局、平粜局、贫民工厂、粥厂等。临时慈业则分救济事项与赈济事项。遇有水旱疫疠等天灾发生，则组织赈济队从事赈施；倘逢兵燹等人患骤起，则组织救济队前往救护。其经费则由会内同人自由捐助，遇水旱兵燹大灾患发生时，用款繁多，或有时向外劝募。③

世界红卍字会将自己定位为"纯粹慈善团体"，所有会员均系道院中人。④对于外界认为其含有宗教意味，它并不否认，而只是强调："但不特立一宗，不拘于一教，将融会各宗教之真理，而有取夫万有同具之道德性根为其主宰。本此道德精神，发而为慈善事业，则内外一致，物我俱忘，故不分种族，不涉党派，不谈政治，为卍字会精神之所寄。"⑤

世界红卍字会这种道慈合一的特征，一方面使它带有明显的宗教色彩；另一方面，又使它成为一个有信仰的慈善组织，具有极强的凝聚力和向心力，其会员均以立道修身为内功，行慈救济为外功，注重道德修养和自我约束，具有强烈的使命感，在救济活动中，不辞辛苦，尽心尽力。1935 年，济南道院在获得重新立案后，曾致函各地县政府云："同人等自设立世界红卍字会后，十余年来，努力于救灾济人之工作。虽无若何之成绩，而同人等认定宗旨，始终奋勉，其所以能如此者，卍会虽为行慈而设，同人等平素之修养实以道旨为根据，洞明道旨，故能有财者尽其财，有力者尽其力，视为本分，应做之事，不待督促。若慈不根于道，仅凭一时之意气，则如无源之水，后难为继。"⑥实践证明，植根于道德的慈善事业确有巨大的能量。世界红卍字会自 1922 年成立至 1936 年，15 年以来，共募集捐款 210 多万元，其中 9/10 出自各会会员，其余则由会外

---

① 《世界红卍字会宗旨》，上海市档案馆，档案号：Q120-4-143。
② 世界红卍字会青岛分会：《道慈问答》，第 5 页。
③ 《卍会缘起》，《卍字月刊》1938 年第 1 期。
④ 《世界红卍字会慈业工作报告书》，上海市档案馆，档案号：Q120-4-2。
⑤ 《世界红卍字会宣言》，无出版时间，第 4 页。
⑥ 《道院立案文件汇录》，1935 年，第 14 页。

自愿捐入，从未向外劝募。①正因为有明确的宗旨和使命，故世界红卍字会除通过各种活动提升会员的道德修养外，还非常重视制度建设和组织自律，以便为公信力的生成和提高创造条件。

二、重视制度建设

慈善组织的制度建设是指慈善组织通过制定完备的规章制度，建立合理的内部治理结构，形成有效的运行机制。制度建设使慈善组织有法可依、有章可循，是慈善组织构建公信力的制度保障。

（一）制定完备的章程和规章

世界红卍字会自成立伊始，就制定了《世界红卍字会大纲》和《世界红卍字会中华总会施行细则》。《世界红卍字会大纲》简明扼要，只有9条，包括定名、宗旨、会址、组织、经费、会员、慈业、会期、细则。②而《世界红卍字会中华总会施行细则》则极为详细，共9章、76条，包括总则、会员、组织、经费、慈业、会期、分会、奖励及惩罚、附则，对世界红卍字会的宗旨、会员种类、组织结构、经费来源、所办事业、会议会期、分会组成及其与总会的关系、会员的奖励和惩罚、大纲及细目修改事宜都进行了详细规定，是当时慈善组织中条文最多、内容最详尽的章程。③

世界红卍字会为救济灾民，往往组织救济队，设立临时医院和收容所，为此也制定了相关章程。《世界红卍字会救济队简章》共20条，对救济队的宗旨、组成、机构、队员职责都有详细的规定。《世界红卍字会临时医院简章》10条和《世界红卍字会临时难民收容所简章》10条，分别对临时医院和收容所的设立和管理进行规定。④

1934年，世界红卍字会为重新立案，又制定了《世界红卍字会中华总会章程》和《世界红卍字会分会章程》。⑤前者仍为76条，但将原来的会长制改为董事会制，并增加了诸多接受政府监督的条款；后者共8章、52条，专门为各地分会制定，内容也极为详细。各地分会也依据分会章程制定本会章程，如《世界红卍字会四明分会章程》共8章、52条，完全依照分会章程而制定。⑥但有些分会章程比较简单，如《世界红卍字会徐州分会简章》（1936年制定），不分章，只有23条。⑦

世界红卍字会有些分会还设有附属机构，这些机构也制定有详细的章程。如世界红卍字会烟台分会设有恤养院，为此专门制定了《恤养院简章》，共4章、40条，对董事

① 《世界红卍字会中华总会一览》，1936年。
② 《世界红卍字会大纲及施行细目附临时医院救济队难民收容所简章》，无出版时间，第3—4页。
③ 《世界红卍字会大纲及施行细目附临时医院救济队难民收容所简章》，无出版时间，第5—16页。
④ 《世界红卍字会大纲及施行细目附临时医院救济队难民收容所简章》，无出版时间，第17—24页。
⑤ 《世界红卍字会中华总会章程》《世界红卍字会分会章程》，上海市档案馆，档案号：Q120-4-2。
⑥ 《世界红卍字会四明分会章程》，《正俗杂志》1937年第7—8期。
⑦ 《世界红卍字会徐州分会简章》，《内务公报》1937年第1期。

会、孤儿部、婴儿部、嫠妇部都有详细的规定。①《世界红卍字会牟平分会永久慈业各项章则》共 8 章，除总则和附则外，其余各章分别对董事会、恤产局、恤嫠局、因利局、育婴局、施诊所的组成和管理进行了详细的规定。②

除世界红卍字会中华总会和各地分会及附属机构都有详细的章程外，世界红卍字会总会和分会还有很多规章制度，如对会员的各项管理规则、财务管理和会计规程等。这些规章制度的制定，充分说明了世界红卍字会非常重视制度建设，各项事业均有章可依、有法可循。完备的章程和规章是慈善组织独立和自治的前提，也是慈善组织建立完善的内部治理结构的制度保障，对保障组织正常运行，防止贪污腐败，提高慈善业绩，构建公信力具有决定性的意义。世界红卍字会制定的详细章程和各项规章制度，为公信力建设创造了有利的制度环境。

（二）严格的会员管理

世界红卍字会实行会员制，对入会有严格的标准，对会员的日常行为有严格的管理。会员会费和捐助是红卍字会最主要的经费来源，会员的勤奋工作是红卍字会发展壮大的力量源泉，会员的一言一行、一举一动更直接关系到红卍字会的社会声誉和公信力。

世界红卍字会非常重视对会员的管理，主要包括两个方面：一是道德要求；二是纪律约束。世界红卍字会以修道为先，其成员必是道院修方，故对成员在道德上有较高要求。红卍字会会员要时刻省过诚意，谨守十诫和十则。十诫是指诫不伦、诫不德、诫不善、诫不义、诫不慈、诫隐善、诫残害、诫诡秘、诫嫉侮、诫轻亵。③十则内容主要有慈为道用，道为慈基；救济宗旨，大道为公；不偏不倚，至平至中；当仁不让，本道励慈；一文一金，不得轻动；倘有违机，鉴察惟神，等等。④这些戒则既是红卍字会对会员的道德要求，也是红卍字会会员日常行为的道德自律。

除道德要求外，世界红卍字会还制定各类规章，从外部规范会员的行为。如《世界红卍字会中华总会施行细目》规定："各会会员对于会务异常出力著有特别劳绩者，其由本会呈请分别奖励；各会会员如有受刑事处分或其行为有违背本会章程者，本会得除去其会员资格；各会会员如假借本会名义有不法行为者，得由本会宣布除名，依法起诉。"⑤世界红卍字会每遇战争灾害，必组织救济队。《世界红卍字会救济队简章》规定："各队员均本救世度人宗旨，激发天良，实行救济，无论何方受伤军民，均一体救济，无分畛域；各队员无论何人不得妄谈军事或漏泄双方军情，违者由各该员自负应得之咎，本会绝不徇庇；本会救济队各员如有不守道德、不尽职务或有不法行为等事，本

---

① 《世界红卍字会烟台分会附设恤养院简章》，《卍字月刊》1938 年第 3 期。
② 《世界红卍字会牟平分会庚午辛未报告书》，第 28—37 页。
③ 侯素爽：《道院览要》，1932 年，第 15 页。
④ 《十则》，高鹏程：《红卍字会及其社会救助事业研究》，合肥：合肥工业大学出版社，2011 年，第 163 页。
⑤ 《世界红卍字会大纲及施行细目附临时医院救济队难民收容所简章》，无出版时间，第 16 页。

会分别轻重予以相当处罚；本会救济队各员异常出力著有特别劳绩者，由本会分别奖励之，如因救济而致死亡者，本会应分别褒扬抚恤之。"①

世界红卍字会的纪律约束主要是通过奖惩来实现，其依据是："人心至不齐也，修候至不同也，以不齐之人心，不同之修候，若无纲纪以维系之，其不轶出轨道越乎范围者，未之有也，若是则本会惩奖规则之研讨为不可缓矣。"②而且，奖惩与道院暨红卍字会的事业发展有密切的关系，道慈事业之能否发展，在于章则之能否实行。"惩罚虽为章则之一部分，其效率则可纠正一切，使散漫者整齐，纷乱者条理，各守其职，各安其分，循序而进，不以私而害公，不以怠而忽职，然后乃可运化无形，施于有形。"③再有，奖惩与修功也有密切的关系。世界红卍字会将会员分为上士、中士、下士三类，上士能做到"不赏而勤，不罚而肃，不求而得，不禁而止"；中士能做到"知惩罚之可畏，而能力改前非，潜心向善。"下士则"一经惩罚而能悔改。"④由此可见奖惩对中士、下士的修功有重大关系。

世界红卍字会的奖惩规则主要有三类：一是关于世界红卍字会全体职员的奖励与惩罚；二是关于救济队之奖罚；三是关于训练队员之奖惩。《世界红卍字会奖惩规则》规定："奖励种类有五，分别是名誉奖励、晋职、增贴、奖金、记功；惩罚种类有五，分别是记过、扣贴、退职、开除会员资格、诉请依法究办。"由于救济队的行动关系赈救之功过，灾胞之生死，外界之毁誉，其奖惩规则之施行，尤为重要。《世界红卍字会救济队奖惩规则》规定奖励款目分为五类：特别奖励、名誉奖品、奖金、犒品、记功；惩罚款目也分五类：记过、扣贴、退职、开除会员资格、诉请依法究办。应奖励之事实包括（1）救济时以身作则，才财并尽，功行特著者；（2）救济时独立捐助财物合值千元以上或劳绩卓著者；（3）救济时异常勤劳者；（4）救济时寻常出力者；（5）救济期间一事或一时办理适当者。应惩罚之事实包括：（1）违背章则或不服队长指挥者；（2）救济时怠忽职责者；（3）救济时滥用职权、假公济私者；（4）救济时有逾规行动损及队誉者；（5）救济时行为不端触犯国法者。《世界红卍字会救济队奖惩规则》还规定："记功三次为一大功，记过三次为一大过，个人功过得平均抵消。《救济队奖惩规则》除救济队使用外，其他如收容所、治疗所、临时医院、赈济队，以及于赈救组织以内之各职员均得援用之。"⑤

以上奖惩规则只是一般性规定，世界红卍字会在具体救济活动中往往还会制定更详细、更有针对性的规则。由于救济队要亲赴战地实施救济，环境艰苦，危险性大，而且与红卍字会声誉关系最为密切，故世界红卍字会对救济队队员的要求就更高。以世界红卍字会第五联合救济队为例，该队组建时，就制定了诸多严格规定。在征收队员方面，

① 《世界红卍字会大纲及施行细目附临时医院救济队难民收容所简章》，无出版时间，第17—21页。
② 江乾六：《惩奖规则讲义》，上海档案馆，档案号：Q120-4-143。
③ 江乾六：《惩奖规则讲义》，上海档案馆，档案号：Q120-4-143。
④ 江乾六：《惩奖规则讲义》，上海档案馆，档案号：Q120-4-143。
⑤ 《世界红卍字会奖惩规则》，《世界红卍字会救济队奖惩规则》，上海档案馆，档案号：Q120-4-143。

要求队员必须具备以下条件方为合格："已经入会，品行纯洁，文理清顺，世事通达，身体健全，五官端正，言语清晰，耳目聪明，无一切嗜好，自发志愿为道慈服务，不作其他营谋，须有所在地院会盖章证明及负责掌监二人保介。"可见标准之高，审查之严，并非自愿者就能成为队员。救济队对队员的行为举止也做出具体的要求："队员须一律着用制服，不得更换便衣。无论在何地，均须仪容庄重，不苟言笑，而行为尤须加意检束，不得自失修范贻笑外人，因关系风纪与卍誉者均极重大。"如队员违反纪律，均按章严肃处理："队员如有违反本队一切规则及有败坏道慈或失修范之行为者，分别轻重，予以记过或开除；其情节重大者，须函知原求修院会追经除籍及追还徽章，注销会员资格。"①

民国时期，慈善组织普遍实行会员制。会员对慈善组织的发展具有决定性的意义，其表现在以下四个方面：第一，会员会费和捐助是慈善组织最重要的经费来源，世界红卍字会就是最典型的例子；第二，会员是慈善组织开展救济活动最主要的依靠力量；第三，会员的社会资源是慈善组织与政府及其他组织沟通和联系的资本；第四，会员的言行举止直接关系到组织的声誉，是培育组织公信力最直接、最关键的因素。会员的良好表现会提高组织的公信力，反之，会员的不端行为会极大地破坏组织的公信力，甚至一名会员的劣行就会使组织多年培育的公信力毁于一旦。世界红卍字会从修德自律和纪律约束两个方面加强对会员的管理，通过奖惩手段使会员遵德守纪，尽心尽力地奉行组织宗旨，履行组织使命，共同打造组织的公信力，其成效非常显著，其经验值得借鉴。

三、信息公开

慈善组织公信力的生成与信息公开关系最为密切，而财务公开又是信息公开最核心的内容。世界红卍字会在财务公开方面制度完善、法规健全、内容详尽，在民国慈善组织中堪称典范。

世界红卍字会中华总会及各分会有严格的财务管理制度。《世界红卍字会中华总会施行细则》规定："本会事务所分六部，即总务部、储计部、防灾部、救济部、慈业部、交际部。其中储计部专门负责财务管理，内部又分四股。审核股，凡总分各会一切收支款项账目均得审核之；保管股，凡动产不动产及一切设施物品均属之；司纳股，凡一切收入款项均属之；司付股，凡一切支出款项均属之。"另外，《世界红卍字会中华总会施行细则》还规定："本会收捐概以盖用图记经会长副会长署名编号之收据为凭。本会收据分为三联式，一交纳捐者，一交会长，一交储计部。本会所收现款以外之物品，均由会长提付常会议决后处分之。本会经常预算及临时预算应由储计部会同各部编制，经会长提交常会议决行之，其有仓猝事故发生需款甚急不及预算者，由各该主管部速定

---

① 《世界红卍字会第五联合救济队队员临时章程及应守规则》，李光伟：《世界红卍字会及其慈善事业研究》，合肥：合肥工业大学出版社，2017年，第90页。

办法，经会长认可后执行，俟常会开会时提交追认之。本会决算应由会长提付常会议决，报告大会，登报通告。"①1934年申请立案时提交的《世界红卍字会中华总会章程》，基本沿用了《世界红卍字会中华总会施行细则》有关财务制度的规定，略有改动，在总务部内设立会计股，凡本会预算决算及收支款项登记账目编制表报均属之，将储计部四股合并为三股，即审核股、保管股、出纳股，其他未变。②

除严格的财务制度外，世界红卍字会还制定了极为详细的会计规程。1935年，道院制定了《道院会计规程》，对道院暨世界红卍字会的会计簿记进行统一规范，其总的原则是中西并用："账用中式，表用西式，而报告为中式，稍采西式之排列，纪念册、征信录为清楚为观瞻为新旧同化，宜中西并列。"③这份《道院会计规程》在总则中明确规定："凡道院及道院产生之机关所有会计上一切事宜均须遵照本规程办理。"④在附则中又规定："道院产生之卍会及卍会各附属机关，对于会计上一切规程均准援用本规程办理之。"⑤也就是说，世界红卍字会中华总会及分支会也必须遵照这份会计规程办理有关业务。而且，在《道院会计规程首附划一科目表式》中，还专门分出了《世界红卍字会经费科目表式类》《赈济科目表式类》《救济科目表式类》《医院科目表式类》《粥厂科目表式类》《恤养院科目表式类》《表式汇集》等，对世界红卍字会及其各附属机构的会计科目和各类表式进行了详细的规定。在《表式汇集》中又列出各类表式式样，包括《某会收支报告表》《资产负债表》《附表甲》《附表乙》《附表丙》《赈济收支报告表》《救济收支报告表》《医院收支报告表》《粥厂收支报告表》《恤养院收支报告表》《人数表》等。由此可见，世界红卍字会及其附属各机构所有的会计科目和各类表式均有统一规范的标准。完备详细的会计规程为世界红卍字会的财务管理提供技术支持，也为编制征信录或报告书提供了极大的方便，在很大程度上能避免因簿记混乱而导致的账目不清、难以稽核等问题，是世界红卍字会构建公信力的重要措施。

制定财务制度和会计规程的目的是规范财务管理，而财务管理的成效则要接受财务公开的检验，世界红卍字会在财务公开方面也有详细的规定。《世界红卍字会中华总会施行细则》第四十一条规定："本会决算应由会长提付常会议决，报告大会，登报通告。"⑥《世界红卍字会中华总会章程》第三十九条规定："本会每届月终应将一月内收支款目及办事实况公开宣布。"⑦《世界红卍字会分会章程》第三十三条也规定："本会每届年终应将一年内收支款目及办事实况编造年报，分布征信。"⑧世界红卍字会各分会在申请立案的章程中，也都有财务公开的规定，如《世界红卍字会徐州分会简章》第

---

① 《世界红卍字会大纲及施行细目附临时医院救济队难民收容所简章》，无出版时间，第8—9、12页。
② 《世界红卍字会中华总会章程》，上海市档案馆，档案号：Q120-4-2。
③ 《道院会计规程》弁言，1935年，第1页。
④ 《道院会计规程》纲要编，1935年，第1页。
⑤ 《道院会计规程》附编，1935年，第109页。
⑥ 《世界红卍字会大纲及施行细目附临时医院救济队难民收容所简章》，无出版时间，第12页。
⑦ 《世界红卍字会中华总会章程》，上海市档案馆，档案号：Q120-4-2。
⑧ 《世界红卍字会分会章程》，上海市档案馆，档案号：Q120-4-2。

十四条规定："本会经费之收入支出，依照本县公益慈善团体会计通则办理，由董事会推举负责管理人，每届年度造具报告，经董事会审查后，提交会员大会通过，报告总会，暨刊印分发各会员，并呈请主管机关备案。"①《世界红卍字会四明分会章程》第三十二条规定："本会每届年终应将一年内收支款目及办事实况编造年报，分布征信。"②

世界红卍字会财务公开的方式除登报公示外，主要是编印《征信录》和《报告书》（《报告书》与《征信录》并无本质区别，《报告书》一般是工作报告在前，征信录在后，而《征信录》主要是收支总账或细账，但从支出中亦能看出慈善业绩，以下将两者统称为《征信录》）。《征信录》是明清以来慈善组织常用的公开信息以昭信社会的文本，世界红卍字会遵循了这一传统，将编印《征信录》作为信息公开的最主要方式。从目前发现的大量世界红卍字会的《征信录》来看，世界红卍字会中华总会、各办事处及各分会编印《征信录》相当普遍。③世界红卍字会编印《征信录》的目的同样是以公开信息的方式昭信于社会，这在《征信录》序言、弁言中都有明确的说明。如《世界红卍字会上海分会丁卯年征信录》序言说："尝闻无征不信，是欲坚其信，要必有所征，理固然也。举凡办理公益慈务事业者，非有征信录不足以昭核实也明矣。如我上海红卍字分会成立以来，历年冬施衣米，夏施医药，初无若干基金，可以挹注自如，每遇慈善发生，咸由各热心善士随时乐输，集腋成裘，尽数舍施，事后登报宣明账目，涓滴不漏，昭昭在人耳目……缘时局之关系，未便显登报纸，恐触局外之忌讳，就事实之主张，刊刷征信记录，用昭个中之核实，俾助资者一目了然，而出力者劳绩卓著，庶各方均有所征，而此心乃昭其信。"④《世界红卍字会青岛分会庚午年征信录·慈务概略》云："本会一年来慈务之举办是否得当，赈款之出入是否详（翔）实，用特胪列汇结，刊印清册，以就正于明达之士，亦所以昭示大信之意也。"⑤《世界红卍字会徐州分会征信录》序云："此项征信录例应逐年分编刊印公布，乃以经济、人才两感缺乏，是以迟迟，至为遗憾。兹将三载以来经过大要，汇编此录，公诸世人，以昭大信。此后仍当按年编印，以资垂查焉。"⑥

世界红卍字会编印的《征信录》，大体可分为两类：一类是年度征信录，一年一编或数年一编。如上文提到的《世界红卍字会上海分会丁卯年征信录》《世界红卍字会青岛分会庚午年征信录》均为一年一编，《世界红卍字会徐州分会征信录》则是三年一编。另一类是事件征信录，专为某一次救济事件而编。如《赣赈总报告》、《世界红卍字会全鲁各分会联合救济总办事处救济水灾兵灾总报告》、《八一三救济征信录》（又称

① 《世界红卍字会徐州分会简章》，《内政公报》1937年第1期。
② 《世界红卍字会四明分会章程》，《正俗杂志》1937年第8期。
③ 目前在各地图书馆和档案馆藏有大量世界红卍字会的《征信录》。李光伟在《世界红卍字会及其慈善事业研究》一书中列出部分世界红卍字会《征信录》的名称，见该书第179—187页。
④ 《世界红卍字会上海分会丁卯年征信录》，序言，无出版时间。
⑤ 《世界红卍字会青岛分会庚午年征信录》，青岛市档案馆，档案号：B63-1-273。
⑥ 《世界红卍字会徐州分会征信录》序，1933年，第2页。

《世界红卍字会中华东南各会联合救济总监理部总报告》）等。年度《征信录》一般采用四柱清册（旧管、新收、开除、实存）的方式，将本年收支情况和所办事业罗列出来，其中捐款人姓名及捐款数额所占篇幅最多。如《世界红卍字会青岛分会庚午年征信录》目录依次如下：慈务概略、慈款捐助人名录、各物捐助人名录、慈款收支清册、治疗所医药费捐助人名录、治疗所收支清册、治疗所诊治病人男女数目统计表、因利局贷款总表、放临淄急赈灾民户口及赈款数目总表、放曲阜冬赈灾民户口及赈款数目总表、放聊城冬赈灾民户口及赈款数目总表。①事件《征信录》（多称《报告书》）一般分为甲乙两编，甲编为工作报告，乙编为征信录。如《赣赈总报告》，分两编：甲编为工作报告，乙编为征信录。《世界红卍字会全鲁各分会联合救济总办事处救济水灾兵灾总报告》分为三编：甲编为组织概要、乙编为救济报告、丙编为征信录。《八一三救济征信录》分为两编：甲编为工作报告，分别叙述总监理部组织、救济工作、收容工作、疏散工作、医院工作、与各善团合作事项等；乙编为征信录，包括《会计师证明书》《救济费收入支出总报告》《救济费收支总对照表》《经募各款台衔表》《愿助救济款项台衔表》《愿助物品台衔表》等。

　　20 世纪 30 年代，随着会计师职业的出现，世界红卍字会在上海的办事处也开始聘请会计师查账，出具查账证明书，并附在《征信录》中，以增强《征信录》的可信度。如《八一三救济征信录》中就附有世界红卍字会中华东南各会联合总办事处的致会计师江万平、袁璟的聘请函和会计师证明书。《聘请函》全文如下："迳启者。敝处办理八一三战事救济及各省区赈灾，承本外埠各善士团体捐助款项物品及本外埠本会各会员之赞助，所有救济事业幸告结束。惟支用浩繁，责任至重，一切账目亟应公开详查，以昭大信。用特聘请贵会计师代为审核证明，事关慈善，素仰台端热心公益，谅蒙乐于赞助也。用特函达，即希俯允，即日莅会查核为荷。此致，江万平、袁璟会计师。世界红卍字会中华东南各会联合总办事处。廿八年六月十六日。"《会计师证明书》如下："迳复者。接奉大函，委托敝会计师审核贵处八一三救济部分各种账册，业将各项账表单据审核完竣。机关科目类别分明，会计组织完备，收支数目相符。特为出具证明书。此致，世界红卍字会中华东南各会联合总办事处。会计师江万平、袁璟（签字、盖印）。中华民国二十八年六月三十日。"②由于会计师是国家法定的查账人，以查账为职业，故附有会计师查账证明书的《征信录》更就具公信力。

　　综上所述，可以看出，世界红卍字会通过编印《征信录》，将会内的各种信息特别是财务信息公布于众，其中年度《征信录》主要公布本年度收支和慈务信息，而事件《征信录》的内容则更为丰富，不仅包括工作报告和收支情况，还涉及机构设立、人员选聘、救济队组建、章则、募捐、与政府及其机构合作等信息。可以说，通过编印《征信录》，世界红卍字会将最核心的财务信息全面而详尽地呈现在公众面前。《征信录》的

---

　　① 《世界红卍字会青岛分会庚午年征信录》，青岛市档案馆，档案号：B63-1-273。

　　② 《会计师证明书》，《八一三救济征信录》乙编征信录，1939 年，第 1—2 页。

流通范围，虽然主要是在会内，但编印者必须向政府呈报审核，向大额或经常捐款者赠送，这样就传播到社会，社会各界人士都可以据此了解某地红卍字会在某一时间段内收入了多少钱，这些钱来自何方，支出了多少钱，支出在何处，支出是否合理。如果公众通过查阅《征信录》，确定世界红卍字会所募款项涓滴归公，没有挪用和贪污，是一个值得信任的慈善组织，那么就会继续捐款以示支持。这样，财务公开目的就达到了，世界红卍字会的公信力就建立起来了。

四、争取合法性

世界红卍字会自 1922 年成立后，即积极向政府申请注册立案，先后在北京政府和南京国民政府立案，成为合法的慈善组织。世界红卍字会在政府部门立案后，一方面能得到政府的保护；另一方面也需要接受政府的监督。

1922 年 10 月，世界红卍字会中华总会向北京政府申请立案，内务部第 726 号批文称："核阅该会章程，以促进世界和平、救济灾患为旨趣，尚无不合，所请立案，应予照准。"①

1926 年，世界红卍字会中华总会向北京政府内务部呈文请求备案并保护卍字标志。其文称：

> 敝会以促进和平、救济灾患为宗旨，设总会于北京，推设分会于各省，业于民国十一年十月二十八日呈奉大部七二六号批准在案。自成立以来，迄今数载，举办各种慈善事务不胜枚举，如东瀛地震及各省水旱偏灾，皆分投赈济，中外皆知。连年战事发生，又复组办救济队，拯护伤兵，收容妇孺，成绩尤为昭著，以致红卍字标识日见发扬。因思名誉既隆，而用途更宜审慎，窃恐有假借名义借便私图者，难以稽考，有损会誉不得不先事预防，以杜流弊。为此仰恳大部俯准备案并转行各省行政长官及军学工商各界并各团体，声明红卍字为敝会创用之标识，其他不得假用以免混淆而昭慎重等情。……通饬各县及各团体，一体知照。②

1928 年初，世界红卍字会南京办事处呈请南京国民政府军事委员会予以保护，得到批准。据 1928 年 2 月 13 日《申报》报道："日前该会南京办事处呈请国民政府军事委员会、中央党部、江苏省政府备案保护，当于十七年一月三十日奉国民政府第六三号批：呈悉，候令军事委员会、江苏省政府，饬属保护可也。又于一月二十八号奉军事委员会总字第一六九五号批：呈悉，候通令各地军事机关，一体遵照保护。"随后，世界红卍字会即将奉到印批刊布，通知各地分会，一体查照。③1928 年 3 月，世界红卍字会

---

① 《内务部批第七二六号》，青岛市档案馆，档案号：B63-1-76。
② 《江苏省长公署训令第五八一八号》，《江苏公报》1926 年第 4527 期。
③ 《国民政府保护红卍字会》，《申报》1928 年 2 月 13 日。

中华总会为该会分会有避处乡曲为地方民众不能明了等情事，呈请南京国民政府军事委员会给予保护。3 月 10 日，南京国民政府军事委员会批（参字第 595 号）："呈悉。准予给予保护，禁令随发。仰即知照。"①

南京国民政府由行政院内政部主管慈善团体事务，只有在内政部立案才能算是合法团体，为此，世界红卍字会中华总会会长熊希龄致函内政部要求继续立案，得到批准。1928 年 11 月 7 日，内政部致熊希龄函："前接大牍，拟组织红卍字会请继续立案等由。当经奉复一函，并转呈国民政府行政院核示在案。兹奉指令，内开呈及附件均悉。既据核明红卍字会系以救济灾患为宗旨，其章程亦无不合，即由该部准予继续立案可也。"②

1928 年 10 月，南京国民政府内政部以道院"宣传迷信，壅蔽民智，阻碍进化"为由，训令各省民政厅查封道院。③这是道院发展史上的重大顿挫，但世界红卍字会却因慈善业绩突出而得以保存。1929 年 6 月，世界红卍字会中华总会领到北平市社会局发给的登记凭照（慈字第十号）："兹据熊希龄报称于民国十一年十月在宣内西单舍饭寺地方创立世界红卍字会中华总会团体，办理慈业救济事业，恳予登记发照。饬查该团体组织合法，事实相符，为此发给登记凭照。"④1934 年 5 月，世界红卍字会中华总会又领到国民党北平特别市党务整理委员会发给《人民团体组织许可证书》（民字第 79 号）："兹据熊希龄、马文盛、封永修等申请许可组织世界红卍字会中华总会。经本会派员视察，认为合格，应准依法组织，并遵守左列事项。合给此证为凭。"⑤1934 年 11 月，世界红卍字会中华总会依照《监督慈善团体法》及其《监督慈善团体法施行规则》，对于原定纲则略有修改，呈奉北平市社会局颁发慈字第十六号立案证书，并经转知呈奉内政部批准重新立案。⑥

除世界红卍字会中华总会外，有些分会也在当地政府立案并转内政部备案，如世界红卍字会新浦分会由江苏省政府转报，于 1936 年 11 月 16 日获准在内政部备案⑦；世界红卍字会徐州分会由江苏省政府转报，于 1937 年 1 月 11 日在内政部备案⑧；世界红卍字会江阴分会由江苏省政府转报，于 1937 年 1 月 23 日在内政部备案。⑨

根据南京国民政府颁布的《监督慈善团体法》和《监督慈善团体法施行规则》，以及国民党中央制定的《社会团体组织程序》，慈善团体的设立必须先经当地国民党高级党部许可，然后到主管官署立案。慈善团体申请立案时需提供章程、职员名单、财产

---

① 《国民政府军事委员会批参字第 595 号》，青岛市档案馆，档案号：B63-1-76。
② 《行政院内政部致熊会长函》，青岛市档案馆，档案号：B63-1-76。
③ 《国民政府内政部训令》，《内政公报》1928 年第 7 期。
④ 《北平特别市社会局登记凭照》，青岛市档案馆，档案号：B63-1-76。
⑤ 《人民团体组织许可证书》，青岛市档案馆，档案号：B63-1-76。
⑥ 《总院会十二周年间道慈两务简述》，青岛市档案馆，档案号：B63-1-76。
⑦ 《内政公报》1936 年第 11 期。
⑧ 《内政公报》1937 年第 1 期。
⑨ 《内政公报》1937 年第 1 期。

目录等文件，也就是说，获准立案的慈善团体在章程、人事和财产方面都要接受政府的监督。

世界红卍字会起自民间，在北京政府时期，虽在政府立案，但由于政府权威不足，又缺乏相应的法规，政府监督无从谈起。这一时期世界红卍字会制定的《世界红卍字会大纲》及《世界红卍字会中华总会施行细目》中根本没有政府监督的条文。南京国民政府成立后，通过制定一系列法规和党规，对慈善团体建立了"党部指导、政府监督"的双重监督体系。世界红卍字会为了能在政府部门立案，也不得不将原来的《世界红卍字会中华总会施行细目》改为《世界红卍字会中华总会章程》，其改动和增加内容主要有两点：一是将会长制改为董事制，不过中华总会在致各分会的信函中则称："会长制只能对内，立案时须改董事制。"①可见，改为董事制只是为了立案的权宜之计。二是增加了多项接受政府监督的内容。如《世界红卍字会中华总会章程》第三十四条规定："本会办理募捐时应先呈请主管官署许可，并将收据捐册编号送由主管官署盖印。"第四十七条，本会对于下列各款应于每年六月及十二月呈报主管官署查核："（甲）职员之任免；（乙）职员成绩之考核；（丙）财产之总额及收支概况；（丁）会员之加入或告退；（戊）办理经过情形。"第五十四条："本会开代表大会时，应呈报本市党部及主管官署派员指导监视。"第七十三条："本会大纲及章程如有未尽事宜，悉照民法及监督慈善团体法办理之。"第七十六条："本会大纲及章程经呈主管官署核准备案施行。"②《世界红卍字会分会章程》也有类似的规定。③如《世界红卍字会江阴分会简章》第十三条规定：本会急需巨款向外募捐时，"须经董事会议决，呈请主管机关盖印核实，造册具报。"第十四条："本会经费之收入支出，每届年度造具报告，经董事会审查会员大会通过后，呈请主管机关备案。"第二十一条："本会受当地高级党部之指导暨主管官署之监督。"第二十三条："本会简章经过会员大会通过后，并呈请主管机关核准备案后施行。"④《世界红卍字会四明分会章程》第三十一条："本会办理募捐时，应先呈主管官署许可，并将捐册编号送由主管官署盖印。"第三十七条：本会对于下列各款应于每年十二月呈请主管官署查核："甲、职员之任免，乙、职员成绩之考核，丙、财产之总额及收支概况，丁、会员之加入或告退，戊、办理经过情形。"第五十二条："本章程经呈报主管官署核准备案施行。"⑤

通过以上章程可以看出，世界红卍字会立案后，其以下事项受到政府监督：一是募捐需经政府主管部门批准并在捐册上盖印；二是每半年（或一年）应将财产收支和办理事业情况呈请政府主管部门查核；三是人事任免需呈请政府主管部门查核；四是章程须经主管部门核准备案后才能施行。如此，世界红卍字会的募捐权、人事权、财产权及所

①　《世界红卍字会中华总会启》，上海市档案馆，档案号：Q120-4-4。
②　《世界红卍字会中华总会章程》，上海档案馆，档案号：Q120-4-2。
③　《世界红卍字会分会章程》，上海档案馆，档案号：Q120-4-2。
④　《世界红卍字会江阴分会简章》，《内政公报》1937年第1期。
⑤　《世界红卍字会四明分会章程》，《正俗杂志》1937年第8期。

办事业均在政府主管部门的监督之下。这种监督对红卍字会固然是一种限制，但从另一方面来看，也能通过外部监督防止骗捐、少数人擅权和贪污行为的发生，促使红卍字会加强内部管理，完善治理结构，这对提高社会声誉和公信力具有积极的意义。

五、公信力之证明

本文以上各部分内容对世界红卍字会构建公信力的各项措施进行了论述。大体说来，确立宗旨和使命、制定完备的章程和规章、严格的会员管理、规范的财务管理和及时详尽的财务公开是构建公信力的内部机制，而政府的监督则是从外部促成公信力的生成，但上述因素只是产生公信力的必要条件，最终能否产生公信力还需要经过实践来检验。

最能检验一个慈善组织公信力有无和高低的标准无疑是这个慈善组织的业绩，在这方面，世界红卍字会有卓越的表现。据 1936 年世界红卍字会中华总会统计，15 年以来，世界红卍字会总分各会在赈济水旱灾荒中，共募赈款 2 108 322.5 元，赈米 32 282 石，杂粮 150 495 石，面粉 40 744 袋，赈衣 130 187 套余，食盐 10 000 斤，赈济 7 657 995 人，资遣 484 061 人，收容 258 891 人，掩埋 3267 具。自 1924 年以来，世界红卍字会总分各会于历次兵灾中共组织救济队 132 队，救治受伤兵民 741815 名，收容妇孺 370 258 名，掩埋尸体 23 712 具。除这些临时性的慈善事业外，世界红卍字会总分各会在全国各地设立了大量的永久慈善机构，如中小学校、育婴堂、孤儿院、恤养院、医院、残废院、贷济所、恤嫠局、恤产局、平民工厂、粥厂、施诊施药所、防疫所、施棺所等。[①]世界红卍字会如此卓越的慈善成绩，竟然主要是依靠会员捐助和向社会募捐而实现的，这足以证明世界红卍字会是具有较高社会声誉和公信力的慈善组织。

除本身的慈善业绩外，政府和其他社会组织的信任程度也是评价一个慈善组织公信力高低的重要指标，世界红卍字会在这方面同样有据可证。

1925 年，五卅惨案发生后，《晨报》社组织募捐团体捐款，援助上海失业之同胞。除陆续汇往上海分交总商会、总工会、学联会各团体代为发放外，截至 1928 年 5 月 31 日，尚存捐款及利息共计 13 010.48 元，另有财政部特别流通券 73 元。1928 年 5 月 3 日，济南发生五三惨案，世界红卍字会开展募捐赈济。《晨报》社认为济案与沪案性质相同，以沪案余款移赈因济案而受损之同胞，最为适宜，故将全部余款及财政部特别流通券送交世界红卍字会，请其代为施放，并由该会登报声明，以清手续，以后施放情形，亦由该会登报，以明责任。世界红卍字会会长熊希龄在复《晨报》社函中称："敝会自当遵照贵社所嘱办法，循名核实，不负贵社团之委托也。一俟领到贵款，即行汇交敝会赴济第二次慰问赈济团，调查被难户口，支配赈款，造具清册，登报宣布仁风，而

---

① 《世界红卍字会中华总会一览》，1937 年。

昭信用。"①《晨报》募款团愿将自己募集的剩余捐款转交世界红卍字会代为施放，正是对世界红卍字会的信任，也是世界红卍字会具有较高公信力的明证。

1928 年 7 月，北伐军攻入北京，奉军退却，世界红卍字会在北京城郊一带散放急赈，均系小米红粮，灾民颇沾实惠。北京卫戍部队总司令阎锡山与战地委员会，以该会办理慈善，向称实在，故将所领之直鲁赈灾委员会赈款共 4 万元，全部拨交该会代为散放。阎锡山在致世界红卍字会电文中说："贵会为著名慈善团体，久深企仰。此次赈济北京城厢事宜，最好即由贵会担任办理，必能实惠均沾，灾民各得其所。"②据当时报纸报道："该会自领到前项款项，即赶派会中常任救济队员百余人，分赴平津一带，积极散放，所有一切开支，均由卍字会自行担任。故国民政府所拨之款，为数虽不甚多，但经卍字会之切实帮助，并以自存之赈粮贱价粜放，因之灾民所得实惠，不啻倍蓰。"③阎锡山和战地委员会将国民政府下拨的赈款交由世界红卍字会散放，同样是基于对世界红卍字会的信任。

1935 年，长江黄河流域发生大水灾。美国红十字会捐助中国国币 5 万元，由美国驻华公使詹森转交世界红卍字会中华总会。世界红卍字会中华总会在复函中云："贵国红十字会一视同仁，惠拨赈款，俾助拯救，感激莫名，而贵大使热忱协助，代为转达，尤所钦佩。敝会谨当将此项赈款，妥为分配，俾各灾区人民，得以受沾实惠，借副救灾恤邻之盛意。除已将收据三纸签交来人带上，并一面迳电贵红十字会致谢外，相应函复，并祝助安。"世界红卍字会中华总会将这笔捐款按长江黄河流域各拨二万五千元，其中黄河水灾救济拨款由济南分会支配散放，长江水灾救济拨款经研究，按灾情轻重，拨汉口一万四千元，拨湖南五千元，拨江西三千元，拨安徽二千元，拨福建一千元，并决定将赈款转交各地红卍字会散放。④美国红十字会为救济中国灾民，愿将五万元转交世界红卍字会中华总会散放，足见世界红卍字会在国际上享有较高的公信力。

再有，社会舆论也是评价一个慈善组织有无公信力的重要指标，当时的舆论对世界红卍字会均有较高的评价。如 1928 年 2 月 23 日《益世报》以《党政府保护红卍字会》为题评价道："该会为纯粹慈善团体，经费全由各地分会捐募，成绩卓著，有功社会。"⑤1932 年 12 月 12 日《华北日报》在《访问红卍字总会》一文中评价说："红卍字会自成立以来，历年在各地赈济灾黎，泽惠普及，声誉遐迩，为最有规模之慈善机关也。"⑥1933 年 3 月 27 日，《京报》以《忘身救济之红卍字会，西北联队出发多伦围场》为题，报道世界红卍字总会，连日加组救济队，设立后方伤兵医院，积极从事救护。⑦

① 《本社沪案募捐团结束启事》，《晨报》1928 年 6 月 5 日。
② 《红卍字会办赈》，《京报》1928 年 7 月 12 日。
③ 《红卍字会代办国府灾赈》，《益世报》1928 年 7 月 12 日。《红卍字会办赈》，《京报》1928 年 7 月 12 日。
④ 《美红十字会捐赈款五万元》，《申报》1935 年 8 月 31 日。
⑤ 《党政府保护红卍字会》，《益世报》1928 年 2 月 23 日。
⑥ 《访问红卍字总会》，《华北日报》1932 年 12 月 12 日。
⑦ 《忘身救济之红卍字会，西北联队出发多伦围场》，《京报》1933 年 3 月 27 日。

　　综上所述，可以认为，世界红卍字会既有生成公信力的内部与外部机制，又得到政府和国内外社会组织的信任，社会舆论也给予较高评价。故从整体上来看，抗战之前的世界红卍字会是一个慈善业绩卓著、有较高社会声誉和较高公信力的慈善组织，其建构公信力的举措对当今慈善组织公信力的建设也具有较强的借鉴意义。

明清时期今京津冀地区的城市水患面貌与防治之策

李 嘎

（山西大学中国社会史研究中心）

与区域文明的兴盛相表里，今天的京津冀地区有着十分悠久的城市发展史，不仅拥有北京这样的大古都，还有大量同样历史久远的地方城市。在水文区划上，今京津冀地区大部分处在海河、滦河的流域范围内，其中又以海河流域为主。海河乃是由潮白河、永定河、大清河、子牙河、南运河五大支流组成，各大支流又多由几条大河汇流而成，它们或发源于太行山、燕山的背风坡，源远流长；或发源于太行山、燕山的迎风坡，源短流急。不论何种类型，在以平原地貌为主、微地貌形态又十分复杂的京津冀地区，上游洪水与当地洪水相互顶托，极易产生洪涝灾害。这些洪涝灾害不仅明显地发生于乡村地区，在城市地带同样如此，该区域历史时期连篇累牍的城市水患记录很好地印证了这一点。

本文所要解决的核心问题就是复原明清时期今京津冀地区的城市水患面貌，以展示区域内城市水患的特点；在此基础上，进一步考察防治水患之策，以揭示地方社会为解决城市水患而做出的诸种努力。[①]本文是笔者从环境史角度更进一步探究该区域内城市水患问题的前期工作。

一、城市水患面貌复原

明清时期今京津冀地区的城市水患特点可以概括为"既多且重"四字。据笔者制作的《明清时期今京津冀地区城市水患大事年表》，明确记载的城市水患事件就有 669

基金项目：本文是国家社会科学基金项目"环境史视野下华北区的洪水灾害与城市水环境研究（1368—1949）"（项目编号：12CZS073）的后续研究成果。

作者简介：李嘎，山西大学中国社会史研究中心教授。

① 据笔者目见所及，尚未发现专门对今京津冀地区明清时期城市水患问题进行整体性研究的成果，个案城市的探讨则集中于北京、天津两城，主要成果有郑连第：《历史上永定河的洪水和北京城的防洪》，《科学研究论文集》第22集，北京：水利电力出版社，1985年，第186—194页；郑连第：《1890年北京大水》，《科学研究论文集》第25集，北京：水利电力出版社，1986年，第171—182页；尹均科，于德源，吴文涛：《北京历史自然灾害研究》，北京：中国环境科学出版社，1997年，第89—119、189—297页；尹均科，吴文涛：《历史上的永定河与北京》，北京：北京燕山出版社，2005年；吴文涛：《清代永定河筑堤对北京水环境的影响》，《北京社会科学》2008年第1期；蒋超，姚汉源：《明清时期天津的城市防洪堤防》，《科学研究论文集》第25集，北京：水利电力出版社，1986年，第208—217页。此外，对魏县县城与束鹿县城水患问题的研究亦值得重视，参见孟祥晓：《水患与漳卫河流域城镇的变迁——以清代魏县城为例》，《农业考古》2011年第1期；李嘎：《漳沱的挑战与景观塑造：明清束鹿县城的洪水灾难与洪涝适应性景观》，《史林》2020年第5期。

次①，不过实际次数显然大大高于这一数据，理由是：其一，有些文献明确记载某城发生了水患，但因未明确交代发生时间，故而无法编入"大事年表"，对于这种情形，笔者均未统计为城市水患事件；其二，有些文献形容某城水患"频发"或"无岁无之"等，此类记载亦无法统计出具体次数；其三，有些文献称某年某州县"全境大水"，则可能该州县城区一带亦有水患发生，但本着"宁缺毋滥"的原则，笔者并未将此类记载编入"大事年表"；其四，文献失载。另外，不少城市水患的危害程度是十分严重的，诸如堤防被冲、城墙倾圮、庐舍坍塌、民众殒命、城市为沼的情形并不罕见，有些城市甚至被迫避水迁城，原有城市的生命周期就此结束，又有城市因为受到水患的严重冲击，导致官府调整行政区划，不仅城市废为普通聚落，连同以该城为治所的政区也被并入邻近州县。凡此种种，均显示出城市水患的严重之状。

本节所采取的行文方式是以流域为纲、以重点水患城市为目，这可以较好地保证研究深度。

（一）大石河旁侧的山海关城

山海关城在水文区划上属于独流入海的大石河流域，并不在海河、滦河的流域范围内。该城依山傍海，山、海之间的距离仅 10 余里，形势极其险要，历来为兵家必争之地。明洪武十四年（1381 年）于此设山海卫，洪武十五年十二月己丑（1383 年 1 月 18 日）始筑城垣，"周一千五百八丈，高四丈一尺"②，清乾隆二年（1737 年）改卫设临榆县，县城即关城，1949 年临榆县移治今抚宁县东北海阳镇，1954 年县废。山海关城建造在一片北高南低的缓坡上，城内南北大街位于缓坡的脊背，于南北城墙上分别开南水关与北水关，以排泄山上及城内的洪水，由此来看，明初的城市设计是颇费了一番思虑的。不过，因为下垫面条件的复杂，在长时间降雨或者短时强降水的情况下，城区一带仍不免发生水患事件。据笔者统计，明清时期山海关城的水患次数达 17 次，这一频率在整个京津冀地区是很高的。在修竣不久的永乐十三年（1415 年），关城就因长时间降雨而出现隳坏，《明实录·太宗实录》载："八月壬申，山海卫言：积雨坏城，请命修筑"③；宣德四年（1429 年）八月，山海关城再次因山水泛涨而出现城垣颓塌的现象④；嘉靖七年（1528 年）大水冲入关城外的西关厢，"民舍有漂没家产者"⑤；隆庆元年（1567 年），大石河泛涨，洪水再次涌入西关厢，北门外的卧牛桥被大水冲坏⑥；天启六年（1626 年），辽东一带久雨不歇，山海关内外城垣严重塌坏，军民伤者甚重⑦。进入

---

① 参见笔者编制的《明清时期今京津冀地区城市水患大事年表》，因篇幅所限，本文从略。

② 《明实录·太祖实录》卷一百五十"洪武十五年十二月己丑"条，台北："中央研究院"历史语言研究所，1962 年。

③ 《明实录·太宗实录》卷一百六十七"永乐十三年八月壬申"条，台北："中央研究院"历史语言研究所，1962 年。

④ 《明实录·宣宗实录》卷五十七"宣德四年八月癸未"条，台北："中央研究院"历史语言研究所，1962 年。

⑤ 康熙《山海关志》卷一《灾祥》，清康熙九年（1670 年）刻本。

⑥ 康熙《山海关志》卷一《灾祥》，清康熙九年（1670 年）刻本。

⑦ 《明史》卷二十九《五行志二》，北京：中华书局，1974 年，第 475 页。

清代，山海关城的水患依旧绵延不绝。康熙七年（1668 年）六月二十八日，大水冲入西罗城（也即西关厢城），卧牛桥再次被冲坏[①]；康熙三十四年（1695 年），"山海卫大水，冲南北水关、边城百余丈"[②]；乾隆五十二年（1787 年）夏霖雨，北水关河溢，"入西罗城，北后街娘娘庙前照壁不没者仅数尺"[③]，可见水势之大；光绪二十九年（1903 年）七月十七日的水患情势更让人惊心动魄，此日山海关一带连降大雨，山水猝然而下，"势莫能御，经百余人齐力将南关城门推开，放水外出，水势汹涌直前，冲倒房屋数百间，印度人死六七名，中国人亦有死者。将水放出后，关内各住户屋内水深尚约尺余"[④]。

综合审视数百年来山海关城的水患史实，可以认识到，明初创设该城的核心目的在于军事防御，易守难攻是当初选址建城的主要考量，城市经济发展、防洪排水等只能服从于军事防御的需要。这决定了山海关城的下垫面条件并不尽如人意：这里地居高阜、地形崎岖、倾斜度大，这对于军事防御无疑是有利的，但却为水患的易发多发提供了"温床"。

（二）滦河流域三城：迁安、卢龙、乐亭

在滦河流域，一些城市的水患现象值得关注。迁安县城在研究时段内至少发生过16 次水患事件。该城西临滦河，东濒滦河支流三里河，县城之北不远处就是滦河出山口，夏秋霖潦之际，汹涌而至的洪水很容易波及城市。早在明洪武十年（1377 年）六月，滦河大溢，洪水冲坏了迁安城垣。[⑤]清顺治十一年（1654 年）六月，淫雨四十余日，至七月中旬方止，县内积涝严重，史载迁安"城门仅不没者数寸"[⑥]，灾情是十分严重的。康熙三年（1664 年）六月，县内本来多日无雨，忽然滦河大水自口外汹涌而至，"泛溢数十里宽，城门俱没"[⑦]。康熙四十八年（1709 年）六月，滦河再次大溢，迁安城不没者三版。[⑧]其他诸如道光三年（1823 年）、道光二十年（1840 年）、道光二十九年（1849 年）、同治六年（1867 年）、光绪十六年（1890 年），均发生了大水入城的事件[⑨]，城内百姓生命财产受到巨大损失是不难推知的。

与迁安县城相比，坐落于滦河与青龙河（历史时期称"漆河"）交汇处的卢龙县城的水患情势就更加严重了。卢龙县城在明清时期为永平府治，研究时段内有确切记录的

---

① 康熙《山海关志》卷一《灾祥》，清康熙九年（1670 年）刻本。
② 康熙《永平府志》卷三《灾祥》，清康熙五十年（1711 年）刻本。
③ 光绪《临榆县志》卷九《纪事》，清光绪四年（1878 年）刻本。
④ 《储仁逊闻见录》，北京：国家图书馆出版社，2016 年。
⑤ 乾隆《迁安县志》卷二十七《祥异》，清乾隆二十二年（1757 年）刻本。
⑥ 康熙《迁安县志》卷七《灾祥》，清康熙十八年（1679 年）刻本。
⑦ 康熙《迁安县志》卷七《灾祥》，清康熙十八年（1679 年）刻本。
⑧ 康熙《永平府志》卷三《灾祥》，清康熙五十年（1711 年）刻本。
⑨ 参见笔者辑录《明清时期今京津冀地区城市水患大事年表》的相关条目，此处从略。

水患事件多达 22 次。譬如明景泰元年（1450 年），"大水入城，与东南城几平"①；嘉靖三十八年（1559 年）六月，"滦河、漆河溢，城内行舟"②；万历十五年（1587 年）七月，滦河再溢，"城不浸者三版"③；万历三十二年（1604 年），滦河与漆河涨溢，"郭内行舟"④；清雍正三年（1725 年）六月，洪水大发，波涛从下水关入城，"城中陆地行舟"⑤。乾隆五十五年（1790 年）四月至六月，淫雨不止，滦河大溢，城池不没者三版，官民祈祷不退，这时将永平府匾额投入滦河之中，大水方退，一时传为灵异之象；城内的旗营驻防本来在县学之东，在这年的大水中被淹没殆尽，被迫迁至城内西北高亢之地。⑥道光二十九年（1849 年）七月十八日，滦河大溢，平地水深四五尺至丈余不等，卢龙城不没者三版。⑦光绪九年（1883 年）的水患情势更为骇人，史载："夏六月，大水入城，城内水深丈六"⑧，一丈六尺的大水深度已是数人之高，可能指城内积水最深处而言之，但这一深度显然已属奇灾巨患了。然而光绪十二年（1886 年）的水患再次刷新纪录，民国《卢龙县志·史事》载："夏，大水入城，较（光绪）九年为大，城西北漆河分而西"，无法不让人咋舌了。综合来看，卢龙县城水患严重的根本原因在于地处两河相交之处，青龙河发源于北部高原之地，河道比降甚大，出山南行不远即汇入滦河，这使得城区西侧滦河的行洪压力较大，多次发生的大水灌城事件清晰折射出该城水患极端严重之实况。

滦河最下游滨海地带的乐亭县城也有较为频繁的水患记录，但相较卢龙县城与迁安县城为轻，且多见洪水在关厢地区肆虐之情形。譬如顺治十年（1653 年）六月时，大雨滂沱，滦河洪水溢至城下，"没民居，南关成巨浸"⑨。再如咸丰六年（1856 年）七月初九，滦河溢，"乐亭城外水深丈余"⑩。不过有时大水也冲入城内，造成严重灾害，嘉庆十三年（1808 年）时就是如此，这年夏天，滦河大溢，"水灌城，四门堵闭"⑪。

（三）海河北系五城：香河、固安、武清、霸州、唐县

就海河流域而言，根据亚流域的地理坐落，可分为海河北系与海河南系，北系指潮白河、永定河、大清河水系；南系指子牙河、南运河水系。相较而言，海河北系水患严重之城市明显少于海河南系。在海河北系中，除北京、天津两座城市极具典型意义

---

① 康熙《永平府志》卷三《灾祥》，清康熙五十年（1711 年）刻本。
② 康熙《永平府志》卷三《灾祥》，清康熙五十年（1711 年）刻本。
③ 康熙《永平府志》卷三《灾祥》，清康熙五十年（1711 年）刻本。
④ 康熙《永平府志》卷十五《宦迹》，清康熙五十年（1711 年）刻本。
⑤ 乾隆《永平府志》卷三《祥异》，清乾隆三十九年（1774 年）刻本。
⑥ 民国《卢龙县志》卷二十三《史事》，民国二十年（1931 年）铅印本。
⑦ 民国《卢龙县志》卷二十三《史事》，民国二十年（1931 年）铅印本。
⑧ 民国《卢龙县志》卷二十三《史事》，民国二十年（1931 年）铅印本。
⑨ 天启《乐亭县志》卷十一《祥异》，清康熙年间增补本。
⑩ 光绪《永平府志》卷三十一《纪事》，清光绪五年（1879 年）刻本。
⑪ 光绪《乐亭县志》卷三《记事》，清光绪三年（1877 年）刻本。

之外①，香河、固安、武清、霸州、唐县等城值得一述。香河县城位于潮白河南畔，潮白河对该城的影响很深。万历十四年（1586年）、万历十五年（1587年）、万历三十二年（1604年）、万历三十五年（1607年）、康熙七年（1668年）等年份均发生了颇为严重的水患。譬如万历十四年（1586年）夏秋之季，天降淫雨，导致山水大发，一拥而至城下，"平地丈余，浸至城墙三尺"②。万历三十二年（1604年），"河涨堤决，城不浸者三版，崩颓强半"③，"大水入城，民多死"④，城市受创程度与民众伤亡均是十分惨重的。康熙七年（1668年）七月，整个海河流域发生因长时间暴雨而形成的罕见特大洪水灾害，尤以潮白、子牙二河为甚，很多城市均发生严重洪涝，香河县城即在此列，史料记载："七月初七日，阴雨连日，河水泛滥，凡开口岸三十余处。城四面水围，西城水淹三十八行，北城淹十行。大雨倾盆，昼夜不止……水凡七涨，计二十余日，民房多圮，无所栖止，男女杂聚庙宇中"⑤，境况之惨于此可见一斑。

固安县城坐落于永定河（历史上亦称"浑河"）南畔，永定河的洪流曾多次波及这座平原小城。万历三年（1575年），"浑河溃溢，知县周文谟复筑大堤及护城堤"⑥，既然有修筑护城堤的举动，可以推想城市必是受到永定河洪水的威胁了。万历四十一年（1613年），永定河水势泛涨，城市危在旦夕，知县孙氏重筑护城堤，"高二丈余，两行植柳"⑦。顺治十二年（1655），永定河再次溢出河槽，"坏城舍"⑧。相较之下，康熙三十四年（1695年）六月固安县城的水患最为严重，此月的初五至初九日，大雨如注，"环城水深丈余"⑨，实际上整座城池已经深陷洪流巨浪之中，光绪《畿辅通志》记载这次水灾说："（康熙）三十四年，大雨，河水冲毁（城市）"⑩，民国《固安县志》载："六月，大雨，洪水横流，（城池）尽行溢溃"⑪，可见固安县城遭受永定河洪流的打击是极大的。借助康熙《固安县志》的城池图，我们可以发现城内有多处面积可观的水体，不难推想城外永定河洪流频繁冲入城内，积蓄于这些低洼之区，无疑是水体形成的重要动因。

坐落于永定河下游的武清县城也是洪水经常"光顾"的地方，明清时期的水患记录至少有8次。嘉靖三十三年（1554年）六月，永定河暴发大洪水，大水渺无涯际，"直

---

① 必须指出的是，明清时期北京与天津的水患情势是频繁且严重的，地方社会的应对之策也十分多元复杂，但考虑到两城尤其是北京在整个中国城市中的特殊角色，必须投入极大精力专门研究方可；同时考虑到学界对明清时期京津两城的水患研究已有一些较为重要的成果，因而本文暂不涉及两城的水患问题。

② 万历《香河县志》卷十《灾祥》，明万历四十八年（1620年）刻本。

③ 万历《香河县志》卷三《城池》，明万历四十八年（1620年）刻本。

④ 万历《香河县志》卷十《灾祥》，明万历四十八年（1620年）刻本。

⑤ 康熙《香河县志》卷十《灾祥》，清康熙十七年（1678年）刻本。

⑥ 民国《固安县志》卷一《地理志》，民国三十一年（1942年）铅印本。

⑦ 康熙《固安县志》卷一《方舆志·堤堰》，傅璇琮等：《国家图书馆藏地方志珍本丛刊》第27册，天津：天津古籍出版社，2016年，第32页。

⑧ 康熙《固安县志》卷一《灾异》，清康熙五十三年（1714年）刻本。

⑨ 咸丰《固安县志》卷一《灾祥》，清咸丰九年（1859年）刻本。

⑩ 光绪《畿辅通志》卷一百二十八《经政略·城池》，清光绪十年（1884年）刻本。

⑪ 民国《固安县志》卷一《地理志》，民国三十一年（1942年）铅印本。

至县堂……本县文卷尽为浸没"①。万历十五年（1587 年）七月，天降淫雨，大水骤至，平地丈余，"浸至城墙三尺"，由于知县奋力捍御，昼夜防守，洪水侥幸未灌入城。②在康熙七年（1668 年）海河流域的大洪水中，武清县城也没有幸免，史料载："卢沟水溢，从凤河至城下，平地深丈许，三门俱塞，水瀑入城，弗能御，东城楼坍坠，其流始障止"③，可见大水已经灌入城内，在万分危急之际，坍塌的东城楼挡住了洪水的去路，故没有酿成更为严重的后果。

霸州城位于大清河支流牤牛河侧畔，明清时期的洪水灾害也是较多的。嘉靖十年（1531 年），大水冲入城濠，濠不能容，溢出堤岸，几坏城垣。④顺治十年（1653 年），大水冲决城北龙门口，城垣也几被冲塌。⑤光绪十六年（1890 年）五月三十日，淫雨三昼夜，牤牛河在太平桥一带决口，永定河、清河洪水也相继涌至，全境皆水，城内汪洋一片。⑥

唐县县城位于大清河上游支流唐河附近，城西、城北紧邻高山，大雨时行之季，容易受到河流洪水和山洪的双重打击。万历二十六年（1598 年）五月，唐河偶涨，水头即高达丈余⑦，"南北伏城，漂没民舍甚多"⑧。六年之后的万历三十二年（1604 年），山洪暴发，大水入城，损失惨重，史料载："夏五月，大雨水，逾月不止，诸山之潦会趋城下，自东门泛入，城中二尺许"⑨，东关民舍也多遭漂没⑩。顺治十一年（1654 年）六月，海河流域大部因长时间降雨引发较大洪水，很多河流漫溢横流，唐县县城的水患情势是十分严重的，"夏六月，大雨水，城内平地涌泉，北街、东街流水四十日不息"⑪。嘉庆六年（1801 年）夏，大雨十余日不止，大水将城垣冲塌 546 丈有余，城内水深数尺，民众惨遭蹂躏。⑫

（四）海河南系诸城：井陉、晋州、衡水、平乡、曲周、肥乡、临漳、魏县、大名

海河南系的子牙河、南运河流域是城市水患的集中发生区，这里不仅在京津冀地区，即便在整个中国北方，也可列入水患情势最为严重的区域之一。子牙河主要是由滹沱河、滏阳河汇流而成的海河支流，南运河的上游主要在漳河流域范围内，滹沱河与漳河在历史时期经常发生河道移徙，含沙量高、河性暴虐，均有"小黄河"之号。明清时

---

① 康熙《武清县志》卷一《機祥》，清康熙十四年（1675 年）刻本。
② 康熙《武清县志》卷一《機祥》，清康熙十四年（1675 年）刻本。
③ 康熙《武清县志》卷一《機祥》，清康熙十四年（1675 年）刻本。
④ 嘉靖《霸州志》卷九《灾异》，上海：上海古籍书店，1962 年。
⑤ 康熙《霸州志》卷十《灾异》，清康熙十三年（1674 年）刻本。
⑥ 民国《霸县志》卷四《杂志》，民国十二年（1923 年）铅印本。
⑦ 康熙《唐县新志》卷二《灾异》，清康熙十一年（1672 年）刻本。
⑧ 光绪《唐县志》卷十一《祥异》，清光绪四年（1878 年）刻本。
⑨ 康熙《唐县新志》卷二《灾异》，清康熙十一年（1672 年）刻本。
⑩ 光绪《唐县志》卷十一《祥异》，清光绪四年（1878 年）刻本。
⑪ 康熙《唐县新志》卷二《灾异》，清康熙十一年（1672 年）刻本。
⑫ 光绪《唐县志》卷十一《祥异》，清光绪四年（1878 年）刻本。

期这些流域之内的很多城市受到洪水的极大威胁。根据笔者统计，真（正）定府城、束鹿县城、新河县城、广平府城、曲周县城、肥乡县城、成安县城、大名府城、临漳县城的水患次数均在 10 次以上，井陉县、晋州、深州、武强县、衡水县、冀州、临城县、邢台县、平乡县、广宗县、清河县、鸡泽县、邱县、涉县、魏县等城的水患次数均在 5次以上。①在这些水患事件中，有些造成的影响是十分深远而严重的。真（正）定府城、束鹿县城、广平府城、深州城、冀州城笔者拟分别以单篇论文的形式重点探讨，以下仅对其他城市择要论述之。

明清时期的井陉县城即今井陉县西南天长镇驻地，1958 年县废，1960 年复置，移治微水镇，即今县治。该城坐落在滹沱河的二级支流绵河（亦称"绵蔓河"）的北畔，城池紧邻河道，城区北侧名为"城北岭"，整个城区一带的下垫面条件并不利于规避洪水。嘉靖九年（1530 年）时，"南城为河水所坏"②，这显然是绵河洪水波及所致。乾隆五十九年（1794 年）的绵河大水将西关西阁以及西关半条街道的民居冲毁③，东关外的大石桥也在这次水灾中被冲塌④，两岸交通断绝。道光十三年（1833），绵河洪水大发，"又冲去西关街一半，所剩民居不过两三家"⑤。六年以后的道光十九年（1839年）六月六日，水患情势更加严重，史载："六月六日，绵河大涨，冲去人民无算，涌入南城门，淹没东关阁、二门阁里西北两街，家家皆被水害，由东巷流入北关"⑥，可见有不少民众在这次水灾中殒命。进入民国以后，井陉城的水患依然时有发生。1939年 7 月，阴雨连绵，河水泛滥，造成数十年未有之大灾，城区附近的绵河河滩全被冲光，冲毁房屋甚多。⑦1949 年 7 月 25 日，绵河暴涨，城关大石桥 12 孔全部过水，城区一带受创严重。⑧

晋州城位于滹沱河流域，该河在河北平原流路极不稳定，在晋州城附近就曾经发生过较大幅度的改道。明嘉靖年间，邑人范宗吴指出：

> 五代时，河流郡北之侯城，嗣后陡徙城南钓鱼台、第四沟一带，导于□河，迄今沙碛遗迹尚存。至成化间，河决紫城口，东溢顺流于束鹿鸦儿河，时离郭尚二三里许。自嘉靖庚寅（笔者按，即嘉靖九年）秋，忽怒浪迫城，郊原席卷，后遂直抱逻城安流矣。既有倡为凿渠徙河之议者，徒尔劳赀，功竟弗成。迩年来则外郭滩冲

---

①　参见笔者辑录之《明清时期今京津冀地区城市水患大事年表》的相关条目，此处从略。

②　雍正《井陉县志》卷二《城池》，清雍正八年（1730 年）刻本。

③　光绪《续修井陉县志》卷三《祥异》，清光绪元年（1875 年）刻本。

④　光绪《续修井陉县志》卷十一《桥梁》，清光绪元年（1875 年）刻本。

⑤　光绪《续修井陉县志》卷三《祥异》，清光绪元年（1875 年）刻本。

⑥　光绪《续修井陉县志》卷三《祥异》，清光绪元年（1875 年）刻本。

⑦　《井陉县志》编纂委员会：《井陉县志》第一篇《大事记》，石家庄：河北人民出版社，1986 年，第 21—22 页。

⑧　《井陉县志》编纂委员会：《井陉县志》第一篇《大事记》，石家庄：河北人民出版社，1986 年，第 26 页。

去，与城未满里。每秋□至，市里皇皇，金鱼鳖是惧。①

这段话印证了历史时期晋州城一带滹沱河道的不稳定性特点，嘉靖年间因河水离城甚近，整个晋州城百姓经常处在危惧惶恐之中。根据其他史料佐证，引文中所指的嘉靖九年（1530年），滹沱洪涛实际上灌入了城内，文献载称："（嘉靖九年）夏大水，自西门入城，居民灾伤过甚，诏免田租之半。"②实际上早在弘治五年（1492年）时就曾经发生"大水圮城"的惨剧③。隆庆三年（1569年）闰六月，晋州城的水患更为严重，史载："是年霖雨连绵，昼夜不止，几逾数日，兼以滹沱水溢，城垣将倾。耆民相传，是郡以来惟此岁为甚。阖境禾稼淹没，居民庐舍塌者不下万家。"④万历二十七年（1599年），滹沱河再次涨溢，"决堤浸城，居民汹汹，并怀剥肤之恐"⑤，知州屈受善身先士卒，竭力捍御，方使百姓躲过一劫。万历三十五年（1607年）夏天，"滹沱河水溢，由西门入城，坏民庐舍"，这时城墙突然塌陷，塞住水口，城内才没有造成更大的损失。⑥降至清顺治五年（1648年），因为滹沱河河道移徙，晋州城再次遭受打击，史料记载："（顺治）五年，大水，平地泉涌，城内水深数尺"⑦，时人在《祭滹沱河文》中说："滹河南徙之始于顺治戊子岁（笔者按：即顺治五年），冬十二月泛溢啮城，陵邑令高公为祭文，具羊一、猪一，遥遣户书孙汝桂祭之，其文曰……城之阳滹水环流如带，近逼柳堤，昨闻平地涌泉，为害甚厉。"⑧由此可知，这次灾害是由于滹沱河南徙导致了城内出现严重水涝，所谓"平地泉涌"，当是城内外地势高差所造成的地下水上涌现象。在康熙《晋州志》"城内图"中，我们能够看到城内四隅分布有面积可观的水体，这种景观格局的形成与多次洪水入城事件是脱不了干系的。

衡水县城的水患现象也值得一述。该城原位于今衡水市驻地西南15里旧城村一带，南与滏阳河相距甚近，这里从隋开皇十五年（595年）开始就是衡水县的治所。进入明代，该城多次发生严重水患，永乐五年（1407年），"夏六月，大水坏城，淹没人畜不可胜计"⑨，永乐十三年（1415年）的一场大水终于彻底毁灭了这座800余年的老城，史载："淫雨，河溢，大水坏城及官民庐舍，不可居，遂迁城"⑩，治所移至今衡水市驻地，至今沿而不改。但是新城仍南距河流不远，水患依旧时有发生。成化十八年（1482年）的灾情就十分严重，"大水圮城，舟楫入县治，官民房屋倾颓殆尽，食惟鱼

① 康熙《晋州志》卷八《艺文志·新建滹沱河神庙记》，故宫博物院：《故宫珍本丛刊》第64册，海口：海南出版社，2001年，第125页。
② 康熙《晋州志》卷十《事纪》，故宫博物院：《故宫珍本丛刊》第64册，海口：海南出版社，2001年，第171页。
③ 嘉靖《真定府志》卷十六《兵防》，明嘉靖二十八年（1549年）刻本。
④ 康熙《晋州志》卷十《事纪》，故宫博物院：《故宫珍本丛刊》第64册，海口：海南出版社，2001年，第172页。
⑤ 乾隆《正定府志》卷三十《名宦》"屈受善"条，清乾隆二十七年（1762年）刻本。
⑥ 民国《晋县志》卷五《灾祥》，民国十六年（1927年）石印本。
⑦ 民国《晋县志》卷五《灾祥》，民国十六年（1927年）石印本。
⑧ （清）高明：《祭滹沱河文》，民国《晋县志》卷五《艺文志》，民国十六年（1927年）石印本。
⑨ 康熙《衡水县志》卷六《事纪》，清康熙十九年（1680年）刻本。
⑩ 康熙《衡水县志》卷六《事纪》，清康熙十九年（1680年）刻本。

鳖"①。顺治十一年（1654 年）的水患同样极其严重，史料记载："至七月，邑城不没者数版，食惟鱼虾，关厢村落漂没过半；初三日河伯震怒，侵薄邑城，忽于迎旭门北隅突出泉水，喷丈余，阖城性命危在顷刻，士民哀叫，力塞不克。知县任弘孝拜跪水中，垂泣祈祷，愿输俸金四十修建滹沱神祠，不移时城土崩下，直堵水口，城外波涛顿落尺余"②，引文显示当时的衡水城已危在旦夕，塌下的城墙堵塞了水口，城内百姓才侥幸躲过了这场劫难。乾隆二十六年（1761 年）七月，河水再次泛涨，"城不没者数版"③，水患情势也是颇为严重。

明清时期的平乡县城坐落于今平乡县西南平乡镇，1945 年迁今治。该城处于滏阳河与漳河交互影响下，研究时段内的水患次数虽然仅有 6 次，但为患却比较严重，多次发生大水灌城的惨剧。譬如，成化十八年（1482 年）"大水入城"④，嘉靖三十二年（1553 年）秋七月"大水入城"⑤，顺治元年（1644 年）六月"大水入郭"⑥。之所以容易产生水灌平乡城的灾情，与县境"外高而中卑"的地势特点有密切关系，加之自正统六年（1441 年）修筑护城堤⑦之后，虽然城墙、堤防阻挡了洪流，但长此以往，形成了城外高于城内、堤外高于堤内的外高内低的微地貌特征，这为大水灌城提供了下垫面条件。这种因修筑护城堤而导致城内"如在釜底"的例子在河北平原南部颇为普遍。

曲周县城位于滏阳河流域，但因为漳河河道的不稳定，也时常受到洪水冲击。明清时期该城有明确记载的水患频率为 12 次，其中有多次灾害的影响是很大的。譬如，嘉靖四十三年（1564 年）七月初六，大水冲溃城西门⑧，很有可能冲入了城内。万历三十五年（1607 年）秋，海河南系诸流域淫雨连绵，月余不止，很多城市均有水患发生，曲周城"学宫倾圮过半"⑨，城内的严重灾情是不言而喻的。崇祯九年（1636 年）夏，大雨滂沱，城南堤防决溢，水至城下。⑩康熙十四年（1675 年）、康熙二十四年（1685年）、康熙五十一年（1712 年），均发生了大水侵城的事件，原因皆系漳河决口泛滥所致。⑪降至民国时期，曲周城仍有水患发生。民国六年（1917 年），漳河大溢，城周水深七八尺，数月不落，乃近数十年未有之奇灾。⑫在顺治《曲周县志》与同治《曲周县志》的"城池图"中，城内均可见多处水体，这显然与多次发生的大水侵城事件有关。

① 康熙《衡水县志》卷六《事纪》，清康熙十九年（1680 年）刻本。
② 康熙《衡水县志》卷六《事纪》，清康熙十九年（1680 年）刻本。
③ 乾隆《衡水县志》卷十一《事纪》，清乾隆三十二年（1767 年）刻本。
④ 乾隆《平乡县志》卷一《灾祥》，清乾隆十六年（1751 年）刻本。
⑤ 康熙《平乡县志》卷三《纪事》，清康熙年间刻本。
⑥ 康熙《平乡县志》卷三《纪事》，清康熙年间刻本。
⑦ 同治《平乡县志》卷二《地理上·建置沿革》，清光绪十二年（1886 年）增刻本。
⑧ 顺治《曲周县志》卷二《杂志·灾祥》，清顺治十年（1653 年）刻本。
⑨ 乾隆《曲周县志》卷五《学校》，清乾隆十二年（1747 年）刻本。
⑩ 顺治《曲周县志》卷二《杂志·灾祥》，清顺治十年（1653 年）刻本。
⑪ 乾隆《曲周县志》卷十七《灾异》，清乾隆十二年（1747 年）刻本；同治《曲周县志》卷十九《灾祥》，清同治八年（1869 年）刻本。
⑫ 河北省曲周县地方志编纂委员会：《曲周县志·大事记》，北京：新华出版社，1997 年，第 15 页。

位于曲周县城西南 20 余千米处的肥乡县城也在漳河流域范围内，历史时期的肥乡城频遭漳河洪涛蹂躏，是河北平原南部水患深重的城市之一。明清时期肥乡县城至少遭到 11 次水患打击，成化十八年（1482 年），"漳水入城"[①]；弘治十四年（1501 年），"城陷于漳"[②]；弘治十八年（1505 年），"漳河决，注肥乡城"[③]；正德七年（1512 年），"漳水入城"[④]；嘉靖二十六年（1547 年），"漳水入城"[⑤]；隆庆元年（1567 年），"鄡米堤决，漳水入城"[⑥]；隆庆三年（1569 年）闰六月，漳水涨溢，直抵县城之下，"城不没者三版、四关庐舍、四乡田禾冲决殆尽，号泣之声达于昼夜"[⑦]；天启二年（1622 年）六月十二日，漳水又暴涨，"冲堤决城，水与堞平，屋上可驾舟楫，册报溺死男妇七百余口"[⑧]，伤亡是极其惨重的；天启四年（1624 年），"水注肥乡城"[⑨]；康熙二年（1663），"漳水绕堤，浸灌城郭，室庐尽坏"[⑩]；康熙四年（1665 年），灾难再次发生，史料载：

> 大水注城，四门、角楼、官署、民舍俱坏；至七月初二日，雨盆倾七昼夜不止，城中水盈数尺，四关道路上皆没并人腰。西北堤角蚁隙浸液，无处取壤，不能填塞，遂至大决冲城，城中大半奔走，有恋家未逃者俱登城，堵堞渐颓，进退两难，阅一日，成安、曲周大船泛至，救出，止溺死二人。[⑪]

虽然城中百姓仅死亡两人，但整座城市已经无法继续发挥治所机能了，其他资料显示，关帝庙原在县治西南，在这次水灾中被漳水淹没无存，文庙、文昌楼也俱被浸没[⑫]。万般无奈之下，地方官被迫将治所迁至城东旧店营（今东营）。雍正九年（1731 年），知县王建中复将县治迁回原址，但整座县城却是重新修建而成的，实际上是一种根本意义上的城市更新。漳水对肥乡城的影响于此可见一斑。

临漳县城坐落于漳河之畔，明清时期至少发生过 19 次城市水患事件。该城起先位于今临漳县西南 18 里旧县村，洪武十八年（1385 年）时被漳水冲没[⑬]，包括儒学、按

① 雍正《肥乡县志》卷二《灾祥》，清雍正十年（1732 年）刻本。
② 雍正《肥乡县志》卷二《灾祥》，清雍正十年（1732 年）刻本。
③ 乾隆《广平府志》卷二十三《灾祥》，清乾隆十年（1745 年）刻本。
④ 雍正《肥乡县志》卷二《灾祥》，清雍正十年（1732 年）刻本。
⑤ 雍正《肥乡县志》卷二《灾祥》，清雍正十年（1732 年）刻本。
⑥ 雍正《肥乡县志》卷二《灾祥》，清雍正十年（1732 年）刻本。
⑦ 民国《肥乡县志》卷四十二《杂记》，民国二十九年（1940 年）铅印本。
⑧ 雍正《肥乡县志》卷二《灾祥》，清雍正十年（1732 年）刻本。
⑨ 康熙《广平府志》卷十九《灾祥》，清康熙三十三年（1694 年）刻本。
⑩ 雍正《肥乡县志》卷一《城池》，清雍正十年（1732 年）刻本。
⑪ 雍正《肥乡县志》卷二《灾祥》，清雍正十年（1732 年）刻本。
⑫ （清）魏廷鉴：《重修文昌阁碑记》，民国《肥乡县志》卷四十《艺文志》，民国二十九年（1940 年）铅印本；
　　（清）王廷模：《文庙学宫重修碑记》，民国《肥乡县志》卷四十《艺文志》，民国二十九年（1940 年）铅印本。
⑬ 雍正《临漳县志》卷二《城池》，清雍正九年（1731 年）刻本。

察司分司、城隍庙等在内的建筑均遭浸没①，整座城市实际已经失去政区治所的机能，但不知何故，当时并未立即迁治。洪武二十六年（1393 年），山东高苑县人杨辛来知县事，漳水再次泛溢，"城池淤陷，民被其害，辛躬率吏卒为巨筏数百，渡民于高卓处所，活生者至数百家"②，随后杨辛便着手县治迁徙事宜，洪武二十七年（1394 年）完成迁治，治所移至理王店，即今临漳县驻地。但是迁往新址的临漳县城依旧没有摆脱漳河洪涛的波及，成化十八年（1482 年）六月，漳河泛涨，"城垣被水刷倒，四门淹没"③，受创颇重。弘治十四年（1501 年）的灾情更加严重，史载："七月，漳水滔天，泛无涯际，西门将倾，水势渐甚，吏民皇皇，措手无策，老幼悲号，四无所之。"④此年之后，"屡被水患，城垣、四门淹没比前尤甚"⑤。万历三十年（1602 年），漳河流域淫雨如注，漳水泛涨，"冲城墙，垛口、门楼、角楼尽皆颓败"⑥。万历四十一年（1613 年）八月，"河水暴发，侵城二次"⑦。崇祯十四年（1641 年），秋雨连绵，漳水涨溢，"泛崩北城一百八十丈"⑧。进入清代，漳河对临漳城的冲击依然如故。顺治五年（1648 年），"漳水发二次，环城十数里，城门没五尺"⑨；顺治九年（1652 年），漳河洪水大发，"水与城门齐"⑩；顺治十一年（1654 年），漳河洪涛"冲入西门，城几决，知县万廷仕率众力救，拥土塞窦，自辰至未方免，环城皆水，庐舍尽坏"⑪。康熙六十一年（1722 年）的水患情势尤其严重，史料载："七月初三，漳水骤发泛滥，城中行舟，水与县署檐齐，文卷浮沉，仓谷漂没三千余石，民居倒塌"⑫，城市几乎遭受灭顶之灾。乾隆二十六年（1761 年）七月，漳水灌入城内⑬。乾隆二十七年（1762 年）闰五月，漳水再次入城，关于这次灾害，河南巡抚胡宝瑮给乾隆皇帝的奏折中有明确交代，其言：

　　该县于闰五月十五日丑刻，漳河上游水发，冲溢北岸，直注城堤，当即率夫上堤防护，而城中形如釜底，并将四门堵塞，因顷刻水发七尺，漫堤入城，街道水深尺余，所幸旋到旋消，即于巳时消落，仓库、衙署俱各无恙，民房及城外村庄庐舍并无淹塌，早秋如常茂盛，惟晚秋甫经出土，被淹之后应及时补种，其南岸及北岸

① 参见正德《临漳县志》卷四《公署》"儒学"条、"按察司分司"条以及同书卷五《宫室·辞庙》"城隍庙"条，明正德元年（1506 年）刻本。
② 正德《临漳县志》卷七《名宦·历代宦迹》"杨辛"条，明正德元年（1506 年）刻本。
③ 正德《临漳县志》卷一《城池》，明正德元年（1506 年）刻本。
④ 正德《临漳县志》卷七《名宦·历代宦迹》"景芳"条，明正德元年（1506 年）刻本。
⑤ 正德《临漳县志》卷一《城池》，明正德元年（1506 年）刻本。
⑥ 雍正《临漳县志》卷二《城池》，清雍正九年（1731 年）刻本。
⑦ 雍正《临漳县志》卷二《城池》，清雍正九年（1731 年）刻本。
⑧ 雍正《临漳县志》卷二《城池》，清雍正九年（1731 年）刻本。
⑨ 光绪《临漳县志》卷一《纪事》，清光绪三十年（1904 年）刻本。
⑩ 光绪《临漳县志》卷一《纪事》，清光绪三十年（1904 年）刻本。
⑪ 光绪《临漳县志》卷一《纪事》，清光绪三十年（1904 年）刻本。
⑫ 光绪《临漳县志》卷一《纪事》，清光绪三十年（1904 年）刻本。
⑬ 光绪《临漳县志》卷一《纪事》，清光绪三十年（1904 年）刻本。

上游并未漫及。①

可以看出，洪水是漫过护城堤而灌入城内的，由于临漳城内"形如釜底"的地貌特征致使街巷积水比较严重，万幸的是，大水很快退去，并未造成大的影响。降至晚清的光绪十一年（1885 年），漳水又一次灌入城内，史料载："七月初二、初三，连日大雨，漳滏齐溢；初四日辰时水入城，顷深三尺，城庐多圮。"②综合来看，临漳城之所以多次发生大水入城的事件，是漳河暴虐不羁的河性及城池内低外高的地势两方面共同驱动的结果，而这两大特征在传统时代是很难从根本上解决的。

魏县县城亦坐落于漳河之滨，但因为漳河易于改徙的特点，距城之远近因时不同，距城近时则对城池形成很大的威胁，反之则威胁小。成化十八年（1482 年），漳水决入魏县县城，知县白绳武因之增补漳河堤。③嘉靖三十年（1551 年），漳河再决，平地水深数尺，魏县尤甚，溺死者无算。④降至乾隆二十二年（1757 年），魏县县城遭到了灭顶之灾，史载："五月二十九日，漳水决，入魏县城，室庐颓圮，城市为沼"⑤，直隶总督方观承在此年七月初三给乾隆帝的奏折中说：

> 漳河漫口在魏县西北十里朱河下地方，东北冲至县外护城堤，漫堤入于护城河，由小东门浸灌城中。臣于堤上经行，复乘船周回查勘，现在护城河水深二丈余，城内平地水深二三四尺，与城河之水相平，城河之外为护城堤，堤外地势积年受淤，在在高昂，城河之水既不能通出堤外，故城内之水亦不能消入城河，已成瓮中釜底之形。城中官署民房倒塌过半，修复较难，将来城垣仓库似须另筹办理，兼闻士民皆不愿复葺旧居，有力者多已觅住附近村庄，穷户皆暂就城堤搭盖窝铺栖止，尚恋打捞物件，不肯远去⑥。

可以看出这次灾害对魏县县城的打击是极大的，因城内地势低洼，致使积水长期无法消退，官民房舍倒塌严重。基于这一情形，乾隆二十三年（1758 年）二月二十八日，方观承再次上奏乾隆帝，请求将魏县并入大名、元城二县，得到批允⑦，由此城毁县废，直至民国年间方才复县。

大名城坐落于漳河与卫河之间，历史上频繁受到两条河流的波及，水患深重。据笔

---

① （清）胡宝瑛：《奏报五月十五临漳县漳河水发入城灾情情形据禀往勘事》乾隆二十七年闰五月二十日，中国第一历史档案馆藏朱批奏折，档号：04-01-05-0226-020。

② 光绪《临漳县志》卷一《纪事》，清光绪三十年（1904 年）刻本。

③ 正德《大名府志》卷二《山川志·堤堰》，明正德元年（1506 年）刻本。

④ 乾隆《大名县志》卷二十七《機祥》，清乾隆五十四年（1789 年）刻本。

⑤ 乾隆《大名县志》卷二十七《機祥》，清乾隆五十四年（1789 年）刻本。

⑥ （清）方观承：《奏报魏县被水及漳河漫口堵筑等情形事》乾隆二十二年七月初三日，中国第一历史档案馆藏朱批奏折，档号：04-01-05-0017-023。

⑦ 参见（清）方观承：《为题请将魏县裁汰就近归并大名元城二县管辖等事宜事》乾隆二十三年二月二十八日，中国第一历史档案馆藏朱批奏折，档号：02-01-008-001142-0012。

者统计，仅在明清时期，大名府城的水患次数为 13 次，很多时候造成的损失是惊人的。譬如，洪武二十四年（1391 年），由于漳、卫二河并溢，"圮大名府城"①，城垣设施显然严重倒塌；洪武三十一年（1398 年）同样如此，"漳、卫并溢，郡城遂圮"②。建文三年（1401 年），因为大名城再次被冲圮，都指挥吴成遂将治所由今大名县东大街乡迁至今大名县驻地。③遗憾的是，迁至新址的大名城依然是水患频发的场所。嘉靖七年（1528 年），"大水薄府城，桥梁、城垣陷者十之二"④，嘉靖九年（1530 年）秋大水，"大名城不没者五版"⑤，万历二十年（1592 年）七月的水患情势更为严峻，"平地水高尺许，东南西北城隅几成巨浸，南城及社学陡然鞠尽，所坏官宅民居十之五六，士民震恐"⑥，城区几乎沦为湖泽，这次水患显然是大名城市发展史上的重大挫折。

二、防治之法

针对频繁且严重的城市水患情势，地方官民采取了丰富多元的应对措施。其中既有极端的应对举措，诸如避水迁城、调整政区等，亦有常规的防水策略，诸如筑堤修坝等，也不乏改徙河道、开挑引河、凿渠泄水、水车排水等较具地方特点的方法。现逐一论述如下。

（一）避水迁城：应对水患的极端举措之一

明清时期今京津冀地区因为水患威胁导致城址迁移的例子甚为多见。迁城意味着彻底放弃先前经营已久的城市，在新的地点重新开启城市的生命周期，这显然是应对水患的极端举措。据笔者统计，明清时期今京津冀地区因水患而导致迁城的案例至少有 12 例之多。

高阳县城原址位于今高阳县东 25 里旧城镇，在洪武三年（1370 年），"高河决，城陷"⑦，县治由此移驻丰家口，即今高阳县驻地。

东安县原治地在今廊坊市西旧州，洪武三年（1370 年）迁至张李店，即今廊坊市东南光荣村。史料载："县治旧在常道城东耿就桥行市南，因浑河水患，洪武三年十一月主簿华得芳移治于常伯乡张李店，即今县治是也。"⑧

临漳县城原址在今临漳县西南 18 里旧县村，洪武十八年（1385 年）漳水将县城冲

---

① 民国《大名县志》卷二十六《祥异》，民国二十三年（1934 年）铅印本。
② 同治《续修元城县志》卷一《形势》，清同治十一年（1872 年）刻本。
③ 康熙《元城县志》卷一《年纪》，清康熙十五年（1676 年）刻本。
④ 康熙《大名县志》卷四《河防》，清康熙十一年（1672 年）刻本。
⑤ 康熙《大名县志》卷十六《祥异》，清康熙十一年（1672 年）刻本。
⑥ 康熙《大名府志》卷一《境内图说》，清康熙十一年（1672 年）刻本。
⑦ 雍正《高阳县志》卷六《禨祥》，清雍正八年（1730 年）刻本。
⑧ 天启《东安县志》卷三《官政·公署》，明天启五年（1625 年）刻本。

没①，洪武二十六年（1393 年）漳水再次泛溢，"城池淤陷，民被其害"②，至洪武二十七年（1394 年），在知县杨辛任期内将治所迁至理王店，即今临漳县驻地。

大名府城原址在今大名县东北大街乡驻地，建文三年（1401 年），"河圮大名城，都指挥吴成始徙筑于艾家口"③，这个艾家口即今大名县驻地，民众至今仍称呼今大街乡驻地为"旧府城"。

深州城原址在今深州市东南 30 里，永乐十年（1412 年）七月淫雨连绵，"滹沱与漳水并溢，浊浪排空，居民骇散，城郭、坊市、公宇、民舍倾圮无存"④，在这种情形下，地方官被迫将治所移至今深州市驻地，时称"吴庄"。方志资料对迁城过程有着珍贵的记录，其载：

> 先是伯辰度城恶必堕，不可保，乃徙其民之老稚及官府图籍、公私储峙置之高原以待之。既而大水至，伯辰竭力捍御不支，民失故业，彷徨无所，于是即尝避水之地曰吴庄者，相其爽垲可居，遂请于朝而建治焉。造井屋，立廛市，不期月而政通人和，百堵皆兴矣。遂极力经画，营建治所，凡厅堂、廨宇、仓库、囹圄皆次第告成。于是修理学宫，而庙庑、堂斋、秩□翼翼称宏丽焉。以至坛壝、祠宇、铺邮、饩馆莫不备饬。诸所兴造，调度节缩，井井有条，官不费财，民不告劳，上下安堵，公私俱足。⑤

引文中的"伯辰"指深州知州萧伯辰。可以看出，因为滹沱河和漳河都发生漫溢，导致居民流移，深州城内的官私建筑几乎全部倾塌。情急之下，萧伯辰先将城内老弱和官私财物迁至高阜之地，但仍旧没有起到明显效果。此时萧氏发现先前曾经避水的吴庄地势高爽，可为新治，得到朝廷允准之后，遂迁治于此。在官民双方的共同努力下，吴庄的治所城市功能逐步健全。另一则资料记载萧伯辰选择新治的事迹说："公始至，乃遍历其州，相地之宜以图之，于是去州可三十里曰吴庄，广袤爽垲，周回翕聚，宜为州以居，且道里甚近，便为迁徙而不劳也。遂进诸父老而谋之，众皆大悦。公即日疏闻于朝，以永乐十年七月既望告其州之人而迁焉。"⑥由此得知，深州迁治吴庄除地势高爽之外，还有两个重要原因，一为"周回翕聚"，即聚落规模较为可观，有着可观的人气；二为"道里甚近"，即该地与旧治相距甚近，可以节省迁徙成本。

衡水县城原址在今衡水市驻地西南 15 里旧城村，永乐十三年（1415 年）淫雨，河溢，"大水坏城及官民庐舍，不可居，遂迁城"⑦，县治移至范家疃，即今衡水市驻地。

① 雍正《临漳县志》卷二《城池》，清雍正九年（1731 年）刻本。
② 正德《临漳县志》卷七《名宦·历代宦迹》"杨辛"条，明正德元年（1506 年）刻本。
③ 康熙《元城县志》卷一《年纪》，清康熙十五年（1676 年）刻本。
④ 雍正《直隶深州志》卷三《宦迹》，清雍正十年（1732 年）刻本。
⑤ 康熙《深州志》卷四《知州》，清康熙三十六年（1697 年）刻本。
⑥ （明）石字：《深州新城记》，康熙《深州志》卷八《艺文志》，清康熙三十六年（1697 年）刻本。
⑦ 康熙《衡水县志》卷六《事纪》，清康熙十九年（1680 年）刻本。

与衡水县城在同一年迁治的是冀州城。该城原址即今衡水市冀州区驻地，但永乐十三年（1415 年）的一场大水对城垣造成严重破坏，被迫迁移他处，史载："水势汹涌，坏城而入，官民庐舍荡尽，知州柳义徙治于城南十里，茅茨而居，越四岁，水平，乃复旧治。"①大水灌入城内，"荡尽"城内公私设施，不得不迁往"城南十里"，但与附近的衡水县城不同的是，四年之后冀州重回旧治，因在新治为时甚短，是不可能有新城的修筑一事，故而冀州因灾迁治有明显的特殊性。

南宫县城原址在今驻地西北三里之旧城，成化十四年（1478 年）六月，漳河大溢，官舍民居尽付波臣，史料载："旧城在今治西三里，衡漳泛滥，漂坏城墙，城中水深丈余，官民廨舍尽没。"②另一则资料载："夏六月，大水圮南宫县治。时真定府所属武强、饶阳、柏乡等县俱大水，惟南宫尤甚，城至倾斜，遂成巨浸，民甚苦之"③，整座城市沉沦于洪涛之下，不得已而移至今南宫市驻地。

沙河县原治今沙河市北 20 里沙河城镇东 1 里，"明初县城被河水冲圮"，降至弘治四年（1491）时方将治所移至"西山小屯"，即今沙河市西新城镇，弘治十八年（1505 年），知县张瑾"重筑旧城，复选故址"，也即再次迁回了今沙河城镇东 1 里的旧治，"至今不罹水患"④。

束鹿县老城地望即今辛集市东北旧城镇驻地，自隋开皇三年（583 年）起就是县治所在地，降至明天启二年（1622 年），一场大水将这座千年老城冲没一空，县治被迫迁至新圈头市，即今辛集市东南新城镇驻地。史料载："（天启二年）六月二十三日，（滹沱）河自晋州境内涅槃村决口，入束鹿境，破旧城南堤，淹没城池一空"⑤，"滹沱河大决，祁州束鹿城坏，官舍民居悉没于水"⑥。令人遗憾的是，原本基于避水目的而择址另建的束鹿新城并没有摆脱洪水的侵扰，滹沱河依旧频繁地冲击着这座新城。束鹿新旧两城的水患情形在河北平原具有典型意义。

降至清代康熙四年（1665 年），又一座城市因水而迁，即肥乡县城。其本坐落于今邯郸市肥乡区驻地，康熙四年（1665 年）因漳河决口，大水沉城，县治迁至今驻地东旧店营，直到六十余年后的雍正九年（1731 年）方才迁回原址。

大名县原治今县南旧治乡驻地，起先并不与大名府同城。明代大名府的附郭县为元城县，治所本在今大名县大街乡驻地，建文三年（1401 年）方迁至今大名县驻地。明清时期的大名县城也是个水患频仍的地方，乾隆二十二年（1757 年）的一场大水对该城造成严重破坏，史载："漳、卫冲溢，浸城丈余许"⑦，"六月，卫河决入大名县城，

① 嘉靖《冀州志》卷七《人事志·祥异》，明嘉靖二十七年（1548 年）刻本。
② 康熙《南宫县志》卷二《营建》，清康熙二十年（1681 年）刻本。
③ 嘉靖《真定府志》卷九《事纪》，明嘉靖二十八年（1549 年）刻本。
④ 道光《沙河县志》卷二《城池》，清道光二十五年（1845 年）刻本。
⑤ 乾隆《束鹿县志》卷二《地理》，清乾隆二十七年（1762 年）刻本。
⑥ 康熙《保定府志》卷二十六《灾祥》，清康熙十九年（1680 年）刻本。
⑦ 乾隆《大名县志》卷三《城郭》，清乾隆五十四年（1789 年）刻本。

坏庐舍"①。乾隆二十三年（1758年），直隶总督方观承上奏乾隆帝，基于与大名县毗邻的魏县县城亦遭到严重水患打击，该县一时又难觅新址，建议将魏县并入大名、元城两县，同时将大名县治迁至大名府城所在的今大名县驻地。②从此，大名府形成大名、元城双附郭县格局。

必须指出的是，与乡村相比，城市通常扮演着一定区域内的行政中心、经济中心、文化中心的角色，从这一角度来审视城址迁移问题，其不仅仅表现为空间位置上的简单移动，而是带有更广泛、更深刻、更具长远影响的区域内的重大"事件"，很有必要对水患迁城问题开展更深入的专门研究。③

（二）调整政区：应对水患的极端举措之二

官方基于洪水对城市的影响而做出调整政区的决定，这在历史时期的水患应对策略中是极少见到的，因为城市相对于政区而言，仅表现为近似点状的微观区域，其究竟如何因洪水作用于点状要素而最终牵连出大范围行政区划的调整，以及官方是如何设计新的政区方案的，是颇值得追索的问题。乾隆二十二年（1757年）漳河洪水严重冲击了魏县县城，以此为导线，最终导致了魏县、大名县、元城县的政区变动，这一因城市水患而导致的政区调整行为，是笔者见到的明清时期今京津冀地区的孤例，十分典型。而借助乾隆二十三年（1758年）二月二十八日直隶总督方观承上奏给乾隆帝的奏折，我们有条件清晰复原这一事件。

针对魏县县城的严重灾况，早在乾隆二十二年（1757年）下半年，皇帝在答复方观承的另一封奏折中就提出了要求，其言："魏县城外积年受淤，已成釜底之形，将来应作何筹办，并著该督方观承确按情形妥议请旨，该部遵谕速行"④。按照方观承最初的想法，本欲采取迁建治所的传统做法，他说：

> 至魏县城邑已成釜底之形，仰蒙圣明指示作何筹办，臣前在魏县曾经踏勘地势，体察民情，欲筹永免水患，惟有迁建县治，仿照江南临淮、沛县之例办理，而春月以工代赈，并于邻近灾地有益，但事关民社，自须慎重筹办，应请俟积水全消、田禾收割之后，再行详加相度。⑤

① 乾隆《大名县志》卷二十七《祲祥》，清乾隆五十四年（1789年）刻本。
② （清）方观承：《为题请将魏县裁汰就近归并大名元城二县管辖等事宜事》，乾隆二十三年二月二十八日，中国第一历史档案馆藏朱批奏折，档号：02-01-008-001142-0012。
③ 基于这一思考，笔者以资料相对丰富的束鹿县城为例做了个案探讨。参见李嘎：《滹沱的挑战与景观塑造：明清束鹿县城的洪水灾难与洪涝适应性景观》，《史林》2020年第5期。
④ （清）方观承：《奏为遵查魏县等被水各处粮价渐昂请将所折赈银准照乾隆十六年例折给等事》，乾隆二十二年七月十五日，中国第一历史档案馆藏朱批奏折，档号：04-01-05-0017-026。
⑤ （清）方观承：《奏为遵查魏县等被水各处粮价渐昂请将所折赈银准照乾隆十六年例折给等事》，乾隆二十二年七月十五日，中国第一历史档案馆藏朱批奏折，档号：04-01-05-0017-026。

由上面引文可以看出，方观承在提出初步想法的同时，又是比较谨慎的，他要针对这一问题作进一步的筹措。

在乾隆二十三年（1758 年）二月二十八日的奏折中，方观承否决了起初迁建县治以避水的想法，原因是魏县县城内的百姓并不想离城远徙，档案资料记载："若于境内另行择地改建，必在距河稍远之处，而体察民情，又复不愿远移。"①针对这一情势，方观承认为应该在更大的空间范围内思考解决魏县城市水患问题。他说：

> 窃以建置故有常经，而制宜尤在因地，魏邑系繁难中缺，所辖三百三十七村，与大名、元城二县土地、人民犬牙相错，故词讼之涉户婚田土者往往三县并控。本司等详加相度，大名府属之大名县附近府城，地甚偏小，而附郭元城县亦系中治，似不如将魏县裁汰，就近归并大名、元城二县管辖，无庸再议迁筑城署，庶经费不致多糜，而政治亦称简易。
>
> 查漳河以南东、西、南三面计二百八十八村，河以北计十八村，共三百六村，额征地粮银四万五千七百八十两零，均与大名县地界切近，应请同漳河堤岸划归大名县管辖。又东北三十一村，额征地粮银三千三百一十两零，与元城县地界毗连，应归并元城县管辖。

在方观承看来，制定政策重在因地制宜。魏县、大名、元城三县在政区地理形态上呈犬牙相错之势，而在政区面积上大名县明显偏小，方氏因而主张本着均衡县域幅员的原则，将魏县 337 村分别并入大名、元城两县，其中大名得 306 个村，元城县得 31 个村。

基于大名县治与大名府治相距仅有五里，且大名县城在乾隆二十二年（1757 年）的水患中也遭到较大打击，"大名县治逼近卫河，上年卫水漫堤入城，以致城垣浸损，虽较魏县被水为轻，然土城本属残缺，水后更须修筑"，方观承主张应迁徙大名县治，将其移驻五里外的府城，与元城县共同充当大名府的附郭县，"首大名，次元城，所有府城内街道关厢划半分管"。"其大名旧管村庄，与元城接连者，亦酌量分拨。自府城东西大街起，西、南二门并关厢，又东门外大名县原管之府东关、北关、三里店等十三村庄，额征地粮银三百二十四两零，俱拨归元城县，余仍隶大名县"。方氏认为，如此措置，不仅元城县境内村庄在区域上自成一体，且县域面积适均，对于办理地方事务也甚为便捷。

对于调整后之政区等第及官员派任问题，方观承认为，新的大名县"地方既加广阔，额赋又增数倍，兼有漳、卫二河，修防紧要"，应将该县定为"附郭繁难沿河要缺"，应调任与县缺相应品级的官员担任新大名县知县。至于原魏县县丞，其原有职责

---

① （清）方观承：《为题请将魏县裁汰就近归并大名元城二县管辖等事宜事》，乾隆二十三年二月二十八日，中国第一历史档案馆藏朱批奏折，档号：02-01-008-001142-0012。以下史料如果不另外出注，皆出自这一档案，特此说明。

在于专管县内漳河修防事务，应仍令其驻扎魏县旧治，归大名知县管辖。

学额分配问题向来是调整政区时十分重要且棘手的事务。原魏县额设文童为18名、武童15名、廪增20名，方观承认为："县虽议裁，而读书士子如旧，未便以分并之故将入学名数遽议裁减。"本着这一原则，方氏主张魏县文、武童拨归元城县各2名，大名县文、武童各减去1名，增入元城县学额，魏县剩余文童学额16名、武童13名编入新设之魏县乡学，将大名县训导分拨至魏县乡学，为乡学训导，主管乡学事务。

对于养廉银、经费办公银的处理措置，方观承主张应本着节省与均衡的原则对待之，"大名县养廉银照大县之例，酌定银一千两，在于裁县养廉银内拨给；经费办公银两毋庸加增，魏县额设经费办公拨剩养廉银两一并裁汰解司归款充公"。至于原魏县额设递马6匹、马夫3名、铺兵15名，因新大名县改为附郭首邑，公务殷繁，应将魏县递马、马夫、铺兵照旧存留，统归大名县应差。此外，魏县额内孤贫应酌拨大名县128名、元城县14名；魏县监犯归大名县管理，囚粮等项即行裁汰；大名县常平仓应加贮谷2万石，大名府仓廒改作大名县仓廒。至于府城内大名县衙的建设，方观承认为可将城内西南隅天雄书院旧址改为大名县衙，衙内诸如住房、库房、监狱、教谕署、典史署等，应将魏县、大名旧有各衙署及监仓房屋拆卸，以为建设新大名县衙之用。

方观承的政区调整建议，得到了皇帝允准。一场因城市水患引起的政区大调整最终成为现实。

（三）筑堤建坝：应对城市水患的常规举措

以迁城避水为主要表现形式的极端举措是一种万不得已的选择，随着社会经济的发展，当城市越来越成为地方财富的集中地时，采取迁城的办法显然要付出极大的成本。因此，当水患对城市的威胁尚未达至必须迁城的"临界点"时，修筑护城堤防就成为地方社会应对水患最主要的措施。

通过查阅大量的旧志资料，我们发现明清时期今京津冀地区的很多城市均修筑有护城堤防。清嘉庆十三年（1808年）成书的《畿辅安澜志》以河道为纲，记录了海河、滦河流域24条重要河道的水利情况，其中有大量关于护城堤的资料。这部文献显示，至少以下城市明确有护城堤的创筑：永清县城、蔚州城、正定府城、藁城县城、晋州城、冀州城、衡水县城、武邑县城、武强县城、青县城、束鹿县城、安平县城、饶阳县城、大名县城、广平县城、成安县城、临漳县城、肥乡县城、广宗县城、巨鹿县城、新河县城、天津府城、清河县城、永平府城、易州城、磁州城、邯郸县城、广平府城、曲周县城、鸡泽县城、平乡县城等。笔者推测，这些记录很可能并不全面，但已足以展示出护城堤防建设的普遍程度。

数量众多的护城堤或围绕城墙一周，或仅修筑于河流顶冲的部位，故而长短不一，具体形态也有所不同。譬如，永清县护城堤"周围三千六百步，明嘉靖四十二年知县冯鉴创建"①；蔚州护城堤周长仅"二百八十丈，高一丈，宽一丈五尺"，规模小了许多②；晋州护城堤"周围七里有奇"③，衡水县护城堤则长达三十余里，由城西南直抵冀州海子④，武邑县护城堤"高一丈，西南迤东北，长十二里"⑤，武强县护城堤则"城外四面皆有"，长度也是颇为可观的⑥。束鹿县则旧城与新城均修筑有护城堤，仅就新城而言，乾隆二十四年（1759 年）知县李文耀曾经大规模重修，"堤长千余丈，高视昔加三之一，阔视昔加四之一"，东门之外并非滹沱河顶冲之方向，李氏也"环筑壕墙一道，计长二百余丈"⑦。安平县的护城堤则有外堤与内堤之别，外堤"周围八里，明正德六年知县王翊建，西南北三处各有门一座"，内堤"明崇祯十年知县孔闻俊增筑"⑧。成安县护城堤筑于明嘉靖二十一年（1542 年），后为水所坏，康熙十年（1671 年）增修，"周围一千七百一十八步，高二丈有奇"，同时又在东南方向增筑外堤一道，"长七百六十步，高一丈五尺"⑨。肥乡县护城堤名曰"大堤"，环绕城外一周，长约十里，以防漳水⑩。广宗县护城堤有大堤与小堤之分，大堤"南起三周村，历侯家寨，绕城西北，至小平台止，亘三十里"，规模是颇为宏大的⑪。南宫县护城堤分内外两重，史载："护城堤在南宫县城隍外，堤外又为重堤，隆庆六年知县乔严筑，高三丈，基广二丈五尺。"⑫永平府城护堤"自西门起，至小西门止，长一里，高一丈五尺，乾隆五年修筑"⑬，以障滦河洪流。广平府城与曲周县城的护堤长度均达 30 里，规模十分可观⑭。

① （清）王履泰：《畿辅安澜志·永定河》卷四，《续修四库全书》编纂委员会：《续修四库全书》第 893 册，上海：上海古籍出版社，2002 年，第 225 页。
② （清）王履泰：《畿辅安澜志·桑干河》卷下，《续修四库全书》编纂委员会：《续修四库全书》第 893 册，上海：上海古籍出版社，2002 年，第 357 页。
③ （清）王履泰：《畿辅安澜志·滹沱河》卷三，《续修四库全书》编纂委员会：《续修四库全书》第 893 册，上海：上海古籍出版社，2002 年，第 459 页。
④ （清）王履泰：《畿辅安澜志·滹沱河》卷三，《续修四库全书》编纂委员会：《续修四库全书》第 893 册，上海：上海古籍出版社，2002 年，第 460 页。
⑤ （清）王履泰：《畿辅安澜志·滹沱河》卷三，《续修四库全书》编纂委员会：《续修四库全书》第 893 册，上海：上海古籍出版社，2002 年，第 460 页。
⑥ （清）王履泰：《畿辅安澜志·滹沱河》卷三，《续修四库全书》编纂委员会：《续修四库全书》第 893 册，上海：上海古籍出版社，2002 年，第 460 页。
⑦ （清）李文耀：《重修护城堤记》，乾隆《束鹿县志》卷十二《艺文志》，清乾隆二十七年（1762 年）刻本。
⑧ （清）王履泰：《畿辅安澜志·滹沱河》卷三，《续修四库全书》编纂委员会：《续修四库全书》第 893 册，上海：上海古籍出版社，2002 年，第 464—465 页。
⑨ （清）王履泰：《畿辅安澜志·漳河》卷下，《续修四库全书》编纂委员会：《续修四库全书》第 893 册，上海：上海古籍出版社，2002 年，第 557 页。
⑩ （清）王履泰：《畿辅安澜志·漳河》卷下，《续修四库全书》编纂委员会：《续修四库全书》第 893 册，上海：上海古籍出版社，2002 年，第 558 页。
⑪ （清）王履泰：《畿辅安澜志·漳河》卷下，《续修四库全书》编纂委员会：《续修四库全书》第 893 册，上海：上海古籍出版社，2002 年，第 559—560 页。
⑫ （清）王履泰：《畿辅安澜志·漳河》卷下，《续修四库全书》编纂委员会：《续修四库全书》第 893 册，上海：上海古籍出版社，2002 年，第 560 页。
⑬ （清）王履泰：《畿辅安澜志·滦河》卷下，《续修四库全书》编纂委员会：《续修四库全书》第 894 册，上海：上海古籍出版社，2002 年，第 208 页。
⑭ （清）王履泰：《畿辅安澜志·滏阳河》，《续修四库全书》编纂委员会：《续修四库全书》第 894 册，第 508、510 页。

　　主持创修或重修这些护城堤的人士几乎毫无例外地全系当地的地方官。治理水患、发展水利本就是传统时代正印官的重要职责，在旧志资料中有大量关于地方官修筑护城堤以防御水患的记载。譬如，临漳县有名曰"景公堤"的护城堤，乃是县民为纪念弘治年间知县景芳修堤而命名的，景氏在自撰的《临漳大堤记》中说："余来治阅岁，民隐切身，乃筹度深计，相地之宜，申请上司明文，募民合作，高一丈二尺，广倍之，顶损高之二，自漳丘村迤东，直距羊羔村，延亘四十五里，坚厚积实，两傍植以杨柳，使其盘根牢固，竭吾心力而经营之，务图为久远之基。比年以来，纵有洪涛巨浪，不能为害。邑之人咸赖不忘，故目其堤曰景公堤。"①又如晋州之护城堤又名"屈堤"，乃是民众为纪念万历年间知县屈受善修堤事迹而命名的，史载："屈受善，陕西华阴人，由举人，万历二十七年任……到任之夏六月，河水泛涨，决堤侵城，州民危甚。公极力捍御，得免。次年春，筑新堤一道障水，自西关起，至坡城止，长五里有奇，频年水不为灾。晋人德之，至今称为屈堤云。"②再如天津卫万历年间修筑起护城堤，因系同知陆敏捷的功劳，故名"陆公堤"："陆公堤在西门外藏经阁前，万历三十二年教场口岸冲决，浸及城砖二十四层，清军同知陆敏捷申请题留两营班军修护城堤，绕城西南二面，以绝水患，至今名陆公堤。"③还有大名县护城堤又名"吴公堤"："明正德间漳、卫二河决溢入境，知县吴拯增筑，植柳千株，亦名吴公堤。"④此类例子甚多，恕不再举。

　　由于绝大多数的护城堤均系土筑，为了防止洪水冲决，时人通常在堤上密植垂柳。众所周知，柳树耐水性强，易于成活，根系盘根错节，对堤堰的巩固大有裨益。像真（正）定府城、永清县城、高阳县城、晋州城、大名县城、束鹿新城、肥乡县城、临漳县城等护堤上均植有大量柳树，这种现象应当是普遍性现象，不独以上诸城如此。除植柳以固堰之外，还有不少城市采取了许多值得称道的堤堰修筑技术。以真（正）定府城为例，万历三十六年（1608 年），滹沱河溢，真定知府汪国楠在城外西南方向修筑护城大堤，"用巨梃贯铁镬，编荆，实以砖石，与桩埽相联次，堤遂坚固"⑤，意思是汪知府将贯穿大铁锅的木桩楔入堤内，然后在荆篓中实以砖石，将其与桩埽相互连接，这些举措对于提高大堤抵御滹沱河洪水的能力实有裨益。进入清代，真（正）定护城堤集中于对斜角堤的修筑上，采取的措施诸如在堤内面对河流的方向添筑埽坝，埽坝用柴草制成，如此既可以缓冲洪水对堤防的冲击，又可存蓄泥沙以进一步增加堤防厚度，一举两得。⑥

　　① （明）景芳：《临漳大堤记》，正德《临漳县志》卷十《词翰·记》，明正德元年（1506 年）刻本。
　　② 康熙《晋州志》卷五《官寮志》"屈受善"条，清康熙三十九年（1700 年）刻本。
　　③ （清）王履泰：《畿辅安澜志·卫河》卷五，《续修四库全书》编纂委员会：《续修四库全书》第 893 册，上海：上海古籍出版社，2002 年，第 671 页。
　　④ （清）王履泰：《畿辅安澜志·卫河》卷五，《续修四库全书》编纂委员会：《续修四库全书》第 893 册，上海：上海古籍出版社，2002 年，第 679 页。
　　⑤ （清）赵文濂：《漕马口堤斜角堤说》，光绪《正定县志》卷五《山川》，清光绪元年（1875 年）刻本。
　　⑥ 参见李嘎：《滹水为灾：历史时期真（正）定城市水患与防治措施》，未刊稿。

（四）其他应对举措

除筑堤建坝的常规应对举措之外，明清时期今京津冀地区还可见其他一些防治城市水患的办法，譬如开挖引河、凿渠排水、建闸排水、水车排水等，颇具特色。

开挖引河可以降低城垣附近河流的行洪量，对于减小近城河流的水患威胁意义重大。明清时期真（正）定府城在解决水患问题时，就很重视采用开挖引河的办法。成化十三年（1477年）真定城关厢一带受到滹沱洪水的冲击，时任知府田济"距旧河数里外凿一新河，延袤十余里，深逾丈，广三百余尺，筑堤二千余丈，以御旧河之水，分其流入于新河"①，于旧河之南开凿新河以分洪，在以修筑护城堤为主要应对手段的时代，不失为一项别具特色的举措。万历初年真定知县周应中仍对田济开挖引河的办法给予高度评价，其言："窃意新河挈滹沱分流，疏通以杀其势，知府田（济）有故事……今但于二河筑堰障流，年年补塞，苟一时之便，非余初心也。"②

河北平原地区尤其是南部很多城市呈现为外高内低的地貌特征，致使极易发生城市内涝，积水外排成为一大难题。地方官府为此费了不少心思。雍正年间临漳知县陈大玠为解决城内积水而制造水车、开凿水渠以排水的行动就很值得注意，其在《福惠渠记》中言：

> 邑城自旧县移建于兹，几四百年矣。漳水忽北忽南，绕四围，退则泥淤，积岁月而成膏壤。郭外地高半于城，城之形若釜、若瓯、若出水荷。余甫治兹邑，即培筑护城堤，逾门额宽称是。今岁夏秋之交，雨积水涨，临堤者屡仰赖神庥，庆安澜。是堤之大有造于城也。惟城无出水处，久雨则室惟水宅，注者蛙产灶，居民患之。余劳心思为民谋安衽席计，访有旧水闸在城南西偏，因外濠高倍内濠，久已塞，复再四筹，北门差可出水。仿吾闽置水车五，募夫数十，俾更翻昼夜作，将水伡外濠，乃堤为之障，潜滋暗润，水由地中，复涌内濠，遍度地势，于东南堤角暂开一水道，自堤至于河，凿一渠，计长可四里，深广各七尺，而后乃令得畅流。③

陈大玠乃是福建晋江人氏，生长于东南水乡之地的他对于水车自然十分熟悉，其将这一技术利用于临漳之地，以将城内之水排于外濠，然后循地势之便开凿福惠渠，最终将城内之水引入河道之中。这显然是一项颇有巧思的城市排水技术。其他诸如晋州城也曾经利用水车排水，康熙《晋州志》记载，顺治五年（1648年）晋州城发生严重水患，"平地涌泉，城内水深数尺，人皆乘筏往来，州守陈公置水车，由南门向外注"④。清代束鹿城在解决内涝问题时也曾经利用水车排水之法，史载："李梦莲，贵州绥阳县举人……岁庚子，滹沱泛涨，水入城，造运水车，昼夜督工，水尽退，民德之"⑤，按，

---

① 万历《真定县志》卷一《舆地·山川》，明万历五年（1577年）刻本。
② 万历《真定县志》卷三《田赋·里甲》，明万历五年（1577年）刻本。
③ （清）陈大玠：《福惠渠记》，光绪《临漳县志》卷十二《艺文志·记上》，清光绪三十年（1904年）刻本。
④ 康熙《晋州志》卷十《事纪》，清康熙十四年（1675年）刻本。
⑤ 嘉庆《束鹿县志》卷六《职官志·宦迹》"李梦莲"条，清嘉庆四年（1799年）刻本。

李氏于乾隆四十二年（1777年）上任束鹿知县，庚子年乃乾隆四十五年（1780年）。

有些地方还采用修建闸座以排水的方式，广宗县城就是其例，《畿辅安澜志》记载："城东闸，顺治十一年漳河溢，广宗县东北隅城下旧有水道，自外入内，东街地势洼下，水深丈余，知县龚承宣建闸以泄水，居民便之。"[①]闸座可以人为控制水流，只要闸体选址科学，对于排泄城内积水也是颇为有效的。

三、结语

中国灾害史研究经过长期的发展，取得了巨大成就，但同时也出现了某些不容忽视的缺陷，譬如相当多的成果依然停留于粗放式"灾害—应对"研究阶段，研究思路和框架千人一面。正如朱浒先生评价的那样，"凡谈及灾情特点必称其严重性，述及灾害影响便称其破坏性，论及救灾效果必称其局限性"[②]，这确实应引起我们的反思。如何改进这一研究范式？朱浒先生指出，路径之一是应重视提炼"某一地域、某一时段内灾害与社会关系的特定表现及其属性"[③]，也即应着重归纳时空个性。笔者对此深表赞同。

就本文而言，若将今京津冀地区与同属北方的山陕黄土高原地带加以比较的话，可以发现，明清时期今京津冀地区的城市水患现象更为普遍且突出。笔者经过对大量文献的搜集整理，在明清时期的上述三个地区共梳理出1022次城市水患事件，其中今京津冀地区凡669次，山西地区236次，陕西黄土高原地带117次。如果考虑到三地的城市总数，则今京津冀地区每座城市的水患频次为5次有余，山西与陕西中北部相当，均为2次有余，这明显说明今京津冀地区是城市水患更为多发的地带。进一步来看，今京津冀区域内部的城市水患现象亦呈现出较为明显的空间分异特性。据笔者统计，水患频次在10次及以上的城市凡19座，其中北部有8座，即密云、冀州、临榆、迁安、永平府、乐亭、北京、通州，中部有4城，即天津府、文安、真（正）定府、束鹿，南部有7城，即新河、广平府、曲周、肥乡、成安、临漳、大名府；水患频次在5—9次的城市凡27座，其中北部5城，中部12城，南部10城。今冀南之地仅涉邢台、邯郸两市，面积在3个亚区中最为窄小，但5次及以上之城市却多至17座，可见海河流域南系是城市水患最为多见之区。若以海拔高度言之，明清时期今京津冀地区海拔在50米以上之城市约为50座，水患在5次及以上之城市凡18座；海拔20—50米之城市约为47座，水患5次及以上之城市亦为18座；海拔20米以下之城市约为34座，水患5次及以上之城市为10座。可见河北平原腹地是水患严重城市较为集中之区。

从地方社会应对水患的举措来看，修筑护城堤堰是最为普遍的手段，该举措虽然在

---

① （清）王履泰：《畿辅安澜志·漳河》卷下，《续修四库全书》编纂委员会《续修四库全书》第893册，上海：上海古籍出版社，2002年，第560页。
② 朱浒：《中国灾害史研究的历程、取向及走向》，《北京大学学报》（哲学社会科学版）2018年第6期。
③ 朱浒：《中国灾害史研究的历程、取向及走向》，《北京大学学报》（哲学社会科学版）2018年第6期。

其他区域亦为常见①，但在今京津冀地区尤其是河北平原似乎更为多见。笔者认为，这是地方社会基于平原地带河道特性而做出的"技术选择"。泛滥平原区河流的一般特性即河道稳定性差，迁徙频繁，使得人工改移河道或开凿引河等"疏通性"手段难以长久发挥作用，坚筑堤防的"阻障性"措施势必成为防洪保城的主要途径。事实证明，护城堤达到了一定的防洪效果。另外，我们发现迁城避水的极端性应对措施在今京津冀地区十分引人关注，总数达 12 城之多，这一数据显然是相当高的。②从 12 城的空间分布来看，有 10 城坐落在冀中南一带，这里地势平衍，河流长期泛滥于护城堤或城墙之外，不少城市形成了城内"如在釜底"的微地貌形态，这一堪忧的城区下垫面特征往往成为水患迁城的重要动因。可以说，明清时期今京津冀地区的"河性"与"城性"成为决定地方社会应对方式的关键因素。

在结束本文的研究任务之时，笔者还想提出当前促进城市水患史研究可能有必要继续努力的两个方向。其一，似应更加重视水患影响城市的多元性结果，以辩证思维审视灾害。城市水患关乎自然与城市的互动，这种互动关系实际上是辩证的、多元的，而非机械的、一元的。我们有必要认真思考的是，在"洪水"与"城市"二者之间，是否仅表现为洪水袭城与治水护城这一对互动关系？事实显然不是如此。众所周知，作为自然要素的水，既可为患，又能兴利，利害相生、福祸相倚在水要素上表现得极为突出。在已有的城市水患史研究中，"洪水"一方的情形往往被充分强调，对"城市"一方的关注显然很不够。我们有理由追问，滔滔洪水在冲击城市的同时，有没有在城区范围内造成了"水利"的结果？我们也应该思考，地方社会对洪水的防治措施，有没有在城区范围内造成新的"水患"？这些追问，对于更为全面地认识历史时期的城市水患无疑十分有益。其二，在未来的城市水患史研究中，似可抱持一种"分解"思维，开展与城市水患有关的各要素的专门研究，或可称之为城市水患的"要素研究法"。其中内涵丰富、关涉面极广的"洪涝适应性景观"即是大有可为的研究议题。对此可以采取多学科交融互济的方式开展起来。

说明：本文原载行龙主编：《社会史研究》第 11 辑，社会科学文献出版社 2021 年版。

① 譬如在明代以来的山陕黄土高原地区，总体上即表现出以修堰筑坝为主，其他举措时有所见的特征。参见拙著：《旱域水潦：水患语境下山陕黄土高原城市环境史研究（1368—1979 年）》，北京：商务印书馆，2019 年。
② 在同期的山陕黄土高原地带，因水患迁城者仅见汧阳、安塞二城，后者尚仅系从城内迁至南关的短距离迁移。参见拙著：《旱域水潦：水患语境下山陕黄土高原城市环境史研究（1368—1979 年）》，北京：商务印书馆，2019 年。亦可参考许鹏：《清代政区治所迁徙的初步研究》，《中国历史地理论丛》2006 年第 2 辑。

慈善组织、减灾防灾与精准扶贫的社区实践
——基于宣明会洋县减灾防灾项目的思考与分析

文姚丽　蒲媛缘　韩　慧

（西北政法大学红十字与人道主义研究中心；西北政法大学法治学院　法律硕士教育学院；西北政法大学民商法学院）

　　世界宣明会于 1950 年成立，是一个以儿童为本的救援、发展及公共教育机构，拥有 45 000 名员工，在全球近 100 个国家或地区开展慈善活动。世界宣明会正在与近 50 个"一带一路"沿线及非洲国家和地区致力于提升民生福祉。"'一带一路'建设承载着我们对共同发展的追求，将帮助各国打破发展瓶颈，缩小发展差距，共享发展成果，打造甘苦与共、命运相连的共同体。"

　　1993 年，世界宣明会—中国正式成立，致力于在中国拓展各项扶贫及社区发展工作。1997 年，世界宣明会与中华慈善总会合作，开设"儿童为本区域发展"项目。2017 年 1 月 1 日，《中华人民共和国境外非政府组织境内活动管理法》生效实施后，世界宣明会已在广东、云南、贵州、江西、天津、广西、陕西、河北八个省、自治区、直辖市成立代表处。2018 年，世界宣明会在中国开展 29 个"儿童为本区域发展"项目，直接惠及 60 687 名资助儿童，并且服务 2 574 089 人。世界宣明会在各项目中投入资金110 862 105 元人民币。

　　灾难发生时，世界宣明会往往是第一批回应灾情的国际救援组织。世界宣明会的救援队伍会迅速前往灾区了解灾情及灾民的急切需要，并按实际情况向灾民发放救援物资，计划灾后重建工作。重建项目一般包括民房、学校、便民桥、道路、饮水工程、小型水利设施、恢复生计（发放化肥、种子）等。自 1982 年起，世界宣明会参与中国多项救灾工作，包括水灾、地震、雪灾、泥石流及旱灾。1991 年华东水灾，世界宣明会第一时间做出回应，投入 500 万美元在重灾区进行大规模的救援及重建工作，随后于 1992 年、1994 年、1996 年，以及 2000 至 2014 年国内各大小规模的水灾、地震和其他天灾中均积极参与救灾及重建的工作；2008 年汶川大地震专项行动的投入超过 4 亿元人民币。为了降低灾难所带来的影响，世界宣明会十分重视防灾及减灾的工作，包括荒

　　基金项目：教育部人文社科基金项目"延安时期党的领导与社会保障建设相统一的实践智慧及其当代意义研究"（项目编号：18XJC710010）；教育部哲学社会科学研究重大课题攻关项目"近代救灾法律文献整理与研究"（项目编号：18JZD024）；世界宣明会中国基金有限公司（陕西代表处）资助项目"减灾防灾助推精准扶贫"。

　　作者简介：文姚丽，女，陕西三原人，西北政法大学红十字与人道主义研究中心研究员，主要从事社会保障史、社会保障理论与政策以及慈善领域的研究；蒲媛缘，西北政法大学法治学院　法律硕士教育学院硕士研究生；韩慧，西北政法大学民商法学院学生。

山造林，种草治沙，建设排水沟渠、河堤及其他水利工程，并开展了以学校及社区为本的防灾减灾项目，如防灾减灾演练、知识宣传、为学校及社区安装防灾减灾设备等。

一、任重道远：精准把握减灾防灾的机遇与挑战

（一）世界宣明会在洋县开展减灾防灾的现实需求

陕西省汉中市洋县（东经 107°11′—108°33′，北纬 33°02′—33°43′），位于陕西省南部，汉中盆地东缘，北倚秦岭，南靠巴山，全县地表由山地、丘陵和平川三种地貌构成。总面积 3206 平方千米，人口 44.21 万人，全县辖 15 个镇、3 个街道办事处、271 个行政村、16 个社区。区域内地形起伏，涧岭纵横，沟坝相连，自然灾害比较频繁，属自然灾害高发县份之一。

洋县地处我国南北地震带东侧，位于秦岭南缘略（阳）—勉（县）—洋（县）大断裂的东段。南北地震带由南郑县境内的钢厂—秦家坝断裂向东插入洋县南部，延至酉水河口，伏于第四纪新生代沉积层之下，与略（阳）—勉（县）—洋（县）大断裂共同控制着洋县境内的地震活动。洋县新构造运行比较强烈，在地貌景观上表现明显。按地貌形态和成因，区内分为以堆积作用为主的平川和以侵蚀、剥蚀作用为主的山地、丘陵等地貌。据史料记载，震中在本县的地震共 9 次，震级均在 5.5 级以下，烈度Ⅵ度以内，外省、县地震波及洋县有感者 8 次，震感较强的是 1976 年四川松潘 7.2 级和 2008 年的汶川地震，烈度Ⅸ级，造成洋县少数房屋出现裂缝，诱发了部分地质灾害。据中国地震动参数区划图，洋县地震烈度为Ⅵ度区。

据洋县应急管理局调查统计，截至 2018 年 12 月底，全县共有地质灾害隐患点 128 处，共威胁 919 户、3184 人、3455 间房屋，以及 5 所学校师生 1592 人、校舍 320 间和道路、过往行人及车辆的安全。滑坡、崩塌、泥石流是洋县的主要地质灾害。其一，滑坡 123 处，为主要地质灾害类型，占地质灾害隐患点总数的 96.1%。主要分布于低山丘陵区，其次为酉水、金水等较大河流的中低山河谷地带及金水—酉水断裂附近等地。按类型划分，黏性土滑坡 87 处、碎石土滑坡 24 处、岩质滑坡 11 处、坡积土滑坡 1 处。按规模分，小型滑坡 93 处、中型滑坡 30 处。按滑体厚度分，浅层滑坡 121 处、中层滑坡 2 处。滑坡隐患共威胁 901 户、学校 5 所、3111 人、房屋 3380 间。其二，崩塌共有 2 处，占地质灾害点总数的 1.55%，分别分布在溢水镇西河村四组、磨子桥镇新屋村三组，均为小型规模。崩塌隐患共威胁 4 户、19 人、房屋 17 间。其三，泥石流共有 3 条，占地质灾害点总数的 2.35%。泥石流规模均为小型，均为低易发泥石流。共威胁 14 户、54 人、房屋 58 间及 30 亩地的耕种。

总体而言，洋县地质灾害比较严重，其灾点类型多、成片成带分布，规模差异较大，影响和受控因素多，发生频率较高，小型灾点多，危害程度属中型的灾点较少。具体而言，洋县的自然灾害具有如下四个特点。第一，集中性。地质灾害主要集中在溢

水—洋州街办—龙亭—桑溪一线，呈西宽、东窄的带状横穿区中部，包括大部分丘陵区及控盆深大断裂在内。该范围灾点数达 92 处，占地质灾害总数的 71.9%。第二，特殊性。洋县膨胀土滑坡类自然灾害隐患点较多，膨胀土具有干缩湿胀特性，打破了"无水不滑"的一般规律。第三，周期性。每隔数年，洋县地质灾害发生的频数明显增多；同一年中，地质灾害主要发生在 7 月、8 月、9 三个月。第四，隐蔽性。主要表现在滑坡体植被茂密，表层岩土体风化严重，在长期雨水作用下极易形成滑坡。

仅仅 2016 年 7 月 18 日的一次普降特大暴雨，洋县茅坪、槐树关、金水等 8 个镇遭受不同程度洪灾袭击。槐树关镇的阳河村、高桥村、月蔡村受灾严重，交通、电路、通信中断；槐阳路道路多处中断、悬空；主干道跨河桥梁 4 座被水冲毁；水毁农田 50 亩，农作物绝收 300 亩以上，受灾 400 亩，大牲畜、家禽、食用菌及脱贫攻坚发展产业受损严重；人畜饮水管道损坏 18 处，约 13 千米，导致 235 户、880 人无饮用水。一座小型电站堰头被冲毁，影响下游 40 余户的农田灌溉。

（二）各级政府高度重视减灾防灾工作

陕西省、汉中市、洋县等各级政府都非常重视减灾防灾工作，依据《中华人民共和国突发事件应对法》《中华人民共和国慈善法》《中华人民共和国防洪法》《中华人民共和国防震减灾法》《中华人民共和国自然灾害救助条例》等相关法律法规，陕西省、汉中市、洋县等出台相关政策规范基层减灾防灾工作，如《陕西省实施〈中华人民共和国自然灾害救助条例〉办法》《陕西省突发公共事件应急预案》《陕西省自然灾害救助应急预案》《汉中市突发公共事件总体应急预案》《汉中市自然灾害救助应急预案》《洋县突发公共事件总体应急预案》。

为了全面提升洋县综合防灾减灾能力和风险管理水平，加强防灾减灾工作组织领导，洋县人民政府依据汉中市政府办公室《关于成立汉中市防灾减灾委员会的通知》要求，于 2015 年 6 月成立了防灾减灾委员会并下发《关于成立洋县防灾减灾委员会的通知》。为了提高自然灾害积极救助能力，建立健全突发重大自然灾害紧急救助体系和运行机制，迅速、高效、有序地组织紧急救援、抢险、转移安置受灾群众和灾后重建，最大限度地减少人员伤亡和财产损失，洋县人民政府于 2017 年 7 月 25 日编制并公布了《关于印发洋县自然灾害救助应急预案的通知》，对洋县自然灾害救助应急预案的组织指挥体系及职责任务、灾情预警响应、信息报告和发布、应急响应、灾后救助及恢复重建、保障措施、新闻报道及奖励与责任追究等各方面予以明确规定。随后，洋县民政局根据《关于印发洋县自然灾害救助应急预案的通知》的有关规定，并结合民政局自身情况，于 8 月 10 日印发《洋县民政局应对自然灾害工作规程》，分别对 I 级、II 级、III 级、IV 级灾情应急处置的启动条件、程序与措施、民政局组织机构及其职责做了明确规定，更具有可操作性与执行性。之后，为了进一步规范管理，强化责任，提高效率，确保各项减灾防灾工作有序展开，洋县政府于 2017 年 10 月 27 日印发了《关于进一步明确县防灾减灾委员会工作职责的通知》，明确了各职能部门在减灾防灾中的职责，尤其是明确了在开展重大自然灾害救助中的职责。2018 年 5 月 31 日，洋县教育体育局下发文件《关于做好 2018 年教体系统防震减灾工作的通知》，对全县教体系统防震减灾工作予以部署，要求充分认识中小学校防震安全工作的重要性，认真排查危漏宿舍，确保中小学校舍安全，确保信息畅通，严格执行防震减灾应急预案。

（三）世界宣明会在开展减灾防灾活动中积累了丰富的经验

世界宣明会早在 2007 年已经开展了以学校为本的减灾防灾工作，本着"减灾防灾教育从娃娃抓起"的原则，通过在学校开展减灾防灾培训、举办活动和发放宣传资料等方式，帮助学生树立安全意识，掌握安全知识，不断提高逃生自救能力。至 2018 年 5 月，世界宣明会在全国 18 个省区市开展 26 次减灾防灾师资培训，开展了超过 240 次演练活动，发放宣传资料超过 75 万册，为约 100 个学校安装广播系统、监控系统、宣传栏、消防器材、烟雾探测器等减灾防灾设备，不断完善学校的硬件设施，受益人数 90 万余人次。2018 年度，世界宣明会在中国开展的防灾减灾行动共投入 155 635 美元，其中灾后重建项目使 3900 多人次受益，防灾减灾行动使 7600 多人次受益。

2008 年 4 月 29 日，世界宣明会洋县项目组办公室正式挂牌成立。同年 5 月 12 日，汶川地震后，世界宣明会洋县项目组办公室成立救援小组参与到汉中市的查灾、救灾和震后重建工作中。在后续的 3 年里，世界宣明会洋县项目组先后参与了宁强、略阳、勉县和洋县的查灾、救灾和灾后重建工作。为了让社区有良好的灾害应对系统，世界宣明会洋县项目组从 2011 年开始，在发生过山体滑坡、泥石流、水灾等紧急自然灾害的项目村，开展灾后重建及减灾防灾工作，建立了社区灾害紧急预案，保证了这些社区拥有灾害应对系统。十年来，世界宣明会洋县项目组主要集中在 3 个镇或街道办事处（槐树关镇、黄安镇、纸坊街道办事处）的 16 个行政村以及 28 所学校（包括幼儿园、小学、初中和高中）开展工作，受惠乡镇包括全县 15 个镇、3 个街道办事处，累计受益人数超过 5 万人。截至 2018 年底，项目已经累计投入资金 3274 万元，项目管理费用约 550 万元，主要在教育、卫生、儿童保护、救灾和资助关系业务等方面开展工作。

二、精准施策：世界宣明会减灾防灾是洋县政府应急管理的有益补充

（一）世界宣明会在洋县减灾防灾中积累了丰富的经验

世界宣明会开展的减灾防灾活动主要针对学校、社区、城市，并帮助残疾人进行减灾防灾。在学校进行减灾防灾培训时，世界宣明会注重对老师的减灾防灾培训，通过设计学校的风险地图，提高学生对灾害风险的认识；发放减灾防灾宣传资料，提高孩子的逃生自救意识，为学校安装减灾防灾预警显示屏，时刻提醒孩子们安全常识；在社区活

动中，世界宣明会在灾害频发地区或项目点通过各种认识活动和培训演习将减灾防灾融入发展项目中；通过开展省级及全国性的减灾防灾研讨会，宣传和提升减灾防灾意识；安装社区广播设备，改善减灾防灾预警系统设备；城市减灾防灾以学校定期举办安全教育活动，老师定期进行培训和校园减灾防灾演习、知识宣传、电子体验为主，致力于提高全社会的减灾防灾意识和能力；在残疾人参与减灾防灾方面，世界宣明会进行老师一对一帮扶，举办残疾儿童减灾防灾演练活动，组织残疾儿童参观防灾减灾安全体验馆，现场模拟使用灭火器，同时为残疾人家庭发放减灾防灾包，提升他们的减灾防灾意识。

（二）世界宣明会洋县项目组十年减灾防灾是洋县人民政府应急管理的有益补充

根据洋县自然灾害的特点，洋县人民政府不仅从制度上促进减灾防灾事业的发展，而且组织村民开展减灾防灾演练及建立应急管理预案。近些年来，为了提高群众对自然灾害发生的原因、地理位置、预防等知识的了解，提高村民的减灾防灾知识，为避免灾害发生时给社区群众带来的伤害和损失，世界宣明会洋县项目组在冉家村、清凉村、流浴村、西岭村、田岭村、白石村、白路村、槐树关村、苏王村、二合村、北梁村、仇渠村、高桥村、月蔡村、阳河村、朝阳村、马转村、石门村、任桃村、王庄村、王湾村、周家坎村、毛垭村、东沟村、朴树村、石家湾村、界牌村等28个村庄开展建立安全预案、知识宣传与救灾演练、灾后重建、援建设施、完善减灾防灾示范型社区建设、培训合作伙伴等多项减灾防灾活动，具体资金投入见表1。

表1　2008—2018年世界宣明会洋县项目组减灾防灾活动数据　（单位：元）

活动内容	时间	地点	经费	合计
建立安全预案	2010年	冉家村	2 500	63 691
	2011年	清凉村、苏王村	3 500	
	2012年	北梁村、阳河村	6 266	
	2013年	田岭村、西岭村、白路村、槐树关村	8 005	
	2014年	高桥村、仇渠村、东沟村、毛垭村、界牌村	13 610	
	2017年	朝阳村、月蔡村	5 580	
	2018年	任桃村、马转村、王湾村、石家湾村、二合村、周家坎村	24 500	
知识宣传与救灾演练	2011年	冉家村	6 500	285 287.5
	2012年	洋县	40 300	
	2012年	清凉村、苏王村	37 126.2	
	2013年	冉家村、流浴村、苏王村、北梁村、阳河村	12 003.7	
	2014年	阳河村、流浴村、白石村、东沟村、白路村、槐树关村、西岭村、田岭村	18 060.6	
	2016年	流浴村	5 697	
	2016年	洋县18村	48 000	
	2017年	洋县18村	44 000	
	2018年	洋县中小学、幼儿园	23 600	
	2018年	洋县16村	50 000	

续表

活动内容	时间	地点	经费	合计
灾后重建	2012 年	华阳镇	200 000	427 000
	2016 年	洋县	227 000	
援建设施	2013 年	冉家村泄洪渠	55 000	966 910.5
	2013 年	北梁村逃生广场	55 410	
	2014 年	黄安镇朴树村排水管道	100 000	
	2015 年	高桥村、仇渠村、流浴村、白石村便民桥	156 500.5	
	2016 年	北梁村、石门村、王庄村便民桥 冉家村泄洪工程	200 000	
	2017 年 11 月— 2018 年 9 月	二合村、周家坎村便民桥工程；王湾村灌溉古堰渠修复工程	185 000	
	2017 年	冉家村、清凉村泄洪渠	95 000	
	2018 年	城西小学安全体验屋	120 000	
完善减灾防灾示范型社区建设	2015 年	冉家村	21 362	21 362
培训合作伙伴	2017 年	陕西妇源汇性别发展培训中心 城后村相关负责人	3 000	3 000
参与活动	2018 年	城后村急救培训 城后村防灾减灾演练 《地震无疆界》学术研讨会 资料交流分析会	1 200	1 200

（三）世界宣明会洋县项目组减灾防灾工作步骤及重点内容

世界宣明会洋县项目组的防灾减灾工作基于对洋县自然灾害的调查统计、对灾害特征的深入了解，以及群众对减灾防灾的现实需求。2012 年，陕西省慈善协会与世界宣明会合作举办减灾防灾会议后，双方寻求合作并达成一致意见，在儿童常住的社区和学校全面推动开展减灾防灾知识的宣传活动和演练，添置配备或补充预防灾害所需的救灾设施设备，增加社区村民，包括儿童在内的减灾防灾知识，提高社区村民/儿童灾害防范意识及抵御自然灾害的生存技能。世界宣明会洋县项目组经过十年的探索与实践，总结了减灾防灾的步骤和内容，主要包括四方面，即建立社区灾害紧急预案、社区减灾防灾知识宣传及防灾减灾演练、灾后重建与配备防灾减灾设施和设备、其他交流活动。

1. 建立社区灾害紧急预案

世界宣明会洋县项目组首先对自然村庄的灾害风险进行风险评估，建立短期和长期的应对机制，包括损失评估、人员抢救、物资抢救、通信、交通、撤离和安置等。同时，建立联络计划，主要包括自然灾害上报及与周边村庄的联系，关键时刻寻求帮助。2009 年，在设计项目时，世界宣明会洋县项目组了解到社区应对灾害的意识和能力薄弱，社区在突发自然灾害预警和应对方面缺乏实际措施。镇政府方面虽有灾害响应系统，但负责人并不明确，乡镇政府主要职责集中于上报和统筹指挥层面，对实际工作指导意义有限，故计划从防灾减灾预案入手对社区予以回应。2010 年 3 月，世界宣明会洋县项目组在四郎镇冉家村建立安全预案。由群众现场讨论确定预案负责人，并商讨出合适的制度，共同制定灾害紧急预案。世界宣明会洋县项目组建立并培训了 15 人组成的防灾减灾救援小分队，并为村上配备了必要的救灾物资。

近 10 年来，世界宣明会洋县项目组逐步在洋县清凉村、苏王村、北梁村、阳河村、高桥村、仇渠村、东沟村、毛垭村、界牌村、白石村、朝阳村、月蔡村、马转村、王湾村、石家湾村、二合村及周家坎村建立灾害预案，并完善了社区灾害预警制度。

2. 社区减灾防灾知识宣传及防灾减灾演练

为了提高群众对自然灾害发生的原因、地理位置、预防等方面的认识，在灾害发生时给社区群众降低伤害和损失，世界宣明会洋县项目组通过各种接地气、群众喜闻乐见的形式开展社区减灾防灾知识宣传及减灾防灾演练，如印刷并分发知识读本及自然灾害的漫画手册；派专员讲解减灾防灾知识，并组织村民开展减灾防灾知识有奖问答活动。特别值得一提的是，世界宣明会洋县项目组通过组织村民编排各种文艺节目，将其与减灾防灾知识相结合，吸引社区儿童和群众参与。为了能让儿童参与减灾防灾，世界宣明会洋县项目组还开发并组织儿童防灾减灾游戏，如"安全棋"等。

2011 年 8 月，世界宣明会洋县项目组开始在冉家村开展减灾防灾知识宣传及减灾防灾演练。活动由三部分组成，第一部分通过儿童"安全棋"游戏教会儿童辨别安全区域的方法；第二部分通过参观展板和安装宣传栏，搜集社区常见的自然灾害发生的原因、地理位置、预防自然灾害的方法和措施，用图文结合的方式，以地方语言表达出来，让社区群众进行知识讲解；第三部分通过村民自编减灾防灾知识宣传文艺活动，村民以自己的方式将自然灾害的防御知识运用喜剧、歌曲、小品、诗歌等形式进行表演，最后通过知识有奖问答形式，让村民们对所学到的知识进行巩固，活动中村民们参与度高且反馈好。

值得一提的是，世界宣明会洋县项目组组织村民针对本地发生及可能发生的自然灾害进行演练，演练包括灾害时如何上报灾情、村内防灾减灾小组人员联络、转移安置、避险自救技能等内容。冉家村防灾减灾知识宣传及减灾防灾演练在世界宣明会洋县项目组开展的所有村庄中最具代表性，冉家村不仅做好自身的减灾防灾知识宣传和演练，并到周边其他村庄进行宣传及指导防灾减灾演练。在社区层面，世界宣明会洋县项目组的投入鼓舞了村委会和居民积极参与减灾防灾工作；在县级层面，冉家村的措施可以作为范本供其他地方学习；在省级层面，冉家村的例子能够展示和证明这类减灾防灾工作的积极影响和益处，从而带动对全省范围内其他类似项目的投入。2015 年，世界宣明会洋县项目组办公室与洋县民政局、四郎镇政府（今纸坊街道办事处）、冉家村村民委员会继续合作，将冉家村创建为一个省级示范点。

近 10 年来，世界宣明会洋县项目组持续在洋县社区和学校推动和开展减灾防灾知识宣传和活动，并在社区村民和儿童中进行防灾救灾演练，配备社区必备的灾害救援设备。同时世界宣明会洋县项目组联合洋县慈善协会、洋县民政局、洋县教育体育局、洋县公安消防中队，开展了"学校减灾防灾工作坊""学校地震/火灾演练减灾防灾知识宣传""社区减灾防灾工作坊""社区减灾防灾示范点观摩及水灾/火灾演习"，活动涉及全县初级中学管理者及教师 100 余人次，乡镇及村委会负责人 80 余人次。项目组逐步将减灾防灾知识宣传扩展到清凉村、苏王村、流浴村、北梁村、阳河村、白石村、东沟村、白路村、槐树关村、西岭村、田岭村等 28 个村。

3. 灾后重建与配备防灾减灾设施和设备

近 10 年来，世界宣明会洋县项目组共投入 1 393 910.5 元用于灾后重建及配备防灾减灾设施和设备。项目组在开展减灾防灾演练的村庄备有急救材料、应急物资及逃生广场；在村庄范围内设立了逃生路线标志，并修建了泄洪渠以便使洪水避开民房和学校。2012 年，"7·9 洪灾"造成华阳镇道路、桥梁、民房等受损严重，项目组参与查灾工作，与各个合作伙伴沟通后决定支持华阳景区灾后重建工作，援建了 3 座便民桥（汉坝村、县坝村、小华阳）。随后几年，一是分别援建了冉家村泄洪渠、槐树关镇北梁村逃生广场、黄安镇朴树村排水渠道；二是援建高桥村、仇渠村、流浴村和白石村 4 座便民桥；三是援建北梁村、石门村、王庄村便民桥和冉家村泄洪工程；四是援建了月蔡村、高桥村、阳河村、周家坎村的便民桥工程，朝阳村铁索桥工程和王湾村灌溉古堰渠修复工程；五是援建冉家村、清凉村泄洪渠及援建城西小学安全体验屋项目等。

4. 其他交流活动

世界宣明会与学校、省级慈善会、本地政府部门共同建设社区抗逆力。2013 年，世界宣明会与中华慈善总会合办了全国性的防灾减灾研讨会，31 个省（区、市）23 个市的非政府组织人员出席。此外，世界宣明会亦与中国科学院心理研究所在紧急救援回应上合作，特别集中在儿童保护和心理支持活动方面。2015 年，两家机构合办全国首届灾害中的儿童保护研讨会，参加者包括政府、学术团体、非政府组织及资深志愿者等 300 多人。

世界宣明会洋县项目组不仅致力于建立减灾防灾应急预案，进行减灾防灾知识宣传及减灾防灾演练、灾后重建，配备减灾防灾设施和设备等，还积极参与其他减灾防灾交流活动，并投入资金和人力培训合作伙伴。2015 至 2018 年期间，世界宣明会洋县项目组先后受邀参与合阳县城后村急救培训，《地震无疆界》学术研讨会及资料分析交流会等。2018 年 6 月，世界宣明会洋县项目组邀请陕西省妇女儿童性别发展中心的工作人员，与洋县教育体育局共同开展学校防灾减灾知识培训。2018 年 8 月，世界宣明会洋县项目组与洋县民政局一起组织 16 个村参与"洋县社区防灾减灾知识宣传暨演练启动仪式"的座谈会。2015 年 1—8 月，世界宣明会洋县项目组协助冉家村完善防灾减灾示范型社区建设，参照《陕西省综合减灾示范社区创建活动实施意见》和《陕西省综合减灾示范社区创建标准》的通知，协助冉家村申报防灾减灾示范社区，并做了前期准备工作。2017年1月，世界宣明会洋县项目组在洋县冉家村和北梁村接待了陕西妇源汇性别发展培训中心和城后村相关负责人一行，交流有关社区防灾减灾宣传及演练活动。

三、砥砺前行：准确把握减灾防灾的着力点助力精准扶贫

世界宣明会洋县项目组在开展减灾防灾时坚持六个原则，即掌握灾难出现的根本原因，社区参与，弱势群体—儿童、妇女的需要也被考虑在内，发展合作伙伴关系，发展抗灾性强的生计项目，确保可持续发展（环境、基础建设、社区发展的政策等）。近10年来，世界宣明会洋县项目组共计投入360多万元改善社区安全环境，其中主要用于修建道路、便民桥、逃生广场，房屋重建，防灾减灾知识宣传及演练，建立防灾减灾预案，防灾减灾培训等多项内容。世界宣明会洋县项目组在28个村开展减灾防灾演练，深受当地老百姓好评，并在减灾防灾救灾实践中取得了显著实效，探索了一套在社区，尤其是在农村社区开展减灾防灾的工作方法和模式。

（一）坚持以社区为本，促进多方参与灾害管理，探索多元公共合作机制

减灾防灾是灾害管理的一部分。世界宣明会提出了一套灾害管理模型，包括预警系统、备灾、防灾减灾、紧急救援、重建、过渡六部分，并首尾相援，构成循环。前三部分致力于建立社区长远灾害预警的能力，第四和第五部分目的是在灾难过后重建更美好的生活。世界宣明会的减灾防灾优先领域主要体现在四个方面，即理解灾害风险；加强灾害风险治理，管理灾害风险；投资于减少灾害风险、提高抗灾能力的项目；加强备灾以做出有效响应，并在复原、恢复和重建中让灾区"重建得更好"。

世界宣明会在中国的所有项目都是与当地政府、社会组织密切合作开展的。多年来，世界宣明会通过"合作伙伴"工作模式，有效地服务社区群众、贡献中国的扶贫与公益事业。世界宣明会洋县项目组开展减灾防灾正是在各级政府的大力支持下进行的，尤其是与洋县各级政府部门深度合作下开展减灾防灾，得到了洋县应急管理局、民政局、教育体育局以及各镇政府的大力支持和帮助。

世界宣明会洋县项目组重在开展以社区为本的灾害管理，通过社区培训及演习等鼓励村民参与减灾防灾活动，将防灾减灾融入发展项目中，融入洋县的精准扶贫中，重在提高村民自身的减灾防灾能力建设。此外，世界宣明会洋县项目组摸索了一整套在社区，尤其是农村社区开展防灾减灾工作的方法和模式。其中，最大的亮点是与社区文艺文化活动相结合，组织村民广泛参与知识问答，最大程度上提高了社区群众的参与性和受惠性。习总书记强调："扶贫既要富口袋，也要富脑袋。要坚持以促进人的全面发展的理念指导扶贫开发，丰富贫困地区文化活动，加强贫困地区社会建设，提升贫困群众

教育、文化、健康水平和综合素质，振奋贫困地区和贫困群众精神风貌。"[1]近 10 年来，项目组逐步在洋县 28 个村庄、社区建立了防灾减灾预案，配备防灾减灾设施及开展灾后重建，同时提高村民的防灾减灾意识和能力。世界宣明会在洋县开展社区减灾防灾的经验表明，通过十几年的努力，洋县示范社区的灾害管理能力显著增强，促进多方参与灾害管理，探索多元公共合作机制，并建立了示范点。

（二）开展以儿童为中心的减灾防灾教育

世界宣明会在中国开展以儿童为中心的减灾防灾主要集中在三方面，即救灾、减灾防灾、减灾防灾教育。

首先，当有灾难发生时，世界宣明会的紧急救援队伍会迅速前往灾区，了解灾情及灾民的需要，并根据实际情况向灾民发放紧急救援物资，如口粮、临时住所、非口粮物资、生活与卫生用品，并开展儿童保护和心理援助方面的相关服务。另外，世界宣明会也会开展灾后重建工作，帮助灾民恢复生计，让孩子重返校园，协助社区重新建立起来并持续发展。

其次，世界宣明会充分意识到防灾减灾可以最有效地降低脆弱人群受灾难影响的风险和程度，提高儿童福祉，最大限度地降低灾难带来的损失和伤亡。因此，世界宣明会致力于提升减灾防灾能力与配备设备等活动，提高脆弱人群的复原力，特别是儿童防灾减灾的意识和能力，世界宣明会各项目组注重开展学校防灾减灾，并为教师提供防灾减灾培训。同时，世界宣明会注重提高儿童在防灾减灾中的自我保护技巧，为儿童提供工具包和疏散演习手册，协助学校进行演习及提升教师在防灾减灾和气候变化方面的意识；提供防灾及预警物资，如防火设备、广播和监测系统等。

最后，世界宣明会注重开展以儿童为中心的减灾防灾教育。习总书记在北京八一学校考察时强调："教育公平是社会公平的重要基础，要不断促进教育发展成果更多更公平惠及全体人民，以教育公平促进社会公平正义。要加大对基础教育的支持力度，办好学前教育，均衡发展九年义务教育，基本普及高中阶段教育。要优化教育资源配置，逐步缩小区域、城乡、校际差距，特别是要加大对革命老区、民族地区、边远地区、贫困地区基础教育的投入力度，保障贫困地区办学经费，健全家庭困难学生资助体系。要推进教育精准脱贫，重点帮助贫困人口子女接受教育，阻断贫困代际传递，让每一个孩子都对自己有信心、对未来有希望。"[2]2016 年底，世界宣明会连同救助儿童会、国际计划、中国儿童少年基金会、壹基金以及防灾、减灾专家共同进行了《小学生防灾减灾教育指南》标准化框架的多次讨论和核心内容的编制。2017 年 11 月 6 日，《小学生防灾

---

[1]　习近平：《在中央扶贫开发工作会议上的讲话（2015 年 11 月 27 日）》，中共中央党史和文献研究院：《十八大以来重要文献选编》下册，北京：中央文献出版社，2018 年，第 50 页。

[2]　《习近平在北京市八一学校考察时强调　全面贯彻落实党的教育方针　努力把我国基础教育越办越好》，《人民日报》2016 年 9 月 10 日，第 1 版。

减灾教育指南》在北京正式发布。2018 年正式出版，并推广到小学。

（三）宣明会减灾防灾助力精准扶贫

2017 年 2 月 21 日，习总书记在十八届中央政治局第三十九次集体学习时讲话指出："干部群众是脱贫攻坚的重要力量，贫困群众既是脱贫攻坚的对象，更是脱贫致富的主体。要注重扶贫同扶志、扶智相结合，把贫困群众积极性和主动性充分调动起来，引导贫困群众树立主体意识，发扬自力更生精神，激发改变贫困面貌的干劲和决心。"[①] 10 年来，在洋县教育体育局、民政局等各部门的大力支持和引导下，世界宣明会洋县项目组在开展减灾防灾工作方面，取得了丰硕成果，助力于洋县的精准扶贫事业，尤其是注重扶"智"与扶"知"相结合。2010 年 8 月，世界宣明会洋县项目组和洋县教育体育局合作开展为期 7 年总共资助 250 名贫困高中生项目（分三期）。2010 年 10 月 27 日，世界宣明会洋县项目组与洋县人民政府、洋县教育体育局签署了援建洋县聋哑学校共和楼项目合作协议。

10 年来，世界宣明会洋县项目组开展减灾防灾挽救了许多村民的生命和财产损失。2011 年洋县冉家村发生洪水水库告急时，该村在世界宣明会洋县项目组的大力支持下启动了灾害紧急预案，挽救了 13 户 60 人紧急撤离及 600 亩的农田损失。

同时，世界宣明会在精准扶贫中改进工作方式方法，改变简单给钱、给物、给牛羊的做法，注重通过激发村民的文化才艺，用群众喜闻乐见的各种节目、知识宣传引导村民自觉承担家庭责任、树立良好家风，强化家庭成员赡养老人、关爱儿童的责任意识，促进家庭老少和顺。鼓励村民劳动、鼓励返乡创业，鼓励靠自己的努力养活家庭，服务社会。综上所述，10 年来，世界宣明会洋县项目组开展减灾防灾是政府减灾防灾与应急管理的有益补充。

[①]　《习近平在中共中央政治局第三十九次集体学习时强调　更好推进精准扶贫精准脱贫　确保如期实现脱贫攻坚目标》，《人民日报》2017 年 2 月 23 日，第 1 版。

中华人民共和国成立以来中国共产党减灾救灾工作的基本经验

（无锡太湖学院马克思主义学院；阜阳师范大学马克思主义学院）

一、中华人民共和国减灾救灾工作的回顾

（一）中华人民共和国成立初期的减灾救灾工作

从 1949 年中华人民共和国成立到 1956 年社会主义改造的基本完成，我国处于一个新的历史阶段，中国共产党肩负着恢复国民经济和社会建设的使命，各方面都面临着挑战和考验。中国共产党领导全国各族人民，在波澜中实现了多次突破，国内建起了社会主义基本制度，在国际上赢得了稳定的和平环境。然而，长期战乱和统治阶级的剥削使我国身陷经济滞后、发展缓慢的困境，生态环境破坏严重，同时也面临着减灾救灾设施缺乏、法律法规不完善、群众抗灾能力差等一系列问题。减灾救灾工作作为中华人民共和国经济、政治发展的重要组成部分，其发展直接影响中华人民共和国政权的巩固和建设。中华人民共和国成立初期，我国也频繁遭受水灾、旱灾，同时附有台风、霜冻、虫害等灾害，多地处于水深火热之中。为此，党和政府采取了一系列的措施，降低灾害的破坏力，如提出"以互助合作为中心开展生产救灾工作"的口号；组织灾民生产自救、调动农民的生产积极性；加大对农业、手工业、资本主义工商业的支持力度，促进生产力的发展；以工代赈，将救灾和建设结合起来帮助灾民抗击灾害；兴水利、固堤坝，提高抗洪能力等。在经历了水灾、旱灾、虫灾等多种自然灾害的挑战后，1953 年 10 月，基于当时的国情，党和人民政府提出和确定了"生产自救，节约度荒，群众互助，以工代赈，辅之以政府必要的救济"的减灾救灾方针、政策，这一减灾救灾方针、政策既坚持了中国共产党的领导，也加强了灾民生产自救的能力。

基金项目：本文是 2019 年国家社会科学基金"改革开放以来中国共产党减灾救灾的历史经验研究"（项目编号：19BKS194）的阶段性成果；2018 年安徽省哲学社会科学规划课题一般项目"改革开放以来中国共产党减灾救灾的历史经验研究"（项目编号：AHSKY2018D01）的阶段性成果。

作者简介：潘杰（1996—），女，安徽六安人，硕士，无锡太湖学院马克思主义学院教师；于文善（1966—），男，安徽阜阳人，教授，博士，主要从事灾害社会史等研究与教学。

（二）社会主义建设时期的减灾救灾工作

1956 年，社会主义改造完成，中华人民共和国进入社会主义建设时期。当年四五月间，毛泽东发表《论十大关系》的讲话。在讲话中，毛泽东提出探索适合中国国情的社会主义建设道路的任务。同年 9 月，党的八大举行，大会提出党和全国人民的主要任务是集中力量发展社会生产力。由此，我国社会主义建设的大幕拉开。此后尽管我国社会主义建设出现过严重曲折，但减灾救灾工作始终被作为党和政府建设社会主义的重要任务之一。而中国共产党对减灾救灾工作的认识也逐步深化、升华。1958 年 10 月，第四次全国民政会议对中华人民共和国成立后的减灾救灾方针进行了初步的调整，强调了"坚持依靠集体、扶助集体、生产自救、节约度荒"的方针。这一方针实际阐明了救灾工作中个人、国家、集体三者之间的关系问题：要充分重视和发挥国家、集体、个人三方面的作用与力量。不过。在社会主义建设这一时期，我国遭遇了"三面红旗""文化大革命"等"左"倾错误，同时又经历了 1959—1961 年三年自然灾害、1963 年海河特大洪水、1975 年淮河流域大水灾、1973 年海南"7314"号台风、1976 年唐山大地震等灾害，经济损失惨重，非正常死亡和受灾人口较多，上述救灾方针政策的贯彻和工作的开展受到了干扰和影响。尽管如此，党和政府的减灾救灾工作仍在困境中前行。1963年 9 月，中共中央、国务院发布《关于生产救灾工作的决定》，指出："依靠群众、依靠集体力量、生产自救为主、辅之以国家必要的救济，这是救灾工作历来采取的必要方针。"①鉴于水旱灾害、地震等自然灾害的频发与影响，党和人民政府成立了一些抢险救灾的机构，如 1971 年成立防汛抗旱指挥部，1976 年成立抗震救灾指挥部、抗震救灾办公室等应急机构，全力领导减灾救灾工作，同时将"对口支援"的经验应用于减灾救灾中。②伴随党和人民政府减灾救灾对策的调整，减灾救灾工作也取得显著成效。因此总体上看，在 1956—1978 年，中国共产党的减灾救灾工作一直在不断地进步，这也为改革开放后的减灾救灾工作科学化、规范化积累了一定的经验。

二、中华人民共和国成立以来减灾救灾工作的重要成绩

从中华人民共和国成立到改革开放，我国自然灾害多发，灾害也造成了重大财产、人口的损失和一定的社会动荡。中国共产党和人民政府也对灾害高度重视，不但提出了一系列减灾救灾的方针政策，而且在应对一系列重大灾害的实践中取得了更大成效，从而将减灾救灾工作不断地向前推进。

（一）初步建立起中央、地方相互协调的减灾救灾领导体制

中华人民共和国成立后，在多次应对自然灾害的斗争中，一个政府领导、部门分

---

① 民政部政策研究室：《民政工作文件汇编（二）》，北京：地质出版社，1984 年，第 7、62 页。
② 刘志勇，陈苹，刘文杰：《新中国成立以来我国灾害应急管理的发展及其成效》，《党政研究》2019 年第 3 期。

工、对口管理、相互配合、社会协同的减灾救灾体制初步形成。从这一减灾救灾体制的特点看，主要突出了四个方面的特色。

首先，实行了中央的统一领导、决策。中央的统一领导、决策权主要体现在党和中央政府统一领导下，重大的抗灾、救灾决策由中央直接领导和部署，决策指挥机构主要为国务院，或者由国务院成立、由国务院主管领导负责的各种常设和非常设机构，如中央防汛抗洪总指挥部、国务院抗震救灾指挥部等。如中华人民共和国成立初期，为应对全国性的大水灾，根据政务院（今国务院，下同）指示，于 1950 年 2 月召集内务部、财政部、农业部等 10 多个部门单位负责人开会，正式成立了中央救灾委员会，由政务院副总理董必武担任主任，负责统一领导、决策全国性救灾工作。1957 年 7 月，为加强对全国救灾工作的领导，国务院全体会议第 55 次会议对中央救灾委员会进行人事调整，同时批准了这一机构的组织简则，确定了机构的执行任务。后由于"左"倾错误，中央救灾委员会被撤销，很长一段时间内救灾工作由于缺乏统一领导受到较大影响，直到 1978 年 3 月，五届人大一次会议决定设立民政部，由民政部主管全国农村救灾工作，受国务院直接领导。

其次，明确了部门分工、对口管理、相互配合等的体制、机制。这一体制、机制主要体现出政府各部门按照国务院统一的决策、部署和各自的职能分工，密切配合，负责、组织完成中央的决策、部署。负责、组织完成中央的决策、部署的主要部门涉及民政部、农业部、国家地震局、国家气象局等，以及邮电、交通、卫生、公安等辅助部门。这样的减灾救灾体制、机制一方面保证了决策、部署指挥的集中统一；另一方面对协调各方面的救援活动，提高减灾救灾的工作效率起到了重要的作用。

再次，确定了各级地方政府在抗灾救灾工作中的主体责任。这一体制要求以地方政府为主，按行政区划采取统一的组织指挥，负责防灾、减灾、救灾。省、地（市）、县（市）、乡（镇）四级地方政府对自己行政区内防灾、救灾工作所需要的人、财、物实行统一调度、管理，负责组织和指挥各自行政区的防灾、救灾工作，完成上一级政府交办的各项防灾、救灾工作任务。有时中央、国务院领导也会到灾区，现场指挥地方政府开展防灾、救灾工作，或发动灾区干部群众自力更生，生产自救，互济互助，或动员全国各界人士的力量支援、救助灾区，从而保障了防灾、减灾、救灾工作的开展。

最后，充分发挥了中国人民解放军的作用。中国人民解放军是党和人民事业的坚强堡垒，历来也是抗灾救灾的主力军，他们在防汛抢险、兴修工程、转移安置灾民、医治伤病及灾区恢复生产、家园重建等各项工作中都做出了重要的贡献。

（二）大力开展抗灾、救灾工作，成绩突出

中华人民共和国成立以来，党和人民政府基于为人民服务的理念，十分重视抗灾救灾工作，在抗灾、救灾工作中全力以赴，始终将减少灾害造成的人员、财产损失和灾区重建为目标，领导抗灾、救灾工作，为保障受灾群众的基本生活，维护灾区的社会稳定，促进国民经济的健康、稳定、持续发展起到了重要作用。

以抗灾为例，每逢重大灾害，灾区党政军民都会动员组织人力、物力、财力抗灾抢险。汛情发生时，灾区党委、政府组织数以千万计的军民，日夜守护江河堤防，及时排除险情，确保大堤、大中型水库及其江河沿岸城镇的安全，抢救转移安置被水围困的群众等。如 1951 年东北发生大水灾。水灾发生后，中国人民解放军驻在开原的战士数千人，立即组织了 3 支抢救大队，一天之内共救出灾民五六千人。①1954 年江淮大水，在一些溃坝、破坝、溃水地区，灾区党委、政府对受灾群众和牲畜有计划、有组织、有领导地进行了大规模转移工作。据湖北、安徽、湖南、江苏、河南、河北 6 省统计，转移到非灾区的灾民 1300 多万人，耕畜 129 万多头。②

以救灾为例，1966 年邢台地震发生后，中国人民解放军立即派出部队，并出动大量运输工具，于当天深夜奔赴灾区。1976 年唐山大地震发生后，从 7 月 28 日到 7 月 31 日，在短短的 4 天时间里，中国人民解放军一共有 10 万名官兵到达唐山展开紧急救援。他们在抢救大批群众生命的同时，还抢救出大量国家和人民群众的财产。截至 10 月底，共挖掘和清理仓库、商店近 400 个，抢救出各种物质价值 8.9 亿多元；清理粮库近 30 个，粮食 1100 多万千克③，谱写了人类救援史上的辉煌篇章。

（三）形成了"生产自救与互助互济"结合的减灾救灾工作机制

以生产自救为主，辅之以互助互济，或政府救济相结合的救灾指导思想是中国共产党在长期防灾救灾实践基础上形成的理念。实践经验证明，灾情一旦发生，克服灾害的最有效的方法是生产自救。"因为政府的救济和非灾区群众的捐献，虽然可起很大作用，但政府的财力有限，非灾区同胞的帮助也不可能没有止境，而且往往远水不救近火。"④1949 年 12 月，周恩来在《中央人民政府政务院关于生产救灾的指示》中指出："生产救灾关系到几百万人的生死问题……建设新中国的关键问题。""生产救灾，整个说起来就是自力更生"。⑤1950 年 2 月，政务院副总理董必武在中央救灾委员会会议上所做的《深入开展生产自救工作》的报告中，第一次提出"生产自救，节约度荒，群众互助，以工代赈，辅之以政府必要的救济"的救灾工作方针。同年 7 月，第一次全国民政工作会议正式确定了这一方针。生产自救同整个国家的经济社会发展紧密结合，就是在国家财力不济的情况下，要减少国家财政对救灾的支出，以便集中力量进行现代化建设。我国社会经济发展的目标要求"特别要强调节约，要搞生产自救"⑥。在生产

---

①　《中央东北水灾慰问团向政务院报告工作 东北政府和人民积极防汛抢救和安置灾民 灾民战胜灾荒和恢复生产是完全有保证的》，《人民日报》1951 年 10 月 19 日，第 1 版。

②　《当代中国丛书》编辑部：《当代中国的民政》下册，北京：当代中国出版社，1994 年，第 30 页。

③　《当代河北简史》编委会：《唐山大地震中的抗震救灾斗争》，《当代中国史研究》1999 年第 1 期。

④　华东生产救灾委员会：《华东的生产救济工作》，上海：华东人民出版社，1951 年，第 30—31 页。

⑤　方樟顺：《周恩来与防震减灾》，北京：中央文献出版社，1995 年，第 383 页。

⑥　方樟顺：《周恩来与防震减灾》，北京：中央文献出版社，1995 年，第 363 页。

救灾的过程中，党和人民政府通过发展农业生产、副业生产等方式基本上保障了灾民的生活。

除了生产自救外，往往还要辅之以互助互济或政府救济，如 1950 年 4 月，内务部发布《关于提倡借贷工作的指示》，充分肯定了互助借贷的作用。接着一些地区总结出了合作借贷的组织形式。生产资料公有制改造完成后，集体组织间的互助合作受到社会的推崇，在灾害救助中发挥了不小的作用。1963 年 9 月，在中央工作会议上，周恩来对今后我国救灾的方针做出指示："第一是生产自救，第二是集体的努力，第三才是国家支援。这样三结合，才可以度过灾荒。"①周恩来的指示实际上强调了在救灾工作中要处理好个人、国家、集体三者之间的关系。总之，"生产自救与互助互济，或政府救济相结合"在防灾减灾救灾工作中发挥了一定的作用。

（四）减灾救灾的制度建设逐渐建立与发展

规范的减灾救灾制度建设是实现减灾救灾效益最大化的保证。中华人民共和国成立以来，尽管减灾救灾的制度建设经历了一个曲折发展的过程②，但这一时期，根据当时的条件和认知水平，党和人民政府也出台了一系列文件，着手开展减灾救灾的制度建设，减灾救灾工作的各项制度逐渐形成与发展。

如在记灾、查灾、报灾方面，为加强查灾、报灾以及灾情通报，1951 年 3 月 9 日，中央生产救灾委员会发布《关于统一灾情计算标准的通知》，这一通知对灾害的等级等进行了规范，规定："收成三成以下为重灾，六成以下为轻灾，全年灾情按全年产物收成统一计算。"不过在实际工作中，各地出现报灾不确实、不及时等问题，救灾工作陷于被动和盲目。因此，1952 年 11 月，内务部发布《关于加强查灾、报灾及灾情统计工作的通知》，通知对报灾工作做了统一明确的规定。为快速、准确、统一掌握灾害信息，1961 年内务部又发布《关于报告自然灾害内容的通知》，这一通知根据以往的报灾制度，进一步统一和明确了报灾的内容。

在对救济粮、款和救济物资的管理方面，1950 年 3 月 24 日第 25 次政务院政务会议通过《政务院关于统一国家公粮收支、保管、调度的决定》，明确规定了公粮的使用范围。1950 年 4 月 3 日，中央人民政府内务部发布了《关于处理节约募集救灾物资的规定》，对募集到的救灾物资的分配对象、权属、监督等进行了规定。1956 年、1958 年、1960 年，内务部三次对救灾款的发放进行改革，第一次规定救灾款只能用于灾荒救济，第二次采取以社为救济对象，第三次确定"国家扶助集体，集体保证个人"的救

---

① 力平，马芷苏主编：《周恩来年谱（1949—1976）》中卷，北京：中央文献出版社，1997 年，第 580 页。
② 从 1967 年至 1977 年，是我国救灾制度规范或法律建设的停滞时期。1966 年"文化大革命"开始，整个社会政治、经济、文化遭到极大的破坏，全国各项工作都陷入混乱和停滞状态，救灾工作也无法幸免。从 1969 年内务部撤销到 1978 年民政部成立，期间没有出台一个救灾工作制度规范或法律，我国救灾制度规范或法律建设出现一段空白时期。

灾款使用原则，明确救灾款的发放必须落实到户，必须专款专用，专物专用。①1962 年 12 月，内务部发布《关于做好灾区今冬明春救济工作的通知》，对第三次改革确定的原则再次加以强调。1963 年 9 月 21 日，中共中央、国务院发布《关于生产救灾工作的决定》，就如何安排好受灾群众生活进行了部署。上述制度规范，较大程度上保障了减灾救灾工作的有效开展。

三、中华人民共和国成立以来中国共产党减灾救灾工作的基本经验

中华人民共和国成立以来，在中国共产党的领导下，我国减灾救灾工作取得了很大的成绩，同时在防灾减灾救灾过程中也积累了丰富的应对经验，总结这些经验也必将对今后党和人民政府的防灾减灾救灾工作起到重要的推动作用。

（一）以人为本，把方向，谋大局

中国共产党的领导是历史的选择、人民的选择，在中国共产党的领导下，我国完成了长期的革命任务，经历了艰辛的社会主义建设早期历程。中国共产党的性质和宗旨具有高度一致性，就是始终以人民的利益为核心，作为无产阶级的代表，我们党始终都在践行党的性质和宗旨，这也是党不断前进的动力。②在减灾救灾工作中，中国共产党始终把人民群众的生命安全和财产安全放在第一位，践行着以人民利益为准绳的原则。毛泽东在《为人民服务》中提到："我们这个队伍完全是为着解放人民的，是彻底地为人民的利益工作的"。③强调了以人为本和以人民的利益为党的利益。每当发生灾害时，党和政府总能发挥领导核心作用指导减灾救灾，构建以政府为主导的救灾体制，保障人民群众的最大利益。在减灾救灾过程中，中国共产党表现出强大的使命感和责任感，对形势作出判断，对工作进行指挥，将党的领导贯穿于减灾救灾工作的全过程，是提高效率、降低损伤、多方联动的必然要求。事实证明，只有坚持中国共产党的领导，坚决维护党中央权威和集中统一领导，才能克服一切困难。

（二）曲突徙新，防为主，救相合

"以防为主、防救结合"是救灾思想的总方针，其核心是"防灾"。防灾，即讲求未雨绸缪、居安思危，这能够最大程度地降低灾害带来的影响。1951 年 8 月，政务院第 98 次会议召开，周恩来指出："救灾必须联系到预防。……农业部也要如同卫生部对付疾病一样，以预防为主的方针去对付灾害。"④1958 年 5 月，内务部第四次全国民政会议召开，会议对救灾思想作了总结："生产救灾工作实际上有两种不同的方针：一种是

---

①　范宝俊主编：《灾害管理文库——灾害管理体制》第 7 卷，北京：当代中国出版社，1999 年，第 811 页。

②　邓纯东：《论不忘初心牢记使命的三重逻辑》，《湖湘论坛》2019 年第 6 期。

③　《毛泽东选集》第 3 卷，北京：人民出版社，1991 年，第 1004 页。

④　中共中央文献研究室，国家林业局：《周恩来论林业》，北京：中央文献出版社，1999 年，第 23 页。

防重于救，防救结合，依靠集体……一种是防救脱节，单纯救济，强调支持个人……"。很显然，"实现前一种方针，既能解决灾民当前的生活问题，又能巩固和发展社会主义所有制，发展生产，消灭灾荒。实行后一种方针，只能够解决灾民的临时困难……"，而且"前一种方针是相信群众，依靠群众，既顾眼前，更顾长远，治标治本兼顾，使农民走上永远富裕的道路，因而它是一种正确的方针"①。坚持"预防为主"的方针是减少灾害发生的主要灾前对策，政府可以通过对灾害的监测，修建水坝、水库和堤防，普及宣传防灾知识，重视农业防范措施，实行人口转移等灾前途径，大大降低灾害损失。此外，要正确处理人与自然的关系，合理地开发利用自然资源，降低人为因素引起的自然灾害。总之，绿色发展渐成常态，是减少人为灾害的必然要求，也是实现人与自然和谐共生的现实途径。

（三）从严治党，倡廉洁，惩腐败

全面从严治党，必须严肃党内政治生活、加强党内监督、健全监督机制，对于减灾救灾工作中出现的腐败现象，党和人民政府也深恶痛绝，并力求严惩。中华人民共和国成立初期就开展了"三反""五反"运动，并把惩治贪污腐败行为作为一场大斗争来处理。在党中央的领导和部署下，政务院先后颁发了《中央节约委员会关于处理贪污、浪费及官僚主义错误的若干规定》《中华人民共和国惩治贪污条例》《关于贯彻检查社会事业费使用情况的通知》等文件，对贪污、浪费、官僚资本主义等问题加以严惩。据皖北、皖南、苏北、苏南、河南、江西、湖北、广东等16个省（区）及南京、广州、重庆、鞍山等4市不完全统计，查处县以上民政部门贪污救济、优抚事业费的干部共1292人，贪污款40.1849亿元、粮173万斤。②1975年夏，河南驻马店地区水库溃坝导致该地严重洪灾，国家先后拨款3.7亿元用于救灾，同时拨给大量救灾物资，但其中4000多万元救灾款和大批物资被挪用。事件发生后，中央向全国通报，中共河南省委撤销了地委第一书记、副书记和相关负责人的职务。③党中央对反腐的高度重视，有力地保证了减灾救灾的公正廉洁，并产生深远影响。

（四）务实群众，深普及，广宣传

我国人口众多，群众受教育程度低，普遍文化水平不高，需要充分利用各种渠道，以人民群众喜闻乐见的方式让减灾救灾思想深入人心。中华人民共和国成立后，党中央要求迅速健全各级党的宣传机构，"通过报纸、出版、广播、电影、学校及其他各种文化教育工具，经常地向各界人民宣传马克思列宁主义、毛泽东思想和党的各项主张"④。报纸、杂志作为当时社会获取信息的主要途径，成为传播减灾救灾思想的一个重要渠

---

① 内务部农村福利司：《建国以来灾情和救灾工作史料》，北京：法律出版社，1958年，第215页。
② 内务部农村福利司：《建国以来灾情和救灾工作史料》，北京：法律出版社，1958年，第58—59页。
③ 《当代中国》丛书编辑部：《当代中国的民政》下册，北京：当代中国出版社，1994年，第60—61页。
④ 中共中央党史研究室：《中国共产党历史》第二卷（1949—1978），北京：中共党史出版社，2011年，第147页。

道，以自上而下的传播方式，保证了传播的高质与高效。文以载道，文以传情，通过通俗语言、字幕电影、文艺作品等文化活动，吸引和感召人民群众，让减灾救灾思想落地开花。有关部门将减灾救灾思想融入剧团、戏团等形式中去，推出更多讴歌党、讴歌政府、讴歌英雄的力作，以中国特色、地方特色的方式展示减灾救灾思想的新境界，润物无声地传播减灾救灾思想，唤起人民群众内心防灾减灾的共鸣，这也为当今广泛宣传减灾救灾知识，促进减灾救灾工作的进一步开展具有重要的启示作用。

四、结语

中华人民共和国成立以来，在中国共产党的领导下，我国的减灾救灾工作既取得了重要成就，又积累了丰富的经验。减灾救灾工作取得的成绩关键在于党的领导，党对减灾救灾工作的高度重视，使人民群众生命、财产的损失最小化，减灾救灾的体制初步建立，减灾救灾意识显著提升，腐败现象初步得到抑制等。没有党的领导，减灾救灾工作不可能取得这样大的成就，也不可能获取上述这些经验。当然，这一时期减灾救灾工作还存在一些不足，必须遵循马克思主义时代性特征，实现减灾救灾工作的与时俱进，同时要总结经验，吸取教训，实现减灾救灾工作效益的最大化。

说明：本文原载《齐齐哈尔大学学报》2021 年第 11 期。

近代市场条件下灾异时期乡民自救能力考察
——以 1934 年东南大灾荒为中心

张 帆

（河南财经政法大学素质教育中心）

晚清以降，中国被动地向西方资本主义列强敞开门户，经济渐渐被纳入西方列强主宰的世界经济体系中，自给自足的自然经济逐步向近代商品经济转化，中国市场随之发生了巨变。近代市场贸易的扩展，将以往分散的区域性市场逐渐联系在一起，以苏浙沪为核心的东南地区凭借良好底蕴和优势区位得以趁势发展，特别是上海，一跃成为全国经济重镇。乡镇区域传统农业、手工业开始与近代市场发生联系，农产品商品率不断提高，以收购和输出乡村产品为主的各色商行"把基于传统农业的乡村与近代工业城市联接起来"[①]，越来越多的乡民或主动或被动地开始根据市场行情安排自家生产，乡村地区的经济命运随之被近代市场所控制，进而受到世界经济大势的影响。

1934 年东南区域遭遇特大旱灾[②]，发生严重荒歉并引起包括蝗灾、瘟疫、流民冲突等一系列次生灾害与社会动荡。1934 年 5 月至 6 月，江苏、福建等省一些县份已初显旱情，6 月中旬开始，受旱区域越来越广，旱情愈加严重。7 月初《中央日报》即登出气象研究所文章，称刚刚过去的 6 月为"光绪元年以来最热之六月也……南京上海均已打破过去纪录"[③]。此时灾情已全面形成，灾区迅速扩大，江苏、浙江、上海、安徽、湖南、湖北、江西、福建各省均陷入闷热干燥之中，报纸谓炎热状况前所未见，"室中蜡烛融化，河水暴晒如温泉"[④]，加之两个月缺雨的累积效果，干旱不可避免地发展成

基金项目：河南省高校人文社会科学研究一般项目"近代中国乡村灾害与危机应对研究"（项目编号：2022-ZDJH-00286）。

作者简介：张帆，男，1987年生，河南财经政法大学素质教育中心讲师，历史学博士，研究方向为中国近现代社会史。

① 小田：《江南乡镇社会的近代转型》，北京：中国商业出版社，1997年，第158页。

② 关于1934年东南大旱及因此形成的大灾荒，相关研究成果有王方中：《1934年长江中下游的旱灾》，《近代中国》1999年第1期；杨鹏程：《从1934年湖南赈务看民国时期赈政近代化的趋向》，《湖南科技大学学报》（社会科学版）2005年第3期；刘成蕈：《1934年安徽旱灾赈济研究》，东华大学2007年硕士学位论文；夏明方，康沛竹：《是岁江南旱——一九三四年长江中下游大旱灾》，《中国减灾》2008年第1期；王加华：《1934年江南大旱灾中的各方矛盾与冲突——以农民内部及其与屠户、地主、政府间的冲突为例》，《中国农史》2010年第2期；黄庆庆：《1934年旱灾实录》，《中国减灾》2011年第2期；张帆：《赈济与管控：1934年东南旱灾流民问题的应对》，《防灾科技学院学报》2016年第1期等。一些灾荒研究著作中也涉及了此次旱灾，如张水良：《中国灾荒史（1927—1937）》，厦门：厦门大学出版社，1990年；刘仰东，夏明方：《灾荒史话》，北京：社会科学文献出版社，2000年；周秋光等：《中国近代慈善事业研究》，天津：天津古籍出版社，2013年等。

③ 《气象研究所发表六月份旱热之原因》，《中央日报》1934年7月3日，第2版。

④ 《旱魃成灾民食可虞》，《中央日报》1934年6月30日，第3版。

为重大旱灾。7月至8月，东南地区旱情持续蔓延，灾情波及14个省份逾300个县域，农田耕作愆期、作物旱死，民众饮水困难，粮食可虞，灾民离散，时人惊呼："今年中国东南部之旱荒，为六十年来所仅见"。①除福建省灾情稍弱外，其余各省几乎是全省被旱，"上自湘鄂皖赣，一直到苏浙，无省不有着极严重之旱灾。"②旱情最终呈现衰减态势是在8月下旬，此一时段东南区域内开始出现较为频繁的降雨，9月之后，降雨与降温更为明显，天气渐渐回归至正常年份时所呈现出的状态。

气温与降雨虽然恢复了往年模样，但旱灾作为一种气候异常诱发的缓发性自然灾害，其后续灾害影响和造成的损失往往更大，因此也被不少学者称为"最严重的天灾"③。虽然9月下旬至10月初这段时间，东南各地旱情陆续消解，走出了奇旱酷暑的天气威胁，但因此前灾情累加，农业生产环境恶化，劳动力损失，粮食荒歉，副业受损，疫痢蔓延，百货耗尽，社会动荡等情况陆续显现，东南地区乡村民众依然处于灾情之中，苦不堪言。基于此次大旱灾，从乡民自救资源的积累与自救方式的运用等方面考察，可以发现近代市场条件下东南地区乡村民众生活自救能力不增反减，日趋单薄。

一、乡民自救资源的匮乏

相比于其他一些自然灾害，旱灾的发生并不剧烈，程度渐渐累积，灾情慢慢呈现。除了所处的大环境，从乡民自救层面看，能否安然度过大旱及灾歉，一是看平时生活中资源的积累，如粮食和资金储备之多寡，二是看生产状况的优劣，如库水设施，改换耐旱作物的条件等。自救资源的积累与乡民日常的家庭收入、生产积蓄、生活消耗、生活观念等息息相关。民国时期，相较于传统时代，近代市场条件下东南地区乡民有了更为多样的营生方式，除了依然重要的粮食耕作外，农家副业的地位得到进一步提升，经济性作物的种植、牲畜的养殖、特种产品的采摘、手工艺品的编织、临时性的短期帮工等营生方式不一而足。更有不少乡民离开乡镇，短期或长期在城市，通过帮佣、拉车、做工等方式挣取家计。单从此层面看，这一时期东南乡村地区民众的家庭收入似乎较以往有所增加，生活条件应该普遍比较殷实，并呈一种越来越好的趋势。

然而，事实并非如此。首先，乡村民众承受了繁重的租税负担。孙中山在陈述近代中国乡村地区民众普遍贫困的原因时曾说："他们由很辛苦勤劳得来的粮食，被地主夺去大半，自己得到手的几乎不能够自养"④，很明白地道出了统治阶级对乡村的剥夺与压榨。国民政府时期，乡民直接或间接承担了名目繁多的苛捐杂税。从1934年各省田赋附加可以看出不少省份乡民承担着沉重的负担，东南旱情笼罩的江苏、浙江、江西、

---

① 树德：《旱灾与救灾》，《中国革命》1934年第2期。
② 宣浩平：《湘鄂皖赣苏浙各省旱灾之严重性》，《民鸣周刊》1934年第12期。
③ 夏明方：《历史上的旱灾：最厉害的天灾》，《时代青年·视点》2014年第8期。
④ 广东省社会科学院历史研究所，中国社会科学院近代史研究所中华民国史研究室，中山大学历史系孙中山研究室：《孙中山全集》第9卷，北京：中华书局，1986年，第399页。

湖北四省分列附加税税种前四位①，苛捐杂税的重压"使农民不得翻身"②。

其次，近代中国天灾人祸频仍。"帝国主义者及国内之封建势力均成为农村破产之主要原因"③，连年的军阀混战，中央与地方的冲突，日本帝国主义的觊觎，使民众始终处于动荡不安的环境中。不少地方政府或懒于勤政，或因资金不足无法推动建设，以抵御旱灾的水利设施为例，兴修水利，工程期长，投资浩大，建设前经费筹措之艰难，建设中各项事务之繁杂，建成后收益之缓慢，导致很多地方官员往往不太愿意认真建设水利。"兴修水利，预防天灾，本来是地方官厅应尽的职责，但是我国以往政治腐败，作县长的，多半是沓沓泄泄，抱定'多一事不如少一事'的格言，那（哪）里肯防患未然，为地方作永久之计"④。自然灾害与人为灾害并不是非此即彼，在一定程度上可以说是相互转化的关系。政治环境的动荡，极大阻碍了政府的建设计划，打击了整个社会的防灾减灾能力，李文海先生曾生动地写道："一旦接触到那么大量的有关灾荒的历史资料后，我们就不能不为近代中国灾荒的频繁、灾区之广大及灾情的严重所震惊。"⑤灾患接连损耗乡村元气，乡村民众往往还没从上一次灾难中恢复，便遭受另一次打击。如此恶性循环，使广大乡村地区经济陷入滑坡甚至崩溃的境地，乡民勉力维生，户鲜盖藏，生活自救能力势必日趋薄弱。

再次，世界经济危机的波及。1929年至1933年的世界经济危机使资本主义国家普遍遭受沉重打击，"工业发达国家失业人数的高涨……英法德意以至黄金最多的美国都是在无可挽救的日益加深着的经济危机中"⑥。这场经济危机严重波及中国市场，西方各国纷纷向中国倾销商品，使中国对外贸易严重入超，丝、茶等以往出口较多的行业举步维艰。1934年旱灾发生前的几年时间中，中国经济出现了严重的衰退，重创了乡村经济。以江浙乡村重要的生计来源论，江苏省以丝绸为要项，织绸布"是为民间收入之大者"⑦，浙江省乡民经济状况相较不少省份稍好的原因不在于粮食耕作，而在于"经营经济作物蚕、桑、茶"⑧。因国际、国内环境发生变化，1934年几乎是蚕桑经济最不景气的时期，丝价茧价的低落"开从前未有之新纪录"⑨。即便如此，在整体凋敝的经济环境下，贱卖的蚕丝依然没有市场，江浙乡民日常经济收入大项的断绝令人悲叹：

①　邹枋：《中国田赋附加的种类》，《东方杂志》1934年第14期。

②　陈振鹭：《中国农民离村运动之特质》，《中央日报》1934年11月20日，第2版。

③　何定尧：《乡村运动与乡村卫生之关系》，《中央日报》1934年11月18日，第2版。

④　廖鲁芗，牛贞静速记：《萧会员煜报告勘查鄂城黄梅广济浠水四县旱灾经过情形》，《湖北地方政务研究半月刊》1934年第10期。

⑤　李文海等：《近代中国灾荒纪年》前言，长沙：湖南教育出版社，1990年，第6—7页。

⑥　《失业人数三千余万》，《红色中华》1933年5月5日，第1版。

⑦　王树槐：《中国现代化的区域研究·江苏省，1860—1916》，台北："中央研究院"近代史研究所，1984年，第26页。

⑧　李国祁：《中国现代化的区域研究·闽浙台地区，1860—1916》，台北："中央研究院"近代史研究所，1982年，第552页。

⑨　陈焕：《德清县二十三年份旱灾概况》，《湖州月刊》1934年第4—5期合刊。

"蚕丝无人问，民力日艰辛。"①

最后，1934 年大旱，不少乡民收入锐减，生存成本骤增。忍饥挨饿勉强度日者较多，许多乡民"起先是每天三餐，后来变到两餐，再后来吃粥，现在却连吃粥都发生了问题"②。生计断绝举家逃荒者亦不在少数，"京杭及锡宜汽车道上，扶老携幼，背负肩挑，络绎不绝，餐风宿露，无复生人状态"③，甚至出现过不少因旱荒无法生存、绝望自杀的悲剧，江苏太仓第四区杨鲤堰桥农民王桐司，"因田苗槁枯，焦灼万状，请人戽水灌田，每次每亩须洋一元五角，尚欲预先定约。王系贫窭之人，目睹此情，辗转忧虑，竟背人投缳自缢而死"④。赋税的繁重与灾患的频仍使民国时期乡村民众难以积蓄起自救资源，20 世纪 20 年代末至 20 世纪 30 年代前期的世界经济危机又使近代市场环境裹挟下的中国乡村雪上加霜。在多重打击下，"农村经济之破产"⑤的声音络绎不绝，乡村问题观察者指出："因为农产品价格不断的跌落，所以农民收获的，无论是稻麦布帛，均不敷他们的成本，以致农村的金融流向都市，酿成农村枯竭"⑥，乡村被反复蹂躏，渐趋败落，日常状态下勉力维生的乡村民众很难进行有效的自救资源积累，对于各种灾害几乎完全丧失自主防治的能力。

二、乡民自救效能的低下

近代中国，尽管经济、政治等力量已将现代元素送入乡村，但总体来看，乡村社会依然是一个以血缘为主要纽带而相对自在的世界。中国现代化进程虽已开始，但广大乡村基本上还是"靠天吃饭"，绝大多数乡民可能对外界有所听闻，却又如传统时期一般，实际上仍被封闭于自在的日常生活世界中，依据口口相传、耳濡目染的经验与风俗，过着与先辈相似的生活。在 1934 年旱灾自救过程中，很多灾民依然采用的是传统抗灾方式，比如在田间地头以简陋的传统戽水工具进行人力戽水，灶间户内水缸中储存水源防备短期内缺水。⑦还有很多民众将消解旱灾的希望寄托于神灵，随着旱情加重，他们反而放弃了实际救灾，越发专注于祈雨禳灾。这是民国时期乡村民众的日常生活逻辑定式与现代技术的利用和推广存在重重困难之双重作用下的必然结果。

---

① 马松联：《今岁浙省旱灾吾邑海宁最重哀鸿遍野惨不忍睹赋此吊之》，《学生文艺丛刊》1934 年第 3 期。
② 施锡珍：《旱灾》，《锄声》1934 年第 4—5 期合刊。
③ 《溧阳灾黎待毙》，《兴华周刊》1934 年第 36 期。
④ 《太仓：久旱声中之琐闻》，《申报》1934 年 7 月 14 日，第 11 版。
⑤ 《江北农村经济破产，商业萧条金融停滞》，《中央日报》1934 年 5 月 14 日，第 3 版。
⑥ 何定尧：《乡村运动与乡村卫生之关系》，《中央日报》1934 年 11 月 18 日，第 2 版。
⑦ 自来水普及前，水缸是大多数乡村农家必备之物，主要功能就是储水，可供短期干旱、外部水源缺乏时全家用水。在江南地区，因偶会遭遇短期旱情，日常生活中农家即注意水缸储水，并将这种生活经验代代相传，江苏武进人朱学东在回忆 20 世纪 70 年代故乡生活时，还提到老辈人经常告诫，"水缸要常满，要命的时候能救命"，但日常生活经验难以抵御 1934 年这样的超常旱灾。参看朱学东：《江南旧闻录：故乡风物长》，南京：江苏教育出版社，2014 年，第 162 页。

（一）简陋救灾方式的束缚

乡民在旱灾中当然有实质性的抗旱救灾行动，可惜所运用的救灾方式大多简陋、落后，从根本上限制了救灾的效能。最有代表性的是以人力戽水工具进行抗旱的努力。现代机械灌溉在中国的传播是从清季开始的，但对于当时中国这样一个稳重又迟缓的广大社会，一个新事物或新技术的"开始与盛行之间总是有着以百年为单位的时间差"①。到 1934 年时，机械灌溉的引进与使用虽已颇有年头，却远未普及，个中原因除了政府推广不力外，与乡村经济条件差，乡民无力购买、租用机械抽水设备亦有很大关联。1934 年，东南地区大部分乡村的农业生产方式和从前别无二致，耕作器具仍沿用传统时期之工具，农业灌溉还是以人力戽水为主，"所恃为唯一之灌溉利器，只一数千年来相传之木制龙骨车"②。

传统戽水工具对附近水源要求高，汲水效率低下，极耗人力。乡民凭借一贯的勤劳，在风调雨顺年份，用传统的戽水器械尚可满足农田所需，但 1934 年旱灾程度严重，偏偏正逢水稻生长的关键期，必须有高效的灌溉给予保障，人力戽水难以对抗高温酷暑，乡民虽拼尽全力，手足胼胝，"卒因气候亢燥，早车晚旱，山塘枯涸，更无救济方法"③。烈日悬空，水分蒸发迅猛，农田周边河流水位降低，乡民看在眼里，未必不知人力戽水难以抵抗大旱，但水车是大多数农家仅有的抗旱工具，人力戽水也就几乎成了农家尽人事、听天命之唯一方式。"只要什么地方有水，他们就整日整夜不顾死活的去车去戽，直到点滴不存为止！"④水源并非源源不绝，一条小河周遭农户都在戽水，几天下来水位就开始降低甚至呈干涸势态，越是这样越激发起农户拼命戽水的决心。为此还出现争夺水源之现象，邻村、邻居心生怨怼，乃至出现大打出手的情况。还有许多在烈日暴晒下勉力劳作的乡民中暑甚至热毙。

除了人力戽水，乡民也采取了补种换种、扩大副业等抗灾方式，但是成效同样有限。东南诸省一直是中国重要的产米区域，水稻是本地乡民世代耕种的农作物，大米是当地民众最主要的食粮。对于东南地区的农民而言，种植节水型耐旱作物既非日常生活中的主食，又缺乏种植经验，部分农户甚至对种植耐旱作物有畏惧和抵触情绪，宁愿继续等待降雨，也不想主动改换作物种植。直到旱情延续，各地政府和社会慈善力量向乡民散放种子，劝说、指导乡民改种，受旱各地才纷纷开始较有规模种植具有较强耐旱能力、相对需水量不高的马铃薯、玉米、大豆等作物。至于副业赚取生计，一个很有代表性的例子就是砍树贩柴。当时的城镇居民，以烧柴生火做饭、取暖的不在少数，特别是在冬季来临前的一段日子，城镇居民会囤积一些过冬时用的柴火，因此每年的秋季，便有乡民担柴进城贩卖。1934 年，受旱灾的影响，田地难以耕种，砍柴贩卖成了灾民为

---

① 〔日〕宫崎市定著，焦堃、瞿柘如译：《宫崎市定中国史》，杭州：浙江人民出版社，2015 年，第 159 页。
② 顾复：《农具》，上海：商务印书馆，1933 年，第 86 页。
③ 《气候干燥田禾苦旱》，《中央日报》1934 年 6 月 22 日，第 2 版。
④ 志远：《旱灾中的故乡》，《申报》1934 年 8 月 3 日增刊，第 1 版。

数不多的经济来源。在一些林区、山区，附近灾民纷纷进山伐木，担柴到邻近城镇贩卖，一些年老体弱者无力砍柴，便拾取细枝捆扎，一样到城镇求售。如观察者所言："出卖副产（柴、木材、鸡、鸭、豕等）是他们唯一的生财之道，以图维持这旱荒下的生计。然而城厢人家或商店，在这种世乱天荒的年头，谁家不是闹着'经济恐慌'。所以农村副产大量的入城，尤其是每日数百担或竟至一二千担的柴络绎不绝拥挤进城，事实上脱售的不可能，就造成价格狂贱，开空前未有的纪录。"① 砍伐越多的木柴到市场贩卖，对于个人或单个家庭而言，是有利的，但因供需关系，越多个人砍伐木柴进入市场，木柴在市场内价格变得越低，造成贩卖木柴为生者整体利益受损。如安徽广德，地属山乡，除农垦外，以柴炭为大宗，"旱灾后村氓得暂延性命者，借售柴以易米面"②。因此，容易砍伐的木柴越来越少，市场上价格越来越低，使得贩木柴者不敢停止，反而更加争先恐后。因为对于很多灾民来说，这已经成了旱荒中唯一的求生之道，"唯有拿'砍柴'这件事来换饭吃，虽价格低廉，每斤只售五文，然生活却行勉强维持"③。

（二）传统禳灾思想的困扰

中国的民间信仰起源极早，原始时期即已有万物有灵的想法与神鬼信仰的萌芽。随着历史的演进，作为天灾人祸主要受害者的广大民众，在生活中逐渐有了对某些神鬼的信仰与禁忌，最终形成在西方学者看来"是超乎寻常的"④民间多神信仰。以东南区域而言，最晚至南宋时期，各地已遍布了供奉各种神祇的庙宇，"即便是最偏僻的村落都有不止一个的祠庙，大城市里祠庙更是数以百计"⑤。明清时期，东南地区的民间信仰继续发展，越加兴盛，"放任多神信仰，鼓励各样祭拜。广开庙会活动"⑥，各地方志中关于民众俗信的内容极多，如浙江民众"佞鬼尚巫，虽士大夫之家亦不免"⑦，福建民众"信巫尚鬼"⑧等。传统社会向现代社会转型是一个漫长的过程，在传统与现代的交互融合中，观念、风俗和习惯的改变难以一蹴而就，这点在民国时期的乡村社会尤为突出。"在乡村社会中，一个普通的农民要主动接受外来文明的挑战，是相当困难的。他要对祖祖辈辈继承下来的已经成为首属群体所认同的传统规范提出质疑，他要了解邻近地区、城市，甚至更广阔世界的创造性变革，他要具备革新的经济实力和知识水平，他要产生这样的冲动，去打破低层次的然而心理上却是安全的平衡。"⑨种种困难就使得大部分乡民将传统时期的日常生活逻辑几乎全盘承袭，缺乏改变的勇气与动力。因

① 李绍忠：《旱灾与破产的农村》，《晨光周刊》1934年第15期。
② 钱文选：《广德旱灾纪略》，民国《广德县志稿》，南京：凤凰出版社，2010年，第894页。
③ 董梼杌：《旱灾中之农村琐闻》，《晨光周刊》1934年第16期。
④ 〔法〕谢和耐著，马德程译：《南宋社会生活史》，台北：中国文化大学出版部，1982年，第170页。
⑤ 〔美〕韩森著，包伟民译：《变迁之神——南宋时期的民间信仰》，上海：中西书局，2016年，第1页。
⑥ 王尔敏：《近代论域探索》，北京：中华书局，2014年，第20页。
⑦ 康熙《浙江通志》卷十三，南京：凤凰出版社，2010年，第347页。
⑧ 民国《福建通志》卷二十一，南京：凤凰出版社，2011年，第415页。
⑨ 小田：《江南场景：社会史的跨学科对话》，上海：上海人民出版社，2007年，第173页。

此，祈神禳灾在民间依然有存在的土壤，科学救灾思想对于一般乡民而言，仍是较为陌生的新事物。日常生活中对于神灵的信仰和传统时期禳灾的承续，使东南地区旱灾发生后，民众凭借自身能力难以排解对于旱荒的恐惧，从祖辈延续下来的经验使他们只有将目光投向信仰中可以兴云布雨的众神。一时间，各地均有民众执着于祈雨，并因其淳朴和虔诚而越发显得疯狂。如南京郊区乡民，"组织求雨大会，编扎水龙一条……画脸装神，遍游京市，口中喃喃祈祷，深冀甘霖早降，俾救众生"①。浦东乡民"焚香结队，拥至塘桥镇南首龙王庙内，轮流跪拜求雨。"②如皋乡民，"每日将王灵官神像招游全市"③。在常熟，"忽有东乡农工四人，手执利斧绳索等，悄上虞山，突将该地辛峰亭角砍去……相传天时亢旱，将辛峰亭砍去，下有伏蛟，可活动而下雨"④。在浙江余姚第三区吾容、姚西、陡亹等乡民众千余人，进城与第一区屯田乡民众千余人会集，"迎神祈雨"⑤。有些地方不仅不进行实际救灾，"祈雨期间，举事之'村'、'都'，完全陷于歇业的状态"⑥。更有甚者，余姚还出现过一位小学校长因阻拦祈雨队伍，"竟被凶殴重伤毙命"⑦的悲剧。

对于随旱而起的蝗灾之应对也大致如此，传统时期东南地区素有"神能驱蝗"⑧之说，这种传说使1934年时一些乡民依然认为蝗虫是"神虫"，部分地区在蝗灾发生后，乡民"乃以蝗为天降，不可逆天"⑨，宁愿到虫王庙里烧香叩头，也不进行实际的灭蝗行动。"请猛将出巡到各处田间去实行赶蝗工作……许多乡民都到了猛将堂里，把一位泥塑木雕的猛将老爷，恭恭敬敬的请了出来；同时，还带了一位土地，用神轿抬了往田间里去巡礼，所到的地方，有香烛在地上插着元宝，在地上烧着，也有不少人跪在自己的田傍膜拜"⑩。在这样的禳灾传统影响下，整个旱灾期间，东南各地民众消耗在祈求神灵降雨、驱蝗上的精力与钱财不可胜计，虽在精神层面得到些许安慰，对于实际救灾却没有多少帮助，可以说是一种消极的救灾方式，弊远大于利。

乡民以简陋的救旱设备与传统的禳灾仪式来进行的自救，随着大旱的继续肆虐而显得单薄和可怜，机械抽水等现代救灾方式应用的困难，使1934年东南旱灾后的荒歉越加严重，丧失自救能力的灾民唯有向政府和社会力量寻求帮助，把生存的主动权被迫交给了外力，也为大灾荒中所形成的逃荒流民、抢米风潮等社会异常埋下了伏笔。

① 《农民求雨》，《中央日报》1934年6月22日，第2版。

② 《浦东农民之跪拜》，《申报》1934年7月10日，第13版。

③ 《如皋亢旱声中农民祈雨》，《中央日报》1934年7月8日，第3版。

④ 《常熟：亢旱奇热辛峰亭被毁》，《申报》1934年6月28日，第11版。

⑤ 《余姚农民迷信祈雨》，《中央日报》1934年8月19日，第2版。

⑥ 张公量：《旱乡泛忆》，《独立评论》1934年第123号。

⑦ 《余姚农民迷信祈雨》，《中央日报》1934年8月19日，第2版。

⑧ （清）袁景澜撰，甘兰经、吴琴校点：《吴郡岁华纪丽》，南京：江苏古籍出版社，1998年，第27页。

⑨ 《灾情·安化县》，湖南省赈务会事务处：《湖南省赈务会汇刊》，长沙：湖南省赈务会事务处，1935年，第6页。

⑩ 雅非：《蝗灾》，《申报》1934年8月6日增刊，第1版。

三、结语

中国近代市场发育不完善导致了区域间经济发展失衡与城乡二元结构的形成。在近代市场条件下，广大内陆地区的市场与通商口岸及其附近地区市场发展程度存在明显差距，且这种差距在不断变大。近代市场网络中心主要集中在沿海、沿江地区，越到边远地区和内地，越到中级和初级市场，资本主义化和商品化的程度越低，发展也就越缓慢，从而造成了近代中国区域间经济发展的严重失衡。近代市场经济还直接影响了中国的城市化进程，城市的发展速度远超乡村，传统城市逐步开始出现现代转型，另有一批新的现代性城市兴起，出现了以上海为代表的国际性大都市。乡村地区却与城市的欣欣向荣背道而驰，乡村的资金和人力资源逐渐向城市集中①，少数城市异常繁荣的背后是无数乡村的衰败。兵燹肆虐、经济打击、政策忽视、人才流失的累积恶果使民国时期乡村社会已到了崩溃的边缘，除少数人外，大部分乡村民众不仅享受不到近代市场所带来的红利，还可能因此被裹挟在社会转型浪潮中，承受比原先更为沉重的赋税负担和更大的经济风险，徐中约便认为 20 世纪 30 年代前期乡村民众的苦难"已经到达了极端危急的地步"②。总体而言，近代市场条件下所产生的种种影响导致了广大乡村民众无法积累起足够的自救资源，他们很难采用高效的现代防灾减灾方式，逐渐陷入自救能力日渐单薄的困境。

---

① 民国时期流传于安徽怀宁的民歌《农夫种田》中一段唱词："怨恨天来怨恨地，丢下三亩不肥田。即日离家上城去，出力卖工赚金钱。"乡民进城以后是否能如愿"赚金钱"自当别论，但唱词却为一时乡民离村景象的反映。参看安徽省立池州师范学校：《安徽民间歌谣》第 1 集，安庆：安徽省印刷局，1936 年，第 3 页。

② 〔美〕徐中约著，计秋枫、朱庆葆译：《中国近代史：1600—2000，中国的奋斗》第 6 版，北京：世界图书出版公司，2008 年，第 458 页。

当代新疆地震灾害研究回顾与展望

阿利亚·艾尼瓦尔　吉丽特孜·加米西提

（新疆师范大学历史与社会学院）

由于地震活动分布广泛，从古至今新疆天山南北大部分地区都有重大地震发生，地震灾害成为新疆各类灾害中强度大、破坏性强的首要祸害。1931 年，新疆富蕴发生了震撼中外的 8 级大地震，造成 176 千米长的地表断裂带、人畜伤亡和民众迁徙等严重事件。此次大地震引起了国内外学者的高度重视。李善邦教授首次发布了富蕴地震记录的报告，介绍了此次地震的大致情况。我国地质学家朱令人曾言："追溯历史，1934 年李善邦教授的《新疆地震》是迄今保存最早的关于新疆地震研究的中文文献"①，反映了我国科技工作者早在 20 世纪 30 年代就已关注新疆地震问题。同在 1931 年，江淮地区暴发了大洪水，多地受灾严重，发生饥荒。频繁的自然灾害促进了一批灾害研究成果的涌现，如 1937 年邓拓撰写的《中国救荒史》是这一时期的代表性成果，也是我国灾荒史研究的集大成之作。1931 年从边疆到内地的两次大灾以及其他地区的灾荒构成了我国灾害研究兴起的客观背景。有学者称这一时期是我国灾荒史研究的第一个大发展时期。②中华人民共和国成立后，在党中央的领导下，新疆自然灾害研究有了长足的发展，防震减灾救灾研究取得了辉煌的成就。

通过对 1949 年以来相关研究成果的梳理与统计可以看出，新疆地震灾害的防灾减灾研究大致经历了三个时段：

第一阶段是 1949—1980 年。这一时期党和政府高度重视抗震工作，组建了与此有关的科研机构，摆脱了长期以来的被动局面。在老一代地震工作者的艰辛努力下，国家从 20 世纪 60 年代开始对南北疆地区的地震带进行普查工作。1970 年，国家组建新疆地震科研机构和专业队伍。随后国家地震局在南疆地区建立了我国第一个地震预报实验场。地震预报实验场在新疆的设立推动了地震预报的发展，同时也为全国地震预报研究提供了新思路和新方法。这一阶段为新疆地震灾害研究的初步探索阶段，研究成果以实

基金项目：本文是新疆维吾尔自治区普通高校人文社会科学重点研究基地新疆农牧区社会转型中心项目"新疆自然灾害研究七十年"（项目编号：XJNURWJD2019A01）；国家社会科学基金一般项目"近代新疆重大自然灾害财政应对研究"（项目编号：21BZS103）的阶段性成果。

作者简介：阿利亚·艾尼瓦尔，女，新疆伊宁人，历史学博士，新疆师范大学历史与社会学院教授，主要从事中国近现代自然灾害史研究。

① 新疆维吾尔自治区地方志编纂委员会：《新疆通志》第 11 卷《地震志》，乌鲁木齐：新疆人民出版社，2002 年，第 1 页。

② 朱浒：《二十世纪清代灾荒史研究述评》，《清史研究》2003 年第 2 期。

地调查报告为主。

第二阶段是 1980—2008 年。改革开放之后，随着地震科学技术的发展，防震减灾工作得到了党和政府的高度重视，新疆乃至全国地震研究进入了新的阶段。新疆地震灾害研究也迈向了新的起点。1990 年，新疆灾害防御协会成立，开创了新疆地震灾害研究与内地的同步进程。地震灾害研究人员对地震的发生原因、分布特征以及减灾工程等问题的研究日益深入，并在此基础上推进了地震预报基础理论、研究方法的深入发展，为后期防灾减灾研究总结经验提供了借鉴。

第三阶段是 2008—2019 年。汶川地震之后，我国政府极为重视抗震防灾工作，防灾减灾应急管理体系建设进一步加强。随着研究人员数量不断增加，研究范围从地震时空分布和规律特征等领域，扩展到地震灾害监测预防体系和防震减灾，以及应急响应体系的研究，出现了一大批科研论著和学术论文，为预防地震灾害积累了丰富的经验和大量科学数据，为防灾减灾工作提供了一定的保障。

从目前的研究成果来看，学术界尚缺少对中华人民共和国成立以来新疆地震灾害研究成果进行总体回顾和总结。因此，本文梳理了 1949—2019 年新疆地震研究的成果，分别从上述三个时段来反映地震灾害研究的进展及主要成就。用历史的眼光重新梳理前期的研究成果，进行整体回顾、反思并总结经验，为进一步加强地震灾害研究，以及防灾减灾和社会经济发展提供有价值的参考和借鉴，也为学界了解新疆地震研究概况、地震学人的成就与贡献提供助力。

本文收集梳理有关地震、地震灾害的考察报告 43 篇，论著近 40 部，涉及新疆地震研究的全国性研究专著 60 多部。

笔者通过检索中国知网（CNKI）"地震研究""新疆地震""地震灾害"等词目，检索出新疆地震研究期刊论文共有 1118 篇，输入"西北地震"等词目，检索出期刊论文 229 篇，输入"新疆地震灾害"检索出 215 篇。本文利用图书目录等数据库资料及中国知网等文献检索工具，共梳理筛选出 1043 篇，其中最早的 1975 年仅 3 篇，成果最多的 2017 年则超过 70 篇。这表明地震灾害研究随着地震实地考察的开展和研究机构的成立，推动了研究队伍的成长与研究范围的扩大，涌现出一大批适用性强、为社会现实服务的学术研究成果。

在资料选用方面，由于中国知网对 20 世纪 50 年代至 20 世纪 70 年代的新疆地震研究成果收录不全，笔者从其他文献数据库中查找了部分成果。20 世纪 80 年代之后的新疆地震研究成果收录在中国知网上的数量逐渐增多，笔者经过逐一核对，系统收集了有关新疆地震灾害及地震研究的成果。同时，笔者按照自然灾害的现代定义，将属于防灾减灾范围的地震灾害研究也一并纳入，而中国知网地震栏目中的知识讲座、表扬奖励以及外文发表等内容则未纳入本文统计之中。

一、1949—1980 年新疆地震灾害研究进展

（一）新疆地震灾害研究成果之考察报告

1949 年以来，地震研究成为自然科学研究者的重要工作。由于经济开发建设的需要，20 世纪 50 年代初，由中国科学院组织的新疆综合考察队在南疆考察，1958 年出版了《新疆综合考察报告（1956 年）》，该研究报告通过科学考察介绍了南疆的地形及地震概况，为新疆地质地震工作研究打开了良好的开端。[1]

20 世纪 50 年代至 20 世纪 60 年代，新疆共发生 4 级以上地震 70 多次。[2]1961 年伽师地区相继在 4 月 4 日、14 日，发生 6 级至 6.8 级地震，同年 9 月 5 日，阿克陶县发生 6 级地震。在喀什地区周边发生的一系列地震引起党中央高度关注。是年由新疆维吾尔自治区建设委员会、中国科学院地球物理研究所和喀什地区水利局组成调查组，对伽师地震和喀什一带的历史地震进行调查。1971 年其研究成果《新疆喀什地震调查组报告》出版，据专家称这是新疆第一份地震调查报告，比较详细介绍了喀什一带地震发生的概况，为南疆地震的研究奠定了一定的研究基础。[3]频发的地震推动了地震灾害研究的进一步深入。

1963 年乌恰和库车等地相继发生了地震，1965 年 11 月乌鲁木齐东发生 6.6 级地震，党中央非常重视此次地震。中国科学院组织了新疆第一次大规模的地震科学考察，由中国科学院兰州地球物理研究所在乌鲁木齐红山等地架设地震台进行地震观测。结束了"新疆地震研究一张白纸的历史"。20 世纪 70 年代新疆地震局建立，1971 年 9 月国家地震局在喀什—阿克苏地区建立了我国第一个地震预报实验场，组织全国地震系统 11 个单位的 100 多名科研工作者在现场开展了多学科、多手段、多方法观测的预报实验研究。[4]

在党中央领导和国家地震部门的支持下，新疆开始了地震研究工作，新疆地震研究人员始终坚持"以防为主"综合减灾的方针，对新疆各地易发地震地区从防灾减灾等方面展开了考察工作，出现了从实践到基础理论探讨的科研成果。中国科学院新疆综合考察队等经过前期的考察研究，于 1978 年出版了《新疆地貌》，该论著系统整理和总结了新疆干旱区域地貌以及天山南北地质构造、气候条件等实际调查资料的成果。[5]

1975—1979 年，中国科学院治沙队在塔克拉玛干沙漠进行科学考察，1982 年、1984 年、1986 年，新疆维吾尔自治区农业区划委员会以及科技委员会分别在塔里木河

---

[1]　中国科学院新疆综合考察队：《新疆综合考察报告（1956 年）》，北京：科学出版社，1958 年。

[2]　新疆维吾尔自治区地方志编纂委员会：《新疆通志》第 11 卷《地震志》，乌鲁木齐：新疆人民出版社，2002 年，第 55 页。

[3]　新疆维吾尔自治区地方志编纂委员会：《新疆通志》第 11 卷《地震志》，乌鲁木齐：新疆人民出版社，2002 年，第 19 页。

[4]　新疆维吾尔自治区地方志编纂委员会：《新疆通志》第 11 卷《地震志》，乌鲁木齐：新疆人民出版社，2002 年，第 9 页。

[5]　中国科学院新疆综合考察队等：《新疆地貌》，北京：科学出版社，1978 年。

流域进行科学考察。这些团队经过几年的科学考察，做了大量地质考察研究。《塔克拉玛干沙漠研究文献目录索引》收录了上述考察成果①，在此地震学目录中，收录 20 世纪 60 年代地震普查报告 4 篇，如新疆石油局《塔里木盆地阿克苏地区地震普查总结报告》②等。20 世纪 70 年代地震普查报告 26 篇，如新疆维吾尔自治区民丰县东 1924 年 7 级地震考察报告等。20 世纪 80 年代初考察报告 13 篇。上述报告主要对新疆古地震、南北疆各地地震发生地进行考察研究，进一步摸清了地震发震构造、时空分布、地震危险性等规律，也对实际情况做了大量基础性工作。1949 年之后，地震工作者对塔克拉玛干沙漠周围地震区域的考察研究报告，均以实际现场资料为主，为新疆地震研究提供了可靠的资料来源。

这一时期，新疆地震工作部门以及学者都以研究报告的形式来反映其研究考察成果。20 世纪 60 年代至 20 世纪 80 年代初的研究成果均发表在新疆各地质大队调查报告中，因此这一时期地震灾害研究的论著出版较少，全国性的地震研究报告中也有部分涉及新疆，但具体针对性研究少见，人文社科方面更无人问津。

（二）1949—1980 年发表的论文概况

目前在中国知网中很难查阅到 1949—1980 年的新疆地震相关论文，笔者在中国知网上和其他文献资料库中仅梳理到 1975 年 3 篇、1977 年 1 篇和 1979 年 4 篇。其中，1975 年由刘一鸣等人撰写的《新疆柯坪断裂带地震活动的特征及趋势分析》一文，对 1972 年在柯坪县发生的 6.2 级地震进行了重点分析和总结。③朱传镇等人的《新疆西克尔地区微震波谱的初步研究》对西克尔地区地震发生前后的震源区变化进行了初步讨论。④同年国家地震局地震测量队新疆组发表了《南天山地区的地壳形变与地震》一文，对南天山地区的地壳形变做了初步探究。1977 年戈澍谟发表《新疆历史地震活动》，对历史地震活动区域进行分析。1979 年收录的 4 篇论文分别是《新疆地震活动特征》⑤、《天山地震活动与银嵌构造》⑥、《新疆一些中强震前后的波速比异常》⑦和《1979 年 3 月 26 日新疆库车 6.0 级地震》。⑧上述研究成果主要围绕地震活动特征、地质构造以及中强震前后的波速比异常等问题进行分析，为地震监测预报工作的深入研究和决策提供了有力支撑。

---

① 中国科学院塔克拉玛干沙漠综合科学考察队：《塔克拉玛干沙漠研究文献目录索引》，北京：科学出版社，1993 年，第 1 页。

② 中国科学院塔克拉玛干沙漠综合科学考察队：《塔克拉玛干沙漠研究文献目录索引》，北京：科学出版社，1993 年，第 64 页。

③ 刘一鸣，姚红，周海南：《新疆柯坪断裂带地震活动的特征及趋势分析》，《地球物理学报》1975 年第 1 期。

④ 朱传镇等：《新疆西克尔地区微震波谱的初步研究》，《地球物理学报》1975 年第 4 期。

⑤ 戈澍谟：《新疆地震活动特征》，《西北地震学报》1979 年第 2 期。

⑥ 冯先岳：《天山地震活动与银嵌构造》，《西北地震学报》1979 年第 2 期。

⑦ 王桂岭，吴秀莲，敖雪明：《新疆一些中强震前后的波速比异常》，《西北地震学报》1979 年第 2 期。

⑧ 新疆地震局：《1979 年 3 月 26 日新疆库车 6.0 级地震》，《西北地震学报》1979 年第 3 期。

20 世纪 70 年代发表的 8 篇学术论文是 1949 年以来在中国知网能看到的较早的新疆地震研究成果。20 世纪 50 年代和 20 世纪 60 年代的研究成果则极为少见。据统计，国内全国性地震研究 20 世纪 50 年代有 89 篇，20 世纪 60 年代有 81 篇，20 世纪 70 年代有 1258 篇。可见与全国性地震研究相比，这一时期的新疆地震研究还处于初期探索阶段。

二、1980—2008 年新疆地震灾害研究进展

1980—2008 年，国家对地震灾害防治更为重视，在政府和科技人员的艰辛努力下，地震防灾减灾研究有了迅猛发展，研究成果逐渐增多。这一时期新疆地震灾害研究有几十部科学论著出版，论文发行量达 500 多篇。随着我国地震减灾中"地震对策"研究的深入开展，新疆地震减灾工作开始向系统化发展。

在论文集、论著研究方面，20 世纪 80 年代学界主要在地质构造运动与地震活动、强余震观测、地震断层、古地震研究等方面具有广度和深度的探讨。如毛德华、冯先岳以及中国地质学会、新疆地矿局地质科学院等先后出版的论文集，围绕南天山西部乌恰地区新地质构造运动与地震活动、第四纪地质及冰川地质和古地震遗迹鉴别标志等研究。之后，高振家等人出版了《新疆前寒武纪地质》一书，对新疆库鲁克塔格震旦纪、寒武纪地层划分等进行了分析。这些研究成果是对前期研究考察实地的总结，也是对地质工作的新探讨。[①]

1985 年 8 至 9 月乌恰县发生了多次地震，最高震级是 7.4 级，造成了房屋倒塌、人员伤亡，这是唐山大地震后的又一次大地震，党和政府高度重视，中央与国务院慰问团及时到达灾区进行慰问。针对此次地震，新疆维吾尔自治区地震局进行了考察分析，研究成果为《1985 年新疆乌恰 7.4 级地震强余震观测报告》[②]，该成果是 20 世纪 80 年代对乌恰地震的研究总结。

新疆地震研究是从考察历史上的大地震遗址开始的，之后学界对天山南北的地震考察尤其是地震断层研究有了一定进展。20 世纪 80 年代至 20 世纪 90 年代，新疆维吾尔自治区地震局先后出版了《中国地震断层研究》等著作，是当时有关断层、断裂带分布几何形态以及断裂活动强度等方面的最新研究成果。[③]随着地震研究的发展，一些学者在前期研究的基础上开始探讨古地震研究。地质学家冯先岳对新疆历史上无文字记载的古地震进行了深入分析，撰写了《新疆古地震》一书[④]，该论著是改革开放后国家地震局招标项目的研究成果，对新疆古地震研究在理论和方法上提出了新的见解。

20 世纪 90 年代是新疆社会经济发展具有战略意义的十年，也是各类灾害频发的十

---

① 高振家等：《新疆前寒武纪地质》，乌鲁木齐：新疆人民出版社，1984 年。
② 新疆维吾尔自治区地震局：《1985 年新疆乌恰 7.4 级地震强余震观测报告》，北京：地震出版社，1988 年。
③ 新疆维吾尔自治区地震局：《中国地震断层研究》，乌鲁木齐：新疆人民出版社，1988 年；国家地震局《阿尔金活动断裂带》课题组：《阿尔金活动断裂带》，北京：地震出版社，1992 年。
④ 冯先岳：《新疆古地震》，乌鲁木齐：新疆科技卫生出版社，1997 年。

年。1990年，在新疆维吾尔自治区党委和其他有关部门的带领下，受新疆防御协会的委托，由新疆维吾尔自治区地震局等单位组织编写了《新疆减灾四十年》，收录了1950—1990年新疆各种自然灾害的实例，并按时间顺序，建立了资料数据库，包括灾害发生的时间、地点、灾种、损失状况和政府救灾措施五个要素的灾例。"《新疆减灾四十年》的出版，对整个减灾工作的实践来说是走在了全国各省、自治区、直辖市的前头，这是一件可喜可贺的事情"①。得到当时学界认可的《新疆减灾四十年》变成了全国学习的模板。可见，新疆减灾工作不仅为重大自然灾害研究奠定了基础，而且为新疆维吾尔自治区各级部门制定决策提供科学依据，同时在国内研究中具有一定的历史意义，成为我国减灾事业的一份珍贵资料。

20世纪90年代至2000年是大批地震科研成果发表的重要阶段，新疆科技工作者完成了《地震风险和地震保险研究》《天山活动构造》《地震分形》等大型科研成果，为政府部门的相关决策提供了科学依据。②资料汇编方面，新疆维吾尔自治区地震局先后编写了《新疆维吾尔自治区地震目录（1980—1984）》③、《新疆维吾尔自治区强震加速度记录（1987—1990年）》。④新疆维吾尔自治区地震局分别出版了一系列图版，如《新疆维吾尔自治区地震烈度区划图》《新疆地震构造图》⑤等。这一时期的研究成果记录了珍贵的第一手资料，是一批适用性很强的科研成果，对地震灾害研究和防灾减灾具有一定的现实意义。

2000年后学界对地震领域高度重视，各方面研究得到长足发展，出版了不少深具资料性和地域特色的研究成果。如新疆维吾尔自治区地方志丛书之一的《新疆通志》第11卷《地震志》是经过老中青三代地震人的努力，最终完成的新疆地震研究成果⑥，该志全面而翔实地记述了1716年至2000年新疆地震和地震事业发展的历史和现状，由8部、29章、115幅图片和附录组成，对后期地震研究、经济建设和防灾减灾工作具有重要使用价值和科学意义。随后新疆维吾尔自治区地震局出版了《新疆维吾尔自治区地震监测志》，该志对新疆地震监测和天山南北各台站的发展变化进行深入分析，是对1964—1996年新疆地震监测技术的系统总结。⑦上述两部志书的出版，不仅记录了珍贵的原始资料，也对地震进行了深入分析，对新疆的防震减灾研究起到了一定的促进作用。

就成果形式而言，该阶段新疆地震灾害研究出版的论著不多，大多数研究成果主要以论文形式发表。如有与上述论著重复的研究则不做论述。

1980年之后，地震灾害研究论文呈现出新的起点，研究成果多从实地考察和新理

---

① 朱令人主编：《新疆减灾四十年》，北京：地震出版社，1993年，第1页。
② 叶民权主编：《地震风险和地震保险研究》，北京：地震出版社，1998年；邓起东等：《天山活动构造》，北京：地震出版社，2000年；朱令人等：《地震分形》，北京：地震出版社，2000年。
③ 新疆维吾尔自治区地震局：《新疆维吾尔自治区地震目录（1980—1984）》，北京：地震出版社，1990年。
④ 新疆维吾尔自治区地震局：《新疆维吾尔自治区强震加速度记录（1987—1990年）》，北京：地震出版社，1994年。
⑤ 新疆维吾尔自治区地震局：《新疆地震构造图》，成都：成都地图出版社，1997年。
⑥ 新疆维吾尔自治区地方志编纂委员会：《新疆通志》第11卷《地震志》，乌鲁木齐：新疆人民出版社，2002年。
⑦ 新疆维吾尔自治区地震局：《新疆维吾尔自治区地震监测志》，北京：地震出版社，2005年。

论方法方面进行创作，成果数量与质量较前一阶段均有明显进步。笔者利用图书文献以及中国知网资源收集到 1980—2008 年的相关期刊研究论文共有 300 多篇，分别按时间顺序进行述论。

（一）1980—1990 年发表的论文

学界对古地震及灾害损失的关注由来已久，在 20 世纪 80 年代考察讨论的焦点也集中于古地震研究。主要有 1980 年杨章、戈澍谟发表了两篇对 1931 年新疆富蕴地震断裂带及构造运动特征进行初步分析的成果。[①]除了对新疆古地震遗迹鉴别标志报告之外，柏美祥、方志强还探讨了 1906 年新疆玛纳斯西南八级地震地表破坏现象与地质构造的关系[②]，冯先岳对天山古地震遗迹进行了细致考察。[③]学界对历史时期的新疆大地震发生时间、地震破坏、地震参数、地震地质背景、发震构造特征等进行了深入分析。

同时，一些学者从多个视角出发，讨论了太阳黑子与地震的关系问题。如叶民权《太阳黑子活动与新疆强震》[④]，徐道一、高建国《1985 年乌恰 7.4 级大地震和太阳黑子周期》等，通过地震带、时空分布规律和太阳黑子周期变化等方面分析了强震与太阳黑子的关系。[⑤]从本文的统计数据来看，相关研究成果并不多。

在地震灾害评价和防治方面，尹力峰《新疆地区破坏性地震震害面积的评价》和李胜年《新疆人口分布和地震分布的关系初探》等，对破坏性地震以及人口与地震分布进行了探讨，还有学者用马尔可夫模型讨论新疆境内 $Ms \geq 6.0$ 级地震的区域迁移概率，并对地震综合预报判据和指标的研究等进行了多视角的分析。另外，在国际交流合作研究方面，陈保华、刘淑芳等介绍了中俄双方在地震研究方面签署了合作协议等内容，反映了我国地震研究走向国际化的努力，对防灾减灾工作具有一定的借鉴。[⑥]

（二）1990—2000 年发表的论文

20 世纪 90 年代之后，地震灾害研究者从科学性和实用性原则出发，开展了对环境因子、地震预防、应急管理、救灾与重建、地震综合防灾体系的研究，把地震研究工作推向了一个新的阶段。

笔者梳理的此段研究成果共有 188 篇涉及新疆地震的研究论文，这些论文分别发表在《内陆地震》《西北地震学报》《中国地震》《华南地震》《国际地震动态》《新疆地

---

① 杨章，戈澍谟：《对 1931 年新疆富蕴地震断裂带及构造运动特征的初步认识》，《地震地质》1980 年第 3 期；戈澍谟，杨章：《1931 年 8 月 11 日新疆富蕴大地震》，《西北地震学报》1980 年第 2 期。

② 柏美祥，方志强：《1906 年新疆玛纳斯西南八级地震地表破坏现象与地质构造的关系》，《西北地震学报》1981 年第 2 期。

③ 冯先岳：《天山古地震遗迹》，《西北地震学报》1987 年第 3 期。

④ 叶民权：《太阳黑子活动与新疆强震》，《内陆地震》1987 年第 2 期。

⑤ 徐道一，高建国：《1985 年乌恰 7.4 级大地震和太阳黑子周期》，《科学通报》1988 年第 2 期。

⑥ 陈保华，刘淑芳：《新疆地震科技代表团访问苏联三个加盟共和国地震研究所概况》，《国际地震动态》1989 年第 1 期。

质》《地震》等学术刊物上，多数论文基本上是以地震研究及防灾减灾研究为主。

就具体研究内容而言，在环境因子与地震关系方面，叶民权、魏若平、郑大伟在新疆灾害性地震时空分布的基础上，对新疆灾害性地震与环境因子的相应关系进行分析。他们通过对太阳黑子活动和地震自转远动与地震的关系研究，认为环境因子与新疆灾害性地震存在着某种内在联系。该研究对新疆强震活动趋势分析和防灾减灾具有较重要的意义。[①]

1990年的26篇论文中有多篇针对乌恰地震进行了研究，包括地震灾害发生原因、造成损失、预测预防等诸多问题。叶民权对新疆地震灾害研究做了整体深入分析，为今后防灾减灾提供了有效借鉴。朱令人、叶民权、冯先岳、门可佩等学者通过长期的研究探讨对新疆地震灾害有了系统性的研究，推动了新疆地震学的发展，丰富了我国地震灾害研究的整体性，为我国减轻灾害研究提供了科学依据。

从1996年至2000年，相关学术论文共有92篇，这些学者主要对监测预报、地震烈度与发震构造、地震烈度及震害评估以及新疆测震台网历史监测能力及现状等进行探讨。1996年、1997年、1998年阿图什和伽师6.6—6.9级地震引起了学界的关注，研究成果主要围绕地震预警预报等方面进行分析。其中宋立军、赵纯青等《新疆破坏性地震损失"盲估"方法》和朱令人、苏乃秦、杨马陵介绍了新疆维吾尔自治区地震局先后3次对伽师地震的强余震和后续强震作成功的临震（1周内）预报情况。[②]

总之，1990—2000年研究成果多用新视角探讨强震群预报、地震空间分布特征、主地震定位法分析、强震群高精度定位、地震前地下流体前兆异常的分析等，其中对伽师地区强震的研究比较深入。

（三）2000—2008年发表的论文

就研究方法而言，这一时期跨学科的地震研究也在兴起，人文社科方面的学者对地震灾害的思考与认识等研究成果比较典型。如李锰、尹力峰、宋立军《新疆喀什地区乡村地震人员伤亡矩阵与对比研究》[③]，屈智华、叶秋焱、刘旺《中国西部复杂地区地震资料处理》，杨成荣《新疆地区大震速报和地震目录的回顾与探讨》[④]等。孙晓丹对地震预报问题的新思考以及对新疆若干重大地震预报实例的科学性回顾与再认识等对防灾减灾具有一定的借鉴。上述研究从实际出发探讨了地震知识的预报、地震目录研究以及地震灾害伤亡人数分析等内容，为地震预测和快速评估、防灾等方面提供了科学依据。在具体研究内容方面，有学者对地震灾害损失评估、震情分析、地震风险进行了分析。此外，宋和平对新疆深大断裂特征与地震的关系方面的系列探讨有了一定的研

---

① 叶民权，郑大伟，李茂玮：《新疆灾害性地震环境因子预报判据的研究》，《中国科学》1991年第10期。
② 朱令人，苏乃秦，杨马陵：《1997年新疆伽师强震群及三次成功的临震预报》，《中国地震》1998年第2期。
③ 李锰，尹力峰，宋立军：《新疆喀什地区乡村地震人员伤亡矩阵与对比研究》，《自然灾害学报》2000年第1期。
④ 杨成荣：《新疆地区大震速报和地震目录的回顾与探讨》，《地震地磁观测与研究》2000年第3期。

究进展。①此时期的研究成果对震情和灾情快速判定以及地震序列重新定位及发震断层与机制分析等研究也具有一定的前沿性。

另外，部分学者对数字地震观测网络平台与网络安全建设、三维地震勘探技术在新疆山区的应用效果、新疆数字测震台网的监测能力及其构造意义和磁盘阵列技术在新疆遥测地震台网数据存储中的应用等展开了讨论。如一些学者对新疆历史地震前兆模拟资料转入数字化平台的实现和数字地震前兆台网运行管理中的问题进行分析。这一时期的研究成果数量多、研究方法多元化，地震综合防灾体系逐步完善。

三、2008—2019 年新疆地震灾害研究进展

2008 年之后，随着地震研究的不断深入，研究成果从研究水平、论文质量等方面来看，有了明显的进展。至 2019 年为止，与新疆地震防灾减灾有关的研究共有 714 篇论文。据统计，这一时期全国共有 9 万多篇地震类论文发表，每年发表在 2000 篇以上，其中最多的 2009 年有 7725 篇。可见国内地震研究有了极大发展，尤其是 2008 年汶川特大地震引起学界高度重视，国家防灾减灾政策有了新的变化。在新时代中国特色社会主义思想的引领下，地震研究有了新发展。

在出版论著方面，2008—2018 年，学界先后出版了多部对经济建设和防震减灾工作有重要意义的科学著作，如宋和平等《乌鲁木齐市活断层探测与地震危险性评价》，该论著从 11 个方面入手，对区域地震地质构造背景、乌鲁木齐城市活断层地震活动性、城市活断层地震活动性以及乌鲁木齐地震危险性评价和活动断层探测数据信息管理系统等方面进行了科学研究。该成果对城市发展、经济建设和防震减灾工作具有重要的意义。②其后柏美祥等《新疆可可托海—二台活动断裂带地质图（1∶50000）说明书》③、沈军《中国新疆及邻区地震构造图》④、高小其《天山地区地震生物与泥火山观测》等研究成果问世。⑤这些研究成果是长期实践的结果，具有重要的使用价值。

在研究视角方面，用历史的视角考察新疆灾害史研究成果有《历史时期新疆的自然灾害与环境演变研究》⑥，在该论著中，两位学者对新疆地震灾害做了详细分析，反映了历史学界对地震灾害研究给予了极大关注。其他还有罗绍文、阿利亚、张玉祥等利用文献资料对清代至民国新疆地震灾害发生、政府救济以及地方官员的态度等进行分析。

实际上，新疆维吾尔自治区地震局及各部门研究课题项目多，这些成果或未公开发表，笔者在文献梳理中仅看到部分成果。近几年课题成果以论文的形式发表得较多，论

---

① 宋和平：《论新疆深大断裂特征与地震的关系》，《内陆地震》2005 年第 1 期。
② 宋和平等：《乌鲁木齐市活断层探测与地震危险性评价》，北京：地震出版社，2009 年，第 1—3 页。
③ 柏美祥：《新疆可可托海—二台活动断裂带地质图（1∶50000）说明书》，北京：地震出版社，2013 年。
④ 沈军：《中国新疆及邻区地震构造图》，北京：中国地质大学出版社，2014 年。
⑤ 高小其：《天山地区地震生物与泥火山观测》，北京：地震出版社，2018 年。
⑥ 殷晴，田卫疆：《历史时期新疆的自然灾害与环境演变研究》，乌鲁木齐：新疆人民出版社，2011 年。

著发行量少。同时也发现上述研究成果在自然学科方面谈论得较多，而从历史学角度进行研究的成果尚不多见。

需要说明的是，在国内重大地震研究成果中，部分章节涉及新疆地震的专著与资料汇编丰富，由于篇幅有限，笔者不再一一详解。中华人民共和国成立以来，党中央非常关注新疆工作，相关地震灾害事件编入全国灾害统计中，如国家档案局明清档案馆编《清代地震档案史料》中就有几件新疆大地震的记录。①中国科学院地震工作委员会历史组《中国地震资料年表》（上下册）②、中国地震工作小组办公室主编《中国地震目录》③、宋正海《中国古代重大自然灾害和异常年表总集》等著作中详细记录了新疆自然灾害的史料。高建国和宋正海在《中国近现代减灾事业和灾害科技史》中着重介绍了我国科技史的发展和新疆地震研究工作的进展。④国内先进的新理论方法和新理念带动了新疆地震工作的深入开展，促进了我国地震事业的快速发展。

在地震减灾研究中，新疆维吾尔自治区地震局以及多位研究人员、工程师和学者结合新疆实际探讨了地震灾害和防灾减灾的有效途径，完成了适应地方减灾的工程。他们以实事求是的科学态度，在严谨的学术氛围下，潜心从事地震监测预报，大胆探索，为新疆的地震事业和防灾减灾建设做出了重要贡献，为后期的学者提供了新理论与方法，为我国边疆地区地震科学研究发展奠定了坚实基础。

在应急管理方面，2010 年国务院转发了中国地震局出台的《关于进一步推进新疆防灾减灾事业发展的意见》，针对新疆防灾减灾基础薄弱的状况，文件提出推进新疆防灾减灾工作和开展全国地震系统对口支援工作。这一时期在全国援疆工作的支持下，新疆防震减灾工作有了较大发展。一些学者先后在新疆地震应急救援物资管理信息系统的设计与实现、新疆地区地震宏观测报网现状及研究、地震应急基础数据管理信息系统的研究与应用、测震台网与中国地震台网测定的地震震级对比分析、地震应急救援快速制图研究等方面取得了进展。

安居富民工程是近年来新疆惠民政策的突出亮点。地震专家高建国曾指出，中国防灾减灾之路的亮点是农村抗灾安居工程。新疆维吾尔自治区抗震部门结合新疆的实际工作，有重点地从工程地震、抗震、灾害预测以及社会防灾和抗震救灾等方面开展了减灾工作。抗震安居房的设立，扭转了人员伤亡、社会经济损失的局面，迎来人心安定、社会发展的安康时期。此方面的研究有刘军、宋立军、杜晓霞、谭明、李帅等人的论文。上述成果对于恢复重建工作、应急管理工作以及防灾救灾方面研究有一定的推动作用。

从 1949 年至 2019 年，有关新疆地震灾害研究论文发表最多的年份是 2017 年。此

---

① 国家档案局明清档案馆：《清代地震档案史料》，北京：中华书局，1959 年。

② 中国科学院地震工作委员会历史组：《中国地震资料年表》，北京：科学出版社，1956 年。

③ 中国地震工作小组办公室主编：《中国地震目录》，北京：科学出版社，1971 年。

④ 高建国，宋正海：《中国近现代减灾事业和灾害科技史》，济南：山东教育出版社，2008 年，第 326—347 页。

年也是我国防灾减灾工作有重要意义的一年。2017 年 1 月，中共中央、国务院印发了《关于推进防灾救灾减灾体制机制改革的意见》，明确了新时期国家防灾救灾工作的新定位和新理念。2017 年 10 月，新疆维吾尔自治区人民政府正式印发防灾减灾重要文件，科学提出了"十三五"时期新疆防灾减灾救灾工作重点目标、主要任务和重大项目。更加有力推动了自然灾害研究的进一步深入。

2017 年的研究成果主要围绕地震序列特征、地震烈度、地震前重磁变化特征分析等方面展开深入探讨。具体包括南疆阿克陶地震研究 12 篇、皮山地震研究 11 篇、精河地震研究 6 篇、呼图壁地震研究 8 篇，以及对乌恰、塔什库尔干、沙湾等地地震的研究。还有学者提出了促进我国震害评估标准化、规范化等新理念、新思想①，涌现出一批服务于"一带一路"倡议下的新疆地震应急救援体系构建与发展战略研究的文章。

在 2018 年地震灾害研究中，有 8 篇论文是针对新疆昌吉—玛纳斯地区地质灾害特征进行分析的。随着地震灾害研究广度、深度的不断加深，这一时期的地震研究不仅有数字地震台网等高端技术，而且也倾向于对具体地震案例进行分析。2019 年的地震研究成果对 2016 年呼图壁地震，2017 年的塔什库尔干、库车、精河等地震的地震序列及发震构造讨论进行了深层次的研究。上述地区因其特殊的地质构造位置，决定了该地区地震活动强度大、频度高、危害大。因此学界对此讨论较多。总之，这一时期研究成果大幅度上升，新方法和新理论不断出现，地震研究出现了前所未有的成绩。

总之，从上述论文梳理统计来看，学界成果数量比较显著。新疆地震防灾减灾研究成果发表在《内陆地震》的最多，有 370 多篇。该期刊展现了新疆地震学科的研究成果，在国内外学术交流和防灾减灾方面发挥了积极作用。发表 10 篇以上新疆地震防灾减灾研究的期刊共有 16 个，其中有《西北地震学报》《中国地震》《国际地震动态》《地震》《地震地质》等。从 1980 年中后期开始，学界逐渐重视地震灾害，研究成果逐步上升，出现了研究成果从单数到双数的转变，科学研究日益加强，防灾减灾研究得到高度重视。

有关新疆地震的学位论文也是成果增长的一个重要方面。学位论文是对某学术领域进行的专题探讨，具有一定的深度和创新意义。中国知网收录全国地震灾害研究的学位论文有 1764 篇，涉及新疆地震及地震灾害研究的有 60 篇，其中硕士学位论文 48 篇、博士学位论文 12 篇。

在硕博学位论文中针对震害识别、震害预估和地震危险性评价等论文有 9 篇，由于篇幅有限，不再一一列举。针对震前泉水细菌群落异常反应、泉水体微生物对地震的响应和地震液化等防灾减灾的研究也有 9 篇，针对新疆地震及第四纪活动性关联的研究有 3 篇，针对地震方法研究探讨和引用研究的有 13 篇，针对地震构成研究及地震震源、地震活动等以及强震问题的研究有 16 篇。在上述学位论文的指导单位中，由中国地震

---

① 宋立军：《探索地震现场调查评估工作，促进我国震害评估标准化规范化》，《城市与减灾》2017 年第 6 期。

局兰州地震研究所指导的硕士学位论文成果多，共 11 篇，中国地震局工程力学研究所指导 7 篇，中国地震局地球物理所指导有 6 篇，新疆大学指导 5 篇。在 12 篇博士学位论文中，由中国地震局工程力学研究所指导的博士学位论文有 4 篇，由中国地震局地质研究所指导的博士学位论文有 3 篇。

上述学位论文随着地震学科的发展和进步，从多视角、多学科交叉分析、多种技术应用等方面入手，对地震展开研究有了一定的发展，研究成果大部分是针对新疆地震即地震灾害深层理论和方法的。

总体上看，与新疆地震相关的学位论文数量仍然偏少，学界关注不够，针对新疆地震灾害实际问题和地震机制的对策研究很少，人文关怀有待加强。但从 2002 至 2019 年的学位论文质量分析发现，随着抗震技术和地震灾害研究水平的提高，相关成果的研究水平有了巨大进步，反映了学科发展和防灾减灾工作取得了较大成就。

四、总结与展望

1949 年以来，经过几代人的辛勤努力和探索，新疆地震研究工作取得了辉煌的成就。尤其是改革开放后，科研队伍逐步扩大，专业研究机构相继设立，研究成果从调查报告到深层探讨，出现了大批经济建设急需的优秀成果。从全国地震灾害研究来看，新疆地区的地震灾害研究似乎较为单薄，但从 20 世纪 70 年代以来相关研究成果的迅速增长趋势来看，对新疆地震灾害研究进行回顾和总结则很有必要。

地震学者不断学习国内外先进理论、思路和方法，结合新疆各地的实际情况，开拓新思路、新方法。国际地震科技合作和交流的不断深入，也为新疆防灾减灾工作做出了极大贡献。此外，新疆防灾减灾研究中心成立后，自治区各州市也相应地建立起防震抗灾小组，各站台工作人员发挥了积极作用，并结合实际工作经验与经济建设需求，发表了大量研究成果。地震史料汇编、地震志的出版以及地震信息和数据库的建立，为地震灾害研究以及防灾减灾工作奠定了基础，也对新疆经济建设和社会发展起到了保障作用。

当然，新疆地震灾害研究取得辉煌成绩的同时，也存在着一些问题：

第一，在地震防灾减灾政策体系不断完善之际，防御灾害的对策研究是社会经济发展的必要需求，但现有研究中应急对策、救灾对策、恢复生产、普及地震知识、汲取抗震救灾经验等应用性成果不多，缺少供社会借鉴的经验教训总结。

第二，自然科学方面的研究成果虽多，但在结合社会科学方面和跨学科研究方面成果尚少，影响了自然灾害研究的整体效果。20 世纪 90 年代，我国著名的地震学家朱令人在新疆进行减灾工作时提出："灾害的发生必然会引起社会的各个方面的关注和反响，灾害与社会的互馈关系，仅靠自然科学是难以研究的，任何一种自然灾害所表现出来的社会性以及人们的文化素质、心理状态、灾区经济结构等都与社会科学有密切关系。"①因此，加强灾害的社会学研究是很有必要的。从本文梳理整体的研究成果来看，近30年来，这些问题一直没有改变，至今仍然需要我们反思，有待于深入解决。

第三，微观研究较多，具体县级、市级的地震研究数量多，整体地震带的宏观研究较少。大部分研究仅关注新疆地震的独特性，与其他省区市的对比研究以及全国性的整体比较则考虑得较少。地震之后的次生灾害研究更是无人问津。此外，普及地震灾害知识的社区教育宣传，也有待于提高。

第四，对历史时期地震灾害与救灾的研究尚需要加强。就目前的研究成果来看，部分学者对清代地震灾害及其荒政进行了研究，但对清之前的地震研究则很少，需要在挖掘史料的基础上，深入考察古人的防震避灾措施。同时，需要进一步了解各游牧民族的民间自救活动以及对牲畜受灾的防御措施。此外，有必要通过口述、访谈等方法，深入挖掘民间社会的防震经验与教训。

第五，开展地震学及灾害研究的新疆高校科研平台偏少，各学科间的学术交流少，学术气氛不浓厚。在新时代的大好形势下，需要打破这种僵化局面，赶上国内外先进研究水平，为目前我国防灾减灾救灾提供更好的智力支持。

总之，要清醒地认识到新疆是我国地震灾害严重的边疆区域，尤其南疆地区既是贫困地区，又是地震频发区。在党和政府领导下脱贫攻坚战取得胜利之后，提高民众的防灾意识，提高全区防灾减灾意识，提高全社会对自然灾害的防治能力是巩固全面小康社会的必由之路。因此，深入开展新疆地震灾害研究，对防震减灾工作具有重要的现实意义。

本文不是对地震学科进行系统全面的归纳，而是大致梳理了1949年至2019年新疆地震灾害研究的进展，介绍了该领域研究成果的新趋势。同时对地震灾害研究中存在的问题进行分析。在成果梳理中，某些研究成果未能全部收录，分析评论中对相关学者以及重点成果若有遗漏、不当之处，还请学界专家批评指正。

---

① 朱令人主编：《新疆减灾四十年》，北京：地震出版社，1993年，第228页。

从水下考古看古代沉船海难给我们的启示

赵冬菊

（重庆城市管理职业学院文化旅游学院）

海洋是一个奇妙的世界，既吸引了无数人的向往，但同时也带来了无数的灾难。特别是在古代，由于科技水平的有限，对海洋认知的不足，预防灾难的措施不到位，由此引发的海难不少，沉船事故的频繁发生即是严重的海难之一。近些年来，我们通过水下考古，获得了大量的古代沉船海难信息。透过这些信息，发现古代沉船海难的发生，除了自然因素外，也与人为因素有关。

我们应从古代沉船海难中获得启示，为今天的海上作业总结经验和教训。

一、我国水下考古概况

水下考古是从考古学中分离出来的一个分支学科，是通过相关设备设施和潜水技术，对水下文化遗产进行考古调查、勘探、发掘和研究的一门新型学科，它有技术要求高、专业人员能力强、参与人员身体和心理素质好，以及耗资巨大、风险性较大等特点。

水下考古可追溯至 16 世纪的意大利[①]。到了 19 世纪中叶，瑞士对其湖上居址的确认，将考古实践推进到了一个崭新的领域——成为一门学问的水下考古事业。到了 20 世纪初，世界多地兴起了水下考古，其中，最具影响的是"在墨西哥奇琴伊察玛雅文化遗址的'圣池'中寻找牺牲人和祭品，在突尼斯马赫迪耶港的海上探寻满载古希腊美术品的罗马沉船"[②]。但由于当时潜水技术和条件的限制，水下调查和考古的实际操作难以精准，包括翔实的考古记录也难以完全做到，水下考古遇到了不少瓶颈。直到 20 世纪 40 年代潜水肺的问世，加上二战后有关环境的变化，特别是科技的进步，有关设施设备和技术的改进，水下考古的技术和条件得以不断成熟。到了 20 世纪 60 年代，随着水下考古环境的进一步成熟，水下考古调查、发掘工作渐次增多，比如，法国对马赛附近沉船的发掘，美国考古学家乔治·巴斯对土耳其格里多亚角青铜时代（公元 7 世纪拜占庭时期）沉船遗址的调查和发掘，等等，都是这一时期比较有影响的水下考古作

作者简介：赵东菊，女，重庆城市管理职业学院文化旅游学院教授，主要研究方向为文化旅游。

① 丁见祥：《中国水下考古发展的序章——以〈夏鼐日记〉为线索》，国家文物局考古研究中心：《水下考古》第 3 辑，上海：上海古籍出版社，2021 年。
② 丁见祥：《中国水下考古发展的序章——以〈夏鼐日记〉为线索》，国家文物局考古研究中心：《水下考古》第 3 辑，上海：上海古籍出版社，2021 年。

业案例。

这一时期，法国和美国的水下考古有着不小的收获，不仅在沉船中发现了大量文化遗产——文物，而且在对沉船的造船技术、航海技术、海上运输、水上贸易、航运文化等方面，都有不少新的认识，由此，也给考古事业开辟了一条新的线路——水下考古，并日益受到世界各国的重视。

我国的水下考古萌芽于 20 世纪 70 年代，并有对西沙岛礁和福建泉州进行水下考古调查和发掘的实践。

到了 20 世纪 80 年代，随着我国考古事业的发展，科技手段的进步，考古力量的不断增强，特别是英国商人米歇尔·哈彻在我国南海打捞出大批中国文物后，不仅将其在中国南海沉船打捞出的 23.9 万件中国文物拿到荷兰阿姆斯特丹拍卖获得高额利润，而且还将从南海打捞的 60 多万件沉船文物予以砸碎。该事件极大地刺激了中国文物界，客观上倒逼了中国水下考古走强。

当中国政府得知米歇尔·哈彻要将他在中国打捞的文物拿到荷兰拍卖而欲进行阻止未果后，国家立即派出我国著名瓷器专家耿宝昌等两位先生带着 3 万美元赶赴荷兰，希望在荷兰将中国的这些珍贵文物收购回国，但中国带去的 3 万美元在拍卖会上对中国精美的文物来说显得杯水车薪，两位专家囊中羞涩，无力举牌，只能眼睁睁地看着中国精美文物被一些富豪买走。两位专家痛心疾首，寝食难安，立马撰写了《建议重视水下考古工作》的报告。这一报告引起了党和国家的高度重视，我国决定大力发展水下考古事业。在中共中央和国务院的支持下，由国家文物局牵头，交通部、国家海洋局、外交部、中国历史博物馆、中国社会科学院考古研究所等多个部门参与的我国第一个水下考古组织——国家水下考古协调小组于 1987 年 3 月成立，小组的具体工作由中国历史博物馆（今中国国家博物馆）承担，中国真正意义上的水下考古从此开启。中国历史博物馆在其馆长、著名考古学家俞伟超先生的带领下，克服人力、财力和技术等方面的困难，担起了我国水下考古的重任，并于 1987 年 9 月在其馆内成立了当时我国唯一的一个水下考古专业研究机构——水下考古学研究室。从此，中国水下考古事业正式作为我国考古学的一个分支，广泛地进入人们的视野。

为了培养水下考古人才，在 20 世纪 80 年代中后期，我国通过派人到美国、日本、荷兰等国学习和与国外开展水下考古合作，以及我们自身的培养等方式，培养了一大批水下考古人才队伍，这批被称为我国元老级的水下考古人才队伍，在我国四大海域进行了包括沉船遗址在内的水下考古调查、发掘和研究工作，开展了一系列的国际国内学术活动，为中国和世界的水下考古事业做出了积极贡献。

为了使我国水下考古工作得到更好发展，也为了使我国水下考古成果得到更好的保护和利用，国家文物局于 2008 年批准中国文化遗产研究院成立了水下文化遗产保护研究中心。次年，又成立了国家水下文化遗产保护中心，负责全国的水下文化遗产保护工作。

目前，经过 30 余年发展的我国水下考古事业，无论是在人才队伍建设还是在技术水平上，都获得了超常规的发展。截至 2019 年，我国已拥有 172 人的水下考古人才队伍，他们都拥有"国际三星级"潜水员证书，能从最初潜水几十米到今天可达 1000 多米深的深水区作业，并掌握了多波束水下声呐探测仪海底精确成像技术，我国水下考古正逐步走向成熟，并处于世界先进水平。水下考古人员不仅对我国水下考古事业做出了积极贡献，而且对世界水下考古事业也是积极的推动，在世界考古学中占有一席之地。

二、水下考古所揭示的我国古代沉船

我国自开展水下考古工作以来，取得了不少成果，其中，对古代沉船的发现，便是重要的考古收获。

在我国的水下考古中，发现了大量沉船。据我国水下考古鼻祖俞伟超先生介绍，仅公元前后至 20 世纪的我国东南地区到南海的沉船就不下于 2000 艘。我国水下考古中心的一份报告亦显示，我国南海的沉船不下于 2000 艘[①]，说明我国古代沉船的数量不少。在这些众多的古代沉船的考古发现和发掘中，"南海一号"无疑是中国水下考古最有成就的代表作。

1987 年，广东台山和阳江之间的南海海域发现后来被命名为"南海一号"的古沉船后，中国水下考古工作者历经 30 年，终于在 2015 年将"长 30.4 米、宽 9.8 米，船身（不算桅杆）高约 4 米，排水量估计可达 600 吨，载重可能近 800 吨"的我国目前发现的最大宋代沉船整体打捞出水，出水的文物极其丰富和珍贵，"既有至今仍光彩照人的黄金首饰，如数量众多、充满西域风情的黄金项链，也有大量财物，如 300 多千克的银锭（在当时，一两银锭相当于 3500 个铜钱）、带有戳印文字的金叶子；既有品相上好的瓷器，比如龙泉窑系青釉刻画花卉盘、清白釉印牡丹纹六棱带盖执壶等，也有令人产生联想的墨书瓷器"[②]，出水文物总计达 18 万多件。据考古工作者研究，"南海一号"是一艘宋代远洋商船，其庞大的规模，造型的优美，结构的严谨，保存的完好，出水文物的丰富与精致，都无与伦比，反映出我国宋代政治、经济、文化的领先水平和国际地位，包括其先进的科技、工艺等技术水平的精湛，远洋航运能力的领先等，都彰显出我国古代文明的辉煌与灿烂。"南海一号"的发现，既为研究我国古代造船史（包括造船技术）、陶瓷史、中外交流史和海上丝绸之路史提供了宝贵的资料，也对今天的海洋事业，包括"一带一路"建设具有重要的借鉴意义。因此被评选为 2019 年全国十大考古新发现之一。

除了"南海一号"考古外，我国水下考古工作者还发现和发掘了不少古代沉船。早在 20 世纪 70 年代，我国刚刚诞生水下考古之际，就开展了水下考古工作。1974 年和 1975 年，广东（包括今天的海南）文化、文物部门就对西沙群岛的一些岛礁进行了文

---

① 李培，方一庆：《中国水下考古中心：南海沉船不少于 2000 艘》，《人民日报》（海外版）2007 年 6 月 13 日。

② 崔勇：《"南海Ⅰ号"做到了水下考古的极致》，《时代财经》2020 年 6 月 5 日。

物调查、勘探工作，应是我国水下考古的早期尝试。

同样在 20 世纪 70 年代，福建泉州也对后渚港宋代沉船遗址进行了考古发掘，并受到了学术界及交通、航运、造船、中外关系等方面的关注，产生了巨大影响，并轰动一时。

1973 年发现、1974 年发掘的福建泉州后渚港南宋木船就是这一时期有代表性的水下考古杰作。当考古专家得知当地渔民于 1973 年在该水域获得木柴而不能燃烧时，便引起了专家们的注意。1974 年，经考古人员的调查和发掘，发现这里有一艘古代极为先进的中型远洋艚船——世界上最古老的宋代三桅木帆海洋沉船，船型为我国古代四大船型之一的福船型。但发掘出的这艘沉船大多已腐，仅存底部，所剩船体残长 24.2 米，残宽 9.15 米，残深 1.98 米，排水量近 400 吨，载重 200 吨。复原后总长 34.55 米，最大船宽 9.9 米，满载吃水 3 米，排水量 374.4 吨。经研究，这是一艘宋代海上商业木船，共有 13 个舱位。在宋代，13 个舱位的水密隔舱船只，已是十分先进的了。经水下考古清理发掘，该船当时装载的货物有香料、药物、陶瓷器、铜铁器、皮革制品等货物，共计 14 类、69 项。其中，有唐宋铜钱 504 枚，系在货物上的木牌签 96 件，未脱水香料、药物 2350 千克[①]。据文物工作者研究，该船的沉没时间约为景炎二年（1277 年）。从沉船信息获知，该船的船体建造结构紧密，吃水较深，性能较好，抗风险能力较强，载货能力强大，可达 200 吨，是当时较为先进的船只。其船体规模，不仅在中国造船史上占有重要地位，而且在世界上也占有重要的一席之地，曾被世界著名科技史学家、英国人李约瑟先生誉为"中国自然科学史上最重要的发现之一"。美国《芝加哥论坛报》也认为这是中国人对世界发展做出的巨大贡献，因此受到世界关注。

泉州自宋元祐二年（1087 年）设置市舶司起直到南宋末年的两百多年时间里，海外贸易异常活跃，吸引了包括大食国[②]、三佛齐国[③]、阇婆国[④]等国的大量海外商人，以蒲寿庚家族为代表的泉州商人利用其家族商业地位的优势和政府赐予其提举泉州市舶司的职位，经营并垄断着以大宗香料为主的泉州海外贸易近 30 年之久，囤积了大批海外商船，积攒了大量财富，同时也带动了泉州商贸的活跃，泉州因此被誉为宋元时期著名的"东方第一大港"和我国"海上丝绸之路"的始发港之一。泉州后渚港南宋沉船及其大量遗物的发现，不仅为研究我国的造船史、航运史、交通史、贸易史，以及泉州的地方史，尤其是当年商业繁荣的盛况提供了重要的资料来源，而且为研究我国的海上丝绸之路史和国际地位史都提供了重要的实物佐证，因此被列为我国 1974 年的十大考古发现之一。

---

① 李伟才：《一艘没有沉没的宋船》，《文艺报》2016 年 9 月 7 日。

② 大食是唐代开始对阿拉伯帝国的称呼，首都缚达城在今伊拉克巴格达。

③ 三佛齐国在古代叫己利鼻国，位于现在的苏门答腊岛上，自唐朝开始，就与我国有着诸多联系，在明朝期间，也是郑和登陆的地方之一。

④ 阇婆国在今印度尼西亚爪哇岛或苏门答腊岛，或兼称此二岛。首见于《太平御览》卷 787 引《元嘉起居注》，作阇婆洲。

1991 年，辽宁省葫芦岛绥中县渔民在绥中海域打鱼时，在海中发现一批瓷器，后经文物工作者于 1992—1998 年的不断调查和发掘，在该海域的三道岗水下 11.1 米深的地方发现了一艘距今 700 多年的元代方头方尾的商业沉船，该船长约 25 米，宽约 5 米。由于 700 多年的水中浸泡，船体已腐坏解体，形成一些凝结物，打捞出水的文物都散落在这些凝结物中，包括"鱼藻盆""婴戏图白釉黑花罐""龙凤罐""梅瓶"等精品文物，共计 2000 余件①。其中，除了一大批精美的瓷器外，也有铁器。据分析研究，该船发现的瓷器大都产自元代磁州窑。这艘沉船的发现和发掘，是我国第一次以自己的实力完成的一次正规的水下考古工作，不仅对研究我国环渤海地区的造船史、交通史、航运史、商业史、陶瓷史有重要意义，而且也是我国考古学走向成熟的一个标志。

1996 年，海南渔民在海上作业时，在位于西沙群岛华光礁礁盘内发现一艘古沉船，即后来被命名为"华光礁 1 号"的宋代沉船。后经考古工作者于 1998—1999 年的发掘，认定其为南宋时期从福建泉州到东南亚地区的商务船只。沉船被发现时，因长期在水中浸泡，加上木质结构和被多次盗掘，船体损毁严重，仅残存长 20 米，宽约 6 米，舷深三四米的船体，以及 11 个残缺的水密隔舱，排水量在 60 多吨。虽然残缺，但通过考古工作者的研究，仍然发现船体结构层位多达 6 层，这样多的层位，在中国是首次发现，说明中国的造船技术和航运能力在当时已有了相当高的水平。同时，从这艘船中还获得出水文物 1.1 万件，文物以陶瓷器具为主，另有铁器和朱砂等遗物②。这批陶瓷产地主要来自福建，其余来自浙江龙泉窑和江西景德镇窑。

2000 年，福建文物工作者在东山县东南的冬古村浅海处发现一处古沉船遗址。后经水下考古发掘，出水文物最多的是瓷器，其次为铜钱、铜铠甲、紫砂壶、锡灯、印泥及药、金属器残件、帆布与草席残片等。结合兵器和弹药等遗物分析，可能为郑成功及其子的战船。该船长 30 米以上，沉船时间大约在顺治九年（1652 年）③。

2002 年，我国在青岛胶南琅琊台海域和经济开发区薛家岛海域间的水下考古调查中，发现一艘明代木质沉船遗址——鸭岛沉船遗址，该船为一艘中小型商船，出水了大量瓷器和石碇。鸭岛一带多礁石，可能因触礁沉没，船体已无④。2005 年，我国水下考古工作者在位于福建省平潭东海海底 12 米处发现一艘明代商务运输沉船——碗礁一号，2013 年进行了发掘，出水文物 17000 多件，大多是康熙年间景德镇民窑生产的外销瓷。该船的船体已破损，残长约 20 米。

2007 年，广东渔民在海上作业时，在南澳县南澳岛东南三点金海域发现一艘明代载满瓷器的古沉船——"南澳Ⅰ号"。这艘沉船是一艘向外运送瓷器的明代后期的商贸海船。2010—2012 年，经过考古工作者的调查和发掘，发现沉船长 27 米，宽 7.8 米，

① 张威主编：《绥中三道岗元代沉船的发现》，北京：科学出版社，2001 年。
② 钱玉良：《文物背后的丝路故事》，《中国青年作家报》2019 年 5 月 7 日，第 3 版。
③ 陈立群：《福建东山岛冬古沉船遗物研究》，《闽台文化交流》2007 年 01 期。
④ 张荣大：《青岛沿海水下考古重要发现：鸭岛明代沉船位置初定》，http://news.sohu.com/83/14/news203371483.shtml（2002-09-25）。

在水下 27 米处被泥沙包裹，因此保存比较完好。其中的舱位达 25 个之多，这在过去的明代沉船中尚属首次发现，说明当时的造船技术已比较先进。同时，在出水的近 3 万件文物中，瓷器（主要为青花瓷）最多，包括瓷盘、瓷碗、瓷罐、瓷碟、瓷瓶、瓷盖盅等，瓷器跨越宋、元、明三个时代，主要为明代粤东或闽南及江西一带民间瓷窑生产的青花瓷器。另外还有釉陶罐、铁锅、铜钱及铜板等①。出水文物丰富，为研究潮汕地区在古代海上丝绸之路上的位置及其重要性等提供了重要资料，因此获评"2010 年度全国十大考古新发现。"

考古工作者于 2008 年发现、2009 年采集到包括陶、瓷、铜、锡、石、木在内的文物 473 件，后经进一步发掘和研究的浙江象山小白礁沉船遗址，是一艘木质中型远洋运输海船，于清道光年间沉没。沉船位于浙江省宁波市象山东南大约 25 海里的渔山海域，距离水面大约 20 米。沉船发现时，损毁严重，船体残长约 20.35 米、残宽约 7.85 米。渔山海域在古代宁波海上贸易的主航道上②，该沉船的发现，为研究清代宁波的海外贸易提供了重要资料。

2012 年在河北唐山东坑坨海域发现并于 2014 年 10 月发掘的东坑坨两艘沉船——东坑坨 1 号和东坑坨 2 号，经研究，东坑坨 1 号"沉船是中国目前发现的年代最早、保存最完整的清代晚期至民国时期的铜皮木船"。

2020 年 5 月中旬至 7 月初，水下考古工作者在青岛鸭岛发现一艘因触礁而沉的沉船遗址，船体已不复存在，打捞物中有瓷器、石碇等文物多件③。

在我国的水下考古中，还发现了不少甲午海战中的沉舰遗址。

早在 20 世纪 80 年代，我国就开启了对甲午海战沉船的水下考古工作。1980 年，驻大连海军部队在羊头洼水域发现济远舰残骸，并于 1982 年打捞出该舰尾炮。济远舰在 1895 年的威海卫保卫战中被日本俘获，后编入日本舰队，1904 年 11 月 30 日在日俄战争中触雷沉没。我国于 1986 年和 1988 年两次打捞济远舰，获得出水文物 300 多件④。

进入 21 世纪，我国对甲午战争中的系列沉船（舰）水下考古工作更是十分重视，水下考古工作者先后在辽宁丹东、大连和山东威海等海域发现并确认了多艘甲午沉舰遗骸，其中的致远经远二舰水下考古成果还分别获评 2015 年度和 2018 年度的"全国十大考古新发现"。

在 1894—1895 年的甲午战争中，我国多艘战舰沉没。1894 年 7 月 25 日，受雇于清廷的英国商船"高升"号，是清政府向英国租借的运兵船，在朝鲜牙山附近海域被日巡洋舰鱼雷突袭击沉，日本不宣而战，船上的 800 多名清军和船员一并被沉入海底。"高升"号事件拉开了中日战争的序幕。韩国考古界曾对这艘沉船进行过打捞，发现了

---

① 陈友义：《潮州文化"南澳Ⅰ号"与潮汕海上丝路》，《潮州日报》2015 年 10 月 15 日。
② 涂师平：《小白礁 大聚焦——"浙江·宁波·象山小白礁Ⅰ号沉船"遗址水下考古探析》，《宁波通讯》2012 年 12 月。
③ 张文艳：《鸭岛沉船遗址——青岛水下考古发掘"海丝"之宝》，http://www.kgzg.cn/a/1230.html（2020-05-31）。
④ 彭均胜：《济远舰双主炮坎坷回威路》，《齐鲁晚报》2020 年 2 月 18 日，第 A15 版。

中国清代钱币、圆规、烟枪等，还在船内找到 6 枚银币和银块、7 副金银筷子、价值 8800 万美元的 600 吨银锭，以及 7 具遇难的中国士兵和枪支、瓷器等①。"高升"号事件出现 6 天后，中日甲午战争爆发，战争分三个阶段。

在第一阶段的丰岛海战中，济远、广乙、操江等舰均投入其中。在战场上，济远舰被日本俘获，广乙舰被重创搁浅，后焚船自爆，操江舰被敌俘获，1965 年遭日本毁坏。

在第二阶段的黄海海战中，北洋舰队参加战斗的军舰有 10 艘（定远、镇远、经远、来远、致远、靖远、平远、济远、超勇、扬威舰），加上广东支援的广甲、广丙 2 舰，一共 12 艘。在战斗中，被击沉 5 艘（其中 4 艘都沉没在交战海域，即致远、经远、超勇、扬威舰。另一艘广甲舰在离开战场后，于大连三山岛触礁搁浅，后被日本军舰击沉），击伤 4 艘。

近些年的水下考古中，对这些沉舰多有发现。

2004 年，我国水下考古人员在辽宁庄河海域发现经远舰残骸。2018 年 7—9 月，我国水下考古人员经进一步调查发掘，在遗址处发现书写有"经远"字样的木牌，并在舰头发现艏柱、锚链、舷板等多件遗迹散落在舰体构件周围，考古工作者经发掘清理，共获得铁、木、铜、铅、玻璃、陶瓷、皮革等出水文物 500 余件②。但遗憾的是，由于多次遭破坏，舰体残骸损毁严重，水下调查仅见舰底部分，上层舱室、甲板及上层建筑均已损毁无存。经考古人员确定，该沉船遗址即为甲午海战中的北洋水师的经远舰。该舰由德国制造，全长 82.4 米，宽 11.99 米，装甲最厚的部分达 24 厘米。1894 年 9 月，中日双方在黄海大东沟发生海战，我国派出的北洋水师战败，共损失战舰 4 艘。其中，"经远舰"由于受 4 艘日舰的夹击围攻被击沉，虽然全舰官兵都至死不屈，英勇奋战，但最终舰船沉没，除了 16 人幸免外，林永升及 200 余名官兵全部壮烈牺牲③。致远舰是在黄海战役中因受到重伤，战舰中敌鱼雷沉没，管带邓世昌等 200 余人牺牲。

2013 年，我国水下考古人员首先在辽宁丹东港西南约 50 千米处，即大连老人石东 8 里处，发现致远舰残骸，随即通过长达 3 年时间的调查和发掘，发现 1600 吨左右、深埋 3 米，长 50 米，宽约 10 米的沉船，这就是被称为"丹东一号"的致远舰遗址。沉船被发现时，舰体有严重破拆，底舱的动力机舱已无存，住人舱室及甲板上的武器因翻扣而得以保存，共获得出水文物 200 余件④。

济远舰的考古也有重要收获，中国甲午战争博物院陈列的济远舰 210 毫米口径之克虏伯前双主炮，不仅是水下考古的重要发现，而且是中国甲午战争博物院的"镇馆之宝"。

---

① 姜波：《"致远""经远"与"定远"：北洋水师沉舰的水下考古发现与收获》，《自然与文化遗产研究》2019 年第 10 期。

② 李韵，刘勇：《甲午海战经远舰在大连海域发现》，《光明日报》2018 年 9 月 22 日，第 4 版。

③ 施雨岑：《辽宁大连庄河海域发现甲午海战沉舰"经远舰"》，http://www.xinhuanet.com/politics/2018-09/21/c_1123 466027.htm（2018-09-21）。

④ 《丹东一号水下考古创新使用牺牲阳极法保护致远舰》，《遗产与保护研究》2017 年第 1 期，第 21 页。

2010—2012 年，我国台湾水下考古工作者在澎湖海域发现广丙舰，发现时，舰体已破损解体，并有数箱长式速射炮弹被同时发现。广丙舰在威海卫保卫战中被日本俘获，后编入到了日本舰队，1895 年 12 月 21 日在澎湖遭风暴沉没。

在第三阶段的山东威海卫保卫战中，由于在与敌人的激战中寡不敌众，主将丁汝昌、刘步蟾又在绝望中自杀，我军失利，被迫签订《刘公岛降约》，规定将威海卫港内舰只、刘公岛炮台和所有军械物资全部交给日本。威海卫陷落，北洋水师全军覆没。其间，清朝北洋水师之军舰有的自爆（如定远舰），有的被日军俘获，有的被击沉或触礁而沉没于大海。

2017 年以来，我国水下考古工作者在刘公岛一带对沉船展开了水下考古，发现了18 处水下遗存疑点和 28 件（套）文物①。

2018—2019 年，我国水下考古工作者对定远舰进行了水下考古调查工作，于 2018年夏在刘公岛东村外深达 1—3 米的厚泥层下发现定远舰沉船遗址，并获得文物 150 多件。定远舰是北洋水师旗舰，当时的定远舰与镇远舰一起由德国制造，造价 140 万两白银。定远舰在 1895 年于威海卫受重创后自爆炸沉，刘步蟾与舰同亡。定远舰沉海后，日本进行了打捞和拆卸，获得不少零部件，并在日本建立了定远纪念馆。我国水下考古人员自 2017 年以来，在刘公岛东村外发现该舰遗址后，于 2019 年进行发掘，获得 157件文物，包括舰体构件、武器弹药、生活器具、个人物品等②。目前，定远舰遗址尚存，但舰体大都被拆解清理，水下仅有少量舰体残骸和散落的武器装备。

来远舰在威海卫保卫战中被日军偷袭中雷，沉没于刘公岛海军基地，舰上 30 人壮烈牺牲。甲午海战后，日本对该舰进行过打捞。

威远舰于 1895 年 2 月 6 日在威海卫港被日军偷袭击沉，沉没于栈桥西靠陆地的地方。威远舰的水下考古工作已开启，但目前还未有实质性的成果。

靖远舰遭日军撞击沉没于大海，日本曾打捞和拆解该舰。

宝筏舰在威海卫战役中沉没，文物打捞工作尚待水下考古工作的开展。

如此等等，都不难发现，海底不仅有丰富的沉船遗址，而且已有不少的水下沉船遗址考古成果。

以上仅是我国水下考古成果的一部分，限于篇幅，仅述及于此。

除了我国的水下考古揭示了我国的古代沉船和相关信息外，国外也有不少水下沉船考古信息涉及我国的内容，如韩国新安古沉船和在印度尼西亚发现的商船即是。

1975 年发现、1976—1984 年由韩国发掘的位于朝鲜半岛新安海域的中国古沉船，其船体长 34 米，宽 11 米，重 200 吨，是 1323 年前后从中国庆元（今宁波，元朝在此设置了负责海上贸易的市舶司）港始发至日本的我国元代国际商贸船只。沉船被找到

---

① 沈道远：《定远舰重现天日？谜底最早明年揭晓》，《威海晚报》2018 年 10 月 25 日。
② 姜波：《"致远""经远"与"定远"：北洋水师沉舰的水下考古发现与收获》，《自然与文化遗产研究》2019 年第10 期。

时，船体已腐，仅有底部残存，现存龙骨长 24.6 米，打捞出水文物两万多件，文物种类包括陶瓷器、金属器、紫檀木、铜钱、漆器、琉璃制品和石制品等，其中瓷器最多，达 10 000 多件，一半以上出自我国龙泉窑。龙泉窑是我国当时生产和销售瓷器到境外销量最大的厂家。当时这艘船上的主要货物由日本为其寺院所预定，因此有不少供器、陈设器、文房器等在国内少见的瓷器。另有金属器 1000 多件（多为出自中国的铜钱，多达 27 吨，800 万枚），紫檀木 1000 余件，以及胡椒、桂皮、丁香、银杏、榛子、板栗、梅子、巴豆、荔枝、使君子果、山茱萸种子等各种香料和果实、种子①。1998 年，一家德国打捞公司在印度尼西亚的勿里洞岛海域的一块黑色大礁岩附近，发现一艘唐朝的阿拉伯沉船。经政府批准，这家德国公司经过发掘，发现沉船位于水深约 10 米之处，为一艘商业船只，但船体已腐，残存的船体长 18 米，宽 6.4 米，龙骨长 15.3 米。船只沉没时间大约在 9 世纪前期，即我国唐代中后期，当时船上装载着经东南亚前往非洲的大量中国商品。从出水的文物看，瓷器最多，达 6.7 万件②，这些瓷器主要来自我国长沙窑、越窑、邢窑、巩县窑。

大海是一个有着无限多未知的世界，自古以来沉入大海的船舰不少，很难用数字统计。以上所列举的我国沉船考古发掘成果，仅是其中的一部分而已。数字虽然难以统计，海难也可能不能完全避免，但海难发生的原因我们可以从中窥见，海难的经验教训和启示我们亦应吸取。

三、古代沉船海难给我们的启迪

从前述系列沉船考古成果的发现，不难看出我国古代科技文明的进步，造船和航运事业的发达，瓷器被中外人士的追捧。但是在商业的繁盛和国家的富足等背后，也不免有令人唏嘘和悲催的地方，那就是承载文明和进步的这些船舰为何会沉入海底，为什么会发生海难，其背后的原因是什么，我们该有怎样的思考，该获得怎样的启示等。

透过上述古船、古舰遗址的被发现及其水下考古之谜的不断揭开和成果的不断丰富，我们可以发现这些沉船、沉舰海难的原因主要来自两个方面：一是自然灾害；二是人为因素。

从自然原因讲，我国发现的上述沉船，从其地点看，基本上都在我国四大海域，特别是以南海居多，说明南海自古以来就是海上运输繁忙、海上贸易频繁的海域。从时间看，这些沉船的时间大致在宋元到明清，甚至民国。查阅相关资料，发现在上述区域和时间段里，都发生过多种自然灾害，仅海溢就出现不少。陆人骥在《中国历代灾害海潮史料》一文中提供的数据显示，我国汉代较大的海溢灾害就有 7 次，三国两晋南北朝时

---

① 金英美：《新安沉船：韩国海域里的"中国制造"》，《美成在久》2018 年第 1 期。
② 辛光灿：《9—10 世纪东南亚海洋贸易沉船研究——以"黑石号"沉船和"井里汶"沉船为例》，《自然与文化遗产研究》2019 年第 10 期。

期 22 次，五代十国 3 次，宋元 102 次①，宋元时期发生的海溢最多。

海溢就是海啸，是因飓风、台风、龙卷风、海底地震、海底火山、海底山崩等引起的海上风暴造成海水溢出海面的异常现象。海啸的发生，与季节有密切的关系。金城、刘恒武先生在《宋元时期海溢灾害初探》文章中记录的数据显示，在我国宋元时期发生的 102 起海啸（表 1）中，按月份看，以 6 月、7 月、8 月居多，分别为 10 起、18 起、13 起，其他月份相对较少（表 2），说明宋元时期在社会经济发展、文化较为繁荣的同时，海啸等自然灾害也并未少有光顾。

表 1　宋元时期的海溢灾害次数简表

资料来源：金城，刘恒武：《宋元时期海溢灾害初探》，《太平洋学报》2015 年第 11 期

表 2　宋元时期海溢灾害的季节与月份（旧历）分布特征

季节	春季			夏季			秋季			冬季			备注
月份	二月	三月	四月	五月	六月	七月	八月	九月	十月	十一月	十二月	一月	季节和月份不详的海溢灾害统计 35 次
次数	1	0	3	6	10	18	13	4	4	1	1	1	
总次数	4 次			34 次+1 次（月份不详）			21 次+3 次（月份不详）			3 次+1 次（月份不详）			

资料来源：金城，刘恒武：《宋元时期海溢灾害初探》，《太平洋学报》2015 年第 11 期

海啸的发生，对海上运输的主要工具——船只，势必造成严重的灾难——海难。据《宋史》记载，宋太祖开宝八年（975 年）十月，"广州飓风起，一昼夜雨水二丈余，海为之涨，飘失舟楫"②。宋孝宗乾道二年（1166 年）八月，"温州大风海溢，飘民庐、盐场、龙塑寺，覆舟，溺死二万余人"③。宋宁宗嘉定十年（1217 年）冬，"浙江涛溢，圮庐舍、覆舟，溺死者甚众"④。《元史》也有记载，至正四年（1345 年）七月，"温州飓风大作，海水溢，地震"。元惠宗至正十六年（1356 年），"大风海溢，海舟吹上高坡二、三十里，水溢数丈……"⑤这些都无一不给舟船造成了严重灾难，不少船只沉入江底。

前述泉州后渚港南宋沉船的沉船时间，据考古学家分析，大约为景炎二年（1277 年），这一年，南宋在福州的据点被元军攻破，残喘的南宋流亡政府便转移到泉州，希

①　王育民：《中国人口史》，南京：江苏人民出版社，2015 年，第 30—33 页。

②　《宋史》卷六十七，北京：中华书局，1977 年，第 1468 页。

③　《宋史》卷六十七，北京：中华书局，1977 年，第 1330 页。

④　《宋史》卷六十七，北京：中华书局，1977 年，第 1336 页。

⑤　陆人骥：《中国历代灾害海潮史料》，北京：海洋出版社，1994 年，第 73 页。

望得到泉州实力派人物蒲寿庚的支持。

当时的泉州人口已达 130 多万，商业繁荣，特别是海外贸易异常发达，已与 90 多个国家进行海上贸易，被誉为"东方第一大港"，其经济繁盛，为宋朝经济社会的发展立下了汗马功劳，宋朝税收的 20% 都来自于此，因此，一直被宋廷器重。宋廷眼下急难困顿，欲依托蒲寿庚以泉州为据点，恢复大宋江山，可不曾想到的是，近 30 年来都一直为宋廷重用，并因宋廷发家致富的蒲寿庚，在大宋大难临头之时，却忘恩负义，"下令闭城三日大开屠刀，不仅屠杀了泉州城内南宋宗室成员上千人……在泉州城内上万名的淮军精锐也惨遭屠杀"，蒲寿庚出卖了宋廷，向元军投降了，并为元军提供了600 多艘战船，使元军军力和士气大增，泉州被元军占领。

泉州被元军占领后，南宋流亡政府只好带兵沿海而下奔向广东，希望在南方找到一个落脚栖身之地。临行前夜，南宋勇将张世杰想起他们初到泉州争取蒲寿庚支持而与其商量无果，又向他借船出海却又遭其拒绝和背叛的情景，更是怒火交加，便"命部下掠取其船只"。据相关文献，宋军"强行抢走了蒲寿庚家族的海船 2000 艘"。然后，与流亡朝廷一起，沿海向广东进发。途中，他们遇到飓风，"帝舟倾覆""舟楫倾覆无数"，宋军损失惨重。

考古工作者在考古现场发现，泉州后渚港宋代沉船和"南海一号"沉船都与飓风引起的海啸有关，很可能是同一起飓风所致。

考古专家对泉州后渚港宋代沉船的沉船时间认定在大约景炎二年（1277 年）前后。请注意"大约"二字，因此有这样几种可能：既可能是这一年（1277 年），也可能是前一年（1276 年）或后一年（1278 年）。前一年的可能性很小，后一年的可能性很大。因为包括《宋史》在内对宋廷流亡政府离开泉州的记载都比较清楚，是 1277 年。他们在途中遇到飓风和海啸，一定是在 1277 年或之后。而宋军漂泊至南海"突遇飓风"的时间是至元十四年（1277 年）12 月 12 日，与后渚港宋代沉船的沉船时间大致吻合。因此，后渚港的宋代沉船，可能与这次飓风引起的海啸有关，因此两个沉船皆由飓风引起的海啸所致。

另据刘世斌先生在《宋代福建水旱灾害及其救治措施研究》一文中介绍，在南宋的153 年中，发生水灾共 175 次。基本上年年都有水灾，海啸自然在水灾之列。作为人口众多、商贸云集、千帆竞发、百舸争流的泉州湾，在元兵南下和宋朝在做最后抗争之际，遇到飓风，发生海难，出现后渚港的海船沉没，有较大的可能性。因此，笔者推定，后渚港的宋代海船沉船，极有可能属海啸所致。

同样是在这次飓风和海啸中，南宋流亡政府仅在泉州劫掠的船只就达 2000 余艘，但在这次海难中，由于飓风的威力巨大，导致"舟楫倾覆无数"，宋军损失的船只不少。而我们前述的"南海一号"沉船，虽然看似一条商船，但宋军在泉州抢劫到的2000 多艘海船中，因为海外贸易的需要，无疑大多是商船。他们在驶向广东的途中，定会带上这些船只和金银财宝一同前往。但天公不作美，在广东南海海域遭遇此次飓风和海啸而沉入江底，亦极有可能。因此在"南海一号"发现大量的珍贵文物，并被一些学者认定为商船就不足为奇了。加上"南海一号"发现的地点在今广东台山与阳江之间的南海海域，而这次南宋流亡政府的海上行程遇上飓风海啸的地点也在这一带，且已有学者提出南宋末帝在赴崖山时，在"今阳江海陵岛西南海域遭遇暴风雨"。另一学者陈维屏先生通过多年的研究后亦提出"南海一号""不是商船，而是一艘载着南宋末代皇帝的官船"的观点，因此，"南海一号"也可能是在这次飓风、海啸和元兵的追击中而沉没的官船。

海溢是由多方面因素造成的，包括地震。宋乾德元年（963 年）、明嘉靖十七年（1538 年）、明嘉靖四十五年（1566 年）、明万历二年（1574 年）、明万历二十四年（1596 年）、明万历三十年（1602 年）、明万历三十二年（1604 年），在泉州及其附近区域都发生过地震，特别是 1602 年和 1604 年的地震，分别使泉州"暴风淫雨，搂拣飘摇，倾圮日甚"，致"古城泉州及邻区遭受严重破坏"，由此，使"泉州沿海覆舟甚多"。地震不可避免地会造成海啸和沉船。

上述其他考古沉船，也有不少是因自然灾害而沉没的。"华光礁一号"宋代沉船，据考古工作者分析和研究，属人为海难造成。2020 年 11 月 17 日 CCTV—10 科教频道"百家讲坛"的"海上传奇（下部）"报道的《航海有术　首屈一指的中国古代航海技术》，以及 2007 年 5 月 9 日《海南日报》发表的马继前《全面解析"华光礁一号"揭开宋代沉船神秘面纱》的文章，都指出了"华光礁一号"因狂风和巨浪而使其船舶失去控制而沉没。福建冬古村沉船"有可能沉没于风暴，可能因大台风而沉没"。福建碗礁一号"最大的可能是遇到风暴后偏离了航线，触礁沉没"。青岛鸭岛沉船"可能因触礁沉没"。小白礁 I 号沉船因"触礁沉没"。2009 年在浙江嵊泗县北鼎星岛水下发现的 1904 年 2 月 25 日沉没的"海天"沉船，因"在海上遇上了大雾天气"而"触礁沉没"，等等，无数的沉船，都与海上的自然灾害有关。

上述沉船除了与自然因素有关以外，也与人为因素有一定关系。

一是触礁在很大程度上是人祸。触礁既有可能受风暴、地震等影响而一时迷失方向触礁，更有可能是船员操作不当、航线选择错误、数据读取错误、航向不精准、疲劳驾驶等引起，人祸更多。辽宁省葫芦岛绥中三道岗沉船就因水下沙岗而搁浅。考古人员在现场发现，该沉船地点堆积着大量沙粒，这些沙粒形成的沙岗已将沉船紧紧包裹，致使船舶沉没。假设沙岗能被人为排除，航道能够得到有效疏通，沉船事故也就可能避免。其他如青岛鸭岛明代沉船的"铁质凝结物顺一条南北向的礁石沟槽分布"①，说明该船沉没的地方存在礁石，因触礁而沉没。如果能在航行中有效地避开礁石，或许悲剧不会发生。"南澳 I 号"位于广东省汕头市南澳岛东南的三点金海域，这里是明代海外贸易的一个集散地，与日本、东南亚诸国有贸易往来，因此，进出这里的船只不少。但在这

---

① 张荣大：《青岛沿海水下考古重要发现：鸭岛明代沉船位置初定》，http://news.sohu.com/83/14/news203371483.shtml（2002-09-25）。

艘船的沉船地点及其周围有 0.125 平方千米的礁盘面积，对航海是一个严重威胁，当"南澳Ⅰ号"航行于此时，如果对礁石的识别出现了错误，或探测礁石的仪器性能出现了问题，或因海上风暴预警发生错误，或与其他船只相撞，再叠加触礁，沉船自然不可避免，因此也都与人为因素有关。

二是忽视船舶能力导致超负荷工作所致。考古工作者在"南海一号"沉船处发现，"在沉船下面还有厚达 28 米的淤泥层，没有礁石存在"①，说明"南海一号"沉船非触礁所致。而考古人员在考古现场又发现了一个不太正常的现象，那就是"南海一号"的"水密隔舱"和船尾后面的两个"尾尖舱"都是不应该装载货物的地方，但却装满了货物②。因此其超载的可能性极大。据考古人员发现，"南海一号"仅发现的铁质文物就达 130 多吨，加上已发现的 18 万多件文物，文物又以重量较大的铁器和瓷器为大宗，以及其他物品的承载，其总载量超过 200 吨。同时，考古现场还发现，该船在沉没时是平行下沉的，只有当货物的承载量极大的时候，大型船只才可能向下平行沉淀，所以，超载是造成"南海一号"沉船的最大可能。

三是管理的疏漏。"南海一号"被打捞上岸后，发现没有"压舱石"——古代为预防翻船而在船底安装的大石头或铁块，以加强船的稳定性和安全性。如此巨大的一艘海船，应在出航前检查好各个方面的细节，做到万无一失，但船主却只管多装载货物，而忽略了对船舶安全有致命影响的"压舱石"，是这艘海船在管理上存在的致命弱点。元代忽必烈 4400 多艘舰船于 1281 年在日本佐贺伊万里湾沉没，虽然是"在一场特大的海上风暴中彻底毁灭"的，但考古人员也发现，这支舰队的沉没，"是舰队中舰艇太过密集，在遭遇风浪后相互碰撞才不幸沉没的"，与其庞大舰队的布局不合理和管理不善有一定关系。甲午海战中，论舰艇数量，日军 12 艘，北洋海军 16 艘，但最终还是北洋海军失败。究其失败原因，除了敌人装备的精良，训练的有素外，也与北洋舰队的管理不善等人为因素有关。济远舰沉船被发现后，考古工作者发现，船的塔顶窗户是用立柱做支撑的，这种立柱支撑的窗户本身就有安全隐患，为后来的日本炮弹从此窗户射进指挥塔埋下了祸根。加上该船在给德国下单以前，我国驻德公使李凤宝就把该船自身存在的机舱过大的缺陷报告给了李鸿章，指出这种大机舱一旦进水，就容易导致全船进水而沉没，但李鸿章没有听取这一提示和建议，还是购买了这艘有瑕疵的舰船，最终导致恶果的发生。另一旗舰——定远舰，已下水 12 年，但有 7 年未检修，严重带病上岗。致远舰也是带病工作，堵水门的橡皮"年久破烂，而不能修整，故该船中炮不多时，立即沉没"。《甲午名将邓世昌》《日本政治史》《随邓世昌殉国尽忠的义犬》等文献亦证实，致远舰沉没的直接原因，是"舰内进水过多，海水漫进了锅炉仓引起大爆炸所致"。当时，致远舰中炮后，由于水密门的橡皮老化，已失去了堵水功能，大量的海水涌进而不

---

① 刘文祥：《南海一号宋代古沉船并非触礁沉没》，http://news.sina.com.cn/c/2007-03-03/085211329026s.shtml（2017-03-03）。

② 黄茜：《南宋沉船"南海一号"解开了哪些谜底？》，《南方都市报》2019 年 8 月 18 日。

能排除，并直接流入热气升腾的高压锅炉仓里，导致锅炉爆炸，都说明了管理不到位的问题。广乙舰穹甲甲板太薄，"仅有 1 英寸，防护能力弱小"，如此等等，最终导致沉船的悲剧发生。

超勇、扬威和广甲舰虽有零星的水下考古信息，但不够完整，尚待水下考古的进一步揭开。

四是海上天气预报存在的瑕疵。中国是一个农业文明的古国，为适应农业的需要，我国在天文历法等方面也走在世界前列，成为世界上最早开展天文观测和记录的国家。由于天象与农时、农事密切相关，也不得不与物候和气象结合，气象学因此应运而生，并服务于各行各业，包括航海。因此，在我国的航海中也多有应用和记载。在宋代徐兢的《宣和奉使高丽图经·梅岭》的文章中，有这样的记载："至洋中卒尔风回，则茫然不知所向矣，故审视风云天时，而后进也。"就是根据天象的风云变幻而回避"卒尔风回"的气象预报。

我国古代先民在航海中，主要通过观测天象和气候、物候、节气等特点而对海上生产和交通的天气预报做出预警。其中包括用太阳、月亮、风、云、地标、动物等参照物来预测海上天气和规避海难风险等。比如，宋时根据大风兴起的时间预报台风的谚语："朝三暮七，昼不过一。"沈括在《梦溪笔谈》中也有类似的记载："江淮间唯畏大风。冬月风作有渐，航行可以为备。唯盛夏风起于顾盼间，往往罹难。曾闻江国贾人有一术，可免此患。大凡夏月风景，须作于午后。欲行船者，五鼓初起，视星月明洁，四际至地，皆无云气，便可行；至于巳时即止。如此，无复与暴风遇矣。国子博士李云规云：'平生游江湖，未尝遇风，用此术'。"这是根据刮风的时间预报天气避免风暴等海难的发生。《梦粱录》载："舟师观海洋日出、日中、日入，则知阴晴，验云气，则知风色逆，毫发不差。"即通过太阳观测海洋天气。还有根据动物的反应判断气象的，如《南越志》载："未至时，三日鸡犬为之不鸣，大者或至七日，小者一二日，外国以为黑风。"其他如青蛙鸣叫、蚯蚓出动、燕子低飞、蚂蚁搬家等，都是根据动物的反应判断天气和气象的。类似的还很多，如"朝霞不出门，晚霞行千里"和"天上城堡云，地上雷雨临"，即根据云层厚薄、颜色预测天气。

这种通过观测天象、气候、动植物等规律而预测天气的方法，随着人们生产、生活经验的不断丰富而更加成熟，并广泛地应用于人们的生产、生活之中。加上人们在实践中的不断总结，使得一些航海安全和相关的天气预报知识成为人们生活中的口头禅或谚语、俗语而被人们广泛应用，如"东风下雨西风晴，南风吹暖北风寒""风雨潮相攻，飓风难将避""初三须有飓，初四还可惧""海乏沙尘，大飓难禁"等，都是民间广为流传的预测海洋天气预报的知识和方法，并形成一种习俗和文化而指导着人们的海上出行和生产。

这种通过太阳、月亮、云雨、风向、风力等阴晴圆缺和风云变幻的特点，以及由此形成的习俗或谚语而预测天气预报的方法，虽然是我们祖先在长期的实践中实验的结果和智慧的结晶，但也有不足之处。

一是从肉眼个体观察到的个案不完全具有普遍的共性。上述预测天气预报的方法虽然在一定程度上有一定的准确性，但限于不同的时间、地点和环境，可能对此时、此地观察的结果与彼时、彼地的实际和环境不完全吻合，由此作为一种共性的原理或原则推而广之，可能失之偏颇。因为这种把从现实中观察到的一些个案和经验作为一种普遍的规律应用于实践的方法，在今天的一些地方仍然存在，但从中表现出的一些缺陷亦有所暴露。笔者曾在三峡的长江边考古时看到一些老人根据古谚预测第二天的天气情况，在短短两个月的观察中，发现出现的错误频次就很多。那么，在古代文化和科技水平相对于今天均有所欠缺的环境下而目测出天气和气象，出现差错也就难免了。

二是预测天气的仪器不够科学和精准。古人虽然智慧，并发明了观测天象与气象的日晷、圭表、候风地动仪、候风旗、相风旗、相风鸟、天池测雨、竹器验雪、占风竿、量雨台等仪器和设备，但这些设备都比较粗犷原始，功能尚不完备，测出的结果不尽科学和精准。比如，日晷受天气环境的影响，使得测出的位置和时辰等不够精准；候风地动仪所包含的传感技术和利用动、静变化的惯性原理设计出的验震器具，"受到地震波运动规律局限"[①]而存在误差，等等，都不完全科学，因此也就不完全精准，由此测得的天气预报自然不够准确。而航行于大海中的人们，在没有更加科学仪器设备的环境下，只能据此测出天气、气象数据，并以此指导海上作业，结果导致误差和错误，甚至沉船便自然难免。

三是预测和管理气象的方法不尽合理。虽然我国较早就有了管理天气、气候的政府机构，比如，秦汉时期的钦天监、唐朝的司天台、五代至宋元时期的司天监、明清时期又更改回来的钦天监等，都是掌管天气、气候的机构，但这些机构的管理方法存在一定的问题，比如，钦天监在如何预测天气、气候等日月星辰和风云变幻方面，常采用占星术等巫术方法预测吉凶进行判断和管理，即较多地采用了占卜推测吉凶的玄学管理方法，且在当时还大为流行。《周礼·春官宗伯》记载："保章氏掌天星，以志星辰、日月之变动，以观天下之迁，辩其吉凶，"《中国通史》第二编第一章第二节记载："秦始皇召集学士、方士，使议论政事，炼药求仙。博士多至七十人，占星多至三百人。"唐朝王绩在《晚年叙志示翟处士》中说："望气登重阁，占星上小楼。"鲁迅在《坟学史教篇》中记载："科学隐，幻术兴，天学不昌，占星代起。"由此可见，占星术等巫术在天气预测等领域中的流传之广、人数之多和影响之大。

巫术是在人们对事物的认识有限而不能对发生在我们生活中的某些现象做出科学解读的背景下，借助超自然的力量对某些不能解释的问题施加影响或控制的一种方术，其本身就带有神秘性和不科学性。古人用占卜等玄学的方法去预测天气，包括海上天气，其结果可想而知。加上部分占卜的预测还是主观讨好主人而有意占出"吉"避免"凶"的人为操作，如文献记载，钦天监向来占卜"惟事吉祥""铺陈吉语"，以此"取悦于

① 曹励华：《山鬼鸟兽，八方兆龙——候风地动仪研究》，《第9届中国机构与机器应用科学国际会议（CCAMMS 2001）暨中国轻工机械协会科技研讨会论文集》，内部资料，2011年。

上"①,"钦天监务取吉利者具奏",将天象与占卜和吉凶祸福结合起来,并人为地将主观因素强加进去,使"天垂象,现吉凶"的思想在气象观测中占有重要地位。这种完全背离科学预测精神而致古代大量的船只沉没海底,也就不难理解了。

如此等等,都说明古代沉船的发生有其自然和人为等多方面的原因,特别是与人为的因素关系密切。

历史是一面镜子,我们应该从古代船只的沉没及船毁人亡的事故中吸取教训,获得启迪。

一是坚持哲学唯物史观,摒弃片面思想,尊重和掌握客观规律。古人用占卜、个案经验等去预测天气、指导海上作业等方法,虽然在一定程度上有一定的合理性、正确性,预测出来的结果对人们既有一定的慰藉作用,也对实践有一定的指导作用,但采用占卜和从个案指导整体的方法,定会片面,定会不完全科学。然后用这种不完全科学的方法去指导海上作业,导致船毁人亡,应在情理之中。因此,在我们今天的海上出行和生产建设中,就应吸取古人片面看问题的教训,坚持辩证唯物主义和历史唯物主义的观点,从唯物主义的观点和立场出发,抛弃唯心的思想和片面的方法,注重实地的调查研究,用最细致、最全面的调查研究方法,用最尖端的科学设备和仪器,去完善海上天气预报,去加强海上各项工作管理,尤其是安全工作管理,从而把握和尊重海上工作的客观规律,使船舶等在安全的环境中作业。

二是做好海上天气预报的科学预测预警工作。科学技术是生产力。当今,我国科学技术突飞猛进,海洋科技水平也大为提高,仅24小时台风路径预报平均误差就缩小到82千米,达到了世界领先水平②。我们应利用好这些科技成果,做好事前的防范工作,即通过现代高精密度的设备仪器和人工的细致工作,做好天气预报的科学预测预警,尤其是海洋天气预报的较为精准的预测、预报工作,从而给海上的正常出行和安全的生产提供更精准的气象、气候数据,以此指导海上作业。

三是做好海洋生态环境管理工作。海洋是一个整体,是由若干生物环境和非生物环境构成的一个生态系统。生物环境系统包括沿海生态系统、大洋生态系统、上升流生态系统、红树林生态系统、藻类生态系统、珊瑚礁生态系统、游泳生态系统等,非生物环境系统包括水、光照、温度、盐度、空气、压力、土壤、岩石、沙丘、暗礁、海流、溶解气体、悬浮物质、营养物质等。海洋生态系统要达到和谐的状态,才能保持基本的平衡,才能较好地发挥作用。然而,人们对海洋的过度开发,全球温度的迅速上升,空气的污染,大量污染物向海洋倾泻,等等,都在破坏着海洋的生态环境,都可能使海洋中的某些生物超过其承受的能力而影响海洋的生态平衡。因此,有必要保护和管理好海洋生态环境。在前述的古代沉船中,有因触礁而沉没,有因水下沙岗沙粒而沉没,有因搁

---

① 王挺,吕凌峰,储文娟:《清钦天监气象工作的考察》,《中国科技史杂志》2018年第1期。

② 刘成成:《我国天气气候预报预测能力显著提高,今年台风路径预报达世界领先水平》,《中国气象报》2013年12月5日。

浅而沉没……说明海洋生态系统的管理存在一定问题，即礁石没有被发现和排除，沙丘、沙岗、沙粒没有被清理，浅水之处还在继续航行等，故应加强海上生态环境的管理。

四是加强海上安全工作的教育和监管。安全是一切工作的生命线，海上船只的安全更是生命线中的生命线，稍有不慎，即可造成船毁人亡之灾。前述古代沉船的被发现，即是对我们最好的安全教育警示。一艘满载财富的海船（也可能是宋朝的官船）——"南海一号"，为了不浪费船上的每一个空间，"是尽了最大的可能去装载货物的"。不料不仅没到达目的地，反而沉没在南海之中。超载可能是"南海一号"沉船的最主要原因。虽然考古工作者根据考古现场分析了这艘船在当时遭遇了暴风雨，但如果没有超载的事实，或许沉船海难可以避免。类似的例证在今天的三峡得到了印证。三峡大坝兴建之际的一个夏季的一天，位于三峡大坝附近的湖北省宜昌市三斗坪镇正逢赶集之日，平时里的农家妇女常常在三峡大坝的施工现场去捡拾一些废铁出售。这一天，他们就将这些废铁通过一艘只能装载18人的渡船渡过长江对岸的三斗坪镇去售卖。可船主一方面为了带更多的人便于赚钱；另一方面又顾及都是本村人而不便拒绝前往乘船的人，因此，硬是将只能装载18人的小船装载了每人都携带有沉重废铁的23人，使得整个船只超载在一倍以上。加上前一天晚上下了一夜的暴雨，他们就在次日装载着23人及其随身携带的废铁渡江而过。当这艘小船行进到长江最中心的位置时，一阵暴雨袭来，迅速连船带人地将这艘小船掀翻到长江之中，无一生还。假设这艘船只按要求只装载18人（加上废铁后，也只能装载9—10人），那么，它在行进中会更轻盈快捷，或许已经到了对岸的目的地。即便没到目的地而遇上暴雨或风浪，或许不至于与沉重的废铁和23个严重超载的人一起沉入江中。因此，加强海上安全教育，拒绝超载，严格管理好海上运输安全的每一个细节，包括如前所述"南海一号"的"压舱石"等问题，即在每一个环节上做到万无一失，那么，安全系数必定大为提高。

五是将传统的民俗谚语与现代的高科技手段相结合。古人为海上行船的安全而总结了不少民间民俗谚语、俗语，这些谚语、俗语既有来自现实实践经验的总结和积累，也有因语句押韵的需要而存在脱离实际的人为牵强和附会，比如，"重雾三日，必有大雨""江猪（乌云）过河，大雨滂沱""狗泡水，天将雨""河里鱼打花，天天有雨下"等，既是对实践观察的结果，也有因语句押韵的需要而附会。笔者从实践中观察到，这些谚语、俗语反映的天气、气象，有时的确比较准确。如几天大雾后，的确下了大雨。但有时也不准确，笔者同样观察过，狗泡水后却没见下雨。这说明这些谚语、俗语既有一定的合理性，也有一定的不准确性。因此，建议将这些民间谚语、俗语与现代高科技的气象测试工具——仪器等结合起来，进行综合应用，使之对海上天气预报做得更精准、更科学。

明以降郧西灾害初探——兼以金钱河为例的个案分析

黄家攀

（暨南大学文学院）

目前学界关于郧西灾害的研究相对较少[①]，郧西所在的鄂西北汉水谷地与江汉平原在灾害原因、特点及其影响方面具有很大差异，关于这一区域的研究相对短缺，特别是典型区域、长时间段的探究，本文试图探析明以降的郧西灾害，兼以金钱河为例进行个案分析，进而引起关注，为现今灾害治理、生态保护提供借鉴要素和经验教训。

一、郧西地理环境概况

郧西位于湖北十堰，地处鄂西北边陲，陕鄂交界，汉江中上游北岸，北依秦岭，南临汉江，地扼秦楚要冲，素称"秦之咽喉，楚之门户"。元代，改武当军为郧县，属均州，隶襄阳；明初，设郧水驿，属郧县，与上津皆属均州，属襄阳府；明成化十二年（1476 年），抚治郧阳副都御史原杰提议建郧阳府，设郧西县，隶郧阳府；清顺治十六年（1659 年），裁上津并入郧西。

郧西地势西北高、东南低，有"依山带江"之称。除东部天河沿岸为海拔 250—500 米的丘陵盆地外，大部分海拔在 700—1200 米，西北部的湖北大梁（金盆梁），海拔 1832 米，为县境最高峰。汉江流经南部边境，有金钱河、天河、仙河等支流自北向南注入汉江。

郧西处于华北自然区域和华中自然区域之间，是过渡地带，属于副热带北界大陆性季风气候。特点是"四季分明，雨量适中（一般年总降水量是 700—800 毫米，除个别自然灾害年代外），日照充足，气候温和，无霜期长，严冬时间短。由于东西部地区跨度长（125 千米），郧西县气候不够平衡，有较大差异。如庙川（今湖北口）金银山 10月可以下雪，而县城人还在穿夹衣。全年平均温度为 15.4 度，最高是 7 月为 27.8 度，极端高温为 41.9 度，极端低温是元月份，月平均为 2.5 度，年均日照为 5.4 小时"。

作者简介：黄家攀，男，暨南大学文学院中国史专业硕士研究生。

[①] 关于郧西灾害相关研究有罗小锋：《水旱灾害与湖北农业可持续发展》，华中农业大学 2005 年博士学位论文；顾利真：《明代湖北地区水旱灾害的时空分布特征及影响研究》，华中师范大学 2012 年硕士学位论文；王肇磊，海霞：《试述清代移民垦殖对鄂西北地区环境的影响——以十堰市为例》，《湖北社会科学》2006 年第 7期；陈红艳等：《湖北郧西陡岭子库区地质灾害与防治研究》，《资源环境与工程》2012 年第 1 期；汪建军，王亚楠：《郧西县近 30 年气候变暖特征分析》，《农家参谋》2019 年第 1 期；白红英等：《50 年来秦岭金钱河流域水文特征及其对降水变化的响应》，《地理科学》2012 年第 10 期。

二、明以降郧西灾害类型及其特点

郧西属于多山地区，地形地质情况复杂；水资源丰富，降雨充沛，但季节和年分布不均，春秋时常干旱，夏季又多暴雨，因此灾害较为严重。据《郧西县志》记载："县境自然灾害有旱、洪、冰雹、风、寒冻、地震等，尤以旱、雹严重。"[①]

（一）干旱

郧西水资源丰富，降雨充沛，但季节和年分布不均，春秋时常干旱，旱灾亦是郧西影响最严重、危害最大的灾种。表 1 是根据《郧西县志》统计的明以降郧西历次干旱情况：

表 1　明以降郧西历次干旱情况表

时代	年份	灾情描述
明	天顺元年（1457 年）	旱
	成化十九年（1483 年）	偏旱
	嘉靖七年（1528 年）	大旱
	嘉靖十七年（1538 年）	旱
	万历四十三年（1615 年）	旱
	天启二年（1622 年）	旱，斗米价值千文
清	顺治九年（1652 年）	大旱
	康熙二十九年（1690 年）	大旱
	康熙三十六年（1697 年）	旱
	康熙四十七年（1708 年）	旱
	乾隆五十年（1785 年）	大旱
	嘉庆十八年（1813 年）	大旱
	道光十三年（1833 年）	秋旱，斗米价值 2400 文
	道光十六年（1836 年）	旱
	道光十九年（1839 年）	旱
	道光二十二年（1842 年）	大旱，地中出火
	道光二十三年（1843 年）	旱
	道光二十四年（1844 年）	夏季大旱
	咸丰元年（1851 年）	7 月旱
	咸丰三年（1853 年）	8 月旱
	咸丰六年（1856 年）	4—9 月大旱，民饥饿
	咸丰七年（1857 年）	旱
民国	1920 年	旱
	1928 年	旱情重，民饥，遍野哀号
	1947 年	旱

---

① 湖北省郧西县地方志编纂委员会办公室：《郧西县志》，武汉：武汉测绘科技大学出版社，1995 年，第 70 页。

续表

时代	年份	灾情描述
中华人民共和国	1952 年	5 月旱
	1953 年	旱
	1957 年	8—10 月，92 天无透墒雨，减产 3000 万斤粮
	1959 年	5 月中旬—6 月上旬，25 天中降水 43 毫米。6 月 10 日—9 月 1 日，82 天无透墒雨，粮食减产 7600 万斤，全县水肿病 6720 人。夹河区有饿死人现象
	1960 年	1960 年 11 月—1961 年 7 月止，9 个月降 369 毫米，523 条沟溪断流。夹河、景阳、六郎、羊尾 4 区旱情严重
	1966 年	6 月 1 日—9 月 30 日，降水 227.2 毫米，比多年同期平均降水减少 50%。干旱无收达 3.9 万亩，比 1965 年秋减产 46.6%
	1972 年	秋旱
	1976 年	6 月 2 日—9 月 4 日，96 天无透墒雨，13 个公社（区级）旱情重，无收面积 50829 亩
	1978 年	7 月中旬—9 月上旬 50 天无雨，严重的 14 个公社，无收面积 17 万亩，减产粮食 2055 万斤
	1980 年	旱
	1982 年	秋前旱
	1985 年	6 月 17 日—8 月 24 日伏旱
	1986 年	秋旱

干旱是郧西影响最严重、危害最大的灾种，"自明天顺元年至民国三十六年计 490 年间，曾发生旱和大旱 25 次，其中 5 级以上大旱 9 次，平均 70 年一遇，其余旱灾约 30 年一遇，据县气象站 1957—1987 年计 30 年统计，40 天以上的旱灾 20 次，平均 1—2 年一次，属百日以上 3 次，平均 10 年一遇。其中夏旱占 67.5%，秋旱占 19%，初夏属中旱，大旱占伏旱 60%。在 37 次夏伏旱中，40 天以上 10 次，70 天以上 3 次，百日大旱在 30 年中出现 3 次（1961、1966、1976）。以上旱灾，属初夏旱 2—3 年一遇，伏旱 4—5 年一遇，秋伏连旱 10 年一遇"①。

（二）雨涝

郧西毗邻汉江，境内又有多条大河，小型河流亦是更多，每逢大雨，容易形成洪涝，进而形成涝灾。表 2 是根据《郧西县志》统计的明以降郧西历次雨涝情况：

表 2　明以降郧西历次雨涝情况

时代	年份	灾情描述
明	宣德元年（1426 年）	7 月汉水涨，沿岸居民漂没甚多
	嘉靖五年（1526 年）	上津铁炉沟水涨进城，民众多淹没
	嘉靖十七年（1538 年）	涝灾
	嘉靖二十七年（1548 年）	县城泥沟涨水，毁部分城垣
	嘉靖四十五年（1566 年）	9 月淫雨，平地积水丈余，城垣房屋毁，民众淹死无计

① 湖北省郧西县地方志编纂委员会办公室：《郧西县志》，武汉：武汉测绘科技大学出版社，1995 年，第 71 页。

续表

时代	年份	灾情描述
明	隆庆元年（1567 年）	重涝
	隆庆三年（1569 年）四月	雨雹涝，平地水深 3 尺
	万历元年（1573 年）	上津城镇冲坏 60 余丈，民众房屋漂没
	万历十一年（1583 年）	羊尾板桥河王家厂房屋全淹没
	万历三十五年（1607 年）	6 月大水，漂没房屋
	万历四十三年（1615 年）	上津涝灾
清	康熙四十五年（1706 年）	涝灾
	康熙五十三年（1714 年）	6 月大水，五里、汲浪等处水高 10 余丈至石门湾，因河道狭窄，洪水倒灌数日，漂没民众甚多
	康熙五十四年（1715 年）	夏季起大水，淹没弥罗观小庙壁
	雍正五年（1727 年）	6 月起淫雨，9 月止
	雍正六年（1728 年）	6 月淫雨
	乾隆十三年（1748 年）	9 月大水，西南各乡沿岸田地冲压
	乾隆十七年（1752 年）	大水
	乾隆三十五年（1770 年）	夏，汉水大涨，沿河岸田地房屋冲毁
	嘉庆七年（1802 年）	甲河（今夹河）大水
	道光元年（1821 年）	大水
	道光二年（1822 年）	大水
	道光十二年（1832 年）	8 月汉水涨，漂没民众财物、房屋无计
	道光十九年（1839 年）	秋发大水
	咸丰二年（1852 年）	大淫雨，漂流民物，冲毁房屋无数
	咸丰三年（1853 年）	6 月，天河、泥河、板桥等河大水，冲压田地，人畜多数淹没
	同治三年（1864 年）	泥河大水，米价高涨，民多数逃亡
	同治六年（1867 年）	淫雨三昼夜，冲压农田民房甚多
	光绪二十年（1894 年）	大水淹没庄稼无算
	光绪二十二年（1896 年）	大水
	光绪二十六年（1900 年）	大水
民国	1917 年	大水
	1919 年	县城大水
	1927 年	城关大水
	1931 年	7 月倾盆大雨，冲毁各乡村房屋田禾无计，淹没民众时有所闻，五里、汲浪、天河等河岸田地被水冲尽
	1935 年	夏季淫雨成灾，县城南关外一片汪洋，各乡村田地房屋冲毁无计，人畜淹没甚多
	1947 年	水灾
中华人民共和国	1949 年	水灾，损失粮食 1948 万斤，死 20 人，庙川饿死 12 人
	1951 年	7 月大水，羊尾街水深约 3 尺
	1952 年	涝灾，受灾面积 12 万亩，死 1 人，伤 2 人

续表

时代	年份	灾情描述
中华人民共和国	1953 年	135 个乡（小乡）有洪灾，冲毁屋宇 3381 间，死 25 人，冲走耕牛 12 头，牲畜 33 头
	1954 年	7 月下旬，洪水超过 1935 年，上津石嘴子一截街道冲毁。县城北寺沟洪水淹渡春桥两头，仅有桥拱在外面，原种场周围水深 1 米多，冲走木船 3 只，死 3 人
	1964 年	8 月 27 日—10 月 30 日，阴雨 60 天。降水量达 523.2 毫米，毁房 7750 间，减产 847 万斤
	1972 年	7 月 1 日，安家、城郊、土门、观音、双掌等地 19 小时降水 122.8 毫米。关防 16 小时降水 178.5 毫米
	1974 年	9 月 28 日—10 月 7 日，降水达 158 毫米，山洪暴发
	1975 年	8 月 7—8 日，特大暴雨。洪灾达 18 个公社（区级）。三官洞拖拉机站冲毁，城郊何家行街道上水，东营村群众搬进城
	1980 年	8 月洪水为害
	1982 年	7 月 19、20、21、29、30 日五天大暴雨，观音、洞池、羊尾、夹河等地在 20 日 3 小时中降水 161 毫米。损失粮食 1538 万斤，倒房 1543 间，死 11 人，伤 89 人，死耕牛 5 头
	1983 年	8 月 1 日上午汉江水位陡涨，冲毁沿岸耕地，淹夹河、羊尾两镇驻地一楼，天河口镇水淹后街
	1984 年	9 月阴雨，夹河、羊尾、观音、景阳、六郎、关防、庙川、河夹、马鞍等区受重灾，死 52 人，伤 304 人

雨涝是郧西影响严重、危害重大的灾种之一，并且发生频率很高。"自明宣德元年至民国二十四年 500 多年，发生 1—2 级洪涝 25 次，1 级（重涝）灾害 11 次。同治六年夏，暴雨 3 昼夜，冲毁农田、民房甚多，汉江水位高出今羊尾李家湾公路面 4 米，1954—1987 年发生洪灾 8 次，1 级洪灾 6 次，据 1957—1987 年资料统计，洪涝多在每年 6—8 月内，7—8 月占历年 65.9%。日降水量都在 100 毫米以上。1975 年 8 月 7 日，9—17 时降水 170 毫米。县气象站 70 年代 9、10 两月统计，7—10 天连阴雨 6 次，降水量一般 30—60 毫米。1964 年 9 月降水 269.9 毫米。1974 年 9 月 28 日—10 月 7 日，10 天内降水 158 毫米，酿成特大洪灾。"①

（三）冰雹、大风

郧西雹灾较多，加上危害性大，是郧西灾害中非常严重的类型之一。表 3 是根据《郧西县志》统计的明以降郧西历次冰雹情况。

表 3　明以降郧西历次冰雹情况表

时代	年份	灾情描述
明	弘治十七年（1504 年）	2 月雨雹，大者六七寸
清	雍正十三年（1735 年）	6 月雨雹，是年饥饿

---

① 湖北省郧西县地方志编纂委员会办公室：《郧西县志》，武汉：武汉测绘科技大学出版社，1995 年，第 72 页。

续表

时代	年份	灾情描述
清	乾隆二年（1737年）	5月大雨雹，大者六七寸，平地水深尺余，冰雹打死野兽
	乾隆十三年（1748年）	5月雨雹
	乾隆十五年（1750年）	8月大雨雹
	道光十三年（1833年）	3月雨雹，小麦无收
	同治元年（1862年）	雹灾
中华人民共和国	1951年	5月，三、五、六、十一等区8个村，冰雹大者3寸，小麦、豌豆、秧苗均毁
	1953年	5月，雹灾
	1959年	4、6两月各发生雹灾一次
	1960年	3月发生冰雹灾
	1961年	6月发生冰雹灾
	1963年	11月发生冰雹
	1965年	3月发生冰雹
	1966年	2月发生冰雹
	1967年	7月，六郎、六斗、孟川、罗坡等地冰雹，打死野兔、狐狸
	1972年	7月，发生冰雹灾
	1973年	7月、10月，发生冰雹灾
	1974年	4月，发生冰雹灾
	1976年	4月21日下午，城关、城郊、五顶等地发生冰雹，打毁庄稼苗
	1977年	4月22日，冰雹
	1980年	冰雹灾
	1982年	7月3日下午，茅坪、安家、土门、香口等地冰雹，低洼地积雹1尺2寸厚
	1983年	5月12日，上津天桥、高碥发生雹灾，大垭子荒山刮成石头，天桥沟冰洪致死2人
	1985年	5月，上津、关防、景阳、庙川、土门、夹河等地雹灾

冰雹、大风是郧西影响最严重、危害最大的灾种之一，"自明弘治十七年到清同治元年计358年间，共发生重大冰雹灾6次。1949—1985年计36年中，共发生20次。据气象站观测：冰雹出现季节，3—8月最多，占全年雹灾78.5%。雹灾发生季节最早为1966年2月1日，最迟为1963年11月9日。时间多在正午12—20时之间，占总数的91%，其中下午3—5时最多。持续时间，每次10分钟左右，最长72分钟，少则2分钟。在17分钟内的占60%，25分钟以上的占40%，多发生在海拔500米以上山区，尤以槐树、茅坪、店子、泥沟、马鞍、安家等地最多，几乎10年9遇。其他地方2—3年一遇。1977年4月22日，全县普遍遭雹灾。8级以上大风，本县各月均有出现。平均每年出现14次，4月和8月出现次数最多，达7—8次。夏季为雷雨大风，8月最

多。寒潮大风 1—2 月最多"①。

（四）地震

郧西亦有一定数量的地震，但是程度较轻，几乎没有造成太大的灾害，但是对环境和生产亦有一定程度的影响。表 4 是根据《郧西县志》统计的明以降郧西历次地震情况：

表 4　明以降郧西历次地震情况表

时代	年份	灾情描述
明	弘治六年（1493 年）	11 月发生地震
	正德十二年（1517 年）	7 月初五地震
	隆庆二年（1568 年）	3 月地震
清	道光三十年（1850 年）	地震
民国	1925 年	正月十七日晚饭前地震，桌椅移动，碗盆碰响
	1931 年	12 月 16 日晚地震，黄云铺野鸡惊叫，碗架作响，房檐掉瓦
中华人民共和国	1953 年	9 月 24 日发生地震
	1959 年	4 月 12 日何家井东南 3.2 级地震 6 月 15 日 17 点何家井东发生 4 级地震 11 月 29 日上津西南发生 2.6 级地震
	1964 年	9 月 5 日 15 时，八道河的园门、太阳坡发生 4.9 级地震，波及附近崖崩石坠。6 月 15 日前，有感地震 5 次。9 月 7 日何家井东南发生 2.9 级地震
	1976 年	6 月 2 日地震
	1977 年	7 月 20 日，大泥沟北发生 3 级地震，烈度为 5，大坝河为主，面积达 148 平方千米
	1982 年	3 月 11 日，安家瓜子岭村五里河段猴子崖两次发生 4.5 级地震，倒房 4 间，倾斜成危房 86 间
	1985 年	9 月 14 日，发生 2.9 级地震

据统计，"从 1517—1985 年计 468 年中发生地震 26 次。4 级以上的 3 次，活动间隔大致为 10—20 年。3 级以上的 4 次，间隔为 4—10 年，1—2 级的 13 次。有震无级的 6 次。境内大多属弱震，无破坏。震中分布：①安家五里河—何家井断带；②店子、七里沟断裂带；③泥沟颜家断裂带。多数震源深度在 10 公里以内，地震强度、频度 30 年明显增强。1950—1985 年计 35 年中，共发生 22 次，仅 1964 年达 7 次。1977—1982 年 4 月，5 年发生地震 10 次，其中 1982 年 1—4 月发生 4 次，烈度由 5 度升为 6 度"②。

（五）虫害、鼠灾

郧西亦有相当程度的虫害、鼠灾，并且具有较大危害，对农业生产、居民生活产生

---

① 湖北省郧西县地方志编纂委员会办公室：《郧西县志》，武汉：武汉测绘科技大学出版社，1995 年，第 73 页。

② 湖北省郧西县地方志编纂委员会办公室：《郧西县志》，武汉：武汉测绘科技大学出版社，1995 年，第 74 页。

了诸多的负面影响。表 5 是根据《郧西县志》统计的明以降郧西历次虫害情况：

表 5 明以降郧西历次虫害情况表

时代	年份	灾情描述
清	康熙二十二年（1683 年）	纵叶螟虫灾
	康熙三十五年（1696 年）	虫灾
	道光十三年（1833 年）	八月蝗虫灾
	道光十六年（1836 年）	蝗虫
	道光二十三年（1843 年）	七八月相继发生蝗虫灾
	咸丰三年（1853 年）	八月蝗虫害
	咸丰七年（1857 年）	夏蝗为害；秋季蝗虫啃光禾苗
	同治元年（1862 年）	七月飞蝗
民国	1942 年	飞蝗从河南省飞入；县内稻苗、苞谷苗多被啃光
	1944 年	夏，飞蝗遮天，作物吃光

虫害、鼠灾对郧西亦有相当程度的较大危害。据统计，"自清康熙二十二年至民国三十三年的 216 年中，蝗虫为害 12 次，纵叶螟 1 次。解放后 40 年中，蝗虫为害已不复见"①。鼠灾影响较大、危害严重之时为 1984 年前后，据《郧西县志》记载："羊尾区银洞洼、郭家山、左家庙、双堰四村鼠害严重，损害各种作物折粮 4 万余斤，损害各类家具 1172 件，衣物 1641 件。有户农民一木质锅盖被啃光，一根秤杆除铜星外都啃光，一窝仔猪均被咬死。咬牛 25 头，猪 141 头。土门上坪村 1.7 亩小麦遭光。"②

（六）滑坡

郧西属于山区，降雨容易引起山体疏松，加上一些修路、建屋等对山体的破坏，经常发生滑坡。其中，影响较大的年份有 1964 年、1972 年、1982 年等。据《郧西县志》记载："1964 年上津铁箍岭走鳌子。9 月 24 日家神雾岭天坑村凌家洼阴雨两月，140 亩坡地滑走，12 户房屋倒毁，泥石截断河谷流水"③；"1972 年 5 月庙川一天门，大暴雨引起 98 处走鳌子，冲毁坡地 90 亩。当年 7 月，庙川丁家坪蔡家场，朱政礼 1 户 3 间瓦房连基滑走"④；"1982 年 3 月 11 日，安家五里河上段，崖山崩垮。上津十里铺东边山体崩流，阻塞河道。店子镇多处发生山崩性泥石流，冲毁房屋"⑤。

（七）寒冻

郧西亦有不等数量的大风、寒潮等灾害，但危害程度较轻，县内强倒春寒一般出现在 3 月 27 日前，约 5 年一遇，影响夏粮产量。弱倒春寒年年皆有。据县气象站观测记

---

① 湖北省郧西县地方志编纂委员会办公室：《郧西县志》，武汉：武汉测绘科技大学出版社，1995 年，第 74 页。
② 湖北省郧西县地方志编纂委员会办公室：《郧西县志》，武汉：武汉测绘科技大学出版社，1995 年，第 74 页。
③ 湖北省郧西县地方志编纂委员会办公室：《郧西县志》，武汉：武汉测绘科技大学出版社，1995 年，第 74 页。
④ 湖北省郧西县地方志编纂委员会办公室：《郧西县志》，武汉：武汉测绘科技大学出版社，1995 年，第 74 页。
⑤ 湖北省郧西县地方志编纂委员会办公室：《郧西县志》，武汉：武汉测绘科技大学出版社，1995 年，第 74 页。

录统计，"1957—1980 年出现寒潮 46 次，平均每年 1.9 次强。其中强寒潮占 2.2%，中寒潮 32.6%，一般寒潮占 62.5%。寒潮出现最早在 10 月中旬，3 月最多，占 24 年寒潮总数 34.8%。其次是 11 月占 19.6%"①。秋寒，多出现在 8 月 21 日—9 月 10 日，经常造成高山区玉米"秋风"（不能成熟）。城关秋寒出现时间多在 9 月 1 日前后，出现时间最早为 1976 年 8 月 23 日，最迟为 1971 年 9 月 7 日。庙川海拔 920 米，秋寒出现日期比县城提前 13—20 天，"三九"严寒，处在全年最冷的元月，常有零下 7—12℃的严冻天气。1976 年元月 19 日及 1977 年元月 30 日，极端低温分别为零下 11.9—11.6℃，村橘大部冻死。资料表明，低于零下 9℃的最低气温约 10 年一遇。

三、郧西灾害的成因分析

明以降郧西灾害越来越频繁，且灾情逐渐严重，一方面，是人们对灾害的认识逐渐深刻，记录越来越完善；另一方面，更主要的原因则是人为因素，主要有人口增长导致过度开发利用、历年起义战争的破坏以及气候环境变化。

（一）人口增长导致过度开发利用

明清以来，由于流民进入和人口移动，郧西的人口大致呈现增长趋势，人口增长导致过度开发利用，土地承载力下降、森林植被破坏，这是明以降郧西灾害逐渐频发、灾情逐渐严重的主要原因。

明成化年间的荆襄流民进入郧西境内数量巨大，由于人们开垦土地，对环境造成巨大的破坏。据同治《郧西县志》记载："时流民避寇于荆襄者百万，湖广巡抚项忠杨璇下令逐之，弗率者戍边，死者无数，祭酒周洪谟著流民说引东晋侨置郡县之说，使近者附籍，远者设州县以抚之，都御史李宾上其说，（成化）十二年命原杰招抚流民十二万户给之闲田置郧阳府，增设各县以统治之，流民安业。"②人口方面，明清以后的自然人口增长数量也在逐渐增加。据同治《郧西县志》记载："旧志户土著流寓二万七百八十二，丁口大小男女一十三万七千一百一十六"③，同治《郧西县志》又载："清同治八年，户九千七十七，丁口大小男女七万七百九十五"④，民国《郧西县志》载："民国六年，户四万六千九百八十八，丁口大小男女二十五万零四百七十二"⑤，民国《郧西县志》载："民国二十二年，男女合计二十一万九千九百一十三"⑥，民国《郧西县志》载："民国二十四年，男女合计二十三万五千一百六十"⑦，民国《郧西县志》

---

① 湖北省郧西县地方志编纂委员会办公室：《郧西县志》，武汉：武汉测绘科技大学出版社，1995 年，第 73 页。
② 同治《郧西县志》，南京：江苏古籍出版社，2001 年。
③ 同治《郧西县志》，南京：江苏古籍出版社，2001 年。
④ 同治《郧西县志》，南京：江苏古籍出版社，2001 年。
⑤ 民国《郧西县志》，台北：成文出版社，1975 年。
⑥ 民国《郧西县志》，台北：成文出版社，1975 年。
⑦ 民国《郧西县志》，台北：成文出版社，1975 年。

载："民国二十五年，男女合计二十一万六千八百五十一"①。田地方面，民国《郧西县志》载："自清康熙四十四年至乾隆二十二年，历垦田地二千二百一十九顷九十七亩一分五厘，通共田地二万八千七百一十七顷二十四亩五分三厘。"②

通过对郧西森林、树木相关变化的考察可以大致了解环境的变迁以及人类对环境的破坏，自明以来，森林逐渐受到破坏，特别是民国后期和中华人民共和国成立初期，森林受到了严重的破坏。据《郧西县志》记载："明清时期，县境内的仙河、大坝河、金钱河、安家河、归仙河、汇河上游等各大流域及其附近高山，均为原始森林、枯藤、老树、朽木，遍地皆是，晴天树萌遮日，雨天河水不混。据清康熙二十年县志载：明末清初上津有'芙蓉城（即上津）外柳千柯'和'鸡犬廖塞树木稠'的诗句。直至民国年间，仍是到处古木参天，森林密布。虽森林覆盖率无准确统计，据有关资料和实地调查预计，最低在 50%以上。"③由此可见，从明代到民国初期，郧西境内的森林面积和覆盖率还是大致良好的。"自民国后期起，因人口激增，国家建设需要，尤其人为破坏，森林面积逐渐减少。民国三十年，各乡保推派'公耕造产'，许多坟院、林山被开垦耕种，每保百亩左右不等，全县毁林约 15 000 余亩。民国三十一年，各乡保分摊'国防木料'，全县砍伐大批用材林，损失无计。"④"1947 年冬……千亩左右大片森林有回龙山、大坝塘、前庄……花栗庵等地，计 200 多处。500 亩左右树林 1000 多处。"⑤"其余 100 亩左右树林不计其数。民谣有'人进深山林迷路，马走平川树遮阴。'"⑥中华人民共和国成立初期，由于战争刚结束不久等原因，加上部分翻身农民毫无节制地砍伐，祠堂、庙宇、坟院等公共场所古木大树被砍伐较多。"1953 年，县办瓷厂投产后，大量收购松木代替煤炭燃料，加速了松林的砍伐速度。合作化初期，部分富裕农民'怕入社'。不少私人树木被砍伐。1958 年'大办钢铁'，全县成林树木被砍伐三分之一以上。由于'大锅饭影响'，以后的历次运动，农民怕'政策变'，加上作饭、烤火、造屋、烧炭、作家具和解决'零花钱'的需要，各地形成'明砍暗偷'，甚至结伙盗伐或集体互盗。'文革'后期的 20 多年中，公路直通基层，'车到树木空'；城乡时兴'新式家具'，砍伐松木甚多；各单位争购柴炭也日甚一日。以致造成全县森林受到严重破坏，社会舆论哗然"⑦。到 1987 年，"除黄龙山、六官坪、余家湾及童袁来家河口、河夹黑山等国营和集体林场外，全县私人千亩以上成林树松已荡然无存，百亩以上成林树松已为数不多"⑧。到了 20 世纪 80 年代初，"郧西森林覆盖率由解放前的 60%下降到目前

① 民国《郧西县志》，台北：成文出版社，1975 年。
② 民国《郧西县志》，台北：成文出版社，1975 年。
③ 湖北省郧西县地方志编纂委员会办公室：《郧西县志》，武汉：武汉测绘科技大学出版社，1995 年，第 74—75 页。
④ 湖北省郧西县地方志编纂委员会办公室：《郧西县志》，武汉：武汉测绘科技大学出版社，1995 年，第 75 页。
⑤ 湖北省郧西县地方志编纂委员会办公室：《郧西县志》，武汉：武汉测绘科技大学出版社，1995 年，第 75 页。
⑥ 湖北省郧西县地方志编纂委员会办公室：《郧西县志》，武汉：武汉测绘科技大学出版社，1995 年，第 75 页。
⑦ 湖北省郧西县地方志编纂委员会办公室：《郧西县志》，武汉：武汉测绘科技大学出版社，1995 年，第 75 页。
⑧ 湖北省郧西县地方志编纂委员会办公室：《郧西县志》，武汉：武汉测绘科技大学出版社，1995 年，第 75 页。

（1981）30%以下，不到1958年的一半"①。

（二）历年起义、战争的破坏

明以降郧西历年起义、战争的破坏是灾害频仍的重要原因之一。明清时期，郧西境内多次受到起义战争的戕害，其中，规模较大的有刘通起义、张献忠起义、李自成起义、白莲教起义、太平天国运动、蓝二顺农民起义等。民国以来，又有日军对郧西地区的轰炸，红74师对国民党的反围攻、解放郧西等大规模的战斗，再加上郧西地区一直以来土匪、强盗猖獗，造成众多严重的灾难，对生态环境和社会发展亦造成严重破坏。

明清时期郧西境内的起义、战争产生了巨大的负面作用，对环境造成巨大破坏。刘通起义中"明军刽子手项忠对农民军大肆杀戮。在起义地区'尸体枕山谷，飘零满江河'"②，此说法虽然在一定程度上有所夸张，但是也从侧面反映了战争的激烈程度和伤亡情况。"同治元年，粤逆由豫窜秦，三月二十四日，山阳不守，五月初五日，贼自漫川关逼县城，城守十昼夜而陷。"③太平天国运动在郧西之时，据《郧西县志》记载："在守城血战中，仅官方团勇共战死1303人，各关卡战死786人，死亡士民307人，另有男女跳井、上吊、自缢计30人，合计2426人。天军方面死亡无计。后代理知县沈嵩高，遂筹划收尸安葬，并于西门外建立'万人塔'一座，以示纪念"④，由此可见伤亡巨大，战斗更为激烈。蓝二顺农民起义在郧西之时，战斗亦为激烈，据《郧西县志》记载："同治二年……八月初，蓝军绕道入湖北口，在白马塘遇团绅李长枝部阻击。两军交战，互有伤亡。战斗一直持续到九月初，林知县分勇设伏，自带主力向蓝军发起攻击。战斗持续近两天，蓝军阵亡500余人，将领胡学典等21人被俘。清军与团勇伤亡亦很惨重……十二月，蓝军改道赵家川，猛攻县境城墙址，与守军激战十余日，击毙守关团总何某，伤亡团勇400余人。十六日，攻下城墙址，乘胜围攻郊西县城近半月之久。"⑤除上述规模重大的战争之外，还有规模较大的白莲教起义。据民国《郧西县志》记载："嘉庆元年，白莲教倡乱襄阳，贼妇齐王氏及其徒姚之富等窜扰荆、宜、襄、郧诸郡，二年四月，由淅川商南窜，郧西知县孔继杆团练乡勇，回合官军歼灭之。"⑥

日军的轰炸对郧西生态环境和社会发展造成严重的破坏，是此后一段时间内灾害频发的重要诱因之一。1931年12月5日，"7架日机由太阳关向县城俯冲，先绕县城上空盘旋，后用机枪扫射，继而投下38枚炸弹（一说42枚）。其中城内南正街（生资公司

---

① 长江流域规划办公室：《长江流域水土流失重点县调查综合报告》，内部资料，1982年。

② 湖北省郧西县地方志编纂委员会办公室：《郧西县志》，武汉：武汉测绘科技大学出版社，1995年，第192页。

③ 民国《郧西县志》，台北：成文出版社，1975年。

④ 湖北省郧西县地方志编纂委员会办公室：《郧西县志》，武汉：武汉测绘科技大学出版社，1995年，第194页。

⑤ 湖北省郧西县地方志编纂委员会办公室：《郧西县志》，武汉：武汉测绘科技大学出版社，1995年，第194页。

⑥ 民国《郧西县志》，台北：成文出版社，1975年。

对面），东城门内（原汽车站大门），县政府司法科（今实小大门）及镇中心小学（今实小）前院，北城门内（今邮电局家属院）等共投下 5 枚，北关外泥沟口左侧及南门外原县中东头菜园等共投入 32 枚，炸死郭天宝、梁楚正、彭厚发等 6 人，炸毁房屋 5 家计20 余间"①。

中国共产党在鄂西北地区反对国民党统治的相关战争对环境亦产生一定的影响。例如，"红 74 师在陕南和鄂西北共活动一年多时间，粉碎敌三次围攻，先后消灭敌 4000余名，缴获各种枪支 3000 余，牵制了大批敌军"②。在攻打艾家洞之时，"为扫除隐患，（1946 年）冬月十二日我 2 支队 4、6 两个中队，在当地陈海波率领 20 余名游击队员配合下，包围艾家洞。经 7 天 7 夜激战，攻入洞内，活捉艾光清，缴获步枪、土枪30 余支，土炮 3 门及弹药、布匹、粮食等物"③。

郧西地区一直以来猖獗的土匪、强盗活动，亦具有重大的破坏。其中，较大的有"李宝奎陷郧西"，据《郧西县志》记载："民国二十一年秋八月，枪弹残缺不全的豫匪李宝奎部率众五六百人，由房竹境窜至天河口……李匪由南关梯城而入，城内市民瑟缩胆寒，坐以待毙。霎时，城内奸拂烧杀，无一幸免。富户金银财宝被抢拂干净，家家少女惨遭轮奸。李匪在县城捞惊 4 天中，共打死市民 100 余人，一时无金银财宝交者被绑票 200 多人，另外拉夫当差 300 多人。"④

（三）气候环境变化

明清以来，中国很多区域受到寒流影响，属于寒冷期，相对应的生态环境也就比较脆弱。竺可桢认为明清时期"在这五百年中我国的寒冷年数不是均等分布的，而是分组排列。温暖冬季是在公元 1550—1600 年和 1770—1830 年间。寒冷冬季是在公元1470—1520，1620—1720 和 1840—1890 年间。以世纪分，则以十七世纪为最冷，共十四个严寒冬天，十九世纪次之，共有十个严寒冬天。"⑤

近几十年郧西的气候变化，可以通过积雪、结冰等相关信息大致判断。"20 世纪50—60 年代的冬季，大小河流、山塘、水池普遍结冰，而且冰期长，最长可达 3 月之久。高山地区如庙川、黄云、六斗、安家等地，小河因结冰而断流，人畜破冰取水而饮。金钱河、汇河虽不结'满冰'，但有'边冰'"⑥；"本（20）世纪 50—60 年代冬季，落雪早，时间长，面积大。农历九月高山落雪，升火取暖，整个冬季可下三五次大雪，小雪常有，有时大雪半月左右。平川落雪 5 寸左右常见，1 尺左右亦不在少数。

---

① 湖北省郧西县地方志编纂委员会办公室：《郧西县志》，武汉：武汉测绘科技大学出版社，1995 年，第 205 页。
② 湖北省郧西县地方志编纂委员会办公室：《郧西县志》，武汉：武汉测绘科技大学出版社，1995 年，第 197 页。
③ 湖北省郧西县地方志编纂委员会办公室：《郧西县志》，武汉：武汉测绘科技大学出版社，1995 年，第 199 页。
④ 湖北省郧西县地方志编纂委员会办公室：《郧西县志》，武汉：武汉测绘科技大学出版社，1995 年，第 202 页。
⑤ 竺可桢：《中国近五千年来气候变迁的初步研究》，《考古学报》1972 年第 1 期。
⑥ 湖北省郧西县地方志编纂委员会办公室：《郧西县志》，武汉：武汉测绘科技大学出版社，1995 年，第 76 页。

庙川、三官洞等高山地区落雪 1 尺以上常见"①，"近 30 年来，大河已无结冰现象，高山小河仅结少量'薄冰'，三五天即化"②。"近 30 年来，冬季只一两次或两三次小雪，且多在高山，平川偶落雪一两小阵，一天左右即止，积雪多则三几寸深，两三天即化；屋檐结'冰吊'，平川从未见到，高山已很少有，凌破水缸现象，几未发现。"③

由此可见，气候环境变化是明以降郧西灾害频发的重要原因之一。

四、以金钱河为例的个案分析

金钱河，源于陕西省柞水县金井河，以大小金井河汇流处为始，流经柞水县、山阳县、郧西县，是汉江支流，也是郧西境内极为重要的河流。金钱河"全长 261 千米，其中陕西省境长 199 千米。流域面积 5610 平方千米，陕西境内 4089 平方千米……中、上游流经山区丘陵，陕西同安以下为丘陵平原。水系发育，支流伸展不均衡。主要支流有马耳峡河、唐家河、马滩河、靳家河等。"④

在唐代中后期战乱之时，金钱河是南粮北运的重要通道，金钱河畔的上津为汉水通往长安的重要支点，是汉江漕运的重要水陆转运码头，来自南方的大量粮食源源不断地输往都城长安，在当时发挥了重要的作用。关于金钱河的历史地理、交通道路，严耕望先生、李之勤教授做了深入的研究分析。严耕望在《上津道》一文称："唐代运漕取道上津之史事大抵如上述，今进而考其行程如次：大抵由襄阳仍溯汉水三百六十里至均州（今均县），又西一百一十三里至郧乡县（今郧县），有转运院。舍舟从陆，取道上津县（今上津堡），盖避汉水涝净二滩之险……由此言之，唐世上津东通襄阳多取水路，西经金、洋至兴元，北经商州至京师，皆陆路，或置驿，是其地亦商岭以南之一交通中心也"⑤。李之勤称："上津道是从唐代首都长安向东南，陆行经商州上津县，也就是现在的湖北省郧西县上津镇，改由水路顺汉江及其支流金钱河（古代称甲河、夹河或吉水）联系江南和岭南地区的一条驿道。这条驿道是唐代的两条主要驿道……都因战乱而阻塞不通的特殊情况下被开辟使用的。也只有在这种情况下，上津道才能得到发挥其重要作用的机会，并维持其繁荣昌盛的局面和官驿大道的地位。"⑥

明末和清代，随着经济的发展和商路的开发，上津汇集了晋商、陕商、河南商人、黄州商人等大批商客，会馆有十余个，而且规模较大、造型精致，可从侧面印证上津经济发达、商人众多、财力雄厚，金钱河在上津的发展和繁荣中起到了重要作用。据称：上，皇帝也；津，渡口之意，上津因此被称为"天子渡口"，得天独厚的战略地位，使

①　湖北省郧西县地方志编纂委员会办公室：《郧西县志》，武汉：武汉测绘科技大学出版社，1995 年，第 76 页。
②　湖北省郧西县地方志编纂委员会办公室：《郧西县志》，武汉：武汉测绘科技大学出版社，1995 年，第 76 页。
③　湖北省郧西县地方志编纂委员会办公室：《郧西县志》，武汉：武汉测绘科技大学出版社，1995 年，第 76 页。
④　朱道清：《中国水系词典》，青岛：青岛出版社，2007 年，第 331 页。
⑤　严耕望：《上津道》，《唐代交通图考》第三卷，上海：上海古籍出版社，2007 年，第 801 页。
⑥　李之勤：《论唐代的上津道》，《中国历史地理论丛》1988 年第 4 辑。

上津发展规模空前。《郧西县志》记载，到明清时，上津港长 2 里，至于港口的高度，《上津古城诗文集》记载，上津旧城的港口，从城边到港口达 120 步台阶，而由此衍生的郧西黄云铺、陕西漫川驿马店等驿道、驿站名扬荆楚。以至于古诗赞叹上津称："水码头百艇联墙，旱码头千蹄接距！"

可以通过金钱河流域的相关河床变化来窥探金钱河流域水文与环境的变迁。据《郧西县志》记载："大坝河上游，清末以来百余年中河床已淤高 6 米，今河床高于店子镇房脊。建于明洪武十三年的大坝河古塔，原高 13 层，今已被泥土淤积 8 层，尚有 5 层出露在外。泗峪河口河床解放后 40 年来已升高 1.5 米"[①]。大坝河是金钱河的支流之一，河床淤积、河床升高一定程度上反映了水土流失。"地面水减少。三官洞蒿坪河长 30 华里河道干涸。大坝河上段 10 余华里河面无水。泗峪河三岔河段长 15 华里无水。羊尾山张家河上段无水流。大批泉眼由大变小，近半数干涸"[②]。河道干涸、泉眼变小也一定程度上反映了植被破坏、环境变迁。

近半个多世纪以来，由于发展经济的需要，人们大量挖掘金钱河河沙，并在金钱河流域修建了大量的电站、水库，金钱河被截成了一段一段的"湖泊"，其中部分河段出现断流、减流的情况。"受气候变化和人类活动的影响，金钱河径流在 1993 年发生突变；50a 来流域内年径流系数逐渐减小，说明 50a 来降水转变为径流的部分减少，更多的降水被植物截留、填洼、入渗和蒸发"[③]。"50a 来降水变化对径流减少的贡献率为 53.42%，降水以外其他因素的贡献率为 46.58%，说明流域内降水变化对径流变化的影响较大。此外，人类活动随时间的推移对径流的影响逐渐增大，近些年人类活动成为影响径流变化的主要因素。"[④]

综上所述，由于生态环境破坏与过度开发利用，金钱河部分河段出现断流、减流的情形，从侧面反映了明以降郧西环境和生态遭到破坏，水文环境产生变化，这亦是灾害原因的侧面写照。

五、结语

明以降郧西多干旱、雨涝、冰雹、地震、虫灾、鼠灾等灾害，且越来越频繁，灾情逐渐严重。郧西灾害频仍的原因主要有人口增长导致过度开发利用、历年起义战争的破坏以及气候环境变化。由于生态环境破坏与过度开发利用，金钱河部分河段出现断流、减流情形，这侧面反映了明以降郧西水文环境变化，亦是灾害原因的侧面写照。考察明以降的郧西灾害，为灾害治理提供借鉴要素、经验教训，须加强生态环境保护、合理进行开发建设，进而恢复和建立良好的生态环境，实现人与自然"和谐相处"，具有独特

---

① 湖北省郧西县地方志编纂委员会办公室：《郧西县志》，武汉：武汉测绘科技大学出版社，1995 年，第 76 页。
② 湖北省郧西县地方志编纂委员会办公室：《郧西县志》，武汉：武汉测绘科技大学出版社，1995 年，第 76 页。
③ 白红英等：《50 年来秦岭金钱河流域水文特征及其对降水变化的响应》，《地理科学》2012 年第 10 期。
④ 白红英等：《50 年来秦岭金钱河流域水文特征及其对降水变化的响应》，《地理科学》2012 年第 10 期。

价值和重要意义。

　　此外，郧西地处陕鄂交界、汉江河畔，地理位置独特，经济、文化、社会、生态等受汉江及周边地区影响很大。在相关研究中，鄂西北与陕南经常被分割成不同的地理单元，由于相同的山区环境、共同的汉江水文，加上毗邻的地理位置，因而有众多联系和相似之处。因此，在进行相关研究时，应将汉江中上游山区的鄂西北与陕南视为"汉水走廊"共同体，进行统一分析、比较和研究。

丽江市金沙江干流白格堰塞湖过流泄洪灾害应对研究

计 杰

（云南大学历史与档案学院）

2018 年 10 月 10 日，西藏自治区江达县波罗乡白格村金沙江右岸发生山体滑坡，11 月 3 日，同一位置再次发生滑坡堵江事件并形成了巨大的堰塞湖①，其中，第二次滑坡堰塞坝的溃决洪水给沿岸包括西藏、四川和云南三省受灾范围内的道路、耕地和房屋等造成了严重的破坏，直接经济损失仅云南一省就达 74.3 亿元②，四川省损失约 27 亿元，西藏自治区损失超 30 亿元。③白格堰塞湖灾害发生以来，引起社会各界的广泛关注，对于本次灾害的相关研究主要从梯级水电站对白格堰塞湖灾害的防治、堰塞湖洪灾反演分析、灾害应急抢险经验启示、泄洪工程和沉积物特征分析、水文监测预报以及研判④等角度来解读。但对白格堰塞湖泄流洪灾导致下游金沙江沿岸地区受灾的原因以及应对方式的探讨较少。本文以 2018 年丽江市"11·3"金沙江干流白格堰塞湖泄流洪灾为中心展开调查，从白格堰塞湖泄流洪灾致灾原因，政府、社会组织、民众自身对本次灾害的应急防范与救援措施以及灾后重建过程中所做出的响应等方面进行分析，旨在探究地方政府、社会以及个人在堰塞湖灾害面前的救灾路径与行为模式，为推动我国防范化解堰塞湖等重大自然灾害提供一些有益思考。

一、丽江市金沙江干流白格堰塞湖过流泄洪致灾的原因

丽江市"11·3"金沙江干流白格堰塞湖泄洪灾害主因是滑坡引起金沙江堵塞形成

基金项目：本文是 2017 年国家社会科学基金重大项目"中国西南少数民族灾害文化数据库建设"（项目编号：17ZDA158）的阶段性研究成果。

作者简介：计杰（1996—），男，山西朔州人，云南大学硕士研究生，主要研究方向为灾害史、环境史研究。

① 因该堰塞湖形成于西藏自治区江达县波罗乡白格村，故社会各界称此堰塞湖为"白格堰塞湖"。

② 熊强：《金沙江白格堰塞湖泄流致云南损失 70 余亿元》，《云南日报》2018 年 11 月 19 日，第 1 版。

③ 邓建辉等：《白格滑坡致灾调查》，北京：科学出版社，2021 年，第 7 页。

④ 上述相关研究的代表文章有陈祖煜等：《金沙江梯级水电站在"11·03"白格堰塞湖应急处置中的减灾分析》，《水力发电》2020 年第 8 期；陈祖煜等：《金沙江"10·10"白格堰塞湖溃坝洪水反演分析》，《水利水电快报》2019 年第 5 期；周兴波，杜效鹄，姚虞：《金沙江白格堰塞湖溃坝洪水分析》，《水力发电》2019 年第 3 期；申宏波，李进，赵阳：《金沙江上游水电站应对白格堰塞湖灾害的措施及经验》，《水电与抽水蓄能》2020 年第 2 期；蔡耀军等：《金沙江白格堰塞体结构形态与溃决特征研究》，《人民长江》2019 年第 3 期；苏怀等：《金沙江"11·3"白格堰塞湖溃决洪水事件在奔子栏—石鼓段的地貌作用和沉积特征》，《地学前缘》2021 年第 2 期；曾明，陈瑜彬，邹冰玉：《堰塞湖溃决洪水演进预报方法探讨——以"11·3"金沙江白格堰塞湖为例》，《水利水电快报》2019 年第 3 期；程海云：《"11·3"金沙江白格堰塞湖水文应急监测预报》，《人民长江》2019 年第 3 期。

堰塞湖，进而堰塞湖溃决导致洪水暴发，给沿江两岸地区造成重大经济损失，但造成本次洪灾损失严重的原因较为复杂。

（一）自然原因

金沙江白格滑坡地段位于西藏自治区江达县波罗乡白格村日安组，地处金沙江上游，白格滑坡地段为 V 型峡谷，地形高差大，地层结构复杂，岩体破碎。坡地江达县属高原寒温带半湿润气候区，旱、雨季分明，雨热同期，日温差大，平均年降水量650毫米，最大年降水量为1067.7毫米，最大月降水量为229.5毫米，年内降水分布不均，但由于降水量时空分布不均，局地暴雨时有发生，成为泥石流、滑坡等地质灾害的重要诱发因素（图1）。①此外，导致山体滑坡的还有特殊地形、暴雨等多种原因。

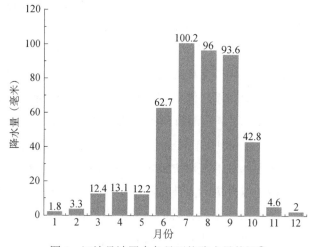

图 1　江达县波罗乡各月平均降水量统计②

如图1所示，从江达县降雨资料来看，滑坡所在区域降雨量较往年有急剧的增加，降雨作为滑坡的触发机制，雨水沿着滑坡岩土体的裂隙深入坡体中不断泥化岩体，使岩体的抗剪强度大大降低，尤其雨水在断层面附近汇聚时，将极大地降低潜在滑动面的抗剪强度，从而进一步导致岩体下滑堵塞金沙江，形成白格堰塞湖。

丽江市玉龙县巨甸镇以及石鼓镇在本次洪灾中受灾尤为严重，这与巨甸镇以及石鼓镇独特的地理环境有极大的关联。巨甸镇三面环山，一面临江，地形主要为干热河谷坝区，封闭且平坦的地形导致江水流速缓慢，排水不畅。石鼓镇在云南省丽江市西，地处金沙江与冲江河交汇处，金沙江流出青海，经西藏从德钦县进入云南，自西北流至石鼓因山崖阻挡便掉头急转折向东北，形成一个巨大的转弯。玉龙县政府某位通讯员说："洪水到达虎跳峡那边时，因为河流泄水口小且狭窄，所以上游洪水下来的时候就排泄

---

① 邓建辉等：《白格滑坡致灾调查》，北京：科学出版社，2021年，第15页。

② 邓建辉等：《白格滑坡致灾调查》，北京：科学出版社，2021年，第15页。

不出去。"①加之石鼓镇地势平坦，为山间冲积河谷，江水流速缓慢，特殊的地形地貌导致巨甸镇、石鼓镇在本次灾害中受灾极为严重。

（二）人为原因

导致本次洪灾严重的还有受灾群众自身的一些原因，譬如麻痹心理、惯性思维等，巨甸镇巨甸村群众常年生活在金沙江畔，水性极好，民众对金沙江的水文水情较为了解，每年季节性洪水上涨淹没金沙江江边滩地，村民对此已经习以为常。洪水到来之前，政府虽然强调本次险情严重，群众也提前落实了政府的撤离行动，但10月18号洪水较小，实际洪水与往年夏季洪水大小相当，这一定程度上麻痹了村民的思想，导致第二次洪水到来之前，财产转移严重滞后，致使损失惨重。

导致这次洪灾损失严重的原因有很多，降雨、地貌等自然原因间接促成了白格堰塞湖的形成，而泄洪过程中民众未高度重视等人为原因也加剧了本次受灾的损失程度。

二、丽江市金沙江干流白格堰塞湖过流泄洪风险防范

"11·3"金沙江干流白格堰塞湖过流泄洪于11月12日上午10时50分开始，通过提前开挖好的泄流槽开始人工泄流，11月14日14时5分，泄流洪水进入丽江境内。②面对丽江有水文记录以来最大洪水，丽江市启动一级防汛应急响应，从国家到地方各级政府启动紧急预案，果断行动，防范化解本次灾害，最大努力地保护民众的生命与财产安全。

（一）政府灾害风险防范

险情发生后，应急管理部，云南省委、省政府，丽江市委、市政府，玉龙县以及各受灾乡镇紧急行动。应急管理部于11月12日12时紧急启动国家Ⅳ级救灾应急响应，派出工作组赴灾区指导协调抗灾救灾工作。云南省委、省政府工作组多次前往丽江等地沿江察看，实地了解民房、农田受灾情况和道路、桥梁等基础设施受损情况。丽江市也紧急行动，启动二级防汛应急响应，丽江市防汛抗旱指挥部下发《关于金沙江干流白格堰塞湖泄流丽江境内进入紧急应急状态的通知》，主要内容包括关注上下游水位、流量变化情况；划定完善撤离、警戒、安置标识线；停止影响区内的一切生产作业；实行交通和旅游临时管制；做好水电库区腾库蓄洪工作；严防次生灾害等方面③。此外，玉龙县根据洪灾水文信息，实地划定"三线"，即"必须撤离的线、禁入的警戒线、稳固的

①　讲述者：YXB，男，汉族，40岁，巨甸镇通讯员，时间：2020年12月12日，地点：巨甸镇巨甸村。
②　丽江市水文水资源局：《精密部署、科学研判，用精准的水情信息指导抗洪应急工作——丽江分局应对"11.3"金沙江白格堰塞湖水文应急测报工作总结》，内部资料，2018年。
③　丽江市防汛抗旱指挥部：《关于金沙江干流白格堰塞湖泄流丽江境内进入紧急应急状态的通知》，内部资料，2018年。

安置线"，确保撤离过程不漏一户、不漏一人。

（二）灾区民众自我灾害风险防范

防灾阶段，政府的宣传工作收到较为明显的效果，村民在政府的帮助下转移财产的同时，也积极进行自我救援，通过包车、租车、私家车等形式将重要财产转移至周边安全地带的亲戚朋友家中，这种自我救援行为虽然较为简单，但却是此次灾前撤离行动中最为有效的方式，确保了重要资产的安全。

在石鼓村调研的过程中，笔者也感受到在灾害防范阶段，村民们在对抗灾害中表现出来的团结互助的积极力量。石鼓村江南一组WSL说："洪水下来之前，我们住低一点的就转移财产，家电、大猪小猪这些，有些老人自己忙不赢，大家就一起帮忙转移，我们这边都是这样，团结得很，每次有什么水灾啦，谁家出什么事啦，大家都能帮多少是多少，这次洪灾，隔壁村清理淤泥，我们村去了好些人帮忙，之前他们也帮过我们的，都是相互的。"[1]

三、丽江市金沙江干流白格堰塞湖过流泄洪灾害应急响应

白格堰塞湖泄流洪水过境后巨甸镇受损严重，"巨甸坝 2.1 平方千米全部被淹，全镇 6 个村委会不同程度受灾，约有 14 000 多座房屋不同程度受损，8000 多间房屋倒塌"[2]，洪灾虽千年不遇，但政府出台相关政策紧急行动，社会组织也筹集善款与救灾物资驰援灾区，在全社会的积极抗灾下，创造了无人员伤亡的抗灾佳绩。

（一）政府救灾策略

实施灾区重大疫病防控。洪峰过境玉龙县后，受灾村镇淤泥满地，根据县里灾害防御的相关要求，村民严禁回村。相关疾控部门要做好卫生防疫的工作，并对村庄进行一个整体的检查和消毒，以防止灾害发生后的疾病流行。丽江市疾病预防控制中心大队应急处置工作组于 11 月 16 日携带装备到现场开展应急处置工作。巨甸镇应急处置工作组根据灾情情况，在古渡安置点、巨甸村组、金河安置点、拉市坝、德良 5 个组开展病死家畜的无害化处理指导、安置点消毒和饮食安全指导、疾病防控宣教等工作。石鼓镇卫生院在每个安置点都安排两到三个医务人员为受灾群众提供医疗服务，确保让每个安置点的民众小病得到及时的救治，公共卫生安全可靠。

组织力量清理居民住所。洪水过境巨甸镇巨甸村后，巨甸村一地狼藉，村民家中与田地里淤泥满地，在消毒防疫工作这些必要工作做完之后，云南丽江森林消防支队第一时间转入受灾较严重的巨甸镇巨甸村，协助恢复工作。巨甸村委会党员带头，组织了党

---

① 讲述者：WSL，女，汉族，45 岁，石鼓村村民，时间：2020 年 12 月 12 日，地点：石鼓镇石鼓村。
② 和玉松，和丽勇：《一方有难 八方支援——玉龙县巨甸镇有序推进灾后工作侧记》，《丽江日报》2018 年 11 月 19 日，第 1 版。

员志愿服务队开展生产自救，在完成本村的清淤工作后，他们又自带工具，承担了道路的清扫工作。巨甸镇路西村、金河村两个村委会组织成立近 100 人的党员志愿服务队也紧急支援巨甸村委会，负责对巨甸集镇、巨甸村等地淤积物进行清理工作。

灾害安置点常态化建设。在金沙江白格堰塞湖泄洪过流洪灾中，巨甸镇古渡村村委会由于地势较高，受灾程度较轻，古渡村村委会及时开辟了 3 个安置点，古渡村的村民还自发为受灾群众捐助了生活物资。安置点在平稳运行之后，不少投亲靠友的受灾村民也回到了集中安置点，帐篷、床铺也不断运来，确保就地安置回返灾民工作的顺利进行。

（二）社会救助方式

洪灾发生时，受灾群众撤离匆忙，未携带日常所需的生活用品以及避灾所需物资，这种情况下，除政府紧急驰援灾区以外，社会多方力量纷纷伸出援手，给予灾区巨大支持，来自丽江市的旅游协会、酒店、客栈、景区、旅行社、旅游监理公司、导游等纷纷慷慨相助，为灾区奉献爱心，助力受灾群众尽快渡过难关，早日重建家园（表1、表2）。

表 1 2018 年 11 月机构捐赠救灾物资明细表[①]

时间	单位	捐款物资	价值总计
2018.11.17	中国红十字总会	棉被 1000 床，冲锋衣 1000 件，赈济家庭包 1000 个，帐篷 25 顶	价值 50 万元
2018.11.17	云南省红十字会	棉裤 500 条，家庭包 200 个。	
2018.11.23	丽江市旅游系统	方便面 500 箱、毛毯 200 床、被子 300 床、大米 300 袋等多种救灾物资等。（折合人民币 154 460 元）	价值 1 194 402 元（含现金 1 039 942 元）

表 2 2018 年 11 月"壹基金"捐赠救灾物资明细表[②]

时间	批次	救援物资
2018.11.17	第一批	救灾箱 61 个、睡袋 568 个
2018.11.18	第二批	大米 568 袋（25 千克/袋）、食用油 284 桶（5 升/桶）
2018.11.19	第三批	86 400 瓶冰露矿泉水

社会组织、慈善团体的捐赠极大地改善了灾区物资紧缺的状况，这些物资发放到灾区后，帮助安置点受灾民众度过了最为艰难的救灾阶段。

（三）群众自救行为

洪水过境时，虽然家园被毁，财产损失巨大，但巨甸受灾群众已安全撤离到安置点，巨甸村的安置点设置在古渡村村委会半山腰的活动中心，巨甸镇某通讯员说："我们巨甸的几百户村民在安置点的 17 天里，从每天早上 6 点开始，4 个村小组的妇女每

---

① 和玉松，和丽勇：《一方有难 八方支援——玉龙县巨甸镇有序推进灾后工作侧记》，《丽江日报》2018 年 11 月 19 日，第 1 版。

② 和玉松，和丽勇：《一方有难 八方支援——玉龙县巨甸镇有序推进灾后工作侧记》，《丽江日报》2018 年 11 月 19 日，第 1 版。

天轮流做饭，大家都是义务自愿主动地去做这件事，这就是自力更生，团结互助去解决问题的一种好办法。"除做饭之外，群众积极参与到安置点公共事务中，包括安置点救灾物资的分发、生活区安全消杀等，受灾群众的这种自救自助加速了救灾的进程，使灾后重建阶段提前到来。

金沙江堰塞湖洪水过境发生后，巨甸镇巨甸村房屋损毁严重，民众集中在安置点生活，家中财产尽失，民众心情忧郁。重大自然灾害往往给人们带来严重的个体、家庭和集体的心理创伤，在这种情况下，安置点基层负责人以及志愿者积极寻找排解民众忧郁情绪的解决办法。"火塘会"疗法就是最为简单有效的一种方法。在安置点，白天民众各负其责，有序生活，到了晚上，则会支起火塘，乡里乡亲围坐在一起，小酌一杯清茶或酒，与父老乡亲吐露内心的忧愁，大家在这种氛围中，相互报团取暖，从而化"悲痛"为力量，重燃建设家园的信心与希望。在洪水灾害发生期间，受灾民众用火塘边交流这样的方法缓解内心的悲痛与压抑，将个人悲痛的回忆最大程度地弱化。这一定程度上帮助本村民众重塑建设家园的信心，缓解内心悲痛，从而去恢复灾前的美好生活。

四、丽江市金沙江干流白格堰塞湖过流泄洪灾后重建

险情排除之后，并不等于消除了隐患，灾后重建将受到灾害的长期困扰。不仅滑坡、泥石流、堰塞湖及其溃决洪水的威胁依然存在，而且由于水利设施损毁严重，供水安全等问题也将显现。[①]针对如何确保在过渡期以及灾后重建中保证受灾群众身心健康，让他们重返平静的生活状态，丽江市政府出台了一系列相关政策来缓解洪灾给民众带来的冲击，包括保障居民住房、恢复农田垦殖、复原基础设施、改造人居环境，通过这些具体的灾后重建方式，受灾民众很快从阴影中走出来，快速重建美好家园。

（一）灾后恢复重建方式

（1）保障居民住房。洪峰过境后，部分受灾程度较轻的群众已经重返家园，作为此次受灾最严重的巨甸村，因地理位置和交通因素的制约，部分农户的恢复重建工作进度缓慢，由于房屋受损严重，依旧只能居住在安置点帐篷里，随着冬季到来，帐篷难以抵御寒冷，面对此种情况，巨甸镇通过采取集中安置、自行分散安置两种措施，将安置在帐篷里的群众有序迁出，玉龙县委、县政府、县恢复重建指挥部统一安排部署，于2019 年 2 月初全面开展巨甸镇灾后恢复重建工作。玉龙县政府制定了《玉龙县"11·3"洪灾恢复重建工作方案》，设立指挥部，下设恢复重建、项目工作、群众安置等 8 个工作组，确保恢复重建工作有序推进、按期完成。

（2）恢复农田垦殖。巨甸镇按照《玉龙县"11·03"洪灾农业恢复生产实施方案》积极指导受灾农户开展农田恢复工作，完成农田恢复 6397.48 亩，完成率 100%（其

---

① 刘宁：《堰塞湖应急处置实践与认识》，《水科学进展》2010 年第 4 期。

中，农户自行恢复 5481.08 亩，机械清淤恢复 732.52 亩，项目恢复 183.88 亩），在灾后较短的时间里，就已经协助受灾农户完成了农田清淤工作，种上了农作物，对于无法恢复的农田，都给予补助资金，从根本上解决了巨甸镇农户的"吃饭问题"。

（3）复原基础设施。在灾后恢复重建过程中，巨甸镇注重对道路、小学、幼儿园以及污水管网等镇村基础设施进行重修或改造。主要体现为：一是建设完成巨甸村至巨甸小河口的市政道路。二是恢复重建巨甸镇中心幼儿园、中心完小、德良完小、阿乐完小并投入使用。三是铺设涉及巨甸村 18 个村民小组的污水管网，新建污水处理厂一座。四是建设完成农贸市场恢复重建项目，这些基建项目大大便利了灾区民众日常生活。

（4）人居环境改造。在灾后恢复重建的过程中，玉龙县巨甸镇人民政府还注重灾区人居环境的提升和改造。灾害发生后，镇政府先后投入资金 500 万元实施巨甸镇街道、沿江村组垃圾处理设施，一户一厕改造，沿江生态防护栏建设和河道清淤等 12 项人居环境提升项目，采用了高规格设计、高标准建设，配有人行道、绿化带，并实现了三线入地。集中整治了农村环境脏乱差问题，改善了农村人居环境，建设了美丽乡村。这些都极大程度地推动了巨甸村灾后重建的步伐，刺激了当地消费，振兴了当地经济。

（二）灾后恢复重建的成效和影响

在应对本次灾害中，政府相关部门分工明确，多措并举，最大限度地减轻人员伤亡和财产损失，有效保障了受灾群众的基本生活。本次灾情的成功处置得益于以下几点：

首先，减灾救灾预案的完善。省市县修订和完善了救灾应急预案，预案的实用性和可操作性效果显著；救灾预案的及时提出，为防灾救灾工作的开展赢得了宝贵的时间，最大程度降低了灾害造成的损失。

其次，应对自然灾害的综合保障能力提升。本次灾害中，中央下拨资金 18 720 万元，省厅紧急下拨救灾资金 21 386.22 万元，按照救灾资金分级负担机制，在应对重特大自然灾害时加大资金投入，全力保障受灾群众的基本生活需求，对受灾群众实施及时救助。救灾物资储备体系运作有序灵活，紧急调拨和快速运达能力在这次泄洪灾害中得到充分体现。

最后，救灾队伍管理水平加强。灾害发生前后，各级民政部门充分发挥救灾队伍、灾害信息员队伍的作用，基层报灾水平和灾害管理水平较高，他们在本次灾害防灾阶段、救灾阶段中作用显著，充当了阵前先锋的作用，保证了整个救灾系统有序稳定地运转。

五、结语

本次泄流洪灾是金沙江流域千年不遇的一次大型水文灾害，灾害不仅造成了金沙江沿线城市与乡村巨大的经济损失，同时也是对国家与社会的防灾减灾体系的挑战与考验。政府在这次灾害中精准施策、及时深入一线、靠前指挥，体现了我国在公共安全事件中高水平的灾害应急救灾能力。本次事件也将作为公共安全典型案例为相关单位提供宝贵经验。

近年来，在党中央、国务院坚强领导下，在一次次大型自然灾害中摸索出来的应急救援能力不断提升，防灾减灾救灾工作取得重大成就。但应当认识到，当前防灾减灾救灾体制机制有待完善，灾害信息共享和防灾减灾救灾资源统筹不足，重救灾轻减灾思想较为普遍，社会力量和市场机制作用尚未得到充分发挥，防灾减灾宣传教育普及不到位现象依然存在。面对这些亟待解决的问题，我们应当从灾害中总结经验，吸取教训，在政府主导的防灾救灾减灾体系之下，充分发动社会多种力量和地方民众参与救灾，提高全民防灾减灾抗灾意识，不断提高社会基层应急能力，形成国家"在场"与基层"在场"的防灾救灾体系，建立以政府为主导的多元主体参与体制是灾害应急管理的体制基础，只有救灾参与主体多元化，才能协同一致，将灾害损失降到最低，才能更好地处理好人与自然的关系，降低突发性、综合性、复合型等大型自然灾害带给人类的伤害。

第四编

灾害文化与社会治理

换个角度看文化：中国西南少数民族防灾减灾文化刍论

周　琼

（中央民族大学历史文化学院）

　　灾害文化作为文化的特殊组成部分，成为近年灾害史研究的新路径、新方向，是人类社会在与灾害共生过程中形成的文化类型，包含灾害认知、记忆、记录、传承，与灾害有关的思想、心理、伦理、祭祀、信仰、禁忌、习俗、文学、艺术，以及应对灾害的系列措施、制度及社会影响等内容，具有"文化"的区域性、民族性、社会性、历时性、系统性、兼容性、传承性等属性，也具有"灾害"的复杂性、多样性、变迁性等特点，在历代防灾减灾抗灾实践中不断积淀，遵循经验积累—传承—实践中丰富完善—技艺方法再优化等发展路径绵延迭续。灾害的广泛性、常发性及后果的滞后与累积性特点，使灾害文化不断推陈出新，内涵不断丰富。少数民族灾害文化因其经济、文化、历史进程的特殊性，而最富时代及区域特色。在全球化背景下，运用多学科方法，抢救性搜集、整理、研究那些未能进入传统史料、具有浓郁民族特色、趋于亡佚的少数民族防灾减灾避灾文化的史料，能够补充、丰富传统灾害文化的内涵，促进中华优秀传统文化的保护传承。

　　学界对单个民族，如彝、蒙古、苗、瑶、壮、藏、独龙、傣等民族的灾害文化进行过个案研究①，个别研究结合扶贫工作进行探讨，但尚无从中观层面对西南少数民族灾

　　基金项目：本文是国家社会科学基金重大项目"中国西南少数民族灾害文化数据库建设"（项目编号：17ZDA158）的阶段性成果。

　　作者简介：周琼，女，中央民族大学教授、博士生导师，主要从事环境史、灾害史、生态文明等研究。

①　李永祥：《傣族社区和文化对泥石流灾害的回应——云南新平曼糯村的研究案例》，《民族研究》2011年第2期；李永祥：《灾害场景的解释逻辑、神话与文化记忆》，《青海民族研究》2016年第3期；叶宏：《地方性知识与民族地区的防灾减灾人——类学语境中的凉山彝族灾害文化和当代实践》，西南民族大学2012年博士学位论文；叶宏，王俊：《减防灾视野中的彝族谚语》，《毕节学院学报》2013年第1期；王健，叶宏：《文化与生境：贵州达地水族乡对旱灾的调适知识》，《广西民族大学学报》（哲学社会科学版）2015年第1期；罗丹，马翀炜：《哈尼族迁徙史的灾害叙事研究》，何明主编：《西南边疆民族研究》第24辑，昆明：云南大学出版社，2018年；孙磊：《民众认知与响应地震灾害的区域和文化差异——以2010玉树地震青海灾区和2008汶川地震陕西灾区为例》，中国地震局地质研究所2018年博士学位论文；马军：《瑶族传统文化中的生态知识与减灾》，《云南民族大学学报》（哲学社会科学版）2012年第2期；张曦：《地震灾害与文化生成——灾害人类学视角下的羌族民间故事文本解读》，《西南民族大学学报》（人文社会科学版）2013年第6期；能继峰：《藏族有关地震灾害的地方性知识研究——以玉树"4·14"地震为例》，西北民族大学2016年硕士学位论文；梁轲：《云南贡山县独龙族传统文化与防灾减灾研究》，《保山学院学报》2019年第6期；杜香玉：《佤族灾害认知及地方性防灾减灾知识研究》，《民族论坛》2020年第2期；何云江：《佤族聚居区的灾害记忆》，《保山学院学报》2019年第6期；谢仁典：《云南佤族村落火灾频发原因及应对方式探析（1959—1986）》，《保山学院学报》2019年第6期；谢仁典：《云南佤族雷击灾害祭祀浅析——以西盟佤族自治县翁嘎科镇龙坎村为例》，《保山学院学报》2020年第3期。

害文化的内容、类型等进行研究的成果。打破学术研究的"路径依赖"惯性，以全新视角理解、诠释并拓展民族文化起源传承动因的既有思考，以新路径发掘民族传统文化中的灾害内涵，探索人们耳熟能详的民族传统文化的起源与防灾减灾避灾的密切联系，既是灾害史研究转向及拓展的新需要，也是新时代防灾减灾体系建设的新要求。本文首次对西南少数民族灾害文化的类型及特点进行探讨，以资鉴于中国与南亚、东南亚防灾减灾体系构建的现实需求。

一、中国西南少数民族防灾减灾文化的内容

中国西南是典型的多民族聚居区，滇川黔桂分别有 52 个、56 个、50 个、56 个民族繁衍生存，四省区世居少数民族分别有 25 个、14 个、18 个、11 个，是中国最典型的多民族融居地。各民族聚居区的地理位置、地质结构、地貌类型及气候类型、生态环境千差万别，民族文化源远流长、绚丽多彩，与自然和谐共生的传统及利用自然资源的方式多种多样，孕灾因子也因此复杂多样。明清以降，随着西南各民族聚居区的农业垦殖及工矿业开发①，生态环境受到极大冲击及破坏，自然环境的承载力及灾害区的自然修复能力发生了变异，区域性自然灾害呈现日渐频繁的态势，以地震、泥石流、滑坡、水旱、霜雪、疾疫、风雹、山火等灾害为多见。各民族在防御、对抗各种自然灾害的过程中，逐渐累积了与此相关的文化。

不同区域、民族的灾害文化，既有不同的内容及表现形式，也有因面对相同灾害而产生的类似的习俗、思想及防灾避灾的方法及传统，故西南少数民族防灾减灾文化的内容可分为两大类型：

（一）精神层面的祛灾、防灾、减灾文化及措施

西南少数民族精神层面的祛灾、防灾、减灾文化及措施，与各民族对自然环境的认知及原始宗教信仰相伴随。很多源自防灾减灾避灾的观念、意识及行为等，虽然是消极性的措施，但却嵌入不同民族的传统文化中，并对其政治、经济、文化、教育、军事等产生了不同程度的影响。某些防灾减灾避灾的理念、思想及措施甚至成为民族文化的标识。这一层面主要有三种表现形式：

一是以原始宗教信仰、禁忌习俗为核心的思想文化措施及传统，如不同民族常用的驱鬼、祛病、祭神、隔绝染疫病人等习俗，以及为了避免灾害而禁食某类动植物、禁入神山神林神泉区、禁止某类行为习惯等禁忌，不仅在滇川黔桂渝藏等地的少数民族中广泛存在，在其他少数民族地区也普遍存在。

---

① 蓝勇：《历史时期西南经济开发与生态变迁》，昆明：云南教育出版社，1992 年；周琼：《清代云南瘴气与生态环境变迁研究》，北京：中国社会科学出版社，2007 年；杨伟兵：《云贵高原的土地利用与生态变迁（1659—1912）》，上海：上海人民出版社，2008 年。

不同民族都有这些习俗及禁忌的原因，与其导致或防范某类灾害或疾病的意识有密切关系，即区域性、群体性的某类行为因偶然或巧合会经常性地导致某类灾患，就成为族群的禁忌，或某类行为措施能有效防范某类灾患、疾病，也就成为不约而同共同遵守的习俗。如 2019 年笔者的调研组在沧源佤族地区调研时，有个佤族村民住房的电线被雷击，他因此受伤住院，出院后跟村民说不能把电线随意架在房子附近树木上。这些观念虽然未必符合科学但却更能为村寨居民所接受，在客观上对避免新的雷电灾害隐患具有积极的作用。但一些少数民族由于观念限制，生病后大多不去医治，而是采取占卜等消极的措施，虽然可以用现代医学让疾病机体自然痊愈及心理或精神疗法的理念看待其文化内涵，但很多时候会延误治疗时机。

西南少数民族大多具有的敬畏自然的传统思想，也是源于灾害防范的结果。各民族受制于不同自然地理环境，并在与不同类型的自然环境的调试和博弈中，为求生存、稳定、安康和发展，逐渐形成了敬畏、尊重自然规律，不妄自干扰自然生物生存发展、破坏其生存空间的思想及意识，以及不擅入灾害易发地等传统习俗。

二是各民族防灾减灾避灾的社会生活习俗及行为习惯，是灾害文化中最具区域特色的文化内涵。近现代少数民族村寨防护习俗中具有积极主动的防灾减灾内涵，如彝、白、纳西、佤等民族会通过占卜、祭祀、祈祷等活动，让族人在村寨及住房附近清除杂草、疏通沟渠、修理树木枝杈、修补平整道路桥梁等，以清洁、干净、整齐的形象祈求神灵护佑村寨。这在客观上对少数民族躲避预防灾害及疾病有积极作用，是一种积极的防避灾害的文化行为。如云南临沧的佤族会通过对村寨附近的山沟、道路进行清淤疏浚，减少山坡的水土流失及滑坡灾害，防护村寨及族人的生命财产安全。这些行为成为一种良好的村寨传统习惯传承至今。

三是有效防范传染病的习俗及传统，尤其是将特殊传染病瘟疫病人进行隔离、驱逐，以减少村寨族人感染疾病的既消极又积极的避灾减灾措施，在一定程度上能够发挥有效的防护作用。这是西南很多少数民族面对热带亚热带地区常见的麻风病、血吸虫病、伤寒、疟疾、鼠疫等瘟疫时，经常采取的防范习俗。通常是到远离村寨的山上重新建寨，把传染病人转移过去单独居住，如怒江傈僳族自治州丙中洛第一湾的麻风病村，以及 20 世纪六七十年代在云南昭通、楚雄、大理、西双版纳、德宏等地普遍存在的麻风村就是这种措施及文化传统的体现；或是将病人驱逐出村寨任其自生自灭等空间隔绝的方式。这些防范传染病的习俗及传统具有尊重病人、给病人保留生存空间，同时也保护族人免受疾病侵害的风险躲避的文化内涵。

此类消极措施是各民族在面对灾害又无力抗拒时，下意识采取的初级层面上的文化，是少数民族灾害文化产生初期的主要行为模式，是各民族防灾减灾中较常见的文化传统，在客观上具有各类生灵各安其域、不越界惹祸造灾等人与自然（生物）、人与人和谐共生的防灾避灾认知内涵。

（二）积极的祛灾、防灾、减灾文化及措施

西南少数民族积极型的防灾减灾文化传统及措施，是各民族灾害文化发展中发挥主观能动性的第二个层面的文化内容，涵盖了各民族生产生活的方方面面，主要有四个方面的表现：

一是村寨选址、建筑材质的选择上，具有有意识的、积极的避灾防灾的传统文化内涵。这类积极主动的防灾减灾避灾文化功能，以百濮族系和百越族系最为典型。

西南百濮族系的绝大部分少数民族都有洪水神话的传说，各民族在社会文化生活中深受其影响。这与西南少数民族聚居区一般都位于季风区，受东南季风及西南季风的影响明显，单点式大暴雨比较集中，极易形成洪灾有密切关系。聚居于这些地区的彝、景颇、苗、瑶、壮、白、纳西、傈僳、普米、哈尼、怒、独龙、佤等民族在选择村寨及聚居地时，都会不约而同地选择那些不容易受到洪水袭击的略平整的山顶或半山地区。这些地区虽然交通出行不易，但确实避免了洪水灾害的侵扰，成为西南很多民族聚居区特有的村寨景观文化。

在房屋的建筑结构上采用将粮仓和房屋分离的方法来保存粮食，以及为了防止火塘火苗上蹿燃烧屋顶而修建"汉木齐"，即独龙族、佤族、彝族一般会在火塘正上方搭建一层架子，将需要晾晒烤干的食物及其他潮湿物铺在上面，既可晾晒食物又可以防止火星上窜引发火灾。目前，很多民族文化学家往往忽视了西南少数民族聚居地的避灾文化功能，往往只注重到其作为民族村寨文化的表象性功能及内涵，而逐渐忽略并淡忘了其灾害文化的特性及功能。

泰傣等百越族系聚居村寨地址的选择、房屋建址及朝向、坡度的选择等，也具有防灾减灾避灾的文化内涵。一般而言，百越民族的村寨近水而居但远离水深流急、坡度大的主河道以避免水患；村寨附近均有明显的竹子和榕树两大绿色标识。竹子一般在村寨周边、河水溪边、房前屋后及田间地头，既可作为方便砍伐的日常生活所需的食物、建筑材料及家居用材的来源，也可阻挡大型兽类攻击村寨，在河边的竹林还是人与水域的分界线及标识物，使人避免受到河水及有害生物的侵害。榕树在村寨内部或村寨边缘地带，很多大榕树在村寨人群心里有消灾避难护佑平安的作用。

其建筑式样、取材用材等的选择，也有避灾防灾的目的。干栏式房屋建筑的避灾功效极为显著。下层住家畜（牛羊马猪鸡等）的目的之一，是让自家饲养的家畜（财物）近身居住，以保护其不被野兽随意侵害。人住在二楼，也能够避免虫、蛇的直接侵害。若有极为凶猛的野兽来临，抓捕一楼的家畜充饥后就不会侵害二楼的人，在一定程度上有以畜护（换）人的避灾防灾作用。干栏式建筑在材质的选择上也有防灾减灾的目的，如为了防范毒蛇从楼下水边入侵居室，一般会使用方形柱子（也有美观的功用）。选择竹楼不仅由于其易于取材、通风凉快，物美价廉，还因为竹子在热带亚热带气候多雨多虫多微生物的条件下，不太容易腐朽，防水防蛀效果较好，有易于清洁、迅速干燥、减

少病菌等功能。此外，竹楼还可减轻地震、滑坡对人畜造成的毁灭性影响。在竹楼的中部，一般都有一根顶梁大柱，即通称的"坠落之柱"。这是竹楼里最重要的柱子，不能随意倚靠和堆放东西，有避免竹楼因为大柱倾斜而倒塌，保护竹楼里的人畜禽等免于灾祸的内涵。

同理，在佤族的干栏式民居建筑中，晒台是不可或缺的组成部分。因其构造简单，竹木等材质轻便，故而地面承重较轻，适合复杂、陡峭、凸凹的山地地形，且在雨季不易腐烂，干燥凉爽，在滑坡地震灾害中也能减轻其影响，就算倒塌也不会对人畜造成致命性伤害。这类防灾避灾的传统文化，在少数民族中代代相传，逐渐成为既有民族特色的建筑文化内涵，也有灾害文化内涵的传统文化必不可少的内容。

二是饮食中的防灾减灾避灾文化及其传统，是少数民族积极主动应对灾害的极为普遍的文化形式，主要表现在食材选择及饮食习惯、习俗等方面。百越族系的少数民族在饮食食材的选择中，大多以自然生长的草本、木本植物为食物原材料，比如水边山脚的各类野花、野菜及林木，很多在河湖溪潭附近、在山坡地上生长的植物的花、根、茎、叶、果等都是入菜的好原料。在各民族野菜谱系中，只要没有毒素，花花草草、根根蔓蔓乃至苔藓地衣，都是自然生态的美味食材，且就地取材、根据本地生态及生物类型取材入食，物美价廉，是西南少数民族的饮食习惯及文化的主要内容之一。除本地食用植物外，当地的虫卵蛇蚁等也是食材的来源，如菜花虫、竹虫、马蜂蛹、野蚕蛹、蛇、蚂蚁卵等，都是美味的高蛋白食材。这些食材在民族医药里，有不同的药用及保健功效，是防病治病的常用饮食食材。因此，来源于自然的酸甜苦辣涩的各种动植物，都是原生原味的具有防灾避灾功效的饮食百味，并有着其特殊、不可替代的文化内涵。

这些食材用现当代的话语体系来理解，具有天然野生、自然生态的特点，但从少数民族灾害文化的视角来看，则具有防灾减灾避灾的文化内涵。如苦、涩、酸、辣、辛、腥的野生动植物食材，大多具有清热解毒的药疗功效，这既是近年来南方及西南少数民族的菜系大受欢迎的原因之一，也是少数民族地区发生灾荒时，能依靠野生的菜蔬瓜果躲过饥饿，而很少发生饥荒的原因之一。优良的自然条件及多样、丰富的自然食用资源，孕育了少数民族饮食中防病治病的习俗。不同民族的饮食文化习惯相互融合，最终形成各民族防灾避灾的饮食文化内涵。这也是千百年来，生存在河谷山箐里的傣族在遭遇瘴气、疟疾、鼠疫、麻风病等疾病的不断危害，但依然能够生生不息、繁衍发展的原因之一。

一些草本、木本植物，也具有驱除蚊虫毒蛇的作用，将其种植在田间地头、房前屋后，在一定程度上可有效避免、预防畏惧这些植物的有害动物及昆虫入侵，客观上避免了不同的疾病危害源。这种文化习俗在漫长的历史发展中深深融入各民族的生产生活中，从而成了公众普遍认同、具有标识作用的防灾减灾避灾文化内涵。

虽然西南一些少数民族也猎杀野生动物，但其对很多野生动物的崇拜，或是将很多动物赋予了神性并用不同的传说强化这种神性后，就产生了特殊意义上的灾害文化内涵。如德宏陇川的景颇、傣、阿昌、傈僳、德昂等民族中流传着猎杀食用野生动物后，会生大病或遭遇有灵性的野生动物报复的传说；独龙族认为人的一生打猎的数量不能太多，不然山神就会惩罚并降罪于他们，并有很多演绎而来的文化内容，让人不敢过多猎杀野生动物。这不仅在客观上避免人与动物的冲突及因动物引发的灾害，也保护了生物种群基数的多样性。

三是民族疾病灾害预防、治疗体系方面的积累及医药文化传统，以及在此基础上逐渐建立起来的不同民族如傣、彝、藏、苗、瑶等少数民族的医药体系，在本民族疫灾防范救治方面，发挥了极大的、得到普遍认同及赞誉的积极作用。这是少数民族在疾病（疫灾）预防治疗中的巨大成就，也是少数民族在防病减病文化层面较集中的体现。从很多案例及医疗实践中可见，很多少数民族已经建立起了防病治病的独立的医药体系，其医药治病理念及其文化内涵，已经成了各少数民族防灾减灾文化的重要组成部分。

检索历朝史料，西南少数民族地区尽管史料记载有限，但鲜有少数民族因大型瘟疫或饥荒而灭寨灭族的记载，其中虽然有交通及信息不通畅、本地人没有记录历史的习惯及汉文史料记录者不了解情况等原因。但也不排除大型疫灾少的可能性，按照常理，若发生严重瘟疫，对当地民族是极为重要的大事，当地的传说、故事里及村寨记忆里也不会完全没有反映。这可以从一个侧面反映出少数民族医疗体系在防病治病方面的有效性及积极作用。

四是乡规民约中对破坏森林、引发火灾及随意砍伐森林导致水旱滑坡灾害的人员、家族、村寨等的制裁措施及法规，是防灾减灾文化的重要内涵。这些被称为乡规民约及习惯法的内容，成为各民族积极、主动防灾减灾中最有效率的措施及传统，也是少数民族以文字方式记录传承下来的防灾减灾文化内容之一。

如嘉庆四年（1799 年）云南通海秀山护林碑记："将宝秀坝前面周围山势禁止放火烧林……仰附近居民汉彝人等知悉示后，毋得再赴山场放火烧林……倘敢故违，许尔乡保投入扭禀赴州以凭，从重究治，决不姑贷。"[①]道光八年（1828 年）镇沅州"为给示严禁盗伐树木烧山场事"立碑，要求村民李澍等在树木种植之地划立地界，规定若有混行砍伐、纵火盗伐不遵禁令者，罚银十两充公。[②]

又如，清末云南大理弥渡县弥祉山的护林法规写道："弥祉太极山老树参天，泉水四出……千家万户性命，千万亩良田，其利溥矣"，由于当地森林被村民破坏，"近者无知顽民砍大树付之一炬……深林化为荒山，龙潭变为焦土。水汽因此渐少，栽插倍觉艰难，所以数年来雨泽愆期，泉水枯竭，庄稼歉收"。光绪二十二年（1896 年）牛街瓦腊底村规禁止伐树，违者罚银十两；光绪二十九年（1903 年）大三村的《封山育林告示碑》规定，盗伐松树者"准乡约、火头、管事、居民将……送官究治"，这个传统一直持续到民国年间。民国二年（1913 年）八士村民禀县知事陈祯，有"顽民"乱伐致龙

---

① 《秀山封山护林碑》，黄珺主编：《云南乡规民约大观》上册，昆明：云南美术出版社，2010 年，第 103 页。
② 《镇沅直隶州永垂不朽碑》，李荣高等：《云南林业文化碑刻》，芒市：德宏民族出版社，2005 年，第 307 页。

潭干涸，陈祯出示通告，规定不准滥砍乱挖森林，"永远勒石"，村民也制定了惩罚规制，"藉资灌溉而重森林……乱砍滥挖者，即由该村董、百长五十长等集众罚议，以示惩儆"①。这些内容从环境保护、生态修复、民族法律诸多层面来看，都有着巨大的价值及历史意义，从防灾减灾的民族文化内涵来看，也有其不可替代的积极作用。

二、中国西南少数民族防灾减灾文化的类型及传承路径

西南少数民族聚居的地区，山高谷深，地形破碎，自成相对独立、封闭的小地理单元，稍微平整的地区则被称为坝子。这既是西南少数民族众多的原因之一，也是民族文化丰富多彩的基础。如云南省土地面积 39.4 万平方千米，其中山地面积占 84%，高原和丘陵面积约占 10%，坝子（盆地、河谷）面积仅占了约 6%。按行政区划看，全省 128 个县（市、区），除昆明市五华、盘龙两城区外，山区面积比重都在 70% 以上，18 个县 99% 以上的土地面积全是山地，几乎没有一个纯坝区的县。很多民族都聚居在相对独立封闭的地域空间中，在漫长的历史演进过程中创建出了独特的民族文化，其中包括了丰富的灾害文化。不同区域民族的灾害文化，都有各自的类型及传承路径。西南少数民族的防灾减灾文化，也有自己独特的类型及传承路径。

（一）西南少数民族防灾减灾文化的类型

西南少数民族防灾减灾文化的类型，按灾害发生及救灾的先后顺序，可粗略地分为六种：

一是灾害信息的预警、传递。少数民族民间也通常流传着大型灾害前当地动植物出现奇异征兆的传说，因此有着相应的灾前、灾后信息的传递互通手段，主要以民族声乐器、狼烟、彩色旗帜等特殊方式通知、传递危险逃生的信号。如云南文山壮族苗族自治州广南县贵马、里玉等壮族村寨，若遇到火灾、盗窃抢劫、械斗等紧急突发情况时，敲击铜鼓警示并召集村民，不同的事件，鼓点节奏不同，人们根据鼓点行动。在勐海傣族地区工作生活过的云南大学民族史学家林超民先生介绍，傣族人家门口若挂有仙人掌，就表明家有传染病人不宜入内；文山壮族苗族自治州广南县珠琳镇拖思旧寨的壮族家中，如有人得了天花，就将帽子挂在门口，让亲朋及外来人员注意不要入内。很多灾害疾病信号的特别传递方式，彰显了西南少数民族灾害文化的丰富性特点，类似的预警风俗及传统习惯，在很多少数民族中普遍存在。但不同民族面对不同灾害时，采取的预警及信息传递物件及服饰的样式、色彩等都有差异，很多差异及其深厚的文化内涵，都值得在未来的调查及研究中进一步挖掘、梳理。

在现当代少数民族地区的防灾减灾工作中，应最大限度发挥传统灾害文化的能动

---

① 《弥祉八士村告示碑》，李荣高等：《云南林业文化碑刻》，芒市：德宏民族出版社，2005 年，第 515—517 页。

性，"在灾害监测、预报、评估、防灾、抗灾、救灾等工作中注重农户的参与"①。其中，将现当代灾害文化的内涵及路径，与传统灾害文化融合起来，发挥好民族地区灾害信息的预警、传递工作是一项重要内容，"完善乡镇—村—农户的灾情预警信息发布系统，将乡镇以下的灾害信息发布系统深入到每家每户"②。

二是灾害救助物资按人口户数均分共享的传统。西南少数民族呈现出大分散、小聚居的居住状态，平时来往不多，但不影响在灾害及危机中彼此的互帮互助行为，典型表现是各民族对救灾物资的共享传统。在灾后救灾物资的分配方面，少数民族很少发生隐匿窝藏或贪污救灾物资等腐败现象，这与民族文化中面对灾难时物资共享传统的约束作用有关，也与少数民族家庭财产一般呈透明公开状态的习惯有关，不会也没有必要藏私，其贪污的物资也无处藏匿，更与少数民族文化传统中很少有偷盗的意识及行为有关。

三是面对不同类型灾害的自我救助传统。少数民族地区的地理空间比较封闭狭小，很多灾害是小范围的，灾害后果及损失不大，尤其是泥石流、滑坡等地质灾害，水旱冰雹霜冻等气象灾害等，一般只是几户、几寨或一乡一县受灾，除互助救灾外，更多的是受灾村寨及家户的自我救助。从严格意义上说，这是民间、私人性质的灾害救助传统，稍大的灾害一般由村老寨长或是半官方的基层统治者、管理者统一协调指挥。

四是灾害发生时不同的逃生技能及传统。各少数民族地区的灾害类型不同，其逃生技能也有不同，如地震时跑到屋外空地上，洪水来临时爬上山顶房顶、抱住大树大石，泥石流发生时往侧上方山坡逃跑等，一些技能与当代防灾减灾宣传中普及提倡的措施一致。但随着现当代灾害类型增多、危险性增强，很多民族传统的防灾减灾避灾技能，已不能适应实际需求，传统防灾减灾技能的更新及提升，成为少数民族灾害文化建设中的当务之急。

五是灾后重建时村寨民众具有的联合共建、互助同进的传统，凸显了村寨灾害韧性及自我修复力度。如在灾后农耕中籽种与劳动力畜力等方面的均享互换（工），房屋与公共设施建筑修复时的共建互助，以及对病亡羸弱家庭的抚恤安葬等方面的共助传统。这类由少数民族干部或有威望的村寨长老协调主导，有计划进行的灾后恢复共建，有集体或半官方的性质，使少数民族的灾害文化在实践及传承中，充满了人性及温情的色彩，也是少数民族相互依赖、相互帮助美德形成的基础之一，更是民族村寨灾害韧性修复及持续发展的基础，使村寨能够化解和抵御灾害的冲击，保持其主要特征和功能不受明显的影响和破坏。换言之，灾后重建的互助共建传统，极大地增强了村寨的灾害防御韧性，使村寨能够承受不同类型灾害的冲击并快速恢复生活秩序，保持民族村寨功能的正常运行，并更好地应对未来不同类型的灾害风险。

六是近代防灾备灾的新传统，即少数民族村寨的仓储建设。西南大部分少数民族在

① 庄天慧，张海霞，兰小林：《西南民族贫困地区农户灾前防灾决策及其影响因素研究》，《软科学》2013年第2期。

② 庄天慧，张海霞，兰小林：《西南民族贫困地区农户灾前防灾决策及其影响因素研究》，《软科学》2013年第2期。

早期历史发展中没有仓储的概念，因为各地生态环境良好，人口少，生存空间大，可食用的生物资源数量丰富、种类繁多，除大范围的洪旱地震灾害外，很少有导致饥荒的灾害。在 20 世纪三四十年代之前，绝大部分少数民族村寨几乎没有建立过仓储，也没有仓储的理念及措施，仅在离汉族聚居区或行政中心近的部分村寨间或建有少量仓储。

西南少数民族都有个较为普遍的观念，即万事万物都是"天生天养"的，对人类而言，自然界有丰富的食物资源，随用随取，但不能奢靡浪费，只要用度适量，自然界提供的资源足够人类享用，无需仓储积贮，仓库里的东西不仅不新鲜还会腐烂败坏。这种对生存资源用取有度的思想及理念，形成少数民族利用自然资源的良好习惯，既避免了饥荒的出现，达到了防灾减灾的效果，也防止了浪费及对生存资源物种的过度摄取。这种利用生存资源的传统文化行为，成为西南地区迄今为止依然是中国物种基因库的主要原因之一。

20 世纪五六十年代，尤其是 20 世纪七八十年代后，传统思想文化的变化，以及日益迅速的国际化使各民族的资源使用理念受到冲击。随着外来移民的进入、人口增加、生态环境的破坏及资源的耗竭，食物资源开始短缺。受汉文化积储备荒的理念及措施，以及民族州县乡基层政权贯彻国家备战备荒等战略部署的影响，民族地区开始设置仓储，百人以上的民族村寨才建粮仓，少则一个，多则三四个，或位于寨子中央，或位于村寨边缘。如云南布朗族为了预防火灾，一般把仓储建在村寨周边，但实际上，在布朗族的资源利用模式面前，仓储的实用性不大，有的根本没有发挥过作用。

（二）西南少数民族防灾减灾文化的传承路径及当代转型

任何民族的灾害文化，都是通过特别的路径及方式，进行文化内涵及信息的传递、传承的。西南少数民族地区灾害文化的传承方式及传承路径，粗略而言，主要可以分为以下四类：

一是亲缘性传承的方式，如家庭、亲族、宗族或近邻亲属间常用的防灾减灾避灾技巧，一般是通过口耳相传的方式传承。用这类方式防范、躲避的灾害，大多是范围小、程度轻、影响小的灾害，如旱灾中的取水储水、水灾中的缘木而居、疫灾中的卫生及服药防治、躲避与防范动物灾害等。当然，一些常见的大型灾害防护的文化传统及方法技能，如地震及泥石流灾害的躲避及逃跑方式等，也是此类防灾减灾避灾文化传承的主要内容。

二是地缘性（地域性）的防灾减灾避灾技能及知识体系的传承，如村寨、不同空间中同一个民族间或小地域内不同民族间的本土防灾减灾避灾的知识、技能等。这个类型的防灾减灾文化针对的多是村寨选址、水源地选择、田地选择及耕作防护机制等，以及区域性影响范围较大的水旱灾害、地质灾害的防范方法及具体措施等交流及传递。

三是族际间防灾减灾文化的交融及传承，其交流及传承的文化传统，一般是针对大型的、后果严重的、民族记忆深刻的灾害，即跨区域、连续性灾害的防范及躲避、逃生路径及知识系统，如大型水旱灾、泥石流、地震灾害、瘟疫的防范、躲避和救助等。这是少数民族传统灾害文化传承中，公共信息及知识体系、技能、经验的主要交流及传承路径，在现当代少数民族地区的防灾减灾工作中也有积极的借鉴作用。

四是跨国界（国际性）灾害的防治救助等灾害认知、记忆、思想、理念等文化的交流及传承，兼具族缘、血缘、地缘的综合特点。西南少数民族多跨境而居，但灾害不会区分民族及国界，很多跨界聚居的民族，因地质结构及气候背景、生态环境及生活习惯的相似，常常遭遇同一次地质、气象、疾病等灾害的袭击，其防灾减灾的措施、文化习俗及技能，一般也是共同分享及传承的。这种分享及传承最初是在民间进行的，20世纪后逐渐实现了从民间到官方的转变，官方、民间的传承路径在同一个时空中共存，官方的资金、人员、政策等都得到少数民族的接受及认可。如在中缅、中老、中越等边境跨境而居的泰傣民族的防灾减灾经验及文化传统，就是因为族际、国际的政治经济文化交往而实现了交融、共享，这是西南少数民族文化具有国际性特点的表现之一。

西南少数民族灾害文化的传承路径及特点，不仅凸显了少数民族灾害文化的包容性、开放性特点，也对当代中国提倡的人类命运共同体理念及其建设、对"一带一路"及其国际防灾减灾体系的构建发挥了积极的资鉴作用。目前，国际社会面对频发的跨国巨型灾害，亟须共同建立协调、联动、高效的国际减灾合作模式与机制，从不同渠道、途径开展全方位、多渠道的防灾减灾国际合作，以提升各国的防灾减灾能力，促进区域间的可持续发展，并在其中有针对性地提高跨境灾害的综合防治能力及水平，制定国际化的、科学且系统的防灾减灾机制。对西南少数民族地区而言，构筑起面对中国—南亚东南亚利益共同体和命运共同体的综合性防灾减灾体系，也是亟须进行的工作，这也是西南少数民族防灾减灾文化面临的当代转型。

20世纪80年代以来，在国际疟疾基金项目的支持下，中国云南的疟疾防治取得了举世瞩目的成就，其备受称道的另一重要原因，是中国疾控中心在输入性病例数量长期居高不下的情况下，采取国际、跨国联合防控的措施，越过国境线防疫并取得了极好的效果。如德宏傣族景颇族自治州盈江县的疟疾防治，从中缅边境的防治往缅甸国境内推进了50千米，在中缅间人员交往流动极为密集频繁的情况下实现了疟疾的可防可控，境内疟疾患者人数直线下降，防治效果显著。这是官方大力主导推行疾病防控、当地少数民族积极支持配合取得的防病治病的成绩，是少数民族地区在现当代防灾减灾行动中，官方、个人及家庭努力协调配合，使国际性的跨国防灾取得成功的典型案例。

因此，应充分利用中国传统灾害文化的优势，发掘并利用好西南少数民族在自然灾害防控和防灾减灾领域的经验技能，利用现当代的防灾减灾理论和技术优势，建构起现当代少数民族新型灾害文化体系，"强化对地观测、高分辨率遥感、导航定位、通信技术、地理信息在防灾减灾领域的应用，加快防灾减灾产业链发展，促进防灾减灾技术'走出去'，快速提升'一带一路'沿线国家防灾减灾基础与能力，是迫切需要解决的现实问题"①。

当然，国际合作及跨境民族间的传统文化交流机制，应该在其中发挥必不可少的作用，在此过程中提升、构建新型的、面向国际的民族灾害文化体系，"鼓励、支持在'一带一路'重点国家设立防灾减灾海外研究中心或网络；联合沿线国家防灾减灾科研机构与组织组建'一带一路'防灾减灾科学联盟；推动研建'一带一路'重大自然灾害仿真模拟系统，提升风险防控能力；构建'一带一路'防灾减灾救灾科技合作框架与体系"②。毫无疑问，这是西南少数民族传统灾害文化的重生及持续发展焕发的生机，只有这样，少数民族灾害文化才能真正成为"推动跨国际跨区域综合性防灾减灾合作和践行利益共同体与命运共同体理念的重要行动"③。

三、中国西南少数民族灾害文化的特点及弊端

中国少数民族大多位于边疆地区，灾害时空分布的畸零特性明显。部分地震带、气候带或地质结构带波动区的灾害，影响畸轻畸重、分布不均衡的特性尤为突出，这与边疆民族地区多位于自然地理及生态疆界线④上，气候带及干湿带分界明显，地质结构特殊，自然灾害类型独特有关。各民族灾害文化的积累、传承不绝如缕，虽然很多内容较少进入正史，却在民间以不同形式流传。在"华夏失礼，求诸野"的传统文化变迁趋势下，很多中原地区散佚的灾害文化，在民族融合、交流中以不同的内容及表现形式，流传、保存在民族地区，逐步形成了具有区域及民族特色的防灾减灾避灾的文化体系。

（一）西南少数民族灾害文化的特点

灾害文化是文化的一种特殊类型，具有文化的共性及独特性。西南少数民族的灾害文化，既具有普通灾害文化的内容及特点，也具有民族文化的独特性。从独特性的角度看，西南少数民族灾害文化主要具有以下三大特点：

第一，西南少数民族灾害文化具有历时性、包容性、适用性并存的特点。与其他地区灾害产生、变迁规律一致的是，西南民族地区的灾害也具有频次、类型增多的趋势，呈现出很强的历时性特点，故很多区域尤其是民族聚居区的防灾减灾文化，也随着灾害类型的变化而适时调整。在近现代全球气候多变及山区开发背景下，山区常住人口不断增加，山地原始植被被大面积破坏，山区半山区土地被垦殖，水土涵养能力大大降低，西南少数民族聚居区暴雨洪涝灾害增多，流域性洪旱灾害频次增多，受灾面积、人口及灾害损失呈正增长趋势。

在漫长的历史时期，自然环境复杂多变，西南少数民族聚居区的自然灾害千变万

① 葛永刚，崔鹏，陈晓清：《"一带一路"防灾减灾国际合作的战略思考》，《科技导报》2020年第16期。
② 葛永刚，崔鹏，陈晓清：《"一带一路"防灾减灾国际合作的战略思考》，《科技导报》2020年第16期。
③ 聂选华：《构建中国—南亚东南亚防灾减灾体系》，《社会主义论坛》2020年第6期。
④ 周琼：《环境史视域中的生态边疆研究》，《思想战线》2015年第2期。

化，灾害文化也随之不断丰富及完善。很多民族在防灾减灾过程中相互帮助、文化不断交融互鉴，形成了灾害文化的包容性特点。在历史上，没有一个民族是可以不跟其他民族交流而独立生存发展的，各民族为了生存及发展的需要，既要传承自己民族的文化，也需要吸纳其他民族的先进文化。尽管江河峡谷层层阻隔，但不同民族间的交流、融合从未停止，不绝如缕。即便在交通不便山川阻隔的怒江傈僳族自治州、德宏傣族景颇族自治州、红河哈尼族彝族自治州等地区，少数民族也通过溜索、马帮等特别的交通方式，互通有无。西南少数民族由此形成了对其他民族优秀文化的学习及借鉴、尊重及包容的习惯及特点。因此，各民族的灾害文化，在传承本民族优秀文化的同时，也兼容并蓄了其他民族的优秀文化内涵。

近 50 年来，在某些强降雨集中、生态环境破坏严重的西南少数民族聚居区，山洪、滑坡和泥石流等地质灾害及水旱、低温冷冻、冰雹等气象灾害的频次出现暴发式、单点式增多的现象。各民族的防灾减灾文化也随之发生变化，逐渐从宗教、信仰、禁忌习俗等消极的避灾，发展到积极救灾，提前防灾、减灾等主动防灾的层面；在与周边民族交流的过程中呈现开放、融合的发展趋势，民族间的分界及隔阂被打破，从个体、家庭、族群、村寨的小集体、民间的防灾减灾行为，发展到多个村寨联防联通的阶段，更重要的是开始推进到与官方配合、接受官方统筹调剂、分层领导的层面。

如很多经常受到泥石流、滑坡等灾害侵袭的少数民族村寨，开始积极配合官方的搬迁、扶贫政策，调整防灾减灾传统，一定程度上摒弃了旧的、适用性不强、效果不明显的防灾减灾措施，吸收近现代防灾减灾先进经验及技术，使少数民族灾害文化的内涵不断丰富，外延不断扩大，包容性日益凸显。最典型的是云南怒江傈僳族自治州的独龙、怒、傈僳、普米等民族，接受现代化的建筑选址及建筑材料、建筑样式，从生存条件恶劣、交通不便、气候及地质条件恶劣的深山区，从悬崖峭壁的村寨里，逐步搬迁到了平坦、安全的坝区及山脚。其建筑及家具布局沿袭了本民族传统样式，并与现代防灾减灾文化相结合，在建筑格局、房屋朝向、窗户大小、房梁位置等方面，甚至吸取了其他民族有效的防灾减灾传统要素。这就使搬迁民族因出行及生产发生的交通意外及罹患气候病、地区病的风险大大降低，遭受地质灾害的可能性也大大降低，达到了防灾减灾的良好效果。

第二，西南少数民族灾害文化具有传承性、累积性、固守性的特点。作为民族文化中最具有实用价值的内容，不同阶段积累下来的灾害文化，都有其存在、传承的价值及实用的意义，其中防灾减灾文化必然是民族文化传承中的主要内容之一。因此，其传承路径及方式，既有普通灾害文化传承的特点，也具有民族区域文化传承路径及方式的特点。西南少数民族在不同时期积累、传承下来的灾害文化，尤其是灾害文化的经验和教训，对各民族有效防灾避灾减灾、保持持续发展的生命力发挥着极大的作用。

少数民族灾害文化的固守性特点，主要是指对自己民族及村寨已经形成的、熟悉的灾害文化理念及认知、习惯保持着坚持、坚守的传统，在老一代人身上，其思想观念及行为习惯甚至到了固执的地步。如很多在山区居住的少数民族老人，在可以用电或太阳能的情况下，依然长期坚持用木柴、火塘烤火做饭烧水。由于少数民族的房屋建筑多采用木质材料，用火塘烤火做饭往往导致火灾或一氧化碳中毒。尽管教训深刻，政府多次宣传教育，但很多老人依然固执己见。这不仅对森林生态环境保护不利，也使防灾减灾工作的推进困难重重。固守传统文化的民族特性，对民族传统文化的传承有极大的优势，但对某些习惯及传统的过分固执和坚持，也会带来交流及借鉴的障碍，使很多实用、有效的灾害防御措施不能被吸收，给防灾减灾工作及其实际功效带来消极的影响。

第三，少数民族灾害文化还具有地域性、丰富性、变通性的特点。不同地域的灾害类型受到地貌、地质结构、气候及自然生态基础等因素的影响而各具特点，具有强烈的地域性色彩。如地质结构脆弱的区域常常发生地质灾害，季风气候变化突出的地域常常发生气象灾害，如果二者兼具的地区，则常常因为气象灾害引发地质灾害。

不少民族受地域及相关因素的影响，具有不同的生产生活方式及习惯，对当地的生态环境、地质结构等带来不同程度的冲击、破坏及影响。在不同地域形成的民族文化，也具有各自特殊的内涵，即灾害文化作为民族文化的特殊内容，其地域性特点是显而易见的。如滇黔桂的少数民族如苗、瑶、壮、彝、布依、水、侗等聚居的喀斯特区域就是如此，山地面积广、坡度大，表土层较薄，成土时间长，地质多为砂石砾岩结构，山区开发后森林急剧减少，原始生态环境遭到破坏，山地水土流失极为严重，水土涵养能力下降，很多地区从潜在石漠化区域变成为石漠化区域，石漠化区域呈扩大趋势，19世纪后的史籍所见的水旱灾害频次开始增加。

20世纪以来，西南喀斯特地区的灾害频次呈加速度式发展，水旱、滑坡、塌方、泥石流、霜冻等成为这些地区最频繁发生的灾害类型，不同民族地区应对灾害的方式也千差万别，灾害文化的地域性特点极为突出，如云南西畴等地区，为了改造及治理石漠化，各村寨民众书写了一个个当代愚公移山的新故事，采用了挖石开路、搬土造田等方式改造石漠化景观，发展农业及经济林生产，形成了当代独特的"搬家不如搬石头，苦熬不如苦干，等不是办法，干才有希望"为内核的"西畴精神"，也形成了"不等不靠不懈怠，苦干实干加油干"等地质灾害防御的新文化内涵。西南其他民族聚居区也因气候、地质、生态环境等自然条件的相近或差异，灾害类型及环境影响强度出现了相似或差异的情况，相应的文化内容也随之进行了变通和调整。

（二）西南少数民族灾害文化的弊端及其克服路径

每一种文化，都难免存在弊端和缺陷。西南少数民族传统灾害文化的弊端也是显而易见的，如由于对家及房屋、村寨的感情，尤其对祖先超能力认知观念及遗物怀有感情的老人显得格外固执，灾害的打击及损失就更大。在面临新旧理念冲突，与官方管理政策及措施不一致时，其弊端更凸显。概言之，西南少数民族传统灾害文化存在两个层面的弊端：

一是个体（家庭）层面存在的弊端。少数民族防灾减灾文化中，年龄与防灾减灾理念、认知与实际行动存在反向递增的情况，即年龄越大，防灾减灾理念与行动力吻合度越低。七十岁以上的老人，对祖先的灾害护佑能力存有执念，不愿意轻易离家，即便灾害来临也绝不听劝诫，非要坚守祖屋，最终遇难。

如云南佤、彝、景颇、傈僳等一些山居民族的老人，在发生地震、泥石流等灾害时，认为家里住着的祖先会护佑房子，坚决不离家，很多人因此丧生。如一些灾害隐患区的老人即便被政府工作人员强行带离逃出，但工作人员离开须臾，就又自己偷跑回家。灾害轰然而至时，他们就成为最先罹难的人群。这在西南少数民族中较为常见，尤其是一些德高望重、具有极大影响力的老人的固执言行，使少数民族灾害文化面临着新的传承危机。

二是群体层面存在的弊端。村寨族人对自己周边生存环境的变化及灾害潜在危机认知不够，不愿搬离已经出现灾害风险征兆的村寨。很多少数民族在早期村寨选址时比较慎重，对水源地、田地与聚居地等因素的考量、选择比较合理。村寨初建时，生态环境极好，人口密度不大，生存资源丰富，环境承载力及自我修复力都很强，很少有灾害风险。祖祖辈辈繁衍生息于斯，早就习惯了原生地的环境，往往忽视了其村寨及周边的山地因多年的开发垦殖，已出现了生态恶化、水源枯竭、水土流失严重的情况，山坡地的自然水土涵养能力被破坏，灾害风险增强，气象灾害及地质灾害隐患增加，交通、通信不便，急需搬迁。

但很多村民对此认识不到位，认为搬迁后远离祖宅，也远离了水源和田地林地，不仅耕作等农业生产不便，村寨的竜林、竜山等都要重新选址，现当代开发及生产生活空间扩大，已经没有合适的山林空间可供选择，即便有，限制因素也较多。且很多搬迁的村寨都要与其他寨子合并居住，对具有不同民族习惯及风俗信仰的人群而言，生产生活都极其不便，因此老人几乎都坚持住在老寨不愿搬迁，年轻人考虑到交通、求学、就业等因素，积极配合政府搬迁。老寨在年轻人搬走后，老龄化严重，基本生活设施得不到维护，面临着新的、更大的灾害风险。每当山洪、泥石流暴发，村寨老人几乎都来不及逃生，救援人员也因交通阻隔很难及时赶到，绝大部分老寨往往因此覆亡。

因此，少数民族对灾害环境变迁及其严重后果的认知差异，不一定符合人们对少数民族防灾减灾文化美好的预想和判断。其防灾减灾思想及行动出现误区，效果就出现偏差。而现当代少数民族地区整体的防灾减灾能力，仍然远远落后于经济增长和社会发展的程度，再加上不同民族地区的常态灾害成因机理存在着较大的复杂性、多变性、不稳定性，很多少数民族传统灾害文化中的经验及技能，不仅远远达不到实际防灾减灾工作的需求，离国内及国际标准也有很大距离，因此使少数民族灾害文化面临着挑战及持续发展的危机。如何弘扬优势、克服弊端，找到少数民族传统灾害文化转型的合理路径，避免群体性灾害认知误差导致的灾害群体性损失，是目前西南少数民族地区灾害文化的构建及其防灾减灾体系建设中不可忽视的主要因素。

为了避免传统灾害文化的弊端及其带来的严重后果，在现当代少数民族灾害文化的转型提升中，不仅要发扬各民族的优秀传统文化，还要提升少数民族灾害文化的现代性内涵，主要有三条路径：

一是防灾减灾知识及优秀传统文化的宣传普及、现当代防灾减灾技能的教育培训。在民族地区进行常规化的、少数民族能接受的多形式、多语种的现代防灾减灾知识及技能的宣传普及和培训，如设置防灾减灾知识宣传栏，利用广播电台、电视机、手机微信等平台及现当代媒体网络的宣传动员力量，开设防灾减灾知识宣传的公众普及栏目，用民族语推送防灾减灾的公益广告及知识技能，并在学校、单位及村寨组织多种形式的防灾减灾宣传教育及演练活动。当然，各省州县乡民族村寨都可以编制不同层次及内容的、适合本地民族防灾减灾的科普读物、挂图或相关的音像制品，或诸如抖音等便于在手机上观看的视频、音频、文案广告等，推广国际国内先进的防灾减灾经验，尤其是成功的案例和知识、理念，提高少数民族群众的防灾减灾意识及能力，在现当代防灾减灾体系建设中，促进少数民族灾害文化的提升及转型。

目前，提升少数民族防灾减灾技能的宣传，正在成为少数民族灾害文化转型中的新形式、新内涵，如在云南少数民族地区地震灾害的预防中，一些团队已经开始组织拍摄多民族语言的《地震百科知识大全》，其中含藏语、傣语、傈僳语、拉祜语和景颇语 5 个少数民族语种版本，下发到民族地区、边疆和贫困山区播放；制作了少数民族民歌专辑，完成了"农居抗震·关爱生命""政策性农房地震保险在云南正式落地""地震预警·与地震波赛跑""主动源探测·给地球做 CT"等公益科普视频产品；还制作了《普洱对话——景谷地震》《防震减灾示范教学片》《防震示范演练》《中小学地震安全教材》等。[①]笔者从调查中了解到，山区民族村寨的防灾演练等活动也已经在普遍开展，少数民族群众的参与度及认可度也较高；基层地质灾害隐患检测装置及人员等的设置也具有较大的灵活性和及时性，实现了成功避灾的实效。

二是建立民族地区灾情信息搜集与及时报送机制。借鉴历史上报灾勘灾救灾机制及其良好成效，吸纳不同民族的群众参加，在民族地区建立一套及时、准确、完善的基层灾情信息搜集及报送机制，及时向群众传达灾害信息，以提高少数民族的灾害预警及危机意识，"完善群测群防制度，普及防灾减灾知识，提高全民防灾减灾意识，充分调动和发挥农户参与农村防灾的积极性……加强基本灾害知识普及和防灾意识提升；不同灾害的防灾技术手段，如作物防旱避旱的基本方法、预防地质灾害的建筑物选址和修建等"[②]。

少数民族地区还应考虑制定新型民族村寨选址和民居修建的质量标准、区域灾害安全规范标准。在各民族村寨尤其是灾害搬迁村寨，制定村落搬迁的规划标准、房屋建筑的灾害安全测量及防范标准，如村寨所在地的地质条件、住房的抗震性能、村寨道路的

①　李道贵，郭荣芬：《云南少数民族地区防震减灾科普宣传探索》，《城市与减灾》2020 年第 4 期。
②　庄天慧，张海霞，兰小林：《西南民族贫困地区农户灾前防灾决策及其影响因素研究》，《软科学》2013 年第 2 期。

通达便捷等，使少数民族灾害文化尽快转型，更能适应当前防灾减灾避灾的实际需求。

三是加强民族地区防灾减灾能力建设，尤其是防灾减灾的基础设施建设，如少数民族聚居区交通、通信、卫生及医疗条件的改善已是当务之急，尤其是交通及通信条件的改进更是重中之重。为了灾情信息上报及时及相关信息的流通，提高抢险救灾物资的抵达和受灾人员的转移安置，急需提高灾害易发区和外部联系的交通道路、通信设施建设，村道、乡道、县道的修筑及维护通信信号的畅通，应作为生态文明村寨建设的主要内容之一。

鉴于西南少数民族部分地区特殊的自然地理及气候条件，除了将灾害隐患区的少数民族群众搬迁到适宜居住的安全地区、改造村寨的危险建筑、加固危险设施等措施外，还可在灾害频发的少数民族地区着重进行防灾减灾隔离带、避难所、防护墙等灾害防护工程建设，这是少数民族灾害文化系统调整和优化的必经之路。

四、余论

各民族的建筑、饮食、服饰、医药、禁忌习俗、信仰等文化的发生及变化，其原因是多源的。换个角度看文化，就会发现文化的另一重内涵，故其多源及多面向特点，应成为文化源流研究中的共识。很多少数民族的文化，在起源及传承上就具有浓郁的防灾减灾避灾内涵及特性，这些文化能够传承、发展，也与其能够发挥防灾减灾避灾的实际功能有密切关系，此即灾害文化功能的辐射性禀赋。西南少数民族的灾害文化，是中国灾害文化的重要组成部分，在西南各民族的防灾减灾避灾实践中，在中国多民族国家形成与发展中，发挥了积极的作用。

西南少数民族众多，文化类型多样，其防灾减灾文化保存了大部分少数民族在具体防灾减灾避灾中的经验及教训，具有极大的典型性和代表性，但并不能说明西南少数民族防灾减灾文化仅此而已，其他内容还需要灾害学、民族学、人类学、历史学、社会学等领域不断的努力及探索。其中很多防灾减灾的文化传统不仅属于西南少数民族，很多地理地貌及生态环境相似的南方甚至是北方少数民族，也有类似的灾害文化内涵及传统，即在同一个区域生存的不同族系的民族，其灾害文化也具有极大的相似性，这就是少数民族灾害文化存在的共性；不同民族的防灾减灾文化，也存在极大的差异性，甚至同一个民族、支系因聚居范围比较宽泛，或不同支系跨越不同的气候带或地理空间，其防灾减灾文化也就存在着明显的地域性差异。

"路径依赖"惯性是学术思考潜意识的行为，并在很多问题的思考上形成自我强化的效应，其弊端限制了学术界域的打破及不同层域间的融通。就像本文涉及的民族灾害文化，初看起来都似曾相识或很熟悉，以往多从民族专业文化或单一文化的视角来看待这些源于少数民族的传统智慧，很少从多维的角度尤其防灾减灾避灾的角度来看待这些文化的原动力及深层内涵。这种单一的观察视角或史料解读的"路径依赖"，让人们忽视了史料里原本含有的其他内涵，也就忽视了民族文化中固有的多重内涵。一旦变换观察及论述的视角，大胆脱离惯性的"路径依赖"，就能发现以前人们熟悉的知识谱系中未曾被发现的重要内容及史实，甚至能发现隐藏在史料背后的真正贴近历史真实的内容。因此，不仅学科视角、研究方法需要多元化，从史料解读、分析的角度也应提倡多元甚至反向的路径，从传统史料中发掘出历史及文化原本所具有的丰富内涵。西南少数民族防灾减灾文化的研究及思考，无疑也适用于这一原则，它对民族文化的再审视、再解读，往往能带来新发现、启动新思考，更清晰地触及历史及文化本真的面向。

值得强调的是，西南少数民族的灾害文化，绝对不是孤立存在的。各民族的灾害文化，不仅与其政治、经济、文化、教育、思想乃至艺术、军事等密切联系在一起，也与其他的文化现象密不可分。一个民族的文化现象，有可能同时具有几个甚至是若干个文化要素、文化维度及面向，也有可能只是专指的、特别的或唯一的文化要素。西南少数民族的灾害文化，与其他的文化及组成要素融合、联系起来，形成了你中有我、我中有你的文化存在及传承模式。在现当代防灾减灾体系构建中，提升、增强灾害防御能力建设，凸显其韧性、适度性及国际性原则，成为西南乃至中国少数民族灾害文化现代化转型的适应性目标。

我国传统灾害文化中的权力制衡研究
——以北宋青苗法为例

徐富海

（民政部政策研究中心）

宋代既是一个科技文化十分繁荣的朝代，也是一个祥瑞、灾害等十分盛行的时期。灾害不仅造成大量人员伤亡和财产损失，也对宋朝政治、社会、经济、文化乃至社会变革都产生了深刻影响。在王安石变法过程中，灾害不仅在当时引起社会广泛关注，而且成为保守派攻击王安石变法的有力武器，甚至成为导致王安石变法失败的重要原因之一。[1]因此，分析宋朝灾害文化与社会变革的关系，有利于我们深入理解灾害影响的系统性、广泛性、社会性及综合性的特点，更好地学会如何适应灾害，与灾害共存。

一、宋朝的灾异文化

与现代灾害管理理论不同，我国传统社会将那些可以对国家社会造成某种伤害的异常之兆称为灾异。古代严重的灾害发生后，往往造成农业减产绝收，可能引发饥荒瘟疫、经济破坏、社会动荡、流民暴乱，甚至引发朝代更替。因此，国家必须重视防灾救灾、赈济灾民的责任，故自先秦以来历朝均较重视荒政，采取诸如平籴、常平仓、减税、发放钱粮等赈灾救济措施[2]。在宋代，灾异主要是指那些无力抗拒的自然现象或无法理解、解释的事物，主要分为三类：一是水灾、旱灾、雪灾、地震、风灾、山崩、虫灾、霜灾、冰雹等自然灾害；二是日食、月食、彗星等天文现象；三是朝廷或社会认为的反常现象，如马长角、羊无角等。宋代出现的灾异非常多，发生频繁，几乎年年都有发生。据《宋史·真宗本纪》与《续资治通鉴长编》记载，从大中祥符元年（1008年）至乾兴元年（1022年）的十几年间，水灾、火灾、旱灾、地震、风灾、雨灾、虫灾等接踵而来，史书中有关"民饥"的记载，几乎每年都有。其间，仅黄河决口就有十二次，造成大量流民和巨大的社会问题。[3]

我国先民很早就试图理解灾异现象，探索灾害发生的原因和机理。先秦时期，人们

作者简介：徐富海，男，民政部政策研究中心副研究员，主要从事灾害管理、灾害救助及社会福利研究。

① 张俊峰：《灾异说与王安石变法的失败》，《信阳农业高等专科学校学报》2009 年第 1 期。

② 何盛明：《财经大辞典》，北京：中国财政经济出版社，1990 年。

③ 《宋史》卷 337《王安石传》，北京：中华书局，1977 年。

认为天、地、人三者之间存在密切关系。发生在人类社会中的灾害事件，其起因就在于"天"①。因此，灾异被看作是上天意志的表现，一向被视为凶兆，预示上天的惩罚，故称咎征。传统社会灾异思想深受董仲舒"天人感应论"影响。董仲舒认为，上天是有意志的，自然和社会的一切变化都是天意的体现。在政治方面，君主受命于天，"王者承天意以从事"，带有天然的合法性；但上天又以各种灾异对君主的行为进行警告。这种思想将灾异与人事行为尤其是政治得失关联起来，从而使灾害与现实之间产生了关联②。为避免天怒人怨，历代帝王不得不采取一些措施，以塞天谴，平众怒。一方面，政府采取赈灾措施，拨款、发救济粮，派官员实地指导救灾；另一方面帝王收敛自己的行为，如易服、减膳、避正殿、求直言等。如果灾情严重触动了社会稳定，皇帝要下罪己诏，引咎自责；如果大臣有不法行为，可能会问责，每每灾异之后，经常有一些大臣被罢贬。宋代继承了前代的阴阳五行及天人感应观念，普遍承认灾异是上天的惩罚，并且将灾异的发生与人事挂钩，赋予灾害非常浓厚的政治色彩。

王安石变法是在"法先王之意"的旗号下开始的。为了实现他自己的革新意图，他提出了"变风俗，立法制"的改革主张，其做法被称为"三不足"，即"天变不足惧，人言不足恤，祖宗之法不足守"，表现出了他藐视权威、锐意改革的决心。为了避免传统灾异观念对皇帝的影响，王安石将自己的著作《洪范传》献给宋神宗。针对伏生、董仲舒、刘向的灾异说，王安石提出天"无作好，无作恶"，天道自然无为。他认为，灾异仅仅是一个信号，人事得失不应用谶纬之书、类谶纬的著作直接将天象和人事加以比附，而应以"亦以天下之正理考吾之失而已矣"，即用儒家的道德伦理来省察自己的过失③。皇帝应该正视灾害造成的影响，修人事以应之。王安石建议皇帝应修身正己，为民建立行为准则，使民有所依据。在对臣民实行统治时，要刚、柔结合，内刚外柔，不失中正。

王安石希望通过他对灾异的解释，排除传统灾异观念对皇帝的影响，避免灾害频发对新法造成的不利因素。但在变法过程中，王安石的这种努力并没有发挥出期望的效果，传统灾异观念异常强大，并且蕴含了超出了灾害救助的内容。保守派借助灾异反对新法，成为变法失败的一个重要因素。作为应对农村青黄不接问题和灾荒措施的青苗法，最能反映宋朝灾害文化对社会改革的影响。

二、青苗法的理论源头与实施过程

青苗法是王安石变法的核心，也是王安石变法思想的典型代表。北宋知县李参曾经在盐县实行，王安石在鄞县尝试青苗法，都取得了显著效果，这些实践经验成为王安石

① 卜风贤：《中国古代的灾荒理念》，《史学理论研究》2005 年第 3 期。
② 余治平：《董仲舒的祥瑞灾异之说与谶纬流变》，《吉首大学学报》（社会科学版）2003 年第 2 期。
③ 王宇：《王安石"天变不足畏"新论》，《浙江社会科学》2002 年第 5 期。

坚定推行青苗法的一个重要依据。但青苗法在全国施行引起的巨大争议以及实施的后果，却着实令王安石措手不及。因此，有必要分析青苗法的理念及实施步骤，探讨青苗法争议中灾害治理的深层次逻辑。

（一）青苗法的思想来源与制度理念

青苗法的思想来源，可以追溯到很早。从官府主持的有息借贷这一点来看，青苗法直接的思想来源于《周礼·泉府》中所述的借贷取息之政。但从实施办法来看，研究青苗法要从常平仓入手。

常平仓不仅是青苗法传承的源头，而且还是推行青苗法的本钱。早在我国春秋战国时期，就有了常平仓的思想。《管子》论及国家利用货币和粮食进行宏观调控的主张中，就包含了若干常平仓的思想。此后，汉武帝时期桑弘羊创立了平准制度。到唐代，常平仓制度已经相当完善。在宋朝，常平仓始于宋太宗淳化三年（992年），北宋朝廷"令诸州所属县各置义仓，自今官收二税，别税一斗贮之，以备凶欠给与民"。具体规定是：凡遇五谷丰收之年，为防止谷贱伤农，由各州县政府酌量提高谷价，以稍高于市价的价格收来。凡遇灾荒饥馑之年，为防止路有饿殍，再由各州县政府酌情降低谷价，以稍低于市价的价格集卖。此后，宋真宗和宋仁宗又设常平仓和广惠仓。但到了北宋中期，有些地方官员"厌来集之烦"，不肯尽责地顺应年景丰凶而进行买卖；有的地方官员，把常平仓的谷物移作营私之用；还有的地方官员与豪商富贾或囤积居奇的大户人家互相勾结，借收来和出卖的机会渔利；甚至北宋政府也曾破坏过常平仓制度，挪借各地常平仓的本钱以助军费。到了北宋中叶，常平仓制度确已名存实亡，无法发挥其最初的调剂粮价和救济灾荒的功能了。

与此相关的是，北宋民间高利贷非常猖獗，贷给穷人的利息，往往是本钱的两倍或三倍，以致造成许多下等农户破产，土地兼并日益严重。许多人士意识到了这个问题，建议解决严重贫富不均的问题。宋神宗即位初，京东转运使王广渊遂上书请求将本道的钱帛五十万贷给那些贫苦的农民，这样不仅助农度过荒年，而且政府一年可以获得利息二十五万。

王广渊的做法与王安石的青苗法不谋而合，所以王安石和宋神宗采纳了他的意见，在河北、京东、淮南三路施行，计划待有了经验之后，再推行全国。宋神宗下令说："……春税前，将粮食贷给不足者，约定时间归还，还息二分，不得多取，以弥补鼠雀、运输的损耗。凡借贷钱粮者，收成时，连本带利，夏粮还一半，秋粮还一半。还贷时，如果粮食价贵，愿还钱的，悉听自便，不得强制。如遇灾荒之年，允许推至下一季谷熟再还……"宋神宗命令各州各县张榜公布，力求家喻户晓。

青苗法制定和公布后，在京东、淮南、河北三路试行不久，尚未取得成效，其他各路也相继派去了提举官，便急急忙忙在全国普遍推行。熙宁二年（1069年）十一月，宋神宗不顾反对，将全国常平钱粮一千四百万（贯石），转为青苗钱，在全国设置四十一个提举管勾官，专门负责青苗钱粮发放、回收工作，同时兼管农田水利和差役事务。

（二）青苗法的内容

对青苗法，最通俗易懂的解释是，不论在什么时候，人总会不可避免地遇到"手头紧"的时候，而"青苗法"的出现，也正是为了能够让北宋农户在手头紧的时候，可以通过预估当年农作物产量的形式向朝廷申请"贷款"，再用这笔"贷款"去购买种子进行耕种，等丰收的时候再随赋税一同归还，但要承担一部分利息。

青苗法在公布时，诏令首先强调实行青苗法的目的是"非惟足以待凶荒之患，又民既受贷，则于田作之时不患缺食。因可选官劝诱，令兴水土之利，则四方田事自加修益"。又说："人之困乏，常在新陈不接之际，兼并之家乘其急以邀倍息，而贷者常苦于不得。常平、广惠之物，收藏积滞，必待年歉物贵然后出粜，而所及者大抵城市游手之人而已。今通一路之有无，贵发贱敛，以广蓄积，平物价，使农人有以赴时趋事，而兼并不得乘其急。凡此皆为民，而公家无所利其入，亦先王散惠兴利以为耕敛补助，衰多益寡，而抑民豪夺之意也。"

具体讲，青苗法的规定非常详细。宋神宗下诏颁布青苗法规定：

> 常平广惠仓等见钱依陕西出俵青苗钱例，取当年以前十年内逐色斛斗，一年丰熟时最低实直价例，立定预支，召人户请愿。请领五户以上为一保，约钱数多少，量人户物力，令佐躬亲勒耆户长识认。每户须俵及一贯以上。不愿请者，不得抑配。其愿请解斗者，即以时价估作钱数支给。即不得亏损官本，却依见钱例纽斛斗送纳。客户愿请者，即与主户合保，量所保主户物力多少支借。如支与乡村人户有剩，即亦准上法，支俵与坊郭有抵当人户。如纳时斛斗价贵，愿纳见钱者亦听，仍相度量减时价送纳。夏料于正月三十日以前，秋料于五月三十日以前支俵。[①]

依据法令，青苗法的主要内容概括如下：

（1）将常平广惠仓现有的一千五百万贯、石储备，由各路转运司兑换为现钱，普遍借贷给城乡居民，各路设常平官专司其事。

（2）常平官按前十年中丰收时的最低粮价，将居民所请贷的粮食折价成现款贷付。民户自愿请贷，"不愿请者，不得抑配"。归还之时，或缴纳粮米，或缴纳时粮价贵亦可缴纳现钱，"皆许从便"，但不得亏蚀官本。

（3）每年分两次借贷：一次在正月三十日以前，称作"夏料"；另一次在五月三十日以前，称作"秋料"。随夏秋二税归还贷款，即在五月、十月之前。如遇灾荒，则在下次收成之日归还。

（4）除游手好闲者外，先借给乡村人户；如有剩余，再借给城郭人户。为防止人户

逃亡或官府蚀本，每五户或十户结成一保，由第三等以上人户充作"甲头"，按家产多少借予。客户请借须与主户合保，视主户家产多少借予。

（5）按户等高低进行借贷。客户和第五等户不得过一贯五百文，第四等户不得过三贯文，第三等户不得过六贯文，第二等户不得过十贯文，第一等户不得过十五贯文。支借后尚有余款，则酌情增额借予二等以上人户。

（6）归还之时，在原额外得缴纳二分利息。因一年分夏料、秋料两次贷款，故年利为四分。

同时，北宋朝廷明确规定不得强迫，尤其是明令民户自愿请贷，不许抑配。在归还欠款时，纳粮或折钱"皆许从便"，其利息又大大低于兼并之家的"倍息"。青苗法的主要含义是指，如有需要，农民可在每年夏秋两收前，到当地官府借贷现钱（青苗钱）或粮谷，以补助耕作，收获了再附带一部分利息偿还官府，一来使资金周转困难的农户免受高利贷剥削；二来不致影响了农业生产；三来官府也可以收些利息来增加财政收入。

从青苗法的具体办法分析，可以看出其制度设计是相当合理的。不仅明确规定了青苗钱的来源和具体执行机构，也考虑到了各级农户的信用问题，还明确了放贷时间和借贷利息。并且，在实施过程中，根据各地方实际情况，不断对青苗法进行解释和调整。比如，青苗法在实施中增加了以下补充条款："第一，结保请领青苗钱，每保须第三等以上有物力人充甲头。第二，第五等户并客户，每户贷钱不得过一贯五百文，第四等户不得过十贯文，第三等户不得过六贯文，第二等户不得过十贯文，第一等户不得过十五贯文。第三，如依以上定额贷出之后，更有剩余本钱，其第三等以上人户，委本县量度物力，于以上所定钱数外，更添数支给。第四，在夏秋两次收成之后，随两税偿还所借青苗钱时，须在原借数外加纳三分或二分息钱。"

（三）青苗法的施行

变法之初，王安石就认为"变法易缓不易急"。他主张逐步推出变法措施，不能操之过急。但青苗法试行成效还没有充分显示的时候，在几个月时间内就快速地向全国推广。当年的青州知府欧阳修说："诸路各有提举、管勾等官往来催促，必须尽钱散而后止。"[①]这种做法打乱了制度设计时的规划，而政府派出使臣督促，不顾条件地加快了新法的推行，埋下了巨大的风险。

从各地实际情况，在推行青苗法之初，当然要宣传政策的优点和好处，于是法令中"愿预借者给之"的规定广泛流传。只要愿意，就可以领钱。于是，百姓听说朝廷要发放青苗钱，全都一窝蜂都跑过去领钱了。对于老百姓片面理解青苗法以及产生的冲动性的选择，地方官员非但没有制止和教育，反而为了落实或迎合朝廷变法的推行，充分利用"愿预借者给之"的字面意思，暂时忽视借钱要还本带息的本意，更多地发放青苗

---

① 俞兆鹏：《评欧阳修止散青苗钱问题——兼论北宋熙丰新法中之青苗法》，《南昌大学学报》（哲学社会科学版）1998年第2期。

钱。而老百姓对"青苗钱"没有一个较为全面的了解，或者是无暇顾及所可能产生的严重后果，不计后果地领到青苗钱以后，有些人并没有将其用作急用或者是购买种子，而是用在了吃穿用住上，一时解决了自己和家人的温饱或其他急迫需求。苏轼曾经描述过分发青苗钱的场景，他说："又官吏无状，于给散之际，必令酒务设鼓乐倡优或关扑①卖酒牌，农民至有徒手而归者。但每散青苗，即酒课暴增，此臣所亲见而为流涕者也。"苏轼亲眼看见，地方官吏在散发青苗钱的时候没有规矩，竟然要求现场设立唱戏舞台，吹拉弹唱、买酒、赌博，有些农民领钱之后马上喝酒听曲赌博，很快花完了青苗钱，只能空无一文回家。所以，每次到了分发青苗钱的时候，酒的价格都暴涨。②

这个时候，政府主动发钱，老百姓踊跃领钱，出现了地方官员王广廉"入奏谓民皆欢呼感德"的大好局面。但如果只是这样的话，问题可能并不会很严重，毕竟本身就是"愿预借者给之"，也就是百姓可以凭自身意愿决定是否需要借贷，若是觉得还不起大不了就不借了。但如果这样想，就忽视了社会的多面性和复杂性。在老百姓"欢呼感德"不久，有些地方官员，为了通过给朝廷创收来获得自己的政绩，就借用老百姓的片面理解和冲动性选择，更大力度推行、扩大青苗法的实施范围与发放对象，从而在有些地方出现了"即令随户等高下品配，又令贫富相兼，十人为保首……民间喧然不以为便"的现象。③甚至有些地方，强行发放青苗钱，更甚者为政绩不惜伪造百姓的反馈。

但这种上下推行青苗法的态势也没有维持多久，也就是一两个月的时间，最多不超过半年，还款的日子到了，却发现没钱偿还，只能是卖田、卖地、卖粮，以至于连家都没了。对于这种现象，当时人看得非常清楚。"何者小民无知，不计后患，闻官中支散青苗竟欲请领。钱一入手，费用横生，酒食浮费，取快一时。及至纳官钱，贱卖米粟。侵及田宅，以至破家。"④

随着青苗法实施的时间增加，另一个问题显现出来。按照规定，青苗法是一年两次分发，当年农作物成熟后归还。但是，灾害并不是只影响一时，有时影响一年或几年。连年受灾，偿还青苗钱就成为一个大问题。青苗法颁布当年，司马光向皇帝反映，他老家陕西转运使擅自发放青苗钱，麦子还没有成熟，就急令归还，导致"民不胜怨哭"。第二年，即熙宁三年（1070 年）二月，渭州知府蔡挺上奏说，其辖区内连年受灾，如果还要让灾民立刻归还青苗钱，"恐催纳不前或致逃散"⑤。

虽然"青苗法"在理论上似乎非常合理，但是在现实推行中却表现得不够完善，存

---

① 所谓关扑，即商人的所有商品既可以卖，亦可以扑。关扑双方约定好价格，用头钱（即铜钱）在瓦罐内或地上掷，根据头钱字幕的多少来判定输赢。赢可折钱取走所扑物品，输则付钱。故关扑一般不赌钱，而是赌物。因此，过去史学界一般均把它归之为娱乐。但关扑还不仅限于日常生活用品，有时赌得很大，事实上赌物也是一种赌博。关扑亦商亦赌的方式，简洁明了，且带有很大的偶然性，故在民间非常盛行。

② （清）徐松：《宋会要辑稿》食货 5 之 11，北京：中华书局，1957 年。

③ 《宋史》卷 176《食货志》，北京：中华书局，1977 年。

④ （宋）苏辙著，曾枣庄、马德富校点：《栾城集》卷 40《右司谏论时事十七首》，上海：上海古籍出版社，2009 年。

⑤ （清）徐松：《宋会要辑稿》食货 4 之 21，北京：中华书局，1957 年。

在诸多需要实际解决的问题。这些问题看似出现在个别地方，但如果不重视，不仅无法实现青苗法的政策目的，还有可能引发更多的不良影响，继而导致在地方官府的盲目操作下变成了一个"搜刮"百姓来为"朝廷"创收的工具。如何适时调整以及完善青苗法政策，成为北宋王朝面临的重大问题。而关于青苗法及其调整中出现的权力化运作，成为北宋政府官员激烈争论的焦点。

三、青苗法引发的灾害观念争论

青苗法颁布之后，引发极大的争议。梳理这些争论，主要集中在是否取息、是否自愿以及实施的效果等方面。但借助自然灾害说事，也是宋朝反对派攻击青苗法的一个常用策略，该策略与传统的灾害观念相结合，更显示出对变法的破坏性。

王安石在变法时，不幸碰上了频繁的自然灾害，司马光、吕诲等保守派大臣利用天人感应理论声称新法的推行引起了"阴阳失和"，造成了灾害。他们将"灾异"天谴论作为武器，向宋神宗进言，竭力阻止变法。例如，在王安石实行变法之初，富弼在《论灾异而非时数奏》中认为，董仲舒所说的灾异是由于朝政所致是对的，宰相应该对朝政负责。熙宁二年（1069 年），御史中丞吕诲上疏弹劾王安石说："臣究安石之迹，固无远略，唯务改作，立异于人。徒文言而饰非，将罔上而欺下，臣窃忧之。误天下苍生，必斯人也。陛下图治之宜，当稽于众。方今天灾屡见，人情未和，惟在澄清，不宜挠浊。如安石久居庙堂，必无安静之日。"[①]吕诲将政事比作水，以为安静则能澄清，不可再事更张，因而主张变法的王安石不应该久居高位，应该贬到地方，试图阻止变法。但是，这些批评和弹劾并没有动摇王安石变法的决心和信心。熙宁二年（1069 年），宰相富弼罢相离任时对宋神宗说，王安石"所进用者多小人"，以致天降责罚，"诸处地动、灾异"，所以"宜且安静"，不宜改革。熙宁五年（1072 年），华山发生山崩，文彦博认为王安石应该对这次天变负责[②]。翰林学士范镇、御史程颢等也以天变地震，民情扰动，提出废除新法。

熙宁六年（1073 年）七月至次年三月，出现连续八个月的干旱，北方诸路及淮南受灾严重，"自去岁秋冬绝少雨雪，并泉溪涧，往往涸竭。二麦无收，民已绝望。孟夏过半，秋种未入。中户以下，大抵乏食，采木实草根以延朝夕"[③]。久旱不雨，到处是流离失所的饥民，宋神宗因而"忧见容色，每辅臣进见未尝不叹息恳恻，欲尽罢保甲、方田等事"。尽管王安石解释说："水旱常数，尧汤所不免。陛下即位以来，累年丰稔；今旱逢，但当益修人事以应天灾，不足贻圣虑耳。"但宋神宗还是说："此岂细故？朕今所以恐惧如此者，正为人事有所未修尔"。此时监安上门郑侠上疏，描绘了一幅他所看

---

　　①　《宋史》卷 337《王安石传》，北京：中华书局，1977 年。

　　②　孙小淳：《北宋政治变革中的"天文灾异"论说》，《自然科学史研究》2004 年第 3 期。

　　③　（宋）李焘：《续资治通鉴长编》卷 252 "神宗熙宁七年四月"条，北京：中华书局，2004 年。

见的流离失所的老百姓扶老携幼逃亡的惨状图献给皇帝，并说："旱由安石所致。去安石，天必雨。"慈圣、宣仁两位太后看到这幅"流民图"，也不禁流泪，对宋神宗说："安石乱天下。"朝中大臣及两宫太后等对宋神宗施压，要求罢免王安石，所用理由无不涉及灾变引起的"天怒人怨"。对此，宋神宗也半信半疑，于是罢免青苗法，批准王安石离京任江宁知府。这是王安石第一次罢相，也使新法遭受重大挫折。

熙宁八年（1075 年），宋神宗又起用王安石。这年十月初七，彗星出轸。吕公著上疏说："臣闻《晏子》曰'天之有彗以除秽也。'考之传记皆除旧布新之象皇天动威固不虚发。"他引用《晏子》的故事，将天象与王安石相联系，将彗星出现扭曲为废罢新法的预兆。①张方平答诏也认为"天变"为新政之害："大抵新法行已六年，事之利害非一二可悉，就中役法一事为天下害实深。"他认为，要改法，必先改人，否则后患无穷。吕惠卿是王安石变法的主要支持者。作为推行王安石变法的干将，吕惠卿成为保守派攻击的焦点，后来他被宋神宗罢免。此后，御史中丞邓绾上言，不但称赞宋神宗断然罢王安石变法之干将吕惠卿，还借彗星天变进一步攻击王安石的另一干将章惇。②迫于保守派的压力，加上变法派内部的分裂，王安石还是在熙宁九年（1076 年）被迫再次辞相。王安石离开政治权力核心，并不意味着王安石主导的变法也停止。此后，北宋三代皇帝断断续续恢复新法。在反复的过程中，几十年后，青苗法表现出来与前期不同的特质，表露出更深刻的运行逻辑。

四、青苗法的发展及其反转的逻辑

青苗法自熙宁二年（1069 年）开始施行，在元祐元年（1086 年）至绍圣二年（1095 年）多次被废止，后又被重新恢复，直到建炎元年（1127 年）才被最终废止，前后总共实行了 50 多年。张呈忠曾经分析了青苗法实行 50 多年的变化，特别对比了青苗法前期后期两个不同阶段存在截然相反的现象。在宋神宗和宋哲宗时期，青苗法普遍存在"抑配民户"的运作方式，但到了宋徽宗时期，则频频出现"形势冒请"的现象。③

（一）从"抑配民户"到"形势冒请"

在王安石变法中，最严重的问题就是政策目的与执行效果的不一致，而且在政策调整之后，对于调整的效果也存在不同的认识。根据时间线索，我们继续追踪青苗法，看看政策调整之后有什么样的效果？

宋哲宗亲政之后，"绍述"宋神宗法度成为国是。绍圣二年（1095 年）七月户部尚书蔡京倡议恢复青苗法，引发激烈讨论。有的主张："勿立定额，自无抑民失财之患"，

---

① 王宇：《王安石"天变不足畏"新论》，《浙江社会科学》2002 年第 5 期。

② 李申：《中国儒教论》，上海：上海人民出版社，1963 年。

③ 俞兆鹏：《评欧阳修止散青苗钱问题——兼论北宋熙丰新法中之青苗法》，《南昌大学学报》（哲学社会科学版）1998 年第 2 期。

有的提出："其间有贪多务得之扰，转新换旧之弊，此吏之罪，非法之过也"，有的强调："听民自便而戒抑配沮遏之弊。"①其中右承议郎董遵提出将青苗法利率改为一分。②不过，这种提议并未得到朝廷的认可。绍圣二年（1095 年）九月确定："并依元丰七年见行条制。"③因此恢复后的青苗法利率还是二分之息。考虑到"常平之息，岁取二分，则五年有一倍之数"，故当常平息钱达到一倍时可以"取旨蠲减"④，这是绍圣时针对青苗法做出的最主要的改变。这样虽然保证了青苗钱的收益，但抑配问题仍然没有解决。晁说之在元符三年（1100 年）上书中即说"盖名则二分之息，而实有八分之息"，并对青苗法中的抑配情况进行了批评。⑤

但到徽宗朝，青苗法的运作情况发生了一些变化。崇宁元年（1102 年）以后，宋徽宗一直继承宋神宗时期变法的措施，但关于青苗法的奏议中透露出很多与以前不同的信息。政和元年（1111 年）即有慕容彦逢上书指出由于小吏奸弊出现"诡冒违法"的现象。原来通过强迫的方式分配青苗钱，现在经常出现了"替他人冒领"的投机取巧现象，这种反转意味着青苗法在实施中出现了不一样的变化。这种变化渐渐多了起来，政和六年（1116 年）新差提举河东路常平林积仁言："欲天下州县每岁散常平钱谷既毕，既具所请姓名、数目揭示，逾月而敛之，庶使人户遍知，苟为假冒，得以陈诉。"⑥为了防止有人冒领，林积仁提出了采用公示的办法。不仅如此，政和七年（1117 年）二月六日，太宰白时中奏常平之法中存在"谓如诡名冒请，官吏同为侵盗之类"以及"徇情假贷"的现象。⑦为什么几十年后，青苗法出现了愿意领取的现象？政和八年（1118 年）四月臣僚的上言：访闻形势之家，法不当给，而迩来诸路诡名冒请者亦众，盖欲复行称贷，取过厚之息，以困贫弱。此言将冒请的用途也说得非常明白，即通过转贷来获取更多的利息。⑧而且，"冒领"和"假贷"的现象并不是个别地方的个别现象，具有很大的普遍性，而宣和五年（1123 年）所采取的公示法正是为了应对此种现象。

在青苗法的实施中，"冒领"和"假贷"的问题终于反映到政府的诏令中，例如，"宣和五年，令州县岁散常平钱谷毕，即揭示请人名数，逾月敛之，庶革伪冒之弊"⑨。原来议论纷纷的强迫摊派问题逐渐不提，而冒名领取青苗钱的人逐步出现了。针对当时存在有人冒他人之名申请青苗钱的情况，朝廷令州县采取公示的办法来解决这一问题。

---

① （清）徐松：《宋会要辑稿》食货 5 之 16，北京：中华书局，1957 年，第 4868 页。
② （清）徐松：《宋会要辑稿》食货 14 之 13，北京：中华书局，1957 年，第 4869 页。
③ （清）徐松：《宋会要辑稿》食货 14 之 13，北京：中华书局，1957 年，第 4869 页。
④ （清）徐松：《宋会要辑稿》食货 14 之 13，北京：中华书局，1957 年，第 5044 页。
⑤ （宋）晁说之：《景迂生集》卷 1《元符三年应诏封事》，《景印文渊阁四库全书》第 1118 册，台北：商务印书馆，1986 年，第 11 页。
⑥ （清）徐松：《宋会要辑稿》食货 53 之 18，北京：中华书局，1957 年，第 5728 页。
⑦ （清）徐松：《宋会要辑稿》食货 53 之 18，北京：中华书局，1957 年，第 5728 页。
⑧ 俞兆鹏：《评欧阳修止散青苗钱问题——兼论北宋熙丰新法中之青苗法》，《南昌大学学报》（哲学社会科学版）1998 年第 2 期。
⑨ 《宋史》卷 176《食货上四》，北京：中华书局，1977 年，第 4289 页。

《文献通考》则更加详细地记载这一详细情形："州县每岁支俵常平钱，多是形势户请求，及胥吏诈冒支请。令天下州县每岁散钱既毕，即揭示请人数目，逾月敛之，庶知为伪冒者得以陈诉。"①诏书中非常清楚地指出冒领青苗钱是什么人，主要是形势户和胥吏冒请青苗钱。形势户是宋代的法定户名，在政治上享有特权，大体包括官户和吏户。他们互相勾结，通过冒领青苗钱获利。

徽宗朝形势户冒请青苗钱的现象长期而普遍的存在，充分说明了形势户借贷青苗钱有利可图。形势户冒请青苗钱之后进行转贷充分说明其所贷青苗钱利率低于民间利率，否则转贷不出去，并且另有很多有借贷需求者无法借到低利息的青苗钱，最终是能借到青苗钱的人转贷给借不到青苗钱的人。靖康元年（1126 年），宋徽宗已退位，吕好问上书宋钦宗乞罢青苗法，他指出青苗法实行中"其实请钱者多是州县官户、公人，违法冒名，无所不至"。可见这一现象在徽宗朝普遍存在，并成为青苗法再次被废除的理由之一。②

（二）青苗法前后不同表现的分析

"抑配民户"和"形势冒请"是青苗法两个不同时期所呈现出来的两种现象，实际就是青苗法在实际运行中的两种形态。只有综合分析两种形态，才能认识青苗法的全貌。③从普遍意义上分析，宋神宗、宋哲宗时期抑配民户的现象说明民户在借贷过程中无利可图；宋徽宗时期形势冒请的现象说明形势户在借贷行为中有利可图，即冒请青苗钱之后再进行转贷可以获得更高的利息收入。为什么到了宋徽宗时期，青苗法发生了这么大的变化呢？也就是说，为什么领取青苗钱从强迫转为冒领，从无利可图到有利可图呢？在二十世纪中期，蒙文通先生就尝试回答了这个问题，他认为：

> 又如青苗钱，若是民间愿借，为何熙丰间要抑配？若是民间不愿借，为何宣和间诏书又言："常平钱谷多是形势户（官吏）请求，及胥吏诈冒支请。"前后相反如此，岂不又是矛盾？其实，此间道理亦易明了，熙丰间物价日日下降，借钱买物不利，故不愿借；崇观间物价日日上涨，借钱买物，到期卖物还钱，则有大利可图，故虽官吏亦愿支借。是物价升降异势则不矛盾矣。④

针对青苗法前后期的不同表现，蒙文通先生结合当时的宏观经济环境变化，从物价升降角度揭示了这一矛盾现象的原因。北宋最后 60 年的财政政策造成了不同的物价变

① （元）马端临著，上海师范大学古籍整理研究所、华东师范大学古籍整理研究所点校：《文献通考》卷 21《市籴考二》，北京：中华书局，2011 年，第 631 页。
② 俞兆鹏：《评欧阳修止散青苗钱问题——兼论北宋熙丰新法中之青苗法》，《南昌大学学报》（哲学社会科学版）1998 年第 2 期。
③ 张呈忠：《近三百年来西方学者眼中的王安石》，《史学理论研究》2016 年第 4 期。
④ 蒙文通：《北宋变法论稿》，《蒙文通文集》第 5 卷《古史甄微》，山东：齐鲁书社，1999 年，第 441 页。

动。①虽然在北宋前期就存"钱荒"的现象，但到了熙丰时期，变得非常严重。熙宁九年（1076年）张方平所言已涉及此问题，他还描述说："比年公私上下并苦乏钱，百货不通，人情窘迫，谓之'钱荒'。"②元祐元年（1086年）八月，李常言："现今常平、坊场、免役积剩钱共五千余万贯，散在天下州县，贯朽不用，利不及物。窃缘泉货流通乃有所济，平民业作，常苦币重。"③元祐元年（1086年）十二月，王岩叟言："国家自聚敛之吏倚法以削天下，缗钱出私室而归公府者，盖十分而九，故物日益以轻，钱日益以重，而民日益以困。"④即与钱荒相伴随的现象是物价下跌。而到了宋徽宗时期则出现了严重的通货膨胀现象。自崇宁元年（1102年）蔡京为相之后就铸当五、当十等大钱，造夹锡钱等劣币，滥发纸币，并引起了私钱泛滥而货币严重贬值的现象。滥发货币相伴出现的情况是北宋末年物价上涨。宋徽宗时期是"百物踊贵，只一味士大夫贱"⑤。譬如就米价而言，熙宁元年（1068年）以前的15年间，中等价每石700文左右，元祐元年每石140—200文，宣和四年（1122年）则为每石2500—3000文，从熙宁至宣和总体来看米价经历了一个明显的大落大起的过程。⑥一般来讲，在物价下跌的情况下，借入方难以获利；在物价上涨的情况下，借入方易于获利。青苗法前期正处于物价下跌的阶段，民户自然是不愿意申请青苗钱，于是便出现了官府抑配民户的情况；而后期青苗法正处于物价上涨的阶段，从官府获得低息贷款进而转贷便会获利，于是出现官吏利用职务之便以及裙带关系纷纷冒请的现象便理所当然了。

从实施的效果看，北宋青苗法实行50多年间，一度给朝廷带来了巨额的财政收入，熙宁元丰年间朝廷通过青苗收息每年所得为数百万缗，诚为"富国"之政，这是青苗法长期得以推行的财政因素。在徽宗朝，伴随着"形势冒请"的现象是"散敛无实，而本息交废"⑦，"当纳之期，至有失陷，或无可催理"⑧，"稽累失陷，日侵月削"。即从朝廷的角度来看，青苗法最后也失去了财政意义。

所以，进入20世纪，极为推崇青苗法的严复、梁启超也注意到了民办与官办之别，不得不认同反对青苗法者指出官府借贷比民间借贷危害更大的弊端。梁启超还特别申明这种"银行之为业，其性质乃宜于民办而不宜于官办"⑨。如果从现代银行或者金融角度而言，青苗法不具备融资功能的特点，主要不在于其官办性质，而在于其背后的制度环境与权力结构，这是研究王安石新法乃至宋代所有的经济政策都不能不注意的问

---

① 参见全汉昇：《北宋物价的变动》，《中国经济史论丛（一）》，北京：中华书局，2012年，第55—69页；叶世昌：《王安石变法后的钱荒》，《忻州师范学院学报》2002年第3期。

② 《宋史》卷180《食货志下二·钱币》，北京：中华书局，1977年，第4384页。

③ （宋）李焘：《续资治通鉴长编》卷384"元祐元年八月丁亥"条，北京：中华书局，2004年，第9352页。

④ （宋）李焘：《续资治通鉴长编》卷393"元祐元年十二月戊申"条，北京：中华书局，2004年，第9578页。

⑤ （宋）朱彧撰，李伟国点校：《萍洲可谈》卷1，北京：中华书局，2007年，第121页。

⑥ 程民生：《宋代物价研究》，北京：人民出版社，2008年，第123页。

⑦ （清）徐松：《宋会要辑稿》食货53之18，北京：中华书局，1957年，第5728页。

⑧ （清）徐松：《宋会要辑稿》食货5之17，北京：中华书局，1957年，第4869页。

⑨ 〔英〕亚当·斯密著，严复译：《原富》，北京：商务印书馆，1981年，第86页。

题。因为，在青苗法运作的利害关系中，权力因素发挥了关键作用，正是由政治权力支配下的身份差异决定了青苗法运作中的利害关系。这种身份差异不是上户与下户的差异，而是形势户与民户之间的差异，即有权者与无权者的差异。青苗法运行 50 多年所体现的不是金融的逻辑而是权力的逻辑。①这种逻辑深刻地反映了青苗法这样一种官府借贷在其下乡过程中所遭遇的制度困境，落实到实际层面的政策不仅没有按照政策设计者的计划运行，反而走向了其反面。②

五、结论

社会变革的成败与否是由许多社会政治因素决定的，但是关于灾异的论说在这场政治斗争中却发挥了不小的作用。③王安石变法之初，保守派纷纷以灾异说事，对新法进行猛烈攻击。而曾经担任宰相的富弼，听说王安石向宋神宗解释灾异都是天数，不是人事得失所导致的，他叹息地说出了真话："人君所畏唯天，若不畏天，何事不可为者！"专制制度下的皇帝，所畏惧的只有天，如果不畏惧苍天，又有什么事不能干呢？由于灾异事关政治，不同政治见解的人有不同的看法，因此，在不同的政治背景下，关于灾异与政治的论争不断出现，灾异也就因此成了当时政治利益集团斗争的一个有力武器。

对于变法斗争中出现的利益集团，王安石并没有足够的重视和警觉，这可以从王安石和司马光的一场著名争辩中看出来。在新法推行之前，王安石与司马光之间有一场关于理财的著名争论。王安石认为："善理财者，民不加赋而国用饶。"司马光就此批评道："天地所生财货百物，不在民，则在官。"及至南宋时陆游则从另一角度批评了司马光的话："自古财货不在民又不在官者，何可胜数？或在权臣，或在贵戚近幸，或在强藩大将，或在兼并，或在老释……"④陆游所言或针对南宋状况而发，单就青苗法而管窥财富的流动状况，则可谓不在民（平民百姓），也不在官（官府），而在于形势之家。既得利益集团⑤的存在与阻碍，给出了王安石和司马光之外的答案。何为利益集团？它是指那些以共同利益为基础的，为共同目标联合在一起的，力图影响政策或决策的组织

① 俞兆鹏：《评欧阳修止散青苗钱问题——兼论北宋熙丰新法中之青苗法》，《南昌大学学报》（哲学社会科学版）1998 年第 2 期。

② 俞兆鹏：《评欧阳修止散青苗钱问题——兼论北宋熙丰新法中之青苗法》，《南昌大学学报》（哲学社会科学版）1998 年第 2 期。

③ 张俊峰：《灾异说与王安石变法的失败》，《信阳农林学院学报》2009 年第 1 期。

④ （宋）陆游：《书通鉴后》，《陆放翁全集》上册，北京：中国书店，1986 年，第 149 页。

⑤ 所谓既得利益者，就是指原有的上层建筑中拥有广泛利益的群体，他们通过统治者的政策和政权本身的性质获取较大的利益，甚至大大获取对被压迫者极不公平的权益。既得利益者因为已经先得到好处，所以会死握着自己拥有的优势不放。他们一般倾向于维护现行政治和经济制度，维护现状，不希望当前制度被显著改变。作为既得利益者，一般都具有高度的排他性，并且当其中的小部分的自身利益受损时，会表现出明显的"抱团"，一方面，为了借助其他既得利益者的力量，减少自身损失；另一方面，其会试图在自身利益受损的情况下，继续维持一种有利于自身利益的平衡：即我不好过，则大家也不能好过。

和群体。既得利益集团对制度的变迁起着重要作用，制度变迁的过程、方向和路径与既得利益集团的博弈紧密相关。中国历史上的重要变法，几乎都是不同利益集团博弈的结果。出现于北宋中叶的熙丰变法，由于不同利益集团之间的博弈，国家的财政制度发生了重大变迁，影响了之后的整个宋代。①

总之，如果从灾害管理的角度看，王安石的灾变思想非常先进，近于科学的唯物主义观点。然而，放到中国特定的专制统治政治背景下，提倡天变不足畏，无异于解构了儒家对专制帝王处心积虑设置的观念制衡工具，解开了专制帝王的心理枷锁，甚至引发他们无所顾忌地为所欲为。在不可能有什么实体可以对帝王的专制权力进行制衡约束的中国专制社会时空下，以具有迷信色彩的天、天变作为震慑帝王思想行为的武器，似乎是儒家的无奈而又最现实的选择。对于更周知社会人情世态、洞彻历史经验教训的改革反对派如司马光、富弼而言，很可能正是这种基于对中国社会内部机制的深入认识而产生了担心。这种担心随着王安石变法的发展，失去制衡的权力不仅在基层造成新法的变形，而且在整体上也走向了"富国强兵"的反面，这种与预期截然相反的政策制度设计，值得一代又一代人吸取其中蕴含的深刻教训。

---

① 李义琼：《熙丰变法时期的利益集团与中央财政制度的变迁——以制置三司条例司的置废为例》，《甘肃社会科学》2012 年第 4 期。

禳灾演剧与民间信仰——以蝗灾治理为考察中心

段金龙　陶君艳

（信阳师范学院传媒学院；信阳师范学院教师教育学院）

中国作为农业大国，自古就深受自然灾害的侵袭，甚至"可以说中国的几千年农耕文明史同时也是一部灾害苦难的历史"①。而面对频繁发生的自然灾害，对于早期蒙昧时代的先民而言却无法做出科学的解释，故对于神秘力量的崇拜由此产生，正如杨庆堃所说："在科学的理性传统尚未长足发展的文化中，由于不能控制时有发生的旱灾、洪灾、传染病和战争，面对不可抵抗的灾难以获得勇气和希望，人们必然会诉诸超人类力量的帮助。"②因此，一旦发生自然灾害，民众便会主动向神灵献祭以期求得福祉。邓云特将此总结为中国古代救灾的"禳弭论"思想，即"巫术的救荒"③。而民间针对蝗灾所进行的禳灾演剧与民间祭祀，即是"巫术救荒"的典型。

自然灾害种类繁多，除了最为典型的旱灾、水灾所导致的灾荒之外，还有对我国农业生产产生最大威胁并形成巨大灾荒的蝗灾，据徐光启在《除蝗疏》中记载："凶饥之因有三：曰水，曰旱，曰蝗。地有高卑，雨泽有偏被。水旱为灾，尚多幸免之处；惟旱极而蝗，数千里间草木皆尽，或牛马幡帜皆尽，其害尤惨，过于水旱者也。"④可见蝗灾被列于三大自然灾害之中，且多衍生于旱灾而更甚于旱灾。民众在应对蝗灾时便会采取献祭演剧这一非理性的方法来进行禳灾，并且在此基础上形成了相应的民间信仰与祭祀习俗。人们正是以此等虔心之方式坚守着灾害灾荒发生时的精神大厦，同时也让自己亲手建构的信仰直接参与社会生活。

用演剧的方式应对自然灾害，是民众或出于无奈或出于信赖的非理性行为，然而，正是这一应灾的手段却在普通民众的禳灾观念中具有十分重要的作用，并且将演剧的行为附着于神灵祭祀之上，从而在民间信仰的基础上形成了具有固化传承的灾害习俗。由于蝗灾的发生所造成的后果往往是持续增长的，且持续时间越长，人们因切身的灾难痛

基金项目：本文是国家社会科学基金项目"晚清民国梨园赈灾义演史料整理与研究"（项目编号：21CB172）和信阳师范学院"南湖学者奖励计划"的阶段性成果。

作者简介：段金龙，男，戏剧戏曲学博士，信阳师范学院传媒学院副教授、硕士生导师，研究方向为戏剧民俗；陶君艳，女，文学硕士，信阳师范学院教师教育学院讲师，研究方向为民间文学。

① 乌丙安：《民俗学丛话》，长春：长春出版社，2014年，第175页。

② 〔美〕杨庆堃著，范丽珠等译：《中国社会中的宗教——宗教的现代社会功能与其历史因素之研究》，上海：上海人民出版社，2006年，第97页。

③ 邓云特：《中国救荒史》，上海，东方出版中心，2020年，第237页。

④ （明）徐光启撰，石声汉校注：《农政全书校注》，上海：上海古籍出版社，1979年，第1299页。

苦和心理恐慌，会对蝗灾何时结束的问题变得越加关心，正是这种迫切的愿望和灾民越发恐慌不安的心理支配了他们的行为。加之，由于单个家庭和民众防御与抵抗蝗灾的能力微乎其微，而政府面对灾荒的荒政措施也较为有限，不能完全有效地对灾荒进行应对，在这个时候，他们就会寄希望于某种神秘力量的支持，以求避祸求福、逢凶化吉，这种民间信仰上的寻求状态是民众向神灵通过禳蝗演剧来进行巫术救荒的主要原因。

一、灾害祭祀视野下的禳蝗演剧

古人在面对蝗灾的突然来袭而政府举措对大规模的蝗灾又收效甚微的情况下，广大民众往往是将希望寄托于神灵，以演剧祭祀之，并沿袭久远，固话成俗。如康熙《徐沟县志》记："顺治十三年六月，飞蝗食苗，处处以木偶戏祭赛后，禾不为害。"①而演剧祭赛后所取得的"禾不为害"的效果更使人们对祭赛神灵信仰的虔诚加强，以及对选择演剧祭祀之法的毋庸置疑。而对蝗灾的祈禳演剧形态并不单一，除了上面所说的"以木偶戏祭赛"之外，还经常以影戏（皮影戏）来演出，目前所能见的最早的以影戏祈禳驱蝗的记述，当是明末清初湖北广济人张仁熙写的《皮人曲》诗。其诗曰：

> 年年六月田夫忙，田塍草土设戏场。田多场小大如掌，隔纸皮人来倘佯。
> 虫神有灵人莫恼，年年惯看皮人好。田夫苍黄具黍鸡，纸钱罗案香插泥。
> 打鼓鸣锣拜不已，愿我虫神生欢喜。神之去矣翔若云，香烟作车纸作厩。
> 虫神嗜苗更嗜酒，田儿少习今白首。那得闲钱倩人歌，自作皮人祈大有。②

这首诗主要描写的是六月天气，人们通过在"田场"上敬献供品和演出"皮人"来向虫神献祭，以求"大有"之丰年。通过献戏以期讨得"虫神生欢喜"，进而去祈求"嗜苗"的虫神能够对"田儿少习今白首"的农人们给予怜悯，并且希望虫神以"嗜酒"代替"嗜苗"来确保农人的来年收成。从该诗"年年惯看皮人好"一句可以推测得知，当地演"皮人祈大有"之习俗已经延续了很长时间，而最后的"那得闲钱倩人歌，自作皮人祈大有"一句，则证明了以影戏为虫神献祭的做法在当地不仅得到广大民众认可，而且是非常深入人心，以至于连最普通的农民在没有闲钱请戏班的时候，也会"自作皮人"来搬演以祭虫神。

对于上述通过演影戏以禳蝗的民间演出形态，麻国钧先生就该诗做了合理的推测，他认为："此诗所反映的正是明清之际民间皮影戏驱蝗的情形。演出前须设香案，以置黍、鸡，供纸钱，焚香拜祭虫神，然后演出皮影戏以酬神。这是一种祀神与禳除相结合的形式，也可能是'两下锅'，即前由巫师祭虫神，后由影戏艺人演出皮影戏。祭祀与

---

① 康熙《徐沟县志》卷三，南京：凤凰出版社，2005年，第150页。
② 邓之诚：《清诗纪事初编》上册，上海：上海古籍出版社，2013年，第192页。

演影戏亦可能由同一人或几个人进行，亦可能是巫与艺人的结合。"①由此可见，这首诗歌为我们了解古代尤其是明清之际乡村演剧祭祀虫神的情况提供了非常宝贵的资料。

虽说演戏既可娱人，亦可娱神，但在蝗灾发生之时民众将希望寄予神灵的时候，娱神便成了主要目的，以至于在灾荒时献祭演剧以媚神成为"世俗之通例"。因此，各地便遵从此例，并演化成民间习俗，一旦有蝗灾发生，即刻演剧献祭予以祈禳。如河北阳原县东自家泉村的影戏在清咸丰时期"由关东传入，该地把影戏定为本村社戏，每年农历二月初二必演，称'二月二提灯影'，以祭蝗虫，使庄稼免受虫害。每次演出一到三天。"②

而演剧禳蝗的做法不仅流行于古代，于近代亦有承袭，如1928年江苏遭遇蝗灾，省府向各县派捕蝗员督促捕蝗。捕蝗员报告云："各县农民迷信已极。有坐视袖手者，有相戒勿打者，有目为神虫者，有护卫蝗老爷者，有焚香者，有演剧者，种种荒唐，不胜枚举。"③虽说此种演剧禳蝗被斥之为"不知反身修德"和"种种荒唐"，但潜在植根于民众心中的无奈，只能转化为民间信仰而有所希冀。

自民国以后，在湖南、四川等全国各地都形成通过演剧献祭来进行禳蝗的习俗，有的地方戏曲的演出形态还以影戏为主。

湖南省衡山县师古乡的乡民认为虫王爷能够统管所有虫类，故"乡间闹蝗虫和螟虫的时候，乡民便成群搭伙的到虫王庙去烧香叩头，求他保佑禾苗。如遇连年发生虫灾，乡民就要给虫王唱傀儡戏或影戏，求他把虫收回"④。据湖南省临湘县的影戏老艺人袁延长说："该县有遇虫灾上演影戏驱虫的习俗。驱虫时要先设坛，坛门贴对联，接着发文疏。……驱虫时所演的影戏剧目常有《药王登基》《钟馗捉鬼》等神话剧。"⑤且龙开义对此说做了较为合理的推测，认为该地驱蝗仪式是由艺人单独举行并演出，没有巫师的介入，也就是说艺人在客观事实上一身兼了巫、道二职。

四川演影戏驱除虫害的习俗比较普遍："川北民间常在暮春三月，田禾正茂之时，为了免除虫灾，多在田边地角搭个影戏台子，唱上三五天影戏，以求得到丰收。"⑥所演剧目多为斩旱魃、奠酒、还愿、平安、神仙、僧佛等内容；资中县也在每年"七八月间打谷子时，重行组班唱戏，叫'虫皇戏'，感谢虫皇，保证了丰收"⑦。

由上可见，禳蝗演剧已然在民间成为民众应对蝗灾的基本方式之一，且在全国各地形成区域内的"在地性"演剧习俗甚至庙会习俗。也正因如此，禳蝗演剧也便成为民间祭祀文化的重要组成部分，并以广大民众为基础进行着固化传承。

---

① 麻国钧：《明傩与明剧》，《戏剧》1994年第2期。
② 庞彦强，张松岩：《河北皮影·木偶》，石家庄：花山文艺出版社，2005年，第486页。
③ 转引自彭恒礼：《蝗灾与戏剧》，《文化遗产》2014年第4期，第17页。
④ 李文海主编：《民国时期社会调查丛编·乡村社会卷（二编）》，福州：福建教育出版社，2014年，第907页。
⑤ 转引自龙开义：《湖南民间影戏研究》，湘潭大学2003年硕士学位论文。
⑥ 四川省南充地区文化局：《川北皮影戏》，成都：四川文艺出版社，1989年，第223页。
⑦ 政协资中县委员会资中县修志工作委员会：《资中县文史资料》第8辑，内部资料，1985年，第5页。

二、禳蝗演剧形态与剧目选择

周作人在《谈"目连戏"》一文中写道："吾乡有一种民众戏剧，名'目连戏'，或称曰'目连救母'。每到夏天，城坊乡村醵资演戏，以敬鬼神，禳灾后，并以自娱乐。所演之戏有徽班、乱弹高调等本地班；有'大戏'，有目连戏。末后一种为纯民众的，所演只有一出戏，即'目连救母'，所用言语系道地土话，所着服装皆比较简陋陈旧，故俗称衣冠不整为'目连行头'。"①由此可见，在周作人的家乡浙江演目连戏以禳灾较为普遍。其中，在禳除各类灾荒中，演剧驱蝗通常以上演目连戏为主。在福建的莆田、泉州、厦门等地，目连戏都十分发达，与民众生活密切相关，其中在灾荒与灾疫应对中，目连戏演出的频率也最高，当然，对于禳蝗演剧来说，目连戏更是当地民众的首选，一旦"出现蝗灾，村民便请人来演目连戏，他们相信目连戏确有驱除蝗虫的神力"②，甚至直言所演剧目具体到《目连救母传奇》。据清人章楘所著《谔崖脞说》记载：

> 江南风俗，信巫觋，尚祷祀，至禳蝗之法，惟设台倩优伶扮演《目连救母》传奇，列纸马斋供赛之，蝗辄不为害，亦一异也。壬寅秋，余在建平，蝗大至，自城市及诸村堡竞赛禳之。余亲见伶人作剧时蝗集梁楣甚众，村氓言神来看戏，半本后去矣，已而，果然。如是者匝月，传食于四境殆遍，然田禾无损者，或赛之稍迟，即轰然入陇，不可制矣。③

目连救母故事来源于佛教经典《佛说盂兰盆经》，讲述的是佛教弟子目连不辞艰险救母出地狱并最终脱离苦海的故事。这个故事在中国流传甚广，早在唐代就以变文的形式传播于各地，在宋元说经和民间宝卷如《目连三世宝卷》中也不断衍化，并且在宋代以目连救母作为题材开始进入戏剧。目前关于目连戏的最早演出，就是北宋末年在汴梁（今开封）演出的《目连救母》杂剧，据《东京梦华录·中元节》记载："构肆乐人自过七夕，便搬演目连救母杂剧，直至十五日止，观者增倍。"④除宋杂剧外，宋元戏剧的其他戏剧形态如金院本、元杂剧和南戏也都有目连救母故事的演出和剧目，其中成熟的戏剧作品有元杂剧《目连救母》。至明代，则有目前所能见到最早的目连戏剧本，即郑之珍根据民间目连戏演出本整理的一百出《新编目连救母劝善戏文》。该剧在明清两代长演不衰，甚至在清乾隆时期，张照奉旨将目连救母故事编出总计十本二百四十出的大戏《劝善金科》，并在宫廷上演。据昭梿《啸亭续录·大戏·节戏》载：

---

① 钟叔河：《周作人文选（1898—1929）》，广州：广州出版社，1995 年，第 354 页。
② 侯杰：《目连戏与中国民众宗教意识》，张国刚主编：《中国社会历史评论》第二卷，天津：天津古籍出版社，2000 年，第 345 页。
③ 庞彦强，张松岩：《河北皮影·木偶》，石家庄：花山文艺出版社，2005 年，第 309 页。
④ （宋）孟元老撰，邓之诚注：《东京梦华录注》，北京：中华书局，1982 年，第 212 页。

乾隆初，纯皇帝以海内升平，命张文敏制诸院本进呈，以备乐部演习。凡各节令皆奏演其时典故。……又演目犍连尊者救母故事，析为十本，谓之《劝善金科》。于岁暮奏之，以其鬼魅杂出，以代古人傩祓之意。①

宫廷对《目连救母》一剧的上演也为民间做出了榜样，上行下效，各地方也纷纷争相演出目连大戏，故各地方剧中便又产生了迥异于宫廷的目连戏本。而宫廷演出目连戏是驱杂出之鬼魅，"代古人傩祓之意"，因而各地方上演目连戏也报以同样之目的，用来禳蝗避灾，驱邪求吉，同时，这些目连戏的民间演出，也逐渐受到来自乡村留存的较为原始的傩文化渗透，进一步加强了其禳灾的宗教功能，被民众称为平安大戏、还愿大戏、大醮戏等频繁上演于各类灾荒的献祭仪式当中，蝗灾献祭中的演出也是如此。

当然，各地之所以选择《目连救母》来作为蝗灾禳解的主要剧目，除了该剧具有禳灾的宗教功能这一最重要的原因之外，与其作为典型的神话戏所具有的丰富的戏剧文化内涵也有密切的关系。该剧中的虚拟空间涉及天庭、人间和地狱三界，人物亦有如来、观音、玉皇大帝以及龙王、阎罗王、判官、城隍、鬼卒等，这些具有浓郁神话和宗教色彩的因素都会增加一种神秘感，在民间以八蜡祭祀和刘猛将军信仰为献祭背景的禳蝗演出，其实有一层潜在的含义，即"请众神佛监督"②，也就说被民众所寄予厚望的驱蝗神在各路神佛的监督下全力驱蝗保苗以救民众。基于这一逻辑，湖南禳蝗驱虫时所常演的影戏剧目《药王登基》《钟馗捉鬼》等神话剧③和在川北为祈求消灭虫灾而演出"青时所唱的《碧游官》"④，都是同样的文化心理，起着同样的禳灾功能。而且目连大戏和以上三个剧目因其内容上充斥着鬼神形象和盛大的祭祀场面，使得人们将这些剧目看成具有广大神通和巨大威力的剧作，这也是人们将它们当作一种具有多种宗教功能的戏剧形式而被经常运用以禳灾弭祸、驱邪逐疫的一个重要原因。

在民间频繁的驱蝗仪式与禳蝗演剧活动的举行中，民众逐渐地将二者进行合理的镶嵌和组合，形成仪式戏剧的二度创作，并创作出一些典型的禳蝗驱虫的剧目。如属于青苗戏的四川灯戏《收虫》⑤，演的就是一个端公（民间宗教职业者）为人跳神、驱赶害虫的情景。四川当地在蝗灾发生之时就有"打虫蝗醮"的习俗，这一民俗因目的的确定性而形成比较固定的仪式，即从开始的邀巫师作法，到祈请天兵天将协助乡民驱赶杀灭给民众带来灾害的蝗虫，再到最后的扫坛叩谢，无不凸显出肃穆的仪式感。而这出《收虫》小戏极有可能就源于当地端公驱赶蝗虫的仪式活动，并呈现出"民间信仰仪式的演剧化"⑥特点。在四川，很多端公都是灯戏艺人，既做仪式，又演出灯戏，正是这种

① （清）昭梿撰，何英芳点校：《啸亭续录》，北京：中华书局，1980 年，第 377 页。
② 彭恒礼：《蝗灾与戏剧》，《文化遗产》2014 年第 4 期。
③ 转引自龙开义：《湖南民间影戏研究》，湘潭大学 2003 年硕士学位论文。
④ 四川省南充地区文化局：《川北皮影戏》，成都：四川文艺出版社，1989 年，第 22 页。
⑤ 严福昌主编：《四川灯戏集》，成都：四川文艺出版社，2006 年，第 365 页。
⑥ 彭恒礼：《元宵演剧习俗研究》，广州：广东高等教育出版社，2011 年，第 136 页。

"一身兼二职"的独特条件使得端公的驱虫仪式演变为禳灾演剧的剧目成为可能。该剧可谓是从民间驱蝗仪式直接发展为禳灾戏剧的一个典型。

三、蝗灾与民间信仰

禳蝗演剧，是民众民间信仰的直接反映，它是在蝗灾发生前后采取媚神献祭的手段，以期达到对蝗灾的预防和驱逐。在民间沿袭已久的蝗灾献祭演剧的习俗中，主要祭祀专门驱除虫害、捍御灾荒的神灵虫王，这与我国上古时期形成的八蜡之祭有关。在民间对禳蝗神灵的信仰中，则以唐太宗李世民、刘猛将军为最多，也最具代表性。

（一）蝗灾与八蜡祭祀

禳蝗演剧多以祭祀虫王为主，而我国作为农业大国，虫王祭祀由来已久，且历代都列入国家祀典，为腊祭的一种。"蜡祭是指古代帝王年终之际合祭众神，以示功成报谢并祈求来年丰收"①。八蜡之祭，是古人祭祀八种与农业有关的神祇，即使现在，民间依然将八蜡视为除虫和捍御灾荒的神祇。祭祀八蜡的风俗起源很早，《礼记·郊特牲》中就有"八蜡以祀四方"之说。八蜡祭祀一般在八蜡庙里进行，由此可知，八蜡庙本为祭祀农作物害虫的综合神庙，如傅霖诗作《八蜡庙》所言：

> 饮和食德必思源，壤瘠尤珍田可屯。膏沃天峰酬水府，瑞凝地腊赛山村。
> 直从西旅迎猫虎，岂效东方祝酒豚。聚飨堂前喧鼓钹，三农劳苦八神尊。②

但由于蝗虫历来是农作物的敌害，且其危害程度非常严重，在发展演变中，这一祭祀农作物害虫的综合性神庙逐渐成了专门祭祀蝗虫的神庙，人们为求消灾，只好立庙祭祀，故而各地便有了专门为禳蝗而重新修建的八蜡庙，如高邮之地就因雍正癸卯春旱引起蝗灾而为之演剧献祭和修建八蜡庙：

> 雍正癸卯岁春旱，蝗起，邑侯张公捕之殆尽。其有自他郡来者，民祷焉无不应。每青畦绿壤间飞蝗布天，乡之民童叟号呼，杀鸡置豚酒为赛，辄飞去，不下；即下，亦无所残。其大田而多稼者则合钱召巫演剧，钲鼓之声相闻。……乃殚诚竭思，庀材缮工，就州治东门外茶庵之旁，重建八蜡庙。……庙成而蝗息，民于是岁大有秋。③

正因为当地民众在遭受蝗灾侵害时不仅"合钱召巫演剧"，而且"重建八蜡庙"，最

① 张硕：《论宋代炎帝国家祭祀与炎帝形象诗歌书写及其意义》，《信阳师范学院学报》2020年第4期。
② （清）钟赓起著，张志纯、郭兴圣、何成才校注：《甘州府志校注》，兰州：甘肃文化出版社，2008年，第810页。
③ （清）汪廷儒编纂，田丰点校：《广陵思古编》，扬州：广陵书社，2011年，第279页。

后也终于祈祷灵应，取得"庙成而蝗息，民于是岁大有秋"的结果。但从"重建八蜡庙"之表述亦可得知，当地之前就已经有八蜡庙存在，只不过因时间长久已残破不堪，而正赶上此次蝗灾的发生又唤起了民众因蝗灾暴发的间歇性而被淡忘的危害性记忆，便才有了重建之举。从中也可以看出，民众对八蜡庙的兴建或修建、重建带有较强的功利性，只有在蝗灾来临并遭受灾害时，地方官才想到了八蜡神，并且往往是祈祷在先，建庙在后。

甚至有的地区把蜡直接视为蝗，如《枣强县志》记当地"呼蝗为八蜡，以为神虫，每飞过境，则焚纸钱拜祀之"[1]。康熙四十二年（1703年）五月，山西平遥亦有祭蜡保苗之举："蚼蛂食麦谷黍苗，近城堡尤为甚。县令王绶率僚属祭之。蚼蛂初起甚盛，遍地如织，及祭后竟不食苗，俱一一上路，或走集闲埠下，在田苗者悉去，土人相传，以为蚼蛂之生，每祭必应，盖蜡神之灵也。"[2]据光绪十八年十二月二十日（1893年2月6日）《申报》报道，扬州因前一年冬天雨雪稀少引发蝗灾，人们便在八蜡庙演剧祭祀以酬神，其文曰："去冬雨雪稀少，以致今秋飞蝗遍野……扬城各宪遂在南门街八蜡庙招雇优伶演戏三日，以答神庥，是日自都转以次均往拈香。并闻城外某乡刻意酬金演戏，以谢蝗神，并祈来岁丰稔云。"[3]清咸丰七年（1857年）山西和顺亦有"八月初，飞蝗入境，祷于八蜡庙，乃止"[4]之记载。因此，民间大多时候是将蜡祭与禳蝗祭祀合二为一的。

综上而论，民间流行的演剧禳蝗其渊源可追溯至上古时期的八蜡之祭，因蝗灾发生的频率之大和对农业破坏之严重，以至于在流传发展过程中，民间多以禳蝗祭祀接续八蜡之祭。

（二）蝗灾与虫王李世民祭祀

民间还流行着祭祀唐太宗李世民以禳蝗的做法，尤其在山西南部较为盛行。民间将李世民当作虫王予以祭祀，主要与其贞观二年（628年）"旱蝗责躬"而"吞蝗"之事密切相关。据唐代吴兢《贞观政要》记载：

> 贞观二年，京师旱，蝗虫大起。太宗入苑视禾，见蝗虫，掇数枚而咒曰："人以谷为命，而汝食之，是害于百姓。百姓有过，在予一人，尔其有灵，但当蚀我心，无害百姓。"将吞之，左右遽谏曰："恐成疾，不可。"太宗曰："所冀移灾朕躬，何疾之避！"遂吞之。[5]

李世民作为当时的最高统治者能够体恤民众，不惜"吞蝗"以表除蝗之决心，这给

---

① 转引自陈正祥：《中国文化地理》，北京：生活·读书·新知三联书店，1983年，第51页。
② 王夷典录疏：《平遥县志》，太原：山西经济出版社，2008年，第362页。
③ 傅谨主编：《京剧历史文献汇编（清代卷）》第四卷，南京：凤凰出版社，2011年，第390页。
④ 民国《重修和顺县志》，南京：凤凰出版社，2005年，第392页。
⑤ （唐）吴兢：《贞观政要》卷八《务农》，上海：上海古籍出版社，2009年，第237页。

予了民众极大信心，也进一步激发人们将其神化而加以祭祀。

山西多地民众将唐太宗视为可去蝗灾的虫王来祭祀，曲沃、长子、壶关等地均建有唐太宗庙、虫王庙。尤其在晋南地区"普遍供奉李世民为虫王，修建有不少虫王庙，庙中一般都建有戏台，如长子县团城村唐王庙（纪念李世民驱蝗之功）、晋城南石店村虫王庙等，都修建有戏台。由此可以想象这些庙里昔日赛虫王会祷神时演剧的盛况"①。其中位于晋城市北石店镇南石店村的虫王庙，即是李世民被祀为虫王的典型庙宇之一。在该庙大殿内正中神台上的彩塑虫王神像，高大雄伟，即依唐太宗李世民为据。在该庙西耳殿山墙廊屋下有"大清咸丰六年岁次丙辰孟冬"所立"虫王庙新建拜殿重修山门舞楼看楼记"古碑一通。其碑记曰：

> 南石店村旧有虫王庙……后之人以虫王祀帝，起于贞观二年三月庚午以旱蝗责躬，癸酉雨一事。余不敢引吞蝗说，惧亵也；愚民不敢显称太宗，惧僭也。民以食为天，使百姓无旱蝗，而民生安有不足者乎？特祀虫王，斯民亦可谓善祷也已。②

该碑以唐太宗吞蝗感民而立庙祀之，是对民间禳蝗演剧的另一种形态记录。而从民众专门重修山门舞楼看楼并立碑记载可见，通过演剧献祭来特祀虫王李世民是当地民众出于消灭蝗虫的宗教需求而所做出的虔诚之举。故此，李世民也便成为当地民众用来加以祭祀禳蝗的"虫王"。

（三）蝗灾与刘猛将军祭祀

在民间最为流行的"虫王"信仰，当是对刘猛将军的信仰。清代陈僅在《捕蝗汇编·论应祷之神》中即言："捍御蝗蝻，原有专司之神。刘猛将军专事捍蝗，血食已久。各地方素有忠正卫民捍灾之神，又俱例有专祭。平日务敬谨祭祀，以邀格飨。临时更宜祈祷，以冀默助。"③对于刘猛将军的祭祀，有清一代非常重视，雍正皇帝曾下诏各地立刘猛将军庙，清朝还将刘猛将军列为驱蝗正神，对他的祀礼也抬到与护国神"关圣大帝"同等的地位。如光绪《赞皇县志》载："七月初七日，俗传刘猛将军诞辰，是日人民以五色小帜植木箱上，用长竿两人肩荷，后有旗鼓百戏穿街过巷，已至神前焚楮帛，祈无蝗蝻。"④清光绪四年（1878 年），山西沁州"秋有蚜蚄。……同城官绅祷于蚜蚄山，并议塑刘猛将军像。当日大雨，虫灾遂息。"⑤。1877 年 7 月 21 日《申报》有专文《论蝗》，其中言道，蝗灾暴发后，许多民众"惟知谨备香烛拜祷于刘猛将军之神，

---

① 李跃忠：《李世民何以成了虫王?》，《忻州师范学院学报》2004 年第 5 期。

② 曹飞：《山西清代神庙戏碑辑考》，太原：三晋出版社，2012 年，第 273 页。

③ （清）陈僅：《捕蝗汇编》，李文海、夏明方主编：《中国荒政全书》第二辑第四卷，北京：北京古籍出版社，2002 年，第 713 页。

④ 光绪《赞皇县志》，台北：成文出版社，1969 年，第 400 页。

⑤ 光绪《沁州复续志》，南京：凤凰出版社，2005 年，第 22 页。

并云蝗再不去，惟有恭异将军之像巡行四野代为驱逐"①。光绪四年（1878年）十月十七日记载扬州因五谷丰登于十一月初六、七两日在刘猛将军庙献祭演剧。而在苏州，民间以刘猛将军逐蝗的祭祀仪式和演剧活动更盛：

> 相传神能驱蝗，天旱祷雨辄应，为福畎亩，故乡人酬答尤为心愫。（正月十三日）前后数日，各乡村系牲献礼，抬像游街，以赛猛将之神，谓之待猛将。穹窿山一带，农人舁猛将奔走如飞，倾跌为乐，不为漫亵，名赶猛将。……至七月，是时田夫耕耘甫毕，各酿钱以赛猛将之神。舁神于场，击牲设礼，鼓乐以酬，四野遍插五色纸旗，谓如是则飞蝗不为灾，谓之"烧青苗"。②

那么，这位刘猛将军到底是谁？最早出现于南宋景定年间的苏州猛将庙，所祀神一般认为是宋代抗金名将刘锜。各地的刘猛将军庙也对此说可以佐证，如无锡有一座刘猛将军庙，庙联说："卧虎保岩疆，狂寇不教匹马还；驱蝗成稔岁，将军合号百虫来。"武进刘猛将军庙亦有联称："破拐子马者此刀，史书麻札；降旁不肯以保稼，功比蓐收。"均是对刘锜生死事功的高度概括和写照。③当然，对于刘猛将军的看法，还有南宋循吏金坛人刘漫塘和元末人刘承忠之说④，但影响都不大。

对于刘猛将军的身份除较为主流的说法之外，其实在各地都有着符合当地的一些传说，这些具有明显区域性的传说在客观上也是民间刘猛将军信仰的重要组成部分，如广西瑶族自身就有关于刘大姑娘及刘猛将军的神话传说。⑤而余姚民间祭祀的蚱蜢将军传说为今牟山镇竺山村人，一说为姚北海边人，村人认为他除虫有功而纪念他。余姚西北建有许多"刘将军庙"，如牟山镇竺山村直言"刘猛将军庙"⑥。

当然，民间对于神灵的祭祀并非十分固定，只要哪方神灵能够起到禳蝗之效果，就会对其进行祭祀，所以在普遍祭祀唐太宗李世民和刘猛将军之外，忻州的好蚄梁禳蝗献祭的对象神灵是王母娘娘，该村庄"过去曾有座好蚄庙，正殿神龛所供塑像是王母娘娘，她手捏一只大蝗虫。偏殿后殿里塑有天兵天将、山神土地神，都是听令王母娘娘，治蝗有功者。庙廊四周还画有王母娘娘显灵治虫的壁画"⑦。可见，除了专祀之神灵，各地亦会按照各自区域内最为流行的神灵祭祀予以功能附加。

正是依托这些民间信仰，加之民众出于"禳蝗"这一实用目的，为献祭演剧应对蝗灾这一非理性行为提供了"合法性"的解释。同样道理，立足于民间祭祀的禳蝗演剧酬

---

① 《论蝗》，《申报》1877年7月21日。
② （清）顾禄撰，王湜华、王文修注释：《清嘉录》，北京：中国商业出版社，1989年，第175—176页。
③ 马书田：《中国民间诸神》，北京：团结出版社，1997年，第314页。
④ 李跃忠：《李世民何以成了虫王？》，《忻州师范学院学报》2004年第5期。
⑤ 庞彦强，张松岩：《河北皮影·木偶》，石家庄：花山文艺出版社，2005年，第181页。
⑥ 徐益棠：《广西象平间瑶民之宗教及其宗教的文献》，杨成志等：《瑶族调查报告文集》，北京：民族出版社，2007年，第173页。
⑦ 张余，曹振武：《山西民俗》，兰州：甘肃人民出版社，2003年，第270页。

神之行为亦是在此功利心理和目的的前提下完成的。而中国民间信仰的"万灵崇拜"与"多神崇拜",也在禳蝗祭祀的具体时间中得到了充分体现。

综上所论,禳蝗祭祀演剧作为古代民众巫术禳灾的基本方式之一,虽属非理性行为,但是这种应对灾害灾荒的方式在民众观念中却具有重要的作用。民众以自认为最能够表达虔诚的戏曲艺术作为精神祭品向神灵献祭,从而以期获取护佑而度过灾荒。也正是这样本质上于救灾无效的行为,却成为民众团结应对灾荒不可缺少的心理抚慰与精神支撑,客观上亦形成演剧献祭酬神这一特殊的灾害民俗,且在长久的历时演变中固化传承。

《管子》关于灾害的论说——以《管子·五行》篇为中心

郭 丽

（山东理工大学齐文化研究院）

自从新冠疫情出现以后，人们对瘟疫有了更多的关注，龚胜生教授研究发现，春秋战国时期有 8 次大规模的疫灾①。

从《管子》这部春秋战国时期在齐国形成的文献中，我们可以看到对灾害的记载，以及齐人对灾害的看法、应对措施。《管子》认为自然界主要有五种灾害，《管子·度地》记载："水，一害也。旱，一害也。风、雾、雹、霜，一害也。厉，一害也。虫，一害也。此谓五害。五害之属，水最为大。五害已除，人乃可治。"这里是说，水是一种灾害，旱是一种灾害，风、雾、雹、霜是一种灾害，瘟疫是一种灾害，虫是一种灾害。五害之中，水害危险性最大。只要消除五害，就可以管理好百姓。《管子·五行》就从季候的角度出发，探讨如何避免灾害的产生。

一

近年学界对五行研究较多，主要涉及五行的含义、五行的最早提出、儒家伦理的"五行"内容。根据《汉语大词典》，先秦的五行主要包括以下含义：

其一，水、火、木、金、土。这是我国古代称构成各种物质的五种元素，古人常以此说明宇宙万物的起源和变化。《尚书·甘誓》云："有扈氏威侮五行，怠弃三正。"孔颖达疏："五行，水、火、金、木、土也。"

其二，五种行为。《礼记·乡饮酒义》云："贵贱明，隆杀辨，和乐而不流，弟长而无遗，安燕而不乱，此五行者，足以正身安国矣。"②

其三，五种德行。即仁、义、礼、智、信。《荀子·非十二子篇》云："案往旧造说，谓之五行。"杨倞注："五行，五常，仁、义、礼、智、信是也。"

其四，孝的五种德行：庄、忠、敬、笃、勇。《吕氏春秋·孝行览》云："居处不庄，非孝也。事君不忠，非孝也。莅官不敬，非孝也。朋友不笃，非孝也。战阵无勇，

作者简介：郭丽，女，山东淄博人，山东理工大学齐文化研究院教授，文学博士，历史学博士后，研究方向为先秦两汉文献学、先秦诸子学、域外汉学。

① 龚胜生，刘杨，张涛：《先秦两汉时期疫灾地理研究》，《中国历史地理论丛》2010 年第 3 辑。

② 孔颖达：《礼记正义》，阮元校刻：《十三经注疏》，北京：中华书局，1980 年，第 1684 页。

非孝也。五行不遂，灾及乎亲，敢不敬乎。"①

其五，将的五种德行：柔、刚、仁、信、勇。《淮南子·兵略训》载："所谓五行者，柔而不可卷也，刚而不可折也，仁而不可犯也，信而不可欺也，勇而不可陵也。"②

《马王堆汉墓帛书·老子甲本卷后古佚书》中有《五行》一篇，将"五行"概括为"仁""知""义""礼""圣"，以此五行"刑于内胃之德之行，刑于内胃之行"③，强调了道德的内化性。这与先秦典籍《管子·五行》的内容不同。在《管子·五行》中，"五行"主要涉及"水、火、木、金、土"，其中包含天人感应的内容，开董仲舒《春秋繁露》中"天人相应"之先河。《管子·五行》将春、夏、秋、冬与相应的季候属性结合起来，亦与音乐、政治相结合，其根本的出发点是更好地管理国家，使民众过上更好的生活。《管子·五行》与《管子·四时》相应④。

二

《管子·五行》认为，农桑最为根本，其次是治农桑的器具；人既务本，当以行政治理；人既奉法，当以礼义教之；人既听从教化，当设官以守之；如此则能立功立事；能立功立事，则可与前王比隆；能与前王比隆，可谓王道之最高水平，故云："一者本也，二者器也，三者充也，治者四也，教者五也，守者六也，立者七也，前者八也，终者九也，十者然后具五官于六府也，五声于六律也。"⑤如此则天下大治。根据自然规律，一年过六个月而冬至，六个月而夏至，"六月日至，是故人有六多"。尹知章注曰："阳生至六，为夏至。阴生至六，为冬至。阳至六，为纯阳之多也。阴至六，为纯阴之多也。禀阴阳之纯以生，故曰'人有六多'。"天地为万物生长之根源，人当"以天为父，以地为母，以开乎万物，以总一统"。天为乾为阳，地为坤为阴，人生天地之间，当与天地人和谐为一体，只有如此才能很好地治理国家。

人君顺天应人，并非不作为。人君首先应当明白水的特性，修筑通畅的水道，蓄积足够的水源，避免水旱灾害的产生；认识水性特征，使水安其位，风调雨顺。《管子·五行》云，人君当修治灌溉之水，水土既修，则天尽管有饥馑，也足以待之，"修概水，上以待乎天堇"。又察于五谷之藏，视其不足，"反五藏以视不亲"。治水而祀其神，以观其行于地，以安其位，"治祀之，下以观地位"。陈列龟玉于神庐而祈祷，以使人鬼之气相合，"货曋神庐，合于精气"。神既合聚而飨佑，故风雨得其常，而有常经，"已合而有常，有常而有经"。人禀承天地之气而生，故以声律人情，"审合其声，修十

---

① （战国）吕不韦著，陈奇猷校释：《吕氏春秋新校释》，上海：上海古籍出版社，2002 年，第 736—737 页。
② 何宁：《淮南子集释》，北京：中华书局，1998 年，第 1091 页。
③ 国家文物局古文献研究室：《马王堆汉墓帛书（一）》，北京：文物出版社，1980 年，第 17 页。
④ 此节主要根据《管子·五行》篇的内容，分析《管子》的"五行"主要包含的内容。因为"五行"与"四时"内涵密切相关，本节对于《管子》论述"五行"与"四时"内容之微异，也进行了辨析。
⑤ 黎翔凤撰，梁运华整理：《管子校注·五行》，北京：中华书局，2004 年，第 859 页。

二钟，以律人情"①。得人情则万物极，可谓有德，"人情已得，万物有极，然后有德"。天气以积阳成德，故通阳气然后能事天，又经纬日月，以用于民，"故通乎阳气，所以事天也，经纬日月，用之于民"。地以积阴成体，故通阴气然后能事地，又经纬星历节气，视知其远，"通乎阴气，所以事地也，经纬星历，以视其离"。通乎阴阳天地日月星历之道，然后行不会有过失，所行无不当。黄帝选择谋度而参之，治理天下的水平达到极点，"黄帝泽参，治之至也"。

治理天下，需要明于天地之道，把握自然变化的规律。圣人当择士而治之，"昔者黄帝得蚩尤而明于天道，得大常而察于地利，得奢龙而辩于东方，得祝融而辩于南方，得大封而辩于西方，得后土而辩于北方"。故"黄帝得六相而天地治，神明至"。黄帝依据士之才能任用其职，"蚩尤明乎天道，故使为当时。大常察乎地利，故使为廪者。奢龙辨乎东方，故使为土师。祝融辨乎南方，故使为司徒。大封辨于西方，故使为司马。后土辨乎北方，故使为李"。春夏秋冬不同的季节，主要做的事情各不相同，"春者土师也，夏者司徒也，秋者司马也，冬者李也"②。黄帝调和政理之缓急，始立五声，"昔黄帝以其缓急作五声，以政五钟"。主要是"一曰青钟，大音。二曰赤钟，重心。三曰黄钟，洒光。四曰景钟，昧其明。五曰黑钟，隐其常"。五声和谐，然后始立五行，以正天时，以五官正人之位，天人和调，天地和美，"五声既调，然后作立五行，以正天时，五官以正人位。人与天调，然后天地之美生"。

三

《管子·五行》主张，一年春夏秋冬四季当中，每个季节顺应五行之气，所做的事情各不相同。每一季节施政之时，需要在特定的日子实施政策。尽管一年只有四季，但是春夏两季，五行当中占有三行，分别为木、土、火三行。春日到来，实施政策需要在"睹甲子，木行御"之时。春日到来，遇到甲子日，木行御时，天子出令，论贤不肖，出其财物，赏赐四境之内的民众，"日至，睹甲子，木行御。天子出令，命左右士师内御，总别列爵，论贤不肖士吏，赋秘赐，赏于四境之内"。将储存的粟谷接济于民，使民得以务农，并禁止民斩草木，"发故粟以田数，出国衡，顺山林，禁民斩木，所以爱草木也"。在万物生长的季节，"水解而冻释，草木区萌"，开始农业生产，春生之苗，当以土拥其本，不杀戮幼小的动物，如此则春天草木繁茂不凋枯，"赎蛰虫，卵菱春辟勿时，苗足本，不疠雏鷇，不夭麑麛，毋傅速，亡伤襁葆，时则不凋"③。这项措施"七十二日而毕。"明代刘绩在《管子补注》中解释说："自甲子起，周一，甲子六十日又零十二日得丙子，故曰七十二日而毕。下皆仿此。盖五七三百五十日，又五二为十日，通三百六十日一年之数也。"主要是赏赐官员，爱护开始发芽的草木，给予百姓粮

---

① 黎翔凤撰，梁运华整理：《管子校注·五行》，北京：中华书局，2004 年，第 860 页。
② 黎翔凤撰，梁运华整理：《管子校注·五行》，北京：中华书局，2004 年，第 865 页。
③ 黎翔凤撰，梁运华整理：《管子校注·五行》，北京：中华书局，2004 年，第 869 页。

食，爱护幼小的动物，开始春种。《管子·四时》是按照节气顺序，说明为政的政策与季节的相关性。《管子·四时》将春天实施的政策细化，详细论说春天应当做的政事。春天"东方曰星，其时曰春，其气曰风，风生木与骨"，春天的政策是："宗正阳，治堤防，耕芸树艺，正津梁，修沟渎，甃屋行水，解怨赦罪，通四方。"春天三个月，在甲乙之日发政施令，"是故春三月，以甲乙之日发五政。一政曰：论幼孤，舍有罪。二政曰：赋爵列，授禄位。三政曰：冻解，修沟渎，复亡人。四政曰：端险阻，修封疆，正千伯。五政曰：无杀麑夭，毋蹇华绝芋。五政苟时，春雨乃来"[1]。若是春天实施冬政、秋政、夏政，会造成季候的反常，"是故春行冬政则雕，行秋政则霜，行夏政则欲。"尽管《四时》在《管子》中的顺序在《五行》之前，然《管子·五行》似乎更强调每个季节的特性及违背季节的灾难，《管子·四时》强调了每一季节需要做的政事。《管子·五行》在篇内结尾处论说，春天若是违背政令，则会造成灾难性后果，"睹甲子，木行御。天子不赋，不赐赏，而大斩伐伤，君危。不杀，太子危，家人夫人死，不然则长子死。七十二日而毕"[2]。遇到甲子日木行御之时，天子不赐赏，而大用刑罚，则君主会出现危险；君主因为危险而改变政策，灾难则会降临到太子身上，且家人、夫人有死之灾祸。总之，若是在七十二日之内实施符合春天节气的政令，则风调雨顺；若违背政令，会对统治者形成严重威胁，此种威胁是直指天子、太子、夫人及家人，这对统治者心中造成的恐惧较之《管子·四时》所言季节的反常，威慑性更强。然《管子·五行》在篇内也提出，这种政策即使不符合节令，造成的危害也是在七十二日而毕，这给统治者以调整政策措施的机会。

《管子·五行》重视天子行事与天道的自然和谐，重视自然运行的规律。《管子·五行》云："睹丙子，火行御。天子出令，命行人内御，令掘沟浍津旧涂，发臧任君赐赏，君子修游驰，以发地气。出皮币，命行人修春秋之礼于天下诸侯，通天下，遇者兼和。"为使春天地气发出，君子需要游戏驰马，以适应春天之气。行人以币聘诸侯，周行天下，于是诸侯皆通，天下皆合，于是柔风而至，草木茂盛，民人安康，"然则天无疾风，草木发奋，郁气息，民不疾而荣华蕃。七十二日而毕"[3]。火行御之时，其政令主要是令掘沟浍津旧涂，君子春游以发地气，诸侯朝觐会同，关系和好，这项政策"七十二日而毕"。《管子·五行》春天火行御时的政策，与《管子·四时》中春天"治堤防，耕芸树艺，正津梁，修沟渎，甃屋行水"相合，然对于诸侯的聘问，《管子·四时》没有涉及。违背五行的后果："睹丙子，火行御。天子敬行急政，旱札苗死，民厉。七十二日而毕。"[4]遇丙子，则火行御，天子数行急政，则有"旱札"之灾，民得厉疫而死，如此"七十二日而毕"。

---

① 黎翔凤撰，梁运华整理：《管子校注·四时》，北京：中华书局，2004年，第842—843页。
② 黎翔凤撰，梁运华整理：《管子校注·五行》，北京：中华书局，2004年，第879—880页。
③ 黎翔凤撰，梁运华整理：《管子校注·五行》，北京：中华书局，2004年，第872页。
④ 黎翔凤撰，梁运华整理：《管子校注·五行》，北京：中华书局，2004年，第880页。

夏季遇到戊子日，土行御。此时，天子出令，命司徒御理夏政，不诛杀不奖赏，但务于农事而已，"睹戊子，土行御。天子出令，命左右司徒内御，不诛不贞，农事为敬，大扬惠言，宽刑死，缓罪人。出国，司徒令命顺民之功力，以养五谷。君子之静居，而农夫修其功力极"。实施宽厚的政策，天子出城，司徒号令，顺民以养五谷，此时阴气方生，故静居以遵，农夫勤力事田，天道深邃，无物不有，草木长大，五谷六畜丰获，以是民财足，国家富裕，上下和亲，与诸侯关系和谐，"然则天为粤宛，草木养长，五谷蕃实秀大，六畜牺牲具，民足财，国富，上下亲，诸侯和"①。土行御"七十二日而毕"。《管子·四时》云："春嬴育，夏养长，秋聚收，冬闭藏"，夏季阴气开始上升，五谷六畜生长很快，天子当顺应土气，使农夫勤力耕种，如此则民富国家和谐，与诸侯关系和平。相较之下，《管子·四时》对于夏季的属性及政令论说更为详悉，其文云："南方曰日，其时曰夏，其气曰阳，阳生火与气。其德施舍修乐，其事号令，赏赐赋爵，受禄顺乡，谨修神祀，量功赏贤，以动阳气。九暑乃至，时雨乃降，五谷百果乃登，此谓日德。"《管子·五行》在土德之时为"顺阴气"，《管子·四时》为"动阳气"，为的是秋季获得好收成。《管子·四时》将土德放到极高位置："中央曰土，土德实辅四时，入出以风雨。节土益力，土生皮肌肤，其德和平用均，中正无私，实辅四时。"则土德在五行中处于中心位置。夏季违背节气行政令，对于季候产生很大影响，"夏行春政则风，行秋政则水，行冬政则落"。故夏季三个月，选择丙丁这一天发布五项政令，"一政曰：求有功，发劳力者而举之。二政曰：开久坟，发故屋，辟故窌以假贷。三政曰：令禁扇去笠，毋扱免，除急漏田庐。四政曰：求有德，赐布施于民者而赏之。五政曰：令禁置设禽兽，毋杀飞鸟。五政苟时，夏雨乃至也"②。《管子·四时》对于夏季的政策，侧重点是季节，《管子·五行》侧重点是五行之气本身，强调政策要与五行之气运行相吻合，对于违背五行，强调其灾难性后果："睹戊子，土行御。天子修宫室，筑台榭，君危。外筑城郭，臣死。七十二日而毕。"③戊子日，是土行御之时，土用事，而天子修宫室以乱之，故君有危亡之祸；若筑城郭，亦是动土，故其臣死，如此"七十二日而毕"。

庚子日，是金行御之时，天子发出政令，选择囿圃所养，以供祭祀，并将秋季首先成熟的谷物，作为祭品以供奉到祖庙和五祀。《管子·五行》云："睹庚子，金行御。天子出令，命祝宗选禽兽之禁，五谷之先熟者，而荐之祖庙与五祀。"④"五祀"，尹知章注曰："五祀，谓门、行、户、灶、中溜。"《礼记·月令》云："（孟冬之月）天子乃祈来年于天宗，大割祀于公社及门闾，腊先祖五祀。"⑤郑玄注曰："五祀，门、户、中溜、灶、行也。"王充《论衡·祭意》曰："五祀，报门、户、井、灶、室中溜之功，

①　黎翔凤撰，梁运华整理：《管子校注·五行》，北京：中华书局，2004年，第874页。
②　黎翔凤撰，梁运华整理：《管子校注·四时》，北京：中华书局，2004年，第846—847页。
③　黎翔凤撰，梁运华整理：《管子校注·五行》，北京：中华书局，2004年，第880页。
④　黎翔凤撰，梁运华整理：《管子校注·五行》，北京：中华书局，2004年，第876页。
⑤　孔颖达：《礼记正义》，阮元校刻：《十三经注疏》，北京：中华书局，1980年，第1382页。

门、户，人所出入，井、灶，人所欲食，中溜人所托处，五者功钧，故俱祀之。"①金行御是秋季到来，故"然则凉风至，白露下"。方秋之时，昼则暴炙，夕则下寒露而润之，阴阳更生，故地气交竞而炙实，五谷相连接以成熟，草木丰茂，"然则昼炙阳，夕下露，地竞环，五谷邻熟，草木茂"。顺应节气，则农业获得大丰收，"实岁农丰，年大茂"。金行御共七十二天。"睹庚子，金行御，天子攻山击石，有兵，作战而败，士死丧执政。"遇庚子日，金行御之时，时方收敛，而天子攻山击石，故致兵败之祸，如此"七十二日而毕"。《管子·四时》在秋三月，云当在"庚辛之日发五政"。五政中有些事情禁止去做："一政曰：禁博塞，圉小辩，斗译忌。二政曰：毋见五兵之刃。三政曰：慎旅农，趣聚收。四政曰：补缺塞坼。五政曰：修墙垣周门闾。"②

　　壬子之日，是水行御之时。此时，天子出令，使人御理冬政，其闭藏之气足，则发令休止。如其闭藏之气不足，则拦防盗贼，以助其闭藏之气，《管子·五行》云："睹壬子，水行御。天子出令，命左右使人内御。其气足则发而止，其气不足则发拦渎盗贼，数剥竹箭，伐檀柘。"③数剥削竹箭以为矢，伐檀柘，以为弓，令民出猎禽兽，不择巨少而杀之，所以贵天地之所闭藏，故收猎取禽以助之。故云："令民出猎，禽兽不释巨少而杀之，所以贵天地之所闭藏也。"大地生成万物，故需要顺应天地之道，使万物顺应其自然之势，得以长成，人得以养成。于是"羽卵者不假"，毛胎者不败，孕妇胞胎，母子健康，且草木根本美，皆顺冬闭藏之政所致，如此行"七十二日而毕"。否则会出现严重后果，或者是"王后夫人薨"，或者动物不能正常生长，或者植物的生长也会出现问题，令人敬畏。

四

　　《管子·五行》主张顺应自然规律，在合适的季节做合适的事情，对自然界怀有敬畏之心，客观上注意了生态平衡的问题。天人感应是中国古代哲学中关于天人关系的学说，指天意与人事的交感相应，认为天能干预人事，预示灾祥，人的行为也能感应上天。君主作为行政首脑，须要顺天应人，在适当的季节做适当的事情，以避免祸端，为自己、为家庭和民众带来和平美好的生活。《管子·五行》学说，颇符合先秦齐人的思想，表达了齐地先民对自然的敬畏，这种思想在汉代得到继续发展，董仲舒学习公羊学说，吸收先秦齐学思想。天人感应的思想在《春秋繁露》有更为详细的论说，并有新的发展。

①　黄晖：《论衡校释（附刘盼遂集解）》，北京：中华书局，1990年，第1058—1059页。
②　黎翔凤撰，梁运华整理：《管子校注·四时间》，北京：中华书局，2004年，第852页。
③　黎翔凤撰，梁运华整理：《管子校注·五行》，北京：中华书局，2004年，第878页。

德昂族的物候历与气象灾害防御

李全敏

［云南民族大学云南省民族研究所（民族学与历史学院）］

一、德昂族

德昂族是我国人口较少的民族之一，人口不到两万，世居云南，跨中缅边境分布，信仰万物有灵和南传上座部佛教。该民族的语言属于南亚语系孟高棉语族佤德昂语支，无本民族的文字，因长期与傣、汉、景颇等民族相处，大多会讲傣语、汉语和景颇语。该民族自称"昂"，旧称"崩龙族"，1985年9月经国务院批准，正式更名为"德昂族"。根据该民族妇女裙子上的线条颜色，当地人把她们分为"红德昂""花德昂""黑德昂"等。

德昂族世代居住在云南西部的高黎贡山和怒山山脉的山区和半山区，气候属亚热带，有丰富的雨水、土壤、矿产和森林资源，盛产龙竹，竹身干粗梢长，可做建筑材料，还可做家庭用具和生产工具，竹笋用于食用。

德昂族是一个农业民族，有悠久的农耕历史，主要栽种稻谷、小麦、玉米、荞子、薯类、豆类等传统作物。20世纪50年代后，德昂族开始种植甘蔗、咖啡、橡胶等作物。德昂族的住宅区域周围有蔬菜和果树环绕，蔬菜品种多样，有白菜、青菜、卷心菜、辣椒、茄子、土豆等，水果有香蕉、黄果、木瓜、梨等。

二、德昂族的物候历

德昂族主要分布在山区和半山区，农作物的产出受自然条件影响很大，在长期的山地农耕实践中，该民族积累出一套预测晴雨和气候冷热以开展农耕活动的物候历。这主要包括用动物的行为预测天晴或下雨，用仪式预测气候冷热。[1]

德昂族能通过牛、蚂蚁、鸟、竹鸡等动物的跳、飞、鸣叫等行为来预测天晴或下雨。例如，"下雨时牛跳，天将晴""降雨时飞蚂蚁飞，天将晴""'章达达'鸟鸣叫后两天，将降雨""山中竹鸡鸣叫，会降雨""飞蚂蚁满天狂飞，会降雨"[2]。

基金项目：本文是云南省哲学社会科学普及规划项目"云南少数民族气象灾害防御传统知识读本"（项目编号：SKPJ201914）的阶段性成果。

作者简介：李全敏，女，博士，云南民族大学云南省民族研究所（民族学与历史学院）研究员，研究方向为文化人类学、民族生态学。

[1] 李全敏：《灾害预警与德昂族农耕活动中的物候历》，《西南民族大学学报》（人文社会科学版）2013年第10期。

[2] 云南省编辑组：《德昂族社会历史调查》，昆明：云南民族出版社，1987年，第51页。

德昂族传统上把一年分为十二个月，全年三百五十四天，单月每月三十天，双月每月二十九天。[①]第一个月到第六个月是阳历十一月到次年四月，雨水由少变多，气候由冷变热。第七个月到第十一个月是阳历五月到九月，气候炎热，雨水多。第十二个月（阳历十月）雨水逐渐减少，气候由热转冷。到次年第二个月气候最冷，少雨。按德昂族的说法，第三个月烧白柴仪式后，气候就开始回暖，到第六个月泼水节仪式后，雨水就开始增多。第一个月气候冷，少雨，主要是种小麦；第二个月气候最冷，少雨，这个时段为农闲，主要活动有盖房、纺织、结婚等；第三个月举行烧白柴仪式，气候逐渐由冷转热，少雨，主要从事砍柴、犁坂田、整理田地、浸泡水田、撒秧等农耕活动；第四个月气候逐渐转热，少雨，主要的农耕活动有修水沟、犁地、耙田、采茶；第五个月气候转热，开始有雨水，主要是收小麦、种玉米、犁旱地、撒旱谷、采茶；第六个月举行泼水节仪式，气候逐渐变热，雨水开始增多，主要的农耕活动有栽秧、种苏子、旱谷地除草、采茶等；第七个月气候已经变热，雨水递增，主要农耕活动有薅秧、除草、采茶等；第八个月气候越来越热，雨水增多，主要是收苏子、玉米，采茶；第九个月气候炎热，雨水多，主要的农耕活动有收旱谷、玉米，挖地，种豆，采茶；第十个月气候炎热，雨水多；农耕活动有收水稻，采茶；第十一个月气候热，雨水开始减少，主要农耕活动有打谷、砍柴、采茶；第十二个月气候由热变冷，雨水减少，主要农耕活动有扎草排、犁板田、采茶。

三、德昂族物候历中的气象灾害防御知识

从动物行为预测晴雨，从仪式预测气候冷热，德昂族的物候历呈现出该民族在农耕生活中开展气象灾害防御的地方性知识。

（一）动物行为中的气象灾害防御

达尔文在《物种起源》中提出了自然选择学说。达尔文认为，生物所处的环境是多样的，生物适应环境的方式也是多样的，适应性进化是生物进化的核心，凡是生存下来的生物都是适应环境的，而被淘汰的生物都是不适应环境的，在生存斗争中，适者生存、不适者被淘汰就是自然选择，自然选择过程是一个长期的和连续的过程，生存斗争在进行中，自然选择也在进行中。[②]现存的生物包括人与动植物都是在生物进化过程的生存斗争中适者生存的结果。动物在灾前具有的某种反常现象，其实是它们对环境变化的能动反应。

李永祥教授以 2002 年云南新平哀牢山泥石流灾害为例，研究了泥石流灾害的传统知识及其文化象征意义，他提到："泥石流发生之前，好多村民家中的猪都想往外逃"

---

①　云南省编辑组：《德昂族社会历史调查》，昆明：云南民族出版社，1987 年，第 52 页。

②　Charles Darwin，*On the Origin of Species*，London：John Murray，1859.

"村中出现了老水牛流泪的情况""有一个村民家中的鸭子老跟在主人后面叫""有一个村民称在泥石流发生的半个月前，从哀牢山深处流出来的水有血色"；他认为尽管虽然无法说明动物感知自然灾害的程度，但有的动物在灾前会有某种反常现象。①

德昂族从动物行为预测晴雨，说明了物象表征与灾害防御的结合。动物在灾害发生前表现出来的异常行为，大多都是通过感听器官对周围环境要发生变化的直接反应。在物竞天择、适者生存的环境中，有的动物听觉灵敏，有的动物感觉极快，这些行为反应能力是动物生存知识的积累。因此，动物在生态系统中具有感受灾害发生前引起的区域内物理场与化学场变化的能力，会通过狂躁不安的异常行为来寻求自我保护。

从动物行为预测晴雨是德昂族适应生存环境的一种表达，是该民族开展洪灾防御和旱灾防御的一种地方性回应。在洪灾防御中，"章达达鸟鸣叫后两天，将降雨""山中竹鸡鸣叫，会降雨""飞蚂蚁满天狂飞，会降雨"，这些鸟、竹鸡和飞蚂蚁的活动预测着降雨即将发生，一方面是解除旱情的信号；另一方面是对预防洪灾的提醒。动物表现出来要下雨的行为，有助于在山洪和泥石流易发生之地采取相应的举措，应对即将会发生的自然灾害，保障生命安全，把生产生活损失降到最低。就旱灾防御而言，"下雨时牛跳，天将晴""降雨时飞蚂蚁飞，天将晴"，牛和飞蚂蚁在下雨时的这些活动，预示着降雨即将结束。在发生洪灾之地，这是解除洪灾的征兆。但在易发生旱情之地，这却是对预防旱灾的提示。

（二）仪式中的气象灾害防御

德昂族从具体仪式中预测气候冷暖，显示出仪式与气象灾害防御的联系。

在农耕周期的第三个月，德昂族会举行烧白柴仪式（德昂语：dohimaibong），烧白柴仪式，一般在农历正月十五日下午举行。这个仪式旨在驱赶冷季和迎来暖季。老人说，该仪式过后，气候就开始变热了。这不但预示着繁忙的农耕活动即将开始，也是对天气变热后可能会有一些气象灾害来临的预警，如久旱不雨等。

到了农耕周期的第六个月，德昂族举行泼水节仪式（德昂语：hongpra）。泼水节是南传上座部佛教村落的传统新年，是德昂族一年中最隆重的仪式活动，于每年阳历四月中旬举行。这是一个村民给佛像洒水和互相之间泼水的仪式，通常持续三天。村民们认为，水能把头一年的灰尘污垢洗净，给他们一个干净的新年。村民在仪式期间不劳作，全程参加所有活动。这个仪式旨在用水洗去头一年的灰尘污垢，迎来一个干净清爽的来年。老人说，这个仪式结束后，雨水就开始增多了，这不但预示着农忙季节马上开始，也同时是对雨季来临后可能会有一些气象灾害发生的预警，如暴雨、久雨成涝等。

---

① 李永祥：《泥石流灾害的传统知识及其文化象征意义》，《贵州民族研究》2011 年第 4 期。

四、德昂族的物候历对气象灾害防御的启示

德昂族世居的云南西南部的山地环境，因生态变迁和雨量不稳，会有干旱、山洪，部分区域还有泥石流发生，这些灾害严重地威胁到当地人的生存安全。德昂族的物候历，是该民族在长期生产生活实践中积累的地方性知识，揭示出人类对环境的适应性，以及应对灾变的防御体系和文化机制之间的联系。更重要的是，这份地方性知识融预见性和地方性于一体，对当前社会的气象灾害防御具有重要的启示。

（一）用民间气象知识开展气象灾害防御

目前的气象灾害防御已经用上了卫星探测、遥感技术等，其中气象预报是气象灾害预防的主要途径，气象预报对天气变化的估测，主要依靠气象台用仪器对天气变化的数据进行记录，对某一特定区域的某一部分在某一特定期间内预期的气象情况做说明，在数据汇总输入专用电脑后，就可以绘制天气图，并对未来几天的天气做预报。技术、仪器、数据、电脑、受过专业培训的工作人员，是当代气象预报的必备条件。而且，气象灾害预警传播方式，通常是通过收音机、电视、报纸、手机短信等现代通信工具来传播。然而，在边远的山地区域不一定有这些现代通信工具和专门技术人员来接收和整理气象灾害预警信息。因此，地方的民间气象知识尤显重要。

民间气象知识作为一种传统知识，具有科学性、预测性、地方性、群体性、实用性等特点。在传统知识对灾害预警的意义中，美国著名学者安东尼·奥利弗－史密斯（Anthony Oliver-Smith）和苏珊娜·M.霍夫曼（Susanna M. Hoffman）认为，大多数的灾害和危机具有特定的环境系统元素特征，如干旱已经在非洲撒哈拉地区发生了上千年，飓风发生在大西洋和美国海岸地区，地震发生在美国西海岸、地中海地区和大部分的亚洲地区。而这些地区的每一个民族都有对付灾害的传统知识和方法。[1]事实证明，那些受自然灾害困扰多的少数民族都有丰富的应对灾害的传统知识，即使当地的社会平衡系统遭到破坏，文化系统和社会凝聚力也能使社会功能得到恢复和发挥作用。[2]

德昂族是一个世居滇西南的农耕民族，在长期与自然互动的过程中，积累了丰富的生产生活经验，形成了自己应对灾害的传统知识，他们的物候历就是其中的一个部分，即便灾害破坏了其社会平衡系统，其传统知识传递出的文化机制和社会凝聚力同样能对社会功能的恢复发挥作用。

德昂族农耕活动中的物候历，蕴涵着传统的民间气象知识。这份民间气象知识是一种经验的传承，来自该民族长期与自然环境互动的观察和总结，其传播是在日常的生产和生活中进行的，而非现代通信工具仅做信息传递可比。这份民间气象知识是德昂族长

① Susanna M. Hoffman and Anthony Oliver-Smith, *Catastrophe and Culture: The Anthropology of Disaster*, New Mexico: School of American Research Press, 2002, pp.3-22.
② William I. Torry, Anthropological Studies in Hazardous Environments: Past Trends and New Horizons, *Current Anthropology*, Vol.20, 1979, pp.517-540.

期观察积累的结果，经过了社会实践的反复检验，是农耕活动的产物，在没有任何自然科学预报气象的时代里，他们世世代代凭借自己总结出来的经验去指导农事活动，尽量避免和减少自然灾害对他们的生产和生活的影响，表现出预见性、实用性、地方性、大众性等特征。这为当代社会灾害预警提供了民间应对的气象知识。

（二）用地方应对的文化实践开展气象灾害防御

德昂族的物候历把民族性与知识性融为一体，通过仪式具体凸现出来，为气象灾害防御提供着地方应对的文化实践。仪式是生产生活的集中体现，在德昂族的农耕周期中，第三个月的烧白柴和第六个月的泼水节，是德昂族以仪式的方式拉开农忙季节中对气温高低和雨水多少对农作物生产和收成影响的估测。在每一个仪式举行的过程中，仪式专家和全体村民都在祈祷风调雨顺、人畜平安，作物生长收成好。烧白柴仪式具体指向驱赶寒冷（意指把不利农耕生产的灾害赶走），准备开始农耕生产；泼水节仪式具体指向把污垢洗净（意指把产生灾害的苗头驱除），迎接一个吉祥平安的来年。

在人类学仪式研究中，彭文斌教授提到，仪式被称为"行动中的信仰"，单"就具体的层面而言，仪式的探索对宗教、文化和人格的研究都提供了不少独到与多维的视野"①。维克多·特纳（Victor Turner）把仪式描述为用于特定场合的一套有规定的正式行为，有技术惯例，充满对非经验的存在或力量的信仰，这些存在或力量被视为产生所有结果的原因。仪式可以用来消除社会结构中的压力与紧张感，具有稳定社会群体的作用。②美国人类学家克利福德·格尔茨（Clifford Geertz）则认为："仪式是介于文化观念和社会经验之间的实践，是社会文化变化的重要机制，仪式不仅能表述社会结构，更重要的是它能体现出对现实生活的意义，如规避灾害、邪恶与磨难等。"③

按维克多·特纳对仪式的描述来剖析德昂族的烧白柴和泼水节，不难看出这两个仪式都有一整套用于特定场合的正式行为，也有各自的技术惯例，体现着对非经验的存在或力量的尊崇。烧白柴和泼水节，可以消除德昂族对即将从事的农耕生产的压力与紧张感，具有稳定和整合群体的作用。从克利福德·格尔兹的观点来解读，这两个仪式都体现出仪式是介于文化观念与社会经验之间的实践，是社会文化变化的重要机制，它表述着社会结构，用风调雨顺、人畜平安、作物生长收成好等愿望体现出其对现实生活的意义，从心理上防御可能会发生的灾害。

美国著名人类学家安东尼·奥利弗-史密斯和苏珊娜·M.霍夫曼指出，灾害的出现先是环境脆弱性的表现，"在殖民化、全球化和其他一些势力的干预发生之前，许多社会在其本土实践中，都有应对其物质环境特性的知识与策略"④。法国学者德萨杂

---

① 彭文彬，郭建勋：《人类学仪式研究的理论学派述论》，《民族学刊》2010 年第 2 期。
② Victor Turner, *The Forest of Symbols: Aspects of Ndembu Ritual*, Cornell: Cornell University Press, 1967.
③ Clifford Geertz, *Local Knowledge: Further Essays in Interpretative Anthropology*, New York: Basic Books, 1983.
④ （美）奥利弗-史密斯，苏珊娜·M.霍夫曼：《人类学者为何要研究灾难》，《民族学刊》2011 年第 4 期。

（D'Souza）之前也认为，生活在易发生灾害之地的社会都有传统的应对灾害的方法。①在我国，李永祥教授在评述灾害的人类学研究中指出："虽然有的灾害是不可以预测的，但这不等于没有传统知识对此做出反应。少数民族的传统知识就被认为是预警和减少灾害的重要资源。"②他以云南元谋县姜驿乡傈僳族社区为例，指出傈僳族对干旱灾害的回应主要有寻找自然水源点，保护原有蓄水；人背马驮保饮水；学校和家中节约用水；建立抗旱先锋队和"三包"责任制，帮助弱势群体；提前春耕备耕，调整种植结构；外出打工；针对脆弱环境，申请生态移民等方式，这些是傈僳族在长期的适应过程中积累起来的应对灾害的传统知识的具体体现。③罗康隆教授通过研究贵州麻山苗族治理石漠化灾变，关注地方性知识与生存安全的联系，依靠文化力量化解生态灾变，以磨合推进、最小改动、弥补缺环等方法，尽可能地调度自然力和生物的本能，在喀斯特石漠化荒山实施生态恢复，了解文化与生态系统的耦合关系，提出地方性知识体系是人类应对各类灾变的生存智慧，其中"应对自然灾变，民族文化的建构只能是在承认其客观存在的基础上，做出最经济最有效的抗风险适应"④。付广华以广西龙脊壮族为例，讨论了气候灾变的乡土应对，即以传统生态知识为基础，采取复合型取食策略、对水资源、森林实施有效管理，从根本上恢复区域生态系统的良性运行，突出传统生态知识在应对气候灾变中具有独到的价值。⑤叶宏以四川凉山彝族灾害文化和当代实践为例，研究地方性知识与民族地区防灾减灾之间的联系，提出当地的防灾减灾知识来自对生境的适应与利用、对生计方式的文化适应、对天气的预测与利用，以及仪式对缓解危机、心理治疗和缓解社会结构的功能。⑥这些已有的研究都在说明，少数民族的地方性知识是自然灾害防御的重要内容。

五、结语

综上所述，本文以云南德昂族为例，通过研究该民族经过长期农耕活动积累下来的物候历，剖析该民族如何用他们的地方性知识在生产生活中开展气象灾害防御，以此展现地方性知识对灾害防御的价值，以及人类适应环境的生产生活经验对气象灾害防御的意义。

德昂族用物候历开展气象灾害防御，仅是我国一个少数民族适应环境的生产生活经

① Frances D'Souza, Anthropology and Diasters, *Royal Anthropological Institute News*, Vol.30, No.3, 1979, p.2.

② 李永祥：《灾害的人类学研究述评》，《民族研究》2010年第3期。

③ 李永祥：《傈僳族社区对干旱灾害的回应及人类学分析——以云南元谋县姜驿乡为例》，《民族研究》2012年第6期。

④ 罗康隆：《地方性知识与生存安全——以贵州麻山苗族治理石漠化灾变为例》，《西南民族大学学报》（人文社会科学版）2011年第7期。

⑤ 付广华：《气候灾变与乡土应对：龙脊壮族的传统生态知识》，《广西民族研究》2010年第2期。

⑥ 叶宏：《地方性知识与民族地区的防灾减灾——人类学语境中的凉山彝族灾害文化和当代实践》，西南民族大学2012年博士学位论文。

验积累的部分体现。我国少数民族众多，分布的区域不同，各自的生计方式也有不同，有的以游牧为主，有的以农耕为生。每个民族都有自己防御气象灾变的地方性知识。关注少数民族应对自然灾变的地方性知识，或许可以进一步地探索地方性文化机制对环境的影响。

灾害治理的壮族效能：
以清代张鹏展北京治水为例的考察

廖善维

（广西大学文学与文化研究中心）

张鹏展，字从中，号惺斋，又号南崧，清代著名壮族历史人物，与晚清以铁腕治滇、援越抗法著称的另一个壮族历史人物岑毓英并称"文张武岑"。历史上，张鹏展传记文献颇多，光绪《上林县志》、民国《上林县志》、1989 年版《上林县志》、2009 年版《广西通志·人物志》等均为张鹏展立传，大略反映了张氏生平事迹，但也存在不少问题。其中，张鹏展参与北京水灾治理一事，历来为史家称赞，诸多史料皆有提及，而学界对于张鹏展北京治水的具体时间颇有争议，且相关举措及其贡献亦鲜有详论，甚至屡有讹误，未能尽显张氏参与此项国家重大灾害治理历史事件的始末、作用及其意义。笔者不揣固陋，拟就该问题做一些考辨及论述，以求教于方家。

一、张鹏展参与北京水灾治理的时间

有关张鹏展北京治水的记载，较为常见的是方志文献。如光绪《上林县志》相关记载较早，其卷八"人物"部分载：

> 张鹏展，字南崧，巷贤乡留仙村人，乾隆己酉翰林，屡主文衡，皆以端士习、树人材为己任，晚岁主讲秀峰书院，得士尤多。官御史时，巡视南城，值大水，沟涂莫辨，民皆露宿不得食，令善泅者绲路为识，引桴渡之，俾得就食，全活三万余人。①

该传对张氏北京治水一事不提及具体时间，只略记"官御史时"。可见，编纂者对此并无十足把握，只能确定的是张氏北京治水发生在御史任内。光绪《上林县志》之编

基金项目：国家民委民族研究青年项目："《峤西诗钞》对民族共有精神家园的建构及其意义"（项目编号：2020-GMC-036）；广西高校中青年教师科研基础能力提升项目"清代广西诗歌总集的流变及其影响研究"（项目编号：2019KY0019）。

作者简介：廖善维（1985—），广西荔浦人，现任广西大学文学与文化研究中心讲师，中国少数民族文学学会理事、中国民俗学会会员。

① 光绪《上林县志》卷八《人物》，清光绪二十五年（1899 年）刻本，第 9 页。

纂者黄世德，字绍堂，广西上林人，与张鹏展季子张元铭属同时期之人，两人皆考取道光十五年（1835 年）拔贡，黄氏于张鹏展事迹应不陌生。在当时及稍晚的一个时期，张鹏展事迹已然模糊，实在让人费解。故而后世史家多参光绪《上林县志》，且无进一步考证，如民国《上林县志》所载张鹏展传中有云：

> 张鹏展，字南崧，滋之四子。少成家学，刻苦淬砺，事父母，尽孝养之诚，平生耿介谦逊，于言动俱恭而有礼。乾隆五十三年考取拔贡，是秋即举于乡，次年成进士。入翰林，散馆授检讨，为武英殿纂修。五十七年，充云南乡试副考官。差旋复命，擢福建道监察御史。巡视南城时，值京师大水，沟洫盈溢，泛滥几如汪洋一片。民多栖止高处，无从得食，嗷嗷待毙。鹏展令善泅者绹路为识，引桴渡之，俾得就赈，计全活者三万余人。①

比较而言，民国《上林县志》内容更详细，但张鹏展北京治水一事仍承光绪《上林县志》之说，略记为"巡视南城时"。与上述两种文献模糊记述不同，1989 年版《上林县志》首次提出了张氏北京治水的确切时间：

> 乾隆五十七年（1792 年），京城一带遭大水灾，乡民缺衣无食，嗷嗷待毙。张鹏展奉旨救济灾民，日夜劳瘁，并引渡灾民脱险，赈以衣食，"全活者三万人"②。

2009 年版《广西通志·人物志》亦持此种看法：

> （乾隆）五十七年任云南乡试副考官，旋提福建道监察御史，奉旨赈济京师一带被洪水围困的灾民，使 3 万民众得救。③

可见，学界达成了一定的共识：即张鹏展参与了北京水灾治理，但对其参与治水的时间则意见不一。不同意见大致有两类：前两种文献认为大约"官御史时"或"巡视南城时"，后两种文献则明确地认为"乾隆五十七年"。然而在笔者看来，史家历来对此疏于考证，前者失之粗略，后者失之讹误。翻检《清史稿·灾异志》《清实录》等多部清代文献，清代北京共发生五次特大水灾：顺治十年（1653 年）、康熙七年（1668 年）、嘉庆六年（1801 年）、光绪十六年（1890 年）和光绪十九年（1893 年），并未见乾隆五十七年（1792 年）北京重大水灾发生的相关记载。且这一年张鹏展以翰林院检讨之职，奉命到云南出学差。法式善《清秘述闻》卷八载：

---

① 民国《上林县志》卷十一《人物部上》，台北：成文出版社，1968 年，第 621 页。
② 上林县志编纂委员会：《上林县志》，桂林：广西师范大学出版社，1989 年，第 488 页。
③ 广西壮族自治区地方志编纂委员会：《广西通志·人物志》，南宁：广西人民出版社，2009 年，第 72 页。

（乾隆五十七年）云南考官编修王宗诚，字中孚，江南青阳人，庚戌进士；检讨张鹏展，字从中，广西上林人，己酉进士。①

因此，乾隆五十七年（1792 年），张鹏展并无参与北京水灾治理之可能，1989 年版《上林县志》、2009 年版《广西通志·人物志》所记皆误。那么，张鹏展参与北京水灾治理时间有可能是在其御史任内吗？韦天宝诗《祝南崧师寿并序》有注云：

先生官御史时，遇事敢言，上嘉其直。值南城水灾，奉命往赈，不辞劳瘁，日夜筹画，凡活数万人。②

韦天宝（1786—1821 年），字介圭，号绹斋，广西武缘人，嘉庆二十五年（1820 年）进士，与张鹏展另外两位弟子广西上林人黄金声、广西临桂人黄暄并称"两斋一庭"。韦天宝自桂林秀峰书院受业起，从游张鹏展门下多年，对其生平事迹极为熟悉。韦氏诗序亦云：

南崧先生为天宝受业师，其里居、世德及生平志事，居官大略，天宝以从游日久，故知之最详。③

作为张氏入室弟子，韦天宝所论当为可信。张鹏展考选御史在嘉庆五年（1800 年）④，那么其北京治水应为嘉庆五年（1800 年）以后之事。《清史稿》载：

六月，武清、昌平、涿州、蓟州、平谷、武强、玉田、定州、南乐、望都、万全、大兴、宛平、香河、密云、大城、永清、东安、抚宁、南宫、金华大水，滦河溢，永定河溢。⑤

嘉庆六年（1801 年）六月，滦河、永定河决口，直隶一带发生百年不遇的特大水灾，130 多个州县中，受灾的多达 90 多个，堤防崩塌，房屋坍塌，灾民流离失所，农作物绝收，造成了重大灾害和经济损失。又据姚文田《祭张南崧文》载：

辛酉之夏，淫雨大行，京畿垫溺，沟堑皆盈。帝命公往，安宅是营，筏渡粟振，民以复宁。⑥

① （清）法式善：《清秘述闻》卷八《乡会考官类八》，清嘉庆四年（1799 年）刻本，第 23 页。
② 民国《上林县志》卷十五《艺文部下》，台北：成文出版社，1968 年，第 865 页。
③ 民国《上林县志》卷十五《艺文部下》，台北：成文出版社，1968 年，第 864 页。
④ 据清光绪刻本《国朝御史题名》载，张鹏展于嘉庆五年（1800 年）考选福建道御史。
⑤ 《清史稿》卷四十《灾异一》，北京：中华书局，1977 年，第 1550 页。
⑥ （清）姚文田：《邃雅堂文集续编》，清道光八年（1828 年）刻本，第 66—67 页。

姚文田（1758—1827 年），字秋农，号梅漪，浙江归安人。嘉庆四年（1799 年）己未科状元，官至礼部尚书。姚文田与张鹏展皆以治学严谨、为官耿直著称，两人过从甚密。道光七年（1827 年），张鹏展去世，姚文田在悲痛中写下了《祭张南崧文》，以悼念亡友。文中略述张氏毕生事迹，而"辛酉之夏"一段，记述的就是嘉庆六年（1801 年）张鹏展参与北京治水一事。毫无疑问，张鹏展北京治水的确切时间当为嘉庆六年（1801 年）夏。

至于"官御史时"，还是"巡视南城时"，尚存疑问。又据《嘉庆帝起居注》"嘉庆六年四月二十一日"条载："察院奏请简派巡视中城、南城二缺，带领科道各员引见，奉谕旨：'巡视中城著李蘐去，巡视南城著张鹏展去。'"①可知，嘉庆六年（1801 年）四月底，张鹏展已奉命巡视北京南城，上任未久即遇到百年不遇的特大水灾。因此，张鹏展北京水灾治理活动当在任南城巡视御史之时。

二、张鹏展在北京水灾治理中的作为

上述文献所提及的张鹏展北京水灾治理活动主要有两个方面：一是抢险，由于灾民避水而多栖止高处，张鹏展"令善泅者絙路为识，引桴渡之"，营救灾民，解决生命安全问题；二是赈以衣食，解决灾民的温饱问题。韦天宝认为张氏治水不辞劳瘁，日夜筹划，"凡活数万人"，光绪《上林县志》等文献认为："全活者三万余人。"可见嘉庆六年（1801 年）张鹏展北京水灾治理活动是富有成效的，其宦绩作为受到时人及后世史家赞誉。然而上述文献记载过于简略，未能完整展现张氏北京治水的过程与作为。其北京水灾治理活动不仅包括抢险、煮赈，还包括勘灾、展赈等，故有详细论述之必要。

一是前期勘灾、抢险。张鹏展所巡视的北京南城与皇家猎场南苑②邻近，均地处永定河及其支流凉水河流域，几处决口均在南城外周围区域，按照嘉庆帝上谕中的说法，严重程度"几成泽国"。由庆桂等人于嘉庆七年（1802 年）编写的《钦定辛酉工赈纪事》详细记录嘉庆六年（1801 年）夏北京特大水灾治理过程，其中有关张鹏展参与勘灾、抢险，稽查南城永定门、右安门外的放赈、煮赈等方面的史料颇为充实。据该书卷一载，水灾初期，张鹏展、达灵阿③于六月初四日接到水患报告，即亲到城外查探灾情。初七日，张鹏展上奏汇报勘灾情况：

---

① 中国第一历史档案馆：《嘉庆帝起居注》第 6 册，桂林：广西师范大学出版社，2006 年，第 154 页。

② 南苑又称"南海子"，是元、明、清三代的皇家苑囿，地处古永定河流域，地势低洼，泉源密布，多年的河水、雨水和泉水汇集，形成大片湖泊沼泽，草木繁茂，禽兽、麋鹿聚集。清代皇帝多次到南苑打猎和阅兵。南苑的范围很大，位于今北京市丰台区和大兴区境内。张鹏展奏折中所称"海子墙"，即南苑北墙。

③ 巡视南城御史满、汉各一员。《清史稿》卷 115 载："巡视五城御史，满、汉各一人，科道中简用，一年更替。掌绥靖地方，厘剔奸弊。兵马司指挥、正六品。副指挥、正七品。吏目，未入流。自正指挥以下俱汉员。五城各一人，掌巡缉盗贼，平治道路，稽检囚徒，火禁区为十坊领之。"又据清光绪刻本《国朝御史题名》载："达灵阿，镶黄旗满洲人，嘉庆四年由工部员外郎补授山东道御史。后掌礼建道，巡视东漕，升太仆寺少卿。"

　　本月初四日，据分驻关外副指挥陈韶报称，初三日夜雨水涨益（溢），臣等即日亲到城外，见水势涌漫，未能遍查。当即饬令副指挥陈韶传齐四门总甲，讯问各处情形。据总甲人等称，南城外涨水二条，一条由西头石景山、大井、丰台、角儿堡、马家堡归于凉水河，直通于南顶；又水一条，由蔡户营、铁匠营亦归于凉水河，直通于大红门内。南顶大石桥栏杆冲损，桥北御制诗碑一座敧侧。大红门东，由栅子口地方，冲塌海子墙二百余丈。水出东红门，由马驹桥归于凤河。各处村庄房屋冲塌三五间、七八间不等，居民亦有避水各处觅居者。臣等随饬该指挥，督率各总甲及附近居民人等，渡水分往各处，招呼避水男女，于各处寺观暂行安插寄宿。俟水势稍落，臣详查有无淹没田庐、损伤人口，再行具奏。

　　清代，北京以正阳门、宣武门、崇文门一线为界，北部往往被称作"内城"，南部则被称作"外城"。而张鹏展所巡视之南城，下辖东南、正东二坊。就地理范围而言，这两坊既辖有内城，也辖有外城的一部分，但统辖的范围、面积以外城为居多。东南坊所辖内城部分只包括"东至兵部窪，与正东坊交界，南至二庙城墙止。西至太平湖西城墙止，北至长安右安门大街中分至就日坊，迤西与西北二城交界"。正东坊所辖内城也只包括"自正阳门内碁盘街迤东，至崇文门内大街，中分与东城交界，自碁盘街迤西，至头庙，与东南坊交界"。外城部分包含的面积则更大，东南坊下辖六铺，正东坊下辖五铺，两坊第一至第六铺（五铺）大致按从北至南分布排列。北京南城南段部分，包括东南坊第五铺、第六铺以及正东坊第五铺。东南坊"第五铺系广宁门外地方，东至右安门城墙止，南至关帝庙，与右安门交界，西至大井村，与西城关外坊交界，北至接待寺，与宛平县交界，第六铺系右安门外地方，东至永定门大道中分，与正东坊交界，南至西红门、三官庙，与大兴县交界，西至七里庄，与宛平县交界，北至关帝庙，与广宁门外交界"。正东坊第五铺与南苑北墙交界一带，"系左安门外地方，东至波罗营、西直河一带地方，与通州交界，南至南苑北墙下止，西至永定门外大道，以路中与东南坊分届，北至八里庄燕窝一带地方"①。南城的南段区域正是嘉庆六年（1801 年）夏北京受水灾影响严重的区域之一，这与张鹏展奏折中所描述的南顶庙、大红门、东红门、海子墙（南苑北墙）一线灾情范围是吻合的。作为巡城御史，张鹏展拥有哪些职权，以迅速推动水灾治理？由于清代京师实行多元化、多层级管理，除顺天府外，包括步军统领、五城②巡城御史等多个机构也参与管理，互相协调，职能多有重叠之处。因此，步军统领、五城巡城御史、顺天府均为北京水灾治理的职能机构。据《清史稿》卷一百四十四载："京师笞、杖及无关罪名词讼，内城由步军统领，外城由五城巡城御史完结。"由此可见，从职能重心而言，步军统领重在内城，而五城巡城御史重在外城。巡城御史隶属于都察院，负责巡查京城治安管理、审理诉讼、缉捕盗贼等事，并设有巡城御史公署，

　　① 清代五城界限可参见允裪纂《钦定大清会典则例》卷一百四十九"都察院五"。
　　② 所谓"五城"，即清代北京中城、东城、西城、南城、北城。

如"巡视南城察院"等。五城巡城御史通过下属的五城兵马司的正、副指挥及吏目进行分界治理，对京师内外城拥有相当大的管理权。因此，水灾初期，除亲赴南城外水灾前线勘灾外，张鹏展还迅速调动、督率兵马司官兵开展抢险、救人、安置等水灾治理活动。

因此，在奏折中，张鹏展一方面及时向嘉庆帝汇报了南城外的永定河及其支流凉水河流域水势、流向、决口以及水灾破坏情况；另一方面汇报面对灾情而采取的抢险、营救、安置灾民等应急措施。张鹏展第一时间提供了南城区域水灾的真实情况，为清廷整体的水灾治理决策提供了客观依据。

二是中期稽查放赈、煮赈。水灾发生后，受灾贫民涌向寺庙、土山高处避难，口食无资，流离失所。《钦定辛酉工赈纪事》卷二载："本月初八未刻，据右营永定汛都司海龄阿呈报，右安门外厢内增寿庵、三官庙、地藏庵三庙，共存有被水难民大小男妇四百二十八名口。又该处民人薛大，家内存留难民男妇四十七名口。四处共存难民四百七十五名口。"① 六月初九日，步军统领衙门还报告了另外一组数据：中顶庙存有难民千余名，永定门外海会寺等庙宇也存留难民三百八十名，土山上也有难民二十余名。这些灾民原居住城外土房，因水灾被淹，纷纷向南城属地内的永定、右安门外附近寺庙、土山等高阜处所逃难，他们中有自带干粮者，亦有无食者。因此设法急赈，解决灾民的温饱问题，势在必行。于是，张鹏展等奉命"于户工二部钱局内领出制钱二千串，带赴永定门、右安门外一带，将该处被水难民按名抚恤，或给予钱文，或购买米面散给，俾资果腹"②。

由于灾民较多，以面食散给的急赈之法并非长计。"日来统计远近村庄一百余处，共有两万两千余人。现在面价日见增长，人数更多，每日散给面食及载运船只脚价、人役工食等项，约需制钱三百余串。所领钱文，今又将次用完。"③ 从六月初九日至二十四日，急赈前后不过十天，分两次下拨的约四千串制钱，显然不足以应付局面。与此同时，由于水势减退，附近百姓得以陆续前来领赈，灾情形势严峻，迫使治理手段由租船分投面食转为设厂集中放赈。七月初一日起在永定、右安门外统一发放米石。"领赈饥民，现在永定门、右安门外两处，约共二万九千数百余人，较前并无增多。所有恩赏米石，因人数众多，若一时放给，恐致拥挤。现在按照村庄户口，酌分三起，每日放给一起，每起放给三日口粮。自初一日起轮散，周而复始，每日约用米八九十石不等。"④ 七月底，一个月赈济期满，嘉庆帝认为："此时大赈尚未开放，著再加恩于现在散赈之增

<hr>

① （清）庆桂等：《钦定辛酉工赈纪事》，李文海，夏明方，朱浒主编《中国荒政书集成》第4卷，天津：天津古籍出版社，2010年，第2317页。
② （清）庆桂等：《钦定辛酉工赈纪事》，李文海，夏明方，朱浒主编《中国荒政书集成》第4卷，天津：天津古籍出版社，2010年，第2317页。
③ （清）庆桂等：《钦定辛酉工赈纪事》，李文海，夏明方，朱浒主编《中国荒政书集成》第4卷，天津：天津古籍出版社，2010年，第2343页。
④ （清）庆桂等：《钦定辛酉工赈纪事》，李文海，夏明方，朱浒主编《中国荒政书集成》第4卷，天津：天津古籍出版社，2010年，第2368页。

寿寺地方，照五城之例，设立饭厂，煮赈一月，每日给米三石，俾无力觅食之人得以糊口……著交陈嗣龙、刘湄督同派出御史等妥为散放，实力稽查，俾灾黎均沾实惠。"① 右安门、永定门外均属南城地界，上述嘉庆帝上谕中所说的"派出御史"即为张鹏展与达灵阿。故此阶段，张鹏展常驻城外，每日监守饭厂，稽查放赈、煮赈，历时两个月。《钦定辛酉工赈纪事》卷二十二载：

> 八月二十七日（辛未），陈嗣龙、刘湄奏言："臣等遵旨督同御史达灵阿、张鹏展等每日稽查放赈，迄今已将匝月，所有领赈人数，节经奏闻。现在护城河早已兴工，附近居民多往佣作，不独壮者可资口食，所给工钱，并可使其家中老弱妇女不能觅食之人，亦得借以养赡。且大赈在迩，民情至为宁帖。计自本月初一日煮赈起，至三十日期满，似可停止。"奏入报闻。②

至此，北京水灾治理由急赈阶段转入大赈、工赈阶段。以工代赈不仅能疏浚河道、加固河堤等防洪设施，还能解决青壮劳动力的就业与衣食问题。但实际上，仍然有许多羸弱灾民并未能因工赈获益，依然有赖于煮赈活命。

三是后期奏请展赈、增设饭厂。清制每年冬春之际，五城都按惯例设饭厂煮赈至次年三月，以帮助贫民渡过难关。嘉庆七年初，为北京特大水灾后的首春，京畿附近涌进北京城的灾民达到数万人。城内出现了贫民间抢夺粮食等治安案件，而城外亦出现偷窃树木充饥等恶性事件。这些涉及缉捕、惩治盗抢等工作本为巡城御史职责内之事，但由于犯案之人因受灾饥饿所致，张鹏展处置起来觉得"其情殊属可悯"。同时清廷在五城设厂平粜，即调用国家储备粮平价入市，平抑日益上涨的粮价。但张鹏展认为买得起粮食的人尚属次贫，那些赤贫之民对于平价粮也根本无力购买，即使有米也无法熟食。因此，嘉庆七年（1802 年）三月初六日，张鹏展奏请煮赈展期一两个月，同时在离城较远的中顶增设粥厂。《钦定辛酉工赈纪事》卷三十二载录了张氏奏折内容：

> 同日（笔者注：三月初六日），张鹏展奏言："查五城饭厂，向例于三月二十日停止。臣细察情形，近日饭厂饥民，每厂二千余人至三千不等，合计十厂，约有三万上下。每日按人给饭，而街弄倒卧者尚多。且僻巷贫民间有抢夺口食之事，一经查拿，不得不按法惩治，其情殊属可悯。若饭厂不日遽停，嗷嗷者更将何所资借？现在五城设厂平粜，使米价稍平，以惠贫户。但有力买米者尚属次贫，其赤贫无依者势难购米，即有米亦难熟食，必须饭厂方可养济。每厂日用米数石，统十厂而论，每月不过千石。目下平粜各色米约共五万余石，将零数为饭厂之用，展赈一两

---

① （清）庆桂等：《钦定辛酉工赈纪事》，李文海，夏明方，朱浒主编：《中国荒政书集成》第 4 卷，天津：天津古籍出版社，2010 年，第 2389 页。

② （清）庆桂等：《钦定辛酉工赈纪事》，李文海，夏明方，朱浒主编：《中国荒政书集成》第 4 卷，天津：天津古籍出版社，2010 年，第 2412 页。

月，亦可养活数万生灵，而京畿更觉安洽。至外城右安门外中顶等数十村，去岁被水较重，现在一片砂砾，民食维艰，树皮、木叶亦借以充腹，偷窃树木之案，不一而足。现经兵役拿获多人，此皆穷苦所致。其地段离城内饭厂及卢沟桥、大井等处，俱相距十余里，难以领饭度日，可否在中顶添设饭厂之处，出自皇上天恩。"奏入，得旨："允行。"①

经张鹏展奏请，嘉庆帝不仅准许在中顶等处增设饭厂，还将煮赈时间延期至这一年的五月端午节。"赈厂屡次展期，直至节日方止。所以加惠饥黎，不遗余力矣。"这首御制诗《端午日作》亦提及此次煮赈展期之事，透露出嘉庆帝对自己多次展赈的惠民之举颇为得意。可见，张鹏展北京水灾治理中的民本意识和忧国情怀，得到了嘉庆帝的认同和共鸣。

嘉庆七年（1802年）四月，南城巡视御史任期满一年，张鹏展转任工科给事中，其北京水灾治理活动至此完结。《钦定辛酉工赈纪事》卷三十五载录张鹏展与五城巡城御史联合上奏时职务已变更为给事中："（四月）初五日，巡视中城给事中景庆、御史李蘧、巡视东城御史书兴、秦维岳、巡视南城御史富林布、给事中张鹏展、巡视西城御史安柱、郑敏行、巡视北城御史明伦、茅豫奏言……"②当然，除上述治理活动外，张鹏展在任内还参与了监放过冬棉衣、设厂平粜等其他治理活动。

三、张鹏展北京水灾治理效能及其意义

清代嘉庆六年（1801年）北京特大水灾，不仅给百姓的生命、财产带来巨大损害，也给清廷剿灭白莲教的最后关头增加变数，时刻考验着亲政未久的嘉庆帝及其执政团队。嘉庆帝在上谕中表达了这种忧虑：

> 朕德薄任重，夙夜忧勤，深惧弗克负荷。陕蜀邪教倡乱，民遭荼毒。五年以来，竭力剿办，近日连擒首逆，略有头绪，意谓今秋或可藏事。即此一念，稍涉自满，致干天和。自六月朔日，大雨五昼夜，官门水深数尺，屋宇倾圮者不可以数计。此犹小害。桑乾河决漫口四处，京师西南隅几成泽国，村落荡然，转于沟壑，闻者痛心，见者惨目。小民何辜，皆予之罪。③

由于急需一场胜利来提振士气、稳定亲政初期政局，嘉庆帝迅速调动全国官僚体

---

① （清）庆桂等：《钦定辛酉工赈纪事》，李文海，夏明方，朱浒主编：《中国荒政书集成》第4卷，天津：天津古籍出版社，2010年，第2464—2465页。

② （清）庆桂等：《钦定辛酉工赈纪事》，李文海，夏明方，朱浒主编：《中国荒政书集成》第4卷，天津：天津古籍出版社，2010年，第2478页。

③ （清）庆桂等：《钦定辛酉工赈纪事》，李文海，夏明方，朱浒主编：《中国荒政书集成》第4卷，天津：天津古籍出版社，2010年，第2315页。

系、物力、财力等进行了一场"饱和式"的水灾治理活动。清廷于京师五城设立饭厂，直隶地方官分段设厂煮赈，采取蠲缓钱粮、煮赈、工赈、调粟等系列措施成功组织了此次水灾治理。这场大规模的水灾治理活动得以顺利实行，离不开张鹏展等监察体系官员的全程参与和督促执行。

在水灾治理过程中，作为巡视南城御史的张鹏展始终处于北京南城水灾一线，以"逆行者"的姿态全程参与指挥抢险、救援、急赈、放赈、展赈等活动，应该说是做出了重要的贡献。嘉庆六年（1801 年）八月，水灾治理告一段落之时，嘉庆帝对有功之臣大力褒奖。张鹏展因办理急赈事宜妥协，下部议叙。《清实录》载：

> 以办理永定、右安门外急赈事宜妥协，兵部尚书兼管顺天府府尹汪承霈、都察院左副都御史陈嗣龙、刘湄，顺天府府尹阎泰和，及巡视南城御史达灵阿、张鹏展，兵马司正指挥贾钠、副指挥陈韶，吏目单恩长，顺天府经历查人和、宛平县县丞陆逢瑞，均下部议叙。[①]

又，京都奎文阁刊本《大清缙绅全书》载："福建道监察御史加三级，张鹏展，广西上林人。……巡视南城工科给事中加二级，张鹏展，广西上林人。"[②]清制于考核官吏以后，对成绩优良者给以议叙，通过加级记录，以示奖励。可见，张鹏展水灾治理活动对于稳定嘉庆亲政初期政局起到一定作用，获得了清廷的认可和褒奖。此其一。

其二，从侧面反映了张鹏展等壮族文士在清代乾嘉时期国家重大灾害治理中的处置效能和重大历史事件的参与度。

一方面，从治水作为上看，张鹏展展现了较高水平的应急管理水平和处置效能。从其水灾初期的表现，即可看出张鹏展灾害应急管理能力和水平，前文已提及，兹不赘述。现就其所达到的灾害治理效能，再作补充。《钦定辛酉工赈纪事》卷十八载：

> 八月初二日（丙午），汪承霈、陈嗣龙、刘湄、阎泰和奏言：臣等前后蒙赏发制钱三千串、银二千两、稌米二千六百四十石，又银一千两、制钱二百五十串。自六月十一日起，至二十九日止，每日每名给面食十四万九千五百二十二斤，连办面食并运脚人役等项，用过钱四千三百八十三串五百六十一文。自七月初一日起，至月底止，每日每名给稌米三合三勺，小口减半，共放过米二千五百九十四石七斗六升一合二勺，并给运脚、斗级、夫役饭食及置备各项器具，用制钱五百九十八串八百十三文。又船只水手等，用制钱二百八十三串零五十文。此次运米车脚，因雨水过多，运载维艰，且自仓口由永定门至右安门，道路较远，比往昔多至数倍。所有领过制钱三千二百五十串、银三千两，核计换钱二千九百十三串，通共制钱六千一

---

① 《清实录·仁宗实录》卷八十六"嘉庆六年八月辛未"条，北京：中华书局，1986 年，第 128 页。
② 《大清缙绅全书》，京都：奎文阁，清嘉庆六年（1801 年）刊本，第 53 页。

百六十三串。除用过制钱五千二百六十五串四百二十文，尚余钱八百九十七串五百八十文。共领秾米二千六百四十石，内除耗米二十六石四斗，放过米二千五百九十四石七斗六升一合二勺外，尚余米十八石八斗三升八合八勺。所有余剩钱米，均归煮赈厂内备煮饭、柴薪、锅灶等项之需。至煮赈应需添米七十二石，仍应赴仓支领。俟一月煮赈完竣，将所有钱米再行请销。兹据南城司坊官造具细册详报前来，臣等逐加确核钱米数目，均属相符。①

上引奏折虽为顺天府伊汪承霈等人所写，但其中数据是由北京南城提供的，实际上是张鹏展指挥南城放赈成效的直接体现。张鹏展放赈安排条理清晰，所涉钱文数量、去向、盈余等记录清楚，精确的数字背后牵涉的就是每个灾民及其家庭成员的生存保障。从中可以看出，张鹏展放赈工作不可谓不扎实，效能不可谓不高，其勤政廉政、爱民如子、急民所急的思想和情怀无不透过赈灾数据得以展现。

避虚务实，以数字来量化工作情况、说明政务问题，这在当时的官员中还是比较少见的。但这成了张鹏展奏折之中常用表述方法，诸如嘉庆五年（1800 年）所奏的"出师八弊政"，其中多用数字量化之法："如福建之漳浦侯官，广东之番禺南海等缺，每缺须用幕友四五人，每人束修至千五六百、千八九百不等，一缺之束修已近巨万，即小缺亦不下数千，官之廉俸本有定制，此种出自何项？"又如"臣籍隶广西上林县，即以一县言之，自近年来地方官俱私行采买，按户分派，每年或五六千石、八九千石不等，俱折银渔利，乃嘉庆二年清查额应贮谷一万四千石之数，反欠一万一千石，奉文分三年买补，每年三千余石，而地方官因既奉文派累更多，上年地丁粮米六千五百余石，按粮支派每石粮谷二石，已成一万三千石，除应实买三千余石，已冒买一万石之多。外又按烟户每团买谷三百余石，上林十三团，又成四千余石，重重派累，百姓之苦不可言状。"在下情上传中，以数言事，既能把复杂的政治和民生问题以具体、简洁的方式直陈出来，又能贴合事实，以理服人，最终触动掌权者，推动改革，体现了张鹏展过人的政治智慧和政务治理效能。因此，张鹏展北京治水的贡献不限于稳定政局，更重要的是心系百姓，拯救众多灾民于危难之中，其功绩以"力挽狂澜"来形容并不为过。

此外，在嘉庆六年（1801 年）北京水灾治理过程中，壮族与满、汉等其他民族形成了一个团结协作的命运共同体，为提升灾害治理效能做出了努力和贡献。这反映了壮族文士在清代乾嘉时期深度参与了国家重大变革和历史事件。同张鹏展一样，秦时译吁宋、唐时黄乾耀、宋时侬智高、明时瓦氏夫人，清时岑毓英，近代陆荣廷，现当代韦国清、韦焕能等历代壮族历史名人，也分别在中国各个时期，或推动重大变革，或参与重要历史事件，灾难面前、关键时刻表现了应有的担当和作为，为民族团结进步做出了杰出贡献。历史上，这些壮族元素的"在场"，不仅彰显壮族人民的政治智慧、家国情

①　（清）庆桂等：《钦定辛酉工赈纪事》，李文海，夏明方，朱浒主编：《中国荒政书集成》第 4 卷，天津：天津古籍出版社，2010 年，第 2391 页。

怀，也说明壮族早已融入中华民族多元一体格局之中，其参与、服务国家重大变革和建设的自觉行动，闪耀着中华民族共同体意识的光辉。

综上所述，时任北京南城巡视御史的张鹏展参与了嘉庆六年（1801 年）发生的北京特大水灾治理，在水灾救援、赈济等方面提出、实施多项措施，拯救灾民逾三万人，受到清廷议叙、加级，为稳定嘉庆亲政初期政局做出了贡献。在一定程度上，反映了清代乾嘉时期，以张鹏展为代表的壮族文士投身国家重大灾害治理的历史图景，展现了他们危机处置水平与灾害治理效能。鉴往而知今，张鹏展等壮族历史人物参与国家重大变革和历史事件的有关事迹、文化精髓，对于新时代我们增强文化认同，建设民族共有精神家园，铸牢中华民族共同体意识，推动中华民族走向包容性更强、凝聚力更大的命运共同体，仍有重要的借鉴意义。

灾荒与村落社会组织演变——以丁戊奇荒与村社分合为例

杨 波

（山西大学历史文化学院）

一、问题的提出

灾荒不仅会在短时段上对区域社会经济造成严重打击，还会给县以下基层社会组织带来长时段的影响。吴滔以清代嘉定和宝山"分厂"的演变为例，说明了赈灾过程中出现的"分厂"如何长期延续并"扩大化"为综合性的基层社会管理组织。[①]丁戊奇荒是光绪初年华北地区一次重大灾荒[②]，村社组织是此区域常见的村落自我管理组织形式[③]，在丁戊奇荒之后的十余年间村社组织发生了值得注意的或分或合现象。丁戊奇荒之后村社组织所发生的演变在两个方面与前揭"分厂"个案有所区别。一是村社组织早在晚明至清初已经完成"扩大化"，丁戊奇荒的影响主要体现为村社的结构调整，而非基层组织的创建。二是"分厂"组织原为国家赈灾组织，村社组织的演变虽也有地方政府参与，但仍以民间社会自我调整为主。

本文的个案研究在以下三个方面具有重要的学术意义和现实意义。首先，灾荒在灾后的长期社会影响。对灾荒研究常常关注其发生时的表现与救济，而较少注意到在灾荒结束后很长时间，基层社会所发生的改变。其次，基层社会结构的稳定与不稳定。以往史家不太重视县以下基层社会研究，近年来，相关研究虽有不少收获，但仍多重视静态的结构功能分析。灾荒的打击是考察基层社会动态稳定机制的重要契机。最后，对灾后重建工作有一定启示。灾荒既是危局，也是机遇。灾后重建不仅仅是恢复灾前的社会经济发展水平，更是一次社会经济结构调整的良机。

二、分社：中村案例

山西高平中村民国八年（1919 年）《中村炎帝大社整理观音坡地界及主权碑记》追

作者简介：杨波，男，山西大学历史文化学院民间文献整理与研究中心研究员，研究方向为民间文献、社会经济史。

① 吴滔《赈饥与县级以下区划的演变》，吴滔，〔日〕佐藤仁史：《嘉定县事——14 至 20 世纪初江南地域社会史研究》，广州：广东人民出版社，2014 年。

② 郝平：《丁戊奇荒：光绪初年山西灾荒与救济研究》，北京：北京大学出版社，2012 年。

③ 杨波：《宋代以来太行山地区村社组织（960—1949）》，河北大学 2020 年博士学位论文。

溯了丁戊奇荒之后西沟社从中村大社分离出去的过程：

> 中村宁静观，即炎帝庙，为一村主庙。鹿野园，即观音坡，为一村主山。统属阖村十小社及西沟一小社。凡主庙、主山之事，十一社共相辅助，而观音坡山中之木，惟主庙、主山之工得以砍伐使用，十一小社不得妄动。即在山种地之户，亦只许耕田，不许轻动树株。所以，培林木而杜争端，古人用意至深远也！西沟去中村最近，仅一河之间，相距不及百步之遥。昔时，原无西沟之村，因中村西偏，居民屡受河患，遂移河西建房居住，名曰西沟，渐成聚落。故凡西沟之地，属主庙统管。西沟之民，遵主庙约束。主庙主山，一切事务，十一小社，踊跃从公。盖所谓守望相助，而出入相友也。即及前光绪初年，大祲频仍，人物凋谢，社务废弛耳。后重立社约，整理地亩，西沟民户不愿附属，议论自立新社，不受主庙统辖，凡主庙、主山公务，西沟概不辅助。主庙首事诸人，竭力劝阻，无法挽回。惟中村十小社中，凡遇主庙、主山之事，向属西沟助役者，至今概不承办，必使主庙主山自觅工徒，虽资仍出自阖村，而事必属之主庙。盖谓西沟必去，不敢使彼社受累，而西沟既去，亦不敢为彼社受过也。三代遗直之风，不犹在乎？①

中村位于今高平市区正北约十一千米处，其地理位置极具特色。中村向东是神农镇（原团池镇）的中心团池村（今在行政上分为团东和团西两村）。向西、向北方向延伸是一条绵延长达三千米的山谷，一直延伸到朗公山脚下。山谷两侧全部是高山或丘陵，一条小河流经山谷之中，山谷中分布着十余个小自然村落。中村在地理位置上位于这条山谷的出口处，也是这条山谷中规模最大的村落。

由十一个小社组成中村大社，这是晚明以来村落社会长期发展的结果。中村社组织最早的记载是万历四十二年（1614年）《武当圣会进香壁记》载："社首人：王万松、孟时，王国卿等"②，此时虽不能确定十一社构成的大社组织已经出现，但社组织已经在村落活动中起到重要作用。康熙元年（1662年），中村已经开始出现小社，西社独立组织完成修炎帝庙的工程，碑文中有"西社首事王国俊，有东社郭从训"③，这表明这个时期至少已经存在东社和西社了。从清代中期开始，中村的村社变得越来越复杂，各种小社越来越多，道光三十年（1850年）《关帝社碑记》中有关帝社："大清道光三十年，蒙万慈断令，在社铺户籴粜诸粟，下台斗牙过斗成交，按三分出用。若不过斗，不

---

① 民国八年（1919年）《中村炎帝大社整理观音坡地界及主权碑记》，现存中村观音寺，笏首方趺，高212厘米，宽68厘米，厚20厘米。参看杨波：《山西民间文献整理研究：高平诉讼碑刻辑考》，保定：河北大学出版社，2019年，第209页。

② 万历四十二年（1614年）《武当圣会进香壁记》，王树新编：《高平金石志》，北京：中华书局，2004年，第26页。调查中未发现，待查。

③ 康熙元年（1662年）《中村西社修舞楼碑记》，现存中村炎帝庙，笏首无趺，高182厘米，宽65厘米，厚22厘米。

许付伊分毫。自今以后，不得私行搅挠。如若搅挠，送官究治。"①显然，关帝社已经承担了部分基层行政管理职能。具体何时出现十一社组成的中村大社已经不可考，光绪十三年（1887年）《补修观音坡神殿禅舍书院碑》中有完整的除西沟外其他十社地亩钱的记录："十社地亩钱列后：东坡社，钱八千七百九十七文；前社，钱八千七百七十一文；堂楼社，钱三千一百二十二文；椅则社，钱八百七十五文；庙上社，钱三千九百二十四文；光枸社，钱六千八百四十六文；管前社，钱三千四百零六文；门楼社，钱十千零五百六十文；仁和社，钱六千三百九十一文；西圪幢社，钱七千四百八十五文。"②光绪十三年（1887年）碑文中已经没有西沟，这个时候西沟已经独立，不再归属中村大社。中村村社传统极为强大，即便到今天村民还是以小社的名义进行修庙。2009年中村修灵音阁，刊立碑刻《门楼社重修灵音楼碑记》。2011年重修村东的春秋阁后刊立了新碑《中村东坡社修葺春秋阁记事碑文》。从这些碑刻可见中村村社传统的强大影响力，今天的村民仍然喜欢这样的身份认同。

中村十一小社共建主庙和主山。主山的说法来自风水，风水将聚落周边山称作主山、青龙、白虎、朝山和案山等名目，主山是聚落最重要的山，是藏风聚气的关键。主庙则是十一社共同进行祭祀等集体活动的场所。十一社以主山主庙为中心建构了一个小的村落社会组织结构，每个社都承担相应的权利和义务，从前述引文中可以看到十一社要承担地亩钱摊派和捐款的义务。由于水患的影响，中村西部临河居民逐步搬到河西居住，在地理位置上与中村其他居住区发生分离，西沟自然聚落逐渐形成。但在社会组织方面，西沟社仍然属于中村大社。丁戊奇荒之后，西沟社脱离中村大社。前引光绪十三年（1887年）碑表明至少到光绪十三年（1887年），西沟社已经独立。西沟社的独立与丁戊奇荒有直接关系。丁戊奇荒发生的几年时间里，所有村社的日常活动几乎全部停顿，社事中止，社费停缴，社规名存实亡。光绪十四年（1888年）《北朱庄关帝会创修西屋西北耳楼碑记》载："于光绪元年间，村中好善诸公□起关帝会一局，意欲积少成多，以为兴工之计，不料会未完而年遭大祲，延至今十有余年。光绪十三年春戮力同心，率作兴事，乘风雨之调顺兴土木之功程。"③灾荒严重影响到摇会之类的金融组织的正常运行，进而影响到社庙的兴建，经过了近十年的恢复之后，工程才重新开展。社事因灾中断之后有时就要重新订立社规：

> 余村向来西、南两社，经先辈诸公办理，人物茂盛，事咸合宜。兹因大祲之后。物故人非，社规斩至废弛。若不预为设法调剂，必将愈超愈下矣。为此重新整理，另立章程，改换班次，轮流执事。凡充应社首者，每年于收社粮之日，必将一

①　道光三十年（1850年）《关帝社碑记》，现存高平市神农镇中村炎帝庙内，倒卧于献殿前东侧，笏首平底，首身一体，碑高148厘米，宽42厘米，厚18厘米。

②　光绪十三年（1887年）《补修观音坡神殿禅舍书院碑》，现存中村观音寺，笏首须弥座，高230厘米，宽68厘米，厚16厘米。

③　光绪十四年（1875年）《北朱庄关帝会创修西屋西北耳楼碑记》，现存米山镇北朱庄关帝庙内。

年所需之费，照账清算，实帖花单，转班交社，勿得檀专，周而复始。①

中村大社在丁戊奇荒中同样出现了社事中断的情况，大灾过后同样要重新订立社规。西沟社在此时提出脱离中村大社的要求。西沟社独立的真正原因恐怕不仅仅是灾荒，而是在灾荒以前早已存在的原因。在经过了丁戊奇荒期间社事中断的过程之后，原来积累的矛盾正式爆发，"分社"就发生了。丁戊奇荒之后的村社变动恐怕并不仅仅发生在西沟社。民国二十四年（1935年）《重修观音坡行宫暨增修凉亭补修各殿宇碑记》记载，村社数量和名称都发生了较大变化："东坡社捐钱七十千零五百六十文、前社捐钱七十五千文、三义社捐钱二十七千八百六十文、公义社捐钱五十五千五百三十文、观前社捐钱二十六千三百三十六文、门楼社捐钱六十四千五百一十文、仁和社捐钱二十七千零四十文、西观音社捐五十七千七百三十四文。"②不仅数量变成八个，一大半的名称都发生了改变。这表明中村大社的村社系统一直在变动，在光绪丁戊奇荒之后，西沟社独立，此后其他小社也在不断进行着分合调整。现在的行政区划延续了清代的区分，中村和西沟（今称小西沟）是两个独立的行政村，这种结果就是对光绪时期分社结果的一种历史认可。

中村案例不是个案，沁水县中韩王村光绪九年（1883年）《中韩王村社事碑》记载了一件非常类似的个案：

> 中韩王村古有汤帝尊神大庙，春祈秋报，各庙诸神祭祀，昭和睦也，蒙神保佑，一社之福。每逢沁河水寒之时，社众搭木桥一座，行人顺便。此事传流永久，社众无不遵依。村岭界内田地，二十亩作一分，社共五十九分半，社敬神由来久矣。村民兴旺，迁岭居住，今由近耕田一连几庄，各姓十余家，岭民自修神庙，诸神亦有祭祀，岭民敬神多年矣。同治十一年三月十九日夜，沁河涨大水，全桥冲去，社首鸣金，社众河边捞桥木，□□子捞桥木，水冲十里多远，樊庄北岸出水得活命。□日合议，每一年合社摊钱一千文，添补桥木。至光绪三四年大旱，荒年米麦每斗价钱三千文。父母、兄弟、妻子不能相顾，饥饿死散逃亡七分，其余日食各样，树叶、榆皮、六畜、鸡犬，吃之九分。合社不能祭祀，不能搭桥。光绪七八年，乡地到社催搭桥，要添补桥木，岭民自修神庙要补修，村岭合社公议不和。③

就大的社会经济发展背景而言，西沟与"岭"从原聚落分离，成为独立聚落大体都是乾隆以后人口增加的结果，新的山区聚落出现。独立聚落另建独立的社庙，开始逐步脱离原来的社，这是长时段历史发展的大趋势，丁戊奇荒造成的社事中断和社规废弛成了最

---

① 光绪七年（1881年）《重整社规碑记》，现存山西高平西李门村玉皇庙。
② 民国二十四年（1935年）《重修观音坡行宫暨增修凉亭补修各殿宇碑记》，现存中村观音寺，笏首须弥座，高210厘米，宽62厘米，厚20厘米。
③ 《中韩王村社事碑》，车国梁主编：《三晋石刻大全·沁水卷》，太原：三晋出版社，2014年，第404页。

终促成村社分离的外部因素。

三、合社：牛村案例

村社之间的矛盾是普遍存在的，解决问题的办法并不都是分社，也有相反的合社的情形。高平牛村光绪十一年（1885 年）《五社统归一社记》载：

> 今夫分合者事，而所分合者人，其所以分合之故，实缘乎时势。世故有合久必分，分久必合者焉。余邻牛村，庄大户多，生植繁息。村东偏建立五社，无事则各保田禾，有事则统规大社，所以一规模而节费用耳。时则风俗敦庞，人心纯厚。社虽五，诸事举百堵兴口无彼此之判。迨至光绪丁丑岁，遭大祲，世风屡遭变迁。更兼杂物丛出，未经之事，几生间隙。不免雀角鼠牙之争，以致涉讼。兹蒙韩慈断，今五社归一。凡庙宇向属某户者，统归大社。殆亦物极必返者欤！因邀乡谊，善为调处，另立章程。重派班次，将前帐结清，各归各款。清查地亩，节俭繁冗，轮流接办，一年一换。为度清算账目，张贴花单，俾众周之。如是则群疑顿释，亦庶几事无纷更，社亦可以永固矣，岂非时势使然乎？是为记。[①]

牛村位于今高平市区正南方向 11 千米处，属于丹河河谷区域的边缘地带，东北两个方向都靠近丹河，向北上溯到下庄等村，向南到刘庄，再南就进入晋城（今泽州县）境内。西南两个方向倚靠莒山，是莒山东北山麓的村庄。牛庄整体上属于丹河河谷地带，交通便利。

牛村规模较大，人口众多，碑文中说"庄大户多，生植繁息"。一个村社要管理整个村落有一定的困难，这个时候分出小社管理就比较方便。几个小社同处一村又会存在很多矛盾，这就又产生了合并的需要。牛村的五社的村社结构同样经过了长期的发展。早至宋代，牛村就已经有社，宋天圣十年（1032 年）《大宋泽州高平县举义乡牛村保添修三嵕庙门下石砌基阶毕记》中就有"四社祈神之次"[②]。牛村玉皇庙乾隆四十九年（1784 年）《东社重修舞楼七间碑记》的碑记中有东社的说法[③]，这一时期牛村至少已经有了东社和西社的区分。玉皇庙中乾隆五十一年（1786 年）的《重修玉皇庙内院东西楼陆间中庭三间东西腰房陆间外院东西殿陆间以及补茸山门舞楼一切彩画碑记》载："收老社银十两。"[④]老社的捐款是通过募捐的方式获得的，在组织机构的主体上，东社

---

① 光绪十一年（1885 年）《五社统归一社记》，笏首方趺，高 195 厘米，宽 59 厘米，厚 24 厘米。
② 宋天圣十年（1032 年）《大宋泽州高平县举义乡牛村保添修三嵕庙门下石砌基阶毕记》，现存高平河西三嵕庙，笏首壁碑，高 142 厘米，宽 77 厘米，厚 15 厘米。
③ 乾隆四十九年（1784 年）《东社重修舞楼七间碑记》，现存河西镇牛村玉皇庙内，笏首方趺，高 200 厘米，宽 59 厘米，厚 24 厘米。
④ 乾隆五十一年（1786 年）《重修玉皇庙内院东西楼陆间中庭三间东西腰房陆间外院东西殿陆间以及补茸山门舞楼一切彩画碑记》，现存河西镇牛村玉皇庙。

和西社已经发生分离，而老社则是分离以前的社："吾处上庄、范庄、沟西，每年四月四日合三村之众，行水方山之巅，以祈丰年。至于三村四时之祭报，亦均在上村大庙。盖村虽三也，社实一焉。厥后三村又各立社，呼为小社，而旧所共之社为老社。"①老社虽没有消失，但小社分离之后，具体社事都是各小社独立办理，老社名存实亡。牛村玉皇庙嘉庆十九年（1814 年）碑刻中首次出现了"五社维首：刘统、任玉振、任恒升、张哲、李丕显等"的说法。②这表明，至迟在乾隆时期，小社已经分社，五社结构已经具有雏形，至迟到嘉庆时期，牛村五社结构已经形成。

和中村案例的情况不同，牛村各社之间的矛盾最终通过诉讼解决。习惯上认为明清时期的村社主要是一种民间组织，大部分村社分合是由村社自己协商决定的，并不需要县政府的批准。村社组织虽然并不完全是官方的基层组织，而是村民自发建立起来的自我管理组织，但是无论在法理上还是实践中，它都是在国家的管理之下，村社发生的任何事情原则上都是可以由地方政府来进行规范和制约的。正是在这个意义上，村社的所谓"自治"只是一种现象和行政实践策略，而不是一种法理上得到保证的制度。传统中国对于乡村社会的治理存在着很大的弹性，国家规定的制度和实际情况有很大差异，在实践中，村社确实在很多方面是自我管理的，但是在国家制度层面上不存在什么"自治"，国家仍然是拥有无限权力的，只是这种权力在实践中有限度地在使用。对于地方政府来说，只要问题能够在民间层面得到解决，政府一般就不介入，但是一旦事情发展到了诉讼的阶段，政府就可以对任何事情进行干涉。"大清咸丰二年二月二十七日，因社事村人争讼，盖皆为神也。四月三十日午，堂奉朱公堂谕，断令嗣后一年一换香首、永不许多当。至换香首之时，不得私意保举，必须到三村公地聚众妥协，始行保举。又社中经理银钱一节，另举品行端正之人执管，每年香首虽互相帮办管理银钱，而银钱终不许入香首之手。"③知县的堂谕规定了村社首领的任期、推选方式、财务管理人员和制度等方面的内容。这样个案可以充分表明村社的自我管理只是一种行为，不是一种制度，地方政府对村社有绝对且不加限制的权力，只要地方政府愿意，可以决定村社的一切事务。

牛村案例中也存在调解，但是这个调解发生在判决以后，"因邀乡谊，善为调处"。类似这样的判决结果最大的问题就是判决虽然判了，但是矛盾没有解决。五社归一虽然从制度上改变了原来的村社结构，但是原分别属于五社的人还是自成小团体，要让他们真正合在一起很难，组织上合并是一纸判决就能决定，但是人心真正合在一起并不是易事。因此，判决结束以后的调解就显得非常重要了。判决能够强制性地解决一些问题，但是更深层次的问题还要回到民间性的制度上来。知县判决五社归一之后，牛村社采取

①　道光三十年（1850 年）《整饬社规碑记》，樊秋宝主编：《泽州碑刻大全》第一册，北京：中华书局，2013 年，第 195 页。

②　嘉庆十九年（1814 年）《以地易地记》，现存河西镇牛村玉皇庙内，壁碑，宽 49 厘米，高 23 厘米。

③　景茂礼，刘秋根：《灵石碑刻全集》下册，保定：河北大学出版社，2014 年，第 1253 页。

了一系列具体举措来维持稳定。这些举措也可以说是五社归一之后重立章程的概要，也是日后五社合并之后的大社的管理办法。这些举措包括明确庙宇的产权归属，庙宇全部属于大社所有；重新订立牛村村社的章程，章程对村社管理做详细规定；对社首轮班管理制度进行调整，重新对社首排班；清查账目，将村社旧的账目结清，重新开始一个账期；对原来五社的社产进行清算，各归各款；清查五社原来地亩，统归大社；进行财产和账目的公示。社的分合是村社发展中的自然过程，可以依据具体情况进行不断地调整，或分或合，都是正常的。

> 古者田社、里社之设名虽各异，皆所以为谷报岁也。吾乡家不满百，而吾谱居十之七，立为一社，原吾先人伯仲所维持也。当时肃雍之风纯俗，古历数十世，未之式易。迫后风嫌微疵，分为东西两社，始犹口是心非，商□之建尚未暴露。及五十九年，人分彼此，祭别内外，未竟三年，几有同室□戈之势。至六十一年，余目击心伤，因同众议曰："吾乡彼此角立，皆因社判东西故耳，所谓神飨人悦，果安在哉，不若合为一社。"众皆欣然跃起，遂立合同一纸。①

在通常情况下，社的分合可以由村落社会自我调整，当矛盾不可调和时就需要地方政府介入，最终也还是要靠民间社会自身的调节能力来实现长期的稳定。

灾荒对村落社会经济的打击也会推动村社团结起来共同抗灾，因此也会带来村社的合并。"其间烟火相连者数百家，向以睚眦小忿，分为三社，凡祈年报赛，则各办其事，甚非古者曰乡共井之遗意，但相沿既久，村之人亦习而安之矣。□戊戌旱甚，村大饥，众有倡义举者谓，吾侪幼而生于斯，长于斯，群相□于斯，（缺）今则合而为一也。"②这一类的村社合并则不是由于矛盾造成的，而是团结抗灾的结果。

四、结论

以中村和牛村案例为代表的村落社会现象揭示了灾荒对县以下基层社会组织的影响，在灾荒影响、村落社会和灾后重建等方面均能给我们一定启发。

村落社会组织结构的影响因素是多方面的，长时段的因素包括村落地理地形、聚落相对位置等因素，中时段上则包括人口增加、商业化程度增大、价值观多元化、社会复杂化带来的社会经济文化发展趋势。短时段则是一些重大事件，灾荒对村落社会组织的影响主要体现在短时段上，但其效应则是长期的。对于高平所代表的晋东南地区来说，山区地形所带来的聚落聚散演变是长时段因素，乾隆以来的人口增长和社会经济发展是中时段的因素，灾荒最直接的影响是社事中断，社事中断也就意味着一种长期以来存在

---

① 嘉庆二十二年（1817年）《康熙六十一年季春上浣之吉合社序》，卫伟林主编：《三晋石刻大全·阳城卷》，太原：三晋出版社，2012年，第371页。

② 乾隆四十四年（1779年）《侯庄和社碑文》，现存山西高平侯庄丰乐馆。

的村社传统被破坏了。灾荒结束之后，传统需要重新建立，传承与变异就同时存在。灾荒既可以像"分厂"案例中那样成为一种传统的开端，也可以像村社案例中那样成为传统变异的原因。

人类学者强调强化仪式在地方知识文化的延续方面所起到的重要作用。历史的实际情形则更加复杂，村社的社事主要就是这样一种仪式的集中体现，当社事持续进行的时候，传统就持续得到维护，当社事中断之后重建的时候，既存在延续又存在变异。在历史的实际发展中，既存在由仪式所带来的传统延续，也存在由灾荒、战乱等突发事件所带来的传统中断，在两种因素的共同作用下，传统既会延续，又会变异，传统中有保持长期不变的因素，也有不断变化的因素。这也体现出传统在环境变化情况下的适应性和活力，也体现出村落社会制度的自我调节能力。当村落社会自我调节能力无法解决问题的时候，地方政府的介入成为一种辅助的力量，地方政府的主要作用是帮助村落社会恢复其自我管理能力。

在灾后重建工作中，上述历史现象可以给我们如下几点启示：首先，抓住灾后重建的机遇完善社会经济制度，调整社会关系，进行有意识的制度创新。制度会促进社会经济发展，但僵化的制度则又会起到阻碍作用。因此，灾难常常给调整社会关系带来了机遇。其次，注重民间社会自身的自我管理能力的修复。灾后重建的根本是社会重建，灾难造成的伤害不仅仅是经济方面的，它常常也破坏了原有的社会结构，灾后重建要注意去恢复这种自我管理能力。最后，加强对灾后长时段变化的调查研究。灾后重建不应视作仅仅恢复社会经济水平，而是要在几十年的较长时间段内进行持续的调查研究，以便更好地认识灾害对社会经济的影响。

雪盲认知的历史演进以及与眼罩的彼此关联

杨东宇

（陕西师范大学中国西部边疆研究院）

雪盲现象多发生在空气稀薄的高山（原）地区，以及冰川、雪地、沙漠、广阔水面等阳光炫目耀眼的区域，经常导致眼部出现不适与损害现象，大致是由于高处大气层较为稀薄，对紫外线的吸收和散射作用减少，或地处环境的单一（冰）雪面或水面反射光的紫外线含量较平常状态增高，从而引起身处此类环境的人或动物的眼部出现某些损害。现代医学已比较完善地认识了雪盲并对此有适当的防护，一般认为在高山冰川、积雪地区、沙漠、海面等区域的日间活动，双眼在缺少防护措施而暴露于外的情况下，眼部经阳光中的紫外线强烈照射，会造成眼睛出现损伤，俗称雪盲。现代医学上把这种"雪盲症"现象归类于电光性眼炎，主要是由紫外线对眼角膜和结膜上皮造成损害引起的炎症，病程特点是眼睑红肿，眼结膜充血水肿，有剧烈的异物感和疼痛，症状是畏光、流泪和羞明，视物不清；经久暴于紫外线者及较为严重者可致暂时失明，故常误以为"盲"，属于高山病的一种。而配备了能过滤紫外线的防护眼镜，就可起到预防和保护作用。①

一、在文本记载中的雪盲

历史上相关"雪盲"的各种记述多能反映时人的认知状况和防治发展历程，值得注意的是，在后代中外学者所著作的中国眼科史中却从未提到过此类病患的情况。范行准先生认为，不能说我国没有人患过此病，并指出公元六世纪初北魏高僧宋云在自己的行纪中首先提及此事，《宋云行纪》载："（神龟二年）十一月初入波知国……其国有水，昔日甚浅，后山崩截流，变为二池，毒龙居之；多有灾异，夏喜暴雨，冬则积雪，行人由之，多致艰难，雪有白光，照耀人眼，令人闭目，茫然无见。祭祀龙王，然后平复。"②

基金项目：本文是国家社会科学基金项目"10—14世纪丝绸之路中段各民族医药文化交流研究"（项目编号：16BMZ019），国家社会科学基金重大项目"《突厥语词典》翻译与考订"（项目编号：17ZDA315）的阶段性成果。

作者简介：杨东宇，博士，陕西师范大学中国西部边疆研究院副研究员。

① 李瑞海主编：《眼科学》，北京：人民军医出版社，2004年，170—171页；赵堪兴，杨增培主编：《眼科学》第七版，北京：人民卫生出版社，2010年，第292—293页；丁云鹏：《眼外伤与职业性眼病》，济南：山东科学技术出版社，1988年，第442—456页。

② （北魏）杨衒之著，周祖谟校释：《洛阳伽蓝记校释》，北京：中华书局，2010年，第197—198页；沙畹：《宋云行纪笺注》，冯承钧：《西域南海史地考证译丛六编》，北京：中华书局，1956年，第3页。

并进而认为，这是古人不知此乃由雪光反射而导致的"雪盲"症状，为旅行于高山积雪之上恒见之眼疾，但通常三四天至一星期可以渐愈，而宋云则把这种症状归因于灾异，并且把其渐愈归因于向池中毒龙祭祀之功，这是不知"雪盲"病因之故。所以在雪天行军或旅行于穷山绝塞之地而患"雪盲"之疾，是不足为怪的。①

隋唐时期，中医对眼科疾病包括雪盲已有了相当深刻的认识，尤其随着去往印度的僧侣访求佛教经典和原典，印度的先进眼科医术亦随之不断传入中土，中医眼科发展也更趋精深。王焘在所著《外台秘要方》卷二十一有专论眼疾之篇章，其中对眼部病症的治疗和预防有较为详细的论述，集近二十种先前相关眼科医籍之大成，有论有方，在中医眼科发展史上具有重要的地位。其中的"眼暗令明方一十四首"中列举了十九种致盲因素（"丧明"、"眼暗"、"暴盲"等），尤其提出"冒涉霜雪"为"伤目之媒"，即在风雪环境中容易造成眼部（视力）出现伤害。《外台秘要方》载："凡生食五辛、接热食饮、刺头出血过多、极目远视、夜读细书、不避烟火、博弈不休、日没后读书、饮酒不已、热餐面食……抄写多年，雕镂细作，泣泪过度，房室无节，数向日月轮看，夜远视星火，月下读书，雪山巨睛视日，极目瞻视山川草木。""右十九件，并是丧明之由，养性之士宜熟慎之。又有驰骋田猎，冒涉霜雪，迎风追兽，日夜不息者，亦是伤目之媒也。"②其中"雪山巨睛视日"（即不进行保护与采取防范措施，直接用裸眼凝视太阳所造成的晶状体因聚焦而灼伤视网膜黄斑）所造成的"丧明"被有些学者称为后世所说的"雪盲"（紫外线眼炎）现象，这在眼疾病因学方面是大有贡献的③，较之早先《宋云行纪》中对于雪盲病因的记述与思考从病因学角度来说是大有进步的。④

更为难能可贵的是，在我国的民族史料中亦有相关的记载。在十一世纪由麻赫穆德·喀什噶里编纂的《突厥语大词典》中，对于雪盲有如下的记载："karïktï 雪盲。ərkəzikarïktï 人的眼睛变成雪盲了（karïkar-karïkmak）。这个词若源于'雪'一词，其动词为'karïktï'，就属于残缺动词之章；若源于'瞳仁'之意的'karak'，这个动词就属

---

① 范行准《中国古代军事医学史的初步研究（六）》，《人民军医》1957 年 9 月号，第 67—68 页。
② （唐）王焘著，高文铸校注：《外台秘要方校注》，北京：华夏出版社，1993 年，第 396—398 页。
③ 王小玲等：《〈外台秘要方〉在中医眼科发展中的贡献》，《陕西中医学院学报》2005 年第 1 期；王小玲等：《论〈外台秘要方〉对眼科病证的治疗》，《现代中医药》2004 年第 3 期。
④ 作者按：王小玲等在《〈外台秘要方〉在中医眼科发展中的贡献》一文中认为，其中"雪山巨睛视日"所致的失明，即后世所说的"雪盲"（紫外线眼炎），这是有关此病论述最早的文献，在眼科病因学上是一大贡献。对于"这是有关此病论述最早文献"的表述，窃以为，似有不确，当如范行准、陈耀真《我国古代眼外伤史简述》，《眼外伤与职业性眼病》1980 年第 1 期，第 2 页。）两位先生文中指出，有关此病论述最早文献应是北魏高僧宋云的行纪，而非王焘《外台秘要方》。但王文所言"雪山巨睛视日"所致的眼暗、暴盲，却是在病因学方面的重要突破，值得肯定。由此也可知相对早期宋云归因于灾异所致雪盲在病因学上来说确有着极大之进步，尤其又将"冒涉霜雪"也列入"伤目之媒"，更体现了对于病因的多种求证与辨析。现代医学证实，雪盲实际上是紫外线照射引发的，而紫外线是 1801 年才发现的，紫外线可以消毒、致病等也到了 1878 年才被证实，1901 年和 1906 年人类社会才发明了水银光弧人造紫外光源和传递紫外光性能较好的石英灯管。另外结合现代解剖学对眼睛结构与功能的认识，应该说最早了解雪盲的紫外线致病原因的时间当是发现紫外线之后的 19 世纪末或 20 世纪初。

于刚性动词之章（karïkar-karïkmak）。"①由此可知，他在解释雪盲词条中也表达了因冰雪而致眼睛产生雪盲症状的现象学因果关系，即由于雪面所反射的强烈阳光而使得人的眼睛变成为暂时性视弱甚或失明的语义内涵。

麻赫穆德·喀什噶里对雪盲一词的词性变化诠释，同样透露了对于患上雪盲的被动态现象学描述性表达。正如赵明鸣先生对《突厥语大词典》的语言被动态及其被动结构的分析中所指出的，雪盲（qariq）一词是由名词词干"雪"（qar）之后缀接（-iq）构成与该名词意义相关的不及物动词或者构成具有被动态意义的不及物动词。当然，赵先生还指出："-q，-iq，-uq，-uk 的来源目前尚不清楚。从各种古代突厥语文献来看，这种被动态形态标记多见于《突厥语（大）词典》中，德国学者 C.布洛克曼于上世纪初对此曾有所研究。"②根据我们的观察，在《突厥语大词典》中，这种形态标记除了缀接于及物动词词干之后构成被动态动词之外，还可以缀接于名词词干之后构成与该名词意义相关的不及物动词，"如 taxïyq-（<tax '外面'-ÿq）（2-160）'出去'——ärävdin taxïyqtÿ.'人从家里出去了'，qarÿq-（<qar '雪'-ÿq）'雪盲'-är közi qarÿqti.（2-159）'人患了雪盲症'，tatïyq-（<tat '塔特<波斯人>'-'ÿq）——türktatÿqtÿ.（2-161）'突厥人波斯化了'，küzük-（<küz '秋天'-ük）-yÿl küzükti.（2-163）'到了秋天的季节'等。由此可见，-q，-ÿq，-uq，-ük 具有构词和构形的双重功能"③。从上述对雪盲构词法的分析亦可知，麻赫穆德·喀什噶里在诠释"雪盲"时，是在广泛语言调查的基础上对发生现象的描述，并没有对雪盲产生的致病机理进行相关猜测与阐述。

二、眼罩伴随雪盲在文本中的出现

现在我们对于患有眼疾的基本防护办法仍然是佩戴墨镜或使用纱布等包扎、遮蔽眼睛，目的也是减少亮度（光通量）或减轻眼部刺激，有利于眼部休息和康复。对于雪盲的防护，《突厥语大词典》有两处还记载了一种用马尾编制的眼罩，似乎表明此物在当时较为普及并可能得到广泛应用。眼罩的释义如下：

眼罩。用马尾编织的一种网。眼睛疼痛或怕光刺眼睛时而罩在眼睛上。④

眼罩。以马鬃编织成稀疏的网子，患眼疾或日光耀眼时戴在眼上。这也可叫作

---

① 麻赫穆德·喀什噶里著，校仲彝、刘静嘉译：《突厥语大词典》第二卷，北京：民族出版社，2002 年，第 114 页。作者按：《突厥语大词典》汉文版中"人的眼睛变成雪盲了"的翻译有些不准确，而赵明鸣先生从《突厥语词典》维文版所译的"人患了雪盲症"，以及从丹阔夫（Robert Dankoff）和凯利（James Kelly）在《突厥语词典》英文版手抄本影印件中对此的译文是"the Man's Eyes Were Dazzled from the Snow"（人的眼睛由于雪光而感到昏眩（雪盲）来看，虽然三者都表达了由于冰雪反射的强烈阳光而致人眼出现暂时性视弱或障碍的内涵，但是，窃以为后两者的译文更为准确允当。

② 转引自赵明鸣：《〈突厥语词典〉语言被动态及其被动结构研究》，《民族语文》2001 年第 4 期。

③ 赵明鸣：《〈突厥语词典〉语言被动态及其被动结构研究》，《民族语文》2001 年第 4 期；另请参阅赵明鸣：《〈突厥语词典〉语言研究》，北京：中央民族大学出版社，2001 年。

④ 麻赫穆德·喀什噶里著，校仲彝、刘静嘉译：《突厥语大词典》第一卷，北京：民族出版社，2002 年，第 504 页。

"køzlük"。①

这个使用马尾或鬃毛之类编织物进行蔽掩防护的史实描述，似乎在近千年之前就已使用，而在现实中，用鬃毛之类编织物的方式进行雪盲发生的预防与防护实践，直到20 世纪初在西方探险家的相关记述中仍有细致记述与展现。1906 年，德国探险家勒柯克由喀什噶尔越过喜马拉雅山返回印度的途中也不慎患上严重的雪盲，而同行的当地马夫以牦牛尾掩面蔽目却安然无恙，这给他留下了深刻印象并记述下来。起初他的症状稍轻，只是感觉视力减退，继而在眼睛没有完全恢复的情况下，"又数日经过极厌烦的雪山"而使得眼疾严重加剧，令其产生了恐惧之感。他说："我正欲导令前往，但忽于去电报局的中途，遽觉我眼中网幕，呈分离病状，于是去电辞却。前在路上，我们至雪界时，马夫等方执犁牛尾②以拂其面，我已感觉有短视之症③兆。我即戴上墨镜，但因看不清爽，故后屏弃④这一保证目光之物。又数日经过极厌烦的雪山，我旋觉我虽在日光之下，也能窥见极远之物事，上自高山居民，下至地面水中，皆能见之。此次我眼遽现病状，我甚恐惧，且深感是我自作孽"。后来在当地驻防所医生爱德华"施以猛烈的药方"治疗以后，雪盲的症状才"逐渐消退"⑤。

直到近现代的新疆地区，尤其在高原驮畜运输中的那些驮工们，还时常用牦牛尾（毛）当作护目镜来保护眼睛以避免发生雪盲。抗日战争时期，新疆作为大后方在参与盟军支援物资从印度转运中国方面颇多贡献。从 1944 年夏至 1945 年底，国民政府委派陆振轩、刘宗唐、张鹏程、白生良、杨文炳等组织大量新疆各民族的驮工和大批驮畜组成的驼队经印度斯利那加—列城—新疆叶城的驿运路线，艰难地运进了包括汽车轮胎、军需署布匹等大批盟军援助的物资。这一壮举，为中国抗日战争做出过有益贡献，也是迄今为止这条驿运通路上规模最大的物资运输活动。⑥白生良也对这段艰苦行程中有关雪光耀眼、强风吹眼、高原反应等情形有生动的日记描述："中午时分爬上了海拔 5368米的西塞拉山口，冰雪反射阳光，刺眼难睁，急忙戴上日光镜，牵马下山口。……遇上气候突变，强风大雪，不但眼睛被吹肿，呼吸困难，还要出现严重的高山反应：头痛、气闷，恶心强烈，人畜很容易出事故。上次马队中有一名马夫牺牲了，有 80% 的人因眼睛被吹肿，下山后仍不能工作。"⑦驮工在如此恶劣环境下只能使用自备的尾鬃眼罩，既能增加眼部遮蔽，也能起到保护眼睛免遭强风劲吹而出现肿胀的效用。由此反映

---

① 麻赫穆德•喀什噶里著，校仲彝、刘静嘉译：《突厥语大词典》第一卷，北京：民族出版社，2002 年，第 553 页。
② 此处"犁"恐为"牦"字，牦牛尾当是正解，后一句"以拂其面"也恐是翻译有误，应是以掩其面，正如《突厥语大词典》中"眼罩"的词条所记"眼睛疼痛或怕光刺眼睛时而罩在眼睛上"的意思。
③ 作者按：原文为"症兆"，联系上下文，此处似应为"征兆"。
④ 作者按：原文如此，其实应写作"摒弃"。
⑤ 〔德〕冯•勒柯克著，郑宝善译：《新疆之文化宝库》，魏长洪，何汉民：《外国探险家西域游记》，乌鲁木齐：新疆美术摄影出版社，1994 年，第 272 页。
⑥ 陆水林：《新疆经喀喇昆仑山口至列城道初探》，《中国藏学》2011 年第 S1 期；新疆交通史志编纂委员会：《新疆公路交通史》第一册，北京：人民交通出版社，1992 年，第 199 页。
⑦ 陆水林：《新疆经喀喇昆仑山口至列城道初探》，《中国藏学》2011 年第 S1 期。

了以牦牛尾、鬃或马尾、鬃编织的眼罩在当时当地应是普遍使用之物。陆振轩作为领队在日记中记述了驮工们使用自己携带的牦牛毛绑在眼睛上防止雪盲的发生，"过西塞拉山口没有起风，眼前却白茫茫的一片……铺着白雪的冰川在光线的照射下发出刺人的白光，使人的眼睛瑟瑟发疼根本睁不开。行走在冰凌上，人的眼前不时出现黑晕，我们赶忙戴上了保护镜，驮工们也赶快用牦牛毛绑在眼睛上保护自己的眼睛。据说一些过西塞拉山口被雪光刺伤眼睛的驮工，就得了雪盲症，下山后就不能再做驮工了"[①]。由此可知，至少在抗日战争时期，这种在《突厥语大词典》中记述的网状马尾（鬃）或牦牛毛（尾）编织的眼罩，在九百多年之后，仍然经常被当地人用来防护雪盲，并且这种眼罩的用途与所用材料，甚至编制方式等都与《突厥语大词典》所述也几乎毫无二致，"眼睛疼痛或怕光刺眼睛时而罩在眼睛上……以马鬃编织成稀疏的网子，患眼疾或日光耀眼时戴在眼上"[②]。这些词典中对眼罩的使用与制作记述对照前述会令人惊异的感觉近千年历史上的流变皆清晰可见。

三、其他文本与资料所见的雪盲记述

1. 部队行军遭遇雪盲与防护措施

在 20 世纪 80 年代之前，国内对雪盲的认知程度和普通防护用具墨镜、防护镜等尚未普及的时候，各种雪盲事件频繁发生就似乎势在难免，此类情况也多见于各种资料与个人回忆之中。不论在和平时期还是战争阶段，如果部队的雪地行军知识与防护经验不足，在雪地作业或行军中都容易造成急迫性雪盲症状，甚至大规模群体发生雪盲的情况也时有报道，历史上这样的记载屡见不鲜。

红军长征被喻为中国革命史上的一次伟大事件，尤其在三位美国记者斯诺（1905—1972 年）、史沫特莱（1893—1950 年）、索尔兹伯里（1908—1993 年）以良知、无畏和敏锐及艺术之笔而著就的作品中，称之为军事史上独一无二的壮举和人类坚忍不拔精神的巨大考验，甚至"美国总统从罗斯福到尼克松都说他们读过斯诺的书中写的红军长征"[③]。而曾广为传颂的长征途中"翻雪山过草地"那段艰苦行军经历，在许多亲历者的回忆中对部队翻越雪山时发生雪盲的情况常有述及。

由于当时的红军部队多属南方地区的人员，以前没有翻越雪山行军的经历，正如亲历者黄良诚先生在回忆 1935 年 6 月长征途中翻越夹金山[④]的时候所说："我们这些同志大部分都是来自祖国的南方，别说是雪山，过去就连雪花是什么样子，有的同志还没有

---

① 宁照宇：《穿越昆仑山的驮队》，《新疆人文地理》2013 年第 1 期，第 27 页等。
② 杨东宇：《眼罩功能与流变考论》，《民族研究》2008 年第 5 期；杨东宇：《中国历史上雪盲的发生、防护与认识》，周伟洲主编：《西北民族论丛》第十二辑，北京：社会科学文献出版社，2015 年。除了用马尾（鬃）、牦牛尾等编织的眼罩外，新疆的阿斯塔纳等地还出土了古代的金属眼罩，为古人防护雪盲、风沙等提供了实物证据。
③ 尹均生：《人类军事史上的伟大奇迹——三位美国记者笔下的中国工农红军长征》，《十堰职业技术学院学报》2006 年第 5 期，第 17 页。
④ 夹金山位于四川省雅安市宝兴县，海拔 4900 多米，是中国工农红军翻越的第一座大雪山。

看见过呢!"①他们准备翻越雪山时，也仅仅是想当然地认为："山上冰雪弥漫，必然特别寒冷……要搞到点酒、生姜和辣椒之类的东西，就可以驱寒壮气。"②当部队行进"到了山腰，雾霾弥天，时浓时淡，人行其间，宛如腾云驾雾。山风席卷雪花，漫天飞舞。"③在这样恶劣的风雪环境中翻越雪山，虽然没有灿烂阳光照耀，还要受冷挨冻，但是却因此而避免了部队人员发生雪盲症状的危险。可是，另一支翻越党岭山④的红军部队就没有那么幸运，他们很多人遭遇了较为严重的雪盲。曾有三次出生入死经历过"翻雪山过草地"的方子翼将军回忆，在 1935 年 7—8 月第一次翻越雪山时，部队行进"在山上，雪盲症开始在我们中间出现。当时我们没有人有墨镜，绝大部分同志连雪盲症是什么也不知道。上到雪线以上后，很多人由于眼睛长时间被雪光刺激，感到眼球发胀，到达山顶后眼睛开始疼痛，下到山麓，天一黑就变成了'瞎子'，一见火光便疼痛难忍"⑤。然而这次经历之后，在第二次以及第三次翻雪山时，方将军的回忆中再没有提到军队患上雪盲的情况。这可能是经过第一次雪盲经历之后，部队采取某些预防措施的结果，就如同样是长征亲历者的涂通今将军所说："过党岭山时不少人发生雪盲，营长就命令部队在山下树林里搭起帐篷休息 2 天，并设法改善伙食，待恢复后继续前进。"⑥而且，当时身为红军医生的涂将军还总结防止雪盲的经验，以后在翻越雪山时"为防止雪盲，建议部队官兵用深色的布条遮住双眼"⑦。

原国家主席李先念在为纪念长征胜利 50 周年所撰写的回忆文章中，甚至还对部队在翻越红桥山时发生群体大规模雪盲的情况记忆犹新，他在回忆文中写道：

> 部队分两路出发……中间必须翻越海拔 4000 多米的红桥山。翻越这样终年积雪的大山，还是红军创建以来的第一次。……没想到下山后，因为强烈雪光的刺激，部队中有三分之一的同志得了雪盲症，还有很多同志高山反应头痛很厉害，只好暂时停止行进。记得休整了半天，大家的眼睛才慢慢地恢复正常，又继续前进。这次过雪山得到了一条经验，就是群众说的，雪山不能白天过，要在半夜时候过。我们懂得了这一点，后来在其他地方几次过雪山，就再没有人得雪盲症了。⑧

军队遭遇雪盲的情况不仅在战争时期，和平年代在高海拔特殊地区活动或作业稍不注意也屡有发生。曾有文章报道军校学员在高原（海拔 3100 米）高寒山地雪地负重行

---

① 黄良诚：《我在雪山草地的 14 个月》，《福建党史月刊》2006 年第 S1 期，第 76 页。

② 黄良诚：《我在雪山草地的 14 个月》，《福建党史月刊》2006 年第 S1 期，第 76 页。

③ 黄良诚：《我在雪山草地的 14 个月》，《福建党史月刊》2006 年第 S1 期，第 77 页。

④ 党岭山是红军长征时翻越的海拔最高的雪山。位于四川省甘孜藏族自治州丹巴县境内，海拔 5400 多米。

⑤ 李清扬，贾晓明：《我亲历的一过雪山草地——方子翼将军的回忆》，《纵横》2009 年第 7 期。

⑥ 涂通今：《红军长征中的卫生工作——与美国纽约时报前副总编、著名作家哈里森·索尔兹伯里的谈话（摘要）》，《人民军医》1985 年第 4 期。

⑦ 史元：《红军博士 白衣将领——涂通今专访》，《中国脑血管病杂志》2005 年第 12 期。

⑧ 李先念：《红军团结胜利的篇章——忆懋功会师》，《军事历史》1989 年第 4 期。

军训练中，"由于参训人员对雪地行军知识及防护经验不足，导致大面积发生雪盲"。参训 325 名学员中未戴墨镜 246 人，发病 144 例；佩戴墨镜 61 人中发病 3 例，总发病 147 例，其中轻度 76 例，中度 43 例，重度 28 例。[1]另有其他文章记载，解放军某部 20 人在海拔 4200 米雪山执行任务，有 2 人由于未佩戴防护眼镜，"下山后当天晚上发生雪盲"，第二天症状加重，对症治疗 3 天后才逐渐减轻，一周方才痊愈。[2]

2. 异域旅行者与旅行团队所遭遇的情况

上述资料都是部队遭遇雪盲的情形，其实，在个人或者部分人数不等的团体旅行中，他们由于途经雪山、高原等地区，同样并不会因为具有坚毅的品格与敬虔的宗教情怀，而能够豁免遭遇雪盲发生的危险，从他们的回忆与记述中，可以发现在艰险的旅途中发生雪盲也是平常之事。

1624 年 3 月的最后一天，葡萄牙人安东尼奥·德·安德拉德与马怒埃尔·马克斯修士从莫卧儿宫廷启程，希望到达西藏并为了寻找"基督"的桂冠和"被人遗忘的教徒"。经过 4 个月的跋涉，他们穿越喜马拉雅山，最终抵达西藏阿里古格王朝的首府札布让。"一路上，他们饱尝磨难与痛苦……除人为阻力外，还要面临高寒缺氧、一触即亡的疟疾，那里荒无人烟、天寒地冻，白天黑夜都被冰雪包围，几乎每个人都得了雪盲，积雪几乎没过了他们"[3]。"到处都是令我们头晕目眩的白色，我们几乎无法辨认我们要走的路"[4]。

20 世纪初，日本僧人河口慧海大师，历经无数艰险，秉持几乎达到人类耐力极限的顽强与执着精神，终于九死一生地通过了环境极端严酷的高原山区，成为第一位进入西藏的日本人，他怀着始终不渝的求道热情在前往拉萨的苦难旅途中也患上了苦不堪言的雪盲。他在自己的旅行记中写道："行走之中，由于白雪反射，我得了雪盲症。……突然眼睛疼痛难忍，有一种似乎马上就要瞎掉的感觉。"[5]

3. 专业登山家遭遇雪盲及其他情况

由此不难知道，不论是当地人还是外来者，只要在高原雪地活动稍有防护不慎都会有患雪盲症的危险，甚至那些训练有素、装备精良、身体素质很好的登山队员（职业登山者）也有难以幸免发生雪盲的时候。2003 年 5 月 21 日，登顶珠穆朗玛峰的中国珠峰登山队的队员就出现了不同程度的伤情，女队员梁群"到 22 日凌晨 1 时左右才返回到海拔 7900 米的外国队员营地"和她未登顶的丈夫李伟文"已患上雪盲，也可能有冻伤"，另外"担负高山摄像的 3 名西藏队员也患上雪盲"。有关部门积极组织了高山协作

---

① 艾军，程军，罗明忠：《高原雪地负重行军致雪盲 145 例》，《人民军医》2004 年第 5 期。
② 焦运良：《一起雪盲及日光性皮炎的报告》，《人民军医》1992 年第 1 期。
③ 董丽英：《天主教在西藏的传播（16—18 世纪）及其影响—兼论中西文化的碰撞与交流》，《西藏大学学报》（汉文版）2004 年第 3 期。
④ 〔美〕约翰·麦格雷格著，向红茄译：《西藏探险》，拉萨：西藏人民出版社，1989 年，第 13 页。
⑤ 〔日〕河口慧海著，孙沈清译：《西藏秘行》，乌鲁木齐：新疆人民出版社，1998 年，第 132—133 页。

人员进行救援。[①]

四、其他自然灾害引发的各种雪盲状况

1. 雪灾引起的雪盲

除了上述雪盲发生的多种环境、气候情况之外，还应该注意到在大范围降雪与积雪等极端天气所引发的雪灾之后，也同样容易引起大规模雪盲病例出现。我国内蒙古、新疆、青海、西藏四大牧区，地域广阔，气候多变，几乎每年都有不同程度的雪灾发生，较大的雪灾差不多每隔几年就发生一次。例如，在 1982 年和 1985 年青海省玉树、黄南、果洛、海西等藏族自治州的大部分地区，积雪盈尺，累计致使近万人患雪盲。[②]1993年 1 月至 3 月，上述部分地区接连不断地降雪，遭受严重雪灾，到 4 月初青海省累计雪灾面积达 57 万平方千米，患流感、雪盲、冻伤的人数急增。[③]1997 年 9 月—1998 年 1月，青海南部地区出现多次降雪，使海拔 4000 多米的青海省果洛、玉树藏族自治州部分地区积雪成灾，气温下降至摄氏零下 40 摄氏度左右，雪灾面积达 13.58 万平方千米，灾区 7300 多牧民被冻伤或患雪盲、流感、痢疾等疾病。[④]甚至某些局部地震也会引发震后的暴雪灾害，且震级与震后雪灾大小成正比，致使灾后雪盲普遍发生。例如，1995 年 12 月 18 日青海果洛藏族自治州发生地震。地震后的 1996 年 1 月 16 日—18 日青海南部、四川西部普遍降雪，局部地区降雪达到大雪或暴雪，不少群众被冻伤或患雪盲。四川石渠、色达低温雪灾冻害严重，色达县冻伤 1400 余人，2000 多人患雪盲。[⑤]由此可见，在高原牧区，相对旱、涝、风、虫、雪、鼠等局部灾害而言，最大的灾害却是雪灾。而且，雪灾之后的雪盲、冻伤情况非常普遍。[⑥]

2. 平坦开阔地亦会引起的雪盲

在高山雪原等区域，如果没有很好的防护措施，容易引发雪盲，即使在北方平原地区的雪场娱乐嬉戏，一旦长时间逗留于雪地，或欣赏雪景，或驾雪橇，或爬雪坡，或打雪仗等陶醉在冰清玉洁的白雪世界中暴露时间较长，如果缺少防护也同样容易患上雪

---

① 李贺普等：《部分珠峰登顶队员患上雪盲》，《新华社每日电讯》2003 年 5 月 23 日，第 8 版。

② 黄朝迎：《我国草原牧区雪灾及危害》，《灾害学》1988 年第 4 期；中华人民共和国国家统计局，中华人民共和国民政部：《中国灾情报告（1949—1995）》，北京：中国统计出版社，1995 年。

③ 中华人民共和国国家统计局，中华人民共和国民政部：《中国灾情报告（1949—1995）》，北京：中国统计出版社，1995 年，第 113 页；刘小琴：《建国以来西北地区的自然灾害及防救措施（1949—2000 年）》，天津商业大学 2012 年硕士学位论文。

④ 民政部国家减灾中心灾害信息部：《1992 年以来中国重大雪灾记录》，《中国减灾》2005 年第 1 期。

⑤ 秦保燕：《青藏高原 30°—35°地带内大震活动与暴雪灾害预测》，藏绍先主编：《地球物理学会第十四届学术年会论文集》，西安：西安地图出版社，1998 年，第 300 页。

⑥ 袁寅辰，李明彩：《特大雪灾后的反思》，《西藏研究》1998 年第 4 期，第 102 页。

盲，因此种状况而就医者也并不鲜见。①当地新闻宣传机构也应对潜在的雪盲发生可能展开宣传告知。

3. 动物的雪盲现象

前述多已提及个人或集体罹患雪盲的各种状况，而从动物患雪盲病状的极为稀见甚至缺如的记载情况来看，可能与人们尚未足够重视动物的雪盲现象有关。但是，从当前已经了解的有关动物发生雪盲的各种新闻报道可知，这种情况在雪灾之后亦属多见。实际上，生活在高原雪地的动物也会和人一样，在遭遇异常冰雪气象与恶劣环境的情况下，也容易发生雪盲症状，甚至由此会导致动物大量死亡。2008 年 1 月至 2 月，四川甘孜藏族自治州石渠县暴雪成灾。经统计已有 5000 多只藏原羚死于这场大雪。很多牧民认为，藏原羚可能是患了雪盲症而无法觅食导致死亡。中国科学院西北高原生物研究所苏建平研究员对此表示肯定，并进一步指出：雪盲症在一些高原野生动物中是很常见的，患了雪盲症的藏羚羊、岩羊的眼睛（眼角膜）呈现出乳白色，有些类似"白内障"，几乎什么都看不见，难以觅食。甚至早在 2005 年青海省天峻县野生动物雪灾意外死亡的调查中，发现死亡原因也是雪盲。②

除了野生动物，像马这样的驯养动物同样在没有得到有效防护的情况下也会罹患雪盲。1982 年 5 月 13 日，兰州军区军马总场所在地区突降大雪，14 日天空放晴，万里无云，阳光强烈，随群放牧的幼驹患急性雪盲，发病率达 85% 以上。③当然，经过对环境长期的适应与进化，有些动物的眼睛可能进化为对紫外线的部分适应与利用，反而不会发生雪盲症状。英国伦敦大学学院的杰弗瑞教授和他的团队在《实验生物学报》上发文指出："生活在北极极地环境的驯鹿可以让紫外线进入眼睛并有效地利用视野里的信息极容易地生存而不会对眼睛造成任何的不良影响。"驯鹿这种特殊的视觉能力是它们能够适应极地环境的一部分特有本领。④

对于雪盲病因的确切认识，在我国大约是 20 世纪初之后的事情。这可以从我国公开发行的杂志中对于雪盲知识的普及性介绍而略知概貌。管见所及，在 1935 年由中华健康会出版、上海健康杂志社发行的《康健杂志》发表了《雪与雪盲》一文，是国内最早见于杂志介绍雪盲以及防治的专文。文中称"雪盲"又名"雪眼炎"，介绍雪盲有轻重程度不同的症状，以及在预防方法上只要"戴起护眼眼镜便不致罹雪盲之疾了"⑤。自此之后，大约至 1985 年为止的 50 年间，康衍、倪逽、邓集解、刘维林等陆续发表的

---

① 请参见宋丽华：《谨防季节性眼病》，《健康报》2006 年 11 月 28 日，第 8 版；贺军成：《雪季出游谨防雪盲症》，《大众卫生报》2007 年 1 月 23 日，第 13 版；廖君：《雪天要防止发生"雪盲"》，《健康时报》2008 年 2 月 4 日，第 2 版；王木：《天寒地冻防眼疾》，《开卷有益（求医问药）》2013 年第 2 期，第 23 页；常怡勇：《雪后乐翻天，警惕雪盲症》，《保健医苑》2013 年第 2 期，第 40 页。
② 姜莹莹：《大雪为何轻易杀了藏原羚》，《北京科技报》2008 年 3 月 24 日，第 36 版；同时《北京晚报》《河南商报》等也多有转载报道。
③ 张志荣：《幼驹暴发"雪盲病"报告》，《甘肃畜牧兽医》1985 年第 6 期。
④ 艾玛：《驯鹿不怕紫外线》，《海洋世界》2011 年第 7 期。
⑤ 萍风：《雪与雪盲》，《康健杂志》1935 年第 1 期。

专门介绍雪盲的 4 篇文章，以科普专题的形式阐述雪盲及其防治，而之后几乎再很难检索到相关杂志有以雪盲为专题的科普文章出现。①这似乎表明，有关雪盲的科学认知和防护措施的普遍使用，约在 20 世纪 80 年代之后渐已成为社会或人群较为普及和接受的常识，尤其对于雪盲的致因是由阳光中紫外线引起的眼部疾患，已经成为民众的共识与常识，且防护措施也随着技术进步而更加简便易行，仅仅佩戴防紫外线的眼镜就可轻易而基本防止或杜绝雪盲发生。

在回顾并惊讶于古代在高原冰川等险峻地区环境生活的人们，可以因地制宜地发明并使用这些简便易行且收效良好的各种雪盲防护用具（各种形式与材质的眼罩），同时，也应该肯定中华人民共和国成立之后，随着中国人民解放军 1951 年进军西藏（人类历史上首次大批平原人进入高原环境的实践），我国随即开始进行针对高原环境、高原医学（包括雪盲）的系统科学研究②。雪盲作为高原病的一种常见症状，也随之得到深入研究。另外，更重要的是随着大众眼部防护知识的普及和传播，以及防护用具尤其各种防护墨镜、护目镜的广泛配备与使用，使得各地的雪盲总体发生率、致病率大大降低，甚至取得基本消除的良好效果。

---

① 这些陆续发表的 4 篇科普专文包括康衍：《雪盲》，《大众医学杂志》1956 年第 12 期；倪遄：《雪盲》，《大众医学杂志》1959 年第 12 期；邓集解：《雪盲》，《健康》1981 年第 6 期；刘维林：《雪盲》，《卫生科普》1985 年第 6 期。作者按，自 1935 年萍风的《雪与雪盲》使用"雪眼炎"名称始，至 1959 年倪文中仍沿用此称，直到 1985 年《卫生科普》的刘文中还是沿用"雪眼炎"之名称，但其在别称中却列举了更具有病因学定义的名称"紫外线角膜炎""急性角膜结合膜炎"。而 1981 年的邓集解的文章中，对于雪盲的别称就没有提及"雪眼炎"，而称为"日光性眼炎"。至少上述各文都将大量紫外线照射眼睛的损害作为雪盲的致因，并认为预防更重要且简便易行，由这些名称的沿用与变迁过程可以发现，由于人类对紫外线致病因素的逐渐深入了解，学界逐渐把雪盲现象学的描述名称转变为病因学定义名称。特别在 20 世纪 80 年代之后，学界几乎完全采用病因学定义名称："日光性眼炎""电光性眼炎""紫外线眼炎"等。另外，1956 年的康衍称："在内地及东北地区尚未听说有此病"，说明当时对于高纬度地区（包括东北地区）出现的雪盲状况尚不完全了解。而有学者研究表明："雪环境对不同解剖部位，特别是眼部紫外线暴露的影响巨大，提示高纬度地区和冬季等广大雪区人群应特别注意个体紫外线的眼部防护"。参见胡立文等：《雪环境中人体模型不同解剖部位的紫外线暴露剂量》，《环境与职业医学》2013 年第 1 期，第 1—4 页；奚奇《眼紫外线暴露剂量的研究》，《中国科技信息》2010 年第 15 期，第 186 页。

② 周孔昭：《高山病历史概述》，《西藏医药》1981 年第 2 期，第 82—87 页；李基文：《高原病的发病机制及防治研究进展》，《职业卫生与应急救援》2004 年第 2 期，第 65—67 页。

近代救灾法律文献整理概况、学术价值与现实关怀

赵晓华

（中国政法大学人文学院）

近代救灾法律文献，主要是指国家立法机构和各级政府制定颁布的与救灾相关的法律、行政法规、行政规章、法律解释等。救灾法律文献的表现形式，概而言之，主要是各类法律单行本、法律法规汇编、官方公报等。近代救灾法律文献详细地反映了近代不同政权救灾机制建设及运行的内容及特点，是对近代救灾事业演进历程的重要记载。近代灾害史料和法律史料非常丰富，民国以来，很多学者或相关机构对灾害记录、法律文献进行了大规模的整理与出版，但是，从现有研究中可继续探讨的空间来看，既有研究还缺乏对近代救灾法律文献的专题类整理，对以近代为断限的灾害史料整理尚待加强，文献利用的便利性有待拓展，专题研究尚需强化等。因此，对近代救灾法律文献进行专题式、全方位的系统整理就显得很有必要，在此基础上，对近代救灾法律制度的内容、机制及其演进轨迹和特点，进行全面分析和研究，将有助于进一步推动近代灾害史、法律史等研究，并为当前国家救灾法律建设提供重要的学术借鉴。

一、近代救灾法律文献整理概况

（一）近代灾害文献整理概况

在长期应对自然灾害的过程中，中国历代政府建立了系统完整的救灾制度，历代社会也留下了关于自然灾害及其救治的大量历史资料。正史、地方志、官方档案、各类官文书、文集中都有大量的灾荒史资料。大约从宋代开始，一批有识之士系统地总结和整理了源自官方和民间的救荒经验和赈灾措施，并著录成书，积累成非常宝贵的荒政类图籍。这些文献对于今天认识历史上自然灾害的演变规律，深入了解历史时期救灾减灾的经验教训，具有重要的学术价值。

中华人民共和国成立以后，由于国家经济建设和社会安全保障的需要，各级政府和科研机构曾经动员力量，对传统文献中关于灾害的记录和信息进行了大规模的搜集、整

基金项目：本文为教育部哲学社会科学重大攻关项目"近代救灾法律文献整理与研究"（项目编号：18JZD024）的阶段性成果。

作者简介：赵晓华（1972—），女，山西忻州人。现为中国政法大学人文学院教授，主要从事中国近现代史研究，尤其关注灾害史及法律社会史的研究。

理和汇编，其中产生的代表性成果有《中国地震资料年表》①、《中国地震历史资料汇编》②、《华北、东北近五百年旱涝史料》③、《中国三千年气象记录总集》④、《清代干旱档案史料》⑤、《中国气象灾害大典》⑥等。不过，1949 年至"文化大革命"结束，从人文社会科学领域对灾荒史的研究几近陷于停顿。20 世纪 80 年代以来，灾荒史作为社会史的一个分支，取得了突破性的发展。中国人民大学李文海教授于这一时期率先成立"近代中国灾荒研究课题组"，该课题组先后出版了《中国近代灾荒纪年》及其续编，这两部著述的撰写，"查阅了大量的官方文书、文集、笔记、书信、日记、地方志、碑文以及报纸杂志，尤其是查阅了清宫档案，摘录了历年各省督抚等官员就各地灾情向清政府的报告，共搜集、整理数以百万字计的有关资料，并在此基础上详加考订甄选，条分缕析"，并且"采取传统的编年体的形式，对历年全国发生的各类重大的自然灾害，分别省区，予以说明，尽可能将各地自然灾害发生的时间、地点、受灾的范围和程度加以详细介绍，而且对灾区人民的生活状况、清政府救荒措施及其弊端予以说明"，系统地呈现了"近代史上自然灾害的概貌和受灾地区的具体情况"⑦。2010 年，李文海、夏明方、朱浒主编的《中国荒政书集成》出版⑧，该套书收录中国历史上救荒文献 185 种，近 1300 万字，是迄今国内外第一部系统、完备的中国荒政资料汇编。这套书所涉及的内容，上起先秦，下迄清末民初，时间跨度数千年，大体上反映了先秦至清末中国救荒思想和救荒实践的概貌。该书与《中国地震资料年表》、清代江河洪涝档案史料丛书、《中国近五百年旱涝分布图集》一起，被称为中国灾害史研究的四座里程碑。⑨

近些年来，关于救灾的大部头的史料汇编，还有赵连赏、翟清福主编的 50 册的《中国历代荒政史料》⑩、全国图书馆文献缩微复制中心《清光绪筹办各省荒政档案》⑪、中国社会科学院经济研究所《清代道光至宣统间粮价表》⑫等。另外，对于近代救灾史的研究而言，国家图书馆出版社辑录民国时期有关赈灾的文献，将其影印出版，现已出版《民国赈灾史料初编》（共 6 册 12 种）、《民国赈灾史料续编》（共 15 册 67 种）、《民国赈灾史料三编》（共 32 册 150 种）。此系列丛书收录北洋政府、南京国民政府以及中

---

① 中国科学院地震工作委员会历史组：《中国地震资料年表》，北京：科学出版社，1956 年。
② 谢毓寿，蔡美彪主编：《中国地震历史资料汇编》，北京：科学出版社，1985 年。
③ 中央气象局研究所，华北东北十省（市、区）气象局，北京大学地球物理系：《华北、东北近五百年旱涝史料》，1975 年。
④ 张德二主编：《中国三千年气象记录总集》，南京：凤凰出版社、江苏教育出版社，2004 年。
⑤ 谭徐明主编：《清代干旱档案史料》，北京：中国书籍出版社，2013 年。
⑥ 《中国气象灾害大典》编委会：《中国气象灾害大典》，北京：气象出版社，2005—2008 年。
⑦ 李文海等：《近代中国灾荒纪年》戴逸序，长沙：湖南教育出版社，1990 年，第 3 页。
⑧ 李文海，夏明方，朱浒主编：《中国荒政书集成》，天津：天津古籍出版社，2010 年。
⑨ 高建国语，引自夏明方：《大数据与生态史：中国灾害史料整理与数据库建设》，《清史研究》2015 年第 2 期。
⑩ 赵连赏，翟清福主编：《中国历代荒政史料》，北京：京华出版社，2010 年。
⑪ 全国图书馆文献缩微复制中心：《清光绪筹办各省荒政档案》，北京：全国图书馆文献缩微复制中心，2008 年。
⑫ 中国社会科学院经济研究所：《清代道光至宣统间粮价表》，桂林：广西师范大学出版社，2009 年。

国华洋义赈救灾总会的赈灾文献，文献载体包括灾情调查、政府公文、法律法规、灾区写真、对策建议、赈灾指南、培训讲义、总结报告、学术著作等，成为研究民国救灾史非常重要的参考资料。

（二）近代法律文献整理概况

从近代法律法规文献整理来看，在清末法律改革的影响下，1909 年，北京政学社所编《大清法规大全》41 册出版。1910 年，商务印书馆编译所编辑出版《大清新法令》，含《大清光绪新法令》20 册、《大清宣统新法令》35 册。民国法律汇编资料相比更加丰富。在综合性的法规汇编方面，蔡鸿源主编的《民国法规集成》共 100 册，搜集了整个民国时期中国国内各个政权曾经公布的各项法规及历年公报所载具有法律性质的官方文书①。徐百齐编辑、商务印书馆 1937 年出版的《中华民国法规大全》全 11 册，展示了中国近代国家立法的过程。华东政法大学法律史研究中心组织整理、上海人民出版社 2014 年出版的《清末民国法律史料丛刊》，包括清末民国时期法学教材、法律工具书、法规等内容，系统地反映了当时历史背景下法学研究、教学及相关读物的出版情况。从民国不同政权的角度出发，出版的法规汇编有国民政府秘书处编的《国民政府法令汇编》，国民政府法制局编的《国民政府现行法规》，国民政府文管处印铸局编的《国民政府法规汇编》，司法行政部编纂室所编《新增中华民国法规大全》等。另外，还有伪国务院法制处编的《满洲国法令辑览》，伪中华法令编印馆编译的《中华民国新六法》、《现行中华民国法令辑览》等。革命根据地的法律文献汇编，主要包括晋冀鲁豫边区政府编的《晋冀鲁豫边区政府法令汇编》、晋察冀边区行政委员会编的《现行法令汇集》，韩延龙、常兆儒《中国新民主主义革命时期根据地法制文献选编》②，张希坡编著《革命根据地法律文献选辑》③等。

从部门法来看，关于行政法的汇编，主要有吴树滋《现行行政法令大全》④、社会部京沪区特派员办事处《社会法规汇编》⑤、赈务委员会秘书处《赈务法规汇编》等⑥。不少省市也颁布了地方行政法规汇集，如《北平市市政法规汇编》⑦、《上海特别市市政法规汇编》初集⑧、《山西省单行法规汇编》⑨、《河南省政府法规辑要》第一辑⑩、

---

① 蔡鸿源主编：《民国法规集成》，黄山：黄山书社，1999 年。
② 韩延龙，常兆儒：《中国新民主主义革命时期根据地法制文献选编》，北京：中国社会科学出版社，1984 年。
③ 张希坡编著：《革命根据地法律文献选辑》，北京：中国人民大学出版社，2017 年。
④ 吴树滋：《现行行政法令大全》，上海：世界书局，1930 年。
⑤ 社会部京沪区特派员办事处编印：《社会法规汇编》，1945 年。
⑥ 赈务委员会秘书处：《赈务法规汇编》，1936 年。
⑦ 北平市政府参事室：《北平市市政法规汇编》，1934 年。
⑧ 上海特别市政府秘书处：《上海特别市市政法规汇编》初集，上海：上海特别市政府秘书处，1928 年。
⑨ 山西省公署秘书处：《山西省单行法规汇编》，太原：山西省公署秘书处，1943 年。
⑩ 河南省政府秘书处：《河南省政府法规辑要》第一辑，开封：河南省政府秘书处，1928 年。

《湖北民政法规汇编》①、《湖南省现行法规汇编》②、《江苏省民政厅条教纂要》③、《浙江省现行建设法规汇编》④、《福建省单行法规汇编》⑤、《广西省现行法规汇编》⑥、《四川省现行法规汇编》第三册⑦、《西康省单行法规汇编》第一辑⑧、《贵州省现行条规类编》⑨等。

二、近代救灾法律文献整理的学术价值

从学科交叉的视角而言，对近代救灾法律制度进行文献整理与研究，有助于将灾害史或法律史学界已经完成或正在建设中的其他各种类型的资料整理工程相互衔接、互相补充，从而将历史学和法学的研究方法结合起来，有助于推动灾害史和法律史向纵深发展，并推进史学为社会服务的步伐。如前所述，近代灾害史料和法律史料非常丰富，迄今为止，很多学者或相关机构对灾害记录、法律文献进行了大规模的整理与出版，将深藏于故纸堆中的史料发掘出来，使之重现于世。就灾害史料的整理而言，自然科学研究者与人文社会科学学者在资料整理方面的合力，也反映了灾荒史研究中自然科学与人文社会科学的相互渗透与融合。晚清以来，不同时期法律法规资料的汇集和整理，也为近代法律史研究提供了丰富的资料基础。但是，新时期灾害史、法律史发展的研究态势在文献整理方面提出了更新的要求。从近代灾害史、法律史的发展脉络和前景来看，我们认为，现有的相关文献整理与研究仍有不少可进一步探讨、发展或突破的空间，主要表现在以下四个方面：

（1）缺乏对近代救灾法律文献的专题类整理。从文献整理的角度来看，虽然关于灾害史和法律史的近代文献均堪称宏富，大力发掘、整理和编纂相关史料，一直是灾害史、法律史学界的重要努力方向，但目前尚未有专门针对救灾法律制度的专题文献整理，救灾法律文献仍散见于灾害史料或清代、民国法规资料整理中。在既有的资料整理之外，仍有大量救灾法律资料散见于档案、地方志、文集、政府公报、报刊、碑刻资料、民间文献等史料中，亟待进行专题性整理。

（2）对以近代为断限的灾害史料整理尚待加强。就灾害史料来讲，多以几千年或近五百年作为研究尺度，虽然有不少包括近代在内，但并未将其作为独立的对象予以处理。如《中国荒政书集成》将历代反映灾情与救灾的专门文献进行标点后汇总出版，该

---

① 湖北省政府民政厅：《湖北民政法规汇编》，武汉：湖北省政府民政厅，1932年。
② 湖南省政府秘书处：《湖南省现行法规汇编》，长沙：湖南省政府秘书处，1931年。
③ 江苏省政府民政厅：《江苏省政府民政厅法规条教纂要》，南京：江苏省政府民政厅，1928年。
④ 浙江省政府建设厅：《浙江省现行建设法规汇编》，浙江省政府建设厅，1929年。
⑤ 福建省政府秘书处法制室：《福建省单行法规汇编》，福州：福建省政府秘书处公报室，1936年。
⑥ 广西省政府秘书处：《广西省现行法规汇编》，南宁：广西省政府秘书处，1932年。
⑦ 四川省政府秘书处法制室：《四川省现行法规汇编》，成都：四川省政府秘书处法制室，1940年。
⑧ 西康省政府秘书处：《西康省单行法规汇编》第1辑，雅安：西康省政府秘书处庶务股，1939年。
⑨ 贵州省政府秘书处编辑股：《贵州省现行条规类编》，贵阳：贵州省政府秘书处，1930年。

书汇集大量特定的灾害事件及其救治，有助于对救灾制度、救灾法律的具体运作进行探讨，但是该书下限为清末，对于民国的许多重要救灾文献基本没有收入。实际上，与此前其他时期相比，近代遗留下来的救灾史料最为丰富与多样，若其与当代社会相接轨，最能反映近一百多年来自然环境变动与救灾机制嬗变的过程，从而为今天的防灾减灾机制建设提供更为直接的历史借鉴。

（3）文献利用的便利性有待拓展。从文献学的角度看，既有的相关史料整理，多将原始文献按照专题分类后直接影印。如《中国历代荒政史料》《民国赈灾史料初编》《民国赈灾史料续编》《民国赈灾史料三编》《民国法规集成》等，此类型资料规模庞大，又系影印，好处是便于保存史料原貌，方便进行核对，不便之处在于书籍部头庞大，价钱昂贵，不利于读者利用检寻。

（4）对于文献的校勘比对工作有待强化。有的史料在民国不同的法规汇编中均有出现，但是文字信息却有不尽一致之处，这容易给利用者带来不少困扰甚至误导。只有与其他史料进行比勘，才能做到去粗取精，增加史料的客观性和真实性。

文献整理与理论创新是相辅相成的。在国内外已有研究和前期积累的基础上，对近代档案、官私文献及报纸、杂志中的救灾法律文献进行全面搜集、整理和出版，在此基础上，对近代救灾法律制度的内容、机制及其演进轨迹和特点，进行全面分析和研究，以期进一步推动近代灾害史、法律史等研究，这样的研究尤其有必要和价值。其学术价值体现在以下三个方面：

（1）文献利用方面，对近代救灾法律文献进行专题式、系统性整理。21世纪以来，无论是中国灾害史，还是中国法律史的发展，都离不开史料的大规模发掘和整理。就灾害史而言，灾害史研究的每一次重大发展，都离不开对灾害史料的大规模发掘和整理。如前所述，在对历史资料的发掘整理方面，经过自然科学工作者和史学工作者的共同努力，《中国地震资料年表》、清代江河洪涝档案史料丛书、《中国近五百年旱涝分布图集》、《中国荒政书集成》的先后出版被称为中国灾害史研究的四座里程碑。就法律史而言，法律史研究历来强调对史料基础的重视，近些年来，司法档案的大量发掘和利用尤其成为中外学者研究中国法律史的重要特点，许多法律史学者都认识到，不以丰富的材料为依据的法律史研究都是空洞的，应该大力发掘、整理和编纂中国法律史的史料。对中国近代救灾法律文献汇的整理、编撰与出版，可以进一步丰富中国灾害史、法律史研究的资料基础，也有助于继续加深灾害史、法律史研究从资料整理到研究路径等多方面的深化。

（2）在学术理论方面，将文献整理与理论创新紧密结合起来，对近代救灾法律制度进行从史料到理论研究的全方位解读。一方面在近代中国这样一个极具复杂性、变革性的时空中，传统荒政开始近代转型，政府和社会的救灾理念和思想也受外力影响，发生重大变化。另一方面，近代中国的法律制度变革亦是如此：它既是中国传统法律文明的近代转型，也是中国传统法律的现代化。不同的救灾模式先后出现，甚至同时运行，救灾法律制度的发展脉络表现为传统和现代并存，东西方救济思想、法律精神共生的特点。如果我们把中国历史学的考据传统与当代灾害学、法学研究的最新分析方法、技术手段和研究理念充分结合起来，相信能够积极推动灾害史研究中人文社会科学与自然科学的有机融合，深入探讨灾害救治中人与自然的互动关系，推动历史学和法学研究的深度融合，促进和推动中国灾害史研究范式的转换。

（3）学科建设方面，进一步推动灾害史和法律史的交叉与融合。从灾害史的研究动态来看，大大加强从社会角度对自然灾害的观察与研究，加强自然科学和社会科学之间的学科交叉和渗透，已经成为学术界深化灾害史研究的共识。在灾害史的研究方法上，许多学者提出应当充分运用多学科的角度，比如，注重灾害史与社会学、人类学、法学、政治学等学科的结合。如果结合社会史与法律史、制度史的研究方法，以救灾法律与近代社会作为研究对象，相信能够为深化中国灾荒史研究提供新的视角，拓宽相关学科的研究领域。法律史本身也属于法学和历史学的交叉学科。20 世纪 90 年代以后，学界曾对法律史学科研究方向应该"法学化"还是"史学化"产生了热烈争论。有些学者指出，法律史研究应该放弃先入为主的理论预设，回到历史情境中去思考问题，运用档案材料把当时的具体问题陈述清楚，可以更准确地呈现史事的真相[1]。法律制度不再是脱离了历史情境、独立于其他社会因素之外的宏大叙事框架，而应是以人为中心的、立足具体时空坐标点的多种问题的整合。因此，如果通过对近代救灾法律文献的整理，对近代救灾法律制度的立法史进行研究，并对处于纷繁复杂的时代背景下的近代救灾机制的变化及特点进行系统分析，有助于加强以往研究中的薄弱环节，促进史学和法学两个学科研究方法的融通，从而为准确、清晰地揭示近代国家救灾事业的演进提供更为丰富的资料基础和理论解析。

三、近代救灾法律文献整理的现实关怀

中国是一个自然灾害频发的国家。1976 年唐山大地震、1998 年长江洪水、2003 年"非典"疫情、2008 年汶川地震，2020 年以来席卷全球的新冠疫情，一系列重特大灾害事件的不断发生，让国人认识到，自然灾害的频繁发生至今仍是经济建设进一步前进极其重要的制约因素。习近平同志指出："同自然灾害抗争是人类生存发展的永恒课题。"[2]爱惜和保护自身赖以生存的生态环境、正确处理人与自然之间的关系问题，已经成为当今社会重要的时代课题。当前，党和国家把生态文明建设放在突出的战略位置，党的十八大把生态文明建设纳入中国特色社会主义事业"五位一体"总体布局，首次把美丽中国作为生态文明建设的宏伟目标。十八届五中全会提出五大发展理念，将绿色发展作为

---

① 里赞：《司法或政务：清代州县诉讼中的审断问题》，《法学研究》2009 年第 5 期。
② 《习近平在河北唐山市考察时强调　落实责任完善体系整合资源统筹力量　全面提高国家综合防灾减灾救灾能力》，《人民日报》2016 年 7 月 29 日，第 1 版。

"十三五"乃至更长时期经济社会发展的一个重要理念。党的十九大提出全面提升防灾减灾救灾能力的要求，将建设生态文明提升为千年大计，并首次提出了"社会主义生态文明观"，强调："人与自然是生命共同体，人类必须尊重自然、顺应自然、保护自然。"①2018 年 5 月 12 日，习近平同志致信汶川地震十周年国际研讨会，他指出："人类对自然规律的认知没有止境，防灾减灾、抗灾救灾是人类生存发展的永恒课题。科学认识致灾规律，有效减轻灾害风险，实现人与自然和谐共处，需要国际社会共同努力。中国将坚持以人民为中心的发展理念，坚持以防为主、防灾抗灾救灾相结合，全面提升综合防灾能力，为人民生命财产安全提供坚实保障。"②在这样的时代背景下，研究和总结历史上防灾、救灾、减灾的经验教训，尤其具有重要的实际意义。

从救灾法律机制的建设来看，毋庸置疑，中华人民共和国成立 70 多年来，随着防灾救灾能力的不断提高，在党和国家的正确领导下，中国人民战胜了一次又一次的特大灾害，积累了丰富的救灾经验。中华人民共和国成立以来的防灾减灾立法进程，既与重大灾害的应对密切相关，也是中华人民共和国法治进程的重要组成部分。与行政法的复兴一样，防灾减灾立法也是在党的十一届三中全会以后开始发展的。20 世纪 80 年代，国家颁布的相关法规主要有《中华人民共和国海洋环境保护法》（1982 年）、《中华人民共和国森林法》（1984）、《中华人民共和国草原法》（1985）、《中华人民共和国大气污染防治法》（1987）、《森林防火条例》（1988）、《森林病虫害防治条例》（1989）等。20 世纪 90 年代以后，多部与三大环境资源，即大气、水、土地等关联的防灾减灾立法逐渐颁行，如《中华人民共和国水土保持法》（1991 年 6 月）；《中华人民共和国红十字会法》（1993 年 10 月）；《中华人民共和国防震减灾法》（1998 年 3 月）；《中华人民共和国气象法》（2000 年 1 月）；《中华人民共和国防洪法》（2002 年 1 月）等。此外，还有《中华人民共和国消防法》（1998 年 9 月）、《中华人民共和国公益事业捐赠法》（1999 年 1 月）等。2003 年"非典"疫情发生后，我国开始在公共应急领域探索新的立法模式。2007 年 11 月 1 日，《中华人民共和国突发事件应对法》颁布实施，标志着我国公共应急法治体系框架初步形成。2008 年"5·12"汶川特大地震灾害的发生，使得国家加大立法力度，推动了多部重要法律的修订，如《中华人民共和国防震减灾法》（2008 修订）、《中华人民共和国防洪法》（2009、2015、2016 年三次修正）、《中华人民共和国气象法》（2009、2014、2016 年三次修正）等。同时，多项法律规范出台，如 2010 年 7 月 8 日公布的《自然灾害救助条例》，填补了之前防灾减灾管理体制立法存在的一些空白，是中国减灾救灾法治建设上的突破。这一时期，颁布的重要的法律法规还有《汶川地震灾后恢复重建条例》（2008 年 6 月）、《中华人民共和国抗旱条例》（2009 年 2 月）、

---

①　习近平：《决胜全面建设小康社会　夺取新时代中国特色社会主义伟大胜利——在中国共产党第十九次全国代表大会上的报告》，北京：人民出版社，2017 年，第 50 页。

②　《习近平向汶川地震十周年国际研讨会暨第四届大陆地震国际研讨会致信》，《人民日报》2018 年 5 月 13 日，第 1 版。

《气象灾害防御条例》（2010 年 1 月）、《社会救助暂行办法》（2014 年 2 月）、《中华人民共和国消防救援衔标志式样和佩戴办法》（2018 年 11 月）等。目前，应对地震、火灾、洪旱、台风、泥石流、沙尘暴等常规自然灾害，我国已经基本做到一事一法。但是，目前我国救灾立法的状况仍然亟待发展和完善，单行法还远远应对不了难以预测的巨灾，综合性防灾救灾法律体系的建构成为时代之需。另外，目前的救灾机构依然存在着职能交叉、分工不明确等问题。因此，有必要制定一部各种防灾减灾救灾法律法规和规范性文件的上位协调法，作为我国防灾减灾救灾新体制形成的标志性法律。总之，加快灾害管理的立法，把灾害管理纳入国家一般管理体制之中，建立符合我国国情的防灾救灾法律体系已经成为一件当务之急的大事。在这样的时代背景下，深入探究近代救灾法律制度的基本状况，了解救灾法律运作的特征及效果，尤其具有现实意义。近代社会与当代中国在时间上紧密相连，在救灾法律制度建设上，近代社会既承接传统荒政的经验，又吸收西方救灾理念及制度的精华，在救灾法律制度建设上做了种种努力和实践。特别是中国共产党领导的革命根据地，在长期实践中形成了"生产自救、自力更生"的救灾模式，即将政府救济、社会互助与人民自救完全结合起来，其中也在救灾法律制度建设上颇有建树，这一救灾制度，为中华人民共和国成立之后的救灾制度建设奠定了基础。比较总结在近代这一与中华人民共和国相连的历史时期，不同政权的救灾法律制度及其运作的利弊得失和经验教训，对近代救灾法律文献进行深入发掘、整理和研究，必将有助于我们在深入总结救灾经验的基础上，为建设及完善当今的防灾减灾法治体系，强化国家应急机制，找寻人与自然和谐相处的途径等提供有益的历史借鉴。

《新唐书》六畜灾变的文本书写与政治宗教阐释

韩 婷

（安徽医科大学马克思主义学院）

六畜指鸡、羊、牛、犬、豕、马六种家养牲畜，祭祀时又称"六牲"。"六畜"一词最早见于《左传·僖公十九年》"古者六畜不相为用"[①]。《周礼》亦有"庖人掌共六畜、六兽、六禽，辨其名物"和"其畜宜六扰"，六扰，"郑注曰：马、牛、羊、豚、犬、鸡""牧人掌牧六牲，而阜蕃其物，以共祭祀之牲牷"，六牲，"郑注谓牛、马、羊、豕、犬、鸡"[②]。"祸"在《说文解字》中位于"示"部："示，天垂象，见吉凶。所以示人也"，并言："祸，害也。神不福也，从示，呙声。"[③]以五行思想作为哲学基础的畜祸灾变体系有其严谨的系统。《新唐书·五行志》在记载大量自然现象，尤其是自然灾害的同时，充斥着五行灾变之说，其中所列六畜"灾变"，颇引人注目。《新唐书·五行志》列出鸡祸6条（实则7条）、羊祸5条（实则7条）、牛祸9条（实则14条），犬祸10条、豕祸6条（实则7条）、马祸14条（实则19条），涉及诸多方面。本文通过梳理唐代六畜"灾变"现象的表现形式及其原因，揭示史书编撰过程中话语体系的承嬗离合，阐释五行灾异说产生原因及其与唐代政治预象和事应的互动附会。

一、《新唐书·五行志》所载六畜"灾变"及其特点

《旧唐书·五行志》赓续《春秋》先列地震、日食，而后述山崩、水灾、异常天气、蝗灾、火灾、动物灾变、木言服妖。不同于其将同类灾变共列的编撰特点，《新唐书·五行志》在五行灾变的分类上更加清晰完善，逻辑体系更加完整，其将灾异分门别类为六，即木不曲直、火不炎上、稼穑不成、金不从革、水不润下、皇之不极，在每个门类之下又定义相关的灾异。"鸡祸""羊祸""牛祸""犬祸""豕祸""马祸"的六牲异兆既是六门类下相应定义的灾异表现之一，即六畜的"灾变"。

第一，列出的是由木不曲直引发的"鸡祸"。《新唐书·五行志》言木不曲直源自"田猎不宿，饮食不享，出入不节，夺民农时，及有奸谋……为变怪而失其性也……时

作者简介：韩婷（1990—），女，河南渑池人，安徽医科大学马克思主义学院讲师。研究方向：历史文献与文化传承、社会史。

① （战国）左丘明著，（晋）杜预注：《左传》，上海：上海古籍出版社，2014年，第196页。
② 徐正英，常佩雨译注：《周礼》，北京：中华书局，2014年，第83、697—698、第273页。
③ （汉）许慎撰，（宋）徐铉校订：《说文解字》，北京：中华书局，2013年，第3、10页。

则有鸡祸……"①，所列"鸡祸"之象有七，其中唐初四条皆影射女性干政。"垂拱三年七月，冀州雌鸡化为雄。永昌元年正月，明州雌鸡化为雄。八月，松州雌鸡化为雄。"②垂拱、永昌为唐睿宗年号，然唐睿宗无实权，朝政掌握在武则天手中。雌鸡化雄影射妇人干政，在《汉书》中多有先例。唐人张鷟在其《朝野佥载》卷四言："文明以后，天下诸州进雌鸡变为雄者多。或半已化，半未化。乃则天正位之兆"③，卷六言："垂拱之后，诸州多进雌鸡化为雄鸡者，则天之应也。"④"景龙二年春，滑州匡城县民家鸡有三足"⑤，其后载："京房《易妖占》曰：'君用妇言，则鸡生妖'。"⑥景龙乃唐中宗年号，此时，唐中宗昏聩，纵容韦后、安乐公主干涉朝政，是以用三足之鸡映射朝政。唐朝中期，记唐玄宗"好斗鸡，贵臣、外戚皆尚之，贫者或弄木鸡，识者以为：鸡，酉属，帝生之岁也；斗者，兵象。近鸡祸也"⑥。以唐玄宗之属相爱好作占卜异象，暗示唐玄宗天宝年间"安史之乱"的兵燹之祸。"大中八年九月，考城县民家雄鸡化为雌，伏子而雄鸣。化为雌，王室将卑之象，反雌伏也。汉宣帝时，雌鸡化为雄，至元帝而王氏始萌，盖驯致其祸也。咸通六年七月，徐州彭城民家鸡生角。角，兵象，鸡，小畜，犹贱类也。"⑦大中、咸通乃唐宣宗、懿宗年号，大中年间，唐宣宗励精图治，有"大中之治"的称号，其子唐懿宗登基之初，尚能守成，后渐骄奢淫逸、任人不贤、奉迎佛骨，导致浙东、安南、徐州、四川等多地相继发生动乱，内政腐败，民不聊生，丧失了"大中之治"的成果。王室式微，皇权衰落，暗示唐王朝命数将近。整体来看，《新唐书》所记"鸡祸"，言雌雄变化有四，雌鸡变雄鸡多言女祸，雄鸡变雌鸡，则言以下犯上。鸡变异多足，言女祸干政，斗鸡、鸡生角则为兵象，昭示天下将有兵乱。

第二，"羊祸"⑦属于五行灾异中的"火不炎上"，常因"弃法律，逐功臣，杀太子，以妾为妻，则谓火失其性而为灾也。京房《易传》曰：'上不俭，下不节，盛火数起，燔宫室。'盖火主礼云。又曰：'视之不明，是谓不哲……时则有羊祸……'"⑧。"羊祸"见载有七，身体部位残缺有异者五，变种者一，不明天象者一。义宁年间先后两条皆为羊身体部位或头或尾的残缺。开元年间两条皆是出现生肉角的畸形。会昌二年（842年）亦是身体畸形，一羊生两头，昭示上不一，他人干政，皇权旁落。变种一，羊生牛犊。乾符年间则为雨羊或是雨土的天气现象，以此来昭示旱灾，乾符年间先后有黄巢、毕师铎之乱，民不聊生，灾荒连年，甚至出现人相食之境况，"会毕师铎乱，人相掠卖以食"⑨，以羊祸天灾的书写昭示旱灾饥荒。

① 《新唐书》，北京：中华书局，1975年，第873页。
② 《新唐书》，北京：中华书局，1975年，第880页。
③ （唐）张鷟撰，恒鹤校点：《朝野佥载》，上海：上海古籍出版社，2000年，第57页。
④ （唐）张鷟撰，恒鹤校点：《朝野佥载》，上海：上海古籍出版社，2000年，第81页。
⑤ 《新唐书》，北京：中华书局，1975年，第880页。
⑥ 《新唐书》，北京：中华书局，1975年，第881页。
⑦ 《新唐书》，北京：中华书局，1975年，第892—893页。
⑧ 《新唐书》，北京：中华书局，1975年，第884页。
⑨ 《新唐书》，北京：中华书局，1975年，第5831页。

第三，"牛祸"①在五行灾异中占比例颇高，共有 14 条之多。"牛祸"的发生全因土失其性，帝王"'治宫室，饰台榭，内淫乱，犯亲戚，侮父兄，则稼穑不成'。谓土失其性……又曰：'思心不睿，是谓不圣……时则有牛祸……'"②。其中发生牛疫 6 次，其中大型牛疫占 4 次，又一次给出数据，言死亡率达百分之五六十。可见当时社会对发生牛疫相当重视，一方面基于对疾病控制诊疗的担忧；另一方面牛在当时作为主要的农业劳动资料，"牛少者谷不成"。"牛祸"还表现为畸形者，见载有五，身体器官的多出，首则上不一，足则下不一。"咸通十五年夏"又有生非其类的变种。人畜转换，灵异性质死而复生。

第四，金失其本性而为变怪，时有"犬祸"③，"好攻战，轻百姓，饰城郭，侵边境，则金不从革"④。犬祸见载 10 条，其中武德年间犬祸，颇类祥瑞，警示突厥外敌入侵之义犬，并不见其实体，乃昭示，犬吠为上天助大唐防贼灭夷的垂象之兆，也在客观上证明了李唐王朝乃上天所选之正统王朝。其余则畸形有异者五，武后时，狗象征酷吏无道，表现为二首，生角，不吠等。神功元年（697 年），二首者，象征上不一，六畜"灾变"皆同神功为武则天称帝后的第九个年号，该年号仅使用 3 个月，同年，张易之、张昌宗兄弟在太平公主的举荐下一同入侍宫中。大中、咸通年间，狗生角象征君子危困，狗不吠象征守国者将失利，基本都映射唐末时政。天宝年间，李林甫条所载鼠与狗，或鼠变为狗，将之与鼠狗之辈类比。李林甫在唐代宰相中名声不佳，为相 19 年，大权独揽，蔽塞言路，排斥贤才，导致纲纪紊乱，还建议重用胡将，阻止边帅出将入相，导致安禄山树大根深、如日中天。贞元七年（791 年），赵州柏乡民李崇贞家黄犬乳犊，未做出解释，似偶异现象。至于中和二年（882 年）狗与彘交，则有占曰诸侯有谋国者。占卜用狗与彘之交来反映唐末藩镇割据，天下变动，勾结起来颠覆皇朝，是一种通过占卜话语体系进行道德鞭挞，讽刺动乱之下，人臣不臣，不尊君奉亲，狗彘不若。荀子言："乳狗不远游，不忘其亲也。人也，忧忘其身，内忘其亲，上忘其君，则是人也而曾狗彘之不若也。"⑤用异种交媾这类反常现象预示世系紊乱，说明长幼无序，尊卑混淆。

第五，"豕祸"⑥是五行"水不润下"的产物，多是因水失其本性，"简宗庙，不祷祠，废祭祀，逆天时，则水不润下"⑦。"豕祸"共见载七条，繁殖的后代畸形有异者三，变种为人一，天象一，物种生活习性少见者二。身体畸形有异者与其他畜类之祸相同，常见为多首多足，其蕴含的上天对政治现状的垂象也多类似，多首为上不一，多足

---

① 《新唐书》，北京：中华书局，1975 年，第 905 页。
② 《新唐书》，北京：中华书局，1975 年，第 897 页。
③ 《新唐书》，北京：中华书局，1975 年，第 923—924 页。
④ 《新唐书》，北京：中华书局，1975 年，第 912 页。
⑤ （战国）荀况著，杨倞注：《荀子》，上海：上海古籍出版社，1989 年，第 18 页。
⑥ 《新唐书》，北京：中华书局，1975 年，第 940—941 页。
⑦ 《新唐书》，北京：中华书局，1975 年，第 927 页。

为下不一。"元和八年条"借豕之多耳多足昭示下不一，元和九年（814 年）淮西叛乱，李师道紧随其后是其政治事应。天象之一，类似于乾符二年（875 年）之羊祸，是对不明天气现象的恐惧与猜测。至于咸通七年（866 年）豕出溷舞，牡豕多将邻里群豕而行，复自相噬啮的记载，类似于群猪发情。乾符六年（879 年）越州民家有豕进入民户室内坏器用并衔桉缶置于水次，越州地处偏远，则更像为野猪所为，内陆少见豕有如此入户之行，故为一怪。至于人畜变形与生非其类结合的"广明元年条"在唐代笔记小说中也多有渊源，《玄怪录》"郭代公条"有一猪幻化人形名乌将军，每岁求偶于乡人，乡人必则处女之美者而嫁焉，后乡女为代公元振所救，戳穿了乌将军的原形。① 小说《西游记》第十八回高老庄大圣除魔、十九回云栈洞悟空收八戒的故事颇似取材完善于此。人畜转化的话语背景为这种看似荒诞不经的说法张本。

　　第六，"马祸"② 在五行灾异中也被看得十分严重，属于"皇之不极"门类中的灾象之一，是木、金、火、水、土沴天所致。马在中国古代被看得十分重要，是重要的交通工具、劳动资料和战略物资，因此，"马祸"见载 19 条之多。马之肢体组织有异，或源于自生，或马繁衍生殖时有异，合计 14 条，其中"义宁二年条"马生角昭示着兵祸，角者，斗象。此时，唐王朝尚未建立，李渊起兵太原后拥立隋恭帝杨侑，改元义宁，正是群雄并起，争夺天下之际，兵祸在所难免。"武德三年条"则记与唐王朝相敌对的政权王世充，虽未指明"马祸"的缘由，但从行文所用之春秋笔法"伪"可见此条更类似天象垂示，昭示王世充政权出现诡异，天下当归李唐的祥瑞。繁殖错乱之牡马生子，占卜解释为方伯分权，昭示唐末咸通年间，藩镇割据，各自为政不听号令已是事实。余则有变种的"马生人"2 条，也是五行灾异中常见的一种表现，"牛祸"中也有人兽转化的变种出现，此二条发生在乾符二年（875 年）、中和元年（882 年），亦为唐末，占曰诸侯相乏，人流亡，预示乾符年间黄巢之乱起，民不聊生。"永隆二年，监牧马大死，凡十八万匹"条，言马是国家的武备，死伤众多是上天去除国备，昭示国将危亡。此条从数据记载及历朝历代对马政的重视而言，不是人为添加之灾祥，近于"牛祸"所言瘟疫。此年占卜结果昭示国将危亡，影射长期以来唐高宗身体欠佳，经常头晕目眩，影响处理政务，武则天趁机参与国家大事，政权由唐高宗向武则天手中转移的趋势逐步形成，而永隆二年（681 年），离唐高宗仙逝之弘道元年（683 年）不远，即离武氏独揽大权、把持朝纲不远矣。"大和九年条"马饮水吐珠以献，更让人联想是有人有心为之。"光启二年条"唐僖宗奔逃凤翔时，马尾皆咤蓬如彗，象征帝王之怒，则更是牵强附会之言。表达了士人呼唤天子之怒能使李唐王朝回光返照，是上天垂怜李唐王朝赓续下去的福瑞祥兆，更似穷途末路时期，对超越力量、神秘力量的呼唤与期待。

---

① （唐）牛僧孺撰，穆公校点：《玄怪录》，上海：上海古籍出版社，2000 年，第 355 页。

② 《新唐书》，北京：中华书局，1975 年，第 952—953 页。

二、唐代六畜"灾变"的政治宗教阐释

六畜灾变作为五行灾变的一部分，是社会变迁和王朝兴替理论的题中之义。六畜"灾变"主要包含动物突变、异种交媾、生非其类、杂交动物、畸形动物等几种类型，灾异表现形式与汉代相比并无创新，类型几乎相同，都有迹可循。其中特别引起注意的是物种间的跨越性变化，其范围有时甚至会波及人类社会，出现人兽转化，这是文献记载中最不可思议之变怪。人类世界和动物世界是一个道德上同条共贯的整体，所以将动物道德化。古人认为人与动物相互依赖、相互影响，相信动物可以受到人类道德熏陶，如果人类社会修德行善，动物世界就能自发而有序运行，如果人类社会失德失常，动物世界便也会失德失常，以此来惩罚或警示人类，一旦人类做一些看起来不道德之事，仁禽义兽的符瑞转化为凶禽恶兽的灾异。变形和变种在此时被看成是灵异法力的一种，五行不常即是上天给予的昭示，这种变形或变种是上天通过灵异法力昭示人间的途径和手段。动物变形是昭示王朝权力递嬗和政治兴亡的符瑞之一。[①]

《新唐书·五行志》所载种种畜祸灾变，既有自然灾患又有物种基因变异，无论是形貌变化还是行为变化，常被视为社会政治发生变动的信号，这种自然观直接影响政治理论。同一灾异现象在改朝换代之际，前朝看作灾异，后继者往往视为符瑞，同一时期统治集团内部不同核心利益群体对同一现象也存在两种截然不同的话语体系，祥瑞与灾异只在一线之间，是瑞是灾，往往取决于现实政治的需要。典型如垂拱年间雌鸡化为雄鸡的记载，男权统治集团目为灾异、祸患。唐人张鷟认为垂拱之后诸州进雌鸡化为雄鸡者是武则天之应，并将其类比张易之野狐之应，言其为"祸"[②]。而对于进献雄鸡化为雌鸡的利益集团而言，昭示着武则天称制的祥瑞。开国之君往往用符瑞传说为其合法性润色，亡国之君则常常伴有灾异象征气数已尽。牲畜的实质未变，作为符号象征的道德意蕴发生了转化。象征祥瑞的仁禽义兽和昭示灾异的凶禽恶兽如何定义，往往也是政治投机者、统治集团利益纠葛的表现。

从宗教而言，唐代统治者建立政权之初，为了彰显自己受命于天的正统性和合法性，尊崇道教，以老子为道教祖师和李唐祖先。[③]后世继位者在尊崇道教的基础上，对佛教也不排斥，晚唐几位皇帝更是佛教的忠实信仰者，唐宪宗元和年间迎佛骨、唐懿宗咸通年间迎真身即是明证，武周代唐更是将佛教作为自己篡唐掌权的理论基础，唐武宗虽有灭佛之举，却好神仙异术。不断更新的儒家思想作为统治者官方意识形态的一统地位在唐代亦未改变，李唐与刘汉王朝一样重视孝道，即是对儒家政治和社会伦理的纯熟应用。整体上而言，经历了魏晋时期，到了唐朝，三教祯于吸收融合。加诸中国社会历来既有的传统宗教历经演变继续以天文历法、气象音律、阴阳五行、祥瑞灾异、谶纬数

①　〔英〕胡斯德著，蓝旭译：《古代中国的动物与灵异》，南京：江苏人民出版社，2005年，第248—249页。

②　（唐）张鷟撰，恒鹤校点：《朝野金载》，上海：上海古籍出版社，2000年，第81页。

③　（宋）王溥：《唐会要》，北京：中华书局，1955年，第865页。

术等各种形式存在的知识与信仰体系共同铸造了李唐时期的神秘宗教性知识和信仰时代。①这一切为唐代灾异思想插上了想象的翅膀，塑造了神秘主义的色彩，奠定了理论知识的基石，提供了宗教背景。《唐会要》记载了大量的唐代祥瑞、灾害事件，反映出唐代看待祥瑞、灾异的宗教意味和色彩。其中《祥瑞》分上下两篇，详细记载相关的祥瑞昭示，《杂灾变》专述唐代灾变事件，关于"豕祸"的记载有"贞观十七年润六月，司农寺豕生子，一首八足，自颈分为二体。其年七月，京师讹言官遣枨枨杀人，以祭天狗，云其来也，身衣狗皮，指如铁爪，每于暗中捕人，必取人心肝，更相震怖，皆彀弓矢以自防，太宗恶其妖讹，遣通夜开诸坊门，宣旨慰谕，稍定"②。唐代统治者借助祥瑞一类的谶纬宗教信仰知识为自己的统治提供理论基础，同时统治集团内部的知识精英们又利用这些知识体系为自己的政治立论与权力制衡提供强大的支撑。可以说，谁掌握了信仰领域的知识解释权，谁解释得更具说服力和可信度高，谁就占据了思想和理论的高地，就代表上天昭示的真正内涵与合法性。唐人对于信仰知识体系是清醒的理性运用，同时又不能断然否定其是信仰指导下思想上的虔诚认可与行动上的自觉践行。

通过这样一套思想和理论构筑了唐代的意识形态主流，紧紧地将六畜灾变与政治和宗教联系起来，由此衍生出种种解释与附会，形成了一套纯熟的宗教理论解释体系。

三、唐代六畜"灾变"见著于史籍成因探源

第一，《新唐书》所载六畜"灾变"是对汉代以来史书编撰传统与话语体系的继承、发展与改变。

早在春秋时期，中国古代典籍中便有"六畜"之称，马、牛、羊、猪、狗和鸡作为六种主要祭祀用品和家养动物存在。"祸，害也。神不福也，从示，呙声""示，天垂象，见吉凶。所以示人也。"③六畜带上了"祸"之符号，分门别类以马祸、牛祸、羊祸、狗祸、鸡祸的形式成为史书编撰中五行灾异的重要表现，以显示上天垂示人间的意旨，可从中国史书编撰的传统中窥见一二。

将六畜之变异与上天垂象之"祸"相连首见于《尚书》，"牝鸡无晨；牝鸡之晨，惟家之索。今商王受，惟妇言是用"④。以母鸡打鸣的反常现象影射商纣王听妇人妲己之言，将至灭国。此后史书中的"鸡祸"与此类似。至班固别出心裁创《五行志》，《后汉书》《宋书》《南齐书》继承前志保留《五行志》，《魏书》将《五行志》与《宋书》首创之《符瑞志》结合形成《魏书·灵征志》。

唐修《隋书》有"正史"之称，指代《史记》《汉书》以下诸史及其渐趋确定的史书编撰方法。唐代的精英阶层善言好言两汉之谶纬符瑞昔祥，李唐王朝又好道术仙家以

---

①　孙英刚：《神文时代：谶纬、数术与中古政治研究》，上海：上海古籍出版社，2015 年，第 2 页。

②　（宋）王溥：《唐会要》，北京：中华书局，1955 年，第 791 页。

③　（汉）许慎撰，（宋）徐铉校订：《说文解字》，北京，中华书局，2013 年，第 10、3 页。

④　王世舜，王翠叶译注：《尚书》，北京：中华书局，2012 年，第 140 页。

至于术数阴阳，更是渲染了有唐一朝对眚祥符瑞等五行灾异说信而有之的迷幻色彩，以及社会政治文化背景与话语体系。唐人好古，尤以好汉为甚，"唐初的人们对于《汉书》的爱好，远在爱好《史记》之上，在研究汉书时，他们的对象不仅是历史，而且是记载历史的文字"①。唐人修史也注重对《汉书》体制的延续，《晋书·五行志》在全盘接收《宋书·五行志》的基础上有所增损。《隋书》本无志，将《五代史志》编入《隋书》，保留《五行志》2卷。可见，自《汉书》将五行灾异记入正史，单列一志，大行其道，其后颇被效仿，致有滥觞之象。

由此路径来看，《新唐书·五行志》关于六畜之祸的五行灾异论在修史过程中得以保留，与《五行志》自诞生以来一贯把帝王的德行与天人感应学说结合起来，以灾异、春秋之法诫谕君臣的做法一脉相承。思想精英们在总结经验的基础上，认识到君权的相对性，为了实现这种相对性，提出了"天谴论"来制约君权的独立性。思想精英和统治集团将君主的行为规范分为"五事"，将异常的自然现象尤其是灾害分别归因于五行之气失衡，并依据五行映射关系将二者加以一一对应，认为君主如果违背"五事"规范之中的某一项，就会对相对应的五行之气产生不良的影响，使其失去本性，从而破坏自然界的有序运转，带来一系列的灾祸。运用阴阳学说和关联思维，将动物与整个宇宙的其他现象联系起来，贯通自然与人事，设想自然与人事有很深的关联，从而将自然现象归入某种图式，而人据此来调整人类社会的运行机制，最终达到治理社会的目的。②这种史书编撰的话语体系在《新唐书·五行志》的修撰中得以继承。

同时，也不得不注意，相较于《旧唐书》在灾异之后常常直书政治事应的做法，欧阳修等人在修《新唐书》时，大多情况下只书灾异而不书事应，这与唐人修史时注重事应的做法相比，是一种变迁，可见欧阳修等人刻意在规避所谓的天示人应，正如其在《新五代史》中提出的"书人而不书天"主张，并对天人感应说进行了批驳（欧阳修等人并不是完全否定天理的存在而是认为"以天参人则人事惑"）。③将畜祸灾异符号与人事政治之间的符号指示关系"弱化"，界定标准客观性得到"强化"，地位的"分化"，从侧面反映了传统君权思想中符异化色彩的减弱与道德化色彩的增强等诸多演变趋向。④这是对两汉以来修史者祥瑞灾异话语体系的变革，对畜类灾变理论的弱化，标志着儒家思想政治文化话语权的重新巩固。

可见，六畜"灾变"见著于唐代史书既有对传统史书编撰话语体系的继承，同时又有打破与创新，是修撰者对史书编撰传统的承嬗离合。

第二，《新唐书》的编撰更具文学性，在史料选择上，史书编撰与志怪小说的文本

---

① 闻一多：《唐诗杂论》，长沙：岳麓书社，2009年，第2页。
② 〔美〕艾兰，汪涛，范毓周主编：《中国古代思维模式与阴阳五行说探源》，南京：江苏古籍出版社，1998年，第1—57页。
③ 《新五代史》，北京：中华书局，1974年，第705—706页。
④ 许哲娜：《传统君权思想演变与五色符瑞、眚祥符号兴衰》，《南开学报》（哲学社会科学版）2018年第5期，第80—89页。

书写互动更加突出。六畜"灾变"在灾异类型和表现形式上几乎相同，并无创新，类型几乎相同，这些变怪在中国古代神话传说中有迹可循，同时此后在正史与小说中皆有赓续之态，如以人畜变种为话语体系前提，元代杂剧《金水桥陈琳抱妆盒》之狸猫换太子和《西游记》第三十回言唐僧被变成老虎即是一种人畜转化的延伸与演变。在正史编撰的过程中，编撰者长期浸染在与笔记小说作者同样的社会文化环境之中，其知识结构和认知理论难免有相同之处，在取材过程中潜移默化受到志怪小说作者的影响，将志怪小说中屡见不鲜的五行灾异理论和观念带入正史，在志怪小说充斥着各种不可思议之物种，物种转换、变种的濡化之下，对于此类事件的可靠性和真实性渐渐产生了动摇，抱着存疑、备说甚至将信将疑的心态，将之纳入正史记载。这是文本书写过程中正史与笔记小说的互动。

唐代在文学创作上有令人瞩目的成就，"传奇者流，源盖出于志怪，然施之藻绘，扩其波澜，故所成就乃特异"①，文化精英保留了魏晋以来志怪小说的情怀，创作了大量笔记小说，其中志怪小说占着重要一席。单从《新唐书·艺文志》收录作品来看，"玄""怪""幽""冥""灵""异"等字眼出现频率颇高，收录了大量的玄怪冥异类著作。更不匡论在分类上归入杂传记类实则亦载有玄怪灵异之说的笔记小说作品。唐人小说不离搜奇记逸，叙述婉转，文辞华丽②，"凡变异之谈，盛于六朝，然多是传录舛讹，未必尽幻设语，至唐人乃作意好奇，假个说以寄笔端"③。《博异志》撰者谷神子即在其序言中称："夫习谶谭妖，其来久矣，非博闻强识，何以知之。然须抄录见知，雌黄事类。语其虚则源流具在，定其实则姓氏罔差。"④颇能代表文人撰异记玄的心态。如《续玄怪录》卷四之"张逢条"，讲述南阳张逢游岭表至福建，途中于野外小憩，意足而起即变为虎，食人后幡然醒悟，复变为人。⑤人变为畜、畜变为人的跨物种人畜变化被充分演绎。动物畸形的灾异表现多首多足，无首少足的现象也如人畜转化一样以不同的形式波及人类社会，《因话录》记载邑民产一子有三首。⑥

志怪小说的编撰群体属文化精英，与修史群体在知识理论和意识形态层面当属同类。史书编撰内容与笔记小说著作中的志怪、灾异内容，展示了文人编撰集团搜奇记逸之喜好。这是文人集团的共同心理和表现。当然也存在宣扬展示自己文采和博闻强识而为之的心态。《新唐书》编撰者所处之宋代，笔记小说更是充沛。事实上，从唐代小说中大量的志怪逸闻可以窥视唐代社会对诡事异闻并不排斥且好编之成文，这种好言志怪的社会背景是不容忽视的。

史书编撰者往往广征博引，取材广泛，以备翔实。在修史过程中笔记小说史料的可

① 鲁迅：《中国小说史略》，北京：民主与建设出版社，2015年，第49—50页。
② 鲁迅：《中国小说史略》，北京：民主与建设出版社，2015年，第49页。
③ （明）胡应麟：《少室山房笔丛》，北京：中华书局，1958年，第486页。
④ （唐）谷神子撰，穆公校点：《博异志》，上海：上海古籍出版社，2000年，第478页。
⑤ （唐）李复言撰，穆公校点：《续玄怪录》，上海：上海古籍出版社，2000年，第450页。
⑥ （唐）赵璘撰，曹中孚校点：《因话录》，上海：上海古籍出版社，2000年，第859页。

观性和笔记小说作者群体的文化性，使得笔记小说也成为修史者用以佐史、证史、补史的重要资料来源。如《新唐书》中"牛祸"载："洛阳市有牛，左胁有人手，长一尺，或牵之以乞丐"①，可见于《朝野佥载》"先天年，洛下人牵一牛奔，腋下有一人手，长尺余，巡坊而祈"②。史书编撰与笔记小说的互动影响可见一二。

此外，科学知识缺乏以及对自然界未知事物的畏惧与猜想，也是志怪、灾变话语体系形成的大背景。不难看出，《新唐书》所载六畜"灾变"，除了编撰过程中话语体系、文本来源以及社会背景的影响因素外，科学原因也是不容忽视的。首先，古人受交通工具和信息来源方式的限制，对核心生活区域以外事物知之少、见之少，大多通过口耳相传或文本资料的间接经验，故此对客观世界之庞杂硕大的体系不能完全了解，并明白其科学运行原理。六畜"灾变"中诸多记载更像是基因突变诱发的畸形；杂交品种，如"开元十二年五月太原献异马驹"更似牛驴杂交之骡；外来未见品种如"文德元年李克用献马"条等。世人以不见为灾为异而遐思、联想。更有涉及魔术障眼法的技艺手段，如"先天初"条牛背生手，不以为怪，反迁之于市，乞讨叫卖。正如郭璞为《山海经》作注时序言所说："宇宙之寥廓，群生之纷纭，阴阳之煦蒸，万殊之区分，精气浑淆，自相濆薄，游魂灵怪……世之所谓异，未知其所以异。世之所谓不异，未知其所以不异。"③宇宙辽阔，世界变幻多端，变异变怪只是自己不知未见而已。以少见惊之异之，释之以灾异之说，缺乏系统、科学的博物认识和观念，以及对生物的自然观察、科学实验和理论总结的缺失。

正是由于对科学知识的缺乏，更易将一些未知现象和事物与灾异天象相联系，以此安慰内心之恐惧。在这种灵事异物的环境的长期刺激下，也催生了人们的想象力，凭借想象创造出更多不见于常的动物，尤其是文人猎奇的志怪加工，使得各种怪事奇物在大传统中成为统治集团用五行灾异劝诫君主的话语体系和政治目的，在小传统中是民众对自然力的盲目崇拜，二者充分互动，相互依赖，相互浸淫，不断叠加，推陈出新。

《新唐书·五行志》关于灾异的记载令人目不暇接，对长久以来与人类日常生活紧密相关的六畜灾变的大量保留更是值得引起注意。所载六畜灾变的表现形式多样，主要分为动物突变、异种交媾、生非其类、杂交动物、畸形动物等。从灾变发生的时间和发生后的应对来看，通过占卜灾变揭示五行灾变背后的政治预象和事应，将灾变视为上天对即将发生的政治事件的预兆与示警或是上天对既有政治现状的惩戒与警示，进行穿凿和曲意附会。六畜灾变见著于《新唐书·五行志》反映了欧阳修等人在《新唐书》编撰过程中对由汉司马迁以来纪传体史书文本书写体系的承嬗离合，同时展现了宋修唐史过

---

①　（宋）欧阳修、宋祁撰：《新唐书》，北京：中华书局，1975年，第905页。

②　（唐）张鷟撰，恒鹤校点：《朝野佥载》，上海：上海古籍出版社，2000年，第68页。

③　袁珂校注：《山海经校注》，上海：上海古籍出版社，1980年，第478页。

程中在史料来源上对笔记小说的征引和相互濡染，揭示了史书编撰与笔记小说撰著之间的文本互动关系。六畜灾变显示出唐代人的博物和科学观念尚有缺乏，对无法解释的大千世界抱着幻想与畏惧，不断探索并形成一套自己的理论体系与实践应对方案。灾变现象的广泛存在和程式化的文本解释是儒释道三教的互鉴融合，更是谶纬术数等信仰知识体系在唐代大行其道的突出体现。

第五编
历史上疫灾及其应对

疫病的灾害史解读与中国卫生现代性的构建
——读余新忠主编《瘟疫与人：历史的启示》有感

夏明方

（中国人民大学清史研究所）

庚子大疫暴发初期，中国灾害防御协会发出倡议，要求所属各专业委员会紧急动员起来，积极参与到全国范围的"战疫"行动之中。灾害史专业委员会，作为其中唯一一个以历史研究为中心的分支机构，相比于其他奋斗在防灾抗疫最前线的同行，顿觉异常气馁。面对来势汹汹的新冠病毒，我们这些专放"马后炮"的专家学者，除了"躲在小楼成一统"之外，还能为这个被疫情肆虐的悲惨世界做些什么呢？只是由于在全球范围内迄今尚未完全消退之迹的新冠疫情，不仅对于我们这些习惯于以过去作为研究对象、成天埋首于故纸堆的学者来说，是个全新的东西，即便是对于那些处在全球医疗科学最前沿的自然科学学者来讲，恐怕也是一头雾水，也都需要把它与过往已发现的诸多病毒及其演化过程进行比较，需要对疫情孕育、暴发、扩散的路径进行回溯式的跟踪调查，也就是流行病学调查。与此同时，为了更有效地应对这一全新而未知的病毒，越来越多的大众，无论身处疫区内还是疫区外，是作为受害者还是旁观者，也对人类过往曾经遭遇怎样的疫病、这些疫病对人类有什么影响、它暴发的原因何在、人类又是如何应对疫病，以及这种应对对今日之"战疫"究竟会有什么样的启示之类的历史问题，有着越来越迫切的求知之欲，这就使我们似乎又增强了一点点的信心。或许可以从现实的需求出发，把对过去有关疫病历史的认识，用相对通俗的形式进行梳理、归纳和总结，让先前封闭于象牙之塔的所谓纯学术，走向社会，面对大众，从而为现实的抗疫防疫提供某些经验或教训。更何况这一场疫病，虽然之前把我们都禁足于钢筋混凝土构建的"牢笼"之中，这在一定意义上来说也是韦伯所言现代性之"理性的囚笼"在现实生活中的具象化，却也给我们这些历史文献的爬梳者提供了极为难得的田野考察机会，使我们从历史学者变成了人类学家，作为当事者或局内人，对由疫情揭开的人间万象，亲自观察，亲自体验，进而使我们对过去的历史，尤其是长期以来被遮蔽的疫病与历史的关系，有了更加深刻的感悟和认识。历史与现实交相激荡，共同推进着人类对自身命运的思考。

基金项目：本文是国家社会科学基金重大项目"中国西南少数民族灾害文化数据库建设"（项目编号：17ZDA158）的阶段性成果。

作者简介：夏明方，男，中国人民大学清史研究所暨生态史研究中心教授、博士生导师，中国灾害防御协会第三届灾害史专业委员会主任，主要从事灾害史研究。

　　事实上，随着疫情的暴发和蔓延，自 2003 年非典之后逐步兴盛起来的中国医疗史、疾病史学界也迅速行动起来，并利用互联网提供的强大传播功能，在全社会掀起了一场具有公共史学特质的疫病史宣叙高潮。商务印书馆和其他很多出版社也积极组织力量编撰相关主题的学术普及类作品。我们也希望借此机会，邀请海内外从事疫病和公共卫生研究的专家，围绕着历史上尤其是明清以降中外疫病及其社会应对这一主题，在较为充分地借鉴已有研究的基础上，结合现实体验，将各自先前的学术结晶用一种简明通畅的语言再现出来，供有兴趣的读者参考和批评。恰好灾害史专业委员会的副主任余新忠教授是这一领域的杰出代表，在他的倡议之下，兼以海内外诸位医疗史大家和青年才俊的热情应邀，鼎力相助，终于变成了《瘟疫与人：历史的启示》这部学术普及型的读本。虽然就中国大陆的疫情防控而言，这一定程度上还是放的"马后炮"，但从该书所展示的明清以来中外疫病及其应对的历史，尤其是从中外比较中展现的中国卫生现代性艰难曲折的构建过程，应该可以使读者从中获取某些新的认识和启示。

一、疾病的全球一体化与中国卫生现代性的再思考

　　中国灾害防御协会灾害史专业委员会从 2004 年创会伊始，就对灾害给出了一个相对宽泛的定义，其中包括自然灾害、人为灾害以及由自然、人为相互作用而导致的环境灾害或技术灾害，但是对于疫病的灾害属性，在很长一段时间内灾害史学界并未达成一致性的共识。有的史家虽然把它当成自然灾害来研究，却也闹不清它在此种灾害的分类体系中到底处于什么位置。在国家防灾减灾和应急管理层面，这一在今日被明确界定为生物灾害或生物入侵灾害的事件，同样没有被归入自然灾害的范畴，而是作为公共卫生事件，与自然灾害、事故灾难以及社会安全事件并列为四大类突发性事件，其统一处置的重任更是与其他突发性事件截然不同，不在早先的民政部救灾司以及后来的应急管理部管辖范围之内，而是由国家卫生健康委员会主导。在迄至今日仍在持续的国家或地方"战疫"实践中，可以清清楚楚地看到，作为国家应急管理的高层决策和管理机构，如国家减灾委员会和应急管理部，实际上扮演的是辅助性角色，与其在水、旱、地震等灾害处置过程中展现的核心地位形成鲜明的对照。这样一种疫病与减灾相分离的话语和实践，对中华人民共和国防灾减灾的举国体制到底是利是弊，值得人们做深入的检讨和反思。但是如果把它放到一个更长的历史时段去考察，则这样一种作为历史的事实分离，或许有助于我们对中国卫生现代性的构建及其对于中国现代性的总体意义展开新的思考。

　　此种分离首先使笔者联想到余新忠在《瘟疫与人：历史的启示》一书的结论部分反复致意的学术主张，从其对传统中国疫病应对的特征所做的三个方面的总结可以看到，实际上就是明清中国疫病应对过程中的"国家缺位"或"国家失灵"现象。这三个特征，一是传统国家对瘟疫救治给予的关注始终未像对其他灾害的预防和赈济那样，形成

一套完备的制度性规定，而主要由民间社会自行展开；二是中国社会在长期的历史过程中积累了丰富且值得肯定的疫病应对经验，但基本上是零散、感性和片段的，缺乏系统的整理和总结，未能发展出体系性的疫病救治知识；三是在疫病防治过程中虽曾出现大量躲避、隔离乃至检疫的行为和事例，但主要出于直观的感知、本能的反应以及某些特定的目的，并没有得到主流社会和儒家思想的鼓励和支持，在理论与实践上难以取得发展。实际上，这样的观察在余新忠 2003 年的成名作《清代江南的瘟疫与社会》中已有了比较明确的表述，之后随着疫病史研究的深入，不少学者对明清时期国家在疫病防控中的作用有了越来越清晰同时也越来越肯定的叙述，但是似乎并不能从根本上颠覆他的这一总体性判断，而且一旦将同一时期国家防疫与国家救荒进行比较，则两者之间客观存在的巨大反差，更使明清国家的防疫作用越发显得不足称道。

也有学者把研究的时段推到历史的更深处，比如唐宋或秦汉，并从中钩稽出某种准现代性的国家医疗机制、医学知识体系或公共卫生事业的轨迹。然而一个不可否认的事实是，这样的国家作用在随后的明清时期差不多没了踪迹，结果就像郑洪认为的那样，充其量只是在学界提出了所谓"李约瑟难题"的医疗史版本[1]；当然，我们也可以努力地跳出西方中心主义的现代性叙事框架，从中国医疗事业内部发掘某种迥异于西方的本土现代性路径[2]，就像中国医疗社会史的先驱者梁其姿先生早前设想的那样。然而这所谓的"另一种现代性"的卫生，在现实社会中直至今日都未曾退出历史的舞台，甚至还发挥着越来越重要的影响，却同样不能否认或遮蔽如下事实：近代中国疫病防控或卫生事业的现代化过程，始终是由西方式的卫生现代性主导，只是在不同的发展阶段往往有着不同的主导性模式，大体而言有英国模式、日本模式、美国模式以及借鉴苏联的社会主义模式等。此一路径，最初是由外部力量强制性地引入和推广，带有强烈的殖民特征，继而为近代中国的精英阶层或国家政权所接受，作为民族国家建设之重要的乃至核心的组成部分。这样的现代性，不同于中国本土或传统中国以个体生命关怀即养生保健为旨归的中国式卫生之道，而是以其服务于被视为一种完整有机体的民族国家之生存、健康的"公共性""国族性"作为最重要的特质。作为一种重民族轻个体、重国家轻社会且通常由国家权力强制实施的近代疫病防控机制，其在具体实践过程中往往导致对民间社会或个体公民之传统或合法权益的压制或损害，因而在后现代或后殖民史学看来，这种以民族国家构建为中心任务的公共卫生事业，尽管也会因时因地发生变异而带有多样化的特色，甚至体现为某种中国式的现代性或中国现代性，但终究是以欧美国家的卫生现代性作为效仿的标准和衡量的尺度，而且是在社会达尔文式的竞争性民族国家体系中被迫接受或主动推行的，不仅带有强烈的殖民现代性的色彩，也因之抑制或消解了真

---

① 参见郑洪：《中国传统社会的瘟疫应对：以 1793 年马嘎尔尼英国使团为中心》，余新忠，夏明方主编：《瘟疫与人：历史的启示》第六章，北京：商务印书馆，2022 年。

② 梁其姿：《医疗史与中国"现代性"问题》，余新忠主编：《清以来的疾病、医疗和卫生：以社会文化史为视角的探索》，北京：生活·读书·新知三联书店，2009 年，第 3—30 页。

正的启蒙现代性或自由主义现代性的成长和发展。就此而论，著名医疗社会史家刘士永提出了一个有待继续探讨的话题："卫生现代性，一个早在 19 世纪末即已在中国初露端倪的社会理想，是否在今日的中国得到充分的展现呢？"①

不过，一旦跳出所谓民族国家的界限而把这样一种卫生现代性的探讨置于全球范围之中，我们就会发现大家对它的理解还是有着相当大的差异。研习中国医疗社会史的学者大约都会清楚，作为"卫生现代性"这一概念的倡导者，罗芙芸把公共性作为它的最重要特质，但同时强调以 19 世纪晚期出现的"细菌学说"为代表理论的科学性，故此在她看来，中西医学的大分流，其界限不是彭慕兰所说的 1800 年左右，而是 19 世纪晚期 20 世纪初期。②不过从辛旭、邹翔有关欧洲黑死病和英国公共卫生兴起的论述来看，这一传自西方的卫生现代性，其源头显然还要早得多。它孕育于十四五世纪的意大利，成形于十七八世纪的英国，至 19 世纪又衍生出不同于英国的德国模式。③

如此一来，人们对于西方卫生现代性的理解，就其原初的意义而论，至少有两种不尽一致的表述。姑且把前者叫作原发型 A，后者叫作原发型 B。两者的主要区别并不在于大家公认的"公共性""规制性"，而是对其"科学性"的不同理解。在罗芙芸、刘士永等人看来，细菌学说的诞生是西方医疗科学真正建立的标志，而在梁其姿等学者看来，被细菌学说所取代的"瘴气说"等西方早期的疫病起源理论以及相应的有关身体的"洁净观"，同样属于近代科学的范畴。既然如此，这两种卫生现代性，其与总体现代性的关联就有了不同的意义。A 型现代性，尽管在罗芙芸等学者那里实际上已经成为现代性总体构建的核心，进而成为中西文明分野的最重要的标志，但毕竟还是 18 世纪晚期工业革命的结果，也就是说，它本身原是现代性的衍生物，而 B 型现代性则是自 15 世纪以来以欧洲为主导的全球一体化进程中各种因素交互作用的产物，进而在一定意义上来说，正是由于对欧洲内部多次大规模流行的鼠疫、霍乱等急性传染病的创造性应对，才促进了欧洲现代性的诞生。依循此一思路，则中西道路的决定性分叉，显然不是罗芙芸所说的 19 世纪末至 20 世纪初，也不是彭慕兰所说的 18 世纪末至 19 世纪初，而依然是传统的现代性历史叙述中早已作为定论的开辟欧洲新航路的 15 世纪末至 16 世纪初。

这样说似乎又掉进了现代性叙事的欧洲中心主义的理论陷阱之中了。不过，从疫病的应对转向对疫病的源头及其传播的路径，则另一种反欧洲中心主义的现代性起源论就呼之欲出了，只是这一次担任主角的不再是来自欧洲的开拓者，而是把鼠疫病菌经由中亚大草原传向欧洲的老鼠或跳蚤们。这自然跳出了这本新书讨论的时空范围，但并不能因此隔断与它的联系。在美国著名社会学家阿布—卢格霍德的眼中，这一由统一的蒙古帝国勾连起来的跨越欧亚大陆和地中海的辽阔世界，是一个建立于由欧洲霸权所主导的

① 刘士永：《公共卫生：走向中国现代性》，余新忠，夏明方主编：《瘟疫与人：历史的启示》第九章，北京：商务印书馆，2022 年。

② 〔美〕罗芙芸著，向磊译：《卫生的现代性：中国通商口岸卫生与疾病的含义》，南京：江苏人民出版社，2007 年。

③ 辛旭：《欧洲黑死病》；邹翔：《近代英国的鼠疫与公共卫生的兴起》。余新忠，夏明方主编：《瘟疫与人：历史的启示》第四章、第七章，北京：商务印书馆，2022 年。

现代世界体系之前的世界体系，它不仅通过军事扩张和跨地域贸易，在相隔遥远的印度、中国和欧洲这东西方两大文明之间架起了桥梁，更将威廉·麦克尼尔假定的人类四个不同的文明疾病圈，即中国、印度、中东和地中海之间原本相对封闭的体系给打破了，最终导致 14 世纪后半期黑死病的世界大流行。[①]而这样一种黑死病的世界大流行正是法国年鉴学派代表人物之一勒鲁瓦·拉迪里着意强调的"疾病带来的全球一体化"或"微生物一体化"，亦即由人类、老鼠、跳蚤和细菌组成的四方共生的"全球瘟疫生态系统"[②]。这样的"疾病一体化"并不只是影响西欧，它对包括中国在内的亚洲或其他地方如美洲等也有不容忽视的影响。因各地的政治、经济、文化和习俗的差异，这些地区从此走上了不可逆的分流之路。在阿布—卢格霍德看来，鼠疫大流行最终瓦解了蒙古帝国，且使其继承者步履维艰，而原本落后的欧洲则因缘际会，在之后的世界体系重组中崛起并称霸；在勒鲁瓦·拉迪里看来，在 15 世纪后期和 16 世纪，源于欧洲之外的瘟疫固然导致欧洲人口大规模和持续下降，但是不同于战争或饥荒的社会影响模式，这一危机所带来的是土地资本的大量剩余，是幸存者生活水平的大幅度上升，是城市和海上经济的多样化，是西方社会不断增长的复杂的物质和文化需要的满足。[③]在诺贝尔经济学奖获得者道格拉斯·诺斯看来，正是一波又一波的饥荒和疫病对欧洲人口的周期性影响及其造成的劳动力、土地等生产要素之间相对价格的变化，导致了对工业革命兴起而言最为重要的制度设置，即个体所有权体系的普遍建立。[④]

事实上，依据这样一种论证逻辑透视历史，就会看到，随着崛起的欧洲对外部世界的持续扩张，所谓"疾病的一体化"也不再单单是源于亚洲的鼠疫或其他病菌对西欧社会形成冲击，至晚从 15 世纪末开始，源于欧洲旧大陆的各种病原体还进一步向西跨过大西洋，对人口相对稠密的美洲大陆造成了毁灭性的影响；到了彭慕兰所说的中西大分流的时段，也就是 18 世纪末至 19 世纪初，以英国为主导的西方列强对亚洲的侵略和征服，也从根本上改变了全球疾病一体化的格局，以至就像余新忠等对嘉道之际霍乱大流行所做的描述，早在英国人以坚船利炮叩开中国大门的 20 多年前，来自西方世界的真性霍乱就已经由英国士兵带到了缅甸（不久即归属英属印度），进而传到中国西南、江南，并通过运河体系一直蔓延到京师，造成了百千万中国人口的损失。[⑤]这是来自工业化进程中的西方世界对中国大规模军事入侵之前的一场被国内外历史学家长期忽视的病菌入侵。笔者多年前在阅读李玉尚等学者所做的相关研究时也已经感受到了此次病菌入

---

① 参见〔美〕珍妮特·L.阿布-卢格霍德著，杜宪兵、何美兰、武逸天译：《欧洲霸权之前：1250—1350 年的世界体系》，北京：商务印书馆，2015 年。

② 〔法〕伊曼纽埃尔·勒鲁瓦·拉迪里著，杨豫、舒小昀、李霄翔译：《历史学家的思想与方法》，上海：上海人民出版社，2002 年。

③ 参见〔法〕伊曼纽埃尔·勒鲁瓦·拉迪里著，杨豫、舒小昀、李霄翔译：《历史学家的思想与方法》，上海：上海人民出版社，2002 年。

④ 〔美〕道格拉斯·诺斯、罗伯特·托马斯著，厉以平、蔡磊译：《西方世界的兴起》，北京：华夏出版社，2009 年。

⑤ 余新忠、徐旺：《大变局前夜的新瘟疫：嘉道之际霍乱大流行》，余新忠、夏明方主编：《瘟疫与人：历史的启示》第二章，北京：商务印书馆，2022 年。

侵对近代前夜中国人口和中国社会的影响。①

由此，与这样一种无意中滋生的巨大灾难——类似于前述欧洲殖民者在殖民扩张过程中给美洲带去的天花相比，直接引爆 20 年后改变中国 3000 年历史进程的军事冲突的导火索，却是英国殖民者人为制造的"生物入侵"，即臭名昭著的鸦片种植和鸦片贸易。以往研究过于注重英国主导的这一场不道德的国际贸易行为对嘉道时期中国经济的灾难性影响，也会关注充当这种国际贸易核心环节的商品，即鸦片对中国广大吸食者健康和生命的戕害，却很少有人想到：这一在中国传统医典中扮演镇痛、麻醉角色的药用植物，一旦变形为难以抵挡的成瘾之物，亦即从药品变毒品，尤其是在商品的交易者明知会有如此致命的效果却依然大规模地生产和交易，并以坚船利炮予以武装保护，甚至逼迫受害国将此种贸易"合法化"，这不就是在公然制造或使用"生物武器"吗？尽管用"生物武器"这一概念多少给人时空错置之感，但究其性质而言，是无论如何也难以否认的。②从这一意义上来讲，以林则徐为代表的禁烟行动，并不仅仅是对国家主权的维护，同样也可以看成是一场在国内和国际展开的保障国民健康的公共卫生防卫战，只是这后一种意义上的防御战，就中国而言，还只是一种不那么自觉的行为，用以对抗毒品的技术也是相当传统的中医药体系，如广为流传的林则徐戒烟方，而且禁烟行动最终也因为在军事上的失败而未能成功。

鸦片战争后的中国以越来越大的规模被纳入西方资本主义所主导的全球经济体系之中，也以越来越大的规模卷入全球疾病体系之中。一个预料之中的结果是晚清国人的健康和生命受到越来越大的伤害，以致成为近代国人的"百年痼疾"，而中国人之所以被冠以"东亚病夫"之名，冠名者自身实难以辞其咎；而另一个预料之外的效应则是，当中国在这样一种开放性的全球疾病生态体系中备受煎熬之时，中国的霍乱、鼠疫等疫病，反过来又借助于新的全球化体系再由中国传向外部世界，传向欧美的其他殖民地乃至威胁欧美国家本身。显而易见，这样的互动过程，完全是欧洲霸权下的现代世界体系构建和扩张的结果。曾经催生西方现代性的微生物共同体又成为这一无远弗届的现代性扩张的产物，这正是历史的复杂性所在。而前文所说的建立在科学的细菌学理论基础上的公共卫生运动，正是在这样一种新的变化了的疫病情势下蔚为大观的，而中国卫生现代性的进程，以及传统与现代卫生话语的竞争与纠葛也随之而拉开了序幕。必须强调的是，对这一场公共卫生运动的理解，不能仅限于医疗技术层面，近代以来国人为禁烟所做的种种艰苦卓绝的努力和斗争，广义而言，也是这一场运动不可或缺的重要组成部

---

① 夏明方：《另一种革命？——清末灾荒与辛亥革命再探讨》，中国人民大学清史研究所：《清帝逊位与民国肇建国际学术研讨会论文集》，内部资料，2012 年。

② 道光十八年（1838 年）四月，鸿胪寺卿黄爵滋在其著名的《禁烟疏》中对此种行为有非常清晰的判断，并将其视为比洪水猛兽更加惨烈的灾祸，是"生民以来未有之大患"。他指出："此烟制自英吉利（按：此判断有误，应为印度），夷严禁其国人吸食，有犯者以炮击沉海中，而专以诱他国之人，使其软弱。既此取葛留巴，又欲以此诱安南。惟安南严令诛绝，始不能入境。今则蔓延中国，横被海内，槁人形骸，蛊人心志，丧人身家，实生民以来未有之大患。其祸烈于洪水猛兽，积重难返，非雷厉风行，不足以振聋发聩。"参见（清）魏源：《夷艘寇海记上》，《魏源全集》第 3 册，长沙：岳麓书社，2011 年，第 586 页。

分。卫生的公共性不限于医疗领域而渗透在整体社会之中。也正是在后一种卫生运动中，我们可以更确切地感受到中国的卫生现代化，并非只是或总是对西方卫生现代性及其东亚变种的简单效仿和移植，或者用后殖民史学的话语来说，是一种自我殖民，而实际上是在一种不断变动着的"迎拒"势态中，努力走出一条新的从身体到社会的总体性反殖民道路。可以这样说，对此种现代性的追求，固然以其强烈的民族主义特色而被编织进民族国家话语体系之中，但这一运动对人的健康和生命的关注，还是体现了浓厚的民生主义和人道主义的关怀。这种关怀本身既适应了特定情境之中国人对生命的珍视，也超越了文化或族群的界限，而与反殖民现代性的人类共同价值若合符契。总而言之，对近代以降微生物或生物与中国历史的深层次关系，我们需要换一种眼光展开更深入的研究，更希望有越来越多的研究能够为此提出更加坚实的佐证。

此种对于现代性的微生物叙事或生物叙事肯定会引起读者的怀疑，尤其是这样的叙事把疫病以及对疫病的人类响应看成近代中西分流主要的或决定性的因素，更是一个超乎已知的推断，理应引起诸多批评。在此需要说明的是，笔者在这里并非要把这样的判断当作盖棺的定论，而只是给大家展示人类历史演化路径的另一种可能性。大家尽可以提出各种可能的反驳。比如就像余新忠教授本人也承认的，传统中国到了明清时期，虽然在疫病的应对方面做得不怎么样，但是赈灾方面不是取得了那么多、那么大的成就吗？美国的加州学派不是还把中国政府尤其是 18 世纪清廷举办的救荒和仓储等公共事业当作现代福利国家的标志吗？不过请大家不要忘了，当我们接受把卫生现代性定义为由国家主导的"公共卫生"而非以养生保健为主的"个体卫生"之时，这一卫生事业本身已经不仅仅局限于单纯的专门化的医学和医疗事业，而是一个包括政治、经济、社会、文化、科学在内的综合性的现代化大业了。我们不能想象一个社会可以在公共卫生领域一枝独秀，却在国家经济和社会福利领域一无建树；相反，通过医疗社会史学界的艰苦努力，我们倒是发现了一个与之完全相反的文明，即明清时期的中华世界。虽则再往前追溯，据称是在北宋时期，中国已经建立了一套比较完整、比较严密的国家主导、社会辅助的防疫抗疫体系甚至公共卫生机制，而且这样的防疫体系，与国家对水、旱、地震等灾害的救助实际上被放在差不多同等重要的位置，但这样的体系在南宋的变形以及在元明清时期的衰落或消失，也是不争的事实。韩毅在总结宋代瘟疫防治的局限时提及以朱熹为代表的新儒家对民间普遍存在的"避疫"之风的批评，认为这种批评道德上符合儒家伦理，实际上有可能导致更大范围的死亡。[①]在朱熹看来，那种一遇疫病，即"邻里断绝，不通讯问，甚者虽骨肉至亲，亦或委之而去"的行为，是"伤俗害理，莫此为甚"，相反应该"知恩义之重而不忍避"，而且"染与不染，似亦系乎人心之邪正，气体之虚实，不可一概论也"[②]。这在很大程度上是对染疫者的污名化。由此或可透视

① 韩毅：《宋代瘟疫的流行与防治》，北京：商务印书馆，2015 年，第 234 页。

② （宋）朱熹：《偶读漫记》，《朱子全书》第 24 册，上海、合肥：上海古籍出版社、安徽教育出版社，2002 年，第 3417 页。转引自韩毅：《宋代瘟疫的流行与防治》，北京：商务印书馆，2015 年，第 234 页。

被一众学者称之为具有准现代性的"唐宋变革"之未能持续的内在动因。至少就卫生现代性的构建而言,唐宋时期的中国或许有那么一种可能而在人类历史上率先走上现代性之路,但这样一条道路终究还是被新儒家自身的伦理构建给堵死了。从这一转折本身所导致的赈灾、防疫两相分离的国家实践以及从中所反映的中西之间灾害结构的不同之中,或许可以窥见中西分叉的真正底蕴,只是我们需要把它放在一个更加长远、更加开阔的时空语境之中,才有可能窥其大势。

二、灾害及其应对的结构性差异与现代性的起源

为了有助于读者更多地了解这样一种对于现代性起源及其多样化演进的灾害学解释,此处不妨介绍一段鲜为人知的学术公案,希望引起大家的兴趣,进而对此展开更多的思考。

长期以来,人们在探寻欧洲资本主义、工业化或现代性的起源时,总是从其内部挖掘与资本主义、工业化或现代性这些代表着西方文明之成功或奇迹相匹配的正面的、积极的因素,而在解答非西方社会之所以失败的原因时,则主要从其负面的、消极的因素着手,也就是说按照这样的逻辑,只有正能量才能成为新的正能量的成因,而负能量只能导致负能量,正所谓"种瓜得瓜,种豆得豆"。然而随着人们对灾难的研究越来越深入,不少学者却从中发现了更加复杂的文明演化之路。道格拉斯·诺斯是以人与资源之间的紧张关系作为主线,探索 10—18 世纪以英国为核心的西欧社会从危难中兴起的动力机制。当今日的新自由主义者把独立、完整、不可侵犯的私有产权或个体所有权制度的确立和维护作为现代经济制度或现代化最重要的内容和指标时,大约很少有人注意到,在道格拉斯·诺斯和他的合作者眼中,这样的制度是西欧社会在长达 6 个多世纪的周期性饥荒、瘟疫和战争的过程中逐渐确立起来,并最终成为西欧走上可持续经济增长之路的制度保障。不过,在道格拉斯·诺斯划定的马尔萨斯危机的第一个周期(约从11—15 世纪)中,这一作用几乎遍及西欧所有地区或国家,而到了第二个周期(从16—18 世纪初),虽然整个西欧都遭遇了新一轮的战争、饥荒和瘟疫等灾难的蹂躏,但是由于在前一个周期中新生的制度体系只是在荷兰和英国发挥了更大的作用,故其经济表现脱颖而出,并在 17 世纪末率先摆脱了马尔萨斯陷阱,进而为工业革命布置好了舞台。虽然法国、西班牙、意大利和德国在后一个周期成为失败者,但也不可能恢复到先前的状态了。一句话,西欧的现代性源于马尔萨斯陷阱,又超越了马尔萨斯陷阱。从这一意义上来讲,作为新制度创生之催化剂的各种灾难,并非某种来自外部的、偶发的纯自然力量,而是人口增长与资源限制之间周期性波动的产物,只是最终的结果却跳出了人口与资源之间的恶性循环,而步入了富裕与繁荣的新时代。[①]

[①] 参见〔美〕道格拉斯·诺斯、罗伯特·托马斯著,厉以平、蔡磊译:《西方世界的兴起》,北京:华夏出版社,2009 年。

　　灾难催生了现代性，却也在现代性的影响下改变了它的表现和性质。前引法国年鉴学派的勒鲁瓦·拉迪里，正是抓住了这一点而对中世纪晚期之后欧洲相继出现的种种危机进行概念化的分类。在他看来，作为一种"连续性的中断"的危机，其所引发的效应如同一场地震，地震本身只是揭示了隐藏在地下的力量，而不会创造任何东西；但是这些力量有可能带来广泛的破坏，使现有的上层建筑化为乌有，同时又给予"建设者在如何选择和设计重建时驰骋其想象力的自由"，前者可能是倒退的，而后者则是进步的。[①]由此或许可以把前者看成是"倒退性危机"，后者则为"进步性危机"。从勒鲁瓦·拉迪里的研究中可以看出，后一类型才是欧洲中世纪末期以来各类危机的总体性特征。不过历史地来讲，18 世纪以前的危机，不管是 14—15 世纪长达一个世纪之久的"后帝国大危机"，还是在"延长的 17 世纪"（1560—1720）经历的三次各自持续三四十年或 20 年左右的中长期危机，两者都是具备"创造性功能"的危机，前者孕育了"崭新的社会—经济模式的母体"，"预示了现代资本主义并为它奠定了基础"，后者则导致史无前例的自我持续的现代增长最先落在了英国、比利时、加泰罗尼亚和法国的重要海港（马赛、圣马洛）。该危机可以称之为"创造性危机"。而 18 世纪以后，准确地讲，是 1720 年到作者对危机进行思考的 1973 年左右，则主要是"成长的危机"，包括持续时间比较短、频次越来越少、严重性也越来越小，乃至完全消失的"生存危机"，19 世纪和 20 世纪变得越来越普遍的工业和商业部门的周期性经济危机，以及按不同的比例把各种危机结合起来的危机（包括生存问题、现代的各种经济萧条、流行病、战争和出生率下降等，姑且称之为"综合性危机"）。其中第一类的生存危机，其创造性的效应实际上等于零；第二类的经济危机，"具有潜在的进步意义"，"甚至推动了工业结构的现代化"；而第三类的危机，如法国革命和俄国革命，则发生在一个整体的成长时代，恰好处于或可能处于社会历史或历史本身的某些战略节点之上，因而不同于停滞时期的重大危机而"可能带有创造性的功能"[②]。

　　勒鲁瓦·拉迪里所勾勒的欧洲危机演变大势总体而言颇类似于道格拉斯·诺斯的判断，且两者都把跨越中世纪的那场大危机作为自由主义新时代的起点。不过，勒鲁瓦·拉迪里显然不同意道格拉斯·诺斯对作为饥荒、瘟疫或战争之源的马尔萨斯式解答，也不同意把战争和饥荒作为西欧从 1340 年到 1450 年这持续一个世纪之久的人口危机的主要因素。在他看来，这一时段，德国、意大利、英国、斯堪的纳维亚半岛国家、加泰罗尼亚和葡萄牙都经历了这样或那样的战争，但都躲过了法国百年战争那样无与伦比的巨大灾难。但是到了中世纪晚期，上述所有的国家都经历了持久的、巨大的人口下降过程，因此不可能把战争作为在整个欧洲范围内发挥整体作用的因素；饥荒本身也不

① 〔法〕伊曼纽埃尔·勒鲁瓦·拉迪里著，杨豫、舒小昀、李霄翔译：《历史学家的思想与方法》，上海：上海人民出版社，2002 年，第 372—373 页。

② 〔法〕伊曼纽埃尔·勒鲁瓦·拉迪里著，杨豫、舒小昀、李霄翔译：《历史学家的思想与方法》，上海：上海人民出版社，2002 年，第 351—373 页。

能够给出足够的理由，因为连续不断的饥荒不可避免地会形成其自身缓和的条件，随着人口的减少，幸存者能够获得的食物就会增加；而且也没有什么理由表明从 1280—1310 年欧洲人口的过度增长一定会造成 1348 年之后发生的各类悲惨事件。因此，真正的罪魁祸首是来自欧洲之外的形成于欧亚大陆的细菌，它在各种因素的"汇合"之下于欧洲暴发那场空前绝后的生物大灾难，只有现代的核战争或细菌战争才能与它相提并论。勒鲁瓦·拉迪里认为："如果对导致瘟疫的细菌在这个因果链中所具有的重要地位没有恰当的认识，就无法理解那场生物大灾难的本质。"①

尽管勒鲁瓦·拉迪里把这一场生物大灾难的起源地置放于欧亚大陆的另一端，却并不认为这另一端躲过了类似欧洲这样的人口大幅度下降的巨大灾难。但让他惊异的是，这样的灾难为什么没有在中国造成类似的突破，而只有欧洲才抓住这些机会？勒鲁瓦·拉迪里终于还是回到了年鉴学派之结构史学的立场，认为中世纪后期的危机"只能起着催化作用，刺激了过去占统治地位但毕竟处于等待状态中的活动结构"，而在中国，"虽然同样存在着这样的催化剂（危机），但缺乏的恰恰是它需要的背景，否则就有可能创造出一个由中国推动世界经济，创立一个交流的、工业的、资本主义和科学的社会"②。

勒鲁瓦·拉迪里的迷惑在美国著名经济史家埃里克·琼斯那里得到了与其灾害逻辑相连贯的解释，但却将决定这一逻辑的结构从脱离灾害的社会转移到了灾害本身。也就是说，欧亚两端的大分化，其主要的动力并不是前者所注目的某种社会结构的差异，而事实上就在于两地灾害本身的结构性差异或者说不同的灾害模式，以及在灾害应对过程中国家行为的不同表现。老实地说，笔者在阅读余教授新编著作时获得的感受，正是导源于埃里克·琼斯的讨论给予的启发。在今日几乎被人遗忘的《欧洲奇迹：欧亚史中的环境、经济和地缘政治》这一经典作品中，20 世纪 80 年代初的埃里克·琼斯明确批评那些把灾害看作是完全在经济系统之外发生的无关紧要的负面冲击的经济学，"可能最误导人了"，认为这样的经济学"把无法基于初始条件和行为方程进行预测的'外部事件'抽象掉了"，然而过去"在事实上并不是一个偶尔被微风吹起涟漪的池塘，它是由一连串对或大或小的扰动所做的持续调整组成的"③。而就欧亚两大洲而言，其所遭遇的灾害种类、灾害频次、灾害损失水平的不同，以及更重要的因为地区差异导致的灾害冲击的非对称影响，或灾害影响的结构性偏差，更使得两地逐渐走向了不同的资本积累和经济成长之路。

据埃里克·琼斯考察，相比于以中国为代表的亚洲，欧洲在地质方面的地震，气候方面的洪水、干旱，以及生物方面的蝗灾等灾害上，其发生的频次要少得多，其造成的

①　〔法〕伊曼纽尔·勒鲁瓦·拉迪里著，杨豫、舒小昀、李霄翔译：《历史学家的思想与方法》，上海：上海人民出版社，2002 年，第 82—84 页。

②　〔法〕伊曼纽尔·勒鲁瓦·拉迪里著，杨豫、舒小昀、李霄翔译：《历史学家的思想与方法》，上海：上海人民出版社，2002 年，第 358—360 页。

③　参见〔英〕埃里克·琼斯著，陈小白译：《欧洲奇迹：欧亚史中的环境、经济和地缘政治》第二版，北京：华夏出版社，2015 年，第 19 页。

人口与经济损失也要小得多，而作为社会灾害的战争和居民点火灾，其造成的总体损失同样不如亚洲严重，尤其是居民点火灾，因其与中国土木材料形成鲜明对照的砖石结构而大大地减轻了损失或发生的频次。只有在人和动物的流行病这一类生物灾难上，欧洲的情况堪与亚洲相伯仲，甚至比后者更加严重。但即便是如此，或者正因为这样一种灾害结构的总体性差异，才可能使各类灾害，尤其是疫病对灾害损失的人口与资本之比造成了不同的影响，也就是说，相比于亚洲以地震、干旱、洪水为主导的灾害体系对人口与物质资本总是造成双重严重损失的情况，欧洲以疫病（或加上战争）为主的灾害则偏向于对人口和资本的不对称影响，亦即造成人口巨大损失的同时，财产却得以相对完好的保留，由此促进了欧洲的资本积累，兼以技术与组织的变革，最终逐步扩大了欧亚两洲之间在工业革命之前的经济差距。[①]这样一种灾害的不对称影响及其造成的经济差异，埃里克·琼斯和他的合作者将其称为"中子弹效应"[②]。

事实上，人类对灾害的主观响应也可能因为灾害影响的偏向性差异而有所不同。据埃里克·琼斯判断，可能是由于亚洲人面对的自然环境风险更大，故此往往采取多生孩子的 R 战略，亦即是个体数量最大化来适应更加频繁的死亡高峰，以便有更多的个体可能在大灾难中存活下来，而欧洲人则因生活在更稳定的环境中而采取控制生育的 K 战略，从而微妙地提高了家庭收入水平和人力资本的质量，并使人口与资源大致保持一种平衡。[③]

以上是问题的一个方面。另一个方面的差异则相应表现为灾害的应对，埃里克·琼斯名之为"灾害管理"，并把它作为由正在形成中的民族国家提供的公共产品来看待。其中最为埃里克·琼斯所关注的是十四五世纪以来发端于意大利而后向欧洲其他国家扩散的防疫体系。他在《欧洲奇迹》的第二版序言中是这样强调的：

> 到 18 世纪，提供更多、更好的公共产品已几乎成了欧洲各国政府的一个最典型的特征。最有意义的是这里归类为灾害管理的行为。特别地，其中包括了强制隔离以终止流行性疾病在人群中间传播、设置防疫封锁线以防止受感染牲畜四处乱跑、向受感染牲畜被宰杀的农场主支付赔偿金，以及采取紧急措施，把谷物盈余投入到那些因高昂的物价而可能产生饥荒的地区。在贫穷而脆弱的社会，从诸如此类的行政措施中得到的收益是巨大的。向因为牲畜与患病的动物有接触而被屠宰的农场主支付补偿金，这显示了在 18 世纪的行政管理和农人生活方面，一幅与过去通

---

① 参见〔英〕埃里克·琼斯著，陈小白译：《欧洲奇迹：欧亚史中的环境、经济和地缘政治》第二版，北京：华夏出版社，2015 年，第 19—33 页。

② J.L. Anderson and E. L. Jones，Natural Disasters and the Historical Response，La Trobe University School of Economics Discussion Paper，Vol.83，No.3，1983.

③ 参见〔英〕埃里克·琼斯著，陈小白译：《欧洲奇迹：欧亚史中的环境、经济和地缘政治》第二版，北京：华夏出版社，2015 年，第 15—17 页。

常所描绘的完全不同的景象。①

正是对这种应对的讨论，使埃里克·琼斯看到了几乎为一般历史学家以及后来的新自由主义者所忽视的欧洲在现代性形成过程中国家发挥的作用，并将这种为应对危机、保护生命而在公共事业或公共产品的供给领域强化干预职能的国家称为"服务型国家"。于是我们看到在一系列灾害冲击下的欧洲社会在两个方面看似相反相对实则相辅相成的变化：一方面是摆脱封建时代各种束缚的经济个人主义的兴起；而另一方面则是成长中的民族国家代替社区和民间而担负起越来越广泛的社会公共服务方面的责任，经济自由与国家干预相互交织，共同促成欧洲现代社会的崛起。而此种国家干预得以推进的突破口，主要就是由瘟疫造成的生存危机以及由此涌现的公共卫生事业。②在埃里克·琼斯看来，这样一种生产私人化与服务集体化的交叉运动，是欧洲人和西方人有望获得其中世纪祖先或其他地方的人类做梦也想不到的"安全、秩序和服务"，它既带来了效率，又提供了稳定的收益，并为寻求进一步的增长或更多的社会正义提供了基本保证的社会安全体系，它虽然不一定是国家收入快速增长的充分条件，但很可能是一个必要的条件。③相反，在一个被魏特夫界定为"东方专制主义"的国家，"帝国的钱袋子并未鼓到足以支撑一个服务型国家的运行"，而"服务型国家这样一个古怪的概念皇帝压根儿就没有想到过"。其中的原因可能就在于，像古代中国这样的中央集权制国家，其标志与其说是独裁，莫如说是一种合谋统治，帝国的许多行政事务实际上是留给了地方士绅官员管理，而基层乡村实行的则是自我管理。因此，与魏特夫设想的庞大水利国家的概念相去甚远，其大部分水利灌溉项目都是在代表农民的士绅的管理监督下以适当的规模实施的，即便朝廷派遣官员管理这样的工程，也只是为了保证向帝国的粮仓输送贡赋，而非主要肩负服务职能。④

埃里克·琼斯的这一研究，尤其是对传统中国集权政治在包括灌溉工程在内的国家公共产品供给中作用的讨论值得进一步推敲，但至少也可以表明，在灾害管理过程中强化的国家干预行为，并不见得一定会导致反现代性的侵犯个体自由的专制政治，或者是这种专制政治的产物，因为这种新型的国家干预是欧亚大陆前现代国家都不曾具备的。这样一种场景，与今日欧美社会比较普遍的极端自由主义的反隔离运动形成鲜明的对照；而最具讽刺效果的是，这样一种原本源于西方世界的现代防疫机制却在被其诟病的所谓"东方专制主义"国家得到最彻底的贯彻和实施，并取得了举世瞩目的成效。橘生

---

① 〔英〕埃里克·琼斯著，陈小白译：《欧洲奇迹：欧亚史中的环境、经济和地缘政治》第二版序言，北京：华夏出版社，2015年，第9页。

② 〔英〕埃里克·琼斯著，陈小白译：《欧洲奇迹：欧亚史中的环境、经济和地缘政治》第二版序言，北京：华夏出版社，2015年，第23、112—120页。

③ 〔英〕埃里克·琼斯著，陈小白译：《欧洲奇迹：欧亚史中的环境、经济和地缘政治》第二版，北京：华夏出版社，2015年，第190—191页。

④ 〔英〕埃里克·琼斯著，陈小白译：《欧洲奇迹：欧亚史中的环境、经济和地缘政治》第二版，北京：华夏出版社，2015年，第165—170页。

逾淮，不仅没有变成所谓的"枳"，反而发挥了更大的效用，其中蕴含的历史意义值得玩味。这一前一后、一西一中的两个例子应该能够表明，在特定的历史时空中，个体自由与国家保护至少可以在对生命的共同关注中找到相互应和的契合点，尽管这并不表明这样的结合在现实社会中是如此的完美、和谐，以致个体之间、个体与社会之间以及国家与公民之间不存在任何的权利失衡和利益冲突，但至少在所谓的专制主义或自由主义这两个极端的选项之间，它向我们昭示了另一种创造性的而非倒退性的摆脱危机的可能路径。

三、并未终结的争论：灾害与现代性的纠缠

回到当时的学术界，埃里克·琼斯的研究很快就招致了不少学者的批评和反驳。最有戏剧效果的是弗雷德里克·L.普赖尔（Frederic L.Pryor）教授，他原本是要为埃里克·琼斯的论述提供支持性的证据，结果却认为埃里克·琼斯的逻辑和结论完全是基于大胆的假设，故而只好满怀遗憾地向埃里克·琼斯发起了挑战。他除了对埃里克·琼斯之关于中国东方专制主义的新论表示认同之外，对其有关灾害影响的所有论述几乎一概加以否定。[1]埃里克·琼斯则在同一期杂志中应约予以针锋相对的回应。[2]他首先提出一个有关环境因素之经济影响作用的一般性问题，也就是说，在争论双方公认的主导经济历史的政治差异之外，究竟还剩下多大的解释空间可以包容环境的影响？他既不赞同那些完全否定地理或物质影响的唯心主义派，以及怀疑主义者的看法，同时也与那些重点关注气候历史的渐进主义派划清界限。在埃里克·琼斯看来，一个长时段的气候平均值的渐进性变化很难被识别出来，而且往往被来自社会的良好的预备性调整所抵消，因此对经济的变化并不拥有多少独立的解释力。事实上，埃里克·琼斯认为，自然世界并非处于无差异的均匀状态，其结构性差异很可能导致不同程度的成本效应；虽然国家的收入与资源禀赋并非高度相关，但这一禀赋本身还是可以部分地解释拥有相似的历史和文化的一组国家在收入上的变化。当然，埃里克·琼斯特别关注的是那些突发的、巨大的，给某一特定人口之收入和财产予消极性冲击的重大灾害，这样的灾害是如此的迅速、不可预测，以致很难在短时间内进行及时的调整；这样的灾害当然不是纯粹的自然现象，发生在沙漠中的自然变动对社会科学家来说并没有多大的意义，作为自然灾害，它涉及的是受影响人口的规模、密度、财富、收入和制度安排的功能，它应看成是"经济脉络中的物理性破坏（Physical Disruptions in an Economic Context），而人造的社会灾害则是这一脉络本身的断裂（Ruptures of the Context Itself）"。他不完全同意阿玛蒂亚·森以交换权利的失效而非粮食供给的失败来解释饥荒的成因，他指出在历史时期确

---

① Frederic L. Payor, Climatic Fluctuations as a Cause of the Differential Economic Growth of the Orient and Occident: A Comment, *The Journal of Economic History*, Vol.45, No.3, 1985, pp.667-673.

② E. L. Jones, Disasters and Economic Differentiation Across Eurasia: A Reply, *The Journal of Economic History*, Vol. 45, No.3., 1985, pp.675-682. 以下引用或概述均出自此文，恕不一一注明。

然存在真正的食物短缺造成的饥荒，尤其是在一个没有铁路又远离滨海的特定市场区域，其生产和分配条件并不足以为每个人提供足够的食物，交换权利可能决定谁将挨饿，但有些人终将饿死则决定于"大自然的朱笔"，或者用经济学的术语来说，是趋于无限的交通成本，所以对研究者而言，更重要的应该是发现当交换权利饥荒持续之际，真正的食物饥荒何时停止，而阿玛蒂亚·森显然并没有这样做。故此，埃里克·琼斯强调对灾害的可行性定义，不仅包括造成总资产失败的迅速冲击，还包括灾害损失的特定形状，即对财产（K）或人（P）的不对称破坏倾向。地震毁物大于毁人，且可能导致增加劳动力需求的灾后重建；瘟疫则毁人留物，提高灾后幸存者的单位资本收入，但不见得会导致总收入的上升。而此种不对称影响，其在经济历史中扮演的角色，并非无足轻重。

在绕了这么大的一个弯子之后，埃里克·琼斯终于开始对普赖尔的质疑给予直接回应。他指出，自己并没有像后者指责的那样把造成决定性冲击的灾害限定在气候变化之上，也并非只关注灾害冲击的总损失，是后者无视以疫病为代表的毁人（劳动力）大于毁物（资本）欧洲型灾害与人物并毁的亚洲型灾害之间的差别，并把这样一种欧亚两分体简化为气候变异造成的总损失问题。他承认自己把孤岛日本与整个亚洲一视同仁显然是个错误，尽管从表面上看来日本似乎共享着"亚洲灾害综合征"，但其岛国位置、特殊地形、建筑结构与海洋性气候等，使其对于外来的疫病更加脆弱，而灾害对其毁坏的人口与财产之比也有别于亚洲大陆模型而与欧洲并行不悖。但是就亚洲的其他地区而言，尤其是就普赖尔特别关注的降水量波动而言，他还是犯了一系列重要的错误：第一是在选择一个不同的时段来讨论包含欧洲早期现代增长的1400—1800年这一比较宽泛的时间单位；第二是不理会非气候灾害对人口行为的可能影响，忽视了这些灾害对投资的任何效应，尤其是把需要社区集体决策的灌溉工程灾后重建与由个体家庭控制的人口生育行为混为一谈，以致否认灾后人口对大家庭的"投资"；第三是认为洪水造成的人口死亡集中分布于城市而非乡村，无视亚洲尤其是中国的洪水冲击范围广大，并给整个地区的人口与农业资本带来巨大损失，其程度远大于欧洲，易言之，在前现代社会，亚洲的洪水灾害基本上是一种农业事件，由其造成的人口死亡同样是一个农村问题，而非城市之病；第四，或许也是对普赖尔批评中最致命的一条，就是他用20世纪几十年可用的现代气候观察数据来讨论历史时期降雨量的长期变动，从而把古今气候模型完全等同起来，而且普赖尔所使用的站点稀少，其得到的全国范围的年平均降水波动比率，不仅遮蔽了不同时段、不同区域之间的差异，更重要的是这样的平均值完全忽略了年际、年内极端气候事件的发生，而从描述性的历史文献来看，这样的事件往往都是三十年一见、五十年一见的大灾难。而从当时他所能找到的关于自然灾害而非降水量变化的数据统计来看，埃里克·琼斯的结论依然是，欧洲现在是，过去也是比亚洲更加安全的一片（投资）地带。因此，埃里克·琼斯最后声称，基于历史文献之上的推测，无论如何也是宏观历史书写的艺术状态，关键在于需要更严肃的历史检测，除了把西方崛起单纯立基于灾害之上的环境决定论，那一连串相互关联的事件或者说灾害配置，其总体趋势的确强化了东西方经济史中的政治差异。看来，埃里克·琼斯最后对灾害的历史解释力还是有所限制的，如果考虑到其所强调的政治差异，也就是他给予独特解释的东方专制主义，要是也与灾害有脱不开的联系，那这样的解释倾向是否具有更大的理论空间呢？

这场争论看似以普赖尔的非常简短的再反驳而告终①，但这并不意味着类似的挑战就偃旗息鼓了。因为到了21世纪初期，崛起于美国西海岸的加州学派从两个不同的方向对埃里克·琼斯的论述进行了新的挑战。其中一个方向来自彭慕兰名震全球的《大分流：中国、欧洲与现代世界经济的形成》一书。在一个处处突出"欧亚相似性"的加州学派最重要的代表者看来，所谓中欧之间自然灾害结构的差异性根本就不存在，两者经历的是同等程度的灾害冲击，是同样跳不出马尔萨斯陷阱的生态死胡同或"生态瓶颈"，在某些方面，欧洲甚至比中国还要严重。②另一个方向则是彭慕兰的同侪王国斌、濮德培等人，与前者淡化或忽略国家作用不同的是，他们对清代中国公共事业成就的推崇，似乎也使得埃里克·琼斯强调的欧洲优势大为逊色。但埃里克·琼斯对此并不认账，而是依然坚持自己的主张：

（18世纪）欧洲在防止和应对灾害的政策领域方面，把亚洲和世界其他地方远远抛在后面。各种相反的主张并不成立，因为它们依靠的是威尔所发现的中国清朝初期各种不同寻常的饥荒预防措施这一证据，而忽视了大的背景：饥荒只是一种灾害；中国不是亚洲；而且在欧洲的竞争力变动如此明显的时候，甚至连中国的反饥荒措施也黯然失色了。③

其中所说的各种相反主张，主要指的是美国经济史家王国斌和濮德培在1983主编的《养民：中国的国营民仓系统（1650—1850）》一书中表达的观点；其中的威尔即法国科学院院士魏丕信，他的代表性作品即是1980年出版的《十八世纪中国的官僚制度与荒政》。这两本书奠定了加州学派有关18世纪中国乃举世无匹的福利国家这一判断的基础。虽然埃里克·琼斯并没有拿出确切的实证研究和量化分析来支撑自己的反批评，但并不意味着他在这里只是强词夺理而已。当代荷兰学者皮尔·弗里斯（Peer Vries）2015年在其出版的《国家、经济与大分流：17世纪80年代到19世纪50年代的英国和中国》④一书中，客观上为埃里克·琼斯的辩护提供了颇具说服力的印证。至于彭慕兰的研究及其有关欧洲幸运论的判断，埃里克·琼斯在《欧洲奇迹》第三版的后记中把它

① Frederic L. Pryor, Disasters and Economic Differentiation Across Euraisa: A Rejoinder, *The Journal of economic History*, vol.45, No.3, 1985, p.683.
② 〔美〕彭慕兰著，史建云译：《大分流：欧洲、中国及现代世界经济的发展》，南京：江苏人民出版社，2003年。
③ 〔英〕埃里克·琼斯著，陈小白译：《欧洲奇迹：欧亚史中的环境、经济和地缘政治》第二版序言，北京：华夏出版社，2015年，第9页。
④ 〔英〕埃里克·琼斯著，陈小白译：《欧洲奇迹：欧亚史中的环境、经济和地缘政治》第二版，北京：华夏出版社，2015年，第170—202页。

看成是一种彻头彻尾的唯物主义解释，其中"思想是没有什么作用的，治理或制度实际上也是如此"，亦即完全忽视了欧洲在技术、制度或治理方面的优势。①

四、结语

总而言之，这是一场理应得到灾害史学高度关注的重要争论，遗憾的是，我们更喜欢追逐时髦的新理论（尽管现在也应该是不那么鲜艳了）前行，而忽略了被其批驳或遮蔽的旧理论可能蕴含的远未失效的解释力。当然，就学术的演化而论，理论无论新旧，都需要采取一种批判反思的态度。但从新理论的高歌行进之中发掘历史的回声，我们至少可以聆听更加多元的历史交响乐，也从中发现被大浪淘去的闪光贝壳。退一步来讲，即使不承认中欧之间在自然环境或灾害结构方面的差异，我们同时又承认18世纪的中国的确像加州学派所描绘的那样是一个自由和富裕的、有着完备的防灾减灾机制、享受着无与伦比的福利国家之灿烂阳光的现代性国度，甚至也不否认我们还有着一套独特的个体卫生之道，但同样也无法否认这一时期中国在公共卫生事业方面的短板，尤其是明清时期国家在这一方面表现出来的重大缺憾，更无法否认近代以来中国在构建现代性的公共卫生事业道路上曾经经历过的种种艰难与曲折。我们确乎没有必要为了论证今日中国"战疫"成功而一定要在悠久的历史之中寻找可以作为直接的机械对应的优秀传统或教条化的"内在连续性"，只要记住我们曾经有过的短处以及面对这些短处所抱持的持之不懈、不屈不挠的反思品性和革新能力，就足以展示我们这个民族的伟大之处。只有实事求是地看待我们中国的过去和现在，才能更加清晰地体认面临的诸多有待继续改进的地方；也只有看到这样一种从挫折中奋进的磅礴伟力，才可以真正地凸显今日中国公共卫生事业的巨大成就②，以及从中体现出来的扬弃传统、超越民族国家界限而为全人类共通的人道主义价值观和尊重科学、转危为机的创造性智慧，进而也在数百年来中西之间不间断的"分异""汇聚""再分异""再汇聚"这跌宕起伏的全球化大潮中，对今日之危害全球的新冠疫情究竟要给这个星球上的人类命运共同体带来什么样的不可逆料的影响，以及对全球人类的未来走向，有着越来越清醒的判断和相对谨慎的乐观期待。如果说，500多年前横扫全球的疫病催生了西方现代性的诞生，180多年前的鸦片战争把中国卷入到全球现代性的洪涛巨浪之中，那么今日之新冠疫情以及在疫情之中东西方世界不同的应对之道，则可能昭示着某种新的现代性蓝图的涌现。无论如何，在当前这样一场全人类共同面临的前所未有的灾害冲击面前，历史都从此翻开了新的一页，而全

---

① 〔英〕埃里克·琼斯著，陈小白译：《欧洲奇迹：欧亚史中的环境、经济和地缘政治》第二版，北京：华夏出版社，2015年，第202页。

② 就当前中国的"安全机制"而言，固然在日常的应急管理方面，国家对公共卫生事件的处置与地震、洪水、火灾、矿难等突发性事件的防范相互分离，但这并不意味着两者的重要性孰高孰低，反而应该理解为一种特定的分工；从非常态的防控装置来说，此种分离带来的局限也在很大程度上被临时设置于其上的国务院新冠肺炎防控领导小组对全局的统筹尽可能地克服，这与明清时代的情况不可同日而语。

人类对于公共卫生和全球治理的反思、重构与实践，也将开启新的航程。这是一场全球性的思想大汇聚，也势必深刻地改变全球化进程本身。

　　（本文系笔者在为商务印书馆即将出版的余新忠主编《瘟疫与人：历史的启示》所写序言的基础上所做的补充和修改。在修改过程中，余新忠教授和笔者的硕士研究生蔡雯娟同学提出了很好的建议，特此致谢！）

中国血吸虫病认知及应对策略转变刍议
——以云南血吸虫病流行区为例的探讨

和六花

（云南省少数民族古籍整理出版规划办公室）

血吸虫病是当今世界流行较广的自然疫源性疾病之一，严重影响人类身心健康和社会发展。据疾病考古资料表明，血吸虫病在我国已有两千多年的流行历史。1905 年，湖南省常德广德医院美籍医师罗根（Logan）在一名 18 岁渔民的粪便中检出日本血吸虫卵，这一在中华大地已有两千余年历史的疾病便以"血吸虫病"之名正式进入公众视域。血吸虫病曾广泛流行于江苏、安徽、江西、湖北、湖南、四川、云南、上海、浙江、福建、广东、广西 12 个省（区、市），其中，广东、上海、福建、广西、浙江 5 个省（区、市）先后消灭了血吸虫病，目前江苏、安徽、江西、湖北、湖南 5 个湖沼型流行省和四川、云南两个山丘型流行省是主要的流行疫区。[①]医学关注的是身体、疾病的问题，是个体、社群、政府经常面对的切身问题与管理问题，囊括处于高级层次的社群与政府处理疾病的策略与方法，中间层次的医生、医典对于身体、疫疾的想象与解释，以及处在医疗关系最底层的病人、家属和宗教从业人员的身体观、疾病观、疗疾习惯等。[②]农耕社会传统文化体系中对于疾病的起因、认知、应对观念，初期因缺乏对疾病的科学认识，透着原始宗教的思维观念。随着西方医学的传入，特别是中华人民共和国成立以来轰轰烈烈的血吸虫防治运动的开展，开始跳出神灵观念的束缚，审视物我观念，逐步构建关于疾病的认知体系和疫病防疫体系。

一、中国传统医学之于血吸虫病

人类感知疾病、认识疾病、治愈疾病，到逐渐建立科学的医疗体系，经历了漫长的发展历程。各种疾病却不时突如其来地造访，引起病人及其周边人群身体、心理和生活

基金项目：国家社会科学基金重大项目"中国西南少数民族灾害文化数据库建设"（项目编号：17ZDA158）子课题"西南少数民族古籍中的灾害数据搜集与整理"。

作者简介：和六花（1983—），女，纳西族，云南丽江人，云南省少数民族古籍整理出版规划办公室副研究员，主要研习西南环境史、云南民族古籍。

① 参阅中国疾病预防控制中心寄生虫病防控制所：《中国血吸虫病地图集》，北京：中国地图出版社、中华地图学社，2012 年。

② 梁其姿：《为中国医疗史研究请命》，《面对疾病——传统中国社会的医疗观念与组织》，北京：中国人民大学出版社，2012 年，第 6 页。

境遇等变化；大的疫疾还会引发人口折损、经济损失，甚或引发公共危机、社会变革。人类应对疾病的措施是在日积月累的患病经验中积累起来的，人类社会发展初期疾病的诊疗技术不太发达，从过往的患病、医病经验中探寻应对疾病的方法，无疑是最原始、最直接、最有效的途径。西方"医学之父"希波克拉底的《论古代疾病》是西方最早的疾病史经典文献之一。早至秦汉时期我国就有了《神农本草经》《黄帝内经》《伤寒杂病论》《金匮要略》等医典，至西汉初期，医师淳于意详细记录实践中遇到的病案，将典型的病例整理成册，写成中国医学史上的第一部医案——《诊籍》。但此类医典纯粹是出于实用意义的治愈疾病，主要记录疾病的发展演变情形、人类施诊施药的具体措施及诊疗效果等。至唐代甘伯宗的《名医传》、明代李濂的《医史》、徐春甫的《古今医统》、清代的《图书集成医部列传》都未着力系统阐述历代医事沿革及其进化规律，尚不能称之为医学史的专书。

中华传统医学源远流长，是中华文明和科学进步的重要组成部分，也不乏对近世西医所说的寄生虫病的描述和应对之策，如隋代巢元方等所撰写的《诸病源候论》，成书于大业六年（610年），便记述了伏虫、蛔虫、白虫、肉虫、肺肺虫、胃虫、弱虫、赤虫、蛲虫等九种虫的症状及驱虫药方。

有的学者根据晋朝葛洪《肘后备急方》中"水毒中人……似射工而无物""今东江山川县人无不病溪毒……"，以及公元7世纪巢元方的《诸病源候论》记载："山内水间有沙虱，其蛊甚细，不可见。人入水浴及汲水澡浴，此虫著身。及阴雨日行草间亦著人，便钻入皮里。其诊法，初得时，皮上正赤，如小豆黍粟。以手摩赤上，痛如刺。……自三吴以东及南，诸山郡、山县，有山谷溪源处，有水毒病，春秋辄得。"[①]"就蛊与疾病的关系而言，一种情况是指其本义，即腹中有虫；另一种情况是医和所论之蛊，当蛊惑解，可以泛指与精神有关的疾病。"[②]但部分学者认为古代医典中的"水毒""蛊毒"等可能是血吸虫病，诸如范行准认为："其实蛊乃多属日本住血吸虫病，医书中的鼓胀本作蛊胀，多指此病。"[③]此后这种说法被很多学者采用。古籍中这些病症具有血吸虫病的某些体征和症状，如皮肤瘙痒、腹水、腹胀，患病之前都接触过水，但呈现这些症状的消化道疾病病因众多，感染血吸虫病只是其中的一种。经近代以来对中国古尸的考古发掘证明，血吸虫病在我国流行已有2100多年的历史，中华传统医学在这数千年中必然会有对血吸虫病等相关病症的认识和治疗方法。但"血吸虫病"是近代以后在西方医学视域下产生的疾病概念，晚至20世纪初期才正式以此病名进入中国民众的认知视域，古今概念差异较大，所以在没有其他证据佐证的情况下，我们尚不能将古代医学典籍中的"水毒""蛊毒"等与今日我们所说的血吸虫病画上等号。

① （隋）巢元方撰，黄作阵点校：《诸病源候论》，沈阳：辽宁科学技术出版社，1997年，第123、124页。
② 邓铁涛主编：《中国防疫史》，南宁：广西科学技术出版社，2006年，第77页。
③ 范行准：《中国预防医学思想史》，北京：人民卫生出版社，1953年，第19页。

当然，中华传统医学也不是固守成规、一成不变的，在"血吸虫病"以此定名进入国人视域之后，特别是面对严重的疫情和流行趋势，中医也因病施药并采取了相应的应对措施。特别是中华人民共和国成立以后，为了响应党中央的号召，完成"一定消灭血吸虫病"的任务，广大中医群体纷纷付诸实践，献出家藏的秘方、验方，如《中医治疗血吸虫病的秘方验方汇编》①一书就收录了全国各地的两百多个方子。

二、近代化与血吸虫病防疫初萌

19世纪上半叶，现代西方医学在巴黎医学院兴起，引领了西方医学革命，人类开始关注疾病与病人之间的关系和临床观察，生理学、显微解剖、胚胎学、比较解剖等蓬勃发展，病菌学说也应运而生。到19世纪下半叶，疾病史研究逐步进入研究者的视野。19世纪60年代，德国医学家奥古斯特·赫希（August Hirsch）撰写的《历史地理病理学手册》一书，"按时代和地域细致地描述了历史和地理上有影响的疾病的分布"②，成为当时疾病史研究的经典之作。20世纪，西方疾病史研究呈现出一片欣欣向荣之态，但"20世纪初期的医疗史仍具浓厚的启蒙思想，英雄式的、代表西方科技进步的医疗史为研究的主流，西方医疗史大体看来较似一部颂扬征服疾病、不断往前迈进的科学史"③，代表作如汉斯·辛瑟尔（Hans Zinsser）的《耗子、虱子与历史：一部全新的人类命运史》，弗兰克·麦克法兰·伯内特（Frank Macfarlane Burnet）的《传染病的自然史》，E.H.阿克内克希特（E.H.Ackerknecht）的《最重要疾病的历史与地理学》，弗雷德里克.F.卡特赖特（Frederick F.Cartwright）的《疾病与历史》，威廉·H.麦克尼尔的《瘟疫与人》等。1985年"剑桥世界人类疾病史"④项目启动，1993年其成果《剑桥世界人类疾病史》正式出版发行，系统考察了人类历史上疾病的观念、分布、特点及现代医学发展史，成为当代西方疾病史研究的里程碑式著作。20世纪中后期以后，西方疾病史研究从单纯关注疾病自然史，逐步转向疾病社会史、疾病观念史、疾病文化史等分支，成为国际医学史研究的热点问题之一。

西方医术渐次流入中国已有1700余年，佛教的传入对中国传统医学产生了影响。元代的客卿之中，也不乏医士或有医学背景之人，如富兰克·依赛亚（Frank Jsaiah）便以方言家、天文学家兼医士仕于元廷，并于1272年在北京开设了医院。尔后，行医也逐渐成为传教士们行走中国的活动工具之一，并将一些西方的医学成果传入中国，如邓玉函（Father Jean Terrenz）在1621年来到中国，并将其所著的人体解剖学著作《人身

---

① 江苏省卫生厅：《中医治疗血吸虫病的秘方验方汇编》，内部资料，出版时间不详。
② 〔美〕肯尼思·F.基普尔主编，张大庆主译：《剑桥世界人类疾病史》导言，上海：上海科技教育出版社，2007年，第1页。
③ 梁其姿：《为中国医疗史研究请命（代序）》，《面对疾病——传统中国社会的医疗观念与组织》，北京：中国人民大学出版社，2011年，第1—2页。
④ 〔美〕肯尼思·F.基普尔主编，张大庆主译：《剑桥世界人类疾病史》导言，上海：上海科技教育出版社，2007年，第1页。

概说》带到中国。17 世纪以后，随着西方的医士进入中国的人数渐多，西方医士打入了朝廷内部，获准到内廷治病，甚至有的被聘为御医，樊国梁《燕京开教略中篇》记载："清康熙三十二年（1693 年），圣祖偶染疟疾，西士洪若刘应等，进西药金鸡纳治之，结果痊愈，大受赏赐。"[①]西方医学进入中国，由弱而逐渐兴旺，其势一如张星烺在《欧化东渐史》中说道：

> 明末清初，天主教耶稣会士，曾否努力输入西洋医学，无记载可考。路德新教徒入中国后，西洋医术始传入中国。最早者为痘法。……自是以后，医生兼教士来华者日多；各地西式医院，亦逐渐设立；初立时多遭愚民反对，甚有谓外国人挖取小孩心眼以制药者；久之，渐得中国人民信仰，外国医术，优于中国旧有，逐渐证明；外国医院组织完美，尤优于中国之无组织者多矣；外国医术在中国减轻人民痛苦，救免夭亡，同时中国人反对基督教之偏见亦渐消除；当初医科传教会设立之目的，亦可谓远矣！各医院之功绩不独为人治愈疾病，减小死亡率，而训练甚多中国助手，翻译西国医学书籍为汉文，传布西国医学知识于中国，其功亦不小也。今全国教会设立之医院，数目与物质两方，皆较中国自己公私设立者，多而且备……皆资本雄厚，规模极大，驰名全国，每年活人无数，使中国医学，日渐欧化。[②]

西方医学及此后日本医学进入中国，至民国年间，中国医学也被裹挟着步入近代化的进程。整个中国的医学史发展之进程大致如此，在此社会大背景之下，血吸虫病的认知和应对也因循历史发展之大势。

在中国血吸虫病和云南血吸虫病的发现史上，西方医学和医士发挥了极其重要的作用。光绪二十四年（1898 年），美国长老会传教士、美国医生 O.T.罗根（O.T.Logan）受美国驻华公使田贝的委派来到湖南常德，罗根夫妇二人租用民房开诊所，靠从美国带来的一台显微镜和一些药品器材行医，是西方医生在湖南省境内开设的第一家诊所。1901 年，他们在修建了第一栋病房后改名为广济医院，有 20 张病床，1915 年扩建后改名为广德医院，即今天常德市第一人民医院的前身。正是 1905 年，O.T.罗根报道了我国第一例日本血吸虫病例，患者姓陈，是一位生长于湖南常德周家店的男性，12 岁开始打鱼，粪便中带血，15 岁时病情恶化已不能参加重体力劳动，"患者仅 4 英尺 6 吋（约 137 厘米），恶病质样，但不消瘦，并无钩虫病所常见的浮肿。上腹部和胸下部是怒张的浅表静脉。肝左叶肿大到体中线左边、剑突下 4 横指。……尿含微量蛋白，但镜检未见异常。……显微镜下见到有鞭虫卵、十二指肠钩虫卵及蛔虫卵。此外，还发现一种

---

① 转自陈邦贤：《中国医学史》，北京：团结出版社，2005 年，第 180 页。
② 转自陈邦贤《中国医学史》，北京：团结出版社，2005 年，第 183—185 页。

卵，它们是卵圆形的，浅黄色或清晰无色，比钩虫卵大些，内含一个胚"①。后来 O.T. 罗根医生查阅卡托医生及桂田富士郎在《热带病杂志》上发表的文章，认定这名陈姓 18 岁渔民粪便中的虫卵就是血吸虫病虫卵。罗根医生借用西方医学知识和仪器发现了中国第一例血吸虫病人，至于开展了怎样的医治不得细知，但基于其医院和西医背景，必然是借助西方医学的手段。此后，广德医院继任院长、美籍医生 G.T.托特尔（G.T. Totell）同样开展了血吸虫病的调查和诊疗，1924 年他发表了《常德地方血吸虫病的初步调查》一文，报道了在湖南常德周家店两个村的调查情况，用直接涂片法粪检当地居民 63 人，发现其中 38 人有血吸虫卵。②无独有偶，有关云南血吸虫病的早期报道者也是西方医士。1924 年，英国医学博士库伦发表了《亚洲血吸虫病一例》和《印度的血吸虫病流行》，两篇文章中报道的血吸虫病病例中有 7 例患者的籍贯是云南。1939 年，香港大学病理学教授罗伯逊在滇缅公路沿线调查疟疾时，在下关医院的病人中发现了一些具有典型症状的血吸虫病患者，通过对病人的粪检和钉螺调查，他于 1940 年首次证实云南大理、凤仪一带有血吸虫病流行。此后，云南的教会医院，诸如大理教会医院（福音医院）就曾零星收治过一些血吸虫病人。

受西方医学的影响，中华医学也逐步开始向近代化进军。民国年间，我国初步构建起近代的卫生防疫体系，中央至地方都建立了相应的卫生行政机构，中央在内务部设立卫生司，内设四个科分别掌管卫生组织的构建，河川沟渠道路的清洁，食品卫生，公共场所的卫生等；掌管传染病和地方病的预防，车船检疫，国际防疫等；掌管公私立医院的调查和审批，医师和药剂师资格的审批、登记等；掌管药商呈报登录和取缔，药品、食品检查等。卫生司还下设卫生实验所（开展药品检验和标准化工作）、卫生展览馆和中央防疫处。随着血吸虫病的发现，国家卫生防疫机构也逐步开展了血吸虫病的防疫工作。1929 年以后，民国政府才提倡并动员力量组织血吸虫病调查研究。1935 年，全国经济委员会卫生实验处为了弄清国内各种传染性及寄生虫病之蔓延状况，与卫生署合作进行了 19 种传染性疾病及寄生虫病疾病调查，血吸虫病也是该项目的调查对象之一。以中央卫生实验处为主的科研院所在政府的大力倡导下，相继开展了全国范围的血吸虫病调查，1939 年，国联防疫委员会赴云南调查大理的血吸虫病。至 20 世纪 40 年代初期，基本摸清了血吸虫病在我国的流行情况，也有一些零散的研究报告相继问世。

三、血吸虫病防治运动与民众认知建构

在人类社会里，要消灭疫灾的话单靠个体的力量是无法实现的，必须要依靠群

---

① O.T. Logan, A Case of Dysentery in Hunan Province Caused by the Trematode Schistosoma Japonicum, *The China Medical Missionary Journal*, Vol.19, No.6, 1905, pp.243-245.

② G.T.Totell, A Preliminary Survey of Schistosomiasis in Fection in the Region of Changteh, *China Medical Journal*, Vol.38, 1924, pp.270-274.

体的力量来进行，而这就需要政治的介入。……尽管血吸虫病只是一个国家某个或某些地区的事情，但却往往在地方的疾病谱中占有十分重要的地位，由此所造成的对经济发展和社会进步的影响根本不可低估。因此，为了整个社会的良性运行和健康发展，政府应该组织全社会的力量来防治地方性疾病，以使疾病对社会的损害降低到最低的程度，也可以这样说，政治其实在相当程度上决定了血吸虫病的防治效果。①

中华人民共和国成立以后，党和政府带领着广大人民群众与血吸虫病魔展开了一场血吸虫病防治的人民运动。在毛泽东同志对血吸虫的感慨传遍中华大地之前，普通民众根本不知道什么是血吸虫病，也不知道怎么治疗血吸虫病。云南民间将之称为"筲箕胀""大肚子病"，认为得这个病的原因是"风水不好""命中注定"。得了病就要靠捐功德、修照壁、占卜等方法禳灾祛病。

云南血吸虫病流行区的少数民族都有自己的民族医药，但由于缺乏对血吸虫病的科学认知，也没有专门疗疾方法。有的血吸虫病晚期患者，骨瘦如柴、腹大如鼓，深受病痛的折磨，却无处医治，有的在肚子上捅一个洞，将腹水排出来，有的直接自己用菜刀剖腹而死。医者应该是对疾病认知最为深入、全面的群体，他们都对血吸虫病不甚了了、束手无策。则说明这个时期整个社会对于血吸虫病认知和应对手段是相对模糊的。

在云南血吸虫病防治工作开展之初，由于人们对血吸虫病缺乏基本的认知，对血吸虫病防治工作不了解，在开展粪检普查时，头一天血防工作人员会将写好村民名字的纸发到每个村民的手中，让村民第二天早晨采集粪便，先用南瓜叶、苞谷衣等包好，最后用纸包好放到村子各处挂着的收粪兜里。结果每次能收集到的粪便很少，有的交上来的纸里面包有石头、泥巴、狗屎、猪粪，千奇百怪。为了帮助群众收粪查病，血防员们只得每天早晨在村子附近的田地、荒地里转悠，看到有人从草丛、苞谷地里钻出来，赶紧地跑去寻找新鲜出炉的粪便。血防员们经常到田间地头、草窠河旁收集各类牲畜的粪便用作粪检，查螺的时候，总是蹲在田间坝中寻找钉螺，远远望去，像是在"屙野屎"，群众便将血防员们戏称为"粪官"②。

随着血吸虫病防治工作的深入，疫区农民积极参与到血吸虫防治工作之中，积极配合各项工作，20世纪80年代以前的血吸虫病人民运动，带有一定的政治色彩，但这种有效的由上而下的、灌输式的刺激对提升民众对疾病的认知有着积极的意义。人民运动创造了一个整体的、积极的疾病认知场域，也就是我们说的社会生境，群众开始构建对血吸虫病的认知。人们对健康、疾病的关注度、知晓度呈现极强的刺激效应，刺激和反应呈正相关，这种刺激可以是来自疾控部门、媒体等宣传引导，也可以是区域内疾病疫

---

① 王小军：《疾病、社会与国家——20世纪长江中游地区的血吸虫病灾害与应对》，南昌：江西人民出版社，2011年，第326—327页。

② 此段回溯据丽江市古城区疾控中心血防科李荣伟医师口述整理。

情的反复，或者是个体及周边人群的病理反应，而往往个体身体和心理感受到的刺激越激烈，反应会越大，云南血吸虫病流行区人群的疾病认知就有了鲜明的层次差异，表现在三个层面：（1）曾患过血吸虫病的人群对血吸虫病的认知比未患过病的人好，且差异显著，身体和心理感受过疾病带来的痛苦，使这一群体持续关注血吸虫病。（2）直接参与或见证过血吸虫病危害和防治工作的人群对血吸虫病的认知比没有参加过的好，折射在人群的年龄层次上，出生在 20 世纪 30 年代到 20 世纪 70 年代的人群对血吸虫病的认知较好，20 世纪 80 年代中后期以后出生的人群的认知相对较差。（3）农业人口的认知比非农业人口好，因为血吸虫病的疫源地基本分布在农村地区，是血吸虫病防治工作的重点区域。[①]

目前，血吸虫病知识宣传逐渐成为我国血吸虫防治工作的重点工作，并形成一整套行之有效的宣传手段。在血吸虫病流行区随处可见血吸虫病的宣传标语、宣传图画、印有宣传语的无帆布袋等物品，疫区群众在劳作中的防护意识也在不断提高。反观血吸虫病防疫历史，我们对血吸虫病的科学研究是一个发展的过程，对血吸虫病的防治手段也在摸索中曲折前行，也还存在一些不尽如人意的地方，诸如通过环境改造消灭钉螺是我国血吸虫病防治工作中长期使用的方法，不管是"挖新沟填旧沟"、高温灼烧钉螺等物理灭螺方法，还是使用五氯粉钠、氯硝柳胺等药物灭螺，消灭钉螺、控制疾病是我们的目的，但不是唯一的目的。为了达到控制疾病的目的，牺牲了其他利益，诸如灭螺药物造成的环境污染、动植物死亡、威胁疫区人民的身体健康，这种做法是不可取的。在云南血吸虫病流行区，血吸虫病防治工作造成的二次污染、二次伤害是触目惊心的，也是时有发生的。例如，高温地膜覆盖消灭钉螺是近年血吸虫病防治工作中常用的做法，对消灭钉螺来说，成效确实显著。但我们在田间地头经常见到高厚度、低透光性的血吸虫病防治专用地膜用竹签、木棍固定覆盖在疫区的田埂上，完成灭螺固定动作后，变成了疫区新的污染源，两三年后去这些灭螺现场，还可见到各种破碎的地膜残骸，用于固定地膜的竹签、木棍扎伤去疫区从事农事活动的农民的事情也有时候发生。

血吸虫病既是一种自然疫源性疾病，又是一种行为性疾病，与终末宿主特别是人类的行为密切相关，人类对血吸虫病认知、态度及自身的行为对血吸虫病的流行、防控有着重要的影响。血吸虫、人、环境共同组成了一个生态系统，从自然疫源性疾病层面看，它与病原体、疫源地环境、中间宿主的滋生情况、终末宿主的状况等相关；从地方性疾病的层面看，疾病与劳动生产、劳动形态、居住形态、生存经济、仪礼、饮酒习惯，以及儿童的游戏形态等社会文化现象都有关系。故而，血吸虫病科学认知的建构显得异常复杂，几乎涉及生态系统中的方方面面，但也唯有在系统观念之下，才能建构一种科学的疾病认知。

---

① 左仰贤，彭明春，陈新文：《云南少数民族地区人群血防知识与社会因素的关系》，云南省血吸虫病防治研究中心：《云南血防资料选编》，内部资料，1998 年。

财政视角下的疾疫治理演化——基于历史维度的考察

林　源　马金华

（中央财经大学财政税务学院）

一、引言

疫，民皆疾也。[1]疫病，自古以来就是社会治理中的难题。中华民族疾疫的流行与防治，几乎与五千年历史文明同步。疾疫的历史，不仅仅是其发生、流行、平息的历史，同时也昭示着社会的互动与文明的更迭。2020 年伊始，一场由新型冠状病毒引发的肺炎疫情从湖北武汉迅速蔓延至全国，成为引发国际关注的突发公共卫生事件。这场突如其来的疫病灾害，严重冲击了民众的心理承受能力和社会的运行秩序，带来了世界范围内的生理病变和生命危机。时至今日，突发性公共危机虽已得到有效控制，但疫情持续反复，公共风险防范依然是世界各国共同承担的责任与使命。

经国序民，正其制度。[2]疫病的防治从根源上其实是一个治理问题。党的十八大以来，财政作为国家治理的基础和重要支柱，是政府应对重大公共风险的物质基础和财力保障，财政政策的重要性越发凸显。面对重大疫情，财政虽不能比医学治疗手段在抗击病毒、拯救生命方面直接提供显著的救助，但在纾困解难、物资保障以及社会稳定等方面发挥着不可替代的作用，已然成为调动各方力量化解社会风险的总中枢。习近平总书记指出："当前，世界百年未有之大变局加速演进，国内改革发展稳定任务艰巨繁重。"[3]每一次疫情的暴发，不仅是对公众应急心理的严峻冲击与考验，更是对国家财政能力与社会治理能力的重要检验。妥善应对重大公共疾疫危机，已不再是单纯的医疗卫生问题，而是关涉整个国民生存与国家治理的社会发展问题。

近年来，学界对于疾疫史的关注已逐渐从疾疫的病理成因、冲击影响，过渡到应对重大疫情的社会救助与公共卫生制度建设。相关研究视域集中于四个方面：一是从医学

基金项目：2020 年国家社会科学基金重点项目"近代中国政府间事权与财权划分研究"（项目编号：20AJY018）；2020 年中央财经大学标志性成果"从家国同构到国家共治：中国财税历史透视"的阶段性成果；中央财经大学"新型冠状病毒肺炎疫情影响与政策建议"应急研究重点项目"中国疫病防控的政府治理与财税应对研究：历史、回顾与现实思考"的阶段性研究成果；同时本文受中财—中证鹏元地方财政投融资研究所的资助。

作者简介：林源（1994—），女，吉林省吉林市人，中央财经大学财政税务学院博士研究生；马金华（1976—），女，山东泰安人，中央财经大学财政税务学院教授、博士生导师。

① （汉）许慎：《说文解字》，上海：上海古籍出版社，2007 年，第 368 页。

② （宋）司马光著，张志英译注：《资治通鉴》，北京：时代华文书局，2014 年，第 34 页。

③ 习近平：《在全国抗击新冠肺炎疫情表彰大会上的讲话》，《求是》2020 年第 20 期，第 14 页。

治疗史角度，对具有重大社会影响的疾疫进行钩沉与考略，关注点较多局限在技术和病理层面，鲜有提及疫病对社会的影响和疫病发生后社会的应对。二是从医疗社会史角度出发，打破医学与史学的藩篱，研究瘟疫流行、政府应对以及瘟疫与社会的互动关系，从文化理念、制度构建层面探讨疾疫流行下的国家应对与社会变迁。三是从生态环境史角度入手，探讨疫病流行对中国环境变迁的影响。通过研究和解释鼠疫、霍乱、天花等疫病的暴发及当时社会环境状况，透视疫病与环境变化之间的辩证统一关系，为中国历史社会的演进提供了新的解释模式。四是从经济社会史角度切入，构建实证模型探究疾疫防治与国民生命健康、社会人口增长之间的关系，为客观评估疾疫防治政策的经济社会绩效提供相关实证证据。人类面对突如其来的新疫病，往往是脆弱无助的，关注疾疫与人之间的关系，探讨疫病冲击下的社会拯救与生存规律，既是出于对生命的关怀，也是对社会发展与治理模式的思考。综观既有学术研究，或是从医学角度分析疾疫的病理与治疗，或是从史学、社会学角度关注事件真相、人类发展与社会进步。但遗憾的是，鲜有学者从财政学视角关注历史上应对重大疫病的财政举措，进而探究财政在公共风险防范中所发挥的重要作用与积极意义。

有鉴于此，本文根据疾疫死亡人数、传染范围及财政应对力度，选取了万崇鼠疫、康熙北部灾疫、1910—1911 年东北鼠疫、1932 年全国性霍乱、2003 年非典型肺炎疫情、2020 年新冠疫情六次重大疾疫作为研究对象，通过比较不同时期应对疾疫冲击的财政举措与财政治理范式演变，透视不同时代应对重大疾疫风险的财政定位与财政价值取向的转换。相较以往文献，本文在研究视角上打破了历史学与经济学的藩篱，从财政学的角度探究不同历史时期疾疫治理背后所呈现出的国家治理体系与治理能力的跃迁；在研究内容上，重点关注财政在不同历史阶段、不同历史事件中所呈现出的差异化特征，深刻反思历史演进过程中国家基于疾疫治理的财政定位与财政价值取向转化；在研究结论上，深入剖析财政政策背后的理论学理与历史依据，挖掘财政作为治国理政之本所特有的人民性与时代性，为新时期深化财政体制改革、创新财政职能提供有价值的线索和启示。

二、从救疫到防疫：应对疾疫冲击的财政举措演变

（一）仓皇救疫：万崇鼠疫与康熙北部灾疫

中国传统社会发展至明清时期，植被破坏、水土流失等自然环境的恶化已经累积到相当程度，滋长了包括瘟疫在内的各种自然灾害。加之战争涌起、社会动荡，疾疫发生的频率较之前朝明显增多，产生了更为严重的社会危害。这一时期，以王权巩固为核心的传统王朝，对于公共卫生防疫的财政安排相对迟缓消极，多表现为临行性财政救济政策。

明代万历至崇祯年间，大规模鼠疫持续不断。万历十年（1582 年），旱灾与疫病同时发生，顺天府尹上疏请求"尽停正供外一切殊求……出太仓银赈助无告，恤死扶

孤"①。明政府为应对疫情，要求削减非疫病救治的无关财政支出，同时下令中央财政提供大量银两赈济灾民，相关财政资金主要用于医疗赈济、祭祀安抚、殡葬处理等事宜。万历十五年（1587年），京师疫情盛行，皇帝下令"太医院多发药材，精选医官，分别于京城内外给药病人"②，支援疫区医疗救治，同时对于疫情所在地的百姓给予"每家给予银六分，钱十文"的财政补贴。③崇祯年间，疾疫在山西、陕西、河南等地持续蔓延④，而此时的明政府国力日渐衰微，帝王疲于应对纷繁的战乱，对于地方疾疫已无余力救治。疾疫暴发后，国家采取的措施十分有限。皇帝亲率众臣祭祀祈福，试图借助宗教力量驱逐疫病，缓解民众恐慌，亦成为明末疾疫的应对之法。

康熙年间，河北、山东、山西等北部地区受自然灾害和战乱影响，疫病频发，人口大量死亡。清政府以前朝为戒，十分重视救疫救灾工作，制定了灾伤赈济办法与常规程序。但北方地区生产水平落后，医疗物资相对匮乏，疫病应对不得不依赖中央政府的拯救措施与财政支持。疫病暴发后，清政府对于北方地区最直接的救助即为医师派遣与药品发放。康熙十九年（1680年），"令五城以药饵医治拯救疫病者"⑤，同时，派遣太医院医生"分治五城抱病饥民，以全活之"⑥。为避免疫后灾荒，清政府"速行设法赈济"⑦，财政拨发粮米、钱款，以缓解北方地区财政压力与社会恐慌。为恢复经济，清政府蠲免赋税、豁免积欠，发挥税收对于疫区的经济调节作用。康熙三十七年（1698年），山西浮山县瘟疫盛行，中央政府核准地方官员免除疫区赋税的请求，蠲免两年钱粮，发谷仓赈济。⑧一般而言，蠲免赈济常常延续至疾疫之后的一两年，以帮助疫区恢复生产，缓解民众生存压力。

从现实情况来看，明、清两朝面对疾疫冲击，虽然都能够采取相对有效的财政措施应对风险，但总体表现为被动救疫，尚未形成完善的公共卫生财政制度。疾疫救治的财政支出除了用于医治疾病、赈济灾民，还因传统礼制与社会风俗的影响有所偏移，针对疫前防范的财政投入基本处于缺位状态。与此同时，国家对于财政工具的使用主要以赋税蠲免为主，财政赈济也存在明显的地域局限。

（二）积极治疫：清末鼠疫与民国霍乱

清朝末期，西方公共卫生思想传入中国，政府面对疾疫冲击不再是被动应对，而是

---

① 《明实录·神宗实录》卷123，转引自李国祥，杨昶主编：《明实录类纂·文教科技卷》，武汉：武汉出版社。2013年，第8页。

② 《明实录·神宗实录》卷186，转引自李国祥，杨昶主编：《明实录类纂·自然灾异卷》，武汉：武汉出版社，2013年，第547页。

③ 张崇旺：《中国灾害志·断代卷·明代卷》，北京：中国社会出版社，2019年，第232页。

④ 余新忠提出，根据邓海伦的相关研究，崇祯十六年（1643年）到崇祯十七年（1644年）流行的探头瘟或者瓜瓤瘟可能是肺鼠疫，疙疸瘟可能是腺鼠疫。

⑤ 《清实录·圣祖仁皇帝实录》卷89，北京：中华书局，1985年，第1127页。

⑥ 《清实录·圣祖仁皇帝实录》卷90，北京：中华书局，1985年，第1141页。

⑦ 《清实录·圣祖仁皇帝实录》卷79，北京：中华书局，1985年，第353页。

⑧ 民国《浮山县志》，台北：成文出版社，1976年，第906页。

以更加积极、开放的心态进行疾疫防治。随着王朝国家的崩解与均权民主思想的深入人心，财政更早地介入日常公共卫生防疫事业，政府开始尝试构建制度化与常态化的卫生防疫体制。

宣统二年（1910 年），东三省鼠疫暴发，波及关外诸多省份。为阻隔鼠疫蔓延，清政府下令封锁交通，对因疫情受困的民众"设法安置留养……毋任流离"①。清政府紧急调拨财政资金，提供了一系列应对疫情的社会保障措施：（1）发放物资。鼠疫发生时值寒冬，奉天警务局"特饬各区将该界所有无衣穷民调查确实人数，当各赏给棉衣一套"，赈济疫区居民生活。②（2）购置粮草。疫时政府设立收容所安置大量游民、难民，补贴银两，并由（双城）防疫局统一"购买粮草，以备接济贫民而免生意外之事端"③。（3）补偿财产损失。疫情期间，部分居民住房被查封、烧毁，奉天防疫事务所估定价值，"每瓦房一间洋三十元、草房一间洋二十五元"，补偿民众财产损失。④（4）降低水价。为避免因饮水不洁而导致疫情加重，营口政府提供公共卫生用水，并减免收费，对"一半极贫户收价四分之一"⑤。政府的一系列举措虽然暂时纾解了东北地区的鼠疫困境，但缺少防疫预算的东三省财政难以支撑突如其来的疫病冲击。东三省总督下令拨付部分关税，设置奉天全省防疫总局，专门负责防疫事宜⑥。同时，电请中央拨款，向大清银行、交通银行借款，甚至挪用借贷德国皇储的外交预算费用以应对公共风险。

1932 年，全国性霍乱暴发，侵袭全国 23 个省份，为民国时期最大的瘟疫。为了应对霍乱蔓延，各部门制定联合防疫措施，财政部作为组成部门参与中央政府指挥成立的预防霍乱联合办事处，协助统筹、调配救疫所需的资金和物品。在西方医学与公共卫生理念影响下，卫生防疫财政支出的重点转向疫苗的采购、分发与接种。江西省政府累计注射霍乱疫苗 43 332 人次，注射范围优先开始于霍乱盛行的贫民住所及偏远山区。⑦南昌市政府在药品购置一项上的财政支出达 1899.11 元，占整个防疫财政用款的 57.3%。应急疫苗的供给与接种起到了隔离墙的作用，既保护了未感染者，也使传染病的病毒活动范围进一步缩小，直接有力地阻止了灾区传染病的传播和扩散。这一时期，国民政府对于疫区公共物品的提供更为多元，财政资金使用范围更为广泛。为扩充医院收治能力，卫生局从传染病院年度预算中划拨经费修建隔离病房，对贫苦患者实行免费治疗。⑧例如，上海市政府为市民提供免费的清洁用水，提供厕所改良、垃圾处理、消毒液喷洒

---

① 《宣统政纪》宣统三年正月辛丑，转引自李文海，夏明方，朱浒主编：《中国荒政书集成》第 12 册，天津：天津古籍出版社，2010 年，第 8377 页。
② 《遣散穷民借防时疫》，《盛京时报》宣统三年（1911 年）二月初四日。
③ 《疫局惠爱贫民》，《盛京时报》宣统三年（1911 年）二月十四日。
④ 《发给染疫焚毁房价》，《盛京时报》宣统三年（1911 年）三月二十二日。
⑤ 《禁止汲取塘井水》，《盛京时报》宣统三年（1911 年）二月初四日。
⑥ 限于篇幅，本文没有给出具体的防疫资金来源及用途，如有需要可向作者索取。
⑦ 江西省会临时防疫委员会：《江西省会防疫报告书》，南昌：江西省会临时防疫委员会，1933 年，第 10—12 页。
⑧ 《市立传染病院尽量收容病人贫苦市民医药免费》，《新民报》1932 年 7 月 23 日。

等基础公共服务，以防止疫情的蔓延和传播。①西安防疫院以实报实销制度为医护人员发放津贴，"医师每日发给养费一元，看护夫每日五角公费"，有效保证了医护人员救治疫情的积极性。②

从传统到近代，应对疫病的重点已从避疫、救疫逐渐向治疫、防疫转变，财政在疫病防治、疫苗注射、社会安置等方面发挥了更明显的作用。清末鼠疫是中国官方开展的第一次有组织的防疫行动，是中国公共卫生事业的新起点。但遗憾的是，清末民初之中国，经济凋敝，政府财政受内外交困的政局影响面临严重困难，诸多政策难以推行。免费接种的疫苗唯限于财力或其他原因，只在一些大中城市开展，难以惠及农村地区。相关卫生保健事业也多因资金筹集不力而暂且搁置，检疫及隔离工作更因设备、人力及经费不足而难以实现预期之目的。

（三）防治兼备：非典疫情与新冠疫情

中华人民共和国成立初期，百废待兴，公共卫生防疫事业作为民生工作的重点被摆在了突出位置，党中央确立了"预防为主"的全国卫生建设总方针，卫生防疫财政制度与各项制度建设同步推进。③在国家的高度重视与大力治理下，鼠疫、天花、霍乱等烈性传染病得到了减少与控制。

2003年，非典疫情在全国24个省份中迅速蔓延，共波及266个县和市（区）。④面对突如其来的疫情，党和政府上下联动，采取了一系列积极稳健的财政举措。首先，在财政资金保障上，制定了防治非典资金拨付急事急办、特事特办、限时办理的工作机制。财政部要求中央层面压缩会议、差旅、出国经费，地方层面调整支出结构，加大资金投入力度。国务院从年度财政预备费中安排20亿元设立非典防治基金，其中3.9亿元用于支持地方非典患者救治和相关医疗设备、仪器购置。⑤同时，国家发展和改革委员会适时调整国债资金投向，增资126亿元用于加快非典防治设施建设。其次，在财政应对政策上，财政支持双向覆盖疫情防控与经济复苏，实施五项税收减免。具体为：对境外捐赠的医疗防疫用品免征进口关税和进口环节增值税；对参加非典防治的一线医务工作者按规定标准取得的临时补助免征个人所得税；对企业、个人等社会捐赠，允许在缴纳所得税前全额扣除；对北京市经营蔬菜的个体商户在非典疫情期间免征增值税、个人所得税、城市维护建设税和教育附加费；对非典疫情直接影响较突出的部分行业给予税收优惠。最后，在公共物品供给方面，财政全面兜底非典公共设施建设和公共场所卫生处理产生的费用，中央拨出专项资金支持欠发达地区非典防治，矫正了由于地区间经济发展不平衡所造成的公共产品供给不均的问题。2003年5月，非典疫情得到全面控

① 邓铁涛，程之范：《中国医学通史·近代卷》，北京：人民卫生出版社，2000年，第338页。
② 《潼关虎疫防治法》，《西北文化日报》1932年7月29日。
③ 逄先知，冯蕙主编：《毛泽东年谱（一九四九——一九七六）》第1卷，北京：中央文献出版社，2013年，第395页。
④ 邹积亮：《政府突发事件风险评估研究与实践》，北京：国家行政学院出版社，2013年，第15页。
⑤ 朱平壤：《中国财政年鉴2004》第13卷，北京：中国财政杂志社，2004年，第76—77页。

制，国务院总结疾疫防控经验，颁布了《突发公共卫生事件应急条例》，并于 2004 年重新修订传染病防治法，将疫病防控作为常态化工作有序推进。

2020 年初，新冠疫情在武汉突然暴发。伴随着大量人口返乡过年，疫情蔓延至全国大部分地区，世界卫生组织将其列为国际关注的突发公共卫生事件。为此，各国政府纷纷采取扩大财政支出、减税、延期征收社会保险费等措施应对危机。相较而言，中国政府的财政举措在稳经济的同时更加注重民生保障，将抗击疫情与经济复苏同步推进。一是在资金层面，加大国库调拨力度，保障应急财政资金的可及性。2020 年中央决算报告显示，各级财政防控资金投入总计超过 4000 亿元，向地方预拨均衡性转移支付资金 700 亿元，县级基本财力保障机制奖补资金 406 亿元，增强地方财政经费保障能力。① 为了刺激经济，"2020 年，作为实施积极财政政策的重要手段，我国安排新增地方政府专项债券 3.75 万亿元，额度为历年最高"②。二是在政策层面，积极实施减税降费、信贷优惠等政策帮助企业纾困。2020 年中央共出台实施了 7 批 28 项有针对性的减税降费措施，减免征收增值税、个人所得税、房产税、城镇土地使用税、车辆购置税等，政策覆盖受疫情影响较大的困难行业和继续复工复产的中小微企业。同时，国家阶段性减免企业社保费、缓缴住房公积金、降低企业电价气价，通过多种财政补贴为企业及个人减负，实施政府兜底采购存储。可见，政府能够在极短时间内将预备费、转移支付、税收优惠、专项债券、信贷优惠、社保减免等多项财政应急工具快速调配、组合使用，实现了财政资金的高效集中与合理调配。面对烈性传染病所带来的生存危机，基本医疗卫生体系开始向公益性回归，针对疾疫防控的基本公共服务不断完善，疾疫防治资源和医药卫生人才逐渐向社区、基层下沉，形成了应对疫情冲击的有效合力。

疾疫发生的频度变化与国家治理能力和治理手段高度相关。中华人民共和国成立后，不断完善的指导思想、经济体制和社会结构，深层次地推动了国家疾疫防治的变迁。面对突如其来的疾疫风险，财政政策的及时性和有效性显著增强，通过政策对冲与工具叠加，有效调控宏观经济。尽管如此，地方政府对于疾疫的财政自救能力依旧匮乏，大多数省份应急资金储备不足，存在巨大的财政支出压力，资金拨付的及时性和可及度依然有待提高。

三、从单一到协同：应对疾疫冲击的财政治理范式演变

（一）皇权主导下的官方赈济

中国自秦朝便建立起了高度集权的国家体制。传统中国，从最高统治者"圣上天

---

① 刘昆：《关于 2020 年中央决算的报告》，http://www.mof.gov.cn/zhengwuxinxi/caizhengxinwen/202106/t20210608_3715911.htm（2021-06-20）。

② 曲哲涵：《作为实施积极财政政策的重要手段，地方政府专项债券正聚焦重点领域发力 把专项资金花到紧要处》，《人民日报》2021 年 4 月 26 日，第 18 版。

子"到地方"九品县官",形成了以官阶高低为等级划分的行政权力矩阵,是为官方。与此相对应的,是伴随国家与社会逐步分离而出现的由广大民众所组成的私域生活空间,称之为民间社会。受传统官本位思想制约,官方与民间社会存在着巨大的藩篱,国家始终凌驾于社会之上,皇权主导下的官方赈济始终是疾疫治理的主要方式。刘世教在《荒箸略》中说:"赈之所自出有三,曰朝廷,曰有司,曰富家巨室"①,即朝廷、地方政府为主要的赈济来源,兼有富家巨室捐赠作为财政资金的补充力量。

明清时期,各级政府作为财政主体,在疾疫防治过程中发挥着主导作用。一般而言,户部,掌天下户口、田赋之政令,是中央层面的主要官赈机构,可行财政调拨、粮草赈济、医疗派遣、赋税蠲免之职。各级地方官员则作为防治瘟疫的基层力量,以服从皇帝诏令为基本遵循,统筹管理治辖范围内的疾疫救治、物资配给与社会管控。万历十五年(1587年),京师疫气盛行,皇帝命礼部:"精选医院人等,多发药材,分投诊视施给。"一个月后,礼部官员回呈上奏:"即于五城开局按病依方散药,复差委祠祭司署员外郎高桂等五员分城监督。"②清中前期,各地方官员救治疫病的行为在诸多地方志中均有明确记载。康熙十三年(1674年)至康熙十六年(1677年),疫疾盛行,浙江开化知县崔华"广施药饵,全活无算"③。乾隆三十六年(1771年),正值大疫,安徽太平知府沈善富"设局施药施痤,绝荤祈禳"④。光绪三年(1877年),榆林大疫,陕西榆林知府童兆蓉"一身兼摄三官,比户存问,为具医药,全活甚众"⑤。在传统社会,这种从中央政府到地方官员的官赈模式延续千年,其背后所代表的是充足的国家财力与良序的政治策略,因此能够实现安定民心、稳定社会秩序的效果。

当然,疾疫发生时,若朝廷与地方政府财政匮乏、赈济不足,往往也会通过建坊旌表、给予冠带、免除徭役等方式鼓励富家巨室出资助赈。明清时期,乡贤士绅等民间力量施粥济药、散财救疫的行为在江南地区较为常见。民间富绅出于道义与社会责任分担了政府救疫的财政压力,但往往却存在着一定的趋利动机。朝廷为缓解国家财政压力,一般会权衡其捐纳轻重,授予虚衔作为奖励。⑥总体而言,传统中国应对疾疫冲击的财政治理范式始终是以官赈为主,民间救济仅仅作为财政补充参与其中。

(二)社会力量广泛参与疾疫救治

清朝末期,灾疫频繁出现,疾疫的构成和流行趋势在社会环境的影响下发生了巨大变化。然而,此时的清政府"内外库储俱竭"⑦。虽经多方罗掘,所筹款项仍捉襟见

① 张崇旺主编:《中国灾害志·断代卷·明代卷》,北京:中国社会出版社,2019年,第197—200页。
② 《明实录·神宗实录》卷187,转引自邓铁涛主编:《中国防疫史》,南宁:广西科学技术出版社,2006年,第147页。
③ 《清史稿》卷263《崔华传》,北京:中华书局,1977年,第12992页。
④ 《清史稿》卷123《沈善富传》,北京:中华书局,1977年,第11041页。
⑤ 《清史稿》卷238《童兆蓉传》,北京:中华书局,1977年,第12571页。
⑥ 张崇旺主编:《中国灾害志·断代卷·明代卷》,北京:中国社会出版社,2019年,第197—202页。
⑦ 明成满:《民国时期佛教慈善公益研究》,合肥:安徽大学出版社,2018年,第59页。

肘，再加上在实施过程中往往伴随着官吏中饱私囊、迟滞欺瞒，救济效果大打折扣，多种因素叠加之下，官府独占的赈济方式难以为继。

这一时期，以民间慈善为主要形式的社会力量开始广泛参与疾疫救治，并在江南地区迅速发展。嘉道以降，江南地方社会出现了大量专门救疗疾疫的善堂（元和同仁堂、常熟广仁堂、上海同仁辅元堂等）与医药局①（南浔施药局、丹徒卫生医院、宝山真如施医局等）。这些救疗机构以城市为基础，有确定数量的医生轮值当值，并由地方乡绅提供资金支持和监督。具体来说，善堂与医药局普遍不依靠国家财政拨款，而是通过社会捐资、官员捐廉，以及田地、房产租金、商行铺户抽捐等方式维持日常运营。例如，同治元年（1862年）兴办的上海保息局，"经费以丝绢为主"；光绪时期的宝山县善堂，"经费由地方绅士先后捐置，及典铺月捐等项"②。总体而言，清末之中国，虽然民间社会力量日趋活跃，但并没有和地方官府形成对立，而是纳入官方的制度化轨道，形成国家与社会的合作互融，财政救疫能力不断增强。

民国时期，随着封建国家的崩解与西方民主理念的传播，中央与地方、政府与社会在疾疫救治上的财政协同表现得更为明显。1934年民国霍乱时期，国家政局混乱，财力衰微，社会力量作为政府财政的补充，积极参与疫病的防治与救助，极大程度地分担了政府当局的财政压力。其中以公益组织、工商社团、社会名流贡献较为突出：（1）公益组织。霍乱期间，上海市政府充分联合社会公益组织，开办了20处临时防疫医院进行霍乱的义诊与治疗。疫病暴发后，红十字会积极参与救治，组织建立的2所时疫医院对贫者均施义诊。第一医院一周内就救治真性霍乱病人108人，接收门诊1674人；第二医院开诊一个月内接收、诊治病人6000余人。③（2）工商社团。同业公会作为近代上海重要的工商社团之一，霍乱期间常作为疫病救治的组织者参与其中。霍乱疫情发生时，众多贫民染疾却无钱救治，新药同业公会于1934年扩充其主办的黄楚九医院，专门为贫民患者免费施医赠药，规定："无论门诊、住院，针药膳食一概分文不取。"④（3）社会名流。霍乱流行期间，社会各界名流积极参与疫病防治。浦东高行镇发现霍乱，上海名人杜月笙捐资创办医院，选址高行南城城隍庙，命名为"浦东济群医院高行临时分院"⑤。据统计，上海霍乱期间，杜月笙先后共创办5所私人防疫医院，并筹资拍摄虎疫影片，宣传防治霍乱病毒的知识。

这一时期，社会组织的积极参与对于民国时期的疾疫防治发挥了不可忽视的作用，但其也存在相应的地域局限与经济约束。一方面，民间社会参与疾疫防治在多数情况下只是自发的、偶然的行为，且基本集中于长江三角洲等经济发达、思想开放的富庶之

① 顾廷龙、戴逸主编：《李鸿章全集》第32册，合肥：安徽教育出版社，2007年，第186页。
② 转引自余新忠：《清代江南疫病救疗事业探析：论清代国家与社会对瘟疫的反应》，《历史研究》2001年第6期。
③ 《同业公会消息》，《申报》1931年9月19日；《暑期防疫汇志》，《申报》1932年7月27日。
④ 上海公共租界工部局卫生处档案，档案号：U1-16-74，转引自胡勇：《传染病与近代上海社会（1910—1949）——以和平时期的鼠疫、霍乱和麻风病为例》，浙江大学2005年博士学位论文。
⑤ 1932年7月30日《申报》记载，上海吴醒亚等人筹设时疫医院，杜月笙创办高行时疫医院。

地。另一方面，社会群体的资金供给能力受到当时的政治、经济、人文等诸多因素影响，组织化程度和规范化程度较低，具有极强的机会性和不稳定性。

（三）疾疫应对呈现协同共治新局面

中华人民共和国成立后，国家百业待兴，面对旧社会诸多遗留已久的公共卫生问题，需要汇合群众力量方能解决。为了应对长期存在的疟疾、血吸虫病等传染性疾病，党中央领导全国人民开展了一场自上而下、规模宏大、向下植根的爱国卫生运动。因此，爱国卫生运动以"一元化"为领导方式，集中人力、物力、财力，将群众动员的触角深入每个城乡角落。这一时期，人民群众成为疾疫防控的财政支出主体，财政资金从城市下沉到农村，嵌入每个群众个体的生活日常。在党中央的统一领导下，全国各级政府开始加大公共卫生建设的财政投入，改善卫生公共基础设施。以成都市为例，自开展爱国卫生运动以来，清除了长期堆积的垃圾九万多吨，疏通沟渠十二万五千余米，切实改善了人民群众的生存环境。[①]显然，这一时期的疾疫防治，已经从国家领导下的应急行动向群众性、常规性活动转变，城乡居民的生活环境与健康水平显著提高，天花、鼠疫、黑热病等烈性传染疾疫的困扰已基本消除。

随着国家经济的不断发展，用于公共卫生的财政投入比重不断增大，疾疫防控充分发挥群众的集中优势，将治疗与预防相结合，卫生环境与社会生产相结合，形成了科学有效的治理模式。中国特色社会主义进入新时代以后，人民对于美好生活的需要日益广泛。面对全球范围内持续蔓延的新冠疫情，集中财力办大事的"举国体制"在这一特殊时期优势突显。以习近平同志为核心的党中央坚持全国同下一盘棋，充分调动各方面积极性，形成了中央与地方协同、政府与企业联动、社会与个人互助的群防共治疾疫防控新局面。

财政是国家经济干预和社会治理的重要工具，新时代应对重大疾疫的财政治理范式目标明确，工具多元，呈现出协同共治的新局面。一是国家层面，以党中央、国务院为核心，财政部、交通运输部等多个部门联防联控，各级财政拨款、减税降费会同信贷支持、债券投放、就业补贴、消费刺激等手段多措并举，共担财政风险，激发经济活力。二是地区层面，疫情初期，各地财政物资驰援疫区，建立了以专项转移支付为主，多省联保联供的财政调运机制；疫情常态化阶段，省、市、县、乡各地方财政协同配合，稳定地方经济复苏与发展，在全国范围内逐渐形成了全面动员、全面部署，横向到边、纵向到底的治理体系。三是行业层面，充分发挥制造业门类全、韧性强和产业链完整配套的优势，有效扩大疫情防控物资的生产供应，以财政政策促进新基建完成制造业与服务业的深度产业融合，实现价值链从中低端向中高端攀升。四是个体层面，充分发挥财政资金的引导作用，有效带动城乡居民捐款捐物，调动工会、妇联、共青团等人民团体和群众组织广泛参与社会救助。据《抗击新型冠状病毒肺炎疫情的中国行动》白皮书记

---

① 《文化简讯：成都、昆明、贵阳等地爱国卫生运动有成绩》，《人民日报》1952年7月18日，第3版。

载，新冠疫情期间，湖北省和武汉市累计接受社会捐赠资金约 389.3 亿元，物资约 9.9 亿件，累计拨付捐款资金约 328.3 亿元、物资约 9.4 亿件。[①]

四、从救济到支柱：基于疾疫治理的财政定位演变

回溯历史上的重大疫情，不难发现，每一次疾疫的暴发与救治，都是对社会文化与社会制度的构建与重塑。历史发展至今，中国已从传统的封建农业国家、近代半殖民地半封建国家，转变为社会主义现代化国家。这一深刻社会巨变的背后，是国家治理能力与治理体系的跃迁。财政作为治国理政之本，其对于重大公共卫生风险的应对，已从疫时纾困逐渐延展至疫前防范，实现了从救济性向基础性和支柱性的定位转变。

在生产力水平低下的蒙昧时代，自然环境对于人类生存的制约难以抗拒。一般而言，灾荒与疾疫相伴而生，大灾之后必有大疫。早在《周礼》中便有"以荒政十有二聚万民"的记载，提出国家应以九式之中的"丧荒之式"赈济受灾疫影响的个体，具体可采用"散利""薄征""舍禁"等措施。[②]宋朝时期，国家将"疫灾"提升为四大自然灾害之首，"或遇疾病，需支破官钱，为医药粥饘之费"[③]。清代学者方观存提出："农民力出于己，赋效于公。凡夫国家府库仓廪之积，皆农力所入。出其所入于丰年，以赈其凶灾。"[④]灾疫发生时，以丰年储备的粮食对百姓进行救济是国家不可推卸的责任，"国家赈济蠲缓，重者数百万两，少亦数十万两，悉动帑库正向"。可见，长久以来，面对重大自然灾害，国家财政发挥着重要的救济作用。但十分可惜的是，这种自上而下、以国家财力为依托的救济模式始终没能在国家层面形成具体而明确的制度性规定，应对风险的财政资源存在着明显的地区不平衡性。

中国由传统农业社会向近代工商业社会转型期间，政府的财政基础与管理职能也随之发生变化。受西方财政思想影响，中国传统的救疫主张开始呈现出近代化趋向。1910—1911 年，东北鼠疫的防治成功，开启了中国近代防疫的大门。自此之后，国家开始尝试建立新型公共卫生体系，财政从制度层面介入疾疫防控事业。1912 年，中国历史上第一个防疫机构——东三省防疫事务总管理处，在哈尔滨成立，同时于滨江、满洲里、齐齐哈尔和同江建立 4 所防疫医院，专门用于传染病防治。这一时期，财政筹措手段相对更为丰富，关税作为政府主要财政收入之一，承担了中央及地方卫生防疫机构的建设及日常经费支出。国家规定海关部门每年从关税收入中"拨付关平 6 万两"作为东三省防疫事务总管理处的日常经费，每年拨给 112 871 银圆作为北平中央防疫处经费。[⑤]若有不足者，则通过银行借款、增发外债等方式予以补偿，应对疾疫的财政支出

---

① 中华人民共和国国务院新闻办公室：《抗击新冠肺炎疫情的中国行动》，北京：人民出版社，2020 年，第 68 页。

② 陈戍国点校：《周礼》，长沙：岳麓书社，1989 年，第 23 页。

③ 《宋会要辑稿·刑法五》，转引自邓铁涛主编：《中国防疫史》，南宁：广西科学技术出版社，2006 年，第 97 页。

④ 邓云特：《中国救荒史》，上海：东方出版中心，2020 年，第 178 页。

⑤ 〔英〕魏尔特：《关税纪实》，上海：海关总税务司公署统计科，1936 年，第 148—153 页。

逐渐走向制度化、常态化。

中华人民共和国成立后，财政制度建设既有传统理财思想的继承延展，也有西方财政理论的融合创新。为了快速恢复国民经济，实现工业化建设，财政在配置资源、调节收入分配、促进经济稳定与发展等方面发挥了较为明显的经济职能。随着经济发展与社会文明的进步，权力失衡所带来的巨大阶级差异逐渐消失，但现代化国家治理体系远未形成。无论是财富由政府统一支配的计划经济体制时期，还是发展聚焦于经济领域的改革开放初期，国家与社会的公共资源始终集中在政府手里，由政府直接支配。这一时期，财政虽然已经参与公共卫生风险的日常防范建设，但国家应对风险的防范意识尚且薄弱，针对风险管控与应对的各项制度尚不健全。

中国特色社会主义步入新时代以后，物质财富积累实现了较大程度的攀升，利益格局与社会结构出现了深层次的变化。不同利益群体、社会阶层逐渐形成，经济社会主体日趋多元，国家与社会面临着诸多风险与不确定性。十八届三中全会提出："财政是国家治理的基础和重要支柱。"①这一重要论断将财政的定位与职能，从传统经济领域扩大到了政治、经济、社会等多个范畴。面对突发性重大疾疫，财政是防范和化解公共风险的最后一道防线，也是各种机制得以有效运作的财力保障。财政在公共风险应对过程中对于经济发展、政治稳定、社会共治所发挥的基础性和支柱性作用越发明显。面对重大灾疫，财政需要通过收支活动为风险治理提供必要的财力保障，维护公共秩序与社会稳定，同时还需利用财政杠杆撬动社会资源，发挥财政在公共风险应对中的协同作用。

五、从治民到为民：基于疾疫治理的财政价值取向演变

疾疫，不只是简单的生理病变，其作为突发性公共卫生事件，必然产生一定的社会影响。从传统到现代，在应对公共卫生风险这一社会性问题上，财政始终扮演着非常重要的角色。面对社会发展不同阶段所出现的公共风险与不确定性，应对疾疫冲击的财政举措与财政治理范式不断转化，而这背后更为深层次的原因恰恰在于财政价值取向发生了重大转变。

中国的社会治理，一直以来强调民本思想，主张民为社稷之根本。但无论是封建王朝还是近代中国，国家始终凌驾于社会之上。民众缺乏足够的自治能力，治民和驭民虽是对君主和国家责任的强调，却也恰恰体现了传统民本思想的真正含义。国家存在权力至上的统治者，人之多寡是统治者衡量其军事掠夺与政权稳固的标准。人民被控制在一个"赋役—教化—治安"的系统内，无论是从政治角度，还是从经济角度来看，国家与人民始终处于相对封闭的社会中互相对立的两端。公共部门（赋税征收者）与私人部门（赋税缴纳者）之间存在着政治利益和经济利益的博弈，而这种博弈又在皇权庇护下呈现出非均衡的状态。

---

① 《中共中央关于全面深化改革若干重大问题的决定》，《人民日报》2013年11月16日，第1版。

相较而言，中国特色社会主义财政制度所体现的民本思想，则是以化解人民群众面临的各类公共风险为出发点，力求满足人民日益增长的各层次需求与人民对美好生活的向往。中国特色社会主义进入新时代，实现人的全面发展是社会变革和社会文明进步的最终目的，践行"以人民为中心"的发展思想是党对财政工作全面领导的内在要求。公共财政的性质、任务和特点归根结底就是"为民理财"，既要求"为民聚财"，即不断提高财政汲取能力，也要求"财为民用"，即通过财政支出增强民生福祉，真正实现"取之于民，用之于民"。

（一）为民聚财

北宋苏辙曾言："财者，为国之命而万事之本，国之所以存亡，事之所以成败，常必由之。"国之殷富，是国家履行各项治理职能的必要保证。在中国漫长的奴隶社会和封建社会里，皇权至高无上，天下财产皆为王朝的可欲之物。国家通过田赋、人头税、徭役、工商杂税等方式筹集财政资金，以此形成集中性的人力、物力和财力。客观来说，中国古代乃至近代，皆以农业立国，财政的汲取能力受社会自然环境、生产力水平与经济开放程度等多重因素影响，财政收入随不确定性因素波动较大。主观层面，财政收入的根本目的在于维护统治阶级利益和巩固国家政权，对于疾疫防治的财政资金储备与分配比重较低。若国家对赋税徭役的征收超过了农民的可承受能力，疾疫发生时农民的自救能力就会被弱化；若赋税征收有限，必然导致国家财力不足，取之于民用之于疾疫救助的社会剩余将更为稀薄。加之传统中国的疾疫治理始终依托封建君主政制为中心的君主集权体制，皇室财政与国家财政界限模糊。政府疾疫应对较多依赖于明君仁政或是清官廉吏，体现出不确定性和非制度化特征。

近代以后，国人逐渐意识到国家不应是一家一姓的私产，财富取之于民，更应用之于民。在西方先进思想影响下，国家尝试建立制度化、规范化的公共卫生体系。但遗憾的是，民国时期国势衰微，政府经济拮据，难以形成卫生防疫制度化建设的财政合力。1919年，北洋政府利用向外国银行借款的100万银圆的余款成立了中央防疫处，规定其维持经费由海关关余（即偿还债息、赔款后的余款）拨付，每年12万元，1919年又核减为112 871元，但拙于财力的财政部始终未能照付此款。①1932年霍乱期间，由于国民政府经济拮据，财政面临严重困难，防疫经费往往不能按照预算规定及时拨补。以霍乱疫情较为严重的陕西省为例，原本计划设立防疫处的5000元财政经费，最终由于财政当局困难，减少至2886元。②

中华人民共和国成立后，国民经济快速发展，国家财政能力随着制度改革的深化不断增强，税收制度、预算制度、财政监督管理体系逐渐向现代化转型，财政开始向人民性、公共性回归。人民作为国家发展和社会治理的中心，是社会主义发展的必然要求，

---

① 《老哈医大的前身——东三省防疫事务总管理处》，姒元翼，马维权主编：《黑龙江文史资料》第34辑，哈尔滨：黑龙江人民出版社，1993年，第12页。

② 杨叔吉：《本处成立周年纪念感言》，《陕西防疫处一周年纪念特刊》1933年版。

也是我国财政工作的基本遵循，为民聚财成为新时代财政建设的价值旨归。这一时期，国家对于公共卫生事业的投入既有常态化的防控资金，也有应对突发性公共风险的财政预案。根据《突发事件财政应急保障预案》要求，财政部门应根据危机的实际危害程度，以"特事特办、急事急办"为处理原则，快速、及时、合理地拨付突发事件应急财政资金。《中华人民共和国预算法》第四十条规定，各级一般公共预算应当按照本级一般公共预算支出额的1%—3%设置预备费，用于当年预算执行中应对突发危机事件的总体支出。

（二）财为民用

传统时期，国家发展高度依赖于皇室制度和官僚制度的完善，财政资金的用度首先需要满足皇室支出的需要，其次则以官俸形式满足文武百官的生活和公务所需。虽然早在西周时期就已提出"荒政"和"养民"的措施，但历代帝王对于疾疫的关注较少，对于瘟疫救助所需的医疗设备和医务人员少有投入。万历十八年（1590年），吏部员外郎邹元标上奏："今之人皆知救荒，而不知救疫。"①每当疾疫暴发，统治者考虑更多的是风险冲击下的国家安危与权力稳固。诸多财政、医疗资源以王室宗亲为先，平民百姓少有受益。

民国时期，内外战争频发，财政支出以"清剿""治安"经费为重点，大部分用于军队建设，难以兼顾公共工程、文化教育、医疗卫生等公共事业发展。据统计，整个民国时期死亡万人以上的巨灾共75次，其中18次为疫灾，占比达24%，但与之相对应的卫生行政支出十分有限。②以湖北省为例，1932年每月卫生费用支出不足20 000元，而公安费高达1 004 049.53元，债务费高达847 500元。③公共卫生支出的严重不足，必然造成卫生健康事业发展迟滞，诸多政策难以有效落实。相较而言，中华人民共和国成立后，国家对于医疗、卫生、环境等民生问题的重视程度不断提高，财政支出逐渐向民生性公共服务倾斜。每当面对重大风险冲击，党中央始终以人民为中心分配各项财政资源。2007—2017年，国家大部分地区的医疗卫生支出占一般预算总支出比重逐年递增，医疗卫生问题逐渐上升为国家治理的重要问题。

在国家发展的不同时期，财政所要解决的问题、应对的风险同样有所差异。中国特色社会主义进入新时代以后，以习近平同志为核心的党中央高度重视疾疫防控与人民健康。新冠疫情暴发后，人民生命安全受到严重威胁，习近平同志指出："各级党委和政府及有关部门要把人民群众生命安全和身体健康放在第一位"。④与美国、日本等发达

---

① （明）邹元标：《邹忠介公奏疏》卷二，转引自张彦：《疫情防控的历史回望与现实思考》，厦门：厦门大学出版社，2020年，第13页。

② 夏明方：《民国时期自然灾害与乡村社会》，北京：中华书局，2000年，第395—399页。

③ 国民政府统计部主计局：《统计月报》第1—4册，限于篇幅，本文没有展示具体图表。

④ 《习近平对新型冠状病毒感染的肺炎疫情作出重要指示强调 要把人民群众生命安全和身体健康放在第一位 坚决遏制疫情蔓延势头 李克强作出批示》，《人民日报》2020年1月21日，第1版。

国家分化治理的做法不同，中国从全球人民共同利益出发，推动构建人类卫生健康共同体。国际方面，中国积极协调货币、财政等宏观政策，公平参与全球疫苗分配，让其成为人类战胜疫情的国际公共物品。国内方面，全国各级政府为疫情防控进行"兜底式"财政安排，累计投入疫情防控资金超过千亿元。同时，以国家财政负担染疫患者的全部医疗资源，利用医保基金滚存结余和财政资金共同承担新型冠状病毒疫苗研发及接种的费用，全民免费接种。面对前所未有的疾疫危害，以人民为中心的财政价值取向充分保障了财政资金需求，为打赢疫情防控的人民战争、总体战、阻击战奠定了重要基础。

六、历史传承与未来趋向：新时代财政治疫的现实路径

（一）历史传承

习总书记说："历史、现实、未来是相通的。历史是过去的现实，现实未来的历史。"[①]中国从传统王朝发展至现代社会，其本质是一种社会生态的变迁。其间，每一次疾疫的暴发，都是对国家治理能力与公众应急心理的严峻冲击与考验，但却也由此形成了宝贵的历史经验。

一是财政思想以民为本，是中国治国理政观念一以贯之的内在要求。《尚书》言："民惟邦本，本固邦宁。"[②]国以民为本，肯定了人民在社会历史发展中的决定性作用。虽然，在传统社会的治理实践中，以民为本更多地表现为一种君主治民的策略，存在一定的阶级性和历史性，但其爱民、富民、安民的思想内核却是历史兴衰往复始终不变的基本遵循。中华人民共和国成立后，"人民"的内涵随着不同社会时期主要矛盾的变化而不断延展。一切发展"以人民为中心"成为国家制度构建与政策实施的基本出发点。十八大以来，党中央领导的财经工作在均衡发展基础上，以公共利益最大化为目标，尊重民意、集中民力、解决民需。面对重大公共风险，统筹全局、协调四方，积极调配财政资源从城市向农村转移，从发达地区向欠发达地区转移，从疫情低风险地区向疫情高风险地区转移。通过地区、部门、产业、群体之间财政资源的合理分配，满足社会共同需要，实现了公共资源分配逐渐向共享性和普惠性转化。

二是充分发挥财政在疾疫应对中的积极作用，是从古至今一应传承的制度法则。"国之所宝，租税也"[③]。财政是国家职能的重要组成部分，可持续的财政汲取能力是一个国家强大、稳定、安全的重要体现和有力保证。无论是帝制时代还是现代中国，在应对瘟疫这一社会性问题上，财政始终扮演着重要角色。从明末的消极避疫到清初的积极防疫，再到民国时期的防疫制度化体系建设，以及中华人民共和国成立后的公共卫生

---

① 《习近平在中共中央政治局第二次集体学习时强调 以更大的政治勇气和智慧深化改革 朝着十八大指引的改革开放方向前进》，《人民日报》2013年1月2日，第1版。

② 冀昀主编：《尚书》，北京：线装书局，2007年，第52页。

③ （宋）李觏著，王国轩校点：《李觏集》卷16《富国策》，北京：中华书局，1981年，第135—136页。

体系建设，财政应对疾疫的主动性逐渐加强，所发挥的作用也从临时性的疫时纾困转变为常态化的疾疫防范。从单纯的府库拨款到压缩政府支出、设立预算准备金，再到内外债并举，应对疾疫的财政工具早已突破税收局限，政策多样性不断增加。面对突发性公共风险，只有具备雄厚的综合国力与持续、稳固、可及的财力资源，才能有效推进疾疫防控，保障社会秩序的稳定运行。

（二）未来走向

对于国家治理而言，突发性公共风险绝非一件益事，但却有可能提供一个契机，使转型中的中国加速学习并掌握管理现代社会和市场经济的规律。新冠疫情的突发、蔓延与持续，在全球范围内引起了过去几十年都相对罕见的社会震动。未来如何充分发挥财政在国家治理与风险防范中的重要作用，将传统理财智慧转化为现实财政方略，提高国家治理能力与治理体系建设，将是新时代治国理政的重要趋向。

一是要构筑一元领导与多元共治相结合的社会治理新格局。当前，国内外形势正发生着深刻而复杂的变化，中国发展处于重要的战略机遇期。实现国家治理体系现代化需要始终坚持中国共产党的领导，充分发挥党中央在各项资源调配、资金引导中的重要作用，发挥集中力量办大事的举国体制优势。同时，提高国家治理能力需要坚持以人民为中心的发展理念。权为民所用，利为民所谋，要充分整合社会力量，强化财政资金撬动社会资本的引导作用。国家治理是中国共产党领导下不同主体的合作共治，政府作为公共权力的代表，要主动打破因为部门和地方利益矛盾而形成的条块治理困境，以公共利益为归依，形成上下联动、基层带动、群众推动的多元共治新模式。

二是要形成风险防范与利益分配双核心的财政建构新体系。财政制度和功能取决于社会主义国家制度和现代化建设的战略需要。中国发展进入社会主义新时代，人民生活质量和生活水平不断提高，社会矛盾发生了根本变化。财政改革的方向早已跨越建设型财政与增长型财政，转向促进经济高质量发展的现代型财政。目前，公共卫生资源和基于公共服务的资源总体相对稀缺，中央与地方、地方不同层级之间利益分配、事权管理的权限与边界尚不明晰。地方政府虽已在预算制度上建立了针对重大风险防范的应急财政资金，但大部分地区都尚未建立财政资金使用后的补偿机制，财政能力的可持续性有待加强。因此，有必要提高各级政府在财政制度建设中的风险意识，同时优化统筹中央与地方、城市与农村之间的资源分配，提高各地区财政的造血能力。

三是要倡导国家事务与全球风险共同应对的国际社会新秩序。随着我国对世界经济繁荣和国际和平稳定的作用越加突出，国际社会对"中国倡议"和"中国声音"的需求和期待也不断提高。中国作为一个崛起中的大国，国家治理已然不再是"家里事"，而注定会成为"天下事"，新时代的大国财政应当在全球公共风险方案中承担更加积极和更加重要的责任。作为在全球利益分配中占据绝对优势的经济体，协调、平衡国家利益和全球利益，防范国内风险与国际风险，将成为新时代大国财政应对机遇和挑战的重大战略，也是中国作为大国所必须解决的问题。目前，中国研制的新型冠状病毒疫苗已经作为全球公共产品，累计向世界各国输出了 20 多亿剂。未来，中国应积极推动构建人类卫生健康共同体，应加快国际公共物品供给，倡导国际社会新秩序，为世界疾疫风险防控提供中国智慧、中国方案。

清朝康熙年间天灾的应对方策及对现代防灾减灾研究的启示

章慧蓉

（北京工业大学城市建设学部）

一、引言

清圣祖仁皇帝爱新觉罗·玄烨（1654 年 5 月 4 日—1722 年 12 月 20 日），即康熙帝，清朝第四位皇帝、清定都北京后第二位皇帝。年号康熙：康，安宁；熙，兴盛；取万民康宁、天下熙盛的意思。蒙古人称为恩赫阿木古朗汗或阿木古朗汗（蒙语"平和宁静"之意，为汉语"康熙"的意译）。他 8 岁登基，14 岁亲政。在位 61 年，是中国历史上在位时间最长的皇帝。他是中国历史上少有的英主，奠定了清朝兴盛的根基，开创了康乾盛世的大局面，谥号合天弘运文武睿哲恭俭宽裕孝敬诚信功德大成仁皇帝。他在位期间功业卓著，也经历了数次天灾，包括康熙十八年（1679 年）的京师大地震及同年十二月初三日紫禁城大火，康熙帝以其卓越的政治智慧和爱民之心应对天灾，他从反省自身开始，检查自己执政过失，并励精图治，开创了其后的康熙盛世。此外，享誉中外的万里长城，是中华民族的伟大建筑，但自秦以来，历代皆以构筑长城为筹边要务，屡作修葺连缀，或兴工增筑，用以防御北方游牧民族对中原农耕区域的骚扰，从而形成了"长城限夷夏"的历史痼见。但是面对可能出现的战争风险，康熙帝认为要得江山永固，长治久安，主要靠政治修明、居安思危、澄清吏治、轻徭薄赋、泽被百姓、普施德政，如若单凭"山河之固"，是不足凭恃的，康熙帝明察至此，足见他的雄才大略，其应对天灾和战争风险的方策对现代防灾减灾研究也深具启发和借鉴意义。

二、应对地震灾害

康熙十八年（1679 年）七月二十八日，北京发生强烈地震。叶梦珠在《阅世篇》中记载，地震发生时，"声如轰雷，势如涛涌，白昼晦暝，震倒顺承、德胜、海岱、彰仪等门，城垣坍毁无数，自宫殿以及官廨、民居，十倒七八。……文武职官、命妇死者甚众，士民不可胜纪"。据顾景星在《白茅堂集》中的描写，"京师大地震，声从西北来，内外城官宦军民死不计其数，大臣重伤，通州、三河尤甚，总河王光裕压死。是

个人简介：章慧蓉，北京工业大学城市建设学部教师。

日，黄沙冲空，德胜门内涌黄流，天坛旁裂出黑水，古北口山裂"。据董含的《三冈识略》记载，地震时，人如同坐在波浪中，积尸如山，无法辨识。涿州、良乡等处街道震裂，黑水涌出，高三四尺。山海关，三河地方平沉为河。并且环绕京城连震一个月，全国震惊①。且波及范围达到现在的河北、内蒙古、辽宁、山东、河南、山西、陕西、甘肃、江苏等省、区的 130 多个县②。也有说法波及范围共计 200 多个县，达数千里。③

此外，蓟县、宝坻、武清、固安等地破坏也极其严重，地裂深沟，黑水迸出，房屋倒塌无数，压死人畜甚多。北京距震中仅 40 多千米，市区及各郊县遭受地震破坏亦相当严重。当时有诗作称："京城十万家，转盼无完垒……前街后巷断炊烟，帝子官民露地宿。"市区内不仅一般百姓民居遭受破坏，就连结构严谨、梁柱坚实、施工精细的皇宫、王府、古刹、楼阁也有数十处被毁。紫禁城四周的城墙均有倒塌，其中 31 处宫殿遭到破坏，其中除奉先殿和太子宫必须重建外，康熙帝居住的乾清宫房墙倒塌，皇太后居住的慈宁宫及嫔妃居住的宫殿等都遭到不同程度的破坏。地震时，城堞多数塌落，安定门、德胜门、西直门城楼被震坏，长椿寺、文昌阁、精忠庙等 9 处寺庙及 13 处衙署遭受破坏，北海白塔亦遭受破坏。地震还造成德胜门下裂一大沟，水如泉涌，天坛附近也地裂冒水，城内外均可见到数丈长的地裂缝。北京共倒塌房屋 12 793 间，损坏 18 028 间，死亡 485 人。

（一）赈济方策

面对突如其来的灾难，康熙帝迅速做出了反应。他一方面"发内帑银十万两"赈恤灾民；另一方面号召"官绅富民"捐资助赈。康熙帝发布上谕，令八旗各级官员、满汉御史等详察灾情，又令户部、工部筹措赈济灾民事务。

京城内外军民房屋倾倒者，旗人房屋每间给银四两，民人房屋每间给银二两。死亡人口不能棺殓者每名给银二两。之后康熙帝又命发内库帑银十万两赈济。很快又命四品以下官员，现食半俸者仍给全俸，兵丁等提前发给两个月的钱粮，使他们有能力修葺毁坏的房屋。通州、三河等地受灾严重，人口死亡多，无人收瘗，康熙帝命令户部和工部一起派员携带银两前往，收殓尸体，安葬死者。到十一月，康熙帝将受灾最严重的通州、三河、平谷等地本年的地丁钱粮全部蠲免；对于灾情较轻的香河、武清、永清、宝坻、蓟州、固安等县，免去当年钱粮赋税的十之二三。

（二）其他善后方策

康熙帝对地震的善后处理，还远不止于以上的赈济方策。他迅速将善后方策延伸到统治政策的调整。他亲自带领大小臣工，对朝政得失认真地做了一次全面的检讨和反思。

---

①　侯英，蒋东玲：《从文献史料看康熙的救灾措施——以康熙十八年京畿地震为例》，《农业考古》2013 年第 1 期。
②　刘文鹏：《1679 年的京师大地震》，《紫禁城》2011 年第 1 期。
③　侯英，蒋东玲：《从文献史料看康熙的救灾措施——以康熙十八年京畿地震为例》，《农业考古》2013 年第 1 期。

他首先做了深刻的自我反省，先谕吏部等衙门曰："自古帝王抚御万方，兢兢业业，勤求治理，必欲阴阳顺序，和气迎庥。或遇灾异示警，务省愆思过，实修人事，挽回天心。兹者地震之变，谴告非常，反覆思维，深切悚惕。盖由朕躬不德，敷治未均，用人行政多未允符，内外臣工不能精白乃心，恪尽职掌或罔上行私，或贪纵无忌，或因循推诿，或恣肆虐民，是非颠倒，措置乖方，大臣不法，小臣不廉，上干天和，召兹灾眚。若不洗心涤虑，痛除积习，无以昭感格而致嘉祥。朕力勤政务，实图修省。目今应行应革事宜，令部院三品以上官及科道在外各该督抚，明白条奏，直言无隐。其在京三品以上堂官并督抚、提镇、俱据实自陈，毋得浮泛塞责，尔部即遵行，仍通谕内外军民人等、咸使闻知。"①同时要求臣工们"务期尽除积弊"，"各宜洗涤肺肠，公忠自矢，痛改前非，存心爱民为国。"②地震发生后不到四个小时，康熙立即把"内阁、九卿、詹事、科、道满汉各官"召集在一起，并把大学士明珠等数人召到乾清宫，当面训谕，严厉批评了某些官员"自被任用以来，家计颇已饶裕，乃全无为国报效之心"，不仅不清廉勤政，反而"愈加贪酷，习以为常"的恶劣行径，并且表明这种"奸恶"之人如"不加省改"，一经查出，"国法具在，决不饶恕"。

在震后次日，即七月二十九日，康熙帝以"实修人事，挽回天心"为宗旨，发布上谕。康熙认为之所以有这样大规模的地震发生，是因为朝廷上下"用人行政，多未允符"，官员们或罔上行私，或贪纵无忌，或因循推诿，或恣肆虐民，"是非颠倒，措置乖方，大臣不法，小臣不廉，上干天和，召兹灾眚"。因此，康熙帝下令让部院三品以上及科道官、各省督抚，就"目今应行应革事宜"明白条奏，命在京三品以上堂官、督抚、提镇等就本人任职情形据实自陈。同时，康熙帝又下谕旨让科道监察官员参劾不法，保护小民，以期挽回天意。

七月三十日，康熙帝再次发布上谕，直接指出当时官员们枉法害民、上干天和的六个方面：一是民生困苦却饱受苛派勒索，使民怨之气，上干天和，召致水旱、日食、星变、地震、泉涸之异；二是大臣朋比徇私者甚多。每遇推选任用官员时，都举荐亲信，只重视办事有能力，并不问其操守清正，忽略德行。三是用兵地方之诸王、将军、大臣多掠占小民子女。或借通贼之名，焚毁良民庐舍，攘取财物。四是各地官员对于民生疾苦，水旱灾害，欺上瞒下，侵渔赈济，捏拟虚数，使百姓得不到实惠，穷者益穷。五是司法官员审案时，改造口供，草率定案，证据无凭，枉坐人罪。其间又有衙门蠹役，恐吓索诈，导致很多百姓家破人亡。六是包衣下人及诸王、贝勒、大臣家人，常常抢夺百姓财货，干预词讼，肆行非法，各级官员对这些人唯唯诺诺，反行财贿。而且，康熙帝非常严厉地指出："大小臣工，若不实加修省，纵能逃国法，亦不能免天诛也。"③

①　于善浦：《康熙十八年京师地震》，《紫禁城》1989 年第 5 期。
②　于善浦：《康熙十八年京师地震》，《紫禁城》1989 年第 5 期。
③　刘文鹏：《1679 年的京师大地震》，《紫禁城》2011 年第 1 期。

三天之内，康熙帝接连发布上谕，口气之严厉，实属罕见。①

康熙十八年（1679年）八月十五日，康熙帝以地震遣官告祭天坛。九月十八日，康熙帝再次以此次地震为事由，亲率诸王、文武官员，到天坛祈祷。中国古人崇尚"天人合一"，天坛是中国古代帝王祭天之场所，所谓祭天就是天子与天地沟通的礼仪，以此向天下万民表明天子之权来自上天所赐，也应顺乎天意。在中国古代社会，一些重大自然灾害的发生，常常被看作是上天示警，《易经》云："天垂象，见吉凶"，表明君王行政多有不合天意者，君主不但需要自我反省、端正行为，而且还要反思朝廷政治人事，改良政策，除奸去恶，以合天意。

三、应对火灾

古语曰：祸不单行，现代科学也发现灾害的发生有关联性，即灾害链，北京大地震后，康熙十八年（1679年）十二月初三日，太和殿焚于大火。康熙帝在上谕中说："朕心惶惧，莫究所由。"他再次将这次火灾视为天意，并与人事行政联系起来，表示一定要"朝乾夕惕，答上天仁爱之心。锡极绥猷，慰下土瞻依之望"。面对如此困境，康熙帝从自身做起，检查自己执政过失，并励精图治，于康熙三十四年（1695年）至康熙三十六年（1697年）重建太和殿，这次重修太和殿屋脊上的脊兽比其他宫殿都多了一个"行什"。据传它就是雷震子的化身，现存的太和殿即此次重建后的形制。

四、应对可能的战争风险

古北口长城现位于北京密云地区，是山海关、居庸关之间的要塞，也是所有长城中最为险峻的一段，更是辽东平原和内蒙古通往北京及中原的咽喉，历来军事地位十分重要。军事上，自古有破古北口即破北京之史实。康熙三十年（1691年），古北口长城一带边墙倾塌甚多，工部等衙门议请修筑。然而，康熙帝却没有同意大臣们的建议，而是认为"修德安民"才是治国之本。他上谕大学士等曰："帝王治天下，自有本原，不专恃险阻。秦筑长城以来，汉、唐、宋亦常修理，其时岂无边患？明末，我太祖统大兵长驱直入，诸路瓦解，皆莫敢当，可见守国之道，惟在修德安民，民心悦，则邦本得，而边境自固，所谓众志成城是也。"

清朝年间，盛世皇帝频往于长城内外，特别是圣祖康熙修建避暑山庄，频繁出古北口雄关，康熙不仅目睹了以古北口长城为代表的长城雄姿，亦发现了其沧桑巨变的历史规律。

康熙二十二年（1683年）夏，康熙帝北巡道经古北口长城，赋《古北口》诗一首："断山逾古北，石壁开峻远。形胜固难凭，在德不在险。"康熙帝总结历代修长城的

---

① 刘文鹏：《1679年的京师大地震》，《紫禁城》2011年第1期。

历史教训，悟出一个治国的大道理：长城再坚固，也无法保障国家的安全，唯有政治修明、居安思危、澄清吏治、轻徭薄赋、泽被百姓、普施德政，才可以实现长治久安。如若单凭"山河之固"，是不足凭恃的。这是康熙皇帝第一次流露出不以长城为凭、更不以地理险要为恃，而以德政、德威统御天下的治世用兵思想，即"在德不在险"，这样的襟怀和气魄超出了一般帝王的政治智慧，也因此没有了劳民伤财修筑长城一事。

康熙四十九年（1700 年），他下诏提醒地方各级官员："朕临御天下垂五十年，诚念民为邦本，政在养民。自康熙五十年始，普免天下钱粮，三年而遍。"他认为，只要使百姓得以休养生息，其理想的太平盛世即会出现。他曾这样描绘自己的理想："期于家给人足，百姓乐业而已。"

五、结语

在中国古代社会，一些重大自然灾害的发生，常常被看作是上天示警，君主不但需要自我反省、端正行为，而且还要反思朝廷政治人事，改良政策，除奸去恶，以合天意。这就是所谓的"天人感应"。天人感应之说自汉武帝时就被当时的大儒董仲舒引入儒家思想，希望以此来制约君主的权力。自此以后，各种灾异、祥瑞现象的出现，常常被看作每个王朝的政治统治是否符合天意的标志。

面对天灾，康熙帝也秉承古代圣人之教诲。早在康熙十二年（1673 年），也就是"三藩之乱"爆发的哪一年，北京就发生过一次地震，只是震级较小，没有造成损失。当孝庄太后问起时，康熙帝回答："此乃天心垂异，以示警也。"并表示自己要益加修省，改进用人制度，并专门指示起居官记载了此事。

康熙的一生尊奉"敬天、法祖、勤政、爱民"的为政之道，他认为："宽则得众。治天下之道，以宽为本。"他在《宽严论》中总结了历代王朝兴衰的历史经验，系统论述了自己的治国之道，他说："致治之本在宽仁……夫物刚则折，弦急则绝，政苛则国危，法峻则民乱，反是者有安而无危，有治而无乱。"他慎重使用皇帝对死刑犯的勾决权力，甚至以牺牲法纪为代价，康熙五十四年（1715 年）全国仅仅处决十五名死囚。

但是，康熙帝对自己的要求却很严苛。晚年的康熙帝总结一生道德政事后云："持身务以诚敬为本，治天下务以宽仁为尚，虽德之凉薄，性之不敏，此心此念兢守五十年，夙夜无间。"康熙五十年（1717 年），他在重病时说："帝王之治，必以敬天法祖为本。合天下之心以为心，公四海之利以为利，制治于未乱，保邦于未危，夙夜兢兢，所以图久远也。……天下和乐，四海乂安。虽未敢谓家给人足，俗易风移，而欲使民安物阜之心，始终如一。占竭思虑，耗敝精力，殆非劳苦二字所能尽也……"其在重病之时仍然心系百姓，令人肃然起敬。

面对可能出现的战争风险，康熙帝没有沿袭历史上中原政权以"筑长城"为手段的御敌思想，而是积极探索实现长治久安的政策渠道，不以长城为藩屏，倡行北巡，"察民虞，备边防"，绥怀边远，以"民为邦本"，精心构筑"在德不在险的民心长城"，于北巡中推行薄来厚往的民族怀柔政策，从而维护了中华民族的大一统思想，增强了各民族之间和睦相处的凝聚力，在他以后的雍正、乾隆、嘉庆三朝，这一思想仍被奉行。他的这些政治智慧和爱民之心、治世之道，以诚意挽回天心，达到天地人和谐的思想理念和行为，对现代防灾减灾深具启发和借鉴价值。

清代广西地区疾疫的诱发因素与防治措施

梁 轲

（云南大学历史与档案学院）

广西位于我国沿海西南端，东与广东相邻，西靠近云南，南与海南隔海相望。地处低纬度地区，一年四季气候炎热，境内河流密布，植被覆盖率高，为病媒虫害的孳生繁殖提供了条件，正是因为这样的地理环境，导致广西地区疾病频发，连年不休的战乱和频发的灾害更是加剧了疫灾的状况。在长期的生产生活中，该地区人民饱受疾病带来的痛苦的同时，也积累了丰富的疾病防治的方法，直到清代无论是官方还是民间都有了较为成熟和完善的疾病防治措施。因此，笔者认为研究清代广西地区疾病防治措施，对现在广西疾疫的防治也具有很大的借鉴意义。笔者发现目前学界对广西地区疾病的研究成果颇丰[①]，其中黄冬玲和廖建夏分别讨论了壮医对传染病和瘴气的诊治；董柏青主编的《广西百年霍乱史》对中华人民共和国成立前后广西百年的霍乱流行特征等进行了讨论；张馨月详细论述了广西地方政府和民间应对瘴气的措施；张慧鲜和石国宁对民国时期广西医疗卫生事业的发展进行了论述等。研究的内容多为壮医对传染病的防治、历史时期广西人民应对瘴气的措施以及近代广西地区医疗卫生条件等。目前学界对清代广西地区疾病的研究则主要集中在疫灾的基本情况和地理分布空间等方面[②]，唐振柱指出清代广西共有 46 个县有疫病发生的记载，疫区主要为广西北部、中部和沿海地区，大多发生在春夏季节；单丽对 1902 年当时广西地区霍乱的具体情况和发生原因进行了详细探讨，并指出霍乱的发生除了该年气候异常外，战乱和匪事亦是重要因素，他还提到政府官员、地方乡绅以及普通民众对霍乱的应对，但着墨较少；郭欢对广西地区鼠疫、天

基金项目：2017 年国家社会科学基金重大项目"中国西南少数民族灾害文化数据库建设"（项目编号：17ZDA158）的阶段性研究成果。

作者简介：梁轲（1995—），女，陕西铜川人，云南大学西南环境史研究所硕士研究生，主要研究方向为环境史、灾害史。

① 黄冬玲：《壮族对瘴气防治的贡献》，《广西中医药》1991 年第 5 期；张馨月：《七世纪以来广西地区瘴气分布变迁与社会应对研究》，广西师范大学 2014 年硕士学位论文；张慧鲜：《新桂系时期广西边疆地区医疗卫生事业与民智培育》，《广西社会科学》2014 年第 2 期；廖建夏：《壮医与近代广西传染病的防治》，《广西民族大学学报》（自然科学版）2014 年第 3 期；石国宁：《民国时期两国地区疫灾流行与公共卫生意识的变迁研究》，华中师范大学 2016 年硕士学位论文。

② 唐振柱等：《清代广西疫病流行病学初步考证分析》，《使用预防医学》2004 年第 4 期；单丽：《1902 年广西霍乱大流行探析》，中国地理学会历史地理专业委员会《历史地理》编辑委员会：《历史地理》第 25 辑，上海：上海人民出版社，2011 年；郭欢：《清代两广疫灾地理规律及其环境机理研究》，华中师范大学 2013 年硕士学位论文。

花和霍乱的时空特征进行了研究，并进一步讨论了这些疾病的诱发和制约机制。有关疾病应对的成果，时段多集中在近代。现有研究尚未对清代广西地区对疾病的防治进行深入的讨论，因此本文试从广西地区疾病的诱发因素入手，在此基础上对清代广西地区民间疾病的防治措施进行讨论，以期能够对当今广西地区疾病的防治提供借鉴意义。

一、清代广西地区疾疫发生的诱发因素

清代广西地区是疾疫的高发时期，从顺治五年（1648年）最早记载广西疫病开始到1911年共计264年的时间中，广西46个县有疫病流行记载[①]，疾疫的发生不仅给广西地区人民的生活带来了极大的影响，而且还威胁着人们的生命安全。清代广西地区主要疾疫种类有鼠疫、霍乱和牛痘等，我们可以看出这一时期广西疾疫发生的次数，显然桂东疫灾多于桂西地区，不仅如此还有一直以来困扰着广西地区的瘴毒，在清代依然存在，"虽较之前有所消减，但是桂西大部分地区瘴气依然很严重"[②]。因此整个广西地区都被瘴气和鼠疫、霍乱等疾疫包围。这一时期广西地区疫灾盛行与当地的自然和社会因素密切相关，如这一时期气候的剧烈变化或是灾害的频发、战乱等都会引起疾疫的暴发。

首先，广西地区独特的地理环境对疾疫的形成有重要的影响。广西地区地处低纬度，为亚热带气候，主要特征是冬温夏热，雨量充沛，并且雨热同期，由于天气炎热、通风不畅等原因，在这种气候条件下人们极易患疾。康熙《广西通志》记载："四时开花，三冬不雪，一岁之暑热过中。人居其间，气多上壅，肤多汗出，腠里不密，盖阳不反本而然。阴气盛，故晨昏多雾，春夏雨霪，一岁之间，蒸湿过半。盛夏连雨即复凄寒，衣服皆生白醭，人多中湿，肢体重倦，多脚气等疾。"[③]广西地区一年四季湿热难耐，人生活在其中胸闷不舒、身体疲倦、身热足寒且出汗较多，易患湿疹和脚气等疾病。这样的气候有利于动植物的生长，植物多高大茂密，遮天蔽日，导致水汽不易蒸发，早晨和黄昏多形成雾气。森林中生物物种多样，其中不乏很多毒蛇之类的动物，毒气在炎热的气候下蒸发以雾为媒介形成瘴气，如果长时间吸入便会使人生病。地形条件进一步加剧了瘴疫的发生，道光《南宁府志》记载："方其高冈叠嶂，左右环合，烟雾壅蔽，郁而为岚，草木蔚荟，蛇虺出没，日蒸水汽，积而为瘴，左右两江郡，居平旷者尤可……"[④]四面环山，中间为盆地，呈闭合状，雾气无法疏散。除此之外，发达的水系为病毒的传播提供了媒介，左右江地区常年瘴气密布，江水难免受到瘴气的污染，人喝了被污染的江水多患病，因此左右两江所流经的地区，也是瘴疾最为严重的地区，

① 唐振柱等：《清代广西疫病流行病学初步考证分析》，《使用预防医学》2004年第4期。
② 张馨月：《七世纪以来广西地区瘴气分布变迁与社会应对研究》，广西师范大学2014年硕士学位论文，第27页。
③ 康熙《广西通志》卷四《气侯》，清康熙二十二年（1683年）刻本。
④ 道光《南宁府志》卷三《舆地志》，清宣统元年（1909年）刻本。

《桂海虞衡志》中就有记载："邕州两江水土尤恶，一岁无时无瘴。"[①]自然地理状况不仅是广西地区瘴疾发生的重要因素，也是鼠疫暴发的重要原因。广西地区鼠疫多集中在东北部，这与低山丘陵为主的地形特点密不可分，崇山峻岭中野生动物繁多，其中不乏鼠疫传染源鼠类[②]。自然环境是疾病发生的重要因素，自然环境对疾疫的影响不仅只有直接影响，还有一些间接的影响，如异常气象引起的灾害也会导致疾病的暴发。

其次，自然灾害的发生与疾病的暴发具有紧密的联系。从图 1 中我们可以看出疫灾发生的年次同水旱灾害发生的年次呈正相关，即疾疫往往伴随着灾害而来，在史料中也有很多相关记载。民国《陆川县志》载："康熙三十一年夏大风损禾稼岁大饥，谷价腾，饿殍载道，又遭瘟疫四野萧条"[③]；民国《宾阳县志》载："光绪二十八年壬寅大旱，瘟疫流行，死者以千计。"[④]这是因为灾害具有链发性的特点，灾害的发生会致使农业减产甚至是绝收，从而引起饥荒，人们在缺少营养的情况下身体素质会直线下降，抵抗力也随之变弱，很容易受到病毒的侵袭，因此灾害发生后往往出现疾病的暴发期。如洪灾过后经常会暴发霍乱，"同治壬申是月十五日，县城中水渐退，又三日始至西城楼南端关口下，水即退城中患疫，其病为霍乱转筋，死者数十人"[⑤]。霍乱的发生主要由霍乱弧菌感染所致，霍乱弧菌要求湿润的生存环境，传播途径多为污染的水源或未煮熟的食物等。水灾的发生，为霍乱弧菌提供了生存条件，暴雨会将腐烂的动植物尸体等冲进河流中造成水源污染，人喝了被污染的水便会发生霍乱。[⑥]灾害的发生还会打破了原有的生态平衡，造成粮食减产，人和动物就会跑出来觅食或大量迁移，作为鼠疫传染源的鼠类也不例外，人和鼠类的接触变得密切，增加了病毒传播的可能性，如"同治七年上林春夏旱；同治八年四月大水、九年是秋禾穗多半枯槁所在歉收、十一年四五月大水、十二年五月大水[⑦]，同治七年上林爆发鼠疫；同治八年、九年、十一年、十二年上林爆发鼠疫"[⑧]。因此各类灾害的发生也是导致疾病暴发的诱因之一。无论是气候、地形还是自然灾害都是自然因素作用的结果，而社会因素也同样起着重要的影响。

再次，某一地区的疾疫的发生与这一地风俗习惯区息息相关。从居住环境来看，良好的生活习惯会有效地减少病菌的侵袭，但是清代广西地区，住居卫生条件很差。"深广之民，结栅以居，上设茅屋，下蓄牛豕。棚上编竹为栈，寝食于期，牛豕之秽闻于栈

① （宋）范大成著，胡起望、覃光广校注：《桂海虞衡志辑佚校注·杂志·瘴》，成都：四川民族出版社，1986年，第 169 页。
② 郭欢：《清代两广疫灾地理规律及其环境机理研究》，华中师范大学 2013 年硕士学位论文。
③ 民国《陆川县志》卷二《舆地类一》，民国十三年（1924 年）刻本。
④ 民国《宾阳县志》六编《前事》，1961 年铅印本。
⑤ 民国《来宾县志》下编《饥祥》，民国二十六年（1937 年）铅印本。
⑥ 单丽：《1902 年广西霍乱大流行探析》，中国地理学会历史地理专业委员会《历史地理》编辑委员会：《历史地理》第 25 辑，上海：上海人民出版社，2011 年。
⑦ 民国《上林县志》卷十六《杂志部》，民国二十三年（1934 年）铅印本。
⑧ 鼠疫的史料来自龚胜生：《中国三千年疫灾史料汇编·清代卷》，济南：齐鲁书社，2019 年，第 864、867、868、870、874、877 页。

罅之间，不可向迩，皆习惯之莫之闻也。"①清代广西地区房屋一般为两层，楼上为人居住区，楼下便饲养猪牛等牲畜，牲畜的粪便气味难闻，会污染空气还会招来蚊蝇，造成细菌滋生引发疾病。其次是饮食习惯，当时人们卫生意识薄弱，在平时的饮食中也不注意卫生，"山陇之间，尤有饮冷水陋习，是不知卫生者之所为耳"②。未经煮沸的水中含有大量的细菌，人喝了易患细菌性痢疾等疾病，而且泉水清冷，容易得寒症，"水泉清冷，乍至地易感寒症"③。另外，清代广西地区还存在巫术使人生病，如火箭邪术，其法不论铅铁弹丸，俱可用符咒禁制之，暗以射人及猪牛等物。中之者，胫骨立折……所放之毒，每置于大路之旁，行人偶或误践，即患足痛而发热难忍，旋见露创口，血水交流。④具体的原理不得而知，一般都是秘传，相传只有身带黄金，才可以避免被火箭射中。还有令人闻风丧胆的蛊毒，一般多为乡村中的妇人投放，被其蛊者，或咽喉肿胀，不能吞饮；或面目全黄，日就羸瘠；或胸间有积物，咳嗽时作。⑤这些均为清代民间邪术，蛊毒在我国南方地区时有听闻，其做法是将蛇、蜈蚣等多种毒物碾成粉末放入被蛊者的饮食中，检测是否被邪术侵害多用金银，如果变黑说明中了火箭邪术或是蛊毒，因此人们出门常佩戴金银饰物，中蛊者怕被识破便不会加害于此人。

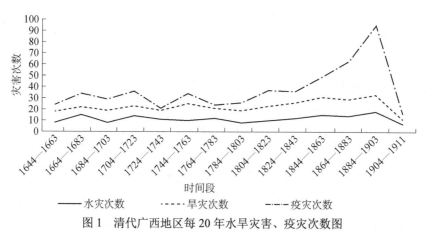

图1　清代广西地区每20年水旱灾害、疫灾次数图

　　最后，人口流动也是疾疫传播的重要途径。在清代开发西南边疆政策的推动下，经济活动的活跃、交通道路的修建等都增加了人口的密度和流动性，也增快了疫病的传染速度和广度。此外，战乱也容易导致疾疫的发生，清末爆发的太平天国运动和中法战争，军队中便有疾病的发生。"1851年10月在永安，太平军中时疫流行，军中士兵因此而丧失战斗力，天王洪秀全也身染重疾；光绪十一年，中法战争中，军队驻扎在广西与越南的交界处，不久疫病四处流传，大批士兵死亡，竟然有的部队一营人在数天里全

①　民国《武鸣县志》卷三《地理考》，民国四年（1915年）铅印本。
②　丁世良主编：《中国地方志民俗资料汇编·中南卷》下册，北京：北京图书馆出版社，1991年，第924页。
③　民国《融县志》第二编《社会》，民国二十五年（1936年）铅印本。
④　民国《上林县志》卷六《社交部》，民国二十三年（1934年）铅印本。
⑤　光绪《归顺直隶州志》卷三《风俗志》，清光绪二十五年（1899年）刻本。

部死光。"①大规模的战争，人员伤亡惨重，一旦不能及时料理后事，尸体腐烂就会污染环境，而且军队人员密集，居住环境较差，这些都为疫灾的发生和传播创造条件。

自然环境和社会因素都在不同程度上对疫灾的发生和疫疾传播起着重要的作用，清代广西地区气候、地形等，以及长久以来的生活习惯等因素都会引起疾病。而这一时期灾害和战乱的频发更是加剧了疫灾的暴发，对人们的生产生活产生了极大的影响，在数千年与疾病的斗争中，民间也积极的进行探索，经过几千年的实践，广西地区民间对疾病的预防措施在这一时期都有了一定的发展。

二、清代广西地区官方的疾病防治

疾疫的大规模暴发会剥夺人们的生命，常常出现死者无算甚至全家死绝的情况，"1901年左江各州县传染洋子、痢疾、发狂等疾病，患者十死其五。宜山大瘟疫，有全家死绝者"②。作为赋税基础的人丁的大量死亡，对财政收入有很大的影响，有时甚至会造成社会秩序的紊乱，因此各朝各代的统治者都十分重视疫病的防治，在疫灾发生时会实施很多有利于救灾抗疫的措施，中央和地方政府在疫灾的防治和救助中都起到了重要的作用。

瘟疫来临之际往往伴随着其他灾害，在数灾并发的情况下，人民生活水深火热，连温饱都是问题，赋税更是使人们的生活雪上加霜，因此中央政权往往会通过蠲免赋税等来缓解人们的负担，使人们得以喘息。"因自雍正六年起，丁银已摊入地粮交纳，定嗣后凡遇灾蠲免时，改过去不免丁银之旧例，地丁、钱粮同时蠲免。"③受灾严重的程度不同，蠲免的力度也有所区别。除了灾后的安抚政策外，灾前也会提前做好预防突发事件的准备，储存粮食便是其中最重要的措施。"备豫不虞，善之大者。岁逢灾侵，鸠形鹄面，待哺嗷嗷，欲有以济之于临时，必先有以储之于平日。"④可见粮食储蓄在应对各类突发事件时的重要性，因此政府常在各地区设立义仓等储备粮食，广西地区也是如此。"岭西地广人稀，饭稻羹鱼，或水耨，果陏嬴蛤，不待贾而足。故其民皆窳，家无积聚，非独柳郡然也，而柳尤甚。盖其地不产杂粮，兼居上游，并无商贾米舶往来，一邑所出只供一邑只用，且提镇各营兵，米每岁采买，亦皆分派柳郡，设遇水旱偏灾，则亟需赈济，此常平社仓之设，推陈易新，按时出纳，所当先事而为之备也。"⑤广西地区人口稀少，鱼类和瓜果等资源充足，在平时的生活中人们能够自给自足，不注重积贮粮食，因此灾害来临的时候便需要政府的赈济。社仓、义仓等设立保障了人们在灾年

① 张剑光：《三千年疫情》，南昌：江西高校出版社，第1998年，第524—542页。
② 中国人民政治协商会议广西壮族自治区政协文史资料委员会：《广西文史资料选辑》第38辑《晚清广西大事记、广西文史资料目录》，南宁：中国人民政治协商会议广西壮族自治区政协文史资料编辑部，1993年，第31页。
③ 唐致敬：《清代广西历史纪事》，南宁：广西人民出版社，1999年，第180页。
④ （清）杨景仁：《筹济篇》，李文海，夏明方主编：《中国荒政全书》第二辑第四卷，北京：北京古籍出版社，2004年，第429页。
⑤ 乾隆《柳州府志》卷八《积贮》，1956年油印本。

的基本生活，人们可以借领社仓谷粮，缓解在灾年缺乏粮食的困苦，政府也会减免利息，减少普通民众在灾年的负担，保障人们在疾疫发生后的基本生活。不仅如此，官府还会设置一些救助场所供生病、贫寒等人住居，清代广西地区各广设养济院等场所对孤贫老弱等进行救助，"永宁州养济院在城西门外，怀集县养济院在城东，郁林州养济院在东外，北流县养济院在东门外，平南县养济院在西门外"①。养济院等都是官府主持修建的用来收留那些老病无医的人，给他们一个容身之地，为他们施药救治，这些救助场所的经费来源于官府的田产和征收的罚赎金。如果不幸病逝，官府也会为其准备棺材钱让其安葬。"广西省额设孤贫抚恤五百五名。……每病故一名，给板木银一两，于额编银内支给。"②由于清代广西地区瘴疾依然十分严重，派遣的官员多因此而患疾甚至丧命，政府对其家属也会进行抚恤并承担其家属返回原籍的路费。"广西省定泗城、镇安、太平、庆元、思恩等府染瘴病故之员，知府，每站给银三两六钱；丞卒州县，给银二两四钱；佐杂微员，遇有病故休致，以及因公革职，照新例每千里给银十两。身故者，加扶榇八两。"③ 这些措施减轻了疫灾给人们带来的影响，极大地安慰了被疾疫侵染的患者，给人们树立了战胜疫灾的信心。

清代广西地区实行土司制度，土官也十分注重医学的发展，土司家族有直接从事医药工作的人。清道光年间，广西忻城县土司衙署西侧曾建一栋"大夫第"。莫氏土司第19代孙莫述经就是"大夫第"的专职医生，专门用中药、壮药来管理土司衙署大小官员和其家属的保健事务，同时也会兼理一些民间疾患。④官方也设有医药机构，"桂林府临桂县医学旧在府治北今在府东依仁坊⑤；兴安县医学在县治西；永宁州医学在千户所东坡上⑥"，据记载医学内的医官都由土人担任。有了医药机构和专职医生，一定程度上有利于广西地区医学的发展，尤其是壮医学的发展，当发生疾病时，可以迅速做出反应，进行积极有效的应对。

三、清代广西地区民间的疾病预防措施

（一）信仰中的疾疫预防措施

中国古代生产力水平和医疗卫生条件等还较为落后，灾难来临之时人们的力量常常显得渺小，由于缺乏科学的认识，不懂得疾病产生的原因，人们束手无策，但又不堪各

---

① 康熙《广西通志》卷十《公署志》，清康熙二十二年（1683 年）刻本。

② （清）昆冈等修，刘启端等纂：《钦定大清会典事例》卷二百六十九《户部》，《续修四库全书》编纂委员会：《续修四库全书》第 802 册，上海：上海古籍出版社，2002 年，第 295 页。

③ （清）昆冈等修，刘启端等纂：《钦定大清会典事例》卷二百七十《户部》，《续修四库全书》编纂委员会：《续修四库全书》第 802 册，上海：上海古籍出版社，2002 年，第 305—306 页。

④ 黄汉儒：《中国壮医学》，南宁：广西人民出版社，2001 年，第 16 页。

⑤ （清）谢启坤修，胡虔纂，广西师范大学历史系中国历史文献研究室点校：《（嘉庆）广西通志》卷一百二十九《建志略四·廨署二》，南宁：广西人民出版社，1988 年。

⑥ 康熙《广西通志》卷十《公署志》，清康熙二十二年（1683 年）刻本。

种疾病带来的痛苦，就认为疾病是恶鬼作祟所致，创造并衍生出一套驱鬼祛病的仪式治疗法。清代广西地区人民也是如此，常信巫而不信医，对疾病的应对多寄托于神灵，希望得到他们的庇护，免除病痛，因此当地地方官和乡贤也都纷纷出资支持建庙，供大家信奉祈祷。这些祠庙的修建给人们提供了可以祈祷的场所，使人们孤立无援的时候精神有所依托。

除了去寺庙中祈祷，平时当人们生病时家中也会有很多其他的祭祀活动。"每年冬月，各乡捐钱建平安醮会，遇人畜有瘟疫病，往往延巫道建醮，以驱邪引福。"①可见祭祀活动作为一个群体性的活动，在清代广西地区受到很大重视，每年的冬月各乡都会组织进行。祭祀过程中会摆放很多祭品以示诚意，根据祭祀后病人的具体情况，祭品也会不断变化，如果病还未见好，就会不断地增加祭品的数量和质量，"岭南风俗：家有人病，先杀鸡鹅等以祀之，将为修福；若不差，即刺杀猪狗以礼之；不差，即刺杀太牢以祷之；更不差，即是命也"②。祭祀的形式也是多种多样，这些虽对疾病的防治没有实质性的作用，但是在当时生产力水平和文化水平都较低的情况下，人们通过这些迷信活动缓解了对疾病的恐惧，给人们的心灵带来了慰藉，也有一些活动对防疫起到了一定的作用。广西地区会举行驱疫的活动，用草制成龙形，插香火于其上，鸣锣、击鼓、吹角、遍游各处。居民则燃烧爆竹以迎之，谓其能驱疫疠也。③虽然这些活动本质是当时民众多迷信神权，但爆竹中的硫磺具有杀虫消菌攻毒等作用，冲散了疫气。

（二）日常生活中的疾疫防治

清代广西地区人们多信鬼神，在长期与疾病斗争的过程中，祭祀活动虽给人们的心灵上带来了极大的慰藉，但是终究是无法改变疾病带给人们身体上的痛苦，因此在生产生活实践中，人们也开始注意并总结一些适合本地区疾病防治的有效措施，并成了当地的风俗习惯。

首先，在节日中，人们会在固定的时间做一些特定的事来预防疾疫。如端午节时，人们会将蒲草和艾草悬挂在门上，喝雄黄酒并将其洒在家中内外，晚饭后也会用草药洗浴以预防疾病。"初五日为端午节，插蒲艾于门，包角黍、具牲醴以祀先祖，饮雄黄酒……又，是日午时，各家以菖蒲、雄黄等冲酒，遍洒居室内外，谓足以除蛇、鼠、蚊、蝇。晚饭后，并以各种香草煮水洗浴。"④广西地区四五月天气炎热，空气流通差，蚊虫繁多，毒气蔓延，民间有"五月初五，蛇蝎出动"的说法，此时会造成疫病的流行。艾蒲这些草药在民间容易获得又有杀虫、抗菌等作用，雄黄酒也可以起到驱逐蛇蚊等毒虫的作用，用草药熬成药汤泡澡，药气入体可以强身健体、预防疾病。这些活动

① 民国《陆川县志》卷四《舆地类三》，民国十三年（1924年）刻本。
② （清）谢启昆修，胡虔纂，广西师范大学历史系中国历史文献研究室点校：《（嘉庆）广西通志》卷八十七《舆地略》，南宁：广西人民出版社，1988年。
③ 丁世良主编：《中国地方志民俗资料汇编·中南卷》下册，北京：北京图书馆出版社，1991年，第967页。
④ 丁世良主编：《中国地方志民俗资料汇编·中南卷》下册，北京：北京图书馆出版社，1991年，第899页。

在一定程度上有利于避免蚊虫的叮咬传播疾病，并且可以营造干净的环境减少细菌滋生。除此之外，广西地区在五月份也会组织民间懂得药理的人上山采药，"识土药者入山采之，晒以备用"①。这一时期各类草药也开始生长，因此入山采摘草药以备后用再合适不过。在七月七日的时候，人们会从河中打一些水保存起来，水甚凉，能医热症，故好事每多储而藏之。试之，亦颇见效②。传言这个时候在河中汲取的水长时间存放也不会生蚊虫，因此人们常储备一些，用来治疗热病，也是有一定科学依据的，《温热逢源》提到："治诸热病，以饮之寒水，乃刺之；必寒衣之，居之寒处，身寒而止。"③用凉水擦洗身体有助于热病症状的缓解，因此这些节日活动一定程度上起到防治疾疫的作用。

其次，在日常的生活中，广西地区的人民在平时的饮食、住居和交往中对疫病的防御和治疗也有一定的措施，广西地区人们喜食槟榔，周去非在《岭外代答》中曾提及："不以贫富长幼男女，自朝至暮，宁不食饭。唯嗜槟榔。"④而槟榔也是平时待客时必不可少的东西，"客至，普通以茶烟、槟榔相款。凡往来问好，俱以槟榔为敬"⑤。无论是贫苦还是富贵之家，槟榔在婚嫁聘礼中也不可或缺，"男女订婚多在二三岁或四五岁，先请冰人下定，初用槟榔、果盒，婚时再备盛仪。富贵之家效古亲迎礼，用绸缎、猪羊、鸡鹅、槟榔、果饼、茶酒等仪……"⑥。清代广西绝大部分地区瘴气依然很严重，长时间吸入瘴气就会使人生病，而槟榔可以缓解瘴气的症状，"瘴疠之作，率因饮食过度，气痞痰结。槟榔能下气消食化痰，故岭海之人多食之"⑦。因此槟榔在广西人民的生活占有重要的地位，是人们款待宾客和婚嫁聘礼的必备之物。人们不仅在饮食中注意对瘴气的防治，在居住环境上也开始重视对疾病的预防，"然毒气有自外入者，有自内出者，暑天莫露坐出汗，忌当风，住屋取其爽顷，沟渠贵能疏通，此防外邪之道也。清心寡欲，节饮食而慎起居，此防内邪之道也"⑧。人们已经明白居住环境要注重通风、整洁，在平时的饮食中也注意节食以防饮食过度，这些行为都有效地预防了瘴气对人们的危害。人们也逐渐认识到其他食物在治疗疾病中的重要作用，"蔗，柳城出者佳，取其汁，用锅煎之，名柳糖，浸酒服之可涤痰；茨菇，味甘，微辛，解诸毒"⑨。《岭表纪蛮》中曾提到广西地区蛮人虽体格健壮，但是长寿者甚少，主要是由于病无医药、居处污秽、烟瘴毒恶等原因造成的。在平时生活中，清代广西地区人民也十分重视传染病的预防，庆远地区"病及痘疹，以纸盐钱文或用红纸标杆插门前禁人入宅名曰插

① 丁世良主编：《中国地方志民俗资料汇编·中南卷》下册，北京：北京图书馆出版社，1991年，第912页。

② 丁世良主编：《中国地方志民俗资料汇编·中南卷》下册，北京：北京图书馆出版社，1991年，第922页。

③ （清）柳宝诒：《温热逢源》下册，北京：人民卫生出版社，1959年，第9页。

④ （宋）周去非著，杨武泉校注：《岭外代答校注》卷六《食用门》，北京：中华书局，1999年，第235页。

⑤ 丁世良主编：《中国地方志民俗资料汇编·中南卷》下册，北京：北京图书馆出版社，1991年，第1063页。

⑥ 丁世良主编：《中国地方志民俗资料汇编·中南卷》下册，北京：北京图书馆出版社，1991年，第1061页。

⑦ 道光《庆远府志》卷三《地理志下》，清道光九年（1829年）刻本。

⑧ 民国《柳城县志》卷一《天文》，民国二十九年（1940年）铅印本。

⑨ 乾隆《柳州府志》卷十二《物产》，1956年油印本。

标"①。由于痘疹是具有传染性的，因此用烟纸钱文或者红纸标杆插在门前，或是将柳枝插在户外，都是用来警示其他人不要和得了痘疹的人家进行来往，也是预防传染病的常用方式，即将患者隔离。不仅如此，壮族地区若有人远归，常止于村舍外，待其家提篮装衣往迎，将换下衣物蒸煮，祛除污秽，消灭虱毒。若时疫流行，邻村之间暂不交往，挂"村标"禁村，以硫磺等熏屋，病人器物衣被，蒸煮洗晒。②人们从外地回来，害怕将病菌带回，会在村外换衣服并清洁自身，以保证村里其他人的安全，当大的瘟疫流行的时候，更是会选择封村减少来往，避免交叉感染，并会对病人的居所进行消毒，这些措施都能有效地预防疾疫的扩散。

（三）民间医术中的疾疫诊疗

在长期与疾病作斗争的实践中，广西地区人民对疾病的认识也在发展，随着民间医术不断地实践和发展，人们逐渐积累了一套防病治病的措施，在很大程度上改变了疾病的治疗方法，缓解了人们因疾病带来的痛苦，对疾病的防治起到了重要作用。如对霍乱的诊治，"上吐下泻曰霍乱，转筋曰霍乱，转筋吐而不泄曰干霍乱，此症冬夏均有之，方用樟木、杉木、干枫叶、旧绳索、扫把梗，灶心土、苏叶各等分加生盐一撮炒焦，铁钉绣数条同煎，浓汤当茶服，立刻见效。又细看病人背上如有黑点，用针挑破出血即愈……此症忌食饭，米汤亦忌并，忌姜"③。这与道光《庆远府志》中的记载十分相似："道光元年庆远府大疫，其病吐泻转筋，子时病午即死，午时病子即死，相传为子午病，治法以老荞麦炒温磨粉和滚水饮下，复以磁瓦刺脚湾筋，出紫血即愈，若饮米汤茶水者立死。"④虽然各地治疗的方法略有不同，但是可以看出清代广西地区人们对于霍乱的基本病症以及治疗方法、禁忌等都已经十分清楚。除此之外还有牛痘，这也是困扰了广西地区和整个中国的传染病，广西地区已经知道要进行隔离，避免病毒传染，并有了治疗的方法，地方上会设牛痘局为儿童们接种牛痘。广西地区在清光绪末年时，人们到救世堂施种牛痘，称为八宝痘。种后，包不染天花，保全儿童颇众，自是以后，有从救世堂学习者，有往外学习者，而全县乃遍及矣。⑤而一直让人担忧的蛊毒，在长时间的实践中也摸索出了一些蛊毒的防治措施："父老相传谓：凡家中灶王东向者皆不中蛊毒；又一法，凡中蛊毒者降服解毒药外，另以鼓置于中蛊者之旁，以棍击鼓数千下，中蛊之人即醒肿亦随销；又方以竹钉放于油锅内炒焦信口痛骂放蛊之人，另以解毒药腹之亦愈"⑥。这一时期人们也已经了解到了避瘴和治疗烟瘴的方法，"避免烟瘴者莫如

---

① 道光《庆远府志》卷三《地理志下》，清道光九年（1829 年）刻本。
② 过伟：《广西民俗》，兰州：甘肃人民出版社，2003 年，第 88 页。
③ 民国《融县志》第九编《杂记》，民国二十五年（1936 年）铅印本。
④ 道光《庆远府志》卷三《实时志》，清道光九年（1829 年）刻本。
⑤ 民国《融县志》第九编《杂记》，民国二十五年（1936 年）铅印本。
⑥ 民国《阳朔县志》卷四《杂记》，民国二十五年（1936 年）石印本。

火其为硝矿苍荒檀香等物，疗烟瘴者莫如烟叶鸦片二物，烧食皆可愈病"[①]。这些方法都对疾疫的治疗具有重要的作用。

广西地区民间对疾病的防治虽不是所有的措施都是有效，有些措施也不能直接起到预防疾病的作用，甚至还会起到消极作用，耽误大家及时就医，错过最佳救治时间。但有些措施在一定程度上还是有利于改善卫生条件，对预防疾病有积极作用，其中采用隔离的方式预防传染病还是具有科学性的，对疾病的治疗起到了重要的作用。因此清代广西地区风俗习惯中疾病的防治措施常常是瑕瑜互见，我们要取其精华去其糟粕。

四、结语

清代广西地区由于自然和社会因素的共同影响下疾疫情况严重，人们生活在其中饱受各种疾病的侵扰，尤其当某种疾病大规模暴发流行时，更是对当地人们造成沉重的打击。人们在长期与疾病作斗争的过程中，中央和地方政府都在寻找对策解决疫灾给人们的生产生活带来的影响，土司在这一时期为广西医学事业的发展做出了一定的贡献。经过几千年的斗争，民间也开始总结和积累出一些疾疫的预防和治疗措施，但是民间疾疫的防治既有积极的措施，也有消极的一面，我们要取精用宏。总的来说，官方和民间疾疫防治措施相辅相成，在一定程度上丰富了疾疫防治的措施，对人们战胜疾疫的信心等起到了重要的促进作用。

---

① 民国《阳朔县志》卷四《杂记》，民国二十五年（1936年）石印本。

近代河北防疫体系构建研究（1912—1937 年）

韩雨楼

一、引言

疫灾是由急性或烈性传染病在一定范围内流行造成的灾害。疫灾与人类的发展如影随形，人类与疫灾的抗争几乎贯穿人类发展的历史，对人类社会的发展造成深远的影响。相较其他类别的灾害，疫灾具有自然属性，与人类社会的关联也更为紧密。近代以来，华北地区疫灾高发，且以夏秋两季尤为惨烈。为了应对频繁的疫灾，这一时期的中国政府采取了一系列措施，初步建立了中国近代公共卫生体系，为公共卫生事业的发展奠定了基础。

随着医疗社会史的兴起，20 世纪 90 年代以来，国外学者对近代中国公共卫生建设的研究有了长足发展。日本学者饭岛涉的《鼠疫与近代中国：卫生的"制度化"与社会变迁》在制度层面研究中国卫生的近代化发展，并以东亚、东南亚国家为参照，探讨了近代中国卫生事业的普遍性和特殊性。19 世纪末，中国社会面临全面转型，卫生领域中传统的观念和制度在西学东渐的社会背景下产生变化，美国学者罗芙芸的《卫生的现代性：中国通商口岸卫生与疾病的含义》以近代天津的"卫生"概念发展为主线，结合天津作为重要通商口岸的特殊地位，梳理了晚清至中华人民共和国成立初期卫生意涵的现代性转变。

在国内医疗社会史领域，余新忠所著《清代江南的瘟疫与社会——一项医疗社会史的研究》从国家视角研究清末的卫生防疫事业，可以说是最具代表性的研究专著。张泰山的著作《民国时期的传染病与社会——以传染病防治与公共卫生建设为中心》着重研究民国时期传染病流行概况和应对措施，并认为防疫卫生既有临时性的救治和预防措施，也需建立具有日常性和长远性的公共卫生事业，通过对两者分别加以梳理，从而更全面地认识民国时期传染病防治和公共卫生建设。清末至民国时期，河北地区的医疗卫生史研究聚焦于天津，任云兰、路彩霞和朱颖慧都对天津的公共卫生建设做过深入研究，任云兰侧重对负责管理公共卫生的组织机构和租界卫生管理进行探究，路彩霞的《清末京津公共卫生机制演进研究（1900—1910）》从政治方面剖析了清末天津卫生局面

作者简介：韩雨楼（1996—），女，河北师范大学历史文化学院中国近现代史专业博士研究生，主要从事中国近现代社会史研究。

临的困境，并就北京、天津的公共卫生机制的差异及相互作用进行讨论，朱颖慧在《近代天津公共卫生建设研究（1900—1937）》中对 1932 年天津的霍乱防控做了较为详细的描述。齐晓钰的硕士学位论文《民国时期京津冀地区疫灾流行与公共卫生意识的变迁研究》从历史地理的视角对民国京津冀地区的疫灾做了大量统计和分析，并探究民众在经历疫灾冲击后的公共卫生意识的变迁。

卫生防疫是公共卫生体系的重要组成部分，近代华北地区的卫生防疫研究在近二十年来成果丰富，但也存在一些不足。在地缘方面，华北的卫生防疫研究范围多限定在北京、天津，而较少涉及河北其他城市及广袤的农村地区，且对其卫生防疫体系缺乏系统的整理。另外，研究者在选题倾向上普遍偏重卫生行政，而卫生制度及措施在基层的落实过程和实施效果较难获得稳定连续的材料支持，致使这一方面的研究成果较为匮乏。有鉴于此，本文拟对河北地区卫生防疫事业的发展进行全面梳理，以晚清民国政府公共卫生体系的建构为框架，追溯河北卫生防疫事业的近代化历程，并探究政策推行过程中存在的问题及应对措施。

二、建立卫生防疫机构

公共卫生机构的广泛设立是卫生防疫体系的重要组成部分。北京政府基本沿用清末的机构设置，河北地区的卫生事务由警政部门负责。从 1928 年起，南京国民政府加强对公共卫生行政体系的构建，中央卫生体系的核心机构是卫生部（1931 年 4 月改为卫生署），下设总务、医政、保健、防疫、统计 5 司，由卫生部（署）设立并管辖的机构还有中央防疫处、西北流行病防治处、全国海港检疫总管理处、唐山农村卫生试验站等。1928 年 7 月河北省政府成立，全省统一的卫生行政管理机构开始出现，警政及公共卫生事项由民政厅接管。1930 年卫生部门转至公安局下属，1932 年公安局裁撤后，复归民政厅管辖，区或县的卫生机构仍由该地公安局或公安科负责办理。根据 1928 年民政厅下发的卫生训令，接受指示的有保定、石门、唐山、临榆、大沽五处公安局。各地公安局设立卫生科，负责本地区的公共卫生工作。其中临榆和塘大（大沽）公安局附属机关设置专门的卫生队。[①]《全国卫生行政系统大纲规定》明确要求各省设立卫生处，特别市设立卫生局，各市县设卫生局。但在具体实施上，河北各市县并未达到《全国卫生行政系统大纲规定》设置要求。

河北在北京政府时期被划分为京兆地方和直隶省，南京国民政府时期重新合并为河北省。二十年间区划改动频繁，天津、北京、保定都曾被定为河北省省会。相对于河北其他地区，天津公共卫生事业起步较早。天津长时间隶属河北，对河北地区其他地区的公共卫生事业产生了较大影响。1900 年八国联军组成天津城临时政府（即"都统衙门"），下设卫生局，管理城市环境卫生、疫病防控、疫苗接种等事项。1902 年清政府

---

① 《视察公安局概况表》，《视察特刊》1929 年第 2 期。

斥资收回这一机构，更名北洋卫生总局，下设时症医院、妇婴医院、育黎堂和官厕 4 个部门，由日本人运作管理。1913 年更名为北洋防疫总处，由于经费拮据，主要承担种痘、消毒和管理防疫医院等职能。1928 年成立天津特别市卫生局，并请曾就读于北洋医学堂和哈佛大学公共卫生专科的全绍清博士出任局长。卫生局下设总务、医务、保健、防疫科，统管天津的卫生事务，对直隶地区也有相当大的影响。1931 年因经费原因，将卫生局并入社会局，增设第三科。1936 年复设卫生局，出台《天津市卫生局办事细则》，但半年后再遭裁撤。天津的卫生机构在民国前期和中期的工作卓有成效，"督饬海口检疫，核发运灵执照，购棺联单，细菌检疫报告，购买预防疫苗施行注射，普遍种痘，附设种痘所十处，设立种痘传习班，配置救急药水，筹划设立传染病讲习所，细菌检查室等"①。民国后期受战争等因素影响，在规模上有所缩减，在作为上也乏善可陈。租界卫生管理是天津公共卫生事业的重要组成部分。英租界的公共卫生由工部局负责，下设工程处、卫生处和警务处，其中卫生处负责防疫的相关工作。法租界除工部局外，市政管理局设卫生处和巡警局，卫生处下设卫生股和清洁警察，巡警局也参与公共环境卫生的事务辅助管理。日租界由卫生部主持防疫工作，保净部负责公共环境卫生事项。各租界的防疫措施、隔离体系、下水道体系、饮食卫生管理、公墓制度等先进经验为天津卫生局所借鉴，对京津冀地区卫生事业的发展起到了积极的促进作用。都统衙门、租界和南京国民政府是近代以来天津主要执行公共卫生防疫的三大机构，后者呈现出对前两者的接续和发展，在唤起天津民众防疫卫生意识的方面意义深远。②

三、建立健全卫生防疫法规体系

受 1911 年东北鼠疫的冲击和影响，民国防疫法律法规制度开始逐步完善。鼠疫暴发期间出台的防疫政策被多地沿用，其后十几年间，引用东北鼠疫为例研讨防疫及卫生问题的内容时常见诸报端，对防范和治理其他传染病也有明显成效。民国时期的卫生防疫立法既继承了清末抗击鼠疫的成果，又在法规的数量、种类和程度上有了突飞猛进的发展。民国政府的防疫条例及相关防疫细则在疫灾的应对中不断增订完善，构建了公共卫生体系的基本框架。

民国时期，多部关于公共卫生的法规相继出台，弥补了卫生法规不健全的窘境。据统计，中央政府颁布的防疫法规多达 30 余种，较清政府时期有了大幅增长。法规的内容涵盖了不同地域、群体和传染病类型，既有宏观的政策，也有针对性的法令。地方政府在制定防疫法规时主要依托于中央政府下发的文件，对其相关指示进行补充以便于具体措施的执行。总之，这一时期的卫生防疫法规可以根据适用性分为三类：

① 宋蕴璞：《天津志略》，台北：成文出版社，1969 年，第 111 页。
② 任云兰：《天津与近代卫生防疫》，《天津日报》2020 年 2 月 24 日，第 10 版。

（一）传染病防治法规

1916 年 3 月，北京政府颁布《传染病预防条例》，对传染病种类、地方防疫要求和权限、防疫具体措施等予以规范，并规定了处罚制度。1928 年 9 月，南京国民政府颁布了第二部《传染病预防条例》，相较 1916 年版有所调整并增加了传染病种类，对部分条令也进行了细化，并于 1930 年 9 月再次修订。两部条例成为民国防疫法规最重要的基础。1928 年 10 月，河北省政府传达中央政府下发的《传染病预防条例》，令各县县长，以及保定、石门、唐山、临榆、大沽公安局局长遵照切实办理。同年，河北省政府又颁布《传染病预防条例施行细则》，明确疫情发生后必须按规定实施交通管制，规定了与病人密切接触者所需的隔离期限：白喉 3 日，赤痢 4 日，霍乱 5 日，鼠疫 7 日，流行性脑脊髓膜炎、猩红热 12 日，斑疹伤寒、天花 14 日，伤寒或类伤寒 15 日。《传染病预防条例施行细则》中附有《传染病预防之清洁及消毒办法》，针对不同病症从预防到治疗介绍了多种清洁和消毒方式，下发各县及公安局要求落实，具体内容包括：（1）清洁。对感染者接触过的场所进行扫除和消毒，焚烧不洁之物；对患者，尤其是霍乱或伤寒患者住处的水井进行修理浚治；阻隔生物传播，驱蝇消虱灭鼠蚤；疫情时期不滥掏浚沟池，如有必要辅加石灰消毒；疫情前后不滥用消毒药。（2）消毒。消毒方法主要有烧毁、蒸汽消毒、煮沸消毒、药物消毒，四种方法各有特点，适合的不同场合；施行消毒的具体方法。[①]

（二）卫生检疫法规

卫生检疫是一项在遏制疫情传播方面具有重大意义的措施，中国的卫生检疫事业发轫于晚清，在天津、上海等港口已有初步开展，1909 年天津卫生局在秦皇岛设立的防疫医院就同时承担了检疫工作。鼠疫流行期间检疫制度得到多地应用，但政府对检疫的重视度不足，总体上并未有更多发展。1918 年北京政府颁布《火车检疫规则》和《京汉铁路检疫暂行细则》，规定在列车上如发现传染病病人，应迅速将病人送往沿线传染病医院或隔离所，同车乘客也需要接受消毒。如患者病亡不能及时送医，还要将车辆封锁隔离，以待检验。海港检疫是近代检疫事业的重点内容，1911 年，清政府与各国领事馆签订《天津秦皇岛口暂用防护病症章程》，规定限制疫病港的部分商品进口，检疫官有权扣留船只实施 7 天检疫隔离，并对违章者进行处分。1819 年，天津海关对《天津秦皇岛口暂用防护病症章程》进行修订，加强对鼠疫传播的防范。民国初期，海港检疫多依附于由外国列强把控的海关，后来南京国民政府逐步收回各海港的检疫权，1930 年，南京国民政府成立海港检疫管理处，颁布了《海港检疫章程》《海港检疫管理处组织条例》《海港检疫消毒蒸熏及征费规则》，《海港检疫章程》从内容和方法上统一了卫生检疫的对象和传染病种类，是中国第一部统一的卫生检疫法规，成为中央集中管理卫

---

① 《传染病预防之清洁及消毒办法》，《河北省政府公报》1928 年第 121 期。

生检疫事业的开端。

（三）常规类公共卫生法规

防疫离不开公共卫生体系的系统运行，除了有关传染病预防和海港检疫的法令，政府制定了大量与人民日常生活密切相关的公共卫生法规，这部分常规性法规的数量和种类不断增加，对这一时期的公共卫生体系逐步完善有所促进。20世纪初，晚清政府开始制定清道、垃圾秽物处理、饮用水管理和食品卫生等法令，并从日本引入卫生警察制度，卫生警察是公共卫生事务的基层执行者。北京政府时期在卫生立法上少有突破，南京国民政府沿袭晚清卫生政策的同时，也从西方国家和国内租界的卫生管理借鉴经验，制定了一系列更为先进的法律法规。清道除秽和饮食卫生是常规公共卫生工作的重点，清洁类的法令如1928年《污物扫除条例》《污物扫除条例施行细则》，饮食类有同年颁布的《饮食物及其用品取缔规则》《屠宰场规则》等。受多重因素影响，各地对法规的常态化施行情况良莠不齐，但在出现疫情后地方政府能够依照法令，强化公共卫生监管以防控疫情，如河北丰润县公安局在疫情期间要求"各澡塘理发所、旅店、饭馆商店，均颁发管理规则，摊贩所售食品，一律加盖纱罩，不准罗列陈腐出售。水激凌冰水，一概取缔，派员随时检查，违则严罚不贷，以重卫生，而强防疫云"[①]，体现出地方政府在应对疫情中的主动性。除了上述法规，政府还出台了《种痘条例》《公墓条例》《特别市生死统计暂行规则》等与之相关的配套政策，从而形成了较为完备的公共卫生体系。

民国时期的卫生防疫立法内容丰富，数量繁多，是建立近代公共卫生体系的重要组成部分。近代传媒技术和公共交通的发展促进了西医理念和新的卫生法规的传播和宣传，加强了地区间沟通和联系，而南京国民政府作为相对稳定统一的政府机关，能够发挥整体调动作用，在技术和政治的合力下，逐步推进公共卫生法规的落实。这一过程也凸显了政府公权力的下沉过程，政府对社会的控制力得到加强。当政府介入传统权力"真空"领域时不可避免掺杂着复杂的权力和利益关系斗争，这些法规制度在具体实施过程中时常会发生不同程度的变形。

四、系统开展卫生防疫工作

发展公共卫生事业，可以改善人民居住环境，强健国民体质，也能提升政府的国际形象。在公共卫生事业的起步阶段，加强对疫灾的系统性防控是发展公共卫生事业的重要举措。

（一）人才培养

公共卫生事业的良性发展离不开专业人才的培养和储备。民国时期医护人员整体数

---

① 宇丁：《时疫》，《新天津》1932年7月7日，第9版。

量偏少，与公共卫生事业相关的卫生行政人员等也难以满足公共卫生事业发展的需求。从事公共卫生事业的非专业人员占比较高，尤其是基层执行者的公共卫生知识存在短板，难以应对疫灾发生的防控需要。为迅速弥补这方面的不足，政府通过组织短期培训等形式，使其具备基本的履职能力。

一是设立种痘传习所。为解决各地种痘专业人才严重短缺的状况，1929 年南京国民政府颁布《省市种痘传习所章程》，令各地设立种痘传习所，要求种痘传习所附设于当地省立医院及其他卫生机关，各县派人进入学习。培训内容涵盖天花概要、免疫概要、现行种痘条例和种痘方法等。天津卫生局开办的市立种痘传习所，培训为期两个星期，凡在该局登记过的医士均可进入培训，其间还开设专门教授中医的传习班。政府也鼓励非政府组织在这方面的探索，河北定县是中华平民教育促进会建立的乡村卫生试验区，是民间在乡村卫生建设中的积极尝试，也是对政府公共卫生事业的有益补充。1931年，主持该地卫生工作的陈志潜确立三级保健制度，村设保健员、乡镇设卫生保健所、县一级设卫生保健院。村级保健员进入保健所培训两个星期后回村任职，一名保健员每年平均可种牛痘 100 人，1936 年全县种痘人数达 47 169 人。

二是成立卫生稽查训练班。卫生警察是最基层的公共卫生执行者，肇始于清末新政时期，借鉴日本的经验设置。民国前期天津已经有系统的卫生警察培训，1918 年天津成立卫生警察训练处，警察厅厅长杨敬林为应对时疫，"饬各总分驻所署员除星期五休息外，每日由上午九钟选派长警二名轮流在卫生警察训练处听讲卫生要素，以期杜绝疫病云"[①]。为提升卫生警察的职业素养，1934 年南京国民政府令各地筹办卫生稽查训练班。天津的卫生稽查训练班成立之初，先由各区自己选送警察 2 名，每日授课 3 小时，为期 6 个月，期满举行考试，通过者授予合格证书。

三是开设药剂生讲习所、卫生讲习所等。

通过上述措施，培养了一批具备公共卫生服务能力的工作人员，虽不能满足实际需要，但对推动公共卫生事业的发展起到了重要作用。

（二）经费筹措

公共卫生是关乎一个国家或一个地区广大民众健康的公共事业，发展公共卫生事业必须有充足的经费保障。

卫生经费捉襟见肘是民国时期存在的普遍性问题。北洋政府时期筹建中央医院，40万元的建院款项依靠多方募捐才得以建成，1927 年天津的卫生经费仅有 7.6 万元。南京国民政府时期，1932—1935 年河北省的卫生行政经费均不超过 0.3 万元，远远低于同期其他省份，直到 1936 年才增长至 4.8 万元。天津卫生行政经费 1935 年为 47 万元，1936 年为 38.4 万元，不升反降。河北的卫生机构之所以屡遭降级裁撤，一个重要原因就是政府下拨给卫生机构的经费微薄，受经费所限，卫生机构无法保证正常运转。为了

---

① 《本埠新闻：杨处长研究卫生》，《大公报》1918 年 3 月 3 日，第 10 版。

弥补经费缺口，政府试图通过向民众收取卫生费来缓解财政压力，但效果甚微，"当此民穷财枯的时节，每人每年可负担的卫生经费，至多也不过二角五分"①。卫生费的征收对于公共卫生事业的需求不过是杯水车薪，加之征收过程不易，以及被挪作他用，卫生经费的严重不足成为制约公共卫生事业发展的瓶颈。

在经费的使用上，限于经费额度不足，通常只能优先用于最基本的公共卫生清洁方面，公共卫生设施建设、疾病预防、宣传教育等方面的进展只能是举步艰难。天津时人撰文说：

> 卫生事业非有相当经费不办。即如卫生教育一项，其印刷费用且不易充筹。致图画单册等不能尽力分发。而失宣传之功效。卫生教育，为公共卫生智识之母，亦为办理卫生事业之根本政策，绝不可忽。经费既缺，各事无从着手，其他如防疫工作，更非钱而不行。盖徒手不足与病菌抗，秃笔无以作却病符。即上次脑膜炎流行，能行相当之防御者几何地，无他也，缺防疫经费而已矣。又如饮食物之取缔也，必从化验入手，而化验非有相当之设备不可，既无钱以设备，又何从而化验。自谈不到改良饮食卫生也。其他如官立医院、传染病院、屠宰场、公共厕所等之设立，又绝非易举之事。而下水道之建筑，居屋卫生之改良，更渺乎其渺矣。夫以经费之困难若是，而欲求成绩之累累，能不令人有巧妇难炊之叹乎？②

说明时人已认识到公共卫生教育的重要性，"卫生教育，为公共卫生智识之母"，但"巧妇难炊"也道出了公共卫生事业面临的窘境和无奈。

（三）宣传教育与卫生运动

民国时期疫灾频发，在应对疫情的过程中，政府和民众对公共卫生的认识也在不断深化。为了进一步提高广大民众的公共卫生意识，做好卫生防疫基础性工作，政府开展了形式多样的宣传教育和卫生运动。

一是宣传教育形式多种多样。1929 年卫生部颁布《地方卫生宣传大纲》，列举了社会卫生宣传的主要方式，包含悬挂卫生标语牌、设置定期卫生布告栏、举行卫生运动、举办卫生展览会、酌设卫生陈列所、组织学生演讲队、分设卫生演讲场、推广卫生电影、发行卫生刊物九种宣传方法。卫生宣讲是最常见的宣传方式，宣讲内容或深入浅出，或通俗易懂，易于被民众接受。在春季卫生运动会、清洁大扫除运动周期间，政府都会组织内容丰富的演讲，涉及传染病预防、个人卫生、公共卫生等，部分演讲稿刊登在《天津特别市卫生教育月刊》上，进一步扩大了宣传效果。悬挂、张贴卫生标语，印发宣传手册、传单，出版卫生刊物也是重要的宣传手段。1929 年，天津市印发《夏令

---

① 金宝善：《市政卫生之急要》，《中国卫生杂志》1931 年二年合集。
② 锡敷海：《近数年来国内卫生行政之观察暨以后施政方针》，《中国卫生杂志》1931 年二年合集。

常识手册》，1930 年印发《吐痰和卫生手册》。1931 年猩红热流行，河北省政府在《河北省政府公报》"特载栏"刊登卫生部编发的有关猩红热的病原、症状、传染类别、预防救治和愈后事项等方面内容，并翻印小册要求地方广为传布。天津出版业发达，除了专门的医学刊物和卫生局创办的《天津特别市卫生教育月刊》，还有综合性报刊《大公报》《益世报》等。故利用报纸发行量大、覆盖面广的优势，可以起到积极的宣传教育作用，特别是疫情暴发期间的宣传力度更大，针对性更强，效果也胜于平时。政府在天津市民众教育馆举办卫生展览，普及卫生学常识，为大众提供多样化的卫生教育。天津每年举办两次卫生运动，一般在五月和十二月，时长短则一周，长则一月。卫生运动期间政府举办演讲会，号召民众注重卫生；举行全民性的大扫除活动，营造整洁、优美的城市环境；开展灭蝇运动，结合宣讲会和奖励措施，鼓励民众杀灭蚊蝇，提高卫生意识。

二是工人和学生是宣传教育和卫生运动的主要受众群体。1929 年 7 月，河北省政府举办夏季工人卫生运动，主要形式有讲演会、张贴标语、发放传单、领导游行、置办药物等，共有 48 个县参加；对因特殊情况未举办集会活动的 4 个县，也以印发《工人卫生十二要》为主要形式进行宣传。学校是卫生宣传教育的重要阵地，清末民初多数学校的卫生工作仍停留在校医对患病学生的诊疗上，环境卫生与卫生教育的观念还未深入人心，能够实施卫生教育的学校更是凤毛麟角。为了扭转这种局面，南京国民政府将学校卫生工作纳入教育系统，卫生部、教育部于 1929 年联合召开学校卫生教育会，讨论制定关于学校卫生教育设备及实施法案、学校卫生实施法案、学校康健检查规则等。同年 5 月，卫生部出台《学校卫生实施方案》。天津学生的卫生事务也由卫生局和教育局分管，双方各有侧重，教育局负责卫生教育工作，卫生局负责卫生实施工作。1930 年和 1931 年，政府组织市立和私立中小学教员参加寒假、暑假卫生讲习班，以提升教职员工的卫生素养。在河北定县乡村卫生试验区，学校卫生工作也取得一定成果。乡村学校在硬件和软件条件上都无法与城市学校相提并论，卫生工作的侧重点在健康教育。截至 1936 年，定县共有乡村学校 67 所，学生 5920 人。护士是担负学校卫生工作的主力军，方圆 8 到 12 里内的学校可以联合聘用 1 名护士，负责约 1200 名学生的卫生教育，护士每星期至少为学生讲演一次。乡村学校成为广大农村卫生传达的中心站，在培养学生卫生意识的同时，通过学生再影响其所在的家庭和家族。当民众对卫生概念有所认识并逐渐增强卫生意识以后，政府在农村推行卫生政策的阻力就会相应减少，从而推动和促进乡村卫生建设。在学校卫生改良项目方面，34 所学校做过水井改良，30 所学校进行了厕所改良，45 所学校水缸得到改良；32 所学校为学生提供消毒后的饮用水，26 所学校为学生提供开水。在疫苗接种方面，接种豆苗人数 2199 人、白喉疫苗 840 人。

（四）预防接种

预防接种是通过提高人的免疫水平降低人群易感性，进而预防疫情发生的重要举措。民国时期对天花、霍乱、伤寒、白喉、猩红热等流行传染病已有专门的疫苗生产，主要由政府购置疫苗，下发指定医院或医师开展接种。在实施前期，民众缺乏现代医学知识，对预防接种存有疑虑。为了普及疫苗接种，政府加大宣传力度，通常先从学校、工厂等处开始施行接种，再向民众推广。比较而言，城市比农村更容易普及。在基层地区，如果仅在卫生部门或医院接种疫苗，很难达到预期效果。例如，南和县以往"仅由广清医院医士所在地在城内及三区警察二所施种牛痘，难收普遍之效"，1937年春政府"特聘医士二人，分赴各村，预先训令各乡长各小学教员，广事宣传种痘之重要，所需费用，由卫生费项下开支"。从实施时间来看，一方面反映出当地卫生防疫水平的滞后；另一方面当地政府的推广措施也反映出已有较为成熟的经验可供借鉴。

天花因其传染性强、病情重等特点，历来是疫情防范的重点。民国前已设立牛痘局，北京政府时期也有牛痘接种的措施，但受战争影响难以取得实效。南京国民政府时期加大宣传普及力度，1928年颁布《种痘条例》，以法律的形式强制实施接种。河北省政府在此基础上编定种痘方法和凭照表式，下发各县及公安局，"即便查照，广为印送，务期家喻户晓，以重民命"[1]。包括天花在内的多种传染病的发病时间集中在春夏两季，因此春季的防疫工作至关重要。据1933年河北省民政厅记录，根据《种痘条例》规定，每年三月至五月、九月至十一月需施行种痘，各县需"将施种人数分列善感不善感，按照法定表式详细列表，具报以凭"[2]。但实施情况并不尽如人意，截至当年八月，仍有18个县未上交春夏报表，说明虽有《种痘条例》作为政策保障，执行起来依然步履维艰。

百姓对疫苗接种的经济承受力也是政府需要考虑的问题。疫苗对贫穷百姓来说售价高昂，为了减轻民众负担，政府在预防时疫时"令知中央防疫处准以半价出售此类（霍乱）疫苗"[3]，并要求各省民政厅、各特别市卫生局统计上报接种具体人数。1919年中央防疫处成立后，每年都派遣专员为民众免费接种牛痘疫苗。1932年天津为防止猩红热疫情扩散，下令防疫医院降低疫苗价格，同年霍乱流行时医院予以免费接种。在预防时疫和疫病流行时期，政府会采取应急预防接种抑制疫情传播。天津霍乱期间，因疫情严重，政府决定从6月份实施强制注射，除一般商民之外，天津难民收容所的难民、华人巡捕、警察，甚至看守所和监狱都开展了应急预防接种。

（五）防疫医院

建立防疫医院是疫情防控的最有力措施。清末民初时正规医院数量有限且集中于大城市，防疫医院更为少见，传染病流行期间通常由政府指派一所或多所医院为临时防疫医院。天津、秦皇岛作为北方重要海港，建有专门的防疫检疫医院，大沽医院负责港口

---

① 《种痘条例（附方法证书凭照表式）》，《河北省政府公报》1928年第59期。
② 《河北省民政厅民国二十二年八月份行政报告》，《河北民政刊要》1933年第24期。
③ 《令饬施行注射霍乱伤寒疫苗以防时疫由》，《卫生公报》1929年第9期。

检疫，营口、北塘医院负责铁路检疫。1931 年天津建立传染病医院，1932 年英租界工部局在天津设立国际防疫医院。但广大内陆农村地区医疗资源奇缺，疫灾暴发之后，通常是在疫区建立临时性的防疫医院收治患者和控制疫情。时疫医院在 1911 年东北鼠疫的防控中发挥了重要作用，设立时疫医院作为一项重要疫情防控措施在民国时期被广为采用。

疫情暴发后，民国政府已有一系列综合应对措施。防疫医院接收病人进行集中隔离诊治，是防疫工作的核心。京津冀地缘上的密切关联使河北的疫情深受北京的关注，发生规模较大的疫情时，政府会向地方派遣医护人员。1919 年夏，中央防疫处派遣的医生沙古山记录其赴廊坊抗疫的经历。据其记载，除了中央防疫处，京师警察厅及京兆尹均有派出医生，中西医兼有。霍乱（Cholera）属于《传染病预防条例》中所列九种传染病之一，民国多译为"虎烈（列）拉"，民间以发作时的症状又称其为"瘪螺痧""吊脚痧""鬼偷肉""绞肠痧"。廊坊的这场"虎列拉"发源于奉军的驻地，传染范围较广。在地方已经成立防疫委员会和三所防疫临时医院，沙古山医生记录了自己在院中的见闻："院中病人有二十五名，其中有起病不久的、有正在吐泻的、有已经恢复就要搬到恢复医院去住的、有正在那儿受治疗的，医院中有服侍病人的兵士数名，空闲的时候就拿着扑竹驱蝇，杜绝病源的传播。"[1]支援医生各有分工，通过调查病原、集中隔离、救治病人、驱逐蚊蝇、大范围消毒清道等措施，及时控制住疫情。为预防流行病传播，政府会设立类似流动医院的临时性救助设施。1932 年霍乱流行期间，天津市政府在市区推行巡回诊疗车的方式，为市民提供看诊服务，如有传染病人、重症患者再送至医院治疗。5 月 21 日至 7 月 19 日，共诊治病人 1625 名。1936 年天津市政府在秋季易感时期组建时疫队，派往各区为市民诊疗注射，预防疾病。政府还加强与红十字会的合作，以弥补政府在防控和救治方面能力的不足。1921 年华北旱蝗灾害严重，天花、麻疹、猩红热、白喉、伤寒、回归热相继发生，中国红十字会申请在大名、正定各建一处临时医院救治灾民，北京政府通过内务府咨文形式，通知直隶省政府转告地方官接洽保护。

（六）卫生检疫

卫生检疫是疫情防控的必要措施。近代以来随着工业的兴起，铁路、航运交通日益发展，疫情蔓延的速度和规模远胜以往，对此民国政府加强了交通管制，逐步推进卫生检疫事业的发展。1918 年北京政府颁布《火车检疫规则》（1 月 16 日）和《京汉铁路检疫暂行细则》（2 月 8 日），规定出现疫情期间，火车上一旦发现患者，即送往沿线传染病院或隔离所医治。1919 年廊坊霍乱期间，在沙古山医生的描述中有关于交通管制的临时政令。廊坊是"进京的要路"，驻京的公使及医生要求政府和交通部凡火车过廊坊不得停车，经协商后特成立检疫所和隔离所，经检疫所确认健康的人员可领取执照购买火车票进京，如发现有感染者即刻隔离，直至康复后方可离开。1932 年南京国民政府

---

① 沙古山：《廊坊防疫记略》，《通俗医事月刊》1919 年第 3 期。

颁布《铁路防疫章程》，进一步细化各项内容，将"有疫车站宜立即停止售票，各列车亦不得停靠该段各车站"[1]写入法规。

海港检疫是预防瘟疫跨境传播的重要预防措施。南京国民政府成立后，公共卫生体系继续发展，并且开始建立全国统一的检疫制度。清末民初的海港检疫权多为控制海关的外国人把持，20世纪20年代在伍连德等人的倡议下，北洋政府曾试图收回海港检疫权，因北伐战争而被搁置。南京国民政府成立后继续着手收回海港卫生检疫权的工作，1929年民国政府向天津借调北洋防疫处关于大沽、秦皇岛检验船只的卷宗，参详检疫内容。1930年6月，政府颁布《海港检疫章程》，7月在上海设立海港检疫管理处。1932年，政府陆续收回天津、大沽、秦皇岛等地的检疫权，并建立卫生检疫所。同年5月，政府颁布《海港检疫管理处组织条例》，各海港检疫所负责传染病及疫区的调查、统计、指导及通告事项。

建立统一完善的疫情报告制度对于疫情防控至关重要。一地发现疫情，除对当地进行交通管制外，及时通知其他地区加强检疫排查力度，可以阻止疫情扩散。1929年，上海脑膜炎暴发，上海海关税务司立即致电天津海关税务司告知疫情，再上传至天津海关监督公署上报河北省政府审批，对于"由该处（上海）开来船只自应援照防疫章程，一律查验以重卫生而免传染"[2]。1930年、1931年河北省政府公报中均有加强船只检疫的内容。1932年霍乱在全国大流行，由南向北沿交通线传播，华北、华南、豫、陕、绥远各地均上报疫情，其间受南方水灾和北方旱灾的影响，疫情蔓延极为迅速。河北地区主要疫区有天津、北平、塘沽、大沽、景县和武清。疫情暴发后，政府及时出台措施，联系北宁、津浦铁路管理局和河海检疫所开展陆路、水路的检疫工作，进出皆需经过检验，有效遏制了疫情的传入。1934年，天津、秦皇岛两地海港检疫所实施了全国海港鼠蚤调查计划，为促进海港检疫事业的发展做出了一定贡献。

五、结语

民国时期是近代中国的转型期，剧烈的变革深入社会的方方面面，以防疫为核心的公共卫生体系脱胎于暗昧的传统防疫措施和舶来的日本卫生制度，经历了从无到有、从不被重视到"强国之要"的巨大变化。综观民国中前期河北公共卫生制度的发展历程，既是成果斐然的，又是步履维艰、难免遗憾的。在频繁的疫灾冲击下，河北省政府成立了从属于中央的防疫卫生机构，并结合中央的律令制定了部分地方性的卫生法规。卫生机构和制度的设置进而保障了防疫措施的推广和实施，如防疫医院、卫生检疫、预防接种、宣传教育等措施直接提升了民众在疫灾时的存活率，保护了人民群众的生命健康。随着新一代接受近代西方科学本位教育的知识分子开始参与社会事务，以西医为基础的

---

① 《法规—铁路防疫章程》，《铁道卫生季刊》1932年第4期。

② 《公函》，《河北省政府公报》1929年8月1日。

公共卫生思想渐渐为人们所接受。社会意识的觉醒反哺政府政策的制定，更加合理的防疫检疫制度逐步形成。其中，天津的公共卫生事业在国内出类拔萃，清末民初时天津的卫生建设领先全国，为北京的卫生事业提供参照，民国中期已经建立起了相对完善的防疫卫生体系。河北地区防疫卫生体系的建设作为全国卫生事业的一部分，完善了近代中国的法律体系，保护了人民的生命安全，促进了国家近代化的发展。

同时，虽然河北地区的公共卫生体系建设已有了长足发展，但除天津以外，其他地区的卫生事业状况在国内中东部省份中并不出彩，机构设置、卫生经费和具体管理方面均不尽如人意，大部分地区的卫生体系在预防和应对疫情中发挥的作用有限。河北的卫生体系既有优秀的一端，也有落后的一面，从这一面我们可以窥见全国卫生体系面临的共同困境。

从政府层面看，上至中央下到地方都面临着相同的问题，即卫生部门地位和从属的不断反复，专业人才的匮乏和经费的短缺。在顶层设计上，机构设置缺乏稳定性，这既是体系形成过程中必然经历的调试，也从一个侧面反映出政府管理层面和重视程度存在的缺憾。政府对卫生事业的重视程度，直接影响着公共卫生事业经费的拨付，天津公共卫生管理机构的紧缩与经费的削减直接相关，使得全省对疫情被动的"治"，在很长的时间里都远远大过主动的"防"。在基层落实上，懂得公共卫生管理的专业人才严重匮乏，没有专业人才的指导，地方官员难以对本地卫生管理进行切实有效的改变；基层卫生管理的执行者（主要是巡警），通常没有经过专业培训，执行者本身缺乏卫生意识和科学素养，其执行命令的方向和力度就不可避免地会出现偏差。更有甚者，将职务权力作为大肆敛财、欺压百姓的工具，相关法律缺乏对此有效的监督和追责，也是民国卫生法制的一处漏洞。从民间层面看，民众公共卫生意识的觉醒有一个渐进过程。在地域广阔、经济落后的北方农村，大量衣食无着的农民在基本生存条件都难以保障的情况下，要培养其公共卫生意识无异于痴人说梦。根植农村的封建迷信思想也是阻碍公共卫生政策推行的绊脚石，农民信神不信医的观念根深蒂固，因此卫生宣传教育作为一项需要长期投入的工作，在民国时期的农村地区难见成效。防疫卫生体系直接关乎民众的生命健康，其上层设计必须立足在稳固的基础上。民国时期各级政府与社会有识之士都认可疫灾"防"甚于"治"的理念，但以"防"为重建立公共卫生体系的设想终究是纸上谈兵，动荡不安的政治局面、捉襟见肘的政府财政和民智未开的社会氛围，致使民国时期公共卫生体系的建设和卫生发展从起步阶段就先天不足，这既是时代的不幸，又是国家的不幸，更是民族的不幸。

《盛京时报》在庚辛鼠疫防治中的角色与效应

李 畅

（暨南大学文学院）

从长远的史学视野来看，历史上的重大瘟疫会改变人类的历史。正如《疾病改变历史》导论中提到的一个观点："认为疾病是引起某种历史巨变的首要原因这种说法是荒谬可笑的，但在特别强调历史的社会学方面的因素时，有必要审视那些疾病曾经产生重要影响的时段，尤其是在其重要性被大多数传统的历史学家忽视或误解的时候。"①1910年，发生在晚清东北地区的庚辛鼠疫②在给当时社会带来沉重灾难的同时，也促进了公共卫生意识的觉醒，在中国乃至世界近代史上都具有重大意义。

总的来看，近年来国内学术界关于1910—1911年这场东北大鼠疫的研究角度多样，研究成果颇丰③，以往研究者大多把关注点放在鼠疫的发生及流行、防疫主权之争、防疫总指挥官伍连德、防疫措施的实施与建设等问题的研究上。笔者在阅读过程中发现大部分文章对于《盛京时报》相关报道的分析利用仅仅是作为一种参考资料，而没

作者简介：李畅，暨南大学文学院硕士研究生。

① 〔英〕费雷德里克·卡特赖特、迈克尔·比迪斯著，陈仲丹等译：《疾病改变历史》导论，济南：山东画报出版社，2004年，第1页。

② "庚辛鼠疫"是指1910—1911年发生在东北地区的大型鼠疫。此次鼠疫是肺鼠疫，属于烈性传染病，主要是通过空气或飞沫，在人与人之间传播，发病迅速快则三四个小时即可毙命，最慢也一般不超过两三天，其传播之速、死亡之快为当时所罕见。1910年10月满洲里第一例鼠疫病例出现后，随即传入哈尔滨，之后疫情迅速蔓延至整个东三省甚至波及河北、山东，造成了近6万人的死亡，对当时人们的生产生活产生很大影响。

③ 针对庚辛鼠疫疫情概况的论述主要有迟云飞：《1910年鼠疫杂谈》，《首都师范大学学报》（社会科学版）2003年增刊；陈雁：《20世纪初中国对疾疫的应对——略论1910—1911年的东北鼠疫》，《档案与历史学》2003年第4期；田阳：《1910年吉林省鼠疫流行简述》，《社会科学战线》2004年第1期等；从清政府防疫措施入手探讨中国政府体制和行为的近代化进程的相关论文有焦润明：《1910—1911年的东北大鼠疫及朝野应对措施》，《近代史研究》2006年第3期；杜丽红：《清末东北鼠疫防控与交通遮断》，《历史研究》2014年第2期；任金玲：《清末东北政府防疫措施述评——以〈盛京时报〉报道的1910—1911东北大鼠疫为例》，《商》2014年第5期等，说明鼠疫的防治推动了中国政府防疫体制的近代化进程；也有学者关注东北鼠疫防疫过程中民众的心态变化，民众对于鼠疫由无知恐慌到了解预防，由最初排斥现代防疫手段到逐渐接受，这与中西文化交流及公共卫生体系的建立等因素有直接联系，相关的研究成果有余新忠：《从避疫到防疫：晚清因应疫病观念的演变》，《华中师范大学学报》（人文社会科学版）2008年第2期；王玉林：《清末东北鼠疫中的众生百态》，《黑河学刊》2010年第9期；梁坤莲：《东北鼠疫与民众反应（1920—1921）》，《绥化学院学报》2019年第3期等；将东北鼠疫与东北的国际局势联系在一起，从政治角度加以分析的文章有胡成：《东北地区肺鼠疫蔓延期间的主权之争（1910.11—1911.4）》，常建华主编：《中国社会历史评论》第9卷，天津：天津古籍出版社，2008年；马跃，曹雪梅：《清朝末年东北鼠疫中美国作用探析》，《兰台世界》2010年第5期；近年来研究"鼠疫斗士"伍连德的文章也越来越多，主要有管书合：《伍连德1910—1911年在东北防疫中任职"全权总医官"考》，《史学集刊》2018年第6期；周春雷：《论"防疫先驱"伍连德对东北鼠疫的控制践行》，《兰台世界》2014年第13期等，文章认为伍连德在防疫期间，将科学健康的卫生防疫知识引入中国，为中国医学防疫事业做出了重大贡献。

有将近代报刊还原到当时的社会环境中，对其在庚辛鼠疫防治期间角色与效应以及隐藏在报道背后的舆论导向等问题均未作深入分析。事实上，《盛京时报》作为东北最有影响力的报刊之一，参与了这场鼠疫从发生到结束的整个进程，对此次鼠疫的相关报道几乎每日可见，各种铺天盖地的新闻覆盖了报纸的各个版面，内容涵盖了鼠疫介绍、鼠疫预防、蔓延情况、各地防控措施等多个方面。特别是由于该报具有日方背景，其在鼠疫防治期间扮演的角色是很值得探讨的，本文拟通过对《盛京时报》相关内容的梳理，并结合其他相关史料，试图从一个新的视角对庚辛鼠疫做进一步研究，以期帮助我们加深理解处于晚清社会转型期的《盛京时报》在东北这场鼠疫中舆论报道的作用，以及其背后隐藏的政治目的。

一、《盛京时报》的办报背景与宗旨

胡道静曾指出："报纸与其出刊的环境关系是特别密切的，环境具备的条件，足以决定新闻纸的发展，言论自由的限度，物质的供应，经济的支援等等。"[①]所以考察《盛京时报》的创办背景与宗旨对于分析其报道内容具有重要意义。

《盛京时报》是由日本人中岛真雄于 1906 年 10 月 18 日在奉天创刊的中文报纸。1944 年 9 月 14 日终刊。该报是当地中文报纸中最早创刊者，其信用及地位为他报所不及，其"论说"为该报极具权威性的栏目。中国学者戈公振在《中国报学史》中写道"《盛京时报》是以张作霖取缔中国报纸颇严，而该报独肆言中国内政，无所顾忌，故华人多读之，东三省日人报纸之领袖也。"[②]"其发行量一时竟达两万份以上。九一八事变发生时，销售量虽然一时激减，但不久以后又恢复旧观，直至战争结束，仍执东北报纸之牛耳。"

外报的产生与发展，同帝国主义侵略中国有着密切的关系。毛泽东曾经指出："（帝国主义列强）对于麻醉中国人民的精神的一个方面，也不放松，这就是他们的文化侵略政策。传教，办医院，办学校，办报纸和吸引留学生等，就是这个政策的实施。其目的，在于造就服从他们的知识干部和愚弄广大的中国人民。"[③]《盛京时报》也不例外，它是一份"学了中国人口气"，以中国人民为受众对象的中文报纸。之所以在东三省的政治中心奉天发行，是和日俄战争后日本帝国主义积极向东北扩张分不开的。正如《盛京时报》所载："窃常谓外交政策至神至秘。报馆之言论，即当为政府之手段；政府之手段，即当为报馆之言论。是以政府不可不联络报馆，以共致政策之进行。报馆亦不可不负事实上之责任，而为直接之效用。此时之报馆固不必以言论见长，亦不必以真相自曝，其用心必当有所在矣。"那么，"用心"究竟在哪里呢？《盛京时报》接着说：

①　胡道静：《新闻史上的新时代》，上海：世界书局，1946 年，第 14 页。
②　戈公振：《中国报学史》，北京：生活·读书·新知三联书店，1955 年，第 78 页。
③　《中国革命和中国共产党》，《毛泽东选集》第 2 卷，北京：人民出版社，1991 年，第 629—630 页。

"记者甚愿政府有一定之方针，并于暗中指示机宜，使报馆为同一之论调，则所以对外者将无不周密，而庶乎能收操纵效也。"①这也恰好说明了自甲午战争以来，尤其是日俄战争以后，日本明治政府为了掩盖其军国主义侵略的本质，为其侵略行为辩护而实行的"操纵外国舆论"政策。这就是政府及时与报社、记者协调关系，对报社进行投资，发给补助金，鼓励日本人到有日本侵略利益的国家办报，以控制媒体报道的内容。甚至将报纸纳入军国主义的宣传体系之中。《盛京时报》创办时就受到了时任奉天总领事馆领事获原守一在财政和行政方面的协助。据有关资料介绍，它从创刊1年后开始受到日本领事馆的资金补助，此后20年时间里持续不断。1917年的资金补助总额是9000日元，1918年增加到21 000日元。直到1925年该报由"满铁"实行股份式经营（"满铁"占《盛京时报》社财产总额70万日元的87%股份），公司重组。重组之后，该报先后由佐原笃介、染谷保藏主持，中岛真雄退职。不难看出，《盛京时报》是代表着日本官方立场的报纸。它是伴随日本得势于中国北方而出现的一种观察我国情势的大报，该报以中国国内时事和评论为主，收罗广博，对当时我国内政、外交、经济、军事、文化、教育、社会风情等，特别是当时中国发生的重大事件，均有详略不等的报道和评论，是研究近现代史、国际关系史、东北地方史极为珍贵的史料。

二、《盛京时报》在庚辛鼠疫防治中的贡献

"因满洲里一带瘟疫流传，几至十病九死，而江省有司并未预筹防计，致使瘟病发生。日昨由满洲站来有买皮货之商人四名，到省未逾三日，竟病毙三名并传染某剃发匠一名得病，不足一昼夜即毙。司卫生之责者其亦念诸。"②可以说在此则报道开始，《盛京时报》就对这场灾疫给予了密切关注，并且从多角度进行了持续、详细的报道。报道的内容主要集中在普及科学的防疫知识、发布政府公告及法令、辟谣、公开疫情信息和利用舆论功能监督政府防疫工作等方面，《盛京时报》在这场鼠疫防治期间充当了多种角色，为最终扑灭鼠疫起到了重要作用。

（一）受众思想的引导者：普及科学的防疫方法和卫生知识

1910年，鼠疫在满洲里发生后，《盛京时报》就陆续刊登了大量与鼠疫知识相关的文章。这场鼠疫在极短的时间内蔓延至东三省，并且造成大量人员死亡的直接原因是东三省民众对鼠疫的不了解和对近代防疫措施的排斥。而《盛京时报》发表了大量的卫生知识文章，使民众了解了鼠疫的病理和预防措施，进而积极采用科学的方法进行防疫（表1）。

---

① 《政府之与报馆》，《盛京时报》1912年10月22日。

② 《瘟疫发现于省城矣》，《盛京时报》1910年12月1日。

表 1 鼠疫期间《盛京时报》发表的防疫文章①

文章	刊登时间	作者
《安倍博士之防疫谈》	1910 年 11 月 17 日	
《百斯笃疫预防说略》	1910 年 11 月 20 日	日本绵贯舆三郎述
《论百斯笃》	1910 年 11 月 24 日	丁保福
《鼠疫预防须知》	1911 年 1 月 14 日	奉天卫生医院
《百斯笃之可畏及其影响》	1911 年 1 月 14 日	
《鼠疫与瘟疫之关系》	1911 年 1 月 15 日	
《预防之要点》	1911 年 1 月 20 日	
《论鼠疫》	1911 年 1 月 21 日	盛京施医院司督阁
《小心黑死病》	1911 年 1 月 22 日	奉天日本赤十医社病院院长合田平（著）
《鼠疫一夕谈》	1911 年 1 月 25 日	丁福保
《劝防疫白话》	1911 年 1 月 29 日	
《寄生物性病论》	1911 年 1 月 29 日	蒋履曾（述）
《鼠疫论》	1911 年 1 月 29 日	英国使馆医官德来格
《鼠疫病因疗法论》	1911 年 2 月 9 日	丁福保
《经验鼠疫约编》	1911 年 2 月 14 日	
《百斯笃源流考》	1911 年 2 月 18 日	
《北里博士演说词》	1911 年 2 月 24 日	
《百斯笃防疫消毒药品各种》	1911 年 2 月 26 日	
《今古瘟疫考略》	1911 年 3 月 2 日	译北京英文日报
《疫毒染及其他动物之举例》	1911 年 3 月 2 日	
《隔离所之善说》	1911 年 3 月 3 日	
《疫源与怪兽》	1911 年 3 月 12 日	
《日员村田君之鼠疫谈》	1911 年 3 月 22 日	
《百斯笃预防法——百斯笃预防要论》	1911 年 3 月 24 日	海清（译辑）
《防疫概论》	1911 年 3 月 25 日	
《满洲百斯笃之病源》	1911 年 3 月 26 日	日本医学博士柴三五郎
《海港检疫论》	1911 年 3 月 26 日	德国汉堡港医克利
《百斯笃预防法》	1911 年 3 月 26 日	谢荫昌（辑）
《讨鼠檄》	1911 年 3 月 26 日	陆继周（编）
《满洲瘟疫史》	1911 年 3 月 28 日	查伯罗特尼伯古次克等（俄国医学博士）
《鼠疫行》	1911 年 3 月 29 日	南雅
《日本齐藤博士演说词》	1911 年 3 月 30 日	齐藤佐治
《百斯笃预防法——海陆检疫论》	1911 年 3 月 28 日	

通过梳理鼠疫期间《盛京时报》所登载的稿件可以看出，普及鼠疫知识相关的文章

---

① 依据《盛京时报》整理。

几乎贯穿了鼠疫发生到结束。其中既包含专门介绍鼠疫的理论性文章，也涵盖以预防和提倡注意卫生健康为主的防疫宣传文章。文章的来源既有国内著名医学家的投稿，也有国外医生的演说词等，这些文章以科学的医学原理对鼠疫相关内容进行解说。在鼠疫暴发初期，奉天卫生医院发布的《鼠疫预防须知》分章介绍了鼠疫发生的病理、蔓延状况、如何预防，以及从科学角度说明药品消毒措施对于预防鼠疫的效果。《劝防疫白话》一文用通俗易懂的文字告诉民众日常生活中的防疫方法，"要开窗眼，换点空气，堂屋院落要洒扫干净……汤水均要煮得开开的，一切饭菜也须煮透。吃剩下的东西均须用干净布盖好勿可使土飞入"。还告诫人们"有疫症的地方不可去买物件，也不要来往有染疫的人，不论亲戚朋友，不要去串门……戏园饭馆娼窑，人多气杂切须时时回避。"①东北地区的民众此前几乎没有了解过科学的防疫知识，普遍缺乏公共卫生知识和防范意识，他们认为生死有命，把鼠疫看成是天灾，不主动接受治疗，更倾向于迷信鬼神，对政府施行的西方防疫手段表示不满。当时政府发现有染疫者会立刻将其与家人实行隔离，并烧毁房屋以期断绝鼠疫蔓延。"无奈一般愚民因之遂有匿名不呈报，弃尸郊外者不知弃尸于野则时疫愈蔓延而愈不可灭"②，民众的愚昧无知，给鼠疫的防治工作带来了一定阻碍。由于当时医疗卫生条件的落后，不管是政府还是个人面对突然袭来的鼠疫都无计可施，而"隔离者，固防疫之唯一手段也"③，这种防疫思想，在当时人们普遍缺乏科学卫生知识的情况下，只有通过舆论的力量才能使其得到更全面、更深入的普及。而报纸以其及时、覆盖面广、影响力大等传统文化载体所不具备的优势为西医防疫思想的传播发挥了巨大作用，《盛京时报》上登载的文章以简单通俗的话语使国民逐步接受了正确预防鼠疫的新方法，让民众明白"不要使鼠疫蔓延，就是无量的幸福"④，这在一定程度上促进了人们公共卫生意识的觉醒。

（二）政府法规的宣传者：配合官方发布防疫措施及法令

为了应对这场天灾，清政府迅速地组建了一支由政府官员、医务工作者和其他事务人员所组成的防疫队伍。他们以西方的防疫思想为指导，积极开展一系列防疫活动。《盛京时报》对于政府采取的防疫措施、颁布的法令和发布的公告，都给予高度重视，及时刊登，进行宣传。

鼠疫蔓延至关内后，东三省地方政府采取了一系列措施。长春的防疫会发布禁令，要求"商家住户门前院内一律扫除并定禁令八条：（1）禁止住户栈店用不洁净之水；（2）禁止贩卖变色变味之果品；（3）禁贩卖驴马肉；（4）禁止出卖变色之鱼肉等物；（5）禁止街衢胡同住户墙根堆积污物倾倒积水；（6）禁止于道路沟渠投置倒毙禽兽；（7）禁止于住户附近处设有粪厂及灰堆；（8）禁止道傍（旁）及田园间弃置尸棺任其

---

① 《劝防疫白话》，《盛京时报》1911年1月29日，第4版。
② 《弃尸之可虑》，《盛京时报》1911年2月19日，第5版。
③ 《论罹疫而即时呈报者之可嘉》《盛京时报》1911年1月22日，第2版。
④ 《劝防疫白话》，《盛京时报》1911年1月29日，第4版。

暴漏（露）者"①，要求商民均须恪守禁令，违者究罚。在西方医疗思想指导下的防疫措施主要有隔离、焚烧掩埋染疫物体。"防疫总局以染疫症死亡之人所住之房屋暨器皿寝具均为引疫之媒介，昨特转知医务局特命消防队会同第五区当将小西关西城根马家馆宝兴园前因染疫死亡查封疫户共十三余家均一律用火烧毁，闻每间房屋由官家给价二十元以示体恤云。"②针对这种防疫手段，《盛京时报》都进行具体报道，使民众详细了解防疫措施。防疫期间，《盛京时报》也对戏园、客栈等公共场所要按要求清洁消毒进行了相关报道，督促其配合政府防疫。

由于民众愚昧无知及受传统观念影响，部分民众存在隐匿不报，甚至抗拒不让检查，致使防疫政策推行受到阻力，内外巡警总厅颁布了《防疫罚则九条》，对此《盛京时报》都予以全文刊登，为法规的普及起到了重要作用。东北各级政府还发布了多种诸如此类的防疫规章③。政府发布的法规一般都具有一定的强制性，对于那些违背政府规章制度的人会给予一定的处罚。《盛京时报》作为东北最具影响力的舆论工具，公开宣传政府防疫措施和法规，可以使民众了解官方的防疫政策，进而配合政府防疫，有利于政府防疫措施的落实，其积极作用不可忽视。

（三）民心的安抚者：及时辟谣并将疫情防治信息公开化

在东北鼠疫期间，民间流传出很多有关瘟疫蔓延及死亡人数的谣言。这些谣言有的与鼠疫本身有关，有的具有很强的政治性，矛头直指外国侵略者。这些谣言的产生与当时的社会背景密切相关，并且引起了广泛关注，针对谣言，《盛京时报》积极采取应对措施进行辟谣。

当时民间流传鼠疫的发生是由于日本人向井中下毒，造成大量人口死亡。1911 年 1 月 25 日，《盛京时报》发表《某员对于东省报载之一夕谈》对此谣言进行质疑："余观之则荒诞无稽，不值一噱。若华人疑为真有此事，则先须将其井水化验分析或以其尸解剖审验，自然水落石出。然华人计不出此，以讹传讹，为蜚语所惑，其愚拙洵不易及也矣。"④这则报道针对谣言，提出了化验井水和解剖尸体的方法，如果日本人在井中投毒是真，那么井水一定有毒，所以化验井水是否有毒是有道理的。文章还进一步分析了此种谣言出现的原因，使人们以科学态度对待谣言。另外，鼠疫蔓延迅速，在铁岭有哄传城门将闭的谣言，"商家住户一时争购柴米以防不虞"导致人心惶惶，哄抢商品，一

---

① 《防疫会之禁令》，《盛京时报》1911 年 1 月 10 日，第 5 版。

② 《焚烧染疫之房屋》，《盛京时报》1911 年 1 月 19 日，第 5 版。

③ 有关各地区防疫法规可参阅《奉天临时防疫所办事规则（1911 年 1 月 10 日）》、《长春防疫会之禁令（1911 年 1 月 10 日）》、《奉天防疫规则（1911 年 1 月 12 日）》、《汇志防疫时疫种种（1911 年 1 月 15 日）》、《计开防疫法十八条（1911 年 1 月 17 日）》、《警告各省地方自治议员》（1911 年 1 月 19 日）、《防疫行政之细则（1911 年 1 月 29 日）》、《奉天省城防疫事物所修改八关检疫分所暂行规则（1911 年 2 月 14 日）》、《临时疫病院章程（1911 年 2 月 16 日）》、《奉天防疫事务所规定隔离所章程（1911 年 2 月 17 日）》、《长春中日隔断交通之章程（1911 年 2 月 20 日）》等相关报道，这些法规较为具体地介绍了防疫措施。

④ 《某员对于东省报载之一夕谈》，《盛京时报》1911 年 1 月 25 日，第 5 版。

些生活必需品价格上涨。《盛京时报》对此调查之后辟谣称："系由商家因生意萧条故特布此谣传以图营业之活泼云耳。"①知名报纸发布的公开言论在一定程度上可以起到稳定民心的作用。除对谣言进行辟谣外，《盛京时报》还对政府发布的打击谣言的法令予以刊登，在《抚宪饬警局密查造谣生事者》这则报道中，强调吉林地方政府特饬警局派员密查造言生事之徒，"一经查获定当重惩不贷"②，强硬的法令可以给造谣生事者以威慑，减少因谣言而导致的社会恐慌。

谣言出现的原因大多是由于东北民众对鼠疫这种疾病不了解，加上鼠疫传染迅速，死亡率高，染疫者三五日即死，无药可救，百姓每天都面临着对死亡的恐惧。为了稳定民心，清政府做出了保证民众知情权的措施。奉天防疫事务所从 1911 年 1 月 20 日到 4 月 29 日，每天公布从前一日 18 时到当日 18 时的死亡人数，这个报告分为两部分：一部分是染鼠疫死亡的患者，另一部分是正常病死者，《盛京时报》自 1 月 22 日起对此用专门的版面进行转载。报告详细记录了每个死者的住址门牌、姓名、年龄、籍贯、职业、来自何处、发病日期、死亡日期，还有患疫者和死亡者总数。不仅如此，《盛京时报》还每隔一段时间就公布包括哈尔滨、长春、奉天、傅家甸、吉林、四平、开原、铁岭、辽阳等地区从鼠疫发生起至某月某日的死亡人数。除了官办防疫院的统计，《盛京时报》还公布了商办防疫院的死亡人数。这些报道使民众及时了解到各地疫情，进而缓解了人们的一些焦虑。

（四）防疫行为的监督者：敦促清政府完善公共卫生防疫制度

在鼠疫来袭时，清政府应对这一突发的社会公共卫生危机的经验明显不足。当时很多社会人士利用《盛京时报》这一舆论平台，对清政府的防疫措施给予建议和评论，希望清政府加快建设公共卫生防疫制度。丁义华在《今古瘟疫考略》一文中认为，此次流行于中国东北地区的鼠疫与历史上在欧洲或印度流行的鼠疫大同小异③，他建议清政府可以参考借鉴他国有效的防疫方法，并迅速建立起公共卫生防疫制度。1911 年 3 月 7 日，发表在《盛京时报》上的《论卫生行政之亟宜扩张》一文，针对清政府尚未建立公共卫生行政问题指出："卫生行政，我国以前盖未之闻焉"，所以"一旦疫病猝发，其不穷于应付也者几稀"，明确表达了其对建立公共卫生防疫制度的渴望。文章又说："研究卫生学者，百人之中殆无一二。至所谓卫生行政，亦率以模糊影响了之。长此不变，其能与天行之烈相抵抗欤？……我国今日不特无精于检验者，抑且无普通之消毒药品。言之可为愤懑。嗟乎！因学术之不如人，遂至无事不求人，无物不仰给于人，耗财故也，即其不能自立之耻。"中国卫生防疫制度没有建立起来，结果导致了东北鼠疫流行初期出现了防控不力和资源浪费，由于本国缺少专门人才和防疫体系的不完善，使得清政府

① 《谣传闭城柴米顿贵》，《盛京时报》1911 年 2 月 28 日，第 5 版。
② 《抚宪饬警局密查造谣生事者》，《盛京时报》1911 年 2 月 28 日，第 5 版。
③ 《今古瘟疫考略》，《盛京时报》1911 年 2 月 2 日，第 3 版。

不得不仰仗外人。文章作者认为："我国上下，经此一嗟跌，自必当注意于卫生事宜，然若医师之培养，药物学之研究，则尤为刻不容缓之举。"①此外，在《日人注意检疫（1911 年 1 月 20 日）》《日俄防疫之慎重（1911 年 1 月 18 日）》《日人会议防疫（1911 年 1 月 20 日）》《中日合订隔断交通之章程（1911 年 2 月 20 日）》等报道中，《盛京时报》也向中国读者介绍日俄方面严防鼠疫的措施，其他国家实施的一系列有效的防疫手段可以为清政府的防疫工作提供借鉴意义。《盛京时报》的报道还针对治理鼠疫过程中出现的一些现象及时地给予表扬或批评揭露，使得救灾工作能够顺利开展。《督宪鼓励防疫人员（1911 年 1 月 20 日）》《防疫局认真办公（1911 年 2 月 24 日）》《奖励区官（1911 年 3 月 12 日）》《防疫医官均得外奖（1911 年 5 月 4 日）》等多篇报道对 1911 年防治鼠疫过程中认真防疫的人员均给予鼓励。而对于在救治过程中出现因防治不力而引起的悲剧现象，《盛京时报》也予以披露指责。在《区官因失察撤差》一文中，其对因区官失察导致西关九区界中同仁胡同内一家全部毙命的事件给予报道，对防疫工作者的防疫效果进行监督。防疫所作为与鼠疫抗争过程中的重要机构，在实际运行中存在很多不足，"近闻小西边门外所设之防疫所房屋空荡，一切病人悉卧于地铺以石灰。原有衣服被褥概不准用以防毒患况又饮食不足。雇佣夫役亦不留意扶持，故由关运回之行客因苦生愁，因愁生病又不认真施治，仅以药水淋洒，医官怕染永不往视，近日死亡相继厥状甚惨"②。这种社会舆论对于促使清政府逐步完善具有现代意义的医疗卫生体系起到了重要作用。

三、报道背后的舆论导向

日人的办报立场使《盛京时报》成为较为自由的舆论传播平台，它在鼠疫流行期间，报道了大量事实，为鼠疫防治工作的开展客观上起到了宣传作用。但是，我们不能因此认为《盛京时报》的报道完全是客观的，鼠疫暴发前东北的政治局势是：中国东北地区的政治中心奉天受到该地区南部以大连为中心的日本势力，以及北部以哈尔滨为中心的俄国势力的两面夹击，清政府对东北的行政主权处于岌岌可危的境地。因此，在这种特殊政治背景下，日俄两国在鼠疫防治过程中都各怀鬼胎。作为日本帝国主义在华的喉舌，《盛京时报》报道背后的舆论导向值得我们进一步探究。

（一）批评清政府防疫能力，宣传日人防疫贡献

面对灾难，东北地方官员的态度消极、行为滞后表现已屡见于《盛京时报》。"就东三省言之，肺卑斯杜发生也……迄今沿其东清铁路蔓延，染疫致毙者，吾国人民，实居

---

① 《论卫生行政亟宜扩张》，《盛京时报》1911 年 3 月 7 日，第 2 版。
② 《防疫所果有缺点舆》，《盛京时报》1911 年 1 月 26 日，第 5 版。

最多数，胡吾国官吏，竟若妄闻知耶也。"[①]"哈电称傅家店，自日前发现肺疫，俄联合中国预防，无奈中国官员于卫生防疫松懈，在哈埠新市街及街头区域多派守队用兵禁止中国人之入租界地内，以凭预防。"[②]"黑龙江省瘟疫之发生由齐齐哈尔传言近日该城瘟疫日甚一日，俄亚银行停止交易，俄日两国领事亦移出城外，每日死有十一二名之多，最奇者该城瘟疫如此之盛，各官吏竟置若罔闻……并无医院防疫等补救。"[③]从这些报道中可以反映出清政府动作很慢，并且没有防范规则，甚至对居民生命予不顾。当时日方官员曾在《盛京时报》上对中国的公共防疫措施提出看法，甚至以强硬的口吻批评中国方面的防疫能力，"窃查此次百斯笃之猖獗，由华人一面观之，日人未曾疫死，华人则积尸累堆，亦未始非最奇之现象，宜乎有此等谣言，但华人不耻自己卫生之不完善，预防之不缜密，徒欲驾罪他人，其蹂躏公德亦可谓甚矣"[④]。报道指出清政府的防疫措施有诸多不善，不仅仅是担忧清政府的防疫效果和本国人民的生命安全，更深层次的原因在于日本帝国主义想趁机干涉中国防疫来侵犯中国权益。

从《盛京时报》刊登的报道调查来看，"从十三日满洲里站有疫者21人，是日，又病华人21人，死24人，余18人，哈尔滨有似病14人，自发现至今满洲里站：病人84人，俄人4名，华人死166名"[⑤]。这种调查将死者、接触者加以区分，故意以国籍上的区别，突出华人死亡比例。经《盛京时报》的舆论宣传，制造出一个在中国境内暴发的鼠疫因清政府的消极防疫及俄国只顾自身利益而导致疫情日益严重的假象。其中对日俄侨民死亡人数之少，我们需要作以客观分析，虽然我们不能否认日方的防疫措施减少了其掌控的殖民地的人员死亡，遏制了鼠疫在侨民之间的传播，但我们也不能忽视其虚报成分，通过侨民染疫、死亡人数与华人形成鲜明对比，借机指责清政府防疫工作的消极和防疫水平的低下，夸大日方的防疫贡献，造成东北鼠疫非日本不能灭绝之假象，为其领导东北防疫工作开道，趁机达到其不可告人之政治目的。

在报道东北鼠疫治理过程中，《盛京时报》总是对日人的救治活动大为赞扬。翻看这一时期的新闻报道，可以发现多期报道中都登载了日本医生的贡献，"本邑防疫医师虽用华医徐大令，仍求英日医院医师矣时疫大作时协助诊视"[⑥]。"闻该所日昨已添延日医小池帮同检验矣。"[⑦]

当时中医传统救治手段无法应对鼠疫的蔓延，需要借助具有西方医疗卫生知识的医生来防止疫情进一步恶化。当时日本医生确实在这方面做出了很大贡献。

《盛京时报》曾用两期报道讲述："新民府张太守延聘日医守川信显君每日按户搜验

---

① 《防疫谈》，《盛京时报》1910年11月18日，第2版。
② 《东清铁路公司之防疫举动》《盛京时报》，1910年11月30日，第5版。
③ 《江省瘟疫之发生》，《盛京时报》1910年12月14日，第5版。
④ 《某员对于东省报载之一夕谈》，《盛京时报》1911年1月25日，第5版。
⑤ 《病疫者之调查续志》，《盛京时报》1910年11月19日，第5版。
⑥ 《英日医师协助防疫》，《盛京时报》1910年12月17日，第5版。
⑦ 《幸未传染》，《盛京时报》1910年12月25日，第5版。

施治，不厌劳瘁。因与患病者屡屡接触竟致传染，医药无灵。"①并且最终于二十六日病故。②在语言倾向上夸大展现了日本人在鼠疫救治过程中所做出的贡献与牺牲，这类报道可以增加中国百姓对日本医生的好感，塑造日本人友善形象，进而减少侵华阻力。

（二）报道俄方强制防疫措施，激发反俄情绪

《盛京时报》评论者认为疫情在"北满"泛滥是与俄人自私自利有关系的。"当鼠疫由北满洲发生之初，首遭其害者，概中国之劳工也，而俄人于此则甚有戒心，故不惮尽力，以为严防。"③当鼠疫暴发时，俄国人率先在满洲里进行防疫。但针对染疫的俄人和华人，采取区别对待的防疫方式：对俄人进行积极治疗，对满洲里的华人（主要是劳工），采取了强制隔离手段。俄国对出入满洲里的华人进行严格检查，除了检疫，甚至动用军事和外交手段来驱逐华人。与俄人只顾自身利益形成鲜明对比的是日本对东北疫情的关怀，"日本在南满洲地方，亦不忍坐后疫患之延及，而防之于先。然按日本于满洲所管理者，亦止长春以南之铁路沿线而已。而日本政府，为防疫事，极关怀之甚，支拨百余万金，以给其用。南满铁路公司，又支拨六十万金，以供其不及。因此日本在满洲办理防疫事宜，得以着着奏功，而收效果"④。

事实上，当鼠疫灾害沿着铁路蔓延到长春及由日本掌控的"南满"铁路附近时，日本就展开了严密的检疫、防疫活动。日本在"南满"成立了由关东都护府总督大岛义昌为首的防疫总部，除了拒绝俄国驱逐南下的"华工"进入其掌控的长春地界外，还禁止他们搭乘"南满"火车："南满铁路近因时疫流行，于日昨起已停卖南去车票，往北者以仅一二等车，北来亦如之，盖因乘三等车者多系苦力，尤易传染时疫，故该公司将三等车票一律停卖云。"⑤除此之外，他们以"哈尔滨疫祸甚烈"必须派兵"保护该国领署侨商"等为借口，直接从奉天派遣500余陆军到哈尔滨执行"防疫"。在防疫过程中，日本对清政府的压力并不次于俄国，其军事干涉更为露骨。

四、结论

近代著名新闻学家任白涛先生曾说过："处今之世，能日日告我以新事件，供我以新知识者，莫报纸矣。吾人一日不读报纸，斯一日与社会事情相隔离，即一日逊于时代之进步。故报纸实为广义的社会教育机关，而其功效之神速，绝非学者之讲述、政客之演说、宗教家之劝导，所能届及者也。"⑥由此可见，新闻报道的舆论力量影响力不容

---

① 《日医守川患疫志闻》，《盛京时报》1911年1月26日，第5版。
② 《防疫所日医病死》，《盛京时报》1911年1月29日，第5版。
③ 《论东三省防疫费款急须官民募捐》，《盛京时报》1911年2月3日，第2版。
④ 《论东三省防疫费款急须官民募捐》，《盛京时报》1911年2月3日，第2版。
⑤ 《停卖三等车票》，《盛京时报》1911年1月20日，第5版。
⑥ 任白涛：《应用新闻学》，上海：上海亚东图书馆，1928年，第8页。

小觑。《盛京时报》在庚辛鼠疫防治中对此次疫情进行了大量深刻、细致的报道，这些相关报道促进了近代科学的公共卫生知识和防疫思想在中国的传播，同时作为一支重要舆论力量，其揭露、批判晚清腐朽统治，为最终扑灭鼠疫做出贡献，我们也要给予肯定。但是它毕竟是为了适应了日本"经营满洲"的需要，并为此服务，它更多的是以维护日本帝国主义在中国的利益而进行立论宣传。其立论多数是宣扬日方的防疫贡献，抹黑清政府和俄国的防疫行为。为清朝提供建议，也同样服务于日本帝国主义的利益。它积极配合日本外交活动发表论说、报道新闻，甚至歪曲事实真相，这点不容置疑，也是我们必须批判的。

明清北京民众视角下的瘟疫——以北京地方志为中心

张　晗　孙灵芝

（北京中医药大学中医学院）

一、引言

古时社会底层民众处于疫病大规模暴发时，若不幸患病，难以第一时间得到医疗救助，抑或受制于当时的医疗手段，医者束手无策，百姓往往会采取诸多自救行为来预防治疗疫病。以往疫病史的研究多从疫病性质、著名医家、中央政府等角度进行分析，关注点也多集中于疫病本身、人口影响、社会宏观层面，较少关注疫病时期的百姓，这一底层社会群体的具体反应，人文生命关怀方面相对薄弱。近年来闵凡祥提出应拓展医学史的研究范围，关注病人在社会群体中的遭遇，揭示社会、医学、历史间的关系。余新忠也曾指出："应当在生命史学的指引下，更加关注与人类的生存境况、身体经验、对生命的感知和认识的历程。"① 有学者指出："应将研究对象聚焦于病患，注重对身体史和生命史的研究，其对中国医疗社会文化史研究的有较为重要的启迪意义。"② 聚焦于个人的苦痛，从弱势群体的角度探索疾病史，也将成为今后医疗社会史的研究趋势之一。

地方志作为记载某一地域社会生活变迁方面，可以补充正史记事宏大的不足，较正史有无可比拟的优势。常建华认为："地方志反映的社会内容非常丰富，对研究社会文化学是非常重要的资料。③" 余新忠在《清以来的疾病、医疗和卫生——以社会文化史为视角的探索》中使用大量地方志来对江南地区进行医疗社会史研究。地方志是研究医疗社会史不可多得的材料，能较为直观地反映出底层百姓的活动。

本文从生命史学角度出发，通过对北京地方志中底层百姓瘟疫期间反应进行分析，展现瘟疫时期百姓的生存现状、心理状态、社会行为。同时补充既往疫病史研究对底层百姓社会反应研究方面的不足，透过疫病时期底层百姓的诸多措施，反映当时瘟疫流行时期的社会状貌。揭示出百姓、瘟疫、社会之间的关系，呈现底层百姓的身体感知和生命观念，以及其与明清瘟疫暴发时期社会文化因素的内在关联，促进医疗社会文化史的发展。

作者简介：张晗，北京中医药大学中医学院硕士研究生，研究方向中国医学史；孙灵芝，北京中医药大学中医学院讲师，研究方向为中国医学史。

① 余新忠：《在对生命的关注中彰显历史的意义——当今中国医疗史研究的新思考》，《江淮文史》2020 年第 3 期。
② 马金生：《病人视角与中国近代医疗史研究》，《史学理论研究》2019 年第 4 期。
③ 常建华：《试论中国地方志的社会史资料价值》，南开大学中国社会史研究中心：《中国社会历史评论》第 10 卷，天津：天津古籍出版社，2009 年。

二、百姓生存现状

地方志中记录着百姓疫灾期间吃树皮的现象，如"三十三年春……东安自春至冬疫，人死过半，春夏永清饥民，采树皮为食"①。除吃树皮外，更出现父子相食的现象："十四年京师大饥，加以疫疠，民有父子相食者。"②又如，"冬十二月大都大饥，疫民有父子相食者"③。明清北京瘟疫的流行使得百姓有极大的心理负担，对患者产生隔膜，造成人际之间关系的淡漠，亲人不敢问吊，如"比屋传染，虽至亲不敢问吊"④。同时，无人埋葬是饥疫时期常见现象，如"道光四年自春至秋，瘟疫大行，又兼客岁荒，年无食死亡甚多，甚有全家病没无人葬埋者"⑤。除了无人埋葬之外，有些家庭也会出现无钱棺殓，而草草对家人进行埋葬，如"四年平谷，自春徂秋瘟疫大行，又兼三年秋禾不登，人多无食，死者不可胜计，甚有全家病没无人埋葬者，有因年荒无资棺殓而藁葬者"⑥。可以看出，瘟疫暴发对底层民众带来的后果十分惨烈，道德规范严重受到冲击，更引发社会的不安，加剧社会危机。

三、百姓心理状态

古代京城医疗条件较为落后，瘟疫下的百姓，笼罩着恐惧的心理，面对疾病显得弱小和无助，将疫病看作鬼神。《释名》中对鬼神的描述："疫，役也，言有鬼行疫也。"⑦这种鬼神致疫的心理，可从地方志中窥见一二，如"昌平大疫，十月巩华城群鬼夜号，月余乃止"⑧。众多鬼神致疫的故事，在中国底层百姓之间得以广泛传播，渗入百姓潜意识，有广泛的群众基础，当疫情来临时，底层百姓臆想出许多与致病或灾祸有关的鬼神，并长期延续。鬼神致疫的观念从孩童时期就被灌输，与人们道德上的善恶之分产生关联，道德修养成为百姓驱逐疫鬼的一种方式。如"吴邦瑞……京师人，幼有胆不畏疫疠之鬼，见不平动辄加怒文。"⑨总的来说，疫病被给予了邪恶的象征，鬼神致疫的观念深入人心。

在北京地方志中还可以发现，人们常将未知的疾疫与神秘的天文凶象、星象变化相提并论，认为在疫情暴发前和暴发时常会有暗示，如"道光元年四月，朔日月合璧五星连珠，七月转筋，霍乱时疫大作，直至八月死者不可胜计"⑩。又载："十二年十一月

---

① 光绪《顺天府志》，上海：上海书店出版社，2002年，第2206页。
② 光绪《顺天府志》，上海：上海书店出版社，2002年，第2194页。
③ 光绪《顺天府志》，上海：上海书店出版社，2002年，第2197页。
④ 康熙《通州志》，上海：上海书店出版社，2002年，第770页。
⑤ 民国《平谷县志》，上海：上海书店出版社，2002年，第160页。
⑥ 光绪《顺天府志》，上海：上海书店出版社，2002年，第2223页。
⑦ 马伯英：《中国医学文化史》，上海：上海人民出版社，1994年，第100—105页。
⑧ 光绪《顺天府志》，上海：上海书店出版社，2002年，第2216页。
⑨ 康熙《宛平县志》，上海：上海书店出版社，2002年，第292页。
⑩ 光绪《顺天府志》，上海：上海书店出版社，2002年，第2222页。

有星孛于西方，见娄胃昴华之间，十四年大饥疫。"①另外，有人②研究黑死病在西欧传播时发现，黑死病流行期间，以巴黎大学为代表的医师，将瘟疫的发生归咎于天文方面的原因。还有学者③在研究汉代的《四时月令》时发现，瘟疫常在季节气候变化时更易发生，古人常将天文气象知识与疾疫之间进行联系。疾疫发生、星象变化在古代往往被视为灾异之一种，这种对天文星象变化的重视，反映了底层百姓对天的依赖和崇拜，具有鲜明的神秘性、原始性特色，与瘟疫暴发时间相联系，更暗合了当时百姓鬼神致疫观的意识形态。

四、百姓社会行为

政府和医家面对瘟疫这一突发事件不能及时惠及众多百姓时，自行治疗是明清北京底层百姓普遍选择的方式。除了习俗防疫以外，在鬼神致疫观念的指导下祭祀除疫、巫术驱疫是常有之事，甚至割肉疗疫的极端救亲行为在地方志史料中也多有体现。

1. 习俗防疫

明清北京百姓多进行熏烧防疫，采用烧苍术、烧辟瘟丹的方法，让药物熏烧出烟抑菌杀菌，达到净化空气目的。吴有性认为："疫疠之邪从口鼻而入"，这些习俗也在一定程度上正确指导人们对待瘟疫，为当时的疫病预防做出了较大的贡献。如地方志中记载使用单味药苍术进行炭火熏烤："除夕守岁时用炭火烧苍术……坐至夜分，曰守岁，烧炭火苍术，以辟瘟各于门前。"④又有在元旦五更时，熏烧复方药辟瘟丹："正月元旦，五更初起，灶前先具香烛，谓之接灶明，燎陈盘案，拜天地，礼百神，祀先祖堂中，烧避（辟）瘟丹。"⑤也有将苍术和辟瘟丹同时燃烧："燎木头于天井，杂松柏枝，烧苍术、辟瘟丹。"⑥有学者⑦研究表明辟瘟丹是以芳香类药物组成的方剂，如明代龚信《古今医鉴》中的神圣辟瘟丹含有苍术、白芷、香附、甘松等多味芳香药，主要用于芳香辟秽，在明清时期均有较为广泛的应用。

另外，不同于其他地区食数口粥或吞赤小豆来驱赶瘟鬼⑧，北京地方志所载小米粥可以达到清瘟的作用："清瘟解毒小米粥。"⑨从内容本身来看，此条地方志所载的内容也不完全局限于驱赶疫病，也可能与温病后期的调护有关，加上北京明清地方志中并未见到辟瘟丹的药物组成，由此笔者认为，大多数地方志编著者的学术背景可能不具有医

---

① 康熙《昌平州志》，上海：上海书店出版社，2002 年，第 544 页。
② 杨微：《论黑死病在西欧的传播与影响》，吉林大学 2008 年硕士学位论文。
③ 冯卓慧：《从〈四时月令〉诏令看汉代的农业经济立法》，《甘肃政法学院学报》2011 年第 3 期。
④ 乾隆《通州志》，清乾隆四十八年（1783 年）刻本，第 621 页。
⑤ 康熙《平谷县志》，清康熙六年（1667 年）刻本，第 150 页。
⑥ 民国《良乡县志》，上海：上海书店出版社，2002 年，第 28 页。
⑦ 姚伟：《晋唐和明清时期瘟疫预防方药及方法的整理研究》，成都中医药大学 2009 年硕士学位论文。
⑧ 余新忠：《清代江南的瘟疫与社会——一项医疗社会史的研究》，北京：中国人民大学出版社，2003 年，第 190 页。
⑨ 民国《通县志要》，台北：成文出版社，1968 年，第 187 页。

学属性，因此他们写作的重点不在药物组成和疗法上。

除了熏烧防疫、食疗清瘟外，在除夕、元旦时节，燃爆竹、贴红纸也是百姓送走瘟鬼的举措。如"院舍布芝麻，秸爆竹送瘟夜"①，又如"除岁，门窗贴红纸葫芦，曰收瘟鬼"②。这些风俗活动仍然流传至今，寄托着北京底层百姓驱疫保平安的凤愿。

2. 祭祀除疫

一旦医药无可奈何，非个体所能控制时，底层百姓通过祭祀祈祷来求得安康，遇到为害甚烈的瘟疫就更是如此。生病而求神赐予健康的现象在北京地方志中十分常见，求神拜佛、建庙驱疫也是多有记载。

百姓进行祭祀祈祷的寺庙多为城隍庙、药王庙，地处城外，位置偏僻险峻。如"自京师达之郡邑，虽遐陬僻壤莫不创，城隍庙以阐幽灵……春秋祭享必告于斯，水旱疾疫必祷于斯。"③又有"房山县西离城三里许，有山高耸庙立于上，神安于中……列庙貌于群峰之首，其势巍峨诸山拱翠雄镇一方，卑视城宇是乃山之至显者也，无古今，无远迩，凡有水旱瘟疫之灾，疾病患难之诊，祈祷无不应致诚无不格是，乃神之至灵者也。"④明清时期，百姓不惧祭祀对象位处偏远而进行祭祀，也可以看出百姓祈求染疫亲人能够得到神灵佑护时内心的虔诚。

祭祀对象也多为药圣、药王，如"庙奉二神，日药王，日药圣，传是唐人韦公慈，藏孙公思邈，嘉靖中大疫，吾州赖二神，全活甚众，今将百年有祷，辄应有实"⑤。除此之外，在疫病期间有过人事迹，曾被当地百姓认为是神明的张道宽也是当时百姓祭祀的对象，如"大丞相东平王患疡，医药罔效，召宽治之顿痊……劳以殊礼为构白云观……居民病者祷之辄应，每年三月二十八日，争献袍襕致赛云，怀柔吴志元封普济真人，立庙呼（狐）奴山"⑥。有学者⑦详细考证张道宽的生平事迹，并指出张道宽的墓（狐奴山）东麓为白云观，受到民间持续的信奉与祭祀，被称为"圣人坟"。

祭祀神灵驱走瘟神的行为，给予底层百姓极大的心理安慰，有较高的群众基础，如"岁时水旱疹疫，咸祈祷之神……应每春夏之会俗传，为天齐圣诞四乡之人净持"⑧。除了普通百姓外，地方政府也会兴修佛事进行祈祷活动。"延裕七年六月甲寅京师疫，修佛事于万寿山。"⑨可以看出，祭祀拜神在疫病期间对百姓来说，是一项很重要的活动，在一定程度上可以使民心安定。

---

① 民国《良乡县志》，上海：上海书店出版社，2002 年，第 28 页。
② 光绪《顺天府志》，上海：上海书店出版社，2002 年，第 595 页。
③ 康熙《平谷县志》刻本，清康熙六年（1667 年）刻本，第 124 页。
④ 民国《房山县志》，上海：上海书店出版社，2002 年，第 316 页。
⑤ 康熙《通州志》，上海：上海书店出版社，2002 年，第 122 页。
⑥ 光绪《顺天府志》，上海：上海书店出版社，2002 年，第 4318 页。
⑦ 孟小燕：《康熙〈畿辅通志〉中廊坊地区医药文献钩沉》，《文教资料》2019 年第 12 期。
⑧ 民国《平谷县志》，上海：上海书店出版社，2002 年，第 261 页。
⑨ 光绪《顺天府志》，上海：上海书店出版社，2002 年，第 3901 页。

3. 巫术驱疫

认为疫病是由鬼神附体所得，将疫病理解为鬼神附体的病因，曾是不同民族和文化的普遍现象。除了祭祀祈祷外，本身疫病的棘手加上医疗资源匮乏，百姓转而寻求咒符巫术的方式驱走鬼神。地方志记载了张道宽传授咒符法并治疗疫病的事迹："时当有疫疠，吾授汝符咒，以救民厄，复授以咒果法，令疾者食之，立愈。又曰，此去北山可结庐修行，既窜身疾顿去，居无何疫，兴遂间出其法，试之果验宽，由是惟以治疾治灾为念久之人，果向应寻依前梦迹之，狐奴山遂卜居焉，俄而从之者，弥众凡踵门请谒者，可计日令无恙。"①病者痊愈后医者获得疫病患者极大的信任，地方志载："呜呼，世有以神视者为上医，以药投者为明医，人咸用之不以为诬，如道宽所传真，可谓奇术无疑。"②有学者对张道宽详细考证后指出："无论是碑文、庙堂道观以及后世的书籍记载中，都可以看出张道宽的治病事迹真实可信，并有官方证明。"③方志中也记载了神仙梦授治愈疫病的过程，如"万历八年，瘟疫大作，大头疯症死者，枕藉相望，若之夫妻目不能视，卧不能起，危在旦夕矣，夜梦白衣老媪授药二丸，服之梦既觉大汗，立愈"④。一方面可以看出，明清瘟疫流行时期，巫术文化在底层百姓的生活中仍有较广泛的群众基础；另一方面反映出在明清北京社会医疗资源极度匮乏的情况下，底层百姓患病时基本上无择医权利，只能将自己交给神秘上苍所表现的无奈。

廖育群指出："对古人来说，不存在自然与超自然的概念，尽管历代不乏有人对巫术进行指责，但均不能改变这种疗法和继续存在的情况。我们不应简单地评说咒术为迷信欺骗手段。"⑤但可以肯定的是，咒符法、巫术本身在瘟疫暴发、医药不及的情况下，也是一种竭尽全力治疗疫病的手段，一定程度上缓解了当时百姓面对疾病时的无助和惶恐，也为民众带来了一丝生存的希望。

4. 割肉疗疫

北京历代地方志记载孝子割肉为亲人疗疫的现象十分普遍，疫病时期割肉疗亲这一行为不仅能为亲人表达孝心，同时也能为病入膏肓的患者及家人带来心灵上的安慰。如"孙矢志坚贞誓不改字，是年母亦染疫，焚香祷天愿，以身代割股和药，以进母遂愈。"⑥于赓哲指出："割股疗亲这一行为在唐朝之后则成为社会的痼疾，远超于医疗层面。这种极端的救亲行为在这种在传统孝道的指导下，演变为的一种衡量子女孝心的标准。"⑦这种现象在当时也受到众人的赞扬，如"吴某永宁北关人，其父患疫，百治罔

---

① 民国《顺义县志》，上海：上海书店出版社，2002 年，第 414 页。
② 民国《顺义县志》，上海：上海书店出版社，2002 年，第 414 页。
③ 孟小燕：《康熙〈畿辅通志〉中廊坊地区医药文献钩沉》，《文教资料》2019 年第 12 期。
④ 康熙《延庆州志》，上海：上海书店出版社，2002 年，第 159 页。
⑤ 廖育群等：《中国科学技术史·医学卷》，北京：科学出版社，1998 年，第 6—18 页。
⑥ 民国《良乡县志》，上海：上海书店出版社，2002 年，第 167 页。
⑦ 于赓哲：《割股奉亲缘起的社会背景考察——以唐代为中心》，《史学月刊》2006 年第 2 期。

效，乃自割肉献之，闻者叹服"①。分析北京地方志编撰者记载的割肉疗疫事例可以发现，在割肉服药之后，亲人的疫病得以好转。这种事例在地方志中却被视为楷模，加以渲染和放大，孝行逐渐走向愚昧化，发展成社会风俗、民间信仰。割肉疗亲这一行为作为一种特异的文化现象，也一直延续到近代②。虽然地方志记载的割肉疗疫事例使得亲人疫病好转，但余新忠在分析割肉疗亲案例中认为："割股后，一般是'和药以进'，由于有了药物的作用，产生效果的可能性就大大增加了。但不能排除有些故事中的情节的形成，因为有孝感之类既有观念，导致的当事人的某种主观幻觉，或者当事人为了提高自己的社会声誉和地位而有意编造。"③

五、结语

本文通过对地方志记载的瘟疫时期百姓视角下生存现状、心理状态、社会行为进行分析后，发现以下三个特点：

一是在生存现状方面，瘟疫时期民不聊生，出现北京底层百姓父子相食、无人殓棺等惨象，生活境况十分凄凉和无助。

二是在心理状态方面，百姓在瘟疫流行时被恐惧的心理笼罩，加之伴随的异常天文现象，使得鬼神致疫观在百姓潜意识中尤为突出。

三是在社会行为方面，明清时期北京百姓的预防观念，在北京地方志记载的习俗生活部分已有所体现；瘟疫暴发时医疗资源匮乏、底层百姓择医权利较少，在当时医疗条件下，只能转而求助于祭祀、巫术等手段进行驱疫除病，甚至出现了割肉疗疫这一愚孝行为，祭祀、巫术、割肉等行为仍然是疫病发生时底层百姓主要的自救手段。

总的来说，百姓习俗生活所采取的熏烧苍术、辟瘟丹等措施，对我们现今防疫医疗仍然有值得肯定和启发之处；祭祀、巫术、割肉等行为在现今虽有一定的局限性，甚至有些过激，但在当时其目的也是为了治愈疫病，缓解百姓痛苦，减轻亲人家属面对疾病时的无奈焦灼，为底层百姓带来生存希望。从另一个角度来说，底层百姓所采取的这些行为的背后，透露出其对生存的渴望、面对重大灾难时的不屈，从这点来说，底层百姓的这种不屈于命运的精神仍然值得颂扬。

余新忠指出："生命本身作为一种自在的存在，其价值与意义也自有其相对的自主性和独立性，人性的光辉、生命的尊严、苦难的应对与拯救等等日常生活中的主题，对于社会的宏观大势来说，或许无关宏旨，但却是生命本身的价值与意义之所在……置身日常生活的语境，不仅让我们可以看到不一样的历史面向，可以更深入细致地观察到生

---

① 康熙《延庆州志》，上海：上海书店出版社，2002年，第369页。

② 李甜田：《中国近代割股疗亲行为研究》，陕西师范大学2013年硕士学位论文。

③ 余新忠：《明清时期孝行的文本解读——以江南方志记载为中心》，常建华主编：《中国社会历史评论》第7卷，天津：天津古籍出版社，2006年。

命历程与体验，更具人性地去理解和书写历史。"①

　　本文正是在这样的启发下，从生命史学出发，通过研究北京地方志，以底层百姓的视角，呈现明清瘟疫时期百姓的生命观念和身体感知，有利于我们更加全面、立体地从多维度视角认识百姓、瘟疫与社会的关系，以及了解瘟疫期间底层百姓生命的历史和意义。此外，从生命史学的角度认识和理解疫病史，可以更深入地思考和把握社会文化的变迁脉络，也能促进医疗社会文化史的发展。

① 余新忠：《在对生命的关注中彰显历史的意义——当今中国医疗史研究的新思考》，《江淮文史》2020 年第 3 期。

边疆民族地区抗击新冠疫情中彰显的中国制度优势研究——以云南省为例

李益敏　吴博闻　刘师旖　李盈盈　周　琼

（云南大学地球科学学院；中央民族大学历史文化学院）

自 2019 年底新冠疫情暴发至今，疫情已席卷全球，没有一个国家和地区能够幸免，而中国在党和政府的坚强领导下，全民参与抗击疫情，在付出了巨大的代价后，较好地控制住了疫情的蔓延态势，取得了阶段性抗疫成果。中国能够在较短时间内迅速控制疫情的扩散和蔓延，最大限度减少人员感染和死亡，充分体现了我国现行的中国特色社会主义制度的优势。中国是共产党领导的社会主义国家，始终坚持"以人为本、生命至上"的最高价值目标，始终把实现好、维护好、发展好最广大人民的根本利益作为党和国家一切工作的出发点和落脚点，这是我们社会主义本质和社会主义制度的内在要求。基于此，面对新冠疫情，在党中央和国务院的领导下，全国人民展现了强大的行动力，及时实行了复产复工，将疫情造成的损失尽可能降低到最低，很大程度而言，中国抗疫取得的阶段性胜利是制度优势的彰显。我国学术界已从我国疫情防控方针与原则、抗疫的理念与组织体系、抗疫的具体方法与措施、抗疫与国计民生关系选择等方面对本次疫情进行了较为全面系统的研究，并且发现边境地区在抗击疫情过程中的政策、行为、成效具有特殊性，地理环境复杂，民族众多、毗邻外国较多的云南省就是其中之一。

一、云南省在抗击新冠疫情中的任务和作用

云南省作为典型的边疆民族地区，在我国抗击疫情中承担着"外防输入"的任务。2020 年 8 月 30 日，新型冠状病毒携带者杨某某从缅甸领着自己的三个孩子和两个保姆偷渡到瑞丽市，9 月 10 日才被送医治疗，导致云南省多个边境地区进入抗疫紧张状态，瑞丽市全城封锁并对所有居民进行核酸检测，从这个实例可以看出，边境安全在中国抗击疫情中的重要性和关键点。之后，云南省在抗疫中付出的努力，取得的成效、经验及值得注意的问题引起了学者们的关注。本文以云南省为研究区域，通过总结归纳前人对边疆民族地区新冠疫情的研究，梳理边疆民族地区应对新冠疫情时的措施及效果，

作者简介：李益敏，女，云南大学地球科学学院研究员，研究方向为 3S 技术在资源环境与灾害中的应用；周琼，女，中央民族大学教授、博士生导师，主要从事环境史、灾害史、生态文明等研究。

对边疆民族地区在全国抗疫中发挥的作用和地位进行探究。为研究中国特色社会主义制度在新冠疫情中发挥的优势提供思路及启发。

云南与缅甸、越南、老挝接壤，国境线全长 4060 千米，约占我国陆地边境线的1/5，边境地区范围包括 8 个边境州市共 25 个市县。云南边境地区是一个集西部、山区、边疆、少数民族和欠发达地区于一体的特殊地域，特殊地域的突发公共卫生事件极其复杂，边境地区的突发公共卫生事件的多发性和严重危害性给应急管理工作带来严峻的考验，边境地区的突发公共卫生事件的应急管理与传统突发公共卫生事件危机管理和内陆发达地区危机管理存在巨大差异与缺陷。另外，偏远地区、农村基层地区的突发公共卫生事件应急管理工作起步晚，传统应急管理体制机制显示出明显的滞后性，突发公共事件频发，政府应急能力明显不足。因此，对公众的风险感知、行为规律以及公众情绪引导的研究不仅是应急管理工作的重要内容，还是突发公共卫生事件演化的重要影响因素[①]。

二、边疆民族地区应对新冠疫情的文献回顾

（一）疫情防控的方针与原则

自疫情发生以来，党中央和国务院始终坚持统一步调的方针，习近平总书记亲自指挥、亲自部署，举全国之力、集优势兵力，打响了疫情防控的人民战争，形成了全面动员、全面部署、全面加强疫情防控的战略格局，坚如磐石的爱国统一战线成为战胜疫情的重要支撑。白文娟认为根据中央的新部署、新任务统一步伐，在执行中不打折扣，不走形变样，扎扎实实贯彻落实，把做好疫情防控工作作为当前最紧迫、最重要的政治任务，与全国人民一起，筑起了疫情防控的钢铁长城[②]。面对史无前例的新冠疫情，钟君认为以习近平同志为核心的党中央审时度势，采取依靠群众、发动群众和为了群众的方针，领导和指挥全党全军全国各族人民坚定信心、同舟共济、科学防治、精准施策，打响了疫情防控的人民战争、总体战、阻击战，展现的领导力和政治意愿值得其他国家学习[③]。不仅如此，我国在防疫过程中，始终坚持依法治国的原则，坚持法治思维、法治方式，坚持依法办事、依法治理，正如《依法治国：治理能力现代化的重要标志——从抗击新型冠状病毒肺炎疫情中的依法治理说起》一文中提及，这种法治思维是这次抗击新冠疫情并争取最终胜利的重器、利器，是党和国家各项事业须臾不可离开的根本遵循，是法治国家建设的核心理念，是我们迈向社会主义现代化强国的重要课题[④]。

面对疫情，各国需要携手应对，全面加强国际合作，凝聚起战胜疫情的强大合力。

---

① 田甜：《云南边境地区突发公共卫生事件应急管理研究》，云南大学 2010 年博士学位论文。
② 白文娟：《在疫情大考中谱写统一战线新篇章》，《团结报》2020 年 6 月 9 日。
③ 钟君：《从疫情防控看中国制度优势》，《党建》2020 年第 5 期。
④ 《依法治国：治理能力现代化的重要标志——从抗击新冠肺炎疫情中的依法治理说起》，《智慧中国》2020 年第 5 期。

在抗疫期间，我国和国外有密切的合作关系，各方通过相互交换信息和资源，共同构筑了一条强大的抗疫战线。云南省与东南亚及南亚地区有紧密的关系，更需要团结一心。2020 年，东盟轮值主席——越南总理阮春福主持由东盟、中国、日本、韩国通过视频会议参加的特别峰会，会后发表了《东盟与中日韩抗击新型冠状病毒肺炎疫情领导人特别会议联合声明》，提出了与世界卫生组织密切配合和加强"东盟+3"在医疗、经济、政策等多方面的务实合作等 18 条应对新冠疫情扩散的具体措施。随着疫情的蔓延，东南亚及南亚经济不可避免地受到了巨大冲击，这时候更需要中国协助恢复经济。朱拜尔·哈桑（Jubair Hasan）提出南亚面对新冠疫情导致的经济衰退时，需要向中国等东亚国家学习经验，获取援助，深化区域合作，以此来使得南亚经济复苏①。国内学者也呼吁给予东南亚提供经济援助，有学者以东南亚矿业为例指出，面对突如其来的疫情，增加矿业开发和出口将成为东南亚各国拉动经济增长的重要抓手，中国作为东南亚最大的矿业贸易合作国和亚洲最大的经济体，与东盟毗邻的得天独厚优势，将成为推动东南亚矿业发展、抵御新冠疫情、促进东南亚经济复苏的重要国家。

（二）抗疫的理念与组织体系

疫情发生以后，我国始终秉持人民至上理念，慎终如始做好常态化疫情防控，践行习近平总书记对做好常态化疫情防控工作、织牢织密公共卫生防护网、防范化解重大疫情和突发公共卫生风险提出的重要要求，确保每一个患者都能得到及时有效的治疗和照顾。王立剑、代秀亮《重大突发公共危机事件中的社会保障应急机制》一文阐述了社会保障制度、国家治理现代化和公共危机治理的逻辑关系，提炼出重大突发公共危机事件中社会保障制度具有降低社会整体风险、保障全体人民的基本生活需要、凝聚全社会应对公共危机的共同力量三大功能②。

不仅如此，我国社会主义制度在疫情防控组织体系方面亦有着诸多优势，体现在行业应急管理、社区疫情应对及财政政策调整等方方面面。如黄晨等认为当前已进入常态化疫情防控时期，航运公司等水路运输企业的安全生产管理、行业安全生产监督管理与应急管理体系方面对保障社会的正常运转起到了重要作用③。孙洁等则认为疫情期间国家短期内通过减少税收、降低费用来降低企业生产经营成本，使经济运行回到正轨。长期来看，通过"提质增效"，压缩支出，注重绩效，精准发力，能够推动经济可持续性发展④。

在疫情防控中，基层党组织和地方宗族组织发挥着重要作用。特别是基层党组织，下沉到了社会的各个角落，在疫情的联防联控和健全医疗体系、发现病患等方面起到不

① 朱拜尔·哈桑：《南亚经济体可借鉴东亚抗疫经验》，《中国投资》2020 年第 4 期。
② 王立剑，代秀亮：《重大突发公共危机事件中的社会保障应急机制》，《西安交通大学学报》（社会科学版）2020 年第 4 期。
③ 黄晨，王征平，王智谋：《疫情常态防控下水路运输安全应急管理体系研究》，《交通信息与安全》2020 年第 2 期。
④ 孙洁，侯鱼凡：《后疫情时代我国地方财政政策的变化与调整》，《党政研究》2020 年第 4 期。

可替代的重要作用。同时，基层宗族组织在团结乡村社会一致抗击疫情方面起到了润滑剂的作用。如陈琢认为在新冠疫情防控中，社区党组织站在联防联控、群防群治和复工复产的第一线，彰显出强大的组织治理优势①。王伯承基于新冠疫情肆虐期间对豫东南地区 S 县的田野考察，发现基于宗族构成熟人社会的乡村社区通过集体防疫抗疫、积极复工复产、宗族共同体集体行动和国家的疫情防控基层治理需要形成了内在一致性，即宗族组织的积极动员与有效倡导，形成了基层社区早期防疫秩序的建构与表征等②。

面对来势汹汹的疫情，云南省人民在党和政府的领导下团结一心，凝聚力量抗击疫情。云南各族人民也发挥了自己的聪明才智，为抗疫做出了贡献，各族文艺工作者积极行动起来，创作出一批以战"疫"为主题的文艺作品，包括小品、花灯、彝族山歌、快板、广播剧等多种艺术形式。其中，面向全省各少数民族，用本民族语言创作的战"疫"文艺作品最接地气，既结合实际又通俗易懂，让各族群众更好地了解了与疫情相关的防控知识。

抗疫期间，云南省及时发布了《疫情防控 20 条措施》，云南省科技厅在第一时间通过电视、抖音等媒体对新冠疫情进行了科普，统一了大众对疫情的认识，体现了我国"生命至上，以人为本"的思想。面对新冠疫情，云南省民族宗教事务委员会第一时间响应中央和省委、省政府部署，迅速成立疫情防控工作领导小组，下设领导小组办公室，统筹协调做好疫情防控工作。新冠疫情暴发的时候正值春运，人口流动频繁。根据一些学者研究，大量人口流动将会导致疫情扩散，一些重点出入境口岸城市的新冠疫情扩散风险较大③。云南省作为旅游大省和劳务输出大省，在疾情出现后，各级政府对大量滞留旅客进行了妥善安排。2020 年 1 月 26 日，云南省文化和旅游厅发布《关于妥善安置疫区滞留在滇游客的通知》，要求妥善安置疫区滞留在滇游客，体现了云南省作为旅游大省的大局观和服务意识④。

（三）抗疫的具体方法与措施

我国社会主义制度优势不仅体现在疫情防控的原则、理念及组织体现等宏观方面，更体现在具体的疫情防控过程的具体方法和措施中，特别是我国药物警戒制度在疫情的快速反应方面对快速控制病毒的蔓延起到着抑制作用。学者们从疫情的快速应对制度入手进行研究，如柳鹏程等通过文献研究等方法对我国药物警戒制度是否适用新冠疫情特征进行研究，认为我国现有制度体系在信息上报、处理分析、沟通反馈等方面具有很大

---

① 陈琢：《疫情防控中社区党组织战斗力再提升》，《行政与法》2020 年第 6 期。
② 王伯承：《新冠肺炎疫情下的宗族组织与乡村共同体再造》，《北京科技大学学报》（社会科学版）2020 年第 3 期。
③ 向云波，王圣云：《新冠肺炎疫情扩散与人口流动的空间关系及对中国城市公共卫生分类治理启示》，《热带地理》2020 年第 3 期。
④ 吕宛青等：《新冠肺炎疫情对区域旅游发展影响及恢复发展应对策略研究——以云南省为例》，《旅游研究》2020 年第 3 期。

优势，在疫情防控方面发挥着重要作用，但也有诸多需要完善的地方①。不仅如此，我国在医院诊疗严格把关、精准施策，对病毒防控有很大的隔离作用。马锋等②认为，三级综合医院面对新冠疫情防控及正常医疗工作并措，克服多院区管理难点，通过严把预检分诊关口、规范运行发热门诊、精准落实诊疗方案、压实院感防控责任、发挥线上诊疗优势、强化人员管理、关心关爱医护人员等，紧紧围绕"平战结合"强化医疗服务工作。

云南省积极落实党中央、国务院的各项疫情防控措施，2020 年 1 月 24 日，云南省启动重大突发公共卫生事件一级响应，至 3 月 3 日，指挥部连发 12 个通告，一系列防疫措施全面覆盖云南省各个角落。为了支撑疫情防控科普工作，云南省广大科技工作者提高政治站位，积极做好疫情防控中的应急科普工作，向公众科学解读疫情，做好防疫科普宣传和线上便民服务，践行社会责任③

（四）抗疫与国计民生关系选择

疫情防控的各项方针、政策及措施深刻地影响着我们每个人的生活，当前疫情防控进入常态化阶段后，如何既能实现有效抗击疫情，又能保证改善民生是世界各国面临的普遍问题。我国在各级党委的领导下，在各级政府的统筹协调下，积极抓好疫情防控的同时，努力推动复工复产和引导消费，以期实现社会的正常化和疫情防控的常态化相统一，许多新闻工作者和学者对此都进行了很少的研究，2020 年 2 月 3 日，习近平总书记在中央政治局常委会会议研究应对新冠疫情工作时的讲话中强调："要在做好疫情防控的同时，保持生产生活平稳有序，避免因确诊病例增多、生活物资供应紧张等引发群众恐慌，带来次生'灾害'。要确保主副食品生产、流通、供应。"④

云南省在疫后的复产复工中表现积极，广大党员干部带头冲锋、组织部门加强协调督查，起到了良好的引导作用⑤。政府在做好疫情防控工作的同时，全力支持企业复工复产，石林县制定领导干部疫情防控联系企业责任制，对 90 家企业复产复工开展网格服务，为 28 家商贸企业、32 家工业企业开通货物运输审批"快速通道"，以实际行动全面落实党中央、国务院，以及云南省委、省人民政府有关坚持疫情防控与复工复产的决策部署，这背后是我国制度下行政组织强大的行动力。云南省科技厅迅速行动，鼓励和支持全省科技特派员及涉农高校、科研院所因时因地、分类施策，通过科技兴农助力农业生产，发挥了良好作用⑥。不仅如此，抗击疫情，云南文旅也在行动，面对疫情带

---

① 柳鹏程，陈锦敏，姚文兵：《基于新型冠状病毒肺炎疫情下中国药物警戒制度的思考》，《中国药物警戒》2020 年第 7 期。

② 马锋等：《三级综合医院"平战结合"强化新冠肺炎疫情防控医疗服务工作实践与思考》，《现代医院》2020 年第 6 期。

③ 王乔忠：《简析云南新冠肺炎疫情防控应急科普实践》，《云南科技管》2020 年第 2 期。

④ 习近平：《在中央政治局常委会会议研究应对新型冠状病毒肺炎疫情工作时的讲话》，《求是》2020 年第 4 期，第 8 页。

⑤ 李双双：《云南省昆明市：企业复工复产跑出"加速度"》，《党建》2020 年第 4 期。

⑥ 任宏程：《抗疫情，助生产，云南科技特派员在行动》，《中国农村科技》2020 年第 3 期。

来的停滞，云南旅游业没有消极等待，都在为抗疫期间及疫情过后旅游的恢复、发展、振兴积极思考、讨论、行动着①。杜国川从云南跨国体育旅游角度展开研究，提出后疫情时代要完善恢复跨境体育赛事工作，构建跨境体育旅游危机管理体系，推动民族体育与旅游融合，建设乡村体育旅游品牌，加大边境旅游宣传，完善相关基础设施配套等建议，从而助力云南沿边国家命运共同体的建设，支撑云南健康生活目的地的打造，推动边境区域跨境旅游的恢复②。

云南省金融机构积极担当作为、优化金融服务，加大金融供给，确保疫情防控和复工复产金融服务不断档、不缺位，给云南民众提供了许多资金支持和便利，为夺取疫情防控和经济社会发展双胜利贡献了金融力量③。

云南省内有多个少数民族聚集区，一直是我国脱贫攻坚战中的重要对象，新冠疫情不可避免地对民族地区贫困人口增收、扶贫产品销售、扶贫项目建设等方面造成了影响。对此，国务院有关部门相继印发通知，在做好扶贫小额信贷、光伏扶贫收益分配、产业扶贫、就业扶贫、驻村帮扶等工作的同时，开展网上带货消费扶贫、拨付财政专项扶贫资金，努力减小新冠疫情产生的负面影响。疫情对民族地区脱贫攻坚工作会有一定影响，但影响是暂时的、可控的④，国务院相关人员在云南深度贫困地区脱贫攻坚推进会指出，要扎实做好易地搬迁后续帮扶工作，确保贫困搬迁群众"稳得住""逐步能致富"。这些措施都和我国脱贫攻坚遵循的基本原则"以人民为中心"一脉相承，彰显了我国的政治优势和制度优势。

三、边疆民族地区疫情防控的艰辛和应对措施

云南边境线长且情况复杂，25 个边境县有 19 个国家级口岸、6 个省级口岸和 65 条边民通道，云南边境很多地方没有大山大河这样的天然屏障，地势更是错综复杂，有的村道、水沟、田埂，甚至房子就是国界。还有数量众多的边民通道、便道、小路，情况非常复杂。在中国疫情防控进入常态化阶段后，周边国家疫情逐渐暴发，边境线漫长的云南面临着"外防输入、内防反弹"的巨大压力。边疆稳，则国家安，为坚决打赢疫情防控阻击战，云南省举全省之力全力抗击疫情，将疫情防控和强边固防作为边境地区各级党委、政府的政治责任，悠悠万事，唯此为大。

为了边境防控安全，云南不断提速边境立体化防控体系建设，云南 8 个沿边州市 25 个县建立强边固防和疫情防控联防所、哨卡点、执勤点。云南公安日均 2 万余名警力日夜坚守边境、25 支省级援边医疗队奔赴 25 个边境县、3851 个临时党支部让党旗飘扬在边境一线。不断强化党政军警民联防联控机制，大力推进强边固防示范村创建，把

---

① 《抗击疫情，云南文旅在行动》，《旅游研究》2020 年第 3 期。
② 杜国川：《"后疫时代"云南省跨境体育旅游的发展对策研究》，《曲靖师范学院学报》2020 年第 2 期。
③ 《助力复工复产达产，云南金融业在行动》，《时代金融》2020 年第 10 期。
④ 唐丕跃：《疫情对民族地区脱贫攻坚的影响》，《人民论坛》2020 年第 14 期。

边境广大干部群众发动起来，全民参与、全民守边，真正做到"村村是堡垒、户户是哨所、人人是哨兵"。做实党政军警民合力强边固防机制，推动人防物防技防深度融合，守住了边境安全的防控安全，云南做到自疫情以来包括偷渡者在内的所有病例无一例外溢。

然而，云南边境地区的疫情防控是何等艰难，我们从中缅边境瑞丽市 9 次发生疫情，对主城区实行封闭管理，所有市民居家隔离理解边城抗疫之艰。瑞丽是中缅边境城市，其西北、西南、东南三面与缅甸相连，瑞丽边境线长达 169.8 千米，其中江河段 105.1 千米，陆路 64.7 千米。瑞丽有 4 条跨境公路，65 座界碑，36 个正式通道，无数条民间便道。边境管控形势异常复杂，境外疫情输入风险极高，经历一场又一场艰苦的抗疫持久战，瑞丽一次又一次把疫情就地扑灭，没有发生一个病例向内地扩散，为全国疫情防控大局做出了重要贡献，瑞丽成为人民心中的抗疫英雄城市。瑞丽战疫不仅展现了这座边境小城的韧性和群众团结的力量，也证明了我国"外防输入、内防反弹"和"动态清零"策略是完全正确的。

以瑞丽为代表的边境城市大都基础差、底子薄、发展任务重，却还要应对艰巨的抗疫守边挑战，实属难上加难，艰辛程度可想而知。瑞丽一次次疫情防控的成功，得益于中央和国家各部委的关心和支持，得益于社会各界的帮助和鼓励，也源于当地党委政府实施的一系列科学精准有效的防控举措，还离不开当地群众团结一心、艰苦付出。应该说，经历战"疫"的淬炼，瑞丽的治理体系和治理能力得到提升，群众战胜困难和奋进发展的勇气和信心更加强大。瑞丽防控经验，对中国边境地区乃至其他城市的疫情防控具有示范激励作用。

四、结语

综上所述，在抗击疫情过程中，我们深刻认识到中国特色社会主义制度在疫情防控中的优势和作用，大家普遍认为只有在中国共产党的领导下，社会主义制度无论在理念、方针和原则，还是在疫情防控组织体系和具体措施落实方面都发挥着重要作用，对保障人民生命安全和健康、社会复工复产等方面起到了很大的指导和促进作用。云南既处于我国边疆民族地区，又处于和南亚和东南亚的交汇地带，疫情防控又有其独特之处，这不仅体现在对内的疫情防控的民族性和地方性特点，更体现在对外交流与合作方面的各项努力。但当前的相关研究多关注云南疫情防控的政府层面或者说是主流层面，对云南抗疫过程中的地方性、民族性或者说是基层方面的制度优势没有很好地体现出来。我们认为云南抗疫过程中的地方性、民族性也十分重要，其对疫情防控有很大的促进作用，主要表现在以下三个方面：

一是云南地处祖国的西南边疆，少数民族众多，正如其他地方宗族组织在抗疫中起到的强大凝聚力一样，云南各族民众在疫情防控中有着各自民族特色的习惯性方法和措施，这些方法和措施与国家的现行制度很好地结合起来，对当地的疫情防控起到了促进作用。

二是云南与老挝、越南等东南亚国家接壤，边民和边贸来往频繁，给疫情防控带来了严峻的挑战和考验，边境联防联控工作显得尤为重要。云南省在党中央、国务院的领导下，如何结合自身实际，发挥自身能动性，创新联防联控的制度、方法和具体执行措施，都是值得我们进一步发掘的，也是我们制度优势的重要体现方面。

三是云南边境地区做好党政军警民合力强边固防机制，推动人防物防技防深度融合，广大干部群众团结一心、全民守边，做到"人人是哨兵"参与防控；守住了边境安全的防控安全，确保了疫情不外溢。云南边境地区特别瑞丽市疫情防控经验对现阶段我国疫情防控具有借鉴和指导意义。

基层村委会在民族地区村寨疫情防控中发挥的作用
——以迪庆藏族自治州维西傈僳族自治县启别村村民委员会为例

和冬梅

（云南大学民族学与社会学学院）

2019 年 12 月，湖北省武汉市等地陆续暴发新冠疫情。截至 2021 年 8 月 31 日，国外新冠肺炎确诊病例累计超过 2.1 亿例，死亡病例超过 451 万例，全球五大洲无一幸免；我国确诊病例超过 12 万例，死亡病例超过 5600 例，这是中华人民共和国成立以来传播速度最快、感染范围最广、防控难度最大的一次重大突发公共卫生事件[①]，面对来势汹汹的疫情，习近平总书记指出："这次抗击新冠肺炎疫情，是对国家治理体系和治理能力的一次大考。要研究和加强防控疫情工作，从体制机制上创新和完善重大防控疫情举措，健全国家公共卫生应急管理体系，提高应对突发重大公共卫生事件的能力水平。……坚决贯彻预防为主的卫生与健康工作方针，坚持常备不懈，将预防关口前移，避免小病酿成大疫。要健全公共卫生服务体系，优化医疗卫生资源投入结构，加强农村、社区等基层防控能力建设，织密织牢第一道防线。"[②]

截至 2021 年 8 月 31 日，迪庆藏族自治州无疑似病例和确诊病例报告，在全国涉藏工作重点地区中取得了好成绩。总结取得的经验：除了得益于迪庆藏族自治州委、州政府高度重视、启动早、措施采取及时以外；基层村民委员会在此次农村疫情防控中发挥了重要的作用[③]，其取得的经验和存在的困难，值得总结、重视和深入研究。

一、启别行政村概况

云南迪庆藏族自治区是藏族、纳西族、傈僳族等 26 种民族大杂居、小聚居的涉藏

基金项目：云南大学民族学一流学科建设"新型冠状病毒感染肺炎疫情社会科学调查研究应急项目"资助。

个人简介：和冬梅，云南大学民族学与社会学学院博士研究生。

① 陈禹彤，王菲：《共克时艰抗击疫情 全力以赴筑牢防线 安防行业战"疫"记》，《中国安全防范技术与应用》2020 年第 1 期，第 3—6 页。

② 《习近平主持召开中央全面改革委员会第十二次会议强调 完善重大疫情防控体制机制 健全国家公共卫生应急管理体系 李克强王沪宁韩正出席》，《人民日报》2020 年 2 月 15 日，第 1 版。

③ 根据 2020 年第七次全国人口普查主要数据记录：迪庆藏族自治州总人口为 387 511 人，其中，居住在城镇的人口 120 412 人，占总人口的 31.07%；居住在乡村的人口为 267 099 人，占总人口的 68.93%。

地区。这里使用和流传着 9 种语言、9 种宗教信仰和 5 种文字。维西傈僳族自治县是迪庆藏族自治州的三县（市）之一，是全国唯一的傈僳族自治县，傈僳族占全县总人口的 57.41%。

启别村隶属维西傈僳族自治县塔城镇，下辖 14 个村民小组。其中，哈达、拉牙、加母壳、启别、冲壳、伟托、它洒、克子布 8 个村民小组为纳西族村寨；迪姑、岩上、岩下、老姑、拉卡席、洒里席 6 个村民小组为傈僳族村寨。全村 664 户，3039 人。

二、启别村村民委员会在疫情防控中的任务分解

启别村村民委员会由主任、副主任、委员组成。在此次疫情防控工作中，启别村村民委员会成立了启别村疫情联防联控工作领导小组，且下设六个职能工作组。

（1）综合协调组。主要职责为按照"预防为主、防治结合、科学指导、及时救治"的工作原则，组织领导小组成员研究确定不同疫情形势下疫情防控工作的策略和重大措施，完善应对预案；组织对疫情防控工作的落实情况开展督导检查，统筹协调和指导各村民小组落实各项防控措施；加强疫情防控工作的值班工作，严格执行 24 小时值班制度；及时梳理总结工作推进过程中的困难和问题，研究提出工作建议，及时向上级领导小组报告。组织各职能小组落实相关工作，规范开展新型冠状病毒防控工作。

（2）"三级设卡隔断"卡点组。在全村共设 14 个村民小组之间隔断卡点，主要职责为对本村民小组以外人员进行登记、24 小组值班并负责辖区内的消毒工作。

（3）居家隔离观察人员监督组。工作职责为对居家隔离人员进行远距离观察行踪，禁止居家隔离观察人员串门，及时电话联系居家隔离人员，确保每天食物充足，发现异常及时上报启别村疫情联防联控工作领导小组。

（4）应急处置组。工作职责为落实重点场所防控措施，全面排查梳理风险隐患。严格执行"早发现、早报告、早隔离、早治疗"的要求，预防关口前移，重心下移，及时科学有效处置，全面筛查，加强检测，提高疫情检测敏感度。排查矛盾纠纷问题，做好发现疫情时有效隔离处置疫情患者的预案实施。

（5）宣传引导组。工作职责为健全完善信息通报机制。加强信息通报工作，畅通信息渠道，实现信息共享，严格执行疫情"日报告""零报告"制度，不迟报、瞒报、漏报疫情信息；制定信息发布方案，主动开展舆情收集、研判和报告，有针对性地发布健康提示等科普知识，主动与媒体沟通、与群众沟通，及时澄清不实信息，引导舆论风向。利用多种手段，有针对性地开展新冠疫情防控知识宣传，积极倡导党员群众讲卫生、除陋习，摒弃乱扔、乱吐等不文明行为。

（6）返乡人员"14 天居家隔离观察"体温检测组。工作职责为对省外、州外、县外返乡人员进行一天两次的体温监测，确保如实完成返乡在家人员的随访监控工作；指导观察对象认真监测自身情况的变化，并及时记录上报。2020 年 2 月 1 日到 6 月 1

日，共上报 90 份。

三、启别村村民委员会在村寨疫情防控中发挥的作用

（一）采取的措施

启别村村民委员会积极响应塔城镇党政部门的部署安排，结合启别村各村民小组自身的特点采取了一系列疫情防控措施：

（1）上情下达、下情上报。从 2020 年 1 月 29 日到 6 月 30 日期间，迪庆藏族自治州委、州政府先后下发《迪庆藏族自治州委州政府应对新型冠状病毒感染肺炎疫情工作领导小组指挥部通告》等 14 个通告，以及相关的各种工作要求文件。启别村村民委员会在收到上级下发各种文件的第一时间，根据自身的特点，进行全面贯彻执行。同时，把部分文件及时公开准确地传达给各村民小组组长和党小组组长，要求传达至每家每户，实现信息传达全覆盖。

从 2 月 1 日起，启别村村民委员会全面启动启别村疫情上报制度。每天上午、下午各统计一次外来人员数据，填写疫情工作动态日志，并及时上报镇政府，至 5 月 30 日，先后共上报 30 多期信息、简讯和统计报表。

（2）严格排查、"设卡隔断"。2 月初，启别村设置了 7 个监测执勤点，对所有进入村民小组的外来人员进行体温检测和信息登记，尤其是对村寨里的返乡人员逐一登记、严格排查，实行无差别执行健康申报（扫云南健康申报二维码）和体温筛查等措施。村民委员会工作人员实时掌握返乡人员身体状况、活动区域、思想动态，做到底数清、情况明、管到位。按属地管理要求，实行所有返乡人员居家隔离观察 14 天，每天自行监测体温两次，坚持佩戴口罩，限制活动区域，杜绝接触外人。在此期间共排查从省内外返乡到启别村的有 72 人、州内返村的有 108 人。上述人员全部经严格居家隔离，每天由村医上门进行两次体温监测，均无异常。

从 2020 年 2 月 3 日起，启别村村民委员会按照属地管理原则，在全村范围内严格采取"设卡隔断"措施。即村组与村组之间隔断；实行车辆通行出（入）管理，其他与防疫无关的车辆和人员禁止通行；对非本村组人员进村组进行登记。

（3）"四包联防联控"和"五户联保"。启别村村民委员会严格按照维西傈僳族自治县疫情防控工作（村级）联防联控流程图中的要求，采取了"四包联防联控""五户联保"措施。"四包联防联控"即严格落实村卫生室、村"两委"和工作队包村民小组、村民委员会包户的防控责任机制；"五户联保"即组建以"五户家庭"为单元的联户组，实行"联防、联排、联控、联保"。要求每个村民小组都要张贴联防联控流程图，都要清楚防控流程，严格按照流程办理，每个流程都要指定具体的负责人，明确联系电话等相关信息，坚决确保事情有人管、有事能找到人。以启别村下属的哈达村为例，52户的哈达村既有村民委员会工作人员的包组监督，同时，整个村寨被分为 10 个"五户

联保"组，由村中的党小组组长和村民小组组长负责安排党员进行监督和信息传递，实现了村寨疫情防控无盲区，责任落实监督无盲区，做到了不漏一户，不漏一人。

（4）申报"个人健康情况"、告知"居家隔离细则"。启别村村民委员会为严防输入风险，对于从州外返乡人员，要求填写"个人健康申报表"，内容包括个人出发地和时间、乘坐的交通方式和班次座号、到达地和到达时间；是否有发热、咳嗽、乏力、胸闷等症状；是否被诊断为新型冠状病毒肺炎确诊或疑似病例；是否与新型冠状病毒肺炎确诊或疑似病例有密切接触；过去 14 天是否被集中隔离观察；是否去过疫情防控重点地区；过去 14 天是否与来自疫情防控重点地区的人员有密切接触等。

与此同时，启别村村民委员会还给每个返乡人员下发了居家隔离观察告知细则，主要内容包括加强卫生健康意识；保持良好的个人卫生习惯；避免与有呼吸道疾病症状的人密切接触；正确佩戴口罩，避免接触野生动物和家禽家畜；禁止组织、参加聚会、聚餐等。

（5）取消聚众活动，劝返外来人员。在春节期间，从大年初二开始，启别村村民委员会按照传统习俗组织各自然村轮流开展文体活动，持续时间为 10 天（即到农历正月十二）。根据村民委员会的要求，2020 年刚好轮到哈达村主办，哈达村举全村之力做好了这次春节文娱活动邀请另外 13 个村的吃、住和活动方案的相关筹备工作，但因为疫情防控的要求，所有已筹备好的文娱活动在大年初一全部予以取消，村里的奶奶忧心忡忡地告诉笔者"文娱活动取消了，顶多浪费点排练时的时间和精力，但是这些已经准备好的蔬菜怎么办呀？太浪费了！"全村从大年初二开始有相互拜年请客聚会的习俗等活动，也因疫情防控的要求全部自觉停止。例如，以哈达村的 DSZH 家来说，她两个女儿已经在外成家，大女儿在香格里拉市里当公务员，二女儿在丽江从事旅游业，儿子在家也是搞养殖和旅游服务业。全家人口有 16 人，从 2 月 1 日至 29 日，按照村民委员会的倡议和相关通告，一家人在家里围着火炉聊天，看电视、玩手机，研究一日三餐和打扫家里的卫生，不再外出。哈达村还有一对新人，原计划在大年初十（2 月 3 日）举办婚礼，所有请柬已发出，但也暂时取消了婚礼。

此外，从 2020 年 2 月 2 日起，哈达村内和周边的酒店、宾馆、超市、小卖部、服装店、渔庄、榨油坊、五金店等经营性场所一律暂停营业，摆摊买卖蔬菜、水果、肉制品、烧烤等经营行为也暂时停止。

另外，根据村民委员会的要求，哈达村在村党小组组长和村民小组组长的带领下，自我开展了拉网地毯式的精准排查。经排查把原来在村寨留宿过春节的 10 多名游客，统一劝出村寨外。

（二）启别村村民委员会在疫情防控中取得的成效

启别村下属的 14 个村民小组作为少数民族地区的一个村寨，在启别村村民委员会的统一领导下，在此次疫情防控中取得了显著的成效。

（1）积极带动先进，垂范形成合力。启别村村民委员会积极带动基层党员和村干部的先锋模范作用，率先垂范，成立了疫情防控党员突击队，先后动员 36 名党员骨干深入疫情防控第一线，多次进行设点检测和防控宣传，这些党员又积极带动村民小组的党员，形成了拉网式的防控机制。以哈达村为例，哈达村的 26 位党小组成员积极带头，发挥先锋模范作用。对外，26 位党员每天 4 人为一组，轮流在进村口的道路值守，并且在卡点给村内过往人员和车辆开展消毒工作；对内，26 名党员轮流在村内公共区域进行消毒，确保村寨道路的消杀行动实现全覆盖，不留死角。

（2）加强防控宣传，提高防护意识。启别村村民委员会工作人员充分利用现代多媒体，特别是利用微信、电话、音响和话筒走村串户宣传防疫工作，发放宣传单，特别是对州外返乡人员传递知晓书，并签署告知书。另外，每天通过公示栏、村组干部微信群、村组内微信群等发布相关工作动态等 5 条；利用村村通、移动音响、微信群滚动播放防疫知识，每天轮播 2 遍以上，先后发放宣传单 1500 张以上。

以启别村下属的哈达村为例，哈达村的村党小组组长和村民小组组长充分利用电话、短信、微信、广播、短视频等手段，把村民委员会的要求如实地传达给了村民。针对很多上了年纪的村民都习惯于用纳西语进行交流的情况，宣传队还编录了纳西语版的宣传语音和短视频，把各级政府下发的信息公开、及时、准确地传达给村民，增强了村民对疫情的知晓度以及对党和政府的信赖度，既稳定了人心，也减少了因疫情信息不对称带来的不必要恐慌。

另外，村民委员会分类引导村寨内的群体，增强防护意识。劝导村寨内的广大群众不开展聚集性活动；倡导村寨内的所有村民居家过节，并且勤洗手、常通风、戴口罩，降低感染、传播疫情的风险程度，切实提高自我防护能力。

（3）筹措资金物品，发动民众捐款。据启别村村民委员会工作人员介绍，2020 年 5 月，启别村村民委员会向维西傈僳族自治县疫情指挥部申请到了 2 万元的疫情防控工作经费；向塔城镇镇政府申请了 200 多个口罩、80 包消毒粉（净重 250 克）分发给了 14 个村。根据村民委员会的分配，哈达村也分到了为数不多的一次性医用外科口罩和消毒粉，这些防护品全用在了全村最需要的刀刃上。①

此次，启别村村民委员会还组织社会爱心企业、党员和群众捐款助力疫情防控。在哈达村的企业、公司合计捐款 50 000 元；哈达村民小组的爱心企业里的党员和群众，以个人的名义合计捐款 15 860 元；哈达村民小组的党员合计捐款 4180 元。

（4）提升环境卫生，关注人文关怀。疫情防控期间，在村民委员会的积极倡导之下，各村将日常环境卫生整治列入村寨疫情防控的重要内容，启别村各家各户都会自觉清扫自家门前的村寨主路、串户路，做到日积日清。期间，驻村工作队进村入户检查住户卫生，同时村寨党员轮流开展道路喷洒二氯异氰脲酸钠粉消毒水的消杀行动。对每个

---

① 2020 年 5 月，据村委会副主任 HXC 介绍，村委会口罩配备给在村口设卡执勤人员和给道路喷洒消毒液的人员使用；消毒液每天两次的使用频次，全用在村寨公共道路上，并按照每 1 升水配 2 克二氯异氰脲酸钠粉的比例，在村寨中的道路进行每天一次的消毒活动。

村寨入口，村内道路、村庄卫生死角、垃圾桶等区域实施喷洒，既提升了村寨的环境卫生，又严控了疫情传播路径。

另外，对于此次突如其来的疫情，启别村的村民随着居家无法外出务工或经营带来的家庭收入下降，村民担忧的问题也逐渐增加和繁多，如何获取药品？疫情是否会反复？何时何地才是最安全？加之，村民们每天从手机上看到疫情数据的激增。以哈达村民小组为例，村寨内有 16 位从州外返乡被要求居家隔离 14 天的人员，村里人与人之间谈疫色变，村民之间都不再随意的相互走动来往。面对村民的恐慌、焦虑与害怕，村民委员会承担起了积极安抚村民的情绪，及时传达镇政府的疫情防控要求，加强对村民的人文关怀。对因为疫情带来心理恐慌的村民也给予疏导和抚慰，增强村民的抗疫信心。村党小组组长和村小组组长根据包户要求，对居家隔离人员不仅进行体温监测，还给予生活上的帮助和关照，如送口罩、代买生活用品等。

四、启别村村民委员会在村寨疫情防控中存在的问题与困难

（一）基层村民委员会在疫情防控中存在的问题

（1）村民委员会工作人员的能力水平提高的问题。由于受年龄、阅历、学历、能力等潜在因素的影响，加之村党支部书记以及其他临聘工作人员流动性大、任期短。村"两委"主要负责人对上级党委、政府的相关防疫政策措施有时难免会出现理解误差，主要表现为：与村寨的实际情况结合得不紧密，死搬硬套，或思路不清、方向不明；或有些举措仅停留在纸上、念叨在口上，重点不突出，抓手不具体。因此，存在执行政策过程中出现过激或偏离的问题，从而导致上级党委、政府的决策落实停滞在"最后一千米"。

（2）村民委员会防疫软硬件配备不足的问题。据笔者调查，14 个村民小组，3039人的启别村只有 2 名村医，246 人的哈达村民小组无村医和药店。2020 年 5 月，整个启别村村民委员会 2 个月仅向 180 多位居家隔离人员发放了 180 只一次性医用口罩，向14 各村民小组发放了 50 包（二氯异氰脲酸钠粉，净重 250 克）消毒粉。哈达村 52 个农户家里几乎没有储备口罩、体温计和手套等防疫用品。

（3）村民委员会疫情防控麻痹松懈倾向的问题。随着撤销高速公路、国省干线、省界入口监测点和复产复工返程高峰的到来，迪庆藏族自治州境内流动人员大幅增加，输入人员管控管理难度不断加大，发生输入性疫情的风险剧增。迪庆是以旅游业为支柱产业的藏族自治州，启别村作为全州乡村旅游的示范区，游客流量也逐渐回升，村委会作为疫情防控的基础环节的责任落实还有差距，特别是随着国内疫情的好转，全村的防疫工作开始有麻痹松懈的倾向。以哈达村为例，村里有 2 个精品酒店、6 个民宿客栈，2021 年 6 月至 8 月，每家客栈都被订满，而且客源都是来自全国各地。2020 年 4 月至今，全村无一人戴口罩，在无任何防疫措施的情况下聚众或请客过节，很多村外的人员

也来哈达村民家中过节，村民委员会的疫情防控有松懈倾向。

（二）基层村民委员会在疫情防控中存在的困难

（1）宣传执行与强制管控措施落实的困难。在启别村，面对繁重的疫情防控政策、知识宣传工作，村民委员会里的日常值守工作人员不到 10 人，而他们面对的是 14 个村民小组，664 农户，3039 人口的工作面。村民小组与村民小组之间相隔十几千米，村寨分散，交通不便，宣传工作成本高。如哈达村，因为疫情期间不能召集会议，村民委员会工作人员每天开着自己的车，走村串户宣传疫情防控知识；哈达村作为纳西族村寨，许多年长村民难以听懂汉语版的防疫知识广播，有的不识汉字，所以宣传册和广播还得翻译成纳西语进行传播送达。

在具体执行疫情防控措施中，基层村民委员会管控乏力，缺乏法律依据支撑。以哈达村为例，因为村落的开放性，很难实现城市小区里采取的隔离措施，即使强制隔离，村民委员会有时也难以给予充分的生活物资保障。另外，村是人情社会，村民习惯走亲访友、聚众娱乐、请客聚餐，"人情大于疫情"的侥幸思想依然存在，村里长期养成几乎不戴口罩的习惯，若有人戴口罩，会被村民视为另类进行疏远或取笑，这给村民委员会的防控工作带来了很多阻力。再者，启别村村民委员会管辖下的村与村，家户与家户之间，四通八达，村民委员会管控村民缺乏法律依据，对不听从劝阻，不执行防控要求的村民，仅靠人情说服教育，难以达到管控效果，很难采取强制措施。对于村中的外来经营人员，村民委员会也很难要求对全部出租屋等经营场所进行排查登记管理，或介入掌握更多私人信息。

（2）物资采购储备和工作经费筹集的困难。在此次疫情防控工作初期，启别村村民委员会仅有维西傈僳族自治县应对新型冠状病毒肺炎疫情处置指挥部下拨的 2 万元专项经费。村民委员会是农村基层群众性自治组织，不是行政单位，不属于公务员系列。大多数时候，工作人员在开展工作时，都是自己开私家车，自己解决食宿问题。村民委员会主任每个月仅有 2000 多元的生活补贴，而面对的是千头万绪的工作，经常加班加点。

以启别村下辖的哈达村为例，疫情发生前，村卫生所和村民家中，几乎无一次性医用口罩、手套、消毒液、消毒粉、酒精、体温计等疫情防控物资的储备。疫情发生后，各地抢购防控物资，边远少数民族村寨物资采购渠道不畅，难以及时配备，防控物资极度短缺。

（3）现场值守条件和医疗救治手段的困难。迪庆藏族自治州地处高原，自然条件恶劣，交通不便，且受高海拔缺氧低气压的影响，呼吸道传染病患者救治难度更大，风险等级更高。

以启别村下辖的哈达村为例，疫情期间又正值冬季的冰天雪地，3 月中旬哈达村还下了一场大雪。哈达村的现场执勤卡点为户外临时搭建，值守人员的防寒保暖条件差，因早晚温差大，采用野外生火取暖，这样既不能确保疫情防控的有效性和持续性，又增添了新的安全隐患和火灾风险。因值守者的防护措施简陋，在值守中存在被感染的风险。加上全村没有针对性药物，防控和救治手段都令人担忧。

（4）协调民族风俗与防控措施间矛盾的困难。民族地区的民族风俗习惯与疫情防控措施之间有时存在矛盾。迪庆藏族自治州是云南省唯一的 26 个民族共同聚居的涉藏地区。多民族多种宗教并存使得迪庆藏族自治州内各民族地区的风俗习惯，特别是丧葬习俗以及宗教习惯都有各自的特点。有些风俗习惯与疫情防控政策存在冲突。如疫情防控期间民族地区遇到丧事，藏族习俗是聚众念经超度，纳西族习俗是全村停产奔丧帮忙等。对于遗体的处理方式，各民族有自己的习俗，如哈达村的纳西族习惯于土葬，周边的纳西族、傈僳族和藏族村寨又习惯于火葬和水葬。所以，在疫情防控中，如何与当地的民族风俗相协调是需要提前做好预案的。

另外，疫情防控工作给村寨内的经济活动带来了限制和冲击。随着防控措施的收紧，村民活动受限，村寨内的人与人之间内心世界拉开了距离，变得枯燥、村寨失去了活力与生趣，如何协调与恢复村寨的生机，是一个持续性的难题。疫情缓解后，对于来村寨里来旅游的外省人，有些村民产生了心理戒备，无形中酒店和民宿的经营者和村民之间产生了心理隔阂。

五、加强基层村民委员会在村寨疫情防控作用中的对策与建议

（一）对策

（1）坚持党建引领，加强组织领导。进一步发挥基层党组织战斗堡垒作用，发挥党员先锋模范作用，提高村民委员会工作人员的工作能力。充分发挥党组织在村寨里的核心作用，明确村民委员会的疫情防控责任，完善工作机制，健全工作组织体系，把疫情防控与村寨各项工作政策执行紧密结合。通过基层党组织的领导，加强联防联控，动员回乡大学生、共青团员、返乡人员，共同参与疫情防控工作，轮班作业、严防死守、不留死角，构筑群防群治抵御疫情的严密防线。

（2）改善医疗条件，提高防控水平。针对迪庆藏族自治州特别是少数民族村寨医疗基础设施差、医疗资源缺乏和医务人员紧缺等现实短板，各级政府应该加大对村民委员会医疗资金的投入，完善村寨医务室的功能建设和基层医护人才的培养，强化村寨自身的疫情监测和应对能力；特别是从国家层面给予政策倾斜，有针对性地培养专业医护人员，实现定向招生与委培，切实提升迪庆民族地区的医疗水平和重大疫情防控水平。加大对基层村民委员会工作人员的人文关怀，基层干部由于长期驻守一线，工作超负荷，还要面对许多突发事件和被病毒感染的风险，承受着巨大的心理压力，及时为他们提供相应的心理疏导，确保他们心理健康。让基层工作人员在疫情防控工作中能安心、放心、专心，全身心投入疫情防控工作之中，织密织牢疫情防控的"网底"。另一方面，要让基层干部把更多精力投入到疫情防控第一线，上级有关部门必须坚决摒弃形式主

义，切实为基层干部减负。此外，关注基层村民委员会工作人员在村寨值守的问题，改善值守条件，确保供水、供电和取暖设施设备，妥善解决基层干部御寒、值夜、交通、加班等问题，免除其后顾之忧。

（3）普及法律知识，完善村规民约。以疫情防控为契机，加强农村普法教育，提高农民的遵法、学法、懂法、守法、用法意识；要调动农民参与农村民主政治建设的积极性，积极参与农村疫情防控，为农村疫情防控营造良好的法治环境。

以疫情防控为契机，完善村规民约。在村寨里，有时法律规定不可能穷尽社会生活、经济事务等方面的所有事项，村民世代便居住在村寨里，他们一起耕作，一起生活，一起防御自然风险；他们生产中互助，生活中互济，建立了比较牢固的合作和信任关系，村规民约是他们日常生活处理人情关系的智慧结晶。因此，针对少数民族村寨的特殊性，进一步加强和细化制定村寨的村规民约，使其成为法律的有效补充。积极倡导民族地区移风易俗，在疫情防控期间，尽量改变以往的红白喜事操办法、倡导少聚会、使用公筷或实行自助就餐形式，倡导在注重个人卫生的同时，加强和维护公共环境卫生。面对乡风民俗、宗教信仰与疫情防控措施发生矛盾时，积极倡导宗教团体的带头人做出表率，带头执行防控政策，使其成为政策的有效补充。

（4）普及防疫知识，完善应急机制。充分利用现代科技，强化宣传对村民的防疫知识普及。通过电视、广播、手机等多种手段，宣传介绍新冠疫情的危害与防控的基本知识，编辑录制少数民族语言的防疫知识宣传册，及时主动传递疫情资讯，提高民族地区群众特别是中老年人的知晓率，增强健康意识和自我防护意识；通过多种渠道让群众了解新冠疫情的传播途径及危害性，充分认识到疫情防控与自身、家庭成员以及每个人的生命、健康息息相关，引导群众养成良好的生活习惯，特别是在疫情防控的关键期，多用微信、电话联系，减少走亲访友、聚会聚餐。同时，要宣传引导群众既要保护好自己，也要积极参与疫情防控，引导群众从"旁观者"到"自律者"，再到"参与者"，形成群防群控的宣传舆论氛围。

当然，现代媒体的传播速度之快、之广，也有不利的一面。因此，在村党组织和村委会领导下，要传播正能量，引导村民严格遵守网上言行规则，倡导村民自觉抵制负面言论，不信谣、不传谣、不造谣。实现新媒体链接、直播、视频及微信内容的文明和健康，从而在村寨形成良好的舆论氛围。

（二）建议

（1）绷紧村寨疫情防控弦。坚决克服麻痹思想、厌战情绪、侥幸心理、松劲心态，自觉履行疫情防控公民责任、社会责任，始终保持"防患于未然""以防万一"的紧迫感和使命感。按照国家"外防输入、内防反弹"常态化防控要求和迪庆藏族自治州"外防输入、内防意外"的工作要求，基层村民委员会依然需要将疫情防控作为当前最重要的工作常抓不懈。

（2）始终坚持"五早"原则。始终要坚持"早发现、早报告、早排查、早隔离、早治疗"原则不动摇，基层村民委员会要对本村当前防控措施进行全面评估，对防控隐患再排查，防控重点再明确，防控要求再落实，确保各项措施执行到位、风险管控到位，坚决防止因局部防控不力造成疫情输入扩散，杜绝来之不易的疫情防控成果发生逆转。

（3）精准落实"外防输入"措施。各级部门要协助村民委员会严把旅游人员进入村寨关，尤其是严把村寨里宾馆酒店登记关，实行健康监测，科学合理进行内部清洁消杀。做到底数清、情况明，监测措施和跟踪核实管控服务到位，从而为村寨的疫情防控做好第一道防线。

（4）严格食品原料安全管理。始终要严格村寨内外，特别是村寨周边市场监督管理，加强对批零住餐供应市场的风险排查，加大活禽市场及海鲜市场监管及定期消杀管控力度。严格村寨村民采购食品的安全，严防无证食品。倡导村民生熟食材分开存放，食物烧熟煮透，不食用生冷食物，处理食物的案板、菜刀、餐具要做到生熟分开并及时彻底清洗，处理生鱼海鲜生肉后应立即洗手消毒等。

（5）持续开展"爱国卫生运动"。基层村民委员会要带领村民全面推进村寨环境综合整治，积极促进文明行为养成，坚持做好健康教育知识宣传，倡导文明健康、绿色环保的生活新风尚。对村寨里外的农贸市场、餐饮等场所及物流等环节集中开展消杀，对操作台面、下水道、运输车辆等重点部位严格落实消杀措施，及时清运垃圾，消除疫情传播隐患。

（6）恢复经济发展与疫情防控两不误。在各级各部门的关心下，基层村民委员会在落实常态化疫情防控工作的同时，坚决做好全面强化稳就业举措，切实保障基本民生，积极推动企业复工复产，有序激活村寨消费市场，全力夺取疫情防控和经济社会发展双胜利。在疫情防控中逐渐恢复发展村寨的经济活力，关心村民的日常生计。

六、结语

2020年2月3日，习近平总书记主持召开中央政治局常务委员会会议，他强调："这次疫情是对我国治理体系和能力的一次大考，我们一定要总结经验、吸取教训。要针对这次疫情应对中暴露出来的短板和不足，健全国家应急管理体系，提高处理急难险重任务能力。"①

在中国14亿人口中，农村人口的占比不容小视，村寨作为大多数农村人口的最终归宿地，尤其是在春节期间。面对这一来势凶猛的疫情，基层村民委员会作为村寨的自治组织，在这场疫情防控战役中承受着巨大的工作压力。然而，笔者通过聚焦基层村民委员会在少数民族村寨的疫情防控工作，发现基层村民委员会在这次疫情防控应对中发

---

① 习近平：《在中央政治局常委会会议研究应对新型冠状病毒肺炎疫情工作时的讲话》，《求是》2020年第4期，第12页。

挥着重要的作用，更重要的是发现基层村民委员会在村寨公共卫生突发事件危机管理中存在的天然优势和不足。同时，笔者通过调查呼吁：在瞬息万变的疫情传播和新疾病不断出现的当前，关注基层村民委员会在疫情防控中所做出的努力和贡献；关心其存在的困难和问题。

对国家应对突发公共卫生事件应急管理模式的思考
——以新冠疫情为例

潘 杰 于文善

（无锡太湖学院马克思主义学院；阜阳师范大学马克思主义学院）

新冠疫情的暴发是一次突发的公共卫生事件，面对新冠疫情的突发性、不可预测性，科学有效的应急管理显得尤其重要。应急管理是国家治理体系的重要组成部分，也是必不可少的关键部分，是公民生命安全和身体健康得到保障的屏障，必须加大对应急管理的重视力度，不断完善应急管理体系构建。

一、问题的提出

新冠疫情是一种由新型冠状病毒引发的急性呼吸道传染病，在人与人之间传播。2020 年春运寒假的人口流动导致新冠疫情以武汉为中心向全国蔓延开来，如江河决堤，大面积暴发。此次疫情的突发性、破坏性、不可预测性，契合突发公共卫生事件的特征。所谓突发公共卫生事件，即突然发生严重危害社会公共健康的重大传染病疫情、带有宿主的群体性疫病，主要包括重大传染病暴发流行、群体不明原因疾病、新发传染病，以及由于自然灾害、事故灾害等突发事件引发的严重影响公众健康的卫生事件。[①] 2020 年 1 月 30 日，世界卫生组织将新冠疫情列为"国际关注的突发公共卫生事件"，面对重大突发事件，做好应急管理尤其重要。应急管理是应对各种突发事件，采取适当措施降低损失、减少恐慌、维护社会稳定的行为。2003 年非典暴发，我国对应对突发公共卫生的应急管理重视空前提高，同年 5 月，国务院颁布《突发公共卫生事件应急条例》规定：各省市可结合自身实际情况制定突发事件应急预案。以做到科学应对突发公共卫生事件，"应急管理"从此登上舞台。2008 年汶川地震应急管理体制得到了进一步发展，到 2018 年应急管理部正式成立，可见，应急管理在不断发展。面临出现的新问题，应急管理需要不断地完善发展，为了运用科学的手段和合理的措施做好事发应对、事中处理、事后恢复工作，做好应急管理，必须构建一套行之有效的应急管理模式，以

基金项目：2018 年安徽省社科规划项目"改革开放以来中国共产党减灾救灾的历史经验研究"（项目编号：AHSKY 2018D01）阶段性成果。

作者简介：潘杰（1996—），女，安徽六安人，硕士，无锡太湖学院马克思主义学院教师；于文善，阜阳师范大学马克思主义学院教授，主要从事淮河流域地方史和中国现代学术史的研究与教学。

① 郭强，菅强：《中国突发事件报告》，北京：中国时代经济出版社，2009 年，第 19—34 页。

保障公民的生命安全和身体健康，维护社会的和谐稳定。习近平总书记指出："这次疫情是对我国治理体系和能力的一次大考，我们一定要总结经验、吸取教训。要针对这次疫情应对中暴露出来的短板和不足，健全国家应急管理体系，提高处理急难险重任务能力。"①突发公共卫生事件的频发也暴露出我国应急管理模式的弊端，当前的应急管理模式还不够成熟，必须进一步构建系统完备的应急管理模式。

二、新冠疫情的发生与初期政府应对存在的问题

新冠疫情的暴发，共涉及全国 30 多个地区，全球 20 多个国家，是一次重特大灾害事件，涉及的范围之广、危害之重、强度之大，自中华人民共和国成立以来实属罕见。

（一）疫情的发生

2019 年 12 月湖北武汉发生了不明原因的疫情，以华南海鲜批发市场为中心向全国蔓延开来，后被证实为新型冠状病毒感染，春运人口流动使疫情大面积暴发，引起全国上下轰动及世界关注。经过分析，此次病毒很可能是由野生动物传染给人，且存在人与人之间的传播。病毒通过咳嗽喷嚏带来的飞沫及分布在眼鼻嘴中的黏膜进入我们的体内，经过潜伏期、发展期到成熟期的过程，不断侵害人体免疫系统，导致肺部纤维化，并通过宿主不断的传染和繁殖，最终导致了病毒大面积传播的严重后果。1 月 20 日，国家卫健委发布 1 号公告，将其纳入法定传染病乙类管理，采取甲类传染病的预防、控制措施。自 1 月 23 日起，武汉开始采取限制措施，25 日，全国各省市纷纷响应启动重大突发公共卫生事件一级响应，并根据实际情况采取隔离措施。疫情由潜伏期转为暴发期，截至 2020 年 2 月 3 日，全国累计确诊 17 335 例，疑似 21 558 例，重症 2296 例，死亡 361 例，治愈 521 例，死亡人数已超过非典。随着确诊人数的不断上升，疫苗的研发也进行得如火如荼，不断取得新的进展。多位患者陆续出院，各地防疫医院相继建成，医疗供给充足，疫情逐步得到控制。截至 2 月 22 日，江苏、辽宁、吉林等多省无新增病例，疫情得到了有效控制。

（二）初期应对存在的问题

新冠疫情大规模暴发的根本原因在于人类没有意识到新型冠状病毒的特殊性，春运的大规模人员流动使新冠病毒在全国散播开来。地方政府在初期应对中也遇到了诸多问题。

（1）信息披露不及时。在突发公共卫生事件面前，公众缺少对疫情的了解，从不同渠道听到关于疫情的流言，缺乏安全感。政府信息披露不及时导致各种小道消息满天

---

① 习近平：《在中央政治局常委会会议研究应对新型冠状病毒肺炎疫情工作时的讲话》，《求是》2020 年第 4 期，第 12 页。

飞，造成公众恐慌。在疫情萌芽期，地方政府应及时披露信息，赋予公众知情权，解答公众困惑点，减少舆论发酵。地方政府和舆论主角应该第一时间官方辟谣，做出正面回应，占据舆论高地。各地政府对公众的疑点、焦点、困惑点要及时回应，加强与群众的沟通，提高舆情应对的意识和能力，全面提高治理水平。例如，郑州某母女刻意隐瞒武汉居住史，在确诊后仍多次出入公共场所，造成亲人确诊，接触者隔离。疫情缓报、瞒报、漏报会造成确诊人数不断上升，在信息披露不及时时会导致感染人数不断攀升。因此，疫情的数据对决策战机具有重要作用，发现问题、说出问题才能更好地解决问题，早报告、早隔离、早治疗才是科学对待病毒的有效手段，及时披露信息，尽早阻断传染源，政府才能进一步开展工作，做出科学防范、精准施策、合理应对。

（2）防疫意识薄弱。疫情防控涉及人民的生命安全和身体健康，是人人参与的全民行动，群众对新型冠状病毒不了解、防护措施不了解，自我防护意识薄弱都是导致疫情加重的重要因素。如安徽某村，年长者居多，思想比较传统，他们对新型冠状病毒危害毫无了解，认为农村比较封闭病毒难以传播，防控期间经常聚众打牌，走亲访友，意识薄弱。在疫情初步得到控制之后，部分群众又过于乐观，城区居民纷纷出门遛弯、逛集市、家庭聚餐，殊不知在疫情没有取得完全胜利的情况下随时面临反弹，疫情二次暴发的风险依旧很高，当地政府要通过互联网、大喇叭、电视、广播等途径以喜闻乐见的形式普及群众知识，做到时刻严防死守。我们党植根于人民，来源于人民，党的根基在人民、血脉在人民、力量在人民，这是我们党的最大政治优势。要汇聚人民的力量，广泛动员群众，构筑群防群治的严密防线，做到全民抗疫。

（3）应急管理反应迟钝。回顾新冠疫情的发生过程，可以发现反映不及时、不全面、不真实等特点，导致错过了防疫的最佳时期。在新冠疫情的萌芽之初，地方政府没有给予足够的重视，群众信息缺失、无任何防范意识，导致病毒在春节的各种群体性活动中肆意传播，应急管理的反应速度决定了疫情有效控制之程度。早在1月初，已存在大量的发热病人，但地方政府没有及时反映疫情动态，更多反映的是与群众无利益相关的信息。1月20日，钟南山院士宣布病毒存在人与人之间的传播，地方政府1月22日才宣布启动"突发公共卫生事件二级应急响应"，可见应急管理反应迟钝。防止病毒传播的关键是时机，要通过争分夺秒抑制疫情蔓延，反应迟缓只会造成疫情的进一步恶化，政府应加强应急管理能力的建设，做到及时、有效、真实的反映。

（4）部门之间缺乏必要的沟通和协调。各地针对此次疫情都成立了相关防控小组，但部门间缺乏必要的沟通造成人员紧张、效率低下、公众失望。专家组到武汉调查新型冠状疫情时，一开始在调查武汉医务人员确诊人数时得不到地方配合，无法弄清事情的真相，各级之间缺乏沟通理解和配合。西部某省份防疫工作由指挥部统一安排后，其他部门依旧安排本部门的防疫工作，造成"各自为政、职责模糊、人员紧缺"现象。某武汉返乡人员，春节在家期间多次被各方核实信息、登记信息，有天早上有好几个部门上门测温，部门间的缺少沟通给群众带来了巨大的困扰。遇到问题要加强部门之间的协商，增强大局意识，坚持统筹协同，而不是一味地独自行事，在新冠疫情防控工作中，必须统一指挥，听从一方领导，明确部门之间分工，划清工作范围，提高工作效率，才能打赢这场防疫阻击战。

（5）外交压力。在防疫的过程中，中国外交也面临着巨大的挑战，疫情使中国在国际上遭受一定排斥，个别国家做出过度反应，企图对中国落井下石，但事实绝非如此。新冠疫情的发生是对国家治理体系和治理能力的一次挑战，也是对我国外交的一次重大考验，中国会及时向国际组织披露信息，取得理解和支持，开展国际协调与合作，大力开展公共外交卫生外交，做好危机应对。①同时，我们要始终以人民为中心，人民的利益高于一切，对疫情防控工作的开展，要做到统一领导、统一指挥、统一行动；实行"联防联控"的机制，落实联防联控的措施，构筑群防群治的防线；要加强国际合作，同世界卫生组织一起维护好全球的公共卫生安全。中国在解决自身问题的同时，尽可能地帮助国际上公共卫生系统薄弱的国家度过难关，希望全球同心协力共同应对，打赢这场疫情防卫战。

三、进一步提升国家应对突发公共卫生事件应急管理的对策

习近平在关于我国应急管理体系和能力建设的第十九次中央政治局集体学习时强调："应急管理是国家治理体系和治理能力的重要组成部分，承担防范化解重大安全风险、及时应对处置各类灾害事故的重要职责，担负保护人民群众生命财产安全和维护社会稳定的重要使命。要发挥我国应急管理体系的特色和优势，借鉴国外应急管理有益做法，积极推进我国应急管理体系和能力现代化。"②一场突如其来的疫情，给社会造成了一定的混乱，住院难、看病难、救治难等问题接踵而来，面对各种问题的突击需要重新思考我国的应急管理，继续完善应急管理工作的方方面面。

（1）完善公共卫生事件应急管理体系。从湖北的防疫过程中可以看出，公共卫生系统的短板仍需完善。医护人员不足、医疗设备不健全、医疗资源不平衡等一系列问题都值得我们去思考，国家要加大公共卫生设施的投资力度，扩大公共卫生和防疫人才培养的宽度，把应急防疫放在一定的高度，加强公共卫生防疫研究的深度。习近平总书记强调："要改革完善疾病预防控制体系，坚决贯彻预防为主的卫生与健康工作方针，坚持常备不懈，将预防关口前移，避免小病酿成大疫。要健全公共卫生服务体系，优化医疗卫生资源投入结构，加强农村、社区等基层防控能力建设，织密织牢第一道防线。"③农村是公共卫生系统改革的重点，是决定公共卫生系统成效的关键点，要加大对农村应

---

① 张贵洪：《新冠病毒疫情考验中国应急外交》，《环球时报》2020年2月3日。
② 《习近平在中央政治局第十九次集体学习时强调　充分发挥我国应急管理体系特色和优势　积极推进我国应急管理体系和能力现代化》，《人民日报》2019年12月1日，第1版。
③ 《习近平主持召开中央全面深化改革委员会第十二次会议强调　完善重大疫情防控体制机制　健全国家公共卫生应急管理体系　李克强王沪宁韩正出席》，《人民日报》2020年2月15日，第1版。

急管理经费的投入，分配更多的医疗资源，加强应急知识的宣传，减轻农村的公共卫生隐患，使城乡之间日趋平衡。同时要加强专业应急人才的队伍建设，突发疾病的防控是一个复杂的系统工程，跨学科、跨区域，我国公共卫生人才短缺，要搞好应急管理培训，提升护理人员应对突发公共卫生事件的能力，培养扎实理论知识、丰富实战经验的优秀人才，全面提升应急能力，构建一套科学规范化的公共卫生系统。

（2）完善相关法律法规。我国当前有《中华人民共和国传染病防护法》《中华人民共和国突发事件应对法》等法律法规，认识的反复性、无限性决定人们认识事物有一个由浅入深、由表及里不断完善的过程，面对新型冠状病毒这样一个新发病毒，人们的认识还不够全面，相关的法律法规还不够完善，做不到依法防疫。疫情发生后，中共中央及时印发了《关于加强党的领导、为打赢疫情防控阻击战提供坚强政治保证的通知》，鼓励党员同志在疫情防控中挺身而出，为疫战出一份力；2020年2月5日，中央全面依法治国委员会第三次会议审议通过了《中央全面依法治国委员会关于依法防控新型冠状病毒感染肺炎疫情、切实保障人民群众生命健康安全的意见》，习近平指出："当前，疫情防控正处于关键时期，依法科学有序防控至关重要。疫情防控越是到最吃劲的时候，越要坚持依法防控，在法治轨道上统筹推进各项防控工作，保障疫情防控工作顺利开展。"[1]习近平强调："要完善疫情防控相关立法，加强配套制度建设，完善处罚程序，强化公共安全保障，构建系统完备、科学规范、运行有效的疫情防控法律体系。"[2]习近平还要求："要在党中央集中统一领导下，始终把人民群众生命安全和身体健康放在第一位，从立法、执法、司法、守法各环节发力，全面提高依法防控、依法治理能力，为疫情防控工作提供有力法治保障。"[3]推动应急管理法律法规的完善，对当前及今后突发公共卫生事件的防范有重大的意义。

（3）加大信息披露力度。信息公开透明，及时有效地公布疫情实时动态，做到精准决策，唤醒公民的责任意识和安全意识。2003年非典疫情之后，国家建立了中国传染病与突发公共卫生事件监测信息系统，这套系统"横向到边、纵向到底"，确保信息及时有效全面地传送。在此次疫情中，武汉市政府没有及时披露信息，传染病网络直报系统没有得到切实运行，从而造成了信息传播的延误。各级地方政府必须尽职尽责，实时关注疫情动态，及时公布最新数据。突发公共卫生事件的发生具有不可预测性，必须具体问题具体分析，普通的传达方式不适用重特大突发事件，因为在逐级报备的过程中数据也在不断地更新，必然会延误时机引起严重后果。在新冠疫情的宣传引导工作中，黄坤明强调："要继续加大信息发布力度，增强发布权威性针对性，及时回应社会关切和

---

① 《习近平主持召开中央全面依法治国委员会第三次会议强调 全面提高依法防控依法治理能力 为疫情防控提供有力法治保障 李克强栗战书王沪宁出席》，《人民日报》2020年2月6日，第1版。

② 《习近平主持召开中央全面依法治国委员会第三次会议强调 全面提高依法防控依法治理能力 为疫情防控提供有力法治保障 李克强栗战书王沪宁出席》，《人民日报》2020年2月6日，第1版。

③ 《习近平主持召开中央全面依法治国委员会第三次会议强调 全面提高依法防控依法治理能力 为疫情防控提供有力法治保障 李克强栗战书王沪宁出席》，《人民日报》2020年2月6日，第1版。

舆论关注，形成多层次持续释放权威信息的格局。"①在抗击疫情过程中，我们要始终秉承公开透明的原则，及时发布信息，采取有效的措施对疫情进行防控。

（4）提高应对应急管理的责任意识。疫情就是命令，防控就是责任，每一名党员都是国家的一面旗帜，组织群众正确防控、减少群众聚集、及时宣传疫情动态是每一名党员义不容辞的责任，非党员同志要积极配合党员同志的工作，确保防控工作有序开展。万众一心抗疫情，疫情是否进一步扩散取决于每一名群众的责任心，作为普通群众，既是被保护者也是守护者，更要成为疫情防控道路上的践行者。要响应国家号召，听从政府和社区安排，做到科学防控，减少交叉感染和聚集性感染。互联网使每个足不出户的公民了解到最新疫情动态，更加全面地认识到此次疫情的特殊性，无论形势多么严峻、困难多么巨大，我们要始终坚定理想信念，听从党的指挥，坚定在党中央的领导下，积极响应国家疫情防控的各项要求，做到少聚集多预防、少出门多隔离，以自觉性降低新冠疫情的感染率和病死率。我们坚信，通过党中央的正确领导和自身的不懈努力，一定能够打赢这场疫情保卫战。

（5）加强对公众的教育和人才培养。公众面对突发公共卫生事件缺乏主动性、自觉性、警惕性，某小区设置卡点，居民不戴口罩不听劝阻该出去还是出去，缺乏防范意识；据公安部报告，全国有几十例确诊病人故意隐瞒病例，对疫情瞒报造成多人被隔离，缺乏责任意识；在全国"口罩风潮"的推动下，部分不法分子回收口罩，贩卖劣质口罩危害公众健康，严重扰乱社会秩序等。要全面提高国民素质、培养公众群防群控意识、提高卫生素养、加强灾难教育。这次疫情的防控过程中还暴露出专业医务人员不足、服务能力薄弱、卫生人才紧缺等短板，防控期间各地的医务人员纷纷增援武汉，短期缓解了武汉的医务人员缺口，但事物内部的矛盾并没有得到解决，要加强人才培养的力度，以培养"专业化素质高的医疗队伍为主、基层医务人员为辅"为导向，重视公共卫生领域的人才队伍建设，从根本上解决人才紧缺的问题。

四、结语

习近平高度重视此次疫情，他明确要求："各级党委的政府必须'把人民群众的生命安全和身体健康放在第一位'……坚决打赢疫情防疫阻击战。"②疫情发生后，政府及时应对，但在处理疫情时依旧面临一些问题。新冠疫情是对全球突发公共卫生事件应急管理模式的一次重大考验，也是一次重特大灾害事件。在国际上，此次疫情涉及全球多个国家，世界各国早已是休戚与共的命运共同体，没有哪个国家、哪个民族能够做到独善其身、置身事外。全球各国要同仇敌忾，共同应对此次灾害，打赢这场疫情阻击

---

① 《黄坤明在专题视频会议上强调 为打赢疫情防控阻击战提供有力舆论支持》，《人民日报》2020年2月1日，第4版。

② 习近平：《把人民群众生命安全和身体健康放在第一位》，《人民日报》2020年1月28日，第1版。

战。在国内，中国共产党成立 100 多年、中华人民共和国成立 70 多年来，始终在大风大浪中屹立不倒，中华民族在重大灾难挑战面前从不畏惧，我们这样一个民族，正是在风雨沧桑中发展进步的，而我国的应急管理模式也必将在实践中不断更新认识。应急管理在 2003 年《突发公共卫生事件条例》中得到了初步发展，但还需要进一步完善，逐步构建一套系统完备、科学规范的应急管理模式还需要相当长的一段时间，是我国当前至今后需要完成的一项重要工作。

借鉴康乾盛世疫情防治及善后经验，
做好抗疫常态化斗争

宋培军　黄　颖

（中国历史研究院中国边疆研究所）

全国疫情防控，成为今后一个时期内生产生活新常态。中国抗疫斗争取得了战略性、决定性胜利，但尚未进入最后关头，周边倒灌输入性病例等一时尚难以绝迹。梳理康乾盛世的疫情防控和善后措施，可以为今天抗疫斗争、推动国家治理体系和治理能力现代化，提供有益借鉴。

一、康乾盛世的疫情奏报、抗疫救治和善后措施

中国有几千年的抗疫史，甲骨文中即有记载。对人民流离失所遗弃的死亡尸体，果断处理，迅速掩埋，是古代最有效的防疫措施，例如宋代富弼建立青州防疫丛冢，就是发生自然水涝灾害的结果。《宋史》卷 313《富弼传》载："河朔大水，民流就食……死者为大冢葬之，目曰'丛冢'。"到了清代，已经逐渐形成了一套比较完备的国家抗疫制度。康熙、乾隆时期，虽说是清代的"康乾盛世"，瘟疫也是经常发生。一旦遭遇农业歉收，普通农家自然冬春季节难以度日，这时还往往伴随着严重疫情。《清实录》就多次提及瘟疫的暴发，有人疫（天花、霍乱等引起）、鼠疫、牛疫等不同疫情类型。疫情产生原因主要有动物传人、水土难调、天气原因、人流聚集。文献中常说："乃辄云时疫流行、水土难调所致。""天时炎暑，秽气薰蒸，转成疫疠，多致监毙。""且天气渐向炎热，老幼羸弱，聚之蒸为疾疫。""冬月以来，屡次特遣大臣察勘、多方赈济。"由此可见，动物引发的疫情经常发生，并且多集中在冬春、炎暑季节。

康乾盛世的疫情奏报、抗疫救治和善后措施主要分为以下七个方面：

（一）疫情专折奏报

康熙、雍正、乾隆三朝，逐渐建立和完善了覆盖全国、官员不分品级高低、通过驿站系统直达皇帝的专折奏报体系。军情、丰歉、疫情等信息就是通过这一体系不必逐级上报而汇聚到中央中枢系统（军机处），交皇帝批阅、决策。清代设置"查痘章京"，专

作者简介：宋培军，1971 年生，历史学博士，中国历史研究院中国边疆研究所马克思主义国家与疆域理论研究室编审；黄颖，硕士研究生。

门负责天花的防疫检查。康熙皇帝幼年因为出痘而具有天花免疫力，是被选为接班人的重要原因。

（二）第一时间切断传染源

其一，面对自然与人为灾害，要第一时间切断疫情传染源。乾隆三十九年（1774年）冬十月，乾隆皇帝命大学士舒赫德、山东巡抚杨景素在临清分别男女建立防疫大墓，也是出于这一考虑："若令尸骸积久，秽气郁蒸，春融以后，恐易染成疾疫，不可不速为妥办。著舒赫德、杨景素择一离河稍远平敞地面，无碍田庐者，刨两大坑，分别男女尸身，投掷其中。即以烬余灰砾，填拥成堆。虽不必如鲸鲵京观之封，而作大冢以昭炯戒。亦可使人见而知儆，且街衢并得肃清。如实有良民为贼所害，其家属还归，尚能识认，愿领归殡葬者，查明亦听其便。"①可见，对于家属愿领归殡葬者，查明情形，亦听其便。显然，这是当时人性化灵活处理的一面。

其二，表彰职官，分别进入地方不同级别的纪念祠堂，即使无职之人，能以身殉，交部照阵亡兵丁对待。

其三，惩儆失察或匿灾主官。山东有人（孟璨）供称："今岁歉收，地方官额外加征，以致激变。"②舒赫德查奏："寿张年岁有收，该县亦无横征加派之事。"杨景素复奏："东省秋成，通计八分有余，其非匿灾可知。"据此，乾隆皇帝认为，前任山东巡抚徐绩之咎，只在失察，尚非大过。补授河南巡抚，仍革职留任，八年无过，方准开复。所有从前赏给孔雀翎，亦不准戴用，以示惩儆。③

（三）政府医疗救治系统

其一，饥民群聚易生疠疫，地方官有责任设厂医治④。

其二，饥民内有疾疫者，令太医院及五城医生诊视，发放药饵，加以医治拯救，并且政府遣员进行管理⑤。

其三，对于边疆比如云南官兵，由于疾疫者甚多，需要中央支援，还令太医院医官

① 《清实录·高宗纯皇帝实录》卷 968 "乾隆三十九年甲午冬十月壬辰"条，北京：中华书局，1986 年，第 1207 页。
② 《清实录·高宗纯皇帝实录》卷 969 "乾隆三十九年十月己亥"条，北京：中华书局，1986 年，第 1218 页。
③ 《清实录·高宗纯皇帝实录》卷 969 "乾隆三十九年十月丙午"条，北京：中华书局，1986 年，第 1228 页。
④ 《清实录·圣祖仁皇帝实录》卷 293 "康熙六十年六月甲寅"条，北京：中华书局，1985 年，第 847 页载："甲寅，户部等衙门议覆，奉差赈济山西饥民都察院左都御史朱轼条奏：一、被参司道以下贪劣官员请从宽留任，仍令养活饥民以责后效。一、请令富户出银，协同商人，往南省贩运粮食。其淮安、凤阳等关，米船课税，请停征半年。至地方绅士，愿赈者，按其多寡，从优议叙。一、各省驿站之夫役大半虚名侵冒，请确查实数，召募壮丁按补，一人受募即可全活一家。一、饥民流往觅食之处请令所在地方官随在安插，其有地方官捐赀养赡者，督抚核实题荐。一、饥民群聚易生疠疫，请交所在地方官设厂医治，俱应如所请。从之。"
⑤ 《清实录·圣祖仁皇帝实录》卷 89 "康熙十九年三月己未"条，北京：中华书局，1985 年，第 1127 页载："饥民内有疾疫者，令五城作何给以药饵，医治拯救。"

驰驿前往调治①。

（四）畅通疫期邻省、南北物资输送环节

其一，挽输积谷。乾隆元年（1736 年），牛疫盛行，顾全大局，陕西巡抚硕色奏停晋民籴粮之禁，帮助邻省山西度灾。乾隆皇帝谕："此奏甚是。凡为地方督抚者，不可止顾己省，而置邻封于不问。汝此见朕甚嘉之，已有旨谕部矣。但又闻陕省亦不为大收之年，而且牛疫盛行。汝等何无一言奏及耶？将此谕与查郎阿、刘于义并观之。"②

其二，转运漕粮。富户出银，协同商人往南省贩运粮食。沿途各关米船课税，停征半年③。

（五）政府引导社会舆论

其一，对于斋戒祈祷、趋避疫病的行为，政府加以提倡、鼓励，甚至皇帝褒奖，发挥宗教的心理疏导作用。江西饶州府乐平县明故知县捐躯殉节，赐号"忠贞慈惠之神"。其起因是江西巡抚奏请，"邑有水旱疾疫，祈祷辄应，威灵昭显，立祠于县仪门右。应请敕加封号，以示褒荣"④。

其二，取缔迷信活动。时症传染比较严重的福建省城，最初民间设立了专司瘟疫的五帝神坛，祭祀五帝神。因为废时失业，劳民伤财，加之发生种种不法行为，最终加以取缔⑤。

（六）特殊人群特殊管理

对于监狱及其行刑人员的管理，在疫情期间有特殊举措。例如，对于当年应处决的犯人，停止一年，来年再执行⑥。

（七）政府经济救助与善后扶助

其一，明确流入地属地管理责任，为饥民流往觅食提供法律保证。所在地方官有义

① 《清实录·圣祖仁皇帝实录》卷 97 "康熙二十年八月己亥"条，北京：中华书局，1985 年，第 1224 页载："谕礼部，闻云南官兵，疾疫者甚多。彼地苦无良医，其令太医院医官胡养龙、王佐驰驿前往调治。"

② 《清实录·高宗纯皇帝实录》卷 11 "乾隆元年正月甲子"条，北京：中华书局，1985 年，第 358 页。

③ 《清实录·圣祖仁皇帝实录》卷 293 "康熙六十年六月甲寅"条，北京：中华书局，1985 年，第 847 页。

④ 《清实录·高宗纯皇帝实录》卷 113 "乾隆五年三月乙丑"条，北京：中华书局，1985 年，第 659 页。

⑤ 《清实录·高宗纯皇帝实录》卷 781 "乾隆三十二年三月癸巳"条，北京：中华书局，1986 年，第 607 页载："闽浙总督苏昌、福建巡抚庄有恭奏，闽省信巫尚鬼，迎赛闽神。前饬地方官实力查禁，其风已戢。而省城内外，又有虔事五帝者，谓其神专司瘟疫。偶逢时症传染，奸徒乘机敛钱。设坛建醮，抬像出巡，其费竟以千百金为计。不独废时失业，劳民伤财，即种种不法之事，皆由此起。现已痛切晓谕，并饬地方官，收土木之偶，投畀水火。倡言奸棍，严拿治罪。得旨嘉奖。"

⑥ 《清实录·圣祖仁皇帝实录》卷 239 "康熙四十八年九月壬子"条，北京：中华书局，1985 年，第 386 页载："谕大学士九卿等，江南、浙江，连岁灾荒，地方困苦。今年两省疾疫盛行，人民伤毙者甚众。虽该省督抚未经奏闻，而朕访知农病之状深用恻然。民命为重，朕宵旰孜孜，惟以矜全百姓为念。一切刑狱奏谳，尤加矜恤。比年因江浙盗案叠见，凡犯盗劫者，悉依律坐罪。今阅秋审情实各案所议情罪，俱属允协。但念灾荒疾病之余，复将数十罪犯一时正法，朕心殊为不忍。江浙两省应处决情实人犯，俱着停止一年。"

务随在安插，多方抚育，不得听其转徙沟中，违者以不职治罪①。

其二，鼓励社会力量救助。地方绅士愿赈者，按其多寡从优议叙②。

其三，颁发帑金。牛疫发生后，对于牛疫户，按照牛疫轻重定借钱多少，每头牛三两，另外，按照耕地亩数，借钱一到三两不等③。

其四，减免正赋。为来年春耕提供免税保证，甚至全额豁免银谷，以便农民可以肆力春耕④。

由上可见，清代疫病防治及其善后措施的重点集中在发挥政府主导作用方面。

二、对当下抗疫措施的启发

结合新冠疫情的实际，我们有如下启发：

第一，借鉴清代疫情奏折制度与 2003 年非典防治的经验，国家巨资打造了覆盖全国的公共卫生防疫直报电子系统，补齐疫情直报、预警、发布三大机制的制度短板。其一，赋予医务人员疫情直报权。鉴于非典防治的经验、教训，国家制定了《传染病信息报告管理规范（2015 年版）》。现代信息具有扁平化传播的特点，疫情信息溢出医院系统，难以避免。发挥党内基层民主，发挥一线党员医务人员的专业优势，赋予其直报权限，是必要的，也是可能的。中国国家抗疫白皮书揭示了国家治理现代化的观察视角，从这一角度看，可以更为准确地把握中国抗疫的实际进程。《抗击新型冠状病毒肺炎疫情的中国行动》显示，从 2019 年 12 月 27 日湖北省中西医结合医院向武汉市江汉区疾控中心报告不明原因肺炎病例开始，到 1 月 20 日国家卫生健康委员会发布公告将新型冠状病毒感染纳入传染病防治法规定的乙类传染病并采取甲类传染病的防控措施，是抗疫社会学阶段。在疫情上报成为医生法定职权的同日，中国转入抗疫政治学阶段，而以 1 月 23 日武汉"封城"为主要标志。其二，香港特区政府于 2020 年 1 月 4 日率先发布预警（戒备、严重、紧急三级中的"严重"），其疫情应变能力体现了现代化治理的要素，其成功经验值得总结、吸收。其三，国家统合疫情发布权，确立信息正规渠道的政

---

① 《清实录·圣祖仁皇帝实录》卷 293 "康熙六十年六月甲寅"条，北京：中华书局，1985 年，第 847 页。

② 《清实录·圣祖仁皇帝实录》卷 293 "康熙六十年六月甲寅"条，北京：中华书局，1985 年，第 847 页。

③ 《清实录·高宗纯皇帝实录》卷 300 "乾隆十二年十月癸亥"条，北京：中华书局，1985 年，第 926 页载："又谕，据常安奏称，浙省严州府属建德、淳安、寿昌、桐庐四县，并严州一所，近时牛疫流行，民力艰窘。请照乾隆五年之例，饬令地方官，查明牛疫人户，每只借银三两，于次年麦熟、秋收后，分作两次征完。共需银三千六百余两，于司库公项内借给等语。此奏着交顾琮，令其查明办理。寻奏，请照乾隆五年借给牛本之例，动支司库银两。照各地方牛疫之轻重，定借银之多寡。并按各户所种田数，少者借银一二两，多者借银二三两，俟来岁秋冬两熟后归款。报闻。"

④ 《清实录·高宗纯皇帝实录》卷 134 "乾隆六年正月丙子"条，北京：中华书局，1985 年，第 943 页载："丙子，谕，乾隆二年八月间，福建闽县、侯官等处，遭值风灾，居民困苦。朕已加恩赈恤，务令得所。更借给仓谷二万六千余石，银五千四百余两，令其分年陆续交官，以清公帑。数年以来，除有力之民，已经清完外，尚有闽县、侯官、长乐、连江、建安五县，未完谷五千七百七十四石零，未完银一千二百八十六两零。实因五县被灾，较他邑独重。……该地方又值歉收灾气，民力输纳维艰。是以悬欠至今未楚。朕心轸念。着将此项银谷，全行豁免，俾闾阎无追呼之扰，得以肆力于春耕。该部可即传谕该督抚知之。"

府公信力权威。《中华人民共和国传染病防治法》第38条规定，国家、省级两级卫健委定期发布疫情信息。根据法定职权精神，可以进一步规范发布主体机关是各级政府还是卫健部门。

第二，搞好最后抗疫阶段民生保障。京东、阿里、美团、多点等主流电商保障充足的抗疫、民生物资储备，京通、中通、申通、顺丰、邮政等快递公司负责送货到小区门口，是千家万户居家隔离这一防疫关键得以实现的重要物流保障。疫情暴发前，社区内很多设置了快递存储柜，疫情暴发后，社区门不允许快递员进入，快递存储柜废置，快递物资只能摊放社区门外，业主集中到门外取物，比较杂乱，也容易造成新的交叉感染。现在很多小区已经允许快递进入，可以着手对全国城乡社区进行集中改造、升级，圈定快递储存柜单独隔离区，类似《红楼梦》里荣国府内的梨香苑，外通快递大路，内联社区小路，便于快递放货与业主取货分行，便于社区人员管理取物秩序，避免取物之际交叉感染。

第三，居安思危是中华民族的优良传统。人民英雄纪念碑、抗日战争纪念馆，乃至南京大屠杀纪念日的警笛长鸣，都是一种国家警示行为。人民领袖领导人民战非典、抗疫情，人民生命至上、人民健康第一，保护人民生命安全和身体健康不惜一切代价，可歌可泣。人民英雄纪念碑碑文的革命精神在和平建设的新时代续写了抗疫烈士浓墨重彩的历史篇章。国家公祭因病罹难的芸芸众生和因公殉职的白衣天使、共产党员，进一步丰富"四个伟大"中"伟大斗争"的时代内涵。古代中国，无论是宋代还是清代，建立防疫大墓，都有其特定的时代背景，在现代疫情条件下，非典时期已经实行了的科学隔离的火化制度，可以继续沿用。新冠疫情使武汉、湖北乃至全国众多家庭支离破碎，为了不相互传染，生者忍痛不能与逝者直接告别。武汉市民记录下如下揪心一幕："父亲去世，子女不能送行，只能由殡仪馆的运尸车拖走；儿子去世，父母不能再看上儿子一眼；丈夫去世妻子不能告别，妈妈被运尸车拉走，小女儿跟在后面哭喊着：妈妈，妈妈……"大疫之年，生离死别，或许在所难免，但是武汉人民在全国支援下承受住巨大压力、做出重大牺牲，是中华民族精神生生不息的缩影。其一，集中展现了人民领袖领导人民进行抗疫斗争的人民情怀，在三千年中华民族抗疫史的大背景下，要进一步做好"三大礼赞"：礼赞英勇顽强、克难全胜的抗疫战斗人民英雄，礼赞为抗疫斗争默默奉献的广大医护人员、公安干警、社区工作者、巾帼英雄、快递小哥，礼赞武汉乃至全国人民居家隔离、共抗疫情、共克时艰的家国情怀。其二，讲好八方支援武汉、全国支援湖北的中国故事。其三，抒写中国人民为世界各国人民贡献中国抗疫智慧、经验、物资和人员的国际情怀，描绘中国与"一带一路"沿线国家共抗疫情的生动画卷，展现"一带一路"倡议下实践"人类命运共同体"的时代内涵。

第四，加强居家隔离心理疏导、科学识别疫情谣言、为中医走向世界救治他国人民提供必要保障。人民日报手机报免费发送，是目前采取的把国家、省级卫健部门抗疫信息发布到千家万户终端末梢的重要创新手段，现代信息技术可以实现一点对多点的精准传布，其优势十分明显，但疫情进展、防护、救治、辟谣信息尚供不应求，无法满足居家隔离人员的正常信息需求。国家正规渠道不足，小道谣言自然难免。需要把信息发布单位纳入立法管理范围，国家提供信息发布专项建设经费，予以长期、稳定保障。可以考虑把谣言信息和辟谣信息并置、跟帖，比如蒙古国3万羊只捐赠是否到达，如何管护，等等。这些问题都是人民关切的，只有主流信息渠道畅通，才可以抵制暗流岔道谣言滋蔓。一些问题，比如中西医结合疗法，一时难有结论，就要注意采集信息，比成本，看疗效，给民间中医预留适当的发展空间，当此国际疫情蔓延、境外输入病例时有的全球危急时刻，应该允许试，允许闯，不可一刀切，割尾巴了事。这是青蒿素研制成功并且获得诺贝尔奖之后，中医走向世界的另一个重要的国际契机，需要科学、理性、务实地回应国际社会不同层级的医疗救治需求。

第五，加强特殊人群管理与经济扶助。无论是浙江省十里丰监狱确诊34人、监狱政委监狱长被免职，还是山东省任城监狱确诊207人（其中服刑人员200人）、司法厅厅长被免职，还是武汉监狱刑满释放人员返京后被确诊1人，这些都表明监狱管理是疫情管理的薄弱环节，服刑人员密集，空间相对狭小，要采取特殊防护。纺织缝纫车间、扶贫车间等特殊复工单位，人员密集，复工工人不戴口罩作业，相对潜伏风险较大，甚至经济发达地区如深圳，一度也反映合格口罩难以买到。应该借鉴清代经验，死刑或刑满释放都严格程序，甚至可以考虑暂缓执行，与此同时，彰显国家坚决打击以邻为壑、卡拿邻省防疫物资之行径的法治精神。广大农村疫情稳定是中国目前抗疫成就的基本盘，无论是春耕、夏收，还是秋忙、冬藏，都要注意人员聚集场所的防疫常态化，搞好特困人员救助、小微人群扶植。

第六，做好境外疫情输入防控工作。国内疫情基本已经得到控制，但是在境外呈快速扩散态势，疫情跨境流动传播的风险增大。在目前形势下，中国陆地边疆九省区、沿海省市负有更大防控责任，高度重视入境人员健康管理，对所有中外人员坚持一视同仁、无差别落实防控措施，及时有效应对境外疫情输入风险，切实保障全国复工复产和对外开放大局。借鉴清代边疆防疫经验，中央对内地与边疆疫情同样重视，黑龙江与湖北互相支援，展现了新时代省际分时段支援新模式。

第七，加强疫情防控国际合作。全球疫情暴发后，中国积极主动同世界卫生组织和国际社会开展合作和信息交流，向多个国家提供检测试剂、分享治疗方案，中国志愿专家团队赴多国援助疫情防控工作。国家主席习近平最近在第73届世界卫生大会上宣布中国两年内将提供20亿美元国际援助、在华设立全球人道主义应急仓库和枢纽、建立30个中非对口医院合作机制、建设非洲疾控中心总部、中国疫苗研发成功后将作为全球公共产品等诸项全球重大抗疫举措。这些都是中国秉持人类命运共同体理念，发挥大国担当作用，与各国共同维护全球和地区公共卫生安全，保护世界各国人民生命安全和身体健康的生动体现。从具体实施来说，认清西方社会的特点，目前采取"肥皂外交"+"口罩出口"的政策，比较稳妥。在东方，在中国，根据十九届四中全会决定，中国社会的建设目标是建立城乡社区层级的"社会治理共同体"，有无党基层和基础组织的领导是中西社会的根本区别。在西方，在欧美，社区组织，比如教会，一向比较发达。在中国，无论是冬春季节保暖还是夏秋季节防病，无论是病人还是医生，无论是避免传染人还是预防被传染，都普遍佩戴口罩，习以为常，见怪不怪。北京的医院，甚至平时，医生都普遍戴口罩，疫情期间武汉个别医院之所以成为医护感染的重灾区，主要原因即在于认定非呼吸科急诊科医生戴口罩容易引发社会恐慌，可见中国南北对于口罩的理解也有非常大的差距。西方社会，类似武汉，认为只有病人才戴口罩，更愿意选择用肥皂清洗手部消毒杀菌，以为如此足矣，万事大吉。基于此，就要采取顺应西方社会之国情民意的对策，先以肥皂捐赠其国，不要急于捐赠口罩，因为这等于改变其生活理念，生活方式的改变非自愿不可，否则在西方看来，就是侵犯人权，动辄诉诸法律法案，这就需要有足够耐心，待对方特别需要时再以口罩等防疫救病医疗物资出口，简称肥皂外交加口罩出口模式对策。当年英国挑起鸦片战争，其实是想扩大国内纺织品出口，鸦片只是借口而已，改变东方人的穿衣生计习惯，自然阻力重重，不得以诉诸战争开路，这就是李鸿章所谓"数千年未有之大变局"。而"百年未有之大变局"，正在今日，肥皂只能结善缘、亲缘、民缘，口罩才是硬道理。我国之情况则不同，大量复工人员转产口罩都来得及，何况日产能、日产量早已突破 1 亿，南非等国华商转产口罩受到当地疫情用工限制，美国宣布国家紧急状态，自称自产自销，但产能根本不比中国。小口罩，大政治，能不慎乎？

三、新时代的抗疫反思

新冠疫情暴发后，整个中国按下暂停键，这迫使我们反思，我们对于自反性现代化理论所揭示的"风险社会"的迟早到来，是否有足够的心理准备与物质准备，这应该成为中华民族反思世界与中国现代化历程的重要契机。中国现代化研究的开拓者、北京大学历史系罗荣渠先生于 1993 年在《现代化新论》中发出现代化不是"至福千年"之盛世危言[①]10 年之际，爆发"非典"疫情，随后不到 20 年，又暴发当今遍及全球的新冠疫情，罗先生所说的"现代病毒"似乎同高歌猛进的中国与世界的现代化进程如影随形，难以隔断，自然应该引发高度警惕。人类的行为如果违背了自然与社会的发展规律，就会伤及人类自身，这就是从德国等西方后现代国家兴起的"自反性现代化"以及"风险社会"理论所着重探讨的现代化命题，如今德国等西欧国家也面临现代病毒的同样难题。无论是正在现代化的国家，还是已经实现现代化的国家，病毒不分东西，可谓"寰球同此凉热"。中华民族如何走好全面小康决胜年，迈上全面现代化第一台阶——基本现代化，不仅要时刻总结中国现代化治理的成功经验，还需要全球治理的现代眼光，

---

① 罗荣渠：《现代化新论——世界与中国的现代化进程》，北京：北京大学出版社，1993 年，第 160—161、209—210 页。

不断迎接各种治理挑战，时刻注意化危为机。

现在已经非常明显，面对疫情，全球有两种不同的抗疫策略：一是把疫情作为一个社会问题来处理，以美国为代表，其学术支撑可谓抗疫社会学；二是把疫情作为一个政治问题来处理，以中国为代表，其学术支撑可谓抗疫政治学。美国抗疫一直在既有的社会轨道上运行，当下的新冠疫情似乎把它拖入了抗疫社会学这一路径依赖的谷底。从国家抗疫白皮书所揭示的国家治理现代化的角度看，在中国抗疫行动机制有一个从抗疫社会学阶段转入抗疫政治学阶段的过程，在西方则始终处于抗疫社会学的阶段，难以突破公民社会的总体社会框架结构，由此表现为欧美国家抗疫社会学与中国抗疫政治学的两极。两者往往又是相反相成、对立统一的，求同存异、休戚与共是全球文明发展的大势所趋，而与欧美国家的抗疫社会学进行路径比较、经验交流、治理互鉴，是全球抗疫的必然要求。

结语：中国灾害史研究的理论、转向与经世致用

徐艳波

（云南大学历史与档案学院）

一、历史时期自然灾害的时空分布与救济

（一）自然灾害的时空分布与量化研究

在中国灾害史的研究孕期与诞生期，自然科学学者与社会科学学者对于历史上的自然灾害、气候变迁与地貌变迁进行了深入的研究，在灾害学理论与灾害史研究的研究框架上取得了丰硕的成果，然而之后灾害史研究中社会科学学者逐渐"缺场"，出现"非人文文化倾向"①。之所以出现"非人文文化倾向"，有学者指出是由于灾害研究的主体对象——自然灾害的基本属性有关，并强调中国灾害史研究的自然回归。对此，耿金在《中国灾害史研究中的 GIS 应用：基于方法、路径探索的学术史回顾》中指出，在中国灾害史研究中不论强调其人文属性还是自然回归，都是对历史时期灾害本体及本体对社会带来的影响之研究，并无本质上的冲突。自然灾害具有自然性与社会性双重属性，其本质也就决定灾害史研究必然需要自然科学与人文科学共同的有机结合②，以推动灾害史研究的"内"（自然科学研究）"外"（人文科学研究）结合，深入探究"害"、"人"与"社会"之间的互动关系。③

探索自然灾害的时空分布规律是灾害史研究的一项重要内容，也是其经世致用功能的重要体现。尤其是中华人民共和国成立初期，以自然科学学者为主导的灾害史研究为工矿企业和城市建设选址、农田水利工程建设等百废待兴的社会经济建设的事业发展起到重要的促进作用。随着地理信息技术、数字技术等新技术与新方法的不断地发展，学者不断将之吸纳利用以促进灾害史研究的信息化、数据化，以便更科学地探索自然灾害发生的规律。王尚义、刘响的《清代汾河上游自然灾害时空研究》通过运用小波分析法、相关性分析法和 ArcGIS 空间分析等方法对清代汾河上游自然灾害的类型、频次以及时空分布特征进行研究。除小波、相关性等分析法外，建立数据库并将灾害等级化再运用 ArcGIS 绘图，也是分析灾害的时空分布较为常用的方法。刘浩等《1644—1948 年

基金项目：国家社会科学基金重大招标项目"中国西南少数民族灾害文化数据库建设"（17ZDA158）。

作者简介：徐艳波，男，河北邯郸人，云南大学历史与档案学院博士研究生，主要从事环境史、灾害史研究。

① 夏明方：《中国灾害史研究的非人文化倾向》，《史学月刊》2004 年第 3 期。

② 夏明方：《中国灾害史研究的非人文化倾向》，《史学月刊》2004 年第 3 期。

③ 陈业新：《深化灾害史研究》，《上海交通大学学报》（哲学社会科学版）2015 年第 1 期。

间河北地区雹灾的时空特征分布及分析》用此法对 1644—1948 年河北雹灾进行分析得出雹灾在河北年频次呈振荡趋势，暴发时间主要集中于夏秋季节，山区和平原更易发生雹灾。萧凌波《1736—1911 年华北饥荒的时空分布及其与气候、灾害、收成的关系》一文在丰富史料的基础上进一步优化量化方法，他根据饥荒严重等级以加权平均法重建逐年饥荒指数序列，并以此分析清代 1736—1911 年华北饥荒的时空分布及其与气候、灾害、收成的关系。

中国存有丰富的历史文献，其中关于历史时期自然灾害的史料也是汗牛充栋。高建国在《1966—2019 年中国的地震预测事业》一文中着重强调中国灾害史工作者应根据史料总结并回答中国灾害史的真实情况。如何梳理与运用浩瀚的史料科学地、更准确地复原灾害发展历程、归纳与总结灾害规律成为中国灾害史研究首要解决的基本问题。为了解决这一问题，社会科学学者也致力于灾害史研究的数据化、信息化、科学化。刘晓堂等《20 世纪前半期张家口地区旱涝灾害时空特征探析》运用 GIS 技术对 20 世纪前半期张家口地区历史资料进行整理，分析得出 50 年间张家口地区旱涝灾害十分频繁，灾害的发生具有阶段性、交替性和明显的季节性特征。霍仁龙《云南山区农田水利建设演变的量化研究（1950—1980 年）》运用 GIS 方法在数量与空间两个维度量化分析了并运用动态分布图与重心演变图等展示了 20 世纪 50—80 年代云南山区农田水利建设在空间上演变过程，提出地理学的 GIS 方法能够为历史学的量化研究提供一种可行性途径。

（二）灾害治理与救济研究

习近平总书记曾指出："人类对自然规律的认知没有止境，防灾减灾、抗灾救灾是人类生存发展的永恒课题"[①]，这是基于我国自古就是自然灾害种类多样且灾害频发的基本国情所做出的重要论断。频繁的灾害不仅给广大人民群众的生产生活带来沉重灾难，也危及国家稳定。历代较为贤明的统治者、政治家、思想家等为保障社会经济的稳定发展以维护自身统治的利益，将灾害救济作为中央与地方所重点关注与建设的领域，并提出了众多救荒思想与方法，逐步形成一套相对完整的救荒机制和相对完善的灾害预警、防备、救助与灾后恢复体系，尤其是处于 18 世纪的政治强大和经济繁荣的清政府更是能够维持庞大的谷物储备并且能够将向灾区运输、发放粮食与蠲除、赈济、允许人口迁移等相结合以共同应对饥荒，从而形成了独特的防灾和救灾经验。[②]

近代以后，由于内忧外患再加之自然灾害严重且频发，对于灾害的救济更加引起社会的关注，也推动救灾团体、救灾思想、救灾制度与救灾媒介等在中国近代化道路上的发展。世界红卍字会、华洋义赈会等是民国时期不可或缺的民间慈善与救灾团体，在救灾、抗灾上发挥了重要的积极作用。民间救灾团体组织尤其是外来团体，在进行施救之

①　《习近平向汶川地震十周年国际研讨会暨第四届大陆地震国际研讨会致信》，《人民日报》2018 年 5 月 13 日，第 1 版。

②　〔法〕魏丕信著，徐建青译：《十八世纪中国的官僚制度与荒政》，南京：江苏人民出版社，2006 年。

前最好先赢得公众信任，树立强大的公信力，才能保证救济的顺利展开。王林《论民国时期世界红卍字会构建公信力的举措及效果》指出世界红卍字会从确立宗旨和使命、加强制度建设以及积极在政府立案并接受监督等方面构建了强大的公信力，取得了无论是政府还是地方民众较为普遍的信任，从而成为民国时期较为著名的宗教慈善组织。外来救灾团体的引进同时也带来了先进的救灾思想，如中国华洋义赈救灾总会提出了将中西方救荒思想相融合的建设救灾思想等。蔡勤禹《民国时期建设救灾思想探析》认为建设救灾思想是防灾工程建设思想、防灾制度建设思想和救荒教育建设思想的三位一体，使防灾救灾成为一项立体性的综合工程，是近代以来中国救荒思想的一个新发展。行之有效的救荒思想、救灾经验又多在一系列的救灾制度上有所体现并逐渐法治化。灾害救济的法律条文内容广泛，囊括了中央与地方的行政机构以及灾前预防、灾中救济、灾后重建等各个方面。步入近代之后，受新型的救灾思想、救灾理念、民间救灾团体以及外来势力的影响，中国的救灾法律制度也在不断摒弃无法适应时代发展需求的传统法制，逐步向近代化转型。赵晓华《近代救灾法律文献整理与研究的回顾与前瞻》指出近代的中国法律文献主要是指国家立法机构和各级政府制定颁布的与救灾相关的法律、行政法规、行政规章、法律解释等，表现形式主要是各类法律单行本、法律法规汇编、各类官方公报等，其反映了近代不同政权救灾机制建设及运行的内容及特点，是对近代救灾事业演进历程的重要记载。新技术的引进与传播，也促使电影、报纸等新型媒体在近代广泛传入成为救灾思想、救灾法律、灾害信息等的传播载体，并成为重要的宣传媒介。胡勇《民国时期的电影救灾——以 20 世纪 20 年代末 30 年代初陕西大灾荒期间的慈善电影〈人道〉为例》认为，《人道》电影推动 20 世纪 20 年代末至 30 年代初陕西大灾荒信息的传播，推动更广泛地域与人群的捐款，提高了灾荒救济的成效。王鑫宏《〈新华日报〉对 1942—1943 年河南灾荒的宣传》也指出，《新华日报》对 1942—1943 年河南灾荒进行的宣传不仅动员了民众参与救灾的热情，也突显了中国共产党关注民生的价值追求与树立了良好的公共形象。

灾害与灾害治理、灾害救济相互联系又相互制约。陈业新《支祁为虐：泗州城市历史水患粗探》认为明清黄河治理策略及其实施所致的洪泽湖水位增高，则是其间泗城水患次数增多、破坏程度加大的社会原因，也是其淹没洪泽湖底的重要原因。黄河水患在近代之后其治理模式仍在不断的探索，但又由于技术的局限性又多引起次生灾害。申志锋《虹吸与开堤：近代以来豫省黄河南岸"河下沙碱"被淤灌治理的模式》提出近代黄河"引黄"技术是以"虹吸引水法"为主，"机器吸水法"为辅，但由于花园口决堤并未大规模实施，中华人民共和国成立后，重新开堤修闸"引黄淤灌"，但又出现了排水不当引起的次生盐碱化问题。除黄河之外，其他河道加固修复是保护沿岸农田、村镇等避免水患的时常之举，但长时间的维护所产生的高额费用便成为中央与地方的负担。刘文远《借资民力：清代河工加价摊征与税收正义》提出在清代"不加赋"的国策背景之下，清代为寻找河工加价摊征的合法依据来降低所承担的河道维护费用，统治者先后以

"受益原则"和"借资民力"为由摊征，但"受益原则"有其局限性，"借资民力"则更容易滑到传统的"加赋"老路，致使官民矛盾加深，不仅引起民间的有组织的暴乱以抗争，而且对于河道的加固产生了一定的消极作用。

二、灾害史视野下社会发展进程中的"新"面相

（一）以"灾害"透视社会发展的本质

自然灾害在中国历史发展进程中从未"缺席"，以"其铁一般的无情逻辑和不可遏制的驱动力"①渗透于社会、政治、经济、文化发展中，致使时常造化出诸多模糊的历史表象。用灾害的视角去观察社会发展的内在关联，以掀开历史的面纱透视历史的"真实"面目，是为一种可行之法，正如李文海先生对于近代中国灾荒的研究所指出的那样，"它可以使我们更深入、更具体地观察近代社会，从灾荒同政治、经济、思想文化以及社会生活各方面的相互关系中，揭示出有关社会历史发展的许多本质内容"②。

晚清是自然灾害频发且烈度较大的时期，有学者对《清实录》中自然灾害次数进行统计，得出晚清道光至宣统时期共发生自然灾害 2698 次，平均每年 30 次，年受灾频率是清前期的 2 倍有余。③面对多发的自然灾害，内忧外患的晚清政府由于财政拮据已无力着手大规模救济，只能将赈济之责下放地方政府，但救济效果甚微。张祥稳《口惠而实不至晚清政府救助皖南皖西南山区及其沿江平原水灾问题研究》认为晚清皖抚虽承中央政府救灾责权，然多于宣传之善举而罕有实惠，暴露出晚清政府在荒政体制和机制崩溃，根本无力于救民于水火之中，而"口惠"是其为维护专制统治欺名盗世。水灾、旱灾是清代最为主要的自然灾害，水旱灾害约占总灾数的 69.4%，其中水灾最多占总灾数的 48.1%。④治水成为清代灾害预防与治理的关键，然而财政紧张的晚清政府更是无暇顾及治水技术的提升与改善。永定河是穿越京畿而至津入海的重要的海河流域河流。张连伟《论晚清永定河水患及其治理及困境》认为泥沙、淤积与暴雨综合影响促使永定河在晚清水患频发，由于治河经费缩减、官员腐败以及权力运作的僵化保守等致使水灾不断侵蚀着晚清统治的经济和社会基础。水在古代战争中也是一种武器，以水代兵攻敌也是较为常用的战法，但水量达到人所能掌控的量反而也会致灾。张伟兵的《文化视野下古代战争中的水攻运用与水灾害问题初探——以明代为例》认为水是关乎国计民生和区域文明进程的重要因素，以水代兵往往带来严重洪水灾害乃至社会问题，甚至影响区域社会文明发展进程。水灾并不是影响社会进程的单一灾种，其他灾害的群发也能够在深层次内桎梏社会发展，故以灾害的视角透视社会表象，能够发掘其背后的诸多危机。国

---

① 夏明方：《文明的"双相：灾害与历史的缠绕"》，桂林：广西师范大学出版社，2020 年，第 2 页。
② 李文海：《中国近代灾荒与社会生活》，《近代史研究》1990 年第 5 期。
③ 闵宗殿：《关于清代农业自然灾害的一些统计——以〈清实录〉记载为根据》，《古今农业》2001 年第 1 期。
④ 闵宗殿：《关于清代农业自然灾害的一些统计——以〈清实录〉记载为根据》，《古今农业》2001 年第 1 期。

力严重衰退的晚清政权对于灾害救济以地方政府为主但成效甚微，严重影响灾害预防与治理的推行与改善。在无序且治理不当的灾荒影响下，首当其冲的也必然是基层民众的生活与生产，从而逐渐恶化社会矛盾和社会结构，阻碍社会发展的进程。晚清的"同治中兴"一直被后人给予较高的评价，但贾国静《灾害史视野下的同治"中兴"》用灾害史的视角对同治中兴进行评估后认为，灾害群发的同治时期，由于清政府无力救济不仅对基层社会与新政产生影响，而且降低了农业产值，致使田赋在财政经济结构中的比例严重失调，甚至加促了整个经济结构的根本性改变，也加剧了自战乱以来传统国家治理方式的裂变。由此，同治朝"中兴"只不过是其表象，而实质则是晚清政权以及社会巨变酝酿期。

（二）不同话语体系下"灾害"的参与运作

灾害的话语至少应该包含灾情、灾因与救灾及其成效三个维度。[①]古代帝王对于灾因推崇的是"天人感应"论，认为重大灾害的发生往往是上天所发出的警示，是对君王对上天不敬，或逐渐转向于贪官恶吏，或对地方百姓不道德行为的谴责和批评。由此，对于灾异成因解释便成为政治操作的一种有力借口，被利用为强化政治统治的手段。李光伟等《康熙朝京师祈雨与王朝治理》认为康熙帝应对旱灾中将祈雨及信息奏报作为抓手以整肃官纪、打击朋党与整饬吏治。除被统治者运用之外，灾害也在党争中被运用为相互倾轧的工具。徐富海《我国传统灾害文化中的权力制衡研究——以北宋青苗法为例》认为，王安石变法中自然灾害频发再加之其主张灾异乃天数非人事，为保守派以天人感应理论反对变法提供了强有力武器，甚至成为其变法失败的重要因素之一。

以灾害作为契机进行不同集团对权力的明争暗斗不仅仅局限于在中国，在国际社会灾害救济的问题处理中也表现得淋漓尽致。童德琴《海陆军的饮食之争——近代日本军队脚气病的流行与消亡》认为日本明治、大正时期，脚气病在军队内病发率与致死率都是较高的一种疾病，在寻求其治疗方法中突出体现出来海、陆军卫生行政派系以脚气病为契机进行着政治权力争夺。近代侵占中国领地的西方列强在殖民地上推进卫生防疫措施一定程度上改善了当地卫生条件与状况，但其灾害的叙事助力其民族歧视与排斥。刘希洋《德占时期青岛的疫灾防治述论》认为德国殖民当局从明确防疫机构及其基本职责、筹建医疗卫生设施、构建防疫制度体系、颁布防疫法规、实行"华洋分治"、整治公共卫生六个方面着手进行青岛卫生的防治，虽然推动了青岛卫生防疫建设，但是德国也借此不断的推行种族歧视，不断排斥中国居民。随着近代列强对中国的侵略，中国国门逐渐被迫打开，被动地逐步纳入世界经济贸易体系之中，致使与其他国家联系也逐渐紧密，促进了华人向海外的流动与迁移，但与其所伴随的是排华势头的渐盛。在海外，由于大量华人廉价劳动力的移入，给当地不同社会群体的利益带来威胁。为维护自身利益，本地不同利益群体转向对灾害灾情无限制的夸张叙事，构建出带有色彩鲜明的种族

---

① 夏明方：《和而不同——多元比较中的中国灾害话语及其变迁》，《中华读书报》2020年3月3日，第13版。

主义灾害话语体系，催生灾害成为其排华的尖锐武器。费晟《论 1881 年悉尼天花疫情下的排华运动》指出 1881 年悉尼暴发较小规模的天花，在悉尼媒体毫无科学根据地对华人引入并传播天花的舆论造势下，为与廉价劳动力的华人在就业中取得竞争优势并追求居住环境改善的悉尼社会底层白人借助天花疫情助推排华，悉尼当局为推卸防疫不利责任，也将天花疫情产生根源转嫁于华人。悉尼本地不同社会阶层为其利益追求与推卸责任，将疫情无限夸大并嫁祸于华人，推动排华运动的高涨，也为"白澳政策"的确立奠定了基础。

三、灾害史研究对象与方法的转向

现代学术意义上的中国灾害史研究起源于自然与社会科学两个学科共同研究的清末至民国之际，而 20 世纪 50 年代以后相当长的时间段内灾害史研究的主题、对象以及信息的搜集与整理均偏重于自然科学或自然变异方面，人文社会科学在灾害史研究中长期缺场，呈现出"非人文化倾向"①。20 世纪 80 年代后期，人文社会科学学者重新参与灾害史研究，灾害的社会根源、影响以及人为应对等研究也逐渐成为该领域一个重要的方向，非人文化倾向逐步得到改善。灾害史研究从以自然科学为主体逐渐向与人文社会科学齐头并进的转变，实际上是不同时期国人对灾害认知由"科学观"观逐渐向以人与自然相互作用为核心的生态系统分析模式的灾害"生态观"的转变。②然而，完成这一转变后的灾害史研究又跳入另一种研究范式与缺陷之中。首先，研究范围千篇一律为"某地域空间或某时段中灾害的发生状况，或灾害对某时某地造成的各种影响，亦或国家与社会的各种灾害应对"，得出结论也较为相似，"凡谈及灾情特点必称其严重性，述及灾害影响便称其破坏性，论及救灾效果必称其局限性"③。为了突破灾害史研究的范式，学者又多借鉴多学科研究思路与方法，推动灾害史研究向灾害与人、灾害与社会、灾害文化及跨学科研究转向，希冀开辟灾害史研究的新领域。

（一）灾害与人

中国灾害史研究大多以"灾"为主体，一定程度上忽略或者淡化了以人为主题的灾害史内容和相面。人是灾害的主要受灾体，以"人"的生命体验与日常体验为主体进行的灾害史研究既可以进一步增强对灾害的认知与同情理解的历史意识，凸显以人为本的历史学本义，也可以更人性化地看到自国家到地方、自个体到家庭面对灾害的物质和精神的生活细节及其面相。④"人"既可以是一个个体、一个家庭，也代表了同一性质的

① 夏明方：《中国灾害史研究的非人文化倾向》，《史学月刊》2004 年第 3 期。
② 夏明方：《大数据与生态史：中国灾害史料整理与数据库建设》，《清史研究》2015 年第 2 期。
③ 朱浒：《中国灾害史研究的历程、取向及走向》，《北京大学学报》（哲学社会科学版）2018 年第 6 期。
④ 行龙：《个体灾害史：中国灾害史研究中的重要视角——从刘大鹏〈退想斋日记〉说起》，《河北学刊》2020 年第 5 期。

人群，以人出发是为灾害史研究提供了一个重要的视角。安介生《何意百炼刚化为绕指柔——西晋末年"大丧乱"与名士刘琨应变策略》认为，对于历史上重大灾难及其间重要人物进行研究是灾害史研究的关键性研究主题之一，将重要历史人物置于特定的"情、景"之下再现历史面相，能够加深我们对于那个特定历史变迁的认知与理解。少数民族人物在灾害赈济中的贡献也应得到重视，不仅能够体现出民族智慧，也能彰显出民族和谐融洽与民族共同体意识。廖善维《灾害治理的壮族效能：以清代张鹏展北京治水为例的考察》认为壮族历史人物张鹏展在嘉庆年间于北京治水以稳定政局做出的突出贡献是壮族参与国家灾害治理的典型案例，在一定程度上反映了清乾嘉时期壮族文士自觉投身国家重大灾害治理的历史图景及效能，也凸显了中华民族共同体的意识。灾害救济所涉及众多人物之中，地方官员群体既是受灾群体，也是施救主体，更是地方应灾中不可或缺的力量。张剑光《直面与应对：中国古代地方官员在抗击疫病中的作用》认为，地方政府官员多数是亲临疫区并采取隔离、切断传染源、宣传医药知识、调配物资、调动民间救灾力量、勘灾以及灾后复业等措施积极应对，在抗击疫病过程中发挥了重要作用。

（二）灾害与社会

早在十余年之前，有学者就提出可以在社会史视角下，以灾荒为媒介并结合各类民间资料与田野调查结果用长时段的眼光审视灾荒与区域社会发展变迁的关系，进一步丰富灾害史研究的领域。[①]近年来，灾害史研究中融入社会史研究方法通过灾害探讨国家与社会关系以及地域社会的变动机制及其脉络上取得了丰硕成果，但对"某一地域、某一时段内灾害与社会关系的特定表现及其属性"的总结与提炼仍旧薄弱。[②]为了克服这一缺陷，李嘎重视对灾害时空个性的归纳与总结，其文《明清时期今京津冀地区的城市水患面貌与防治之策》通过对明清大量京津冀城市水患文献进行梳理，得出京津冀地区城市水患具有空间分异特性。在灾荒影响下的村落基层社会组织演变的过程总结上，杨波《灾荒与村落社会组织演变——以丁戊奇荒与村社分合为例》认为，在仪式的作用下村落社会组织具有长期稳定性，但在灾荒打击之下也会发生变异而呈现出或分或合的演变，并且社会经济制度的完善与民间社会自身的自我管理能力在灾后重建工作中发挥着重要作用。国家倡导的灾后经济制度的推行，对于整个国家灾后重建尤其是农村的恢复成效更具有主导性。民国时期，中央政府财政日益拮据以及综合国力的不断衰退，对于灾荒赈济的财政政策也在不断地变化，随之也影响到灾荒赈济的成效。韩祥《民国时期华北灾赈货币形态变动与赈农模式转型》指出清末民初的系列币制改革致使华北农村钱荒依旧严重，而民国时期高发的灾荒加速灾区的钱荒危机，政府的赈灾能力与赈款规模

---

① 郝平：《从历史中的灾荒到灾荒中的历史——从社会史角度推进灾荒史研究》，《山西大学学报》（哲学社会科学版）2010 年第 1 期。

② 朱浒：《中国灾害史研究的历程、取向及走向》，《北京大学学报》（哲学社会科学版）2018 年第 6 期。

的逐步衰退扩张了民间赈灾团体的势力并推动了赈农模式的转型，并且赈款形态的变动导致由赈灾输入农村的小额通货越来越少，致使无法有效缓解农村钱荒。

灾害对社会能够产生深远的影响，但灾害的致灾因素也并非全是自然所为，社会也是催生灾难的重要力量。马俊亚《明清淮北水患与匪灾新论》认为人为因素远超于天然因素所导致的淮北工程性水患下的社会具有多元面相，其中包括在此水患下构造出了身份复杂的土匪领袖，也包括灾害治理中凸显出的左右水患利弊的军政权力。人为对于自然过度改造也会由此牵一发而动全身的影响到周围的生态环境和社会经济发展。张崇旺《1966—1986 年安徽霍邱城西湖的围垦纠纷及其解决》认为 1966—1986 年霍邱城西湖围垦虽增加了部队粮食供应，也在程度上解决了城西湖区的防洪与航运问题，但也加剧了湖区周围洪涝灾害、降低湖区生物多样性，更是引起了一系列疫病、军地矛盾、军民纠纷等卫生与社会问题。

（三）灾害史研究的文化转向

灾害文化是灾害频发地的地域共同体（社区）所保有的文化意义上的安全保障策略[①]，是在抵御、应对及防范灾害过程中形成、传承并被不同区域及民族认可并遵循的思想、行为、准则及遗产等文化类型与符号。[②]20 世纪以来灾害史研究硕果累累，但研究思路及叙事框架在无意识中形成了固有路径与模式，而从文化层面重新审视、思考灾害历史，能够发现灾害史研究的新面向，揭示文化史的另一个维度。[③]

1. 宗教与灾害应对

流传于中国的佛教、道教以及基督教等各种宗教的教义中均含有一定的救世济民思想，在此思想的驱动之下对于民间赈灾，无论是在物质上的施救，还是精神上抚慰都发挥着一定的积极作用且救灾形式也在不断改进。刘利民《浅谈宗教界救灾的历史流变——以佛教界为主要考察对象》认为宗教赈灾能够在一定程度上弥补政府救济的不足，在近代则嬗变为新型慈善救灾团体，在现代又能够与时俱进地探索中国特色身份认同模式，以更好的服务参与中华民族的伟大复兴和防灾减灾救灾中。在面对灾荒之时，柔弱、慌乱、惶恐又束手无策的民间百姓为了寻求精神慰藉也多自主求助于宗教信仰，并希冀通过民间祭祀得到神灵庇佑。王丽歌《宋金元河南雨神类型及地域差异》认为河南民间所信奉雨神类型众多，地域分布也存有差异，表象上呈现出了各地的乡土民俗与水文化，使灾民在心理上得到慰藉，但实质上也助长了神灵泛滥与迷信活动。宗教虽带有一定的迷信色彩，但能够一定程度上提高地区应对灾害的韧性。孙磊《宗教文化与民族地区灾害社会韧性的关联路径刍议：以玉树地区为例》指出宗教文化可以通过影响公众灾害意

---

① 王晓葵：《灾害文化的中日比较——以地震灾害记忆空间构建为例》，《云南师范大学学报》（哲学社会科学版）2013 年第 6 期。

② 周琼：《灾害史研究的文化转向》，《史学集刊》2021 年第 2 期。

③ 周琼：《灾害史研究的文化转向》，《史学集刊》2021 年第 2 期。

识、灾害心理和灾害行为以提高地域社会应对灾害的韧性。此外，宗教文化在赈灾中也能推动文化产业的发展。段金龙和陶君艳《禳蝗、演剧与民间信仰——以蝗灾治理为考察中心》认为灾荒献祭演剧活动虽是在民间信仰基础上的一种自发行为，也是民众在灾荒面前无助心理驱动之下所采取的应对手段之一，但也为这一民间文化传统的承袭与延续提供了需求的展演空间与文化市场。频发的灾异对于民间民众来说与之制衡、对抗的超自然力量只有意识形态中的信仰，但对于统治阶级来说灾异、宗教与政治三者之间存有一定的关联，这种关联也会因后世的记载有所放大或缩小。闵祥鹏《九世纪内亚灾变、朗达玛灭佛与吐蕃的衰落》认为朗达玛灭佛，实质上只是沿袭吐蕃原始宗教中的驱鬼弭灾。后世僧侣在书写吐蕃灾变、灭佛与末世之乱这段历史时强化了灾异应征、灭佛报应、政教矛盾的佛教因果联系，却淡化了吐蕃后期历史中灾异频现、灭佛弭灾、末世之乱的真实关系与历史史实。

2. 少数民族灾害文化研究

中国是世界上受自然灾害影响最为严重的国家之一，也是拥有众多民族的国家。由于自然灾害种类多样且频发，严重影响了少数民族群体社会与文化发展。众多民族拥有丰富的传统文化，其中也包括为适应生境所形成的防灾减灾以及灾后恢复的地方性知识等具有鲜明民族特色的灾害文化，这些文化不仅在对抗自然灾害中发挥着重要作用，而且能够与现代防灾减灾相结合，为中国防灾减灾体系建设提供借鉴。

自然环境是文化形成的主导因素之一，不同地区的生态环境千差万别，由此生境迥异之下民族地区所受灾害种类亦不相同，也就导致不同民族在与本土灾害长期共存、适应之下，生成了民族色彩鲜明的灾害文化。王玉萍《文山壮族文化的防灾减灾功能分析》认为云南文山壮族以"那"为标志的稻作文化、以"竜"为标志的生态文化、以"地母"为标志的土地信仰文化、以"干栏"为标志的建筑文化等在防灾减灾中发挥了重要的作用。在长期的农业耕作中，部分少数民族也积累了一套有关气候变化与应对的地方性知识。李全敏《德昂族的物候历与气象灾害防御》认为德昂族在长期的山地农业耕作实践中逐渐掌握了根据动物行为中预测晴雨与根据烧白柴仪式和泼水节以预测气候冷暖的一套能够预防气象灾害的物候历。周琼对整个西南少数民族做了整体性研究，在其文《换个角度看文化：中国西南少数民族灾害文化类型刍论》中认为西南少数民族灾害文化是西南少数民族与自然灾害相伴求生过程中积累并传承下来的文化遗产，具有民族文化的传承性、累积性、固守性及地域性、丰富性、共享性特点，传承方式主要以亲缘、地缘、族际等口耳相传或文字记载的方式传承为主。在长期与各种自然灾害相处中，少数民族虽然积累出应对灾害的地方性知识，但多数并不能从根本上去征服灾害，由此也在不断地吸纳外来的先进方法。王献军《黎族地区的自然灾害及其防御方法——基于二十世纪五十年代调查资料的研究》认为对于灾害的应对，黎族多靠凭看天色预防风雨灾、靠禁忌应对旱灾等，并不能有效遏制灾害，直至中华人民共和国成立后政府为黎族灾害应对提供了众多方法与帮助。

（四）跨学科的交叉与融合

灾害史研究在自然科学一枝独秀的时期，所探讨的主题集中于灾害时空分布等自然规律，而较少涉及与人类密切相关的社会。随着人文社会科学再次介入之后，灾害影响下的社会变迁逐渐得到重视，但又多局限于本学科基础之上的研究。对于人文社会科学和自然科学研究成果的充分借鉴与融合在当前的研究中较为薄弱，也是灾害史研究的一个缺陷[①]，也是学者为之不懈努力的方向。在本次灾害史年会中，自然科学学者在关注灾害变化的规律的同时，也结合史料探讨了由此所带来的社会影响。郑景云《过去2000年中国气候变化的若干特征》指出1570年以后气候快速转冷、北方地区干旱化和旱、涝、霜、冻等自然灾害的增加对明末社会崩溃和灭亡起到了触发农民起义、加大战争压力与加剧财政恶化循环的作用。方修琦等《18—19世纪之交华北平原的气候变化与粮价异常》分析了18—19世纪之交华北平原气候转折与粮价变化的对应关系，认为极端高粮价年与干旱事件的对应关系存在显著的阶段性，并且气候变化通过影响社会稳定性进而在1811—1820年粮价巨幅异常变化中起到了重要作用。苏筠等《1928—1931年陕西关中地区极端干旱事件的社会影响》认为灾害早期的社会韧性较强，应对措施较多，但随着旱灾的加重社会韧性也在不断地降低，直到最极端措施失效后，社会系统也失去了其韧性。

人文科学内部众多学科相互借鉴其他学科的研究思路与方法以研究灾害史，丰富了灾害史研究的新领域，将灾害史研究带入新的高度。以研究人与自然互动关系为主要内容的环境史兴起背景之一就是因环境恶化与各种频发灾害逐渐影响到了人类生存与发展。环境史学者对于灾害史的研究既是学科的兴起的背景与研究宗旨的促使，也是环境史学家不可推卸的责任。张玲《危机重重的人类世：环境史学家的职责与应对》认为在面对环境恶化、灾害频发的现实性，环境史研究更具有伦理、道德、政治和学术意义上的迫切性。面对危机重重的人类史，环境史学者更有责任提供出历史的教训，帮助人类走出这个时代的困境。也正是基于灾害在环境史研究中的重要地位。梅雪芹《命运与共的短茎草生态群落与美国南部大平原人——〈尘暴〉作为灾害环境史范本的意义》对此提出一个新的概念——灾害环境史。她认为灾害环境史是指从灾害切入或聚焦于灾害，认识、把握人与自然相互作用及其结果的历史研究，旨在将灾害史和环境史结合起来，并从承灾体叙述、成灾体剖析、灾害救治及其体制反思等方面来体现这一结合的特点，以拓展灾害史研究的视域，同时明确环境史视野下灾害史研究的问题意识。除环境史外，人类学也在运用本学科理论方法构建对于灾害研究的理论与框架。何明《生活方式、社会网络与疾病传播——重大传染病疫情的人类学研究框架》认为人群的社会文化在流行病的形成与传播中发挥着比一般疾病更直接、更关键的作用，也就决定以调查与解释人类社会文化多样性的人类学也应承担研究疾病的职责。人类学对于疫病研究所讨

---

① 朱浒：《中国灾害史研究的历程、取向及走向》，《北京大学学报》（哲学社会科学版）2018年第6期。

论的中心疫病是疫情、防控与社会文化的关系，以及不同群体特别是群体在疫情暴发中的遭遇及其社会文化解释，其主要任务就是叙述、分析与反思疫情所表征的社会文化，采用的研究方法包括民族志方法、跨学科合作方法以及抽样调查、地理信息系统、大数据分析、实验研究等多种研究方法的综合运用。对于灾害的定义，社会学与历史学有所迥异，认为灾害是指由自然的或社会的原因造成的妨碍人的生存和社会发展的社会事件。灾害社会学也就是采用社会学理论与方法研究灾害中所发生的社会现象与社会行为。①穆俊《灾害社会学视域下的清至民国大黑河流域性用水纠纷研究》借鉴灾害社会学的理论与方法来分析历史上的水利纠纷事件，她认为清至民国大黑河流域性用水纠纷其是一种人为灾害，起主导作用的是社会因素。

四、历史疫病应对与当代借鉴研究

中国灾害史是一门集自然科学与社会科学于一体的综合学科，具有存史功能、教化功能、资政功能三大功能。②其中，教化功能既重视思想知识方面文化教育，也重视对全民身体的实践教育；资政功能能够为治国者面对处理突发事件提供经验借鉴，强化对突发事件的应变能力。此外，灾害史研究也能够将自然科学家运用科学的方法与理论所揭示的灾害发生规律与社会科学家在史料基础上解析出的社会对于灾害的反应相结合，更准确地揭示出灾害与社会之间互动机制，促进合理、高效的应对灾害，以服务现实。故而，灾害史更是一门经世致用的学科。

瘟疫是我国各种自然灾害中危害性较强的恶性传染病，也是有史记载较早的疾病之一。早在先秦时期就有史料记载疫灾祸害黎民，将之视为五害之一并纳入治国理政重要举措之中。对于疫灾流行成因，由于社会生产力与认知水平有限只能将其根源归咎于多种非现实因素所致。龚胜生《先秦两汉时期的疫灾成因学说》认为先秦两汉时期人们将疫灾成因归咎于超自然或自然的力量所致，由此形成了天降天谴灾疫说、鬼神作祟司疫说、星运星变致疫说、气候反常致疫说、疠气毒气致疫说、地理环境致疫说、怪鸟异兽现疫说等疫病成因学说，也表明时人对于人与自然关系认识的局限。

与疫灾的抗争，不同时期的国民始终从未退缩。随着世界各地之间联系逐渐紧密，疫病也伴随着人口流动打破地域限制远播各地。疫情的背后所突显的不仅仅是国内政治与文化问题，也呈现出复杂的时代和社会文化内涵。余新忠等《大变局前夜的新瘟疫——嘉道之际霍乱大流行探论》通过对嘉道之际霍乱的背景、缘由、政府与民间对其反应与应对等进行分析，认为此疫是国际交流密切、国内市场国际贸易、人口增长、地理环境以及社会风俗等多种因素所促成。故而，瘟疫背后蕴含着复杂的关系、社会文化、时代意义以及现代社会的不确定性。

---

① 梁茂春：《灾害社会学》，广州：暨南大学出版社，2012年，第26页。
② 高建国：《论灾害史的三大功能》，《中国减灾》2005年第1期。

对于瘟疫背后的关系，佳宏伟《清季中国通商口岸的传染病流行、防治及其省思》以清季中国通商口岸的传染病流行与防治为主题，着重探讨了"疾病与人类社会的关系"这一主题，并指出传染病周期性的暴发和传播是一个不可逆的历史事实，是一个自然问题，更是一个社会问题，其本质是自然界与人类社会的关系问题。处理好人与自然的关系成为防范或者缓和重大传染流行有效方法之一，也是给予人类的重大教训。林超民《与疫共舞：云南抗疫两百年》同样指出抗击疫病大流行的最大教训就是人们必须敬畏自然、爱护自然、保育自然，与自然和谐相处，探究人与自然之间相互依存、互生互利的关系。

瘟疫不同于其他疾病仅仅涉及个体，因其具有传染性，所波及范围更为广泛，可以殃及一个群体，一个组织，一个国家，甚至是整个人类，由此塑造出复杂多样的社会文化与多重面相。卜风贤《疾疠瘟疫的三重面相——从个体生命到国脉民天的疫灾史跃升》认为具有群体性、扩散性与精神摧残性特点的瘟疫塑造出的悲惨社会、为培固国脉而奋勇的防疫抗疫以及疫灾治理中所见的丰富多彩的家国情怀等三重面相。这三重面相也突显疫灾危害不仅仅是侵害个体的生命与生存，随其蔓延而殃及国家稳定发展。为维护国家的长治久安、为面对瘟疫暴发时间、波及范围、危害程度等众多不确定性、为提高国家抗击疫灾的能力，卫生现代性的构建迫在眉睫。但是近代中国卫生现代性的建设颇为坎坷，其属性又多样。夏明方《疫病的灾害史解读与中国卫生现代性的构建：读余新忠主编〈瘟疫与人：历史的启示〉有感》认为近代中国防疫或卫生事业的现代化过程，始终是西方式的卫生现代性所主导，不同发展阶段往往有不同的主导性模式。这样的现代性不同于中国本土或传统中国以个体生命关怀即养生保健为旨的和中国卫生之道，而是以其服务于被视为一种完整有机体的民族国家之生存、健康的"公共性""国族性"作为重要的特质。然而，以民族国家构建为中心任务的公共卫生事业又带有强烈的殖民现代性的色彩，一定程度上因之抑制或消解了真正的启蒙现代性或自由主义现代性的成长和发展。但是，卫生公共性不限于医疗领域而是渗透在整个社会中，由此中国卫生的现代化并非只是或总是一种自我殖民，而是在一种不断地变动着的"迎拒"势态中走出一日按新的从身体到社会的总体性反殖民道路。这种现代性的追求既重视民族主义特色，也关注人的健康和生命，是民生主义和人道主义的具体体现，也是奠定了中国人对生命的重视，更是超越了文化或族群的界限，而与反殖民现代性的人类共同价值的若合符契。故而，审视、反思过去、现在与未来，才能在挫折中闪亮出中国公共卫生事业伟大之处以及更加明确改进之处，才能从中体现出人类共同转危为机的创造性智慧。面对如同新冠疫情此类重大灾害的冲击，全人类也将开启对于公共卫生和全球治理的反思、重构与实践，并可能涌现出新的现代性蓝图，推动全球化进程。

正如夏明方所言，新型冠状病毒在全球肆虐一年有余之后，人类逐渐开始审思公共卫生建设的制度与疾病应对有效性，希冀从反思中弥补不足。日本学者深尾叶子《迟迟而来，慢慢见效—日本疫情对策的失落与大众主动听从文化》认为日本在疫情暴发的前期为顾及旅游业以及冬奥会的正常召开避重就轻的消极应对，再加之对于钻石公主号疫情的低水平管理，充分显示出日本政府防疫对策缺乏科学性和合理性，更是日本卫生防疫经验和专业知识不足的体现。在中国各地肆虐蔓延与摧残的新冠病毒也是对中国防疫制度的考验，在这场"大考"中也凸显出中国制度建设的诸多优势与不足。李钢等《中国 COVID—19 疫情的时空演化过程与情境防控对策》对中国疫情的时空演化进行了分析，认为中国疫情空间分布呈现"喇叭"状的"一核两弧多岛"格局，空间演化经历"核发—群发—散发—点发"四个阶段模态；COVID—19 确诊病例性别—年龄结构呈"唇"形分布，男性略多于女性，以青壮年男性为最，多为流动性强的后期感染者；在时间演变上，疫情始于大雪，盛于立春，衰于惊蛰，滞于春分，并经历早期武汉主导暴发、中期全国差异扩散、后期武汉主导衰减及末期本土疫情传播基本阻断四个阶段，并依据疫情时空演化机制从人、地、时、政策与科技以及文明理念与基础建设等五个方面提出具体的对策。李益敏等《边疆民族地区抗击新型冠状病毒肺炎疫情中彰显的中国制度优势研究——以云南省为例》认为边疆民族地区在疫情防控的方针、抗疫理念与组织体系、抗疫因地制宜的方法、抗议与国计民生齐头并进等方面凸显出了中国在抗疫中的制度优势。但优势之外，又存有不足。郗春媛《行动困境、风险叠加与韧性治理：边疆地区基层抗疫短板修补与应急能力提升——韧性理论视角下云南基层抗疫的实证分析》认为由于边疆经济发展较为滞后以及部分民众认识不到位，边疆基层地区在抗疫情中存有地理空间防控脆弱性与社会资源鲁棒性欠缺之博弈、防控人员紧缺与人力资源储备冗余性不足之张力、特殊人群生存脆弱性与突发情况下管理手段缺失之冲突、社区非常态治安警情与举措适应性不足之矛盾等不足。因此，应增强边境防控空间鲁棒性、增加防控人员储备冗余性、加大特殊人群管理灵活性及倡导社会疏导方式多样性的修补途径以提升边疆地区应急管理能力。

五、结语

本次灾害史年会特色正如夏明方在闭幕式所总结的那样，"盛况空前、公众史学、年轻化、国际化、前沿化、史为今用以及全球化等特色鲜明"。本次会议是中国灾害防御协会灾害专业委员会所举办的有史以来规模最为宏大国际学术研讨会，参会人数高达 150 余位。由于是线上会议，吸引了众多媒体以及广大社会人员的广泛参与，为传播减灾文化进行灾害教育提供了一个公共服务平台。灾害史年会不仅按照传统所设的青年学者论坛吸引了国内外众多青年才俊踊跃参与，而且主题报告、分场报告也凸显出灾害史研究队伍的年轻化与朝气蓬勃的生命力。灾害史研究的国际化、跨学科的综合研究也有效地推动灾害史研究范式的突破与创新。诸多国际学者和国内从事地理学、民族学、人类学、社会学等社会科学与自然科学的学者，以本学科的独特理论与方法从事历史与现当代灾害事件研究，为传统灾害史研究带来了新风气、新视野，并注入了新鲜血液，推动了灾害史研究的创新发展。

后 记

　　灾害与人类社会如影随形，灾赈是中国传统社会治理的重要内容，灾害治理也成为当前灾害史学研究中的热点内容。我国当前的重要任务之一是防灾减灾救灾体系的建设，中国共产党二十大报告第十一条明确指出："提高防灾减灾救灾和重大突发公共事件处置保障能力"①，充分说明了灾害史研究的学术价值及现实意义。

　　灾害文化是中华优秀传统文化的组成部分，其发挥了社会纽带及精神凝聚作用，是中华民族在面临每一次灾害冲击时实实在在的存在，也是每一个个体能够切实感受到的。中国优秀传统灾害文化中蕴含的思想、理念，以及灾害中助人为善、救灾济民的传统美德和人文精神，是中华民族在面对多次重大灾难的袭击时，依然能够生生不息、发展壮大的原因之一。因此，发掘各民族中优秀的防灾减灾救灾文化的丰厚内涵，在学理层面进行深入系统的研究，才能在新时代的文化转型中为中华民族的伟大复兴担负使命。

　　灾害文化及灾害治理，于灾害学而言，是个新方向、新问题，目前可资借鉴的研究成果少之又少。学者们在会议上的研讨及思考成果，是极其宝贵的思想财富，值得被更多的研究者所了解，更值得现实防灾减灾避灾工作借鉴，这是我们力争出版这次会议论文集的主要原因。学术研究及其思考、成果的积累，没有捷径可走，也是短期内不可达到的目标。对这些问题的学习、积累及研究，是个漫长的过程，要做出创新性的研究成果，更是难上加难。但是，迎难而上，发挥学术研究的韧性和坚守，则是让自己进步和成长的最好机会。这次会议论文集最终能够出版，是学界师友在竭尽全力珍惜这个机会，也是大家竭尽全力地坚守在灾害史及灾害文化研究阵地的最好说明。

　　感谢中国灾害防御协会灾害史专业委员会及其他合办单位、灾害史学界各位专家学者的大力支持，中国灾害防御协会灾害史专业委员会主任夏明方教授全程关心、支持和指导会议的议程和推进，秘书长赵晓华教授，学术顾问高建国研究员，副主任郝平教授、余新忠教授、朱浒教授、吕娟研究员、方修琦教授也为会议出谋划策，在细节上纠正失误，副秘书长卜风贤、安介生、张伟兵、阿利亚教授，常务理事杨学新、张崇旺、蔡勤禹教授等师友也为会议的如期举办尽心尽力。正是这些温暖的助力，才使会议成功举办、圆满落幕，取得了较好的学术及社会影响。

　　也正是因为得到中国灾害防御协会灾害史专业委员会诸多师友、同仁的支持、理解，本次年会才能够作为国家社会科学基金重大项目"中国西南少数民族灾害文化数据

---

① 习近平：《高举中国特色社会主义伟大旗帜　为全面建设社会主义现代化国家而团结奋斗——在中国共产党第二十次全国代表大会上的报告》，《求是》2020年第21期，第28页。

库建设"（17ZDA158）的专题学术研讨会，有幸列上中国灾害防御协会灾害史专业委员会的年会日程，作为中国灾害防御协会灾害史专业委员会学术论丛，论文集的出版也由此用了重大项目的出版经费，被标注为项目的中期成果，项目及团队的全体成员从中获益良多，对此心怀感激！

虽然 2021 年底我的工作单位调动到了中央民族大学历史文化学院，重大项目也随之迁到了中央民族大学科研处，但灾害史学的情节依然珍藏于心。灾害史及灾害文化、灾害治理等领域研究，对一个学习者而言是永久的。在新单位新团队里，灾害史的研究不仅得到校院领导的支持，也依然得到中国灾害防御协会灾害史专业委员会师友们一如既往的支持、帮助，让我心存感激！

曾经的西南环境史研究所博士研究生徐艳波等同学，在会议前后做了大量的会务工作，也在论文集的出版过程中，做了校对、编排工作；杜香玉博士后在论文集出版过程中，在百忙中费心劳神跟出版社沟通联系，特此致谢。

论文集的出版，得到科学出版社编辑的支持和协助，谨致谢忱！

周　琼

2022 年秋于北京